POLITIK UND LANDWIRTSCHAFT IN OSTPREUSSEN 1919–1930

SCHRIFTEN DES INSTITUTS FÜR POLITISCHE WISSENSCHAFT

HERAUSGEGEBEN VOM WISSENSCHAFTLICHEN LEITER PROF. DR. OTTO STAMMER, BERLIN

BAND 23

Politik und Landwirtschaft in Ostpreußen 1919–1930

Untersuchung eines Strukturproblems
in der Weimarer Republik

Von Dieter Hertz-Eichenrode

Mit einer Einleitung von Hans Herzfeld

SPRINGER FACHMEDIEN WIESBADEN GMBH

ISBN 978-3-663-06645-3 ISBN 978-3-663-07558-5 (eBook)
DOI 10.1007/978-3-663-07558-5

Verlags-Nr. 053023

Ursprünglich erschienen bei Westdeutscher Verlag GmbH, Köln und Opladen 1969
Softcover reprint of the hardcover 1st edition 1969

INHALT

Zweiter Teil

Dritter Teil

Vierter Teil

ERLÄUTERUNGEN

Zitierweise der Anmerkungen

Im Interesse einer schnellen Orientierung wird einer mehrfach zitierten Schrift in Klammern die Nummer der Anmerkung mit dem ersten, vollständigen Zitat beigefügt. Dabei gibt die römische Ziffer den Teil, die arabische die Anmerkung selbst an. Die Abkürzung *a.a.O.* wird nur verwendet, wenn sich die Angaben auf die gleiche Quelle wie in der unmittelbar vorhergehenden Anmerkung beziehen; *ebda.* bedeutet nicht nur die gleiche Quelle, sondern auch dieselbe Seitenzahl.

Wichtige Abkürzungen

AA	Auswärtiges Amt
ADGB	Allgemeiner Deutscher Gewerkschaftsbund
BAK	Bundesarchiv Koblenz
BEF	Betriebserhaltungsfonds
BVP	Bayerische Volkspartei
ChrNatBuLVP	Christlich-nationale Bauern- und Landvolkpartei
DAZ	*Deutsche Allgemeine Zeitung*
DBP	Deutsche Bauernpartei
DDP	Deutsche Demokratische Partei
DLV	Deutscher Landarbeiterverband
DNVP	Deutschnationale Volkspartei
DOB	Deutscher Ostbund
DOK	Deutsche Ostmesse Königsberg
Drucks	Drucksache
DVFrP	Deutsch-völkische Freiheitspartei
DVP	Deutsche Volkspartei
EnquA, I, II	Enquête-Ausschuß. Ausschuß zur Untersuchung der Erzeugungs- und Absatzbedingungen der deutschen Wirtschaft. Verhandlungen und Berichte des Unterausschusses für allgemeine Wirtschaftsstruktur (I. Unterausschuß); Verhandlungen und Berichte des Unterausschusses für Landwirtschaft (II. Unterausschuß).
EW	Einheitswert
GE	Gesetzentwurf
GenDir	Generaldirektor
GenLschDir	Generallandschaftsdirektor bzw. -direktorium
GenLschPr	Generallandschaftspräsident
GStA	Geheimes Staatsarchiv Berlin

HdA	Haus der Abgeordneten
HK	Handelskammer
HptA	Hauptausschuß
HptVerw	Hauptverwaltung
IHK	Industrie- und Handelskammer
Kbg	Königsberg
Kbg Allg Ztg	*Königsberger Allgemeine Zeitung*
Kbg Hart Ztg	*Königsberger Hartungsche Zeitung*
KomOH	Kommissar für die Osthilfe
KPD	Kommunistische Partei Deutschlands
KrKredA	Kreiskreditausschuß
LandwA	Landwirtschaftsausschuß
LBank	Landesbank
LFinA	Landesfinanzamt
LHptm	Landeshauptmann
LNFl	Landwirtschaftliche Nutzfläche
LRat	Landrat
Lsch	Landschaft
LSt	Landstelle
LVO	Landwirtschaftsverband Ostpreußen bzw. die gleichnamige Verbandszeitschrift
LWK	Landwirtschaftskammer
MinDir	Ministerialdirektor
MRat	Ministerialrat
MSPD	Mehrheits-Sozialdemokratische Partei Deutschlands
NatVers	Verfassunggebende Nationalversammlung
NDB	Neue Deutsche Biographie
NSDAP	Nationalsozialistische Deutsche Arbeiterpartei
NSFrP	Nationalsozialistische Freiheitspartei
OH	Osthilfe
OHL	Oberste Heeresleitung
OPr	Oberpräsident bzw. -präsidium
OPrRat	Oberpräsidialrat
ORegRat	Oberregierungsrat
Ostpr	Ostpreußen, ostpreußisch
OstprH	Ostpreußenhilfe
OstprLArbA	Ostpreußisches Landesarbeitsamt
OstprLGes	Ostpreußische Landgesellschaft
OstprLsch	Ostpreußische Landschaft
OstprVertr	Ostpreußische Vertretung
Ostpr Ztg	*Ostpreußische Zeitung*
OStRK	Oststelle bei der Reichskanzlei
OstVerwSt	Ostverwaltungsstelle
Pr	Präsident
PreußFM	Preußischer Finanzminister(ium)
PreußJustM	Preußischer Justizminister
PreußLT I, II, III	Preußischer Landtag, 1. – 3. Wahlperiode
PreußLVers	Verfassunggebende Preußische Landesversammlung
PreußMdI	Preußischer Minister(ium) des Innern
PreußMdöA	Preußischer Minister(ium) der öffentlichen Arbeiten

PreußMfHuG	Preußischer Minister(ium) für Handel und Gewerbe
PreußMfLDuF	Preußischer Minister(ium) für Landwirtschaft, Domänen und Forsten
PreußMfVW	Preußischer Minister(ium) für Volkswohlfahrt
PreußMfWKuVB	Preußischer Minister(ium) für Wissenschaft, Kunst und Volksbildung
PreußMPr	Preußischer Ministerpräsident
PreußStBank	Preußische Staatsbank
PreußStKomOH	Preußischer Staatskommissar für die Osthilfe
PreußStKomVErn	Preußischer Staatskommissar für Volksernährung
PreußStM	Preußisches Staatsministerium
PreußStRat	Preußischer Staatsrat
PreußStReg	Preußische Staatsregierung
PreußZGK	Preußische Zentralgenossenschaftskasse
Prov	Provinz
ProvA	Provinzialausschuß
ProvKredA	Provinzialkreditausschuß
ProvLT	Provinziallandtag
ProvVerb	Provinzialverband
ProvVerw	Provinzialverwaltung
RArbM	Reichsarbeitsminister(ium)
RBahn	Reichsbahn
RBank	Reichsbank
RechH	Rechnungshof des Deutschen Reiches
RegBez	Regierungsbezirk
RegDir	Regierungsdirektor
RegPr	Regierungspräsident
RegRat	Regierungsrat
Rep.	Repositur
RGBl	*Reichsgesetzblatt*
RHA	Reichshaushaltsausschuß
RHPl	Reichshaushaltsplan
RK	Reichskanzler, Reichskanzlei
RKab	Reichskabinett
RKom	Reichskommissar
RKomOH	Reichskommissar für die Osthilfe
RLB	Reichslandbund
RM	Reichsmark
RMdF	Reichsminister(ium) der Finanzen
RMdI	Reichsminister(ium) des Innern
RMfEuL	Reichsminister(ium) für Ernährung und Landwirtschaft
RMin	Reichsminister(ium)
RPr	Reichspräsident
RRat	Reichsrat
RReg	Reichsregierung
RSchatzA	Reichsschatzamt
RSG	Reichssiedlungsgesetz
RT I, II, III, IV	Reichstag, 1. – 4. Wahlperiode
RVerkM	Reichsverkehrsminister(ium)
RWehrM	Reichswehrminister(ium)

RWiM	Reichswirtschaftsminister(ium)
SA	Sturmabteilung
SPD	Sozialdemokratische Partei Deutschlands
StAL	Staatliches Archivlager Göttingen
StKom	Staatskommissar
StM	Staatsminister
StS	Staatssekretär
TrhSt	Treuhandstelle
USPD	Unabhängige Sozialdemokratische Partei Deutschlands
UStS	Unterstaatssekretär
VdSt	Verein deutscher Studenten
VertrOPr	Vertreter des Oberpräsidenten
VizePr	VizePräsident
Vors	Vorsitzender
WirtschA. d. ostpr. Ldw.	Wirtschaftsausschuß der ostpreußischen Landwirtschaft
WTB	*Wolffs Telegraphisches Büro*
Z	Zentrums-Partei
ZdL	Zentralverband der Landarbeiter

EINLEITUNG

Der Plan zu diesen Studien über „Politik und Landwirtschaft in Ostpreußen" verdankt seine Entstehung Gerhard Schulz, dem auch die Ausführung des Vorhabens vom Institut für politische Wissenschaft an der Freien Universität Berlin anvertraut worden war. Als er 1962 den Ruf auf seinen heutigen Lehrstuhl an der Universität Tübingen erhielt, plante er zunächst, diese Arbeit selbst weiterleitend zu vollenden. Er hat diese Absicht erst 1963, bedauernd aus Rücksicht auf die Verpflichtungen seines neuen Amtes, aufgegeben. Die Fortsetzung ist, seinem Rat entsprechend, seinem Assistenten und Mitarbeiter seit dem Jahre 1959, Herrn Dr. Hertz-Eichenrode, übertragen und von ihm in der jetzt vorliegenden Gestalt zu Ende geführt worden. Durch diese Entstehungsgeschichte ist eine Begrenzung des ursprünglichen Arbeitsplanes erzwungen worden, die für das Institut wie für den Verfasser einen bedauerlichen Verzicht bedeutet hat. Während das Thema ursprünglich bis zum Jahre 1933 verfolgt werden sollte, ergab sich, daß die Arbeitskraft des nun allein mit der Fortführung beauftragten Verfassers durch die Aufgabe überfordert wurde, das weitschichtige und verantwortungsreiche Thema bis zu seinem eigentlichen Abschluß durch die nationalsozialistische Machtergreifung in einem Zuge zu behandeln, so daß der vorliegende Band mit dem Sturz des Kabinetts Hermann Müller und dem Beginn der Regierung Brüning im Jahre 1930 abschließt. Das Institut für politische Wissenschaft betrachtet dies selbst als eine Notlösung und erwägt die Fortsetzung der Arbeit bis zu dem anfänglich gesteckten Ziele. Es soll aber auch an dieser Stelle ausdrücklich darauf verwiesen werden, daß aus der Feder von Gerhard Schulz eine knappe Skizze über das Ganze seiner Konzeption in der einem erweiterten Vortragstext folgenden Studie: „Die deutschen Ostgebiete. Zu ihrer historisch-politischen Lage" (Pfullingen 1967) vorliegt. Noch näher führt an das Problem einer staatlichen Hilfe für die deutschen Ostprovinzen sein Aufsatz „Staatliche Stützungsmaßnahmen in den deutschen Ostgebieten. Zur Vorgeschichte der ‚Osthilfe' der Regierung Brüning" heran, der in der Festschrift für Heinrich Brüning, „Staat, Wirtschaft und Politik in der Weimarer Republik" (Berlin 1967), erschienen ist und als kritischer Überblick über die den Grenzgebieten gewidmete Stützungspolitik grundlegende Bedeutung besitzt. Ferner hat Schulz in seinem Buch: „Zwischen Demokratie und Diktatur. Verfassungspolitik und Reichsreform in der Weimarer Republik" (Berlin 1963) einen besonderen Abschnitt dem Problem des „ostpreußischen Autonomismus" – vor allem für die Jahre von 1918 bis 1920 – gewidmet, der über seine Beurteilung des Verhältnisses zwischen der 1919 isolierten Provinz Ostpreußen, dem preußischen Staat und dem Reich der beginnenden Zwischenkriegszeit bedeutsame Auskunft zu geben geeignet ist.

Das Institut für politische Wissenschaft hat sich entschlossen, den vorliegenden Band selbständig zu veröffentlichen, weil er nach seiner Überzeugung durch seinen politikwissenschaftlichen und historischen Gehalt geeignet ist, eine wesentliche Bereicherung unserer Kenntnisse und eine dankenswerte kritische Vertiefung in der Beurteilung eines leidenschaftlich umstrittenen, aber bisher noch keineswegs abschließend erforschten Problems in der Geschichte der Weimarer Republik herbeizuführen. Gestützt auf die Durcharbeit eines sehr umfassenden, mit vorsichtiger, aber entschiedener Kritik bearbeiteten archivalischen Materials, hat sich der Verfasser nicht auf den engeren Rahmen der Zwischenkriegszeit beschränkt, sondern setzt bereits 1890 mit der Vorgeschichte der 1930 ihren Höhepunkt erreichenden Ostpreußen-Krise ein, die in dieser Provinz neben dem typischen Entwicklungsgang der ostelbischen Provinzen Preußens seit dem Friedensschluß von 1919 durch die Trennung vom Hauptkörper des Reiches und Preußens noch eine besondere Erschwerung erfahren hat. Erst auf dieser Grundlage ist es möglich gewesen, in genügendem Umfange zu erklären, wie sich auf dem Boden Ostpreußens die Generalkrise der östlichen Provinzen mit den Folgen der Niederlage des Ersten Weltkrieges verbunden und sich daraus die ganze Dauer, Hartnäckigkeit und Schärfe der ostpreußischen Krise ergeben hat.

Ein weiteres Verdienst der Arbeit scheint die Aufmerksamkeit zu sein, mit der hier die Gruppierung der politischen Kräfte und die Aktivität der landwirtschaftlichen Verbände betrachtet wird. Dadurch treten die Träger eines politischen Sonderlebens ins Licht, mit dessen autonomistischen Bestrebungen namentlich in den Anfangsjahren der Weimarer Republik sich die preußische Regierung wie die Reichsregierung auseinandersetzen mußten. Obwohl letzten Endes gescheitert, hat doch der ostpreußische Autonomismus dazu beigetragen, der Provinz durch offizielle Zubilligung einer einmaligen Sonderlage den Anspruch auf bevorzugte Staatshilfe zu sichern. Die schrittweise Realisierung dieser Hilfe enthüllte dann nicht nur das Problem, den Wünschen der ostpreußischen Interessenten gerecht zu werden, sondern legte auch die wechselnde Rivalität zwischen der preußischen Regierung unter einem Otto Braun und den überwiegend bürgerlichen Kabinetten des Reiches bloß. Auf diese Weise zeichnete sich bereits vor 1930 das Vorhandensein all jener Elemente ab, die in den Jahren von 1930 bis 1933 die markante und oft erörterte, wenn auch noch nicht abschließend geklärte Rolle Ostpreußens und der übrigen Grenzprovinzen in der Katastrophe der Weimarer Demokratie bestimmt haben.

Der Verfasser ist bemüht gewesen, diesen inhaltreichen Prozeß mit streng sachlicher Kritik zu behandeln und eher mit nüchterner Selbstdisziplin auf zu weit gehende, ihm nicht beweisbar erscheinende generalisierende Werturteile zu verzichten, als sich von dem Strome eines der Vergangenheit nicht gerecht werdenden „Revisionismus“ fortreißen zu lassen. Diese Zurückhaltung besitzt ihre politologisch wie historisch gleich wertvolle Seite in dem Umfang und der Energie des positiven Bestrebens, die den politischen Prozeß begleitenden oder bestimmenden wirtschaftlichen und gesellschaftlichen Faktoren in vollem Umfang mit wacher Kritik und umfassender Konsequenz zur Geltung zu bringen. Der Verfasser bestätigt noch einmal den dominierenden Einfluß des Großgrundbesitzes, der, gestützt auf die agrarischen Interessenorganisationen wie überwiegend auch die Institutionen der provinzialen Selbstverwaltung, oft im Gegensatz zu der preußischen Regierung, angelehnt an die Politik des Reiches, seine politisch führende Rolle in Ostpreußen bis zuletzt zu behaupten wußte. Im einzelnen tritt aber durch diese Nachprüfung auch charakteristisch hervor, daß, ähnlich wie in Schleswig-Holstein, das besonders in den Randbezirken der Provinz überwiegende kleine und mittlere Bauerntum der Gefahr einer absoluten Radikalisierung durch seine dauernde wirtschaftliche Notlage in anderer Weise, aber noch stärker als der Großgrundbesitz ausgesetzt gewesen ist. Der masurische Süden Ostpreußens, der bei der Volksabstimmung des Jahres 1920 nahezu geschlossen für Deutschland optiert hatte, ist der Anziehungskraft des Nationalsozialismus so stark erlegen, daß die Partei Hitlers hier bei den Wahlen des Jahres 1933 ihre im ganzen Reich höchsten Erfolge erzielt hat.

Wie bei jeder Einzelforschung dieser Art, bleiben auch hier Lücken, die der Benutzer stärker ausgefüllt und vielleicht schärfer akzentuiert sehen möchte. Es liegt auf der Hand, daß die abschließende Auswertung der geleisteten Arbeit nicht nur ihre Fortführung bis zur „Machtergreifung" des Jahres 1933 dringend erwünscht erscheinen läßt, sondern auch auf das Bedürfnis hinweist, daß der gleiche, heute für Schleswig-Holstein und Ostpreußen weitgehend erforschte Fragenkreis Gegenstand von ähnlich eingehender politikwissenschaftlicher und historischer Erforschung für die noch nicht behandelten Teile der ehemaligen deutschen Ostgebiete werden sollte. Das Institut für politische Wissenschaft hofft aber zuversichtlich, durch diese Veröffentlichung einen nützlichen Beitrag zu einem politikwissenschaftlich und geschichtlich gleichermaßen bedeutsamen Fragenkreis der modernen deutschen Entwicklung vorzulegen.

Berlin-Dahlem, im Juni 1968

Hans Herzfeld

VORWORT DES VERFASSERS

Auf die Vorgeschichte dieses Buches ist bereits an anderer Stelle hingewiesen worden, so daß ich mich mit wenigen Bemerkungen begnügen kann. Wie erwähnt, ist die Ostpreußenstudie aus den Plänen für eine weitangelegte Gemeinschaftsarbeit hervorgegangen und stellt insofern das Produkt einer notwendigen Selbstbescheidung dar. Geleitet von dem Wunsch, dem Zwang der äußeren Umstände nur in sachlich vertretbaren Formen nachzugeben, habe ich meine Aufgabe auf Ostpreußen und die Jahre bis 1930 eingeschränkt, weil dadurch ein regional und zeitlich begrenztes Arbeitsfeld gewonnen wurde. Solch ein Vorgehen lag um so näher, als in Ostpreußen die krisenhaften Momente der ostdeutschen Sozial- und Wirtschaftsstruktur deutlich hervortraten und hier von 1928 bis 1930 der Auftakt für die anschließenden Osthilfeaktionen gegeben worden ist. Es lassen sich also an einem überschaubaren Objekt die Krisenursachen sowie die ersten Versuche einer staatlichen Krisenbekämpfung beobachten und damit die Voraussetzungen und Anfänge der landwirtschaftlichen Subventionspolitik, die unter dem Stichwort „Osthilfe“ bekannt geworden ist, untersuchen. Im übrigen geht die Darstellung der Agrarkrise einher mit ausführlichen Einblicken in die politischen und ökonomischen Verhältnisse Ostpreußens, die ein Bild von der Gesamtsituation der Provinz geben und durch vielseitige Betrachtung des Gegenstandes ersetzen sollen, was das Thema an ursprünglicher Weite eingebüßt hat.

Professor Gerhard Schulz bin ich besonders dankbar dafür, daß er mir dieses Thema zur selbständigen Gestaltung überlassen und mich durch die Mitteilung von Materialien, die er im Bundesarchiv Koblenz gesammelt hatte, unterstützt hat. Die vorliegende Studie zeigt zwar gegenüber der anfänglichen Konzeption ein eigenes Aussehen, aber ohne Professor Schulz' Vorarbeiten im Institut für politische Wissenschaft wäre sie kaum entstanden.

In diesem Zusammenhange findet es meine dankbare Anerkennung, daß das Institut für politische Wissenschaft mir mit der Bearbeitung des Themas nicht nur eine interessante Aufgabe übertragen, sondern auch alle Voraussetzungen für eine befriedigende wissenschaftliche Tätigkeit geboten hat. Insbesondere danke ich den Professoren Hans Herzfeld, Otto Stammer und Karl C. Thalheim für die kritische Durchsicht und freundliche Förderung meiner Arbeit. Fräulein Ingeborg Körfer, Fräulein Christine Zuber und Herrn Albrecht Schultz bin ich für die Herstellung und redaktionelle Überprüfung des Textes verbunden. Nicht zuletzt gilt mein Dank dem Geheimen Staatsarchiv in Berlin, dem Bundesarchiv in Koblenz und dem Staatlichen Archivlager in Göttingen, deren Aktenbestände die Behandlung des Themas erst ermöglicht haben.

Berlin, im März 1969

Dieter Hertz-Eichenrode

Erster Teil

ZUR POLITISCHEN GESCHICHTE OSTPREUSSENS NACH DEM ERSTEN WELTKRIEG

Die Novemberrevolution von 1918 und der Versailler Friedensvertrag von 1919 haben für Ostpreußen neue Formen der politischen Existenz geschaffen, die einen scharfen Kontrast zum vorherigen Zustand bildeten. Die Revolution beendete den prinzipiellen Einklang, der zwischen der konservativ-monarchischen Regierung in Berlin und den maßgebenden politischen Schichten der Provinz bestanden hat. Der November 1918 brachte in Berlin die demokratischen und republikanischen Kräfte ans Ruder, die von der Mehrheit der ostpreußischen Bevölkerung abgelehnt und stets mit offener oder untergründiger Opposition bekämpft wurden. Diese politische Spannung hat zwar die neue Regierung nicht ernstlich gefährden können, aber das gegenseitige Mißtrauen wurde zu einem belastenden Novum für die Beziehungen zwischen Königsberg und Berlin.

Das Trennende, das hierin enthalten war, wäre von beiden Seiten noch schärfer zum Ausdruck gebracht worden, wenn der Friedensvertrag nicht die Provinz in eine Situation gestürzt hätte, in der sie mehr denn je des festen Rückhalts in Berlin und beim übrigen Deutschland bedurfte. Der organische Zusammenhang zwischen Ostpreußen und Deutschland, der in territorialer Hinsicht durch die erste Teilung Polens hergestellt und in staatsrechtlicher Hinsicht durch die Bismarcksche Reichsgründung vollendet worden war, erlitt 1919 eine empfindliche Einbuße, als der Friedensvertrag am Unterlauf der Weichsel den sog. polnischen Korridor schuf und Ostpreußen territorial vom übrigen Reichsgebiet trennte. Obwohl hiermit keine rechtlich-politische Trennung verbunden war, drohte sich diese doch zeitweise einzustellen, weil in Ostpreußen selbst halb separatistische, halb autonomistische Tendenzen Fuß zu fassen begannen. Noch vor dem formellen Friedensschluß ist der Plan eines Oststaats erwogen worden, der eine vorbeugende Konstruktion gegen den neuen Friedensvertrag sein sollte, und danach sind Forderungen nach wirtschaftlicher und politischer Autonomie erhoben worden, die als notwendige Äquivalente für die veränderte Lage der Provinz galten. Unverkennbar waren einflußreiche Kreise Königsbergs bestrebt, sich aus dem beschaulichen und rückständigen Dasein einer preußischen Provinz zu lösen und ein größeres Maß Unabhängigkeit von der ungeliebten Berliner Regierung zu erkämpfen.

Diese Wünsche, die von 1919 bis 1923 mit wechselnder Intensität verfochten worden sind, haben bei der Reichsregierung und preußischen Staatsregierung wenig Entgegenkommen gefunden. Die politische Konstellation in Ostpreußen ließ befürchten, daß eventuelle Zugeständnisse den antirepublikanischen Kräften Oberwasser geben und den Einfluß der Berliner Regierungen schmälern würden. Der Kapp-Putsch hat das Seine getan, diesen Argwohn zu bestätigen und die Kompromißbereitschaft auf ein Minimum zu senken. Die innere und äußere Lage der jungen Republik war zu instabil, als daß die administrativen Bindungen der Peripherie an die Zentrale gelockert und dadurch die allenthalben lauernden zentrifugalen Tendenzen bestärkt werden durften.

Dennoch ist die eigentümliche Stellung, die Ostpreußen in räumlicher Isolierung jenseits des Korridors einnahm, von Berlin aus nicht verkannt worden. Sie ist mit gewissen, wenn auch sparsamen Konzessionen honoriert worden, zu denen das formale Zugeständnis einer berufungslosen Sonderlage, die Ostpreußen in Deutschland besitze, und die Errichtung einer ständigen ostpreußischen Vertretung in Berlin gehörten. Der Grundsatz der berufungslosen Sonderlage war eine allgemein gehaltene politische Maxime, die von Fall zu Fall eine bevorzugte Behandlung Ostpreußens decken sollte. Die ständige Vertretung dagegen verkörperte eine konkrete organisatorische Neuerung, die die besondere Stellung der Provinz in bescheidener Form institutionalisierte. Es war wohl kein Zufall, daß gerade diese Institution genehmigt worden ist, denn sie hatte ihren Platz in Berlin unter den Augen der Regierungen, wo sie schwerlich Gelegenheit zu einer unerwünschten Entwicklung finden konnte.

Ostpreußen ist also am kurzen Zügel der preußischen Regierung geblieben. Es wurde weiterhin von Berlin aus verwaltet, und von dort empfing es auch seine Beamten als Vertreter der Staatsregierung. Die politischen Beamten hatten zwar in erster Linie administrative Aufgaben, aber gleichzeitig stellten sie als Beauftragte der Regierung einen politischen Faktor dar, dessen Effektivität in der vorwiegend konservativ-nationalen Provinz nicht ohne Mühe durchgesetzt worden ist. Es ist bis 1923 nicht leicht gewesen, die alte monarchische Beamtenschaft auf den leitenden Positionen mit republiktreuen Kräften zu durchdringen und dem neuen Staat auf allen Verwaltungsebenen den gebührenden Respekt zu verschaffen. Erst mit dem demokratischen Oberpräsidenten Ernst Siehr, der nach dem Kapp-Putsch in sein Amt eintrat, war ein Mann gefunden, der die Hingabe an die Interessen seiner Heimatprovinz und das Verlangen nach einer Ausweitung seiner dienstlichen Kompetenzen mit einer unbedingten Loyalität gegenüber der Berliner Regierung verband und der recht eigentlich die Ära der ersten deutschen Republik in Ostpreußen repräsentiert hat. Ihm ist es gelungen, zwischen Königsberg und Berlin ein gedeihliches Verhältnis herzustellen, das den Kontrast zwischen der sozialdemokratisch geführten preußischen Regierung und der großenteils rechtsstehenden ostpreußischen Bevölkerung überbrückte.

Die agrarisch-konservativen Kräfte haben zehn Jahre lang, von 1920 bis 1930, das politisch-öffentliche Leben der Provinz maßgeblich beeinflußt. Ihre organisatorischen Eckpfeiler waren die Deutschnationale Volkspartei, der Heimatbund Ostpreußen bzw. als dessen Erbe der Stahlhelm und der Landwirtschaftsverband Ostpreußen. Neben diesen machtvollen politischen Bastionen besaß nur die Sozialdemokratische Partei noch ein eigenständiges Gewicht, wenngleich nicht zu verheimlichen war, daß ihre Gefolgschaft hier so schwach war wie kaum an einer anderen Stelle östlich Berlins. Die übrigen Parteien waren von zweitrangiger Bedeutung, und selbst diese Geltung konnten nur das Zentrum dank seiner Hochburg im Ermland und die Kommunistische Partei dank ihrem Rückhalt in den Städten bis zum Ende der Weimarer Republik behaupten. Seit 1930 sind alle politischen Mitbewerber von den Nationalsozialisten überflügelt worden, die in Ostpreußen große Erfolge errungen und insbesondere die DNVP sowie die kleinen bürgerlichen Parteien zermalmt haben. Mit ihrem Triumph zog 1933 in Ostpreußen die „nationale Revolution" ein, die die schwachen demokratischen Kräfte schnell aus dem Felde schlug und die seit 1918 schwelenden politischen Unterschiede zwischen Königsberg und Berlin in der massiven Einmütigkeit des totalitären Staats verschwinden ließ.

I. OSTPREUSSEN UND DER AUSGANG DES ERSTEN WELTKRIEGES

1. Der „Oststaat"-Plan (1919)

Als 1914 der Erste Weltkrieg ausbrach, begann für Osteuropa eine Epoche revolutionärer Veränderungen, die kein Volk und keinen Staat verschont hat. Mithandelnder und mitleidender Teil in diesem Prozeß war Deutschland, dessen östliche Provinzen sogleich in den Strudel der Ereignisse hineingerissen und schließlich einem völligen Umsturz ihres Gesamtzustandes ausgesetzt wurden. Die Vehemenz der politischen Konflikte hat binnen weniger Jahrzehnte eine Ordnung aufgehoben, die dem deutschen Volk eine historisch anerkannte Position im östlichen Mitteleuropa gewährt hatte und die noch am Anfang unseres Jahrhunderts unverlierbar schien. Die ethnischen und territorialen Rivalitäten, die die deutschen Grenzgebiete seit jeher umgeben hatten, waren nach dem napoleonischen Zeitalter von einer machtpolitischen Konstellation überdeckt worden, die außenpolitisch so dauerhaft gewesen ist, daß sie den Eindruck des Definitiven erwecken konnte. Aber auch ihre Stabilität ist gegen den Zwang des historischen Wandels nicht gefeit gewesen, und mit den ersten Anzeichen ihres Zerfalls wurde offenkundig, daß die von ihr sanktionierte Ordnung nichts Definitives war, sondern daß in Osteuropa die Grenzen der Staaten und Nationen nach wie vor zur Debatte standen. In dieser Situation wurde der Erste Weltkrieg zum Wegbereiter eines neuen Staatensystems in Osteuropa.

Zu den Gebieten, die von dieser Entwicklung berührt worden sind, gehörte Ostpreußen, der östlichste Teil Deutschlands. Der Kriegsausbruch im August 1914 und die russische Invasion hatten hier nachdrücklich die Problematik der eigenen Grenzlage ins Bewußtsein zurückgerufen und das Interesse für territoriale Veränderungen geweckt, denen die erfolgreiche deutsche Gegenoffensive Raum zu geben schien. Die deutschen Überlegungen über eine Umgestaltung der osteuropäischen Landkarte richteten sich zunächst auf Polen, Litauen und Kurland, später auf das gesamte Gebiet von Finnland bis zum Kaukasus, dessen politische Neuordnung 1918 im Frieden von Brest-Litowsk reale Gestalt anzunehmen begann[1]. Für Ostpreußen winkte dabei die Aussicht auf einen besseren territorialen Schutz und auf Zugang zu einem wirtschaftlichen Hinterland, das vom Baltikum bis ans Schwarze Meer reichte und das die peripher gelegene Provinz in den Knotenpunkt eines weitläufigen Wirtschaftsgebiets verwandelt hätte. Ein großer Teil des zu erwartenden Verkehrs zwischen Deutschland und dem neuen Osteuropa hätte seinen Weg über Ostpreußen nehmen müssen, eine Belebung von Handel und Wandel sowie eine intensivere Teilnahme an der Prosperität der deutschen Wirtschaft durften als sicher gelten.

Doch es sollte anders kommen. Der militärische Zusammenbruch Deutschlands im Herbst 1918 hat die Situation an der Ostgrenze ins Gegenteil verkehrt. Plötzlich handelte es sich nicht mehr darum, wieweit die deutsche Machtsphäre ostwärts vorgeschoben werden könnte, sondern wieweit sie westwärts zurückgedrängt werden würde. Die osteuropäischen Völker, denen ein auf die deutschen Interessen zugeschnittenes Maß von Autonomie angeboten worden war, hatten nun die Möglichkeit, sich die volle Souveränität und einen territorialen Besitzstand zu erstreiten, der in dieser Stunde der Auflösung so weit ausgedehnt werden konnte, wie die verfügbaren Kräfte reichten.

1 Über die Entwicklungsstadien dieser Politik s. Fritz Fischer, *Griff nach der Weltmacht. Die Kriegszielpolitik des kaiserlichen Deutschland 1914/18*, Düsseldorf 1961; Werner Basler, *Deutschlands Annexionspolitik in Polen und im Baltikum 1914–1918*, Berlin 1962.

Das Streben nach nationaler Neugestaltung richtete sich jetzt gegen Deutschlands Grenzen und rührte damit an die Existenz Ostpreußens. Vor allem der neue polnische Staat war es, der erhebliche Teile des Deutschen Reiches für sich beanspruchte und außer den Provinzen Westpreußen und Posen auch ostpreußisches Gebiet erwerben wollte. Selbst wenn es gelang, den direkten Zugriff Polens auf Ostpreußen abzuwehren, mußte doch der Verlust Posens und Westpreußens die Provinz schwer treffen, weil er gleichbedeutend war mit ihrer territorialen Trennung vom deutschen Mutterland. Diese Gefahr gab in Königsberg den Anstoß zu Versuchen, die instabile Lage zwischen Krieg und Frieden zum Vorteil Deutschlands auszunutzen und durch eine Taktik militärischer Handstreiche vollendete Tatsachen zu schaffen, die die drohenden Gebietsverluste verhindern sollten. Die territoriale Integrität der deutschen Ostprovinzen galt als ein Ziel, das den höchsten Einsatz rechtfertigte.

Das Ergebnis waren die Pläne über einen deutschen „Oststaat", die den zu erwartenden Friedensbedingungen mit aktivem Widerstand begegnen und dadurch den Verlauf der künftigen Grenzen so beeinflussen wollten, daß der deutsche Herrschaftsbereich an der Südküste der Ostsee ungeschmälert blieb. Das bedeutete, daß der polnische Staat nach Norden nicht über die Netze-Linie hinausreichen, ihm also der direkte Zugang zum Meer verwehrt werden sollte. Ihre entscheidende Phase haben diese Pläne im Mai und Juni 1919 gehabt, als der innerdeutsche Kampf um die Annahme oder Ablehnung der Friedensbedingungen seinen Höhepunkt erreichte; aber ihre Entstehung reicht einige Monate weiter zurück und ist im wesentlichen durch Impulse, die von Ostpreußen ausgegangen sind, beeinflußt worden[2].

Zu ihren Initiatoren gehörten der ostpreußische Oberpräsident Adolf von Batocki sowie der ebenfalls in Königsberg residierende Reichskommissar für Ost- und Westpreußen, August Winnig[3]. Ferner war der Diplomat Rudolf Nadolny beteiligt, der aus Ostpreußen stammte und dessen beruflicher Werdegang mehrfach über Stationen in Osteuropa und im Orient geführt hatte. In den kritischen Monaten des Jahres 1919 hat er als Chef des Büros des Reichspräsidenten einen einflußreichen Posten innegehabt[4]. Andere Eingeweihte waren der Regierungspräsident von Allenstein, von Oppen, der Oberpräsident von Westpreußen, Schnakenburg, und in der Schlußphase der Regierungspräsident von Bromberg, Friedrich von Bülow[5]. Besonders intime Beziehungen haben zum Militär in Ost- und Westpreußen bestanden, namentlich zum Danziger Generalkommando unter General Otto von Below[6].

2 Die alliierten Friedensbedingungen sind am 7.5.19, die deutschen Gegenvorschläge am 27. und 29.5.19 übergeben worden. Die Alliierten haben darauf am 16.6.19 geantwortet und eine Entscheidung binnen sieben Tagen verlangt. Der Friedensvertrag ist am 28.6.19 unterzeichnet worden, nachdem sich die Nationalversammlung am 22.6. damit einverstanden erklärt hatte. Vgl. Cuno Horkenbach, *Das Deutsche Reich von 1918 bis heute*, Berlin 1930, S. 69 ff. – Eine zusammenfassende Aussage, die von militärischer Seite über die Oststaatspläne abgegeben worden ist, ist enthalten in: Karl Brammer, *Verfassungsgrundlagen und Hochverrat. Beiträge zur Geschichte des neuen Deutschlands*, Berlin 1922, S. 13 f. Ferner Gerhard Lawin, *Die Volksabstimmung in Westpreußen. Auf Grund amtlichen Materials dargestellt*, Königsberg 1926, S. 15 ff.

3 Vgl. über beide u. S. 52 ff.

4 Rudolf Nadolny, *Mein Beitrag*, Wiesbaden 1955, S. 71; Horkenbach (Anm. I/2), S. 719.

5 Über letzteren s. Georg Raddatz, *Friedrich von Bülow. 16 Jahre Arbeit für den deutschen Osten (Sonderheft der Grenzmärkischen Heimatblätter)*, Schneidemühl 1937. Bülow hat die Oststaatspläne in der Endphase als erfolglos abgelehnt (S. 38 f.).

6 August Winnig, *Heimkehr*, 2. Aufl., Hamburg 1935, S. 193; Otto Schmidt-Hannover, *Umdenken oder Anarchie. Männer – Schicksale – Lehren*, Göttingen 1959, S. 96 f.; S. 149 f.

In der Öffentlichkeit suchten sich die Verfechter der Oststaatspläne auf überparteiliche Gruppen zu stützen, die sie – wie im Falle Ostpreußens – erst *ad hoc* ins Leben gerufen haben[7]. Dazu gehörten im Regierungsbezirk Bromberg die Deutschen Volksräte, die unter dem bestimmenden Einfluß des Publizisten Georg Cleinow standen und die zunächst an den Oststaatsplänen nicht beteiligt waren, sondern die „Vorbereitung weiterer Schritte in dieser Richtung Berlin und Königsberg überlassen" hatten[8]. Cleinow, der sich bereits seit Jahren mit dem deutsch-polnischen Verhältnis beschäftigte, hatte die Volksräte als ein Gegengewicht zu den aufstrebenden polnischen Kräften gedacht, die die ortsansässige deutsche Bevölkerung unabhängig vom Schutz der Behörden aktionsfähig machen sollten[9]. Er strebte eine spontane Volkstums- und Nationalitätenpolitik an, die die „kulturelle und wirtschaftliche Förderung der Deutschen" im Verein mit dem „Ausbau einer nationalen Selbstverwaltung" zum Ziel hatte[10]. Im weiteren Sinne sollten die Volksräte den „Durchbruch eines neuen Gemeinschaftsbewußtseins und einer nationalen Kultur, die unseren alten Bildungsdualismus überwindet", herbeiführen, was ihnen jedoch unter dem Druck der politischen Verhältnisse nicht gelungen ist[11]. Zur Konzeption dieser Räte gehörte ihr überparteilicher Charakter, denn sie wollten nicht einzelne soziale oder politische Gruppen, sondern das Volkstum im allgemeinen repräsentieren. Theoretisch traten sie auch dafür ein, dem polnischen Volkstum eine entsprechende Entfaltungsfreiheit zuzugestehen, damit es für einen „deutsch-polnischen Ausgleich" gewonnen würde, der „die kulturellen Güter . . . beider Nationalitäten . . . im Rahmen eines großen, freien Rechtsstaats, der die Gleichberechtigung der Nationalitäten unbedingt wahrt", zu schützen hätte[12]. Um diesen Entwurf zu verwirklichen, wäre aber innerhalb der eigenen Volksgruppe und gegenüber dem polnischen Partner ein Maß von politischer Neutralität erforderlich gewesen, wie es 1919 unerreichbar war. Infolgedessen sind die Deutschen Volksräte nicht die Sachwalter ausschließlich kultureller Volkstumsinteressen gewesen, sondern ein Sammelpunkt der deutschen Abwehrbereitschaft, die sich gegen jede Änderung der Ostgrenze wandte. Ihr politisches Engagement ist proreichsdeutsch gewesen und hat in der Entschlossenheit gegipfelt, „ererbte Rechte mit der Waffe in der Hand zu verteidigen"[13]. Deutsche Volkstumspolitik und Bewahrung der politischen Herrschaft Deutschlands in den umstrittenen Gebieten ist ihnen letzten Endes eines gewesen[14]. Solch eine Haltung führte sie zwangsläufig an die Seite der Verfechter des Oststaatsprojektes und ließ sie mit ihnen untergehen.

7 Über den Ostdeutschen Heimatdienst in Ostpreußen und ähnliche Verbände, die 1919 entstanden sind, vgl. Rudolf Klatt, *Ostpreußen unter dem Reichskommissariat, 1919/1920 (Studien zur Geschichte Preußens,* Bd. 3), Heidelberg 1958, S. 139 ff.; Wilhelm Freiherr von Gayl, *Ostpreußen unter fremden Flaggen. Ein Erinnerungsbuch an die ostpreußische Volksabstimmung vom 11. Juli 1920,* Königsberg 1940, S. 100.

8 Georg Cleinow, *Der Verlust der Ostmark. Die deutschen Volksräte des Bromberger Systems im Kampf um die Erhaltung der Ostmark beim Reich. 1918/19,* Berlin 1934, S. 211.

9 *A. a. O.,* S. 69 ff.; S. 95 ff.; Adam Galos / Felix-Heinrich Gentzen / Witold Jakóbczyk, *Die Hakatisten. Der Deutsche Ostmarkenverein (1894–1934). Ein Beitrag zur Geschichte der Ostpolitik des deutschen Imperialismus (Schriftenreihe der Kommission der Historiker der DDR und Volkspolens),* Berlin 1966, S. 301 f.

10 Cleinow (Anm. I/8), S. 168.

11 *A. a. O.,* S. 172 (zitiert aus einer Stellungnahme Max Hildebert Boehms).

12 *A. a. O.,* S. 277 (Entschließung einer Versammlung von Vertretern der Volksräte und verwandter Organisationen vom 28.5.19).

13 *Ebda.*

14 Noch am 3.6.19 hat den Volksräten als „letzte Rettung zur Erhaltung des Deutschtums" die „Schaffung eines zu Deutschland gehörigen Oststaates" vorgeschwebt; *a. a. O.,* S. 287.

Kennzeichnend für die Oststaatspläne war es, daß sie das Verhältnis der betreffenden Gebiete zum Deutschen Reich zu modifizieren trachteten. Es hat sogar Stimmen gegeben, die wegen der drohenden Abschnürung Ostpreußens vom Reich den Mut zur Konsequenz predigten und den Zusammenschluß der Provinz mit Polen[15] oder – in Frontstellung gegen Polen – den Anschluß an einen baltischen Staatenbund empfahlen, der gemeinsam mit Litauen, Kurland und Livland zu gründen sei[16]. Doch derartige Vorstellungen, die auf einen nackten Separatismus hinausliefen, sind von den leitenden Männern wie Winnig, der vorübergehend selbst einen baltischen Staatenbund erwogen hatte[17], als irreal abgelehnt worden. Es wurde deshalb der andere Weg beschritten, der den Ostprovinzen in Anlehnung an das Reich größere politische Eigenständigkeit und ein Maß von Staatlichkeit verschaffen sollte, dessen Integrität von den Siegermächten zu respektieren sein würde.

Einen Ansatzpunkt hatten unmittelbar nach Kriegsende die Reichsreformpläne geboten, die eine Neugliederung der Bundesstaaten vorsahen und aus denen die Provinzen des preußischen Staats die Freiheit herleiten konnten, sich zu neuen Gruppierungen zusammenzuschließen. In diesem Sinne ist Weihnachten 1918 angeregt worden, die Ostmarken sollten „nun an ihre bundesstaatliche Konstituierung" denken und den Zusammenschluß der Gebiete, „die einst den alten Ordensstaat, die Wiege Preußens, bildeten, also Ost- und Westpreußen und der Bezirk Bromberg", vorbereiten[18]. Aufgabe des neuen Bundesstaats Ostdeutschland sei es, „die Heimat zu schützen gegen nachbarliche Raubgelüste"[19]. Jedoch der Mantel der Reichsreform, der hier über die ostdeutschen Abwehrbestrebungen gebreitet worden ist, hat nicht lange zur Verfügung gestanden, da die Aufteilung Preußens nicht realisiert worden ist[20]. Damit war die Möglichkeit geschwunden, eine scheinbar legale Initiative zur staatsrechtlichen Umgestaltung im Osten zu ergreifen. Die Oststaatspläne wurden nun zu einer reinen Abwehrkonstruktion, die nur in Gang gesetzt werden sollte, wenn die Friedensvorschläge der Alliierten oder militärische Übergriffe der Polen es erforderten.

Der kritische Punkt des Projekts waren die Beziehungen zur Reichsregierung, ohne deren wohlwollende Förderung ein Erfolg ausgeschlossen gewesen wäre. Um die besonderen Verpflichtungen der Reichsregierung gegenüber den Siegermächten zu schonen, beabsichtigten die Verschwörer, eine aus Separatismus und bundesstaatlicher Autonomie gemischte Stellung aufzubauen, die es ihnen gestatten würde, nach außenhin unabhängig aufzutreten, unter der Hand aber die Unterstützung des Reichs zu genießen. Batocki, Winnig und ihre Mitwisser konzipierten eine politisch-militärische Sonderaktion, bei der sich Ostpreußen, Westpreußen und der Regierungsbezirk Bromberg als selbständiger Oststaat proklamieren sollten[21], den ein Direktorium, bestehend aus den Oberpräsidenten Batocki und Schnakenburg, dem Regierungspräsidenten Bülow und anderen Persönlichkeiten wie Winnig und Cleinow politisch sowie ein mit diktatori-

15 Friedrich von Rabenau, *Seeckt. Aus seinem Leben. 1918–1936*, Leipzig 1940, S. 123 (nach einer Lagebeurteilung Seeckts vom 19.1.19).

16 August Winnig, *400 Tage Ostpreußen*, Dresden (1927), S. 36; Gerhard Schultze-Pfaelzer, *Insel Ostpreußen*, Berlin 1920, S. 7.

17 Winnig, *Heimkehr* (Anm. I/6), S. 234; Cleinow (Anm. I/8), S. 208; Klatt (Anm. I/7), S. 82 f.

18 Cleinow, *ebda.* (Nadolny an die VdSt-Bundesbrüder); Nadolny (Anm. I/4), S. 71.

19 Cleinow, *a. a. O.*, S. 208 f.

20 Vgl. Gerhard Schulz, *Zwischen Demokratie und Diktatur. Verfassungspolitik und Reichsreform in der Weimarer Republik*, Bd. I, Berlin 1963, S. 136 f.

21 Winnig, *Heimkehr*(Anm. I/6), S. 193 f.; S. 199 f.; Cleinow (Anm. I/8), S. 210 ff.; S. 274 f.; Max Worgitzki, *Geschichte der Abstimmung in Ostpreußen. Der Kampf um Ermland und Masuren*, Leipzig 1921, S. 28 ff. Vgl. Schulz, *a. a. O.*, S. 268 (Anm. 29).

schen Vollmachten ausgestatteter Armeeführer militärisch leiten sollte[22]. Die förmliche Ausrufung des Oststaats sollte verhindern, daß das Reich mit dem Vorgehen dieses Staates identifiziert und deshalb mit Sanktionen belegt würde; auf der anderen Seite sollte aber gerade das Reich durch Lieferung von Vorräten die Verschwörer finanziell und materiell zum Kampf befähigen[23]. Außerdem wurde darauf gerechnet, daß das Reich die militärischen Einheiten, die in den Ostprovinzen stationiert waren, *nolens volens* dem künftigen Oststaat überlassen würde.
Das alles setzte voraus, daß eine Verständigung mit der Reichsregierung erfolgte und ein gemeinsames Vorgehen verabredet wurde. Es darf aber bezweifelt werden, ob die Reichsregierung willens gewesen wäre, sich auf solch ein kriegerisches Abenteuer einzulassen, denn für sie stellte die Ostgrenze nur ein Problem von vielen dar, dem sie nicht einen absoluten Vorrang zuerkennen konnte. Der daraus folgenden Distanz zwischen den beiderseitigen Interessen sind sich Batocki und Winnig so sehr bewußt gewesen, daß sie zunächst darauf verzichtet haben, die Regierung einzuweihen[24]. Sie zogen es vor, mit der Obersten Heeresleitung in Kolberg und dem Danziger Generalkommando unter Below in Verbindung zu treten und mit ihrer Hilfe die Verteidigung der Ostmark zu organisieren[25]. Daneben hat Winnig versucht, über die im Baltikum stehende bolschewistische Rote Armee eine außenpolitische Abrede mit der Sowjetunion zu treffen, um gegebenenfalls in gemeinsamem Vorgehen „die staatliche Konfiguration im Osten zugunsten der beiden großen Völker zu ändern und solcherart eine neue und bessere Lage für den Friedensschluß zu schaffen"[26]. Aber diese Hoffnung hat sich zerschlagen, so daß nur das Vertrauen auf die eigenen Kräfte blieb.
Die Planungen sind in dem Augenblick, als die alliierten Friedensbedingungen bekannt wurden, akut geworden, denn die anfänglichen Befürchtungen hatten sich als berechtigt erwiesen: der größte Teil der Provinz Westpreußen sollte an Polen fallen, Danzig sollte ein Freistaat werden, das Memelgebiet war abzutreten, und im südlichen Ostpreußen, in Masuren, sollte eine Volksabstimmung über die Zugehörigkeit zu Deutschland bzw. zu Polen entscheiden[27]. Es erhob sich eine Welle öffentlicher Proteste, auf der auch die Vorkämpfer des Oststaates zu schwimmen suchten. Sie bemühten sich darum, die politischen Parteien näher zusammenzuführen und in ihr Fahrwasser zu bringen[28]. Eigens zu diesem Zweck wurde ein Ostparlament berufen, das die ostdeutschen Abgeordneten der verfassungsgebenden Nationalversammlung und der preußischen Landesversammlung vereinigte und das einen Parlamentarischen Aktionsausschuß

22 Cleinow, *a. a. O.*, S. 315; Winnig, *a. a. O.*, S. 199; Gerhard Ritter, *Carl Goerdeler und die deutsche Widerstandsbewegung*, 3. Aufl., Stuttgart 1956, S. 442 f. Als Heerführer war der in Danzig kommandierende General Otto von Below ausersehen, der sich bereits im Kriege einen Namen gemacht hatte und nun von den Verschwörern ins Vertrauen gezogen wurde. Cleinow, *a. a. O.*, S. 304; S. 313; Winnig, *a. a. O.*, S. 193; Schmidt-Hannover (Anm. I/6), S. 96 f.; S. 149 f.

23 Winnig, *a. a. O.*, S. 199.

24 *A. a. O.*, S. 193.

25 *A. a. O.*, S. 190 f.; S. 193.

26 Winnig, *400 Tage...* (Anm. I/16), S. 30 f.; Cleinow (Anm. I/8), S. 223 ff.; Klatt (Anm. I/7), S. 83.

27 *Die Friedensbedingungen der Alliierten und Assoziierten Regierungen*, Berlin 1919, S. 27 ff.; S. 64 ff. Über die Ausarbeitung der Friedensbedingungen s. Harold I. Nelson, *Land and Power. British and Allied Policy on Germany's Frontiers 1916–1919*, London / Toronto 1963, S. 145 ff.

28 Winnig, *Heimkehr* (Anm. I/6), S. 204 f.: „Ich wollte die Abgeordneten aller Parteien des Ostens in Marienburg zu einer Kundgebung versammeln und zum Widerstand gegen die Friedensbedingungen verpflichten."

Ost-Gruppe Nord einsetzte[29]. Allerdings ist es zweifelhaft, ob die Parteigänger des Oststaates dadurch einen nennenswerten Zuzug erhielten, denn der Aktionsausschuß neigte offensichtlich dazu, die Volksstimmung im Sinne der Reichsregierung zu beeinflussen, d. h. die Lust zu eigenmächtigen Handlungen zu dämpfen; er hat dementsprechend negative Eindrücke bei den ostdeutschen Aktivisten hinterlassen[30].
In ähnlicher Weise sind die Deutschen Volksräte, die im Mai 1919 enger an die politischen Bestrebungen Winnigs und Batockis heranrückten, darauf aus gewesen, den von ihnen propagierten deutsch-polnischen Ausgleich im Einvernehmen mit der Reichsregierung und nach Fühlungnahme mit polnischen Kreisen herbeizuführen. Obwohl sie das Ziel eines zu Deutschland gehörenden Oststaates bejahten, haben sie die Politik der Reichsregierung, „durch Verhandeln zum Ziele zu gelangen", unterstützt und den Appell an die Waffen nur als Antwort auf einen eventuellen polnischen Angriff gutgeheißen[31]. Die Ursache für das Lavieren der überparteilichen Gruppierungen war in dem Mißtrauen zu suchen, das die Arbeiterparteien gegenüber den kriegerischen Plänen der Winnig und Batocki hegten und das sich insbesondere gegen das Bündnis zwischen Bürokratie, Militär und Bürgertum, wie es sich im Rahmen des Oststaatsprojekts abzeichnete, gerichtet hat. Im Laufe der Zeit hatte es sich gezeigt, daß weder MSPD noch USPD bereit waren, sich von der nationalen Parole einfangen zu lassen und Bestrebungen zu fördern, die die Trennung vom Reich und der Reichsregierung bewußt einkalkulierten. Daraus folgte, daß Winnig bei den ostpreußischen Sozialdemokraten auf wenig Gegenliebe stieß und den Schatten ihres Argwohns bis in die Berliner Regierungskreise wachsen sah[32]. Es wurde ihm dort vorgeworfen, daß er sich ganz im Fahrwasser Batockis befände und daß in Ostpreußen systematisch eine konterrevolutionäre Position aufgebaut werde; „die Truppen rekrutieren sich dort in der Hauptsache aus Grundbesitzerkreisen, die agrarisch-konservativ gerichtet sind und die monarchische Überzeugung noch nicht aufgegeben haben"[33]. Demgegenüber wurde ein scharfes Durchgreifen gefordert, um die Anhänger der Reichsregierung nicht zu entmutigen.
Solche Gegensätze machten es unmöglich, unter den Arbeiterparteien eine kampfbereite Gefolgschaft für den Oststaat zu werben. Die ostpreußischen Arbeiter- und Soldatenräte ließen sich von Winnig nicht dazu bewegen, die alliierten Friedensbedingungen

29 Nadolny (Anm. I/4), S. 71; Cleinow (Anm. I/8), S. 250 ff.; S. 287 f.; *GStA*, Rep. 90, Nr. 2231: WTB über Besprechung der ostdeutschen Parlamentsabgeordneten in Berlin am 21./22.5.19. In der Entschließung dieser Versammlung hieß es u. a.: „Die Feinde dürfen nicht darüber im Zweifel sein, daß wir uns den vorliegenden Friedensbedingungen niemals freiwillig unterwerfen werden." – Ernst Siehr, „Ostpreußen nach dem Kriege", in: *Deutsche Staatenbildung und deutsche Kultur im Preußenlande*, Königsberg 1931, S. 658. – Worgitzki (Anm. I/21), S. 27 f.; Winnig, *a. a. O.*, S. 204 f.; Klatt (Anm. I/7), S. 129 f.; *GStA*, Rep. 90, Nr. 2231: WTB über Tagung des Parlamentarischen Aktionsausschusses für Ostpreußen, Westpreußen und den Regierungsbezirk Bromberg auf der Marienburg am 27.5.19.

30 Cleinow, *a. a. O.*, S. 287 f.: Am 3.6.19 hat sich der Parlamentarische Aktionsausschuß in Danzig der Presse vorgestellt, wobei der Zentrumsabgeordnete Fleischer u. a. ausgeführt hat, „der Ausschuß stelle sich hinter die Regierung, ohne von ihr abhängig zu sein", und verfolge bei seiner Arbeit die Alternative, daß entweder der Frieden scheitere – dann müsse die deutsche Abwehr gegen polnische Angriffe organisiert werden – oder auf Grund der deutschen Gegenvorschläge zustande komme – dann müsse die Bevölkerung auf die zu erwartenden Abstimmungen vorbereitet werden. Unausgesprochener Grundsatz dieser Haltung war es, im Einklang mit der Reichsregierung zu bleiben. – Winnig, *a. a. O.*, S. 205 f.; Cleinow, *a. a. O.*, S. 275 f.; S. 291 f.

31 Cleinow, *a. a. O.*, S. 274; S. 277; S. 285; S. 287.

32 Winnig, *Heimkehr* (Anm. I/6), S. 191 f.

33 *BAK*, R 43 I/1795: Niederschrift über Besprechung in der Reichskanzlei am 16.4.19; das Zitat ist Ausführungen des PreußMfLDuF Otto Braun entnommen.

rundweg abzulehnen, die Königsberger USPD demonstrierte sogar für deren Annahme und wies jeden Gedanken an Widerstand zurück, während die MSPD den Griff nach den Waffen nur gutheißen wollte, wenn die Reichsregierung damit einverstanden wäre[34]. Ähnlich trübe Erfahrungen hatte in Bromberg Cleinow sammeln müssen, der sich von den Polen ebenso wie von der MSPD und der USPD beargwöhnt sah und dessen Versuch, in einer Arbeiterversammlung dem Gedanken des nationalen Widerstandes Gehör zu verschaffen, gänzlich gescheitert ist[35].
Unabhängig davon hat es jedoch nicht an Protesten gegen die Friedensbedingungen und an Bekundungen des Kampfwillens gefehlt[36]. Namentlich aus den Reihen der Grenzschutztruppen, die bereits im April 1919 darauf gebrannt hatten, „sich an den Polen zu rächen", und nur mit Mühe von eigenmächtigen Angriffen abzuhalten gewesen sind[37], wurde verkündet, daß der „Vernichtung der Ehre und Lebenskraft des deutschen Volkes" der „Krieg bis aufs Messer" vorgezogen und kein deutscher Boden ohne Blutvergießen an Polen fallen werde[38]. Diese Gesinnung schien zu obsiegen, als Winnig am 14. Juni 1919 vor der Königsberger Presse zum Ausdruck brachte, daß die Reichsregierung, „gestützt auf den Willen der Bevölkerung", alles daransetzen werde, „um das Deutschtum des Ostens vor der Polonisierung zu schützen", und daß die Bevölkerung ihrerseits gehalten sei, „die Waffen zum Widerstand" zu ergreifen und das Reich oder wenigstens einige Provinzen zu retten; „ . . . versagt uns das Schicksal selbst dies, so retten wir das Letzte und Höchste, das ein Volk zu verteidigen hat: die deutsche Ehre"[39].
Um die gleiche Zeit kursierte in den eingeweihten Kreisen der Entwurf eines Aufrufs, den Reichskommissar Winnig, die Oberpräsidenten von Batocki und Schnakenburg, die Regierungspräsidenten von Bülow und von Puttkamer (Köslin) gemeinsam mit den Generälen von Quast, von Estorff, von Saenger, von Below und Albrecht an die ostdeutsche Bevölkerung richten wollten, um alle waffenfähigen Männer zum freiwilligen Eintritt in die Truppenverbände zu bewegen. „Unsere Heimat ist in Gefahr", hieß es darin. „Die Polen brechen mit Waffengewalt in deutsches Land ein. Ost- und Westpreußen, Posen und Pommern sollen vergewaltigt und zerstückelt werden[40]."

34 Winnig, *Heimkehr* (Anm. I/6), S. 194; S. 204; S. 212; Klatt (Anm. I/7), S. 130; Worgitzki (Anm. I/21), S. 32 f. – Laut einer Notiz des Generals von Below – bei Schmidt-Hannover (Anm. I/6), S. 150 – hätte die MSPD das militärische Vorgehen tolerieren wollen, wenn ihr bei den beteiligten Truppen besondere Kontrollorgane zugestanden worden wären; dieses Ansinnen hat Below abgelehnt.

35 Cleinow (Anm. I/8), S. 270 ff.; Galos / Gentzen / Jakóbczyk (Anm. I/9), S. 321 ff.; *GStA*, Rep. 90, Nr. 2231: Telegramm der Deutschen Vereinigung Bromberg an den PreußMdI vom 21.5.19; RWehrM an den PreußMPr, 8.6.19. Durch Vermittlung eines Referenten aus dem RWehrM sind die Gegensätze zwischen den Anhängern Cleinows und der Bromberger Sozialdemokratie notdürftig überbrückt worden. Über die wachsende Rechtsorientierung der westpreußischen Volksräte und anderweitige organisatorische Reibungen s. Worgitzki, *a. a. O.*, S. 31 f.

36 Winnig, *Heimkehr* (Anm. I/6), S. 207; Cleinow, *a. a. O.*, S. 245: angeblich seien über 11 000 Proteste im Mai 1919 aus der Ostmark an die Reichsregierung gelangt.

37 *BAK*, R 43 I/1795: Vertreter des AA beim Großen Hauptquartier an den PrRMin, Kolberg, 16.4.19.

38 *A. a. O.*: Posensches Feldartillerie-Regiment Nr. 56 an die 10. Feldartillerie-Brigade, 22.5.19 (Zitate); *GStA*, Rep. 90, Nr. 2237: 4. Infanterie-Division an Generalkommando Stettin, 20.5.19.

39 Cleinow (Anm. I/8), S. 294; Winnig, *Heimkehr* (Anm. I/6), S. 211 f.

40 *GStA*, Rep. 90, Nr. 2237: OPr Lippmann (Stettin) an den PreußMdI, 16.6.19 (übersendet eine Abschrift des Entwurfs).

Jedoch den Worten sind keine Taten gefolgt. Das scheinbare Einverständnis, das für einen Augenblick zwischen der Reichsregierung und Winnig bestanden und letzteren zu seiner öffentlichen Erklärung veranlaßt hatte, ist angeblich ein Täuschungsmanöver gewesen, mit dem von Berlin aus Winnig das Geheimnis seiner politischen Pläne entlockt werden sollte[41]. In Wirklichkeit ist die Reichsregierung bemüht gewesen, die politische Reaktion auf die Friedensbedingungen unter Kontrolle zu halten und dem deutschen Volk militärische Abenteuer zu ersparen. Sie hat trotz der Ablehnung, die Ministerpräsident Scheidemann am 8. und 12. Mai bekundet hatte, jede scharfmacherische Wendung vermieden und stattdessen betont, daß sie die Einigung nicht vom Handeln, sondern vom Verhandeln erwarte; „ein gemartertes Volk und Land wie das unsere vertragen keine heroischen Gesten" [42]. Dementsprechend suchten sie zu verhindern, daß die aufgestaute Erregung in den Ostprovinzen sich gewaltsam entlud und den Berliner Gremien die Initiative entriß. „Laßt keine unruhigen Köpfe das Schicksal Deutschlands und vor allem des deutschen Ostens gefährden!", hat sie der dortigen Bevölkerung zugerufen. „Verhandlungen, nicht Kampf! Das muß jetzt die Parole sein![43]" Für sie war jegliche Katastrophenpolitik unannehmbar. Nur um das Schicksal zweier oder dreier Provinzen zu wenden, konnte sie nicht alles andere, was zum Reich gehörte, aufs Spiel setzen und – wie Cleinow für den Fall der Ablehnung des Friedensvertrages voraussagte – den Einmarsch der Alliierten, die Abtrennung Süd- und Westdeutschlands nebst dem Ruhrgebiet, die Blockade sämtlicher Häfen an der Nord- und Ostseeküste, einen polnischen Aufstand in Oberschlesien und den Vormarsch polnischer Truppen in Posen und Ostpreußen riskieren[44]. Die einzige Alternative hierzu ist die Annahme der Friedensbedingungen gewesen, und die Reichsregierung hat sich unter dieses Joch gebeugt.

Unter dem Druck der Tatsachen hat sich auch die Oberste Heeresleitung von den Oststaatsplänen abgewandt und deren Anhänger der völligen Isolierung preisgegeben. Obwohl anfänglich den Sondierungen Winnigs nicht abgeneigt[45], ist sie letzten Endes realistisch genug gewesen anzuerkennen, daß bewaffneter Widerstand unmöglich sei und nur Verhandlungen weiterhelfen könnten. „Das Volk ist kriegsmüde und auch in der Truppe ist das alte selbstlose Heldentum nicht mehr zu finden. ... Nur in Ostpreußen und Schlesien findet man mehr, aber das reicht nicht[46]." Deshalb hat Hindenburg am 17. Juni eingestanden, daß beim Wiederaufleben der Feindseligkeiten nur im Osten gewisse Erfolgsaussichten bestünden, während die numerische Unterlegenheit im Westen

41 Winnig, *Heimkehr* (Anm. I/6), S. 286 f. Zu beachten ist jedoch, daß der preußische Kriegsminister Reinhardt nachdrücklich für einen bewaffneten Widerstand im Osten und die Oststaatsidee eingetreten ist; s. Wilhelm Groener, *Lebenserinnerungen. Jugend, Generalstab, Weltkrieg*, Göttingen 1957, S. 499; S. 502.

42 Aus der Rede Scheidemanns am 8.5.19; s. *Die Friedensbedingungen...* (Anm. I/27), S. 250.

43 *GStA*, Rep. 90, Nr. 2231: Aufruf der Reichsregierung an die Deutschen im Osten, 30.5.19 (lt. WTB vom 31.5.19). Vgl. *BAK*, R 43 I/1795: UStSRK an RKom Winnig, 12.6.19; die Reichsregierung wünsche, daß während der Friedensverhandlungen keine bewaffneten Zwischenfälle im Osten einträten und jedes aggressive Verhalten unterbleibe.

44 Cleinow (Anm. I/8), S. 295 (an seine Frau, 15.6.19). Vgl. Winnig, *Heimkehr* (Anm. I/6), S. 215 f.

45 Winnig, *a. a. O.*, S. 190 f. Allerdings hat Groener bereits am 28.1.19 Batocki gegenüber betont, daß alle für die Reichseinheit gefährlichen Unternehmen inopportun seien; s. Dorothea Groener-Geyer, *General Groener. Soldat und Staatsmann*, Frankfurt a. M. 1955, S. 131 f.; S. 151 f.; Groener (Anm. I/41), S. 493.

46 Walther Hubatsch, *Hindenburg und der Staat. Aus den Papieren des Generalfeldmarschalls und Reichspräsidenten von 1878 bis 1934*, Göttingen / Berlin / Frankfurt / Zürich (1966), S. 50: Hindenburg an seine Frau, 25.5.19.

den günstigen Ausgang der Gesamtaktionen sehr fraglich erscheinen lasse[47]. Noch eindeutiger hat General Groener den Gedanken an Widerstand abgelehnt: „das sei eine völlig hoffnungslose Sache"[48]. Aus dieser Erkenntnis heraus haben sich die maßgebenden politischen und militärischen Kreise am 19. und 20. Juni in Weimar zur Annahme des Friedensvertrages durchgerungen, und die Oberste Heeresleitung hat die Generale in den Ostprovinzen angehalten, alle Aktionen zu unterbinden, die im Widerspruch zur Politik der Reichsregierung stünden; dieser Befehl ist befolgt worden[49].

Damit waren die Prämissen des Oststaates hinfällig geworden. Die Führer des Unternehmens mußten den achtzig Vertretern der Volksräte und sonstigen Verbände, die in der Nacht vom 24. zum 25. Juni in Danzig auf die Parole zum Kampf warteten, eröffnen, daß ihrer Meinung nach die Lage aussichtslos sei, denn die Entschlossenheit des Militärs, die Befehle der Regierung zu beobachten, werde jede selbständige Regung im Keime ersticken[50]. Batocki teilte mit, daß er gemeinsam mit Schnakenburg und Bülow eine Proklamation an die ostdeutsche Bevölkerung erlassen habe, in der festgestellt werde, daß die Deutschen in den Grenzprovinzen wohl entschlossen gewesen seien, „ihr deutsches Vaterland mit der Waffe zu verteidigen", daß sie aber darauf verzichten müßten, weil die daraus folgenden Konsequenzen nicht nur sie allein treffen würden. „Die Rücksicht auf unsere Volksgenossen im Reiche . . . legt uns die schwere Pflicht auf, dem Kampfe zu entsagen und uns der getroffenen Entscheidung zu beugen[51]." Diese Erklärung ist am 25. Juni in der ostdeutschen Presse erschienen und setzte den Schlußpunkt unter ein Wagnis, das mit einem hohen Einsatz begonnen und mit einem vermutlich noch größeren Verlust geendet hätte, wenn es weitergediehen wäre als tatsächlich geschehen. Der Oststaat ist ein politisches Zwischenspiel geblieben, das zwar in den Kulissen bereits arrangiert gewesen, aber nicht mehr auf die Bühne gelangt ist.

Eine Betrachtung dieses Vorhabens kann nicht darüber hinwegsehen, daß in ihm neben den bloßen Abwehrtendenzen auch innenpolitische Motive enthalten gewesen sind, die sich aus der Abneigung der Ostprovinzen bzw. ihrer Repräsentanten gegen die Novemberrevolution ergeben haben. Die östlichen Provinzen sind dank ihrer Geschichte und Sozialstruktur das Kernland der konservativen und monarchistischen Anschauungen gewesen, in dem die demokratisch-sozialistischen Tendenzen auf die relativ wenigen Städte beschränkt geblieben sind. Die Ergebnisse des 9. November 1918 haben hier nur eine schmale Basis besessen und waren auf die Dauer allein dadurch zu behaupten, daß

47 *Ebda.;* Cleinow (Anm. I/8), S. 329.

48 Winnig, *Heimkehr* (Anm. I/6), S. 213; Cleinow, *a. a. O.,* S. 318 ff.; Raddatz (Anm. I/5), S. 37 ff.; Groener-Geyer (Anm. I/45), S. 151 ff.; S. 379 ff.; Groener (Anm. I/41), S. 498 ff.; Johannes Erger, *Der Kapp-Lüttwitz-Putsch. Ein Beitrag zur deutschen Innenpolitik 1919/20 (Beiträge zur Geschichte des Parlamentarismus und der politischen Parteien,* Bd. 35), Düsseldorf 1967, S. 24 f.; S. 303; Erich Otto Volkmann, *Revolution über Deutschland,* Oldenburg 1930, S. 278 ff.; Otto-Ernst Schüddekopf, *Das Heer und die Republik. Quellen zur Politik der Reichswehrführung 1918 bis 1933,* Hannover / Frankfurt a. M. 1955, S. 92 f.; Fritz Ernst, „Aus dem Nachlaß des Generals Walther Reinhardt", in: *Die Welt als Geschichte,* 18. Jg. (1958), S. 72 ff.

49 Über die Haltung des Generals von Below s. Cleinow, *a. a. O.,* S. 319 f.; Hubatsch (Anm. I/46), S. 50 f.; Erger, *a. a. O.,* S. 28.

50 Cleinow, *a. a. O.,* S. 313 ff. Für die Haltung Batockis s. dessen Erklärungen vom 26.6.19 bei Klatt (Anm. I/7), S. 267 f.; Raddatz (Anm. I/5), S. 37, und vom September 1932 bei Cleinow, *a. a. O.,* S. 320 f.

51 Raddatz, *a. a. O.,* S. 40 f.

die revolutionstreuen Kräfte in der Reichs- und Preußischen Staatsregierung tonangebend waren und von der Zentrale aus die Peripherie entsprechend beeinflussen konnten. Dieser Rückhalt wäre ins Wanken geraten, wenn die Grenzprovinzen sich auf dem Wege über eine bundesstaatliche Autonomie ein gewisses Maß innenpolitischer Unabhängigkeit von Berlin erkämpft hätten. Die Konstituierung eines Oststaates hätte diesem Staatsgebilde die Freiheit gegeben, seine innere Verwaltung unbeeinflußt von der sozialdemokratisch geführten preußischen Regierung zu gestalten und die politische Macht im Einklang mit der regionalen Sozialstruktur zu verteilen[52]. Es ist außerdem anzunehmen, daß es mit der Emanzipation von Berlin nicht sein Bewenden gehabt hätte, denn daneben sind nationalistisch-konterrevolutionäre Bestrebungen zu beobachten gewesen, die ihrerseits von der Peripherie her auf das Zentrum drücken sollten, d. h. aus Ostpreußen ein Asyl für die aufzulösenden Freikorps und Grenzschutzeinheiten machen und von hier aus „die nationale Welle wieder hochgehen" lassen sollten, um gemeinsam mit den übrigen Ostprovinzen den „Marsch auf Berlin" wagen zu können[53]. Solche verstiegenen Vorstellungen rechtfertigten es, daß die Arbeiterparteien nicht auf Winnigs Annäherungsversuche eingegangen sind. Ihre Besorgnis wurde noch bestärkt durch das Schicksal der Arbeiterräte, mit denen die SPD in den Ostprovinzen erstmals eine Kontrolle über die örtliche Staatsverwaltung gewonnen hatte und die bereits im ersten Halbjahr 1919 zu immer größerer Machtlosigkeit herabgedrückt wurden. Sie erschöpften sich in erfolglosen Kämpfen mit den lokalen Staats- und Militärbehörden und waren je länger desto weiter davon entfernt, der Arbeiterklasse eine Gewähr für eine Demokratisierung der Verwaltung zu bieten. Ebenso verhielt es sich mit den zivilen Selbstschutzorganisationen, den Einwohnerwehren, die vorwiegend aus bürgerlichen und landwirtschaftlichen Kreisen rekrutiert und von denen die Arbeiter bewußt ferngehalten wurden, so daß ein der allgemeinen Sicherheit dienendes Instrument in die einseitige Bewaffnung der nichtproletarischen Klassen auszuarten drohte. Derartige Erscheinungen waren nicht dazu angetan, die ohnehin vorhandenen politischen Gegensätze zu vermindern und einen allgemeinen patriotischen Konsensus zu fördern. Die Arbeiterparteien mußten vielmehr in der nationalen Parole ein Fangseil vermuten, das sie an ein antirepublikanisches und antisozialistisches Unternehmen binden sollte[54].

52 Cleinow (Anm. I/8), S. 304, hat gehofft, „daß es möglich sein werde, den Oststaat vor der Formaldemokratie zu bewahren und für seine innere Organisation Grundgedanken eines ständischen Ausbaus ... durchsetzen zu können". – Für Winnig vgl. u. Anm. I/217. Die Stellung Batockis gegenüber der Revolution ist daraus ersichtlich, daß er sein Amt als Oberpräsident nach dem Umsturz nur widerstrebend fortgeführt hatte und seine Ablösung wünschte, „sobald es die Lage irgend angängig erscheinen läßt". Vgl. Batocki am 13.3.19 vor dem OstprProvLT, in: *Verhandlungen des 44. ProvLT der ProvOstpr,* Königsberg 1919, S. 44.

53 Ludwig Schemann, *Wolfgang Kapp und das Märzunternehmen vom Jahre 1920. Ein Wort der Sühne,* München / Berlin 1937, S. 122 f.: Kapp an Oberst Heye, 5.7.19; Erger (Anm. I/48), S. 39 f.; Elard von Oldenburg-Januschau, *Erinnerungen,* Leipzig 1936, S. 212.

54 Über die Stellung der Arbeiterräte und die Einwohnerwehren s. Eberhard Kolb, *Die Arbeiterräte in der deutschen Innenpolitik, 1918–1919 (Beiträge zur Geschichte des Parlamentarismus und der politischen Parteien,* Bd. 23), Düsseldorf 1962, S. 367 ff.; S. 385 ff. Bezeichnend für die Zurückdrängung des politischen Einflusses der Arbeiterparteien war es, daß der Vorschlag der MSPD, sich gegenüber dem militärischen Unternehmen zugunsten des Oststaats neutral zu verhalten, falls sie durch Zulassung besonderer politischer Kontrollorgane bei den Kommando-Behörden die Gewähr erhielte, daß die Aktionen nicht zu einem „militärischen Pronunciamento" ausgenutzt würden, abgelehnt worden ist; s. Schmidt-Hannover (Anm. I/6), S. 150; Erger (Anm. I/48), S. 24 f.

Auch für die Reichsregierung und die preußische Regierung war die Abwehr derartiger Pläne lebensnotwendig, weil sie an der deutschen Westgrenze zeitweise mit ähnlichen Tendenzen zu rechnen hatten. Kölner Zentrumskreise haben bereits im November 1918 Pläne für eine rheinisch-westfälische Republik entwickelt, bei denen antizentralistische und antirevolutionäre Affekte sichtbar Pate gestanden haben. Auch hier verband sich das innenpolitische Argument, der Wiederaufbau Deutschlands müsse von den gesunden Landesteilen im Westen ausgehen, mit der außenpolitischen Überlegung, daß die Expansionsgelüste Frankreichs nur durch eine staatsrechtliche Neuordnung des deutschen Rheinlands aufzuhalten seien. Dieser Gedanke beschäftigte am 1. Februar 1919 die linksrheinischen Abgeordneten der Nationalversammlung und der preußischen Landesversammlung, die in Köln zusammengetreten waren und einen Ausschuß einsetzten, der die Errichtung eines westdeutschen Freistaats im Auge behalten sollte. Die Bemühungen haben allerdings keinen praktischen Erfolg gehabt, weil die inzwischen vollzogene alliierte Besetzung des Rheinlandes die Spontaneität derartiger Sonderbestrebungen zweifelhaft erscheinen ließ und weil die politische Situation nach der Annahme des Friedensvertrages und der Reichsverfassung fürs erste geklärt war. Hinzu kam, daß nicht nur die Berliner Regierungen widerstrebten, sondern daß auch das liberale Bürgertum und die Arbeiterparteien eine vom Zentrum dominierte Rheinrepublik ablehnten und nur unter dem Druck außenpolitischer Notwendigkeiten kooperationswillig gewesen wären. Ein Beweis für die Festigung des nationalen Zusammenhalts, die sich angebahnt hatte, war der Anfang Juni 1919 fehlgeschlagene Versuch einer kleinen Gruppe enragierter Separatisten, unter dem Schutz der französischen Besatzungstruppen die Rheinische Republik zu verwirklichen[55]. Derartige Vorgänge lehrten, daß die Oststaatspläne keine isolierte Erscheinung waren. Sie lehren aber auch, daß die Anhänger dieser Pläne das Spiel um die Reichseinheit nicht ernsthaft wagen konnten, weil die politische Entwicklung über sie hinwegging und weil sie die regionalen Widerstände, die sich im Bürgertum und in der Arbeiterschaft regten, nicht entkräften konnten.

2. *Die Folgen des Friedensvertrages*

a) Gebietsveränderungen und Volksabstimmung

Die Annahme des Versailler Vertrages ist für Ostpreußen mit einschneidenden Folgen verbunden gewesen. Am unmittelbarsten zeigte sich das bei der Neugestaltung der Grenzen. Am 10. Januar 1920 mußten im Norden das Memelland mit 2660 qkm und 141 000 Einwohnern sowie im Südwesten das Gebiet um die Stadt Soldau mit 500 qkm und 25 000 Einwohnern abgetreten werden; insgesamt handelte es sich um 3160 qkm und 166 000 Menschen[56]. Doch ergab sich dafür insofern ein Ausgleich, als von der ehemaligen Provinz Westpreußen, die durch den Friedensvertrag vollständig

55 Über die Ereignisse im Rheinland s. Peter Klein, *Separatisten an Rhein und Ruhr. Die konterrevolutionäre separatistische Bewegung der deutschen Bourgeoisie in der Rheinprovinz und in Westfalen, November 1918 bis Juli 1919,* Berlin 1961; Karl Dietrich Erdmann, *Adenauer in der Rheinlandpolitik nach dem Ersten Weltkrieg,* Stuttgart 1966.

56 *Statistisches Jahrbuch für das Deutsche Reich,* 47. Jg., 1928, Berlin 1928, S. 16. Das Soldauer Gebiet ging direkt an Polen über, während das Memelland zunächst unter alliierte Verwaltung kam und Anfang 1923 von Litauen besetzt wurde; 1924 erhielt es den Status eines autonomen Gebiets innerhalb des litauischen Staates.

zertrümmert worden war, die östlich der Weichsel gelegenen Kreise Elbing, Marienburg, Stuhm, Marienwerder und Rosenberg mit 3000 qkm und 260 000 Einwohnern übernommen wurden; die Provinz Ostpreußen neuen Umfangs war danach nur um 160 qkm kleiner als vor den Grenzveränderungen und hatte einen Gewinn von beinahe 100 000 Einwohnern zu verzeichnen[57]. Der Regierungsbezirk Westpreußen wies die gleiche Sozial- und Wirtschaftsstruktur wie die übrige Provinz auf und besaß in der Stadt Elbing ein bedeutendes wirtschaftliches Zentrum, das hinter der Provinzhauptstadt Königsberg den zweiten Rang unter den ostpreußischen Städten einnahm. In verkehrsgeographischer Hinsicht war die Erweiterung Ostpreußens nach Westen begrüßenswert, da sie die räumliche Distanz zum deutschen Mutterland verkürzte. Der Zugang zum Unterlauf der Weichsel, der hiermit verbunden gewesen ist, hat dagegen keine praktische Bedeutung erhalten, weil das östliche Weichselufer Polen zugesprochen und lediglich der Hafen Kurzebrack formell dem ostpreußischen Verkehr geöffnet worden war; die Benutzungsvorschriften der polnischen Verwaltung haben die deutschen Interessenten weitgehend davon abgehalten, von dem Hafen Gebrauch zu machen[58].

Eine andere schwerwiegende Vorschrift des Friedensvertrages war die über die Volksabstimmung in Masuren und Westpreußen. Ihr zufolge sollte die Bevölkerung eines 14 810 qkm großen Gebiets darüber entscheiden, ob sie bei Ostpreußen verbleiben oder künftig dem Staat Polen angehören wollte. Die Vertreter Polens stützten ihre Ansprüche auf die Tatsache, daß in den besagten Gebieten eine größere Anzahl von Menschen mit slawischer Muttersprache wohnte, deren ethnische Verwandtschaft mit den polnischen Nachbarn unstreitig war[59]. Die Volksbefragung bot der deutschen Seite jedoch die Möglichkeit, die Stärke der aus einer jahrhundertelangen staatlichen, kulturellen und wirtschaftlichen Gemeinschaft erwachsenen Bande zu aktivieren, so daß sich nach einem heftigen Propagandakampf, der seit Frühjahr 1920 unter der Aufsicht einer interalliierten Kommission das Land erfaßt hatte, am Abstimmungstage, dem 11. Juli 1920, der Sieg der deutschen Seite zuneigte; für sie haben nicht weniger als 96,7 % der Abstimmenden votiert[60]. Auf Grund dieses Ergebnisses kam nur noch eine geringfü-

57 Vgl. *Handbuch über den Preußischen Staat,* hrsgg. vom Preußischen Staatsministerium für das Jahr 1922, Berlin 1922, S. 9. Die erwähnten fünf Kreise wurden zu einem eigenen Regierungsbezirk Westpreußen mit der Hauptstadt Marienwerder zusammengefaßt; s. Hans Hopf, „Der Regierungsbezirk Westpreußen 1920–1939", in: *Studien zur Geschichte des Preußenlandes. Festschrift für Erich Keyser,* Marburg 1963, S. 77 ff.

58 Albert Hesse, „Die Einwirkungen der Gebietsabtretungen auf die Wirtschaft des deutschen Ostens", in: *Die Einwirkungen der Gebietsabtretungen auf die deutsche Wirtschaft (EnquA I),* Bd. 1: *Der deutsche Osten und Norden,* Berlin 1930, S. 107 f. Eine Karte der ostpreußischen Weichselgrenze in Friedrich Heiss / Arnold Hillen Ziegfeld, *Kampf um Preußenland,* Berlin 1931, S. 195; vgl. *Ostpreußens Abschnürung von der Weichsel, abgefaßt auf Grund amtlicher Quellen,* Marienwerder 1928.

59 Nach der Sprachstatistik von 1910 haben von den 558 000 Einwohnern des Allensteiner Abstimmungsgebiets 172 000 ihre Muttersprache mit masurisch, 72 000 mit polnisch und 20 000 mit deutsch und einer der beiden anderen angegeben; im westpreußischen Abstimmungsgebiet haben von 159 000 Einwohnern 22 000 polnisch sowie 1600 polnisch und deutsch als ihre Muttersprache bezeichnet; s. *Statistisches Jahrbuch für das Deutsche Reich,* hrsgg. vom Statistischen Reichsamt, 45. Jg., 1926, Berlin 1926, S. 16 f.

60 Kurt Forstreuter, „Ostpreußen", in: *Die deutschen Ostgebiete zur Zeit der Weimarer Republik (Studien zum Deutschtum im Osten,* Heft 3), Köln / Graz 1966, S. 18 f.; Heiss / Hillen Ziegfeld (Anm. I/58), S. 189. Insgesamt sind 543 243 Personen stimmberechtigt gewesen; beteiligt haben sich 475 925 = 87,6 %. Der Anteil der deutschen Stimmen hat im Regierungsbezirk Allenstein 97,7 % und im Regierungsbezirk Westpreußen 92,4 % betragen. Von den insgesamt 15 871 Stimmen, die für Polen abgegeben worden sind, haben die Landkreise Allenstein mit 4871 und Stuhm mit 4904 das Gros geliefert. Besonders auffallend ist, daß die masurischen

gige Änderung der Grenze zustande: Von den neun Ortschaften des Regierungsbezirks Allenstein, die eine polnische Mehrheit gemeldet hatten, befanden sich drei so dicht an der Grenze, daß sie ohne Schwierigkeiten Polen zugeschlagen werden konnten[61]. Obwohl seit dem 11. Juli 1920 die territorialen Fragen für Ostpreußen im wesentlichen beantwortet waren, blieb das Abstimmungsgebiet eine Zone fortgesetzten Volkstumskampfes. Polen hat die Niederlage nicht als bleibende Entscheidung akzeptiert, sondern war weiterhin bestrebt, seinen Anhang in der Provinz zu vermehren[62]. Mit propagandistischer Kleinarbeit, die sich auf die ortsansässigen Polen und Masuren zu stützen und bei letzteren ein ethnisches Selbstbewußtsein zu wecken suchte, sollte für die kommenden Wahlen eine breitere Grundlage geschaffen werden, als sie 1920 bestanden hatte. Aber bereits die Jahre 1924 und 1925 haben gelehrt, daß auf diesem Wege wenig zu gewinnen war. Bei den Reichstagswahlen entfielen 6100 Stimmen auf die polnische Liste, 1925 bei den Wahlen zum Provinziallandtag nur 5800; das Krisenjahr 1932 verzeichnete im April noch 3700, im November 2700 polnische Stimmen. Die Masuren, deren slawisches Volkstum die polnischen Propagandisten reaktivieren wollten, haben selbst im Augenblick schwerer ökonomischer und politischer Spannungen nicht ihre deutsche Einstellung preisgegeben; in der Endphase der Weimarer Republik brachten sie ihren politischen Protest nicht durch die Wahl der Polnischen Volkspartei, sondern durch die Wahl der NSDAP zum Ausdruck: Die Landkreise des masurischen Abstimmungsgebiets sind 1932 nationalsozialistische Hochburgen gewesen[63].

b) Der polnische Korridor

Von allen Konsequenzen des Versailler Vertrages hat Ostpreußen die Existenz des sog. polnischen Korridors am schwersten empfunden. Es handelte sich hierbei um jenen Gebietsstreifen von 80 bis 100 km Breite, der ehemals zur Provinz Westpreußen gehört hatte und seit 1920 Polen als Zugang zum Meer diente, jedoch Ostpreußen vom übri-

Kreise z. T. mit 100 % für Deutschland gestimmt haben. Der Erfolg ist dadurch begünstigt worden, daß zur Abstimmung auch diejenigen zugelassen waren, die in dem betreffenden Gebiet geboren, aber inzwischen ins Reichsinnere abgewandert waren; etwa 195 000 solcher Personen haben sich an dem Plebiszit beteiligt. – Über die Geschichte der Abstimmung s. Worgitzki (Anm. I/21); Gayl (Anm. I/7); Lawin (Anm. I/2). Zygmunt Lietz, *Plebiscyt na Powiślu, Warmii i Mazurach w 1920 roku,* Warszawa 1958; Horst Jablonowski, „Die politischen Veränderungen im nordostdeutschen Raum von der Mitte des 18. Jahrhunderts bis zum Zweiten Weltkrieg", in: *Zeitschrift für Ostforschung,* 15. Jg. (1966), S. 256 ff.

61 Gayl, *a. a. O.,* S. 284; S. 302. Die Weichselgrenze ist länger umstritten gewesen und erst 1922 endgültig festgesetzt worden; s. *Ostpreußens Abschnürung von der Weichsel* (Anm. I/58).

62 Zur polnischen Publizistik über Ostpreußen s. Rudolf Neumann, *Ostpreußen im polnischen Schrifttum (Ostland-Schriften,* Heft 4), Danzig 1931. Eine ausführliche Darstellung der polnischen Bestrebungen in Ostpreußen bei Wojciech Wrzesiński, *Ruch polski na Warmii, Mazurach i Powiślu w latach 1920–1939 (Prace Instytutu Zachodniego,* Nr. 34), Poznań 1963.

63 Heiss / Hillen Ziegfeld (Anm. I/58), S. 154; *Statistische Jahresübersicht der Provinzialverwaltung Ostpreußen,* 5. Jg., 1932, Königsberg 1932, S. 67 ff.; Werner Horn, „Ostpreußens Deutschtum im Spiegel der politischen Wahlen", in: *Geographischer Anzeiger,* 32. Jg. (1931), S. 167 ff. Erweitert unter dem Titel: *Ostpreußens Deutschtum im Spiegel der politischen Wahlen. 1921–1933 (Ostlandforschungen,* Nr. 3), Danzig 1933. *Atlas Östliches Mitteleuropa,* Bielefeld / Berlin / Hannover (1959), Blatt 34. – Bei der Novemberwahl 1932 sind in den acht ehemaligen masurischen Abstimmungskreisen nur 145 Stimmen für die Polnische Volkspartei abgegeben worden. Der Schwund, den die polnische Liste in Westpreußen und der Umgebung Allensteins seit 1924 erlitten hatte, dürfte in erster Linie dem Zentrum zugute gekommen sein.

gen Reichsgebiet abschnitt. In seinem nördlichen Teil war ihm das Territorium der Freien Stadt Danzig eingelagert, das nach Osten direkt an Ostpreußen grenzte und im Westen bis auf 35 km an die deutsche Grenze heranreichte. Mehr als die Schmälerung ihres eigenen Gebiets hat die Provinz den Verlust der westlichen Landbrücke zum Inneren Deutschlands als eine Katastrophe angesehen, mit der ein *modus vivendi* unmöglich sei. Seit 1919 war es ein unerschütterlicher Grundsatz ostpreußischer Politik, daß das Korridorgebiet wieder an Deutschland zurückfallen müsse, da anders die Lebensbedingungen der abgetrennten Provinz nicht gebessert werden könnten[64].

Der Protest gegen die bedingungslose Abtretung Danzigs und des Korridorgebiets beruhte auf der Überzeugung, daß durch diesen Vorgang das Selbstbestimmungsrecht der Völker verletzt und Ostpreußen mutwillig einer krisenhaften Situation ausgeliefert worden sei[65]. Doch diese Kritik wurde oft ins Irrationale übersteigert, wenn es darum ging, die Wichtigkeit, die der Revision der Ostgrenze beigemessen wurde, in einer für die gesamte deutsche Nation verbindlichen Weise zu unterstreichen; dann konnte es heißen, daß das Korridorproblem „aufs engste . . . mit dem gesamten deutschen Staats- und Wirtschaftsorganismus" verwoben sei und daß es alle Deutschen mit der „Frage des Unterganges ihrer Freiheit" konfrontiere, denn „die Teilung Ostdeutschlands durch den Korridor ist eine unerträgliche Einschränkung der deutschen Souveränität und der Lebensbedingungen des deutschen Volkes"[66]. Solch eine Betrachtungsweise hob ein konkretes politisches Problem in schicksalhafte Dimensionen hinauf und belastete es mit Werten, die den Blick auf die Realitäten beeinträchtigen konnten.

In der Wirklichkeit hat sich Deutschland zwanzig Jahre lang mit den neuen Grenzen abfinden müssen, ohne daß es daran zugrunde gegangen wäre. Bereits im Versailler Friedensvertrag ist dafür gesorgt worden, daß der lebensnotwendige Verkehr zwischen Deutschland und der isolierten Provinz auf Grundlagen gestellt wurde, die der Willkür Polens entrückt waren. Laut Art. 89 war Polen gehalten, „im Transit zwischen Ostpreußen und dem übrigen Deutschland Transitfreiheit durch das polnische Gebiet" zu gewähren sowie die Transitgüter zollfrei zu lassen; ferner war durch Art. 98 vorgeschrieben, daß Polen und Deutschland binnen Jahresfrist ein Abkommen schließen sollten, in dem Deutschland „vollständige und angemessene Erleichterungen für den Eisenbahn-, Telegraphen- und Telephonverkehr zwischen dem übrigen Deutschland und Ostpreußen durch das polnische Gebiet" zuzusichern seien[67]. Dieses Abkommen ist am 21. April 1921 unterzeichnet und am 1. Juli 1922 in Kraft gesetzt worden[68]. Es führte

64 Für Oberpräsident Siehr ist die Beseitigung des Korridors und die räumliche Wiedervereinigung Ostpreußens mit dem Reich ein „naturrechtlicher Anspruch" gewesen; *GStA*, Rep. 90, Nr. 1067: OPr, Denkschrift über das Ostpreußenprogramm, 18.4.22. LHptm Blunk war überzeugt, „daß die Lage Ostpreußens sich erst dann wieder durchgreifend bessern wird, wenn der Korridor wieder deutsches Land ist und uns mit dem Reiche . . . eng und fest verbindet". Paul Blunk, *Ostpreußen und der Korridor*, Berlin 1933, S. 18.

65 Die Verletzung des Selbstbestimmungsrechts betonen u. a. Max Worgitzki, *Ostpreußen. Selbstbestimmungsrecht oder Gewalt*, Berlin (1925), S. 33 ff.; Blunk, *a. a. O.*, S. 3 und S. 5; Wilhelm von Kries, „Deutschland und der Korridor", in: *Deutschland und der Korridor*, hrsgg. von Friedrich Heiss und Arnold Hillen Ziegfeld, Berlin 1933, S. 411; S. 440. Blunk. *a. a. O.*, S. 9, macht den Korridor für Ostpreußens wirtschaftliche Notlage verantwortlich.

66 Blunk, *a. a. O.*, S. 4 (erstes Zitat); Kries, *a. a. O.*, S. 457; S. 463 (weitere Zitate).

67 *Der Friedensvertrag von Versailles nebst Schlußprotokoll und Rheinlandstatut. . .*, Berlin 1925, S. 66 f.; S. 72.

68 Den Text s. teilweise in: *Das Diktat von Versailles. Entstehung – Inhalt – Zerfall*, hrsgg. von Fritz Berber *(Veröffentlichungen des Deutschen Instituts für Außenpolitische Forschung*, Bd. 3), Essen 1939, S. 743 ff.

die Auflagen des Friedensvertrages im Detail aus und regelte den freien Durchgangsverkehr für Deutschland in zwei Formen: als privilegierten und als gewöhnlichen Verkehr. Der privilegierte Verkehr war dadurch ausgezeichnet, daß er auf bestimmte Bahnlinien und Züge beschränkt war und daß bei ihm die Reisenden von allen Paß- und Zollförmlichkeiten befreit waren. Von den acht Linien, die ursprünglich hierfür vorgesehen gewesen sind, haben auf die Dauer nur zwei maßgebliche Bedeutung erlangt: die von Schneidemühl aus über Konitz und Dirschau in das nördliche Ostpreußen und die ebenfalls von Schneidemühl aus über Bromberg und Thorn in das südliche Ostpreußen führende[69].

Mit dem Inkrafttreten des Abkommens waren die rechtlichen Probleme des Korridorverkehrs zwar gelöst, aber die öffentliche Meinung in Deutschland blieb unbefriedigt. Die Mißhelligkeiten, denen der Verkehr bis 1922 ausgesetzt gewesen ist, hatten sich so eingeprägt, daß dem neuen System nur wenig Vertrauen entgegengebracht und es als ein Symbol der Abhängigkeit von dem guten Willen eines ungern akzeptierten Vertragspartners angesehen wurde[70]. Die Vorschriften über die Beladung der Waggons, über die Länge und die Auslastung der Züge, das Zugeständnis, daß der Durchgangsverkehr den Gesetzen des Durchgangslandes unterliege – all das diente als Anlaß dafür, die Sicherheit des Verkehrs zu bezweifeln und Polen der Neigung zu kleinlichen Störmanövern zu verdächtigen. Insbesondere aus ostpreußischer Sicht wurde ein derart geregelter Verkehr als ungeeignet empfunden, die Nachteile, die die Provinz durch den Korridor erlitten hatte, wettzumachen[71]. Am schwersten wog die Tatsache, daß der polnisch gewordene Teil der Provinzen Westpreußen und Posen als Wirtschaftspartner Ostpreußens ausfiel. Das zeigte sich deutlich an der Entwicklung des beiderseitigen Warenaustausches. Während 1913 35 % des gesamten ostpreußischen Warenversandes nach Westpreußen und Posen gegangen sind, konnten die Jahre 1925 und 1927 nur noch 5 % bzw. 4 % verzeichnen, ebenso ist der Warenempfang aus Westpreußen und Posen von 15 % auf 2 % zurückgegangen[72]. Selbst wenn berücksichtigt wird, daß seit

69 Gleichzeitig ist Polen der privilegierte Verkehr auf zwei Linien rechts der Weichsel zwischen der polnischen Grenze und Danzig zugestanden worden. Der gewöhnliche Durchgangsverkehr sollte auf allen Linien des abgetretenen Gebiets, soweit sie für den Verkehr zwischen Deutschland und Polen geöffnet waren, möglich sein. Unabhängig von der Regelung des Korridorverkehrs ist von deutscher Seite bereits 1920 der „Seedienst Ostpreußen" eingerichtet worden, der dem Personenverkehr diente und allmählich zu einer die Küste von Kiel bis Memel befahrenden Linie wurde. Beförderungsziffern für die Jahre 1920–1937 s. *Statistisches Handbuch für die Provinz Ostpreußen,* hrsgg. von Ernst Ferdinand Müller, Schloßberg 1938, S. 242. Er ist neben dem Bahnverkehr von untergeordneter Bedeutung gewesen. Vgl. Kurt Forstreuter, „Von Versailles bis Potsdam", in: *Ostpreußen. Leistung und Schicksal,* hrsgg. von Fritz Gause, Essen (1958), S. 207 f. Kurt Kumpies, „Schiffsverkehr", in: Paul Gusovius, *Der Landkreis Samland. Ein Heimatbuch der ehemaligen Landkreise Königsberg und Fischhausen (Ostdeutsche Beiträge aus dem Göttinger Arbeitskreis,* Bd. 38), Würzburg 1966, S. 224 ff.; Bodo Ebhardt, *Der Seedienst Ostpreußen im Zeitgeschehen,* Berlin 1940.

70 Über die deutschen Einwände s. Johann Fürst, *Der Widersinn des polnischen Korridors. Ethnologisch, geschichtlich und wirtschaftlich dargestellt,* Berlin 1926, S. 120 ff.; Albert von Mühlenfels, *Ostpreußen, Danzig und der polnische Korridor als Verkehrsproblem (Schriften des Instituts für ostdeutsche Wirtschaft an der Universität Königsberg,* N. F., Bd. 1), Berlin / Königsberg 1930, S. 51 ff.; Herbert Franze, „Der deutsche Durchgangsverkehr durch den Korridor", in: *Deutschland und der Korridor* (Anm. I/65), hrsgg. von Friedrich Heiß (neu bearbeitete Aufl.), Berlin 1939, S. 247 ff. Als polnische Gegenstimme z. B. Stanisław Sławski, *Polens Zugang zum Meere und die Interessen Ostpreußens,* Danzig 1925, S. 59 ff.

71 Fürst, *a. a. O.*, S. 107 ff.

72 Hesse (Anm. I/58), S. 42 f. Vgl. *Die Lage der Landwirtschaft in Ostpreußen (Enquête-Ausschuß, II. Unterausschuß,* Bd. 8), Berlin 1929, S. 2 f.; Fürst, *a. a. O.*, S. 108 f.

1920 die nächstgelegenen Teile Westpreußens mit Ostpreußen vereinigt und in den innerprovinzialen Verkehr mit einbezogen waren, und auch wenn bedacht wird, daß seit 1925 der deutsch-polnische Wirtschaftskrieg den beiderseitigen Handel über Gebühr beeinträchtigt hat, bleibt doch bestehen, daß die wirtschaftlichen Beziehungen, die Ostpreußen einst zu seinen unmittelbaren Nachbarprovinzen unterhalten hatte, nach dem Ersten Weltkrieg weitgehend erloschen waren und daß sie durch den Verkehr mit entfernter gelegenen Gebieten ersetzt werden mußten. Da auf diese Weise längere Transportwege und höhere Frachtkosten in Kauf genommen werden mußten, war die Existenz des Korridors für die ostpreußische Wirtschaft gleichbedeutend mit einer Steigerung der Produktionskosten[73]. Das ist auch von der Reichsregierung anerkannt worden, die seit 1928 durchschnittlich 10 Mill. RM jährlich zur Verfügung gestellt hat, um die Eisenbahnfrachten im Verkehr zwischen Ostpreußen und dem übrigen Reichsgebiet zu senken[74].

Zweifellos sind der Verlust des Nahverkehrs mit dem Korridorgebiet und die besonderen Formen des Durchgangsverkehrs durch den Korridor ernsthafte Nachteile gewesen, aber trotzdem war es eine fragwürdige Behauptung, wenn die wirtschaftlichen Schwierigkeiten Ostpreußens nach 1919 allein dem Korridor zugeschrieben wurden[75]. Denn wer sich hierauf versteifte, der mußte die sonstigen Auswirkungen des Krieges, der das gesamte deutsche Wirtschaftsleben geschädigt und die Provinz Ostpreußen unmittelbar verheert hatte, gering veranschlagen, und der mußte auch die übrigen Grenzveränderungen in Osteuropa, die die wirtschaftlichen Beziehungen Ostpreußens stark beeinträchtigten, außer acht lassen. Außerdem wurde hierbei übersehen, daß die ostpreußische Wirtschafts- und Sozialstruktur bereits vor dem Kriege problematische Züge aufgewiesen hat. In den Jahren einer guten Konjunktur sind sie zwar nicht nachdrücklich zutage getreten, aber nach dem unvorteilhaften Wechsel der allgemeinen Verhältnisse mußten sie sich auswirken: Dazu gehörte das einseitige Übergewicht der Landwirtschaft und die mit ihm verbundene relative Übervölkerung des Landes, ferner die marginale Lage Ostpreußens zum deutschen Binnenmarkt, die den Absatz der landwirtschaftlichen Überschußproduktion und den Bezug industrieller Bedarfsgüter verteuerte, und schließ-

73 Die ostpreußische Landwirtschaftskammer und die Industrie- und Handelskammern haben berechnet, daß 1925 87 % des Warenverkehrs, der 1913 zwischen Ostpreußen und Posen-Westpreußen bestanden hatte, in das deutsche Gebiet jenseits des Korridors geleitet worden war und daß demnach eine durchschnittliche Entfernung von 700 km anstatt der früheren 140 km überwunden werden mußte. Der daraus folgende Mehraufwand für Frachtkosten wurde auf 19,6 Mill. RM jährlich veranschlagt. *GStA*, Rep. 90, Nr. 1071: Verband OstprIHK/LWK an den OPr, 29.12.27. Eine andere Berechnung ergab, daß in den Jahren 1925–1927 die Frachtkosten für den Abtransport der aus Ostpreußen gelieferten Menge an Getreide, Mehl und Kartoffeln beinahe ebenso hoch wie 1913 waren, obwohl das Quantum um mehr als die Hälfte gesunken war.

1913:	6,6 Mill. dz	und 4,4 Mill. M	Frachtkosten,
1925/27:	3,0 Mill. dz	und 4,2 Mill. RM	Frachtkosten.

Nach den Tarifen von 1913 hätten die 3,0 Mill. dz nur 2,1 Mill. M Fracht gekostet; s. F. G. Wahl, „Änderungen in der Verkehrslage Ostpreußens und Ostpommerns", in: Max Sering *et al.*, *Die deutsche Landwirtschaft unter volks- und weltwirtschaftlichen Gesichtspunkten (Berichte über Landwirtschaft,* 50. Sonderheft), Berlin 1932, S. 203.

74 Vgl. dazu u. S. 113 f.

75 Blunk (Anm. I/64), S. 9: „An diesem Niedergang Ostpreußens nach dem Kriege ist der Korridor schuld, der den wirtschaftlichen Aufschwung des deutschen Ostens, wie er vor dem Kriege im Gange war, vernichtet hat."

lich das aus alledem folgende niedrige Niveau der Lebenshaltung. Erst auf Grund solcher strukturellen Schwächen war es möglich, daß die Entstehung des Korridors als ein lebensbedrohendes Unglück empfunden und die mit ihm verbundenen Komplikationen als ausschlaggebende Ursache der folgenden Krisen angesehen wurden.

Unabhängig von den tatsächlichen wirtschaftlichen Schäden, die der Korridor Ostpreußen zugefügt hat, ist seine extreme Bewertung durch die ostpreußische Bevölkerung auf einen psychisch-moralischen Vorgang zurückzuführen, der das unerwünschte Ereignis in zwiefacher Weise dem eigenen Selbsterhaltungsstreben nutzbar zu machen suchte. Indem die schlechte wirtschaftliche Lage der Provinz auf den Korridor zurückgeführt wurde, konnten die strukturimmanenten Krisenursachen in ihrem Gewicht gemindert und durch den Hinweis auf die unverschuldeten sowie dem eigenen Einfluß unzugänglichen äußeren Faktoren überdeckt werden. Gleichzeitig ließ sich argumentieren, daß Ostpreußen durch diesen, aus höherer Gewalt resultierenden Nachteil einen Anspruch auf die besondere Hilfe des Staates Preußen und des Deutschen Reiches erhalte, weil der Anlaß seiner Hilfsbedürftigkeit nicht im eigenen Versagen, sondern in den grenzpolitischen Folgen des verlorenen Krieges zu suchen sei und weil diese Folgen in erster Linie nicht von einzelnen Teilgebieten, sondern von ganz Deutschland zu tragen seien. Je stärker also die kriegsbedingten Nachteile des Korridors für Ostpreußen hervorgehoben wurden, desto stärker konnte der Anspruch auf wirtschaftliche Unterstützung durch das übrige Deutschland betont werden. In diesem Sinne stellte die Kritik am Korridor nicht nur eine Kritik am territorialen Besitzstand Polens dar, sondern auch eine Aufforderung an die Berliner Regierungen, ihren moralischen Pflichten gerecht zu werden.

Zu den unangenehmen Eigenschaften des Korridors gehörte es aus ostpreußischer Sicht, daß er die vom Deutschen Reich getrennte Provinz zu einem Spekulationsobjekt für diejenigen werden ließ, die mit dem Verlauf der neuen Grenzen in Osteuropa nicht zufrieden waren. Das galt insbesondere für Polen, das die Zugehörigkeit Ostpreußens zu Deutschland als einen Zustand angesehen hat, der mit seinen eigenen staatspolitischen Interessen unvereinbar sei und deshalb revidiert werden müsse[76]. Ein stark beachtetes Dokument dieses Verlangens ist die Schrift *Aus dem Lande des schwarzen Kreuzes* gewesen, die der ehemalige polnische Generalkonsul in Königsberg, Stanisław Srokowski, 1925 herausgebracht hat und die neben einer Kritik der ostpreußischen Verhältnisse den Entwurf einer langfristigen polnischen Wirtschafts- und Verkehrspolitik lieferte, mit der die Trennung Ostpreußens von Deutschland und sein allmählicher Anschluß an Polen bewirkt werden sollte[77]. Noch bezeichnender als derartige Projekte sind für die Labilität der äußeren Lage Ostpreußens die häufigen Gerüchte geworden, die von bevorstehenden territorialen Veränderungen wissen wollten und je nach dem Grad der internationalen Spannungen einseitige militärische Aktionen oder den Austausch begrenzter Gebiete voraussagten. Nachdem in den ersten Nachkriegsjahren die

76 Vgl. hierzu Neumann (Anm. I/62). Die litauischen Aspirationen gegenüber Ostpreußen haben sich nach 1919 auf die Einverleibung und Behauptung des Memelgebiets konzentriert, wobei 1923 und 1932 durch militärisches Vorgehen heftige Unruhe in Ostpreußen ausgelöst wurde, jedoch ist die Provinz insgesamt von Litauen sehr viel weniger bedroht gewesen als von Polen. Über die Memellandfrage s. Ernst-Albrecht Plieg, *Das Memelland 1920–1939. Deutsche Autonomiebestrebungen im litauischen Gesamtstaat* (*Marburger Ostforschungen*, Bd. 19), Würzburg 1962; Walther Hubatsch, „Das Memelland und das Problem der Minderheiten", in: *Die deutschen Ostgebiete zur Zeit der Weimarer Republik* (Anm. I/60), S. 42 ff.

77 Zahlreiche Zitate aus Srokowskis Schrift bei Neumann, *a. a. O.* Eine deutsche Gegendarstellung ist Worgitzki, *Ostpreußen* (Anm. I/65).

reparationspolitischen Spannungen deutscherseits den Argwohn genährt hatten, Polen könnte als Verbündeter Frankreichs beauftragt werden, Sanktionen gegenüber Ostpreußen auszuüben [78], sind in der Folgezeit am häufigsten Gerüchte aufgetaucht, die eine Aufteilung der Provinz oder begrenzte Gebietsveränderungen kolportierten.

Zunächst erschien Ostpreußen dabei in der Rolle eines passiven Objekts ausländischer Begehrlichkeit wie etwa Anfang 1922, als Polen und Litauen nachgesagt wurde, daß sie einen Teilungsvertrag geschlossen hätten [79]; in den späteren Jahren wurden, mit Rücksicht auf die Konsolidierung der politischen Verhältnisse, vorwiegend Kompensationstheorien lanciert, die um den Korridor und das südostpreußische Abstimmungsgebiet kreisten. In den Jahren 1925 und 1926 hielt sich mit einiger Zähigkeit das Gerücht, daß das Korridorgebiet an Deutschland gelangen und dafür das südostpreußische Abstimmungsgebiet, also Masuren, an Polen fallen sollte. Diese Behauptung war so wirklichkeitsfremd – zumal im Hinblick auf die polnischen Interessen –, daß hinter ihr wohl tatsächlich nicht mehr als das Bestreben polnischer Agitatoren gestanden hst, die die masurische Bevölkerung beunruhigen und zu einer polenfreundlichen Orientierung veranlassen wollten [80]. Doch infolge der Wirtschaftskrise, in die Ostpreußen nach 1926 geriet, fanden solche Vermutungen vorübergehend immer wieder einen Nährboden, so daß auf eine offizielle Gegenwirkung nicht verzichtet werden konnte [81]. Trotzdem haben derartige Zwischenfälle eine symptomatische Bedeutung gehabt, denn sie zeigten die Labilität der Stimmung in den Grenzgebieten an und bewiesen, wie das Gefühl der territorialen Unsicherheit, das aus der deutschen Polemik gegen den Korridor und der polnischen Polemik gegen Ostpreußen hervorging, sich zu beunruhigenden Vorstellungen verdichten konnte.

Ein anderes Aussehen gewann die Situation, als der Aufstieg des Rechtsradikalismus in Deutschland bei den Nachbarstaaten kritische Reaktionen hervorrief und in Polen die Neigung weckte, sich durch vorbeugende Maßnahmen jene Mittel zu verschaffen, mit denen die Welle des deutschen Nationalismus von den polnischen Grenzen ferngehalten werden konnte. In erster Linie richtete sich die Aufmerksamkeit auf Danzig und Ostpreußen, die Polen von Norden her umfaßten und die, dank ihrer isolierten Lage, am ehesten für einen militärischen Präventivschlag erreichbar waren. Ostpreußen hatte seit

78 Am 8.4.21 hat der OstprProvLT einer Besetzung durch Polen äußersten Widerstand angekündigt; s. *Verhandlungen des 47. ProvLT der ProvOstpr*, Königsberg 1921, S. 106. Vgl. auch die Resolution vom 22.3.22, in der sich alle Parteien einschließlich der KPD demonstrativ gegen polnische Eroberungsabsichten in Ostpreußen verwahrt haben; *Verhandlungen des 48. ProvLT* . . . , Königsberg 1922, S. 63. Eine ähnliche Resolution vom 9.5.25: *Verhandlungen des 52. ProvLT* . . , Königsberg 1925, S. 50.

79 Vgl. hierüber die Vorgänge in *GStA*, Rep. 203, Nr. 82; und *Deutschland und der Korridor* (Anm. I/65), S. 361. Die Haltlosigkeit dieses Gerüchts ist auf diplomatischem Wege in Litauen festgestellt worden.

80 Diese Erklärung hat Max Worgitzki gegeben; s. seine undatierte Denkschrift „Ein neuer Vorstoß der Polen in Masuren", *GStA*, Rep. 203, Nr. 83. Ausdrückliche Dementis wurden vom PreußMPr Braun und dem preußischen Ministerialdirektor Nobis abgegeben; s. PreußMPr an den PreußMfLDuF, 15.7.26 – dieser Brief gelangte Anfang August in die Presse – und Ansprache Nobis' in Allenstein am 16.7.26; *GStA*, Rep. 90, Nr. 1069.

81 Im Dezember 1928 hat OPr Siehr bei Gelegenheit der Eröffnung einer Ausstellung in Berlin die Haltlosigkeit derartiger Gerüchte betont; s. die Ausschnitte aus WTB vom 7.12.28 und aus der *Pommerschen Tagespost* vom 19.12.28 in: *GStA*, Rep. 90, Nr. 1073.

1923 zu den bevorzugten Objekten der polnischen Offensivpläne gehört[82] und geriet nun in den Bannkreis periodisch auftretender Befürchtungen, die seit 1930 nicht nur in der Provinz selbst, sondern auch von der Reichsregierung geteilt wurden. 1931 glaubte die Regierung Brüning allen Ernstes, mit einem bewaffneten Vorgehen Polens gegen Ostpreußen rechnen zu müssen; im Frühjahr 1932 wurde die Gefahr noch höher eingeschätzt, so daß der Reichswehrminister eine Reise durch die Provinz unternahm und gleichzeitig der Bau provisorischer Befestigungsanlagen begonnen wurde. Die gespannte Atmosphäre, die noch durch demonstrative militärische Auftritte Polens in Danzig verschärft wurde, dauerte bis 1933 an und ließ die Regierung Hitler während der Monate März und April mit einem polnischen Präventivkrieg rechnen – erst Anfang 1934 entschwand das Gespenst drohender Konflikte, als ein Nichtangriffsvertrag zwischen Polen und Deutschland zustande kam und die beiderseitigen Beziehungen sich beruhigten[83].

Die ostpreußische Reaktion auf diese Krisen hat zunächst darin bestanden, einen besseren Schutz gegen eventuelle militärische Aktionen zu verlangen und den Widerstandswillen der Bevölkerung zu betonen[84]. Je stärker sich aber die parteipolitischen Verhältnisse zuspitzten und die Wahlkämpfe das Agitationsbedürfnis steigerten, desto mehr wurde die Frage der äußeren Sicherheit Ostpreußens zu einem Streitobjekt der rivalisierenden Gruppen, die sie zeitweise „zu rein parteipolitischen Zwecken mißbraucht" haben[85]. Wenn 1932 „Angsthasen, Klatschbasen und Gerüchtemacher" eine Stimmung verbreiten konnten, gegen die nicht nur der Oberpräsident öffentlich einschreiten, sondern auch Reichspräsident von Hindenburg sein Versprechen verbürgen mußte, daß er „den deutschen Ostlanden in ihrem Kampf gegen jede nur mögliche Drohung mit allen Kräften beistehen" werde[86], so bezeugte das einen Grad von Nervosität, der neben der außenpolitischen Bedrohung auch durch die innenpolitische Radikalisierung verursacht war. Vor allem die Nationalsozialisten waren es, die die Gefahr eines polnischen Angriffs, der „in jedem Augenblick" losbrechen könne, beschworen und die mit dem Gedanken liebäugelten, im Ernstfalle eine derartige Krise zu einem

82 Hans Roos, *Polen und Europa. Studien zur polnischen Außenpolitik 1931–1939 (Tübinger Studien zur Geschichte und Politik*, Nr. 7), Tübingen 1957, S. 6; Richard Breyer, *Das Deutsche Reich und Polen 1932–1937. Außenpolitik und Volksgruppenfragen (Marburger Ostforschungen*, Bd. 3), Würzburg 1955, S. 32; Gerhard Meinck, *Hitler und die deutsche Aufrüstung 1933–1937 (Veröffentlichungen des Instituts für Europäische Geschichte*, Mainz, Bd. 19), Wiesbaden 1959, S. 13 f.

83 Über die deutsch-polnischen Spannungen von 1931 bis 1933 s. Roos, *a. a. O.*, S. 37 f.; S. 41 f.; S. 65; S. 76 ff.; Breyer, *a. a. O.*, S. 32 ff.; Christian Höltje, *Die Weimarer Republik und das Ostlocarno-Problem 1919–1934. Revision oder Garantie der deutschen Ostgrenze von 1919 (Marburger Ostforschungen*, Bd. 8), Würzburg 1958, S. 194 ff.; Meinck, *a. a. O.*, S. 15 f.

84 Der OstprProvLT hat am 25.3.30 die Reichs- und Staatsregierung aufgefordert, alle Maßnahmen zur Verteidigung der Provinz zu ergreifen und insbesondere für den Ausbau der Flotte sowie des Gas- und Luftschutzes zu sorgen; *Verhandlungen des 55. ProvLT. . .*, Königsberg 1930, S. 75. Eine ähnliche Entschließung ist am 28.3.31 angenommen worden; *Verhandlungen des 58. ProvLT. . .*, Königsberg 1931, S. 80 f. Das Reichswehrministerium hat am 24.6.31 dieses Bekenntnis zum Wehrwillen begrüßt, und der OPr hat am 29.5.31 die Errichtung eines Luftschutzes bestätigt; s. *Verhandlungen des 59. ProvLT. . .*, Königsberg 1932, S. 83.

85 *Verhandlungen des 59. ProvLT. . ., a. a. O.*, S. 11: Eröffnungsansprache des OPr am 15.3.32.

86 *A. a. O.*, S. 11 f.

bewaffneten Putsch zu benutzen[87]. Obwohl das Verhalten Polens 1932 durchaus zu Besorgnis Anlaß gegeben hatte, hat die NSDAP die Lage dramatisiert, um die Autorität der Regierung zu untergraben und das Heft des Handelns an sich zu bringen. Nach dem 30. Januar 1933 hat sie diese Taktik aufgegeben, denn nun war es an der Reichsregierung Hitler, Ostpreußen den erforderlichen Schutz angedeihen zu lassen. Das Jahr 1933 brachte noch zwei kritische Phasen, ehe das Anfang 1934 erzielte Einvernehmen mit Polen den Alpdruck eines polnischen Präventivkrieges endgültig bannte.
Aus den Gerüchten und Krisen geht hervor, daß der Korridor für Ostpreußen neben den direkten wirtschaftlichen Schäden auch mit indirekten, psychologisch wirksamen Nachteilen verbunden gewesen ist: Die großenteils von unfreundlichen Nachbarn umgebene Provinz empfand sich als Objekt eines beharrlichen Nervenkrieges, der das Gefühl äußerer Sicherheit nicht aufkommen ließ. Das hatte psychologische Folgen, die auf das wirtschaftliche und politische Leben einwirkten. Die ohnehin problematische Stellung, die Ostpreußen dank seiner ökonomischen Struktur und seiner geographischen Lage innerhalb des gesamtdeutschen Wirtschaftsverbands einnahm, wurde durch den Korridor unterstrichen und dadurch bei der Privatwirtschaft im deutschen Binnenland der Eindruck verschärft, daß Ostpreußen ein gefährdetes Gebiet sei, in dem Kapitalanlagen nur in Verbindung mit besonderen Risikoprämien vertretbar seien[88]. Unter diesen Umständen konnte die Provinz die Kräfte zur Selbsterhaltung nicht aus dem Fluß des normalen Wirtschaftslebens beziehen, sondern war auf eine öffentliche Hilfe angewiesen, die alsbald in verschiedenen Formen einsetzte. Das war um so notwendiger, als neben der materiellen auch die „seelische Not" der ostpreußischen Bevölkerung berücksichtigt werden mußte, denn die äußeren Umstände brachten es mit sich, daß anhaltende wirtschaftliche Schwierigkeiten hier in erhöhtem Maße auf die psychische Verfassung der Menschen einwirken konnten[89]. Angesichts der latenten außenpolitischen Bedrohung bedeutete jede Schwäche im Innern eine harte Probe für das Selbstbewußtsein der Bevölkerung, da mit der materiellen Existenz unmittelbar die politische und nationale verbunden zu sein schien. Allerdings hat das national-deutsche Empfinden der Bewohner verhindert, daß sich aus dem Gefühl der Isolierung und des Verlassenseins eine Stimmung entwickeln konnte, die einen Anschluß an Polen als erstrebenswerte Alternative zur bestehenden Situation angesehen hätte[90]. Der Druck der allgemeinen Verhältnisse hat vielmehr eine politisch-geistige Radikalisierung hervorgerufen, die ihr Ventil bewußt im Rahmen des deutschen Staates gesucht und großenteils in dem aufsteigenden Nationalsozialismus gefunden hat.

87 Über die akute Gefährdung Ostpreußens s. Thilo Vogelsang, „Hitlers Brief an Reichenau vom 4.12.1932", in: *Vierteljahrshefte für Zeitgeschichte*, 7. Jg. (1959), S. 435; über die Absicht der SA, bei einem polnischen Überfall nicht gegen die Eindringlinge, sondern gegen die Provinzhauptstadt Königsberg zu marschieren, s. Erwein von Aretin, *Krone und Ketten. Erinnerungen eines bayerischen Edelmannes*, München 1955, S. 135 f.

88 Vgl. über die Kreditverhältnisse in Ostpreußen u. S. 130 ff.

89 Über die „seelische Not" s. Wilhelm Freiherr von Gayl, *Die Not Ostpreußens* (*Zeitfragen deutscher Kultur*, Heft 1), Berlin 1929, S. 52 ff.

90 Der geringe Erfolg der polnischen Agitation beweist, daß solch eine Stimmung nicht vorhanden gewesen ist. Wenn trotzdem in Momenten verzweifelter Wirtschaftslage Pessimismus und Fatalismus um sich greifen und der Stoßseufzer: „Wenn doch nur erst die Polen kämen!" gehört werden konnte, so hat das keine bleibende Bedeutung gehabt, zumal sich daraus nicht die Bereitschaft entwickelt hat, aktiv auf den Anschluß an Polen hinzuwirken. Kritische Beobachtungen über die Moral der Bevölkerung sind enthalten in einem Brief vom 5.1.29, der dem OPr von dritter Seite zugeleitet worden ist; Siehr hat diese Beobachtungen zwar nicht bestritten, aber auf Einzelerscheinungen zurückgeführt; *StAL*, Rep. 2, Nr. 2421, Bd. 3.

II. OSTPREUSSISCHE AUTONOMIEPLÄNE WÄHREND DER ERSTEN NACHKRIEGSJAHRE

1. Die wirtschaftspolitische Autonomie (1920)

Nachdem der Versuch gescheitert war, eine einschneidende Veränderung der deutschen Ostgrenze zu verhindern, mußte sich die Provinz Ostpreußen mit den neuen Verhältnissen abfinden und nach Wegen suchen, auf denen sie ihre Existenz politisch und ökonomisch sichern konnte. Die territoriale Trennung vom übrigen Reichsgebiet hat auf Jahre hinaus Anlaß gegeben zu der Frage, welche Stellung die Provinz innerhalb des deutschen Reichs erhalten sollte, denn es schien unmöglich, dieses Gebiet ebenso wie irgendeinen anderen, zentral gelegenen Teil des Reichs von Berlin aus zu regieren[91]. Die ostpreußischen Interessenten glaubten, daß nach Lage der Dinge ein gewisses Maß von Autonomie, die Ausstattung der Provinzialbehörden mit besonderen Vollmachten und die stärkere Beteiligung der Wirtschaftskreise an politischen Kompetenzen unumgänglich seien. Es ist mehrfach versucht worden, die Berliner Regierungen zu Zugeständnissen in diesem Sinne zu veranlassen.

Diese Wünsche zu verwirklichen, ist seit Sommer 1919 die Aufgabe Winnigs gewesen, da von Batocki nach dem Fehlschlag der Oststaatspläne zurückgetreten war und Winnig zur Übernahme des vakanten Postens veranlaßt hatte. Der neue Oberpräsident, der „keinerlei Kenntnis des Geschäftsganges, der Verwaltungsregeln und der Zuständigkeiten" besaß und sich zunächst vorbehaltlos der Geschäftskundigkeit seines langgedienten Oberpräsidialrats von Hassel anvertrauen mußte[92], stellte sich das Ziel, die Provinz aus der Befangenheit in die Oststaatspläne zu lösen und in ihr die „moralische Kraft" zu wecken, „auch in räumlicher Trennung vom Mutterland ihre Deutschheit zu bewahren" sowie sich als „Ausfallstellung" der deutschen Ostpolitik zu erweisen[93].

Solch eine Politik war auf die gute Zusammenarbeit mit den Berliner Regierungen angewiesen, die aber durch die ostpreußischen Forderungen eher beeinträchtigt als gefördert wurde. Obwohl der moralische Anspruch der Provinz auf Hilfe unbestreitbar war, fand er zunächst nur eine begrenzte Anerkennung, weil ihm seitens der Ministerien der Verdacht gegenüberstand, daß die wirtschaftlich und politisch maßgebenden Kreise der Provinz bestrebt seien, sich den allgemeinen Pflichten, die sich für sie aus der Zugehörigkeit zum Deutschen Reich ergaben, zu entziehen. Dieser Eindruck war hervorgerufen durch den Streit um die Zwangswirtschaft, die seit dem Kriege die Lebensmittelversorgung regulierte und die Landwirte zur Ablieferung ihrer Erzeugnisse an die verschiedenen zwangswirtschaftlichen Organisationen verpflichtete. Diese Beeinträchtigung der wirtschaftlichen Bewegungsfreiheit erfreute sich bei den Betroffenen großer Unbeliebtheit, da sie mit einer staatlichen Regulierung der Preise verbunden war und die Verdienstmöglichkeiten der Produzenten beschnitt. In Ostpreußen trachteten die Landwirte nicht nur danach, sich die zwangsweisen Lebensmittellieferungen an das Reich durch eine bevorzugte Versorgung mit Kohlen und Mineraldünger kompensieren

91 Vgl. *NatVers*, S. 5280: Baerecke (DNVP) am 21.4.20: „Bei den Wünschen Ostpreußens handelt es sich darum, daß Ostpreußen in wirtschaftlicher Beziehung nicht so von Berlin aus regiert werden kann wie die anderen Provinzen." Ähnlich der deutschnationale Publizist Gerhard Schultze-Pfaelzer (Anm. I/16), S. 11 f.

92 Winnig, *Heimkehr* (Anm. I/6), S. 231 f.

93 Winnig, *400 Tage. . .* (Anm. I/16), S. 36; ders., *Heimkehr, a. a. O.*, S. 235.

zu lassen[94], sondern sie drangen darüber hinaus auf den Abbau der Zwangswirtschaft insgesamt. Dieses Verlangen war auch in den übrigen Bevölkerungskreisen der Provinz populär, weil die Ablieferungen an das übrige Reichsgebiet mitunter in Ostpreußen die Lebensmittel spürbar verknappt hatten, was in einem landwirtschaftlichen Überschußgebiet auf besonderes Unverständnis stieß[95]. Derartige Vorkommnisse hatten Oberpräsident Winnig veranlaßt, einseitig Ausfuhrverbote für die Provinz zu verfügen sowie für sich weitere Vollmachten zu verlangen, die ihm gestattet hätten, die allgemeinen Vorschriften der Zwangswirtschaft gemäß den örtlichen Bedürfnissen zu modifizieren[96].

Der wachsende Widerstand gegen die Zwangswirtschaft ist von Berlin aus mit großem Mißtrauen beobachtet worden. Es war insbesondere der preußische Staatskommissar für Volksernährung, Peters, der immer wieder Dämme baute gegen das Verlangen nach einer „Eigenwirtschaft für Ostpreußen . . . ohne Bindung an die deutschen Höchstpreise" und der das Zusammengehen Winnigs mit den agrarischen Interessenten der Provinz kritisierte[97]. Er wußte nur zu gut, daß die Landwirte die treibenden Kräfte der Opposition waren und daß ihnen gegenüber nicht nachgegeben werden durfte, denn sobald Ostpreußen eine Sonderstellung eingeräumt wurde, hätten andere Landesteile das Gleiche für sich verlangt[98]. Das Gewicht dieses Arguments haben die ostpreußischen Bestrebungen, die in den ersten Monaten des Jahres 1920 an Intensität gewonnen hatten, trotz einem großen Aufwand an Denkschriften nicht überwinden können. Als erste hatte am 27. Januar 1920 die Königsberger Handelskammer die Notwendigkeit erläutert, „Ausnahmen für Ostpreußen von wirtschaftlichen sowie von Zoll- und Steuergesetzen" zu verfügen. Die im einzelnen auf Senkung der Bahntarife, Befreiung von der Zwangswirtschaft, modifizierte Anwendung der Umsatzsteuer, Beseitigung der Verkehrssteuer und Ausnahmen von den Zollgesetzen abzielenden Vorschläge waren mit dem Antrag gekrönt worden, „schleunigst eine reichs- und landesgesetzliche Bestimmung zu erlassen, durch welche die Reichsregierung und die preußische Staatsregierung . . . ermächtigt werden, für die Provinz Ostpreußen im Falle dringenden Bedürfnisses nach Anhörung oder auf Antrag eines zu bestellenden ostpreußischen Selbstverwaltungskörpers oder einer besonderen beratenden ostpreußischen Körperschaft in be-

94 *GStA*, Rep. 90, Nr. 1066: Entschließung des Bundes der Landwirte (Kr. Lötzen), 26.7.19: „Wir müssen die Ablieferung von landwirtschaftlichen Produkten an das Reich verweigern, wenn nicht der Bedarf der Provinz an Kohlen und Kunstdünger vorher sichergestellt wird."

95 In einer von der DNVP initiierten Entschließung des ProvLT vom 23.4.20 heißt es, daß die ostpreußische Landwirtschaft die gesamte Bevölkerung der Provinz mit den Hauptnahrungsmitteln versorgen könne und daß deshalb die Verbraucherpreise nicht über ein Niveau, das den Zahlungen an die Landwirte entspreche, hinaus zu steigen brauchten; die von der Reichsregierung ausgelösten Preissteigerungen seien zu verurteilen. *Verhandlungen des 46. ProvLT. . .*, Königsberg 1920, S. 57.

96 *GStA*, Rep. 90, Nr. 1066: OPr an den PreußMdI, 8.1.20; ders. an das PreußStM, 4.2.20: hat eine von der Reichsgetreidestelle vorgeschriebene Senkung der Brotration für Ostpreußen nicht ausgeführt; RWiM an UStS RK, 19.2.20. Der RWiM nimmt ablehnend Stellung zu einem Antrag des OPr Winnig vom 11.1.20, „ihm durch Erlaß einer Verordnung die Befugnis zu erteilen, Ausfuhrverbote jeder Art zu erlassen". Unter Ausfuhren sind hier nicht so sehr Warenlieferungen ans Ausland als Ablieferungen an das übrige Reichsgebiet zu verstehen.

97 *PreußLVers*, Drucks Nr. 1420: Bericht des LandwA, 5.12.19.

98 *Ebda.* Der RWiM hat ebenfalls befürchtet, „daß durch lokale Ausfuhrverbote, die gegenüber den übrigen Teilen Deutschlands gehandhabt werden, die wirtschaftliche Einheit des Reiches gefährdet wird". *GStA*, Rep. 90, Nr. 1066: RWiM an den OPr, 19.2.20; ferner PreußStKomVErn an den PreußMPr, 30.1.20, mit Kritik an Winnig und der ostpreußischen Landwirtschaft.

zug auf wirtschaftliche sowie auf Zoll- und Steuergesetze und die dazu erlassenen Ausführungsvorschriften Ausnahmen, Befreiungen oder Erleichterungen zu gewähren". Darüber hinaus würde die erwähnte „Selbstverwaltungskörperschaft" als ein „autonomes besonderes beratendes Organ . . . auch nach anderer Richtung hin nützlich und ersprießlich wirken" können[99].

Der Kern des Ansinnens war der Wunsch, im Zusammenspiel zwischen einem provinziellen Repräsentativorgan und den Berliner Ministerien für Ostpreußen Ausnahmen von geltenden Gesetzen zu erwirken, ohne daß im Einzelfall die Parlamente bemüht werden müßten. Die Reichs- und Staatsregierung sollten durch Gesetz ermächtigt werden, derartige Sonderbestimmungen zu erlassen; die Beteiligung der provinziellen Selbstverwaltung sollte den Interessenten Initiativrecht und Gehör sichern.

Vieles, was in der Denkschrift der Königsberger Handelskammer noch diffus geblieben war, hat sich in den Richtlinien, die die Landwirtschaftskammer der Provinz Ostpreußen am 26. Februar 1920 angenommen hat, konkretisiert, so daß nun das Ziel feste Konturen annahm. Die Selbstverwaltungskörperschaft wurde als ein Wirtschaftsrat auf berufsständischer Grundlage bezeichnet, daneben wurden für den Oberpräsidenten der Titel und die Vollmachten eines Reichskommissars gefordert, und beiden, dem Wirtschaftsrat und dem Oberpräsidenten, wurde aufgetragen, „das Wirtschaftsleben der Provinz zu ordnen und die dazu nötigen Verordnungen zu erlassen". Sollten hierbei Widersprüche zu geltenden Gesetzen auftreten, so hätten Reichs- und Staatsregierung kraft besonderer Befugnis die erforderlichen Ausnahmen zu gewähren. Zur Pflege des politischen Kontakts zwischen Königsberg und Berlin war eine ständige Vertretung Ostpreußens in der Reichshauptstadt vorgesehen[100].

Obwohl die Landwirtschaftskammer einleitend alle Bestrebungen, die Provinz vom Reich zu lösen, mißbilligt hatte, ist in ihren Richtlinien doch ein kräftiges Verlangen nach Autonomie enthalten, das erstmals mit einem klaren organisatorischen Konzept aufwartete. Der Oberpräsident sollte als Reichskommissar gegenüber den Berliner Behörden verselbständigt werden und in Zusammenarbeit mit den ostpreußischen Interessenten befugt sein, für die Provinz eine eigene Wirtschaftspolitik zu betreiben. In Berlin sollte eine ständige Vertretung dafür sorgen, daß die besonderen Interessen und der besondere Status der Provinz gewahrt blieben. Den Berliner Regierungen sollte die Aufgabe zufallen, das selbständige Vorgehen Ostpreußens im Bedarfsfalle durch Ausnahmeregelungen gegen die Vorschriften geltender Gesetze abzuschirmen. Wie sehr die Landwirtschaftskammer darum bemüht gewesen ist, die wirtschaftliche Selbständigkeit der Provinz zu institutionalisieren und Eingriffsmöglichkeiten der Zentralinstanzen zu beseitigen, erhellt aus dem Vorschlag, alle im Rahmen der bestehenden Zwangswirtschaft fälligen Leistungen in Globalzahlen zu fixieren und die Aufbringung im einzelnen der Provinz selbst zu überlassen; außerdem wurde verlangt, daß die materiellen Gegenlieferungen des Reichs auf Grund der Friedenspreise berechnet werden müßten. Das bedeutete, daß zum Schutze der provinzialen Wirtschaftsautonomie die noch bestehenden zwangswirtschaftlichen Verpflichtungen den Charakter eines außenhandelsähnlichen Warenverkehrs auf Kompensationsbasis annehmen sollten.

99 *GStA*, Rep. 90, Nr. 1066: Denkschrift der HK Kbg vom 27.1.20. Die anderweitige Wirksamkeit des beratenden Organs wurde bei eventuellen Verhandlungen mit dem benachbarten Ausland über Wirtschafts- und Verkehrsfragen erwartet.

100 Richtlinien der LWK vom 26.2.20, zit. in: *NatVers*, Drucks Nr. 2598: Bericht d. Ausschusses f. Volkswirtschaft, 14.4.20.

Nachdem die maßgebenden Wirtschaftskreise ihre Ideen entwickelt hatten, fehlte nur noch die Stellungnahme des Oberpräsidenten, die am 4. März 1920 in Form einer „Denkschrift, betreffend die besondere Wirtschaftsgestaltung der Provinz Ostpreußen nach Abschnürung vom Reiche infolge des Friedensvertrages“ an die vorgesetzten Behörden erging und die, unter Hinweis auf die wirtschaftliche und politische Gefährdung der Provinz, „eine besondere Stellung in wirtschaftlicher und verwaltungsorganisatorischer Beziehung“ forderte [101]. Im wesentlichen handelte es sich hierbei um eine „besondere“ Stellung des Oberpräsidenten, der neben seinem Rang als oberster preußischer Staatsbeamter künftig als Reichskommissar für den Osten auch oberster Reichsbeamter in der Provinz werden und „sämtliche wirtschaftliche und polizeiliche Staats- und Reichsstellen in Ostpreußen“ leiten sollte. Als bevorzugter Gegenstand seiner erweiterten Kompetenzen galten, neben der Sicherung des polizeilichen Schutzes im Innern und an den Grenzen, die Wirtschaftsfragen, da durch fortlaufende Regulierung des aus der Provinz hinausführenden Warenverkehrs und der zwangswirtschaftlichen Ablieferungen dafür gesorgt werden müsse, daß die ostpreußische Bevölkerung von Warenverknappung und Teuerung verschont bleibe. Der Oberpräsident sollte deshalb berechtigt sein, die zwangswirtschaftlichen Vorschriften „durch selbständige Anordnung“ zu ändern sowie alle „Fragen der Ein- und Ausfuhr nach dem Inlande“ einschließlich der Überwachung des gesamten Güterverkehrs zu entscheiden. Ferner sollte ihm das „Ostpreußische Büro“ unterstehen, das in Berlin für die Fühlungnahme mit den Zentralstellen einzurichten sei.

Neben der großen Machtfülle des Oberpräsidenten, die ihm nach Winnigs Vorstellung den Charakter eines „Statthalters“ verleihen sollte [102], war den wirtschaftlichen Interessenten nur ein begrenzter Einfluß vorbehalten. Zwar war außer dem Reichskommissar ein „Provinzial-Wirtschaftsrat“ beabsichtigt, zusammengesetzt aus „Angehörigen aller wichtigen Erwerbsstände“, aber er sollte nur beratende Funktion haben, so daß er keinen zwingenden Einfluß ausüben konnte. Aus dieser Verteilung der Kompetenzen geht hervor, daß Winnig versucht hat, eine formelle Abhängigkeit des Oberpräsidenten von den Wirtschaftskreisen zu verhindern. In der beantragten Form wäre die Handhabung der wirtschaftspolitischen Selbständigkeit nicht den ostpreußischen Landwirten und Kaufleuten zugefallen, sondern dem Oberpräsidenten, der, unbeschadet all seiner Vollmachten, ein den Berliner Regierungen rechenschaftspflichtiger Beamter geblieben wäre. Allerdings setzte das auch in diesem Falle voraus, daß für Ostpreußen Ausnahmeregelungen zugelassen wurden, die durch ein gleichlautendes Reichs- und Landesgesetz, „betr. besondere Vollmachten für die Verwaltung der Provinz Ostpreußen“, zu sanktionieren wären.

Aus der Motivation, die der Denkschrift zugrunde liegt, geht hervor, daß Ausgangspunkt und Ziel der Argumente nicht ganz übereinstimmten und einen Zwiespalt der zu wahrenden Interessen offenbarten. Begonnen wurde mit der Feststellung, daß die ostpreußische Bevölkerung nicht imstande sei, für ihre Lebenshaltung die hohen Preise zu zahlen, wie sie im benachbarten Ausland und in den westlichen Reichsteilen bestünden, und daß eine preistreibende Verknappung der lebenswichtigen Waren in Ostpreußen verhindert werden müsse. Aus diesem Grunde müsse der Oberpräsident Ein- und Ausfuhrverbote erlassen sowie die zwangswirtschaftlichen Bestimmungen modifizieren können. Nach diesem Plädoyer für die Verbraucherinteressen wurde aber die Wirksamkeit der Ein- und Ausfuhrverbote wieder relativiert, weil eine ausreichende Kontrolle

101 *GStA*, Rep. 90, Nr. 1066; die Denkschrift ist von Winnig unterzeichnet. Ausführlich hierüber Schulz (Anm. I/20), S. 270 f.

102 Winnig, *Heimkehr* (Anm. I/6), S. 284 f.; Schulz, *a. a. O.*, S. 271.

der langen Außengrenze nicht möglich und der Anreiz für Warenschiebungen wegen der höheren Preise im Ausland übermächtig schien. Als Ausweg aus dieser Zwickmühle wurde die Einschränkung der Zwangswirtschaft empfohlen, was ein Ansteigen der Warenpreise und anschließend ein Abklingen des illegalen Warenverkehrs in die preisgünstigeren außer-ostpreußischen Gebiete erwarten lasse. An diesem Punkte zeigte sich, daß in der Argumentation ein Sprung von verbraucher- zu produzentenfreundlichen Argumenten enthalten war und daß beide Argumente einander entgegenstanden, denn wenn es galt, den zahlungsschwachen Verbrauchern eine preisgünstige Lebenshaltung zu sichern, so konnte eine auf Preiserhöhungen ausgehende Wirtschaftspolitik dazu nicht das geeignete Mittel sein. Vermutlich wäre der Oberpräsident in eine schwierige Lage geraten, wenn er die beantragten Vollmachten erhalten hätte und gezwungen gewesen wäre, eine den Verbrauchern und Produzenten gerecht werdende Politik zu betreiben.

Unter diesen Umständen war es nicht uninteressant, daß auch die ostpreußische Sozialdemokratie mit einem eigenen Vorschlag in die Diskussion eingriff [103]. Ihr Bestreben war es, einer allzu obrigkeitlichen Ausgestaltung der angestrebten Autonomie vorzubeugen und mit Hilfe eines allgemein und direkt gewählten Wirtschaftsparlaments ein demokratisch legitimiertes Organ zum Inhaber der Vollmachten zu erheben, während das Reichsinteresse von einem Reichskommissar mit aufschiebendem Veto wahrgenommen werden sollte [104]. Bis zu den erforderlichen Wahlen hätte ein Wirtschaftsrat zu fungieren, in dem zwölf Vertreter der Arbeitgeber mit je sechs Vertretern der Arbeitnehmer und Verbraucher sowie zehn Kommunalvertretern vereinigt gewesen wären. Diese Vorschläge waren bemüht, den Verbrauchern neben den Wirtschaftsverbänden einen maßgebenden Einfluß zu sichern und der SPD als der größten verbraucherfreundlichen Partei eine feste Stellung zu erobern, aus der heraus sie das sich anbahnende Entscheidungsmonopol von Verwaltung und Unternehmerverbänden in der ostpreußischen Wirtschaftspolitik hätte vereiteln können. Allerdings wäre auf diese Weise die Autonomie aus dem Bereich administrativer Vollmachten herausgeführt und in einer repräsentativen politischen Form institutionalisiert worden.

Im übrigen trachtete die SPD danach, einer eventuellen Lockerung der Zwangswirtschaft und damit einer Lockerung der öffentlichen Kontrolle über einzelne Wirtschaftsbereiche vorzubeugen, indem sie einen Wirtschaftsplan für die Provinz aufstellte, demzufolge der Lebensmittelbedarf durch ein entsprechendes Ablieferungssoll gedeckt, die verbleibenden Überschüsse durch eine Warenzentrale verwertet, das landwirtschaftliche Kreditwesen in einer Provinzialbank zusammengefaßt und diese Bank allmählich zu einem die gesamte ostpreußische Wirtschaft beherrschenden Institut ausgebaut werden sollte, um so „zu einer weitergehenden Kontrolle der Produktion und allmählich zu einer mit Produktionssteigerung verbundenen Sozialisierung“ zu gelangen. Daraus ist zu ersehen, daß das Eingehen der ostpreußischen SPD auf die Autonomiebestrebungen

103 *GStA*, Rep. 90, Nr. 1066: Denkschrift des Provinzialverbandes Ostpreußen der SPD, betr. die Erweiterung der wirtschaftlichen Selbständigkeit Ostpreußens, 6.3.20; vgl. Schulz, *a. a. O.*, S. 271 f.

104 Hier ist nicht gesagt, daß der RKom mit dem OPr identisch sein sollte. Winnig zufolge hat die ostpreußische SPD seinen Plänen reserviert gegenübergestanden und lediglich dem Wirtschaftsrat unter parteipolitischer Perspektive ein Interesse abgewinnen können; Winnig, *400 Tage...* (Anm. I/16), S. 68 f.

mit Intentionen verbunden gewesen ist, die sich von denen des Oberpräsidenten und der Wirtschaftskammern unterschieden und die gegebenenfalls zu Konflikten über die praktische Ausgestaltung der Wirtschaftspolitik in Ostpreußen führen mußten[105].
Doch von aller inhaltlichen Differenz abgesehen, forderte auch die SPD für Ostpreußen einen Reichskommissar, ein Wirtschaftsparlament und eine ständige Vertretung bei der Reichsregierung. Diese drei Punkte können als das Programm angesehen werden, das alle politischen Kräfte der Provinz vertreten haben und das in den ersten Monaten des Jahres 1920 an die Reichs- und Staatsregierung herangetragen wurde[106]. Hinzu kommt, als allgemeine Voraussetzung für die Realisierung jenes Programms, das Verlangen nach speziellen Ermächtigungsgesetzen, die den Berliner Regierungen gestatten sollten, der Provinz die geforderte Bewegungsfreiheit zu lassen.
Die ostpreußischen Denkschriften sind in Berlin auf die Bereitschaft zum klärenden Gespräch gestoßen, das angesichts der fortdauernden Querelen über die Zwangswirtschaft und über das allgemeine Verhältnis der Provinz zur Zentrale als notwendig erkannt worden war. Bereits für den 14. Februar 1920 hatte der Preußische Ministerpräsident eine Besprechung mit Winnig und anderen Vertretern Ostpreußens vorgesehen, aber auf Wunsch der letzteren ist der Termin bis zum 9. März verschoben worden[107]. In mehrtägigen Verhandlungen wurde versucht, aus den wochenlangen Vorarbeiten greifbare Ergebnisse zu gewinnen[108]. Die Ostpreußen, die mit hochgespannten Erwartungen und einer zahlreichen Delegation in Berlin erschienen waren[109], mußten jedoch bald erkennen, daß die Stimmung auf Seiten der Regierung ihnen nicht günstig war. Eine „unfreundliche und zuweilen feindliche Luft“ schlug ihnen entgegen, und es fügte sich in diesen Rahmen, daß Graf Eulenburg-Prassen, Mitglied des Ostpreußischen Provinzialausschusses, den Reichsinnenminister Koch-Weser provozierte, indem er ihm vorwarf, so schlecht unterrichtet in eine Sitzung gekommen zu sein, wie er es noch nie bei einem Minister gesehen habe[110]. Mit Rücksicht auf diese Atmosphäre ist es bemerkenswert, daß die Verhandlungen in formeller Hinsicht nicht so negativ verlaufen sind, wie sich das in der Erinnerung einzelner Teilnehmer niedergeschlagen hat. Zwar wirkte die Erklärung, die der preußische Innenminister Heine vor Eintritt in die Tagesordnung abgegeben hatte und derzufolge das Staatsministerium die Errichtung einer ostpreußischen Geschäftsstelle in Berlin ernsthaft erwog[111], wie ein Versuch, den weitergehenden Bestrebungen der Provinz von vornherein den Wind aus den Segeln zu nehmen und das Verhandlungsergebnis zu präjudizieren, aber am Schluß der Beratungen war von

105 Daneben fällt auf, daß die sozialdemokratische Denkschrift die wirtschaftliche Autonomie Ostpreußens mit großem Nachdruck verlangte und sogar so weit ging, eine Zollunion der Provinz mit den baltischen Nachbarstaaten als erstrebenswert hinzustellen.

106 Die Übereinstimmung der DNVP mit diesem Programm geht aus einer Rede des Abg. Baerecke in der Nationalversammlung hervor; *NatVers*, S. 5280 (21.4.20).

107 Vgl. den Schriftwechsel in: *GStA*, Rep. 90, Nr. 1066.

108 Am 8.3.20 hat die ostpreußische Delegation eine interne Vorbesprechung in Berlin abgehalten; am 9. und 11.3. fanden gemeinsame Sitzungen aller Beteiligten statt, am 10.3. gesonderte Beratungen der ostpreußischen Delegation und der Reichs- und Staatsministerien; s. *GStA*, *a. a. O.*; Winnig, *Heimkehr* (Anm. I/6), S. 288 f.; Gayl, *Ostpreußen*. . . (Anm. I/7), S. 206 f.; Schulz (Anm. I/20), S. 272 ff.

109 *GStA*, *a. a. O.*: Niederschrift über die Verhandlungen der Ostpreußen-Konferenz vom 9.3.20; Schulz, *a. a. O.*, S. 273; laut Winnig, *Heimkehr*, *a. a. O.*, S. 288, ist dieser „Massenaufmarsch . . . nur des Eindrucks wegen veranstaltet worden“.

110 Winnig, *Heimkehr*, *a. a. O.*, S. 289; Gayl, *Ostpreußen*. . . (Anm. I/7), S. 207; Schulz, *a. a. O.*, S. 275, Anm. 38.

111 *GStA*, Rep. 90, Nr. 1066: Niederschrift. . . , 9.3.20.

den Ministern doch zugestanden worden, daß der ostpreußische Bezirkswirtschaftsrat umgehend zu bilden und ein die Reichsregierung ermächtigendes Gesetz, für gewisse Reichsgebiete Wirtschaftsfragen abweichend von den geltenden Gesetzen zu regeln, vorzulegen sei[112]. Das bedeutete, daß drei der vier Hauptforderungen mehr oder weniger positiv beantwortet worden waren. Abschlägig beschieden war lediglich das Verlangen, die Stellung des Oberpräsidenten zu einem Reichskommissariat auszubauen und mit besonderen Vollmachten zu versehen. Dadurch ist allerdings das ostpreußische Programm seines tragenden Elements beraubt worden, denn die Verlagerung zusätzlicher Kompetenzen nach Königsberg war die Voraussetzung einer wirtschaftspolitischen Autonomie, wie sie Winnig und die Interessenten konzipiert hatten. Durch den Reichsinnenminister gab die Reichsregierung zu verstehen, daß sie nicht willens sei, irgend etwas von den Vollmachten, die sie sich kraft Ermächtigungsgesetzes geben lassen wollte, an die Provinzialinstanzen abzutreten; die Ernennung eines Reichskommissars hielt sie nicht für aktuell, und wenn am 11. März noch weitere Verhandlungen über die Vermehrung der Befugnisse des Oberpräsidenten ins Auge gefaßt wurden, so war das nach dem Voraufgegangenen nur eine wertlose Konzession[113].

So betrachtet ist es verständlich, wenn die Ostpreußen das Gefühl hatten, mit leeren Händen zurückkehren zu müssen. Wurden dem Oberpräsidenten die erbetenen Vollmachten vorenthalten, so blieb die alte Abhängigkeit von Berlin bestehen; eine selbständige Wirtschaftspolitik und eine Gestaltung der Zwangswirtschaft nach eigenem Ermessen waren ausgeschlossen. Daran konnte eine ostpreußische Vertretung in Berlin oder ein Provinzialwirtschaftsrat nichts ändern; selbst die Absicht der Reichsregierung, sich um ein Ermächtigungsgesetz zu bemühen, war nun uninteressant, da der Oberpräsident erklärtermaßen daran nicht teilhaben sollte.

Zu allem Überfluß stellte es sich bald heraus, daß die Ministerien wieder zu ihrer Ansicht zurückkehrten, wonach es keines Ermächtigungsgesetzes bedürfe, weil die geltenden Vorschriften genügend Spielraum für Sonderregelungen ließen[114]. Es nützte nichts, daß sich die ostpreußischen Interessenten auf die am 11. März zugesagte Gesetzesinitiative beriefen und auf weitere Schritte drängten[115]. Die Ministerien waren innerlich von ihrem Angebot abgerückt und bezeichneten das Ermächtigungsgesetz als bedenklich, da es mit Rücksicht auf die parlamentarische Lage uneinbringbar sei, und als überflüssig, da schon das geltende Recht Ausnahmeregelungen gestatte, „soweit sie

112 *Ebda.*: Niederschrift über die Verhandlung der Ostpreußenkonferenz vom 11.3.20.

113 Den Ministerien hat es nach der eigenwilligen Handhabung der zwangswirtschaftlichen Vorschriften durch Winnig widerstrebt, diesen Oberpräsidenten zum Reichskommissar mit außerordentlichen Vollmachten zu ernennen; s. die Äußerungen Koch-Wesers bei Schulz (Anm. I/20), S. 274. Demgegenüber wäre Winnig jedoch bereit gewesen, auf seine Stellung in Ostpreußen zu verzichten, falls dann der Provinz das geforderte Maß an Selbständigkeit bewilligt worden wäre; s. Winnig, *Heimkehr* (Anm. I/6), S. 285. – Das Verhalten der Regierungen während der Besprechungen ist von deutschnationaler Seite scharf kritisiert worden, während das Zentrum nachdrücklich auf die gefaßten Beschlüsse hinwies; s. die Reden Baereckes (DNVP) und Fleischers (Z) am 21.4.20 in der *NatVers*, S. 5280; S. 5290.

114 Bereits am 2.3.20 hatten Vertreter des RWiM, RMdF und des RVerkM im volkswirtschaftlichen Ausschuß der NatVers diesen Standpunkt eingenommen; s. *NatVers*, Drucks Nr. 2598: Bericht des Ausschusses für Volkswirtschaft, 14.4.20. Im Anschluß an die Ostpreußenkonferenz ist es in einer Spezialbesprechung abgelehnt worden, dem OPr erweiterte Vollmachten bei der Ein- und Ausfuhrbewilligung zu übertragen; *GStA*, Rep. 90, Nr. 1066: RMfEuL, Niederschrift über eine Besprechung am 12.3.20.

115 *GStA, a. a. O.*: HK zu Kbg an den RK, PreußMPr usw., 20.4.20; Wirtschaftsausschuß der ostpr Landwirtschaft an das PreußStM, 29.4.20.

sachlich gerechtfertigt und mit der Aufrechterhaltung der Ernährungswirtschaft im Reich vereinbar sind"[116]. Wiederholte Anfragen der ostpreußischen Landwirtschaft führten nur dazu, daß dieser Standpunkt immer schärfer hervorgehoben und vom preußischen Handelsminister Fischbeck Verwahrung eingelegt wurde gegen „Bestrebungen, die mit den allgemeinen preußischen und deutschen Wirtschaftsinteressen schlechterdings unvereinbar sind"; solle etwas zugunsten Ostpreußens geschehen, so sei das nur möglich, indem „die allgemeine Wirtschaftspolitik des Reiches wie die innere Politik Preußens sich in gesunden Bahnen bewegen, nicht aber durch Sondermaßnahmen zugunsten einer Provinz, die in ihren weiteren Auswirkungen nur zu einem Zerfall der Wirtschaftseinheit und damit der politischen Einheit des Reichs führen können"[117].

An diesem gleichbleibenden Widerspruch ist das Verlangen nach einem wirtschaftspolitischen Ermächtigungsgesetz für Ostpreußen gescheitert. Dennoch ist der Gedanke nicht für alle Zeit tot gewesen, sondern ist später, als es darum ging, wirtschaftliche Hilfsprogramme für Ostpreußen zu formulieren, aufs neue ins Spiel gebracht worden. Im Februar 1922 hat Oberpräsidialrat Herbst geglaubt, über ein „Ermächtigungsgesetz zur Wiederherstellung der Wirtschaftsintensität" eine ausreichende finanzielle Dotierung der Provinz herbeiführen zu können[118]. Obwohl diesmal in ostpreußischen Wirtschaftskreisen mehr Einwände als Zustimmung gegen Herbsts Vorschlag zu hören waren, wurde er doch in die programmatische Denkschrift des Oberpräsidenten vom 18. April 1922 aufgenommen, da er als ein Weg zur Finanzierung wesentlicher Teile des Programms tauglich schien[119]. Von den Ministerien ist zwar das wirtschaftspolitische Ziel, die sog. Wiederherstellung der innerdeutschen Relativität der Produktionsbedingungen, akzeptiert worden, aber der Gedanke des Ermächtigungsgesetzes selbst hat keine weitere Beachtung gefunden[120].

Den Bestrebungen von 1920 stärker angelehnt als der eben erwähnte Versuch ist die Initiative gewesen, die 1927 von Generallandschaftsdirektor von Hippel ausgegangen ist und die wegen der verschlechterten Leistungsfähigkeit der ostpreußischen Landwirtschaft ein Reichsermächtigungsgesetz anstrebte, das Ausnahmen von Steuer- und Sozialgesetzen zugelassen hätte[121]. Aber auch in diesem Falle erwies sich der Versuch, für Ostpreußen einen förmlichen, aus der allgemeinen Gesetzgebung herausfallenden Status zu begründen, als so aussichtslos, daß selbst der Oberpräsident diesen Vorstoß nicht unterstützen mochte[122].

116 *Ebda.:* PreußMfHuG an den PreußMPr, 19.5.20; ferner PreußStM an den RMdI, 2.6.20; PreußStM an die PreußStMinister, 8.5.20; PreußMPr an den RK, 9.6.20. *GStA*, Rep. 90, Nr. 1067: PreußStKomVErn an den PreußMPr, 17.7.20

117 *GStA*, Rep. 90, Nr. 1067: PreußMfHuG an den PreußMPr, 8.10.20.

118 *GStA*, Rep. 203, Nr. 329: Reisebericht OPrRat Herbst, 18.2.22; *a. a. O.*, Nr. 165: Reisebericht OPrRat Herbst, 19.2.22. Das Ermächtigungsgesetz sollte nicht speziell für Ostpreußen gelten, aber so angelegt sein, daß Ostpreußen der größte Nutznießer gewesen wäre.

119 *A. a. O.*, Nr. 165: Bericht über die vertrauliche Besprechung am 8.3.22 (im OPr Kbg); *GStA*, Rep. 90, Nr. 1067: OPr (Denkschrift über das Ostpreußenprogramm), 18.4.22.

120 *A. a. O.:* Niederschrift über die Ressortbesprechung im PreußMdI betr. Ostpreußen am 12.5.22. Über die angestrebte Wiederherstellung der innerdeutschen Relativität der Produktionsbedingungen s. u. S. 174 ff.

121 *GStA*, Rep. 90, Nr. 1069: Kuratorium d. Bank d. Ostpreuß. Landschaft an alle RMin, 3.5.27.

122 *A. a. O.*, Nr. 1070: OPr an den PreußMfLDuF, 1.7.27; PreußMfLDuF an den PreußMPr, 14.7.27.

2. Der ostpreußische Provinzial-Wirtschaftsrat (1920–1922)

Ebenso wie die Frage des Ermächtigungsgesetzes ist die des ostpreußischen Wirtschaftsrates im März 1920 unentschieden geblieben und danach trotz mehrfachen Anläufen nicht über ein vorbereitendes Stadium hinausgelangt. Seine ideellen Anfänge lagen in der zweiten Hälfte des Jahres 1919, als Winnig sich darum bemühte, das Wirtschaftsleben der Provinz auf neue Grundlagen zu stellen. Ausgehend von dem Gedanken, daß es nach vollzogener geographischer Isolierung darauf ankäme, die wirtschaftlichen Kräfte Ostpreußens systematisch zu entwickeln, glaubte Winnig, bei der Ausnutzung der vielfach „noch sehr ungeklärten Möglichkeiten einer Erweiterung der ostpreußischen Wirtschaft" eines Kollegiums zu bedürfen, „das die Wirtschaft der Provinz zu beobachten und zu studieren und mit Gutachten und Anregungen zu fördern hätte"[123]. Es handelte sich um eine Expertenkommission „aus Technikern und Finanzleuten", die „die technischen und kaufmännischen Maßnahmen besprechen und ins Werk setzen" sollte[124]. Offensichtlich wünschte sich Winnig ein Gremium, auf dessen fachlichen Rat er zurückgreifen und in dessen Schoß eventuell konkurrierende Interessen ausgeglichen werden konnten. Hinzu kam das Verlangen nach einem Organ, das die Anträge der Provinz mit fachlicher Autorität unterstützen konnte und das durch die beabsichtigte „Hinzuziehung einiger Vertreter der großen Berufsstände" als „ständische Kammer" ins Leben treten sollte[125]. Doch die Einladung an die Vertreter der Berufsverbände zog einen wachsenden Einfluß parteipolitischer Interessen nach sich, zumal es nicht möglich war, die von der USPD beherrschten Gewerkschaften zur Mitarbeit zu gewinnen, und Winnig deshalb die Teilnahme der Arbeiterschaft über die mehrheitssozialdemokratische Partei herbeiführen wollte[126]. Das hatte zur Folge, daß im März 1920 erheblich voneinander abweichende Vorschläge für den Wirtschaftsrat bestanden: Die Landwirtschaftskammer wollte ihn auf berufsständischer Grundlage errichtet sehen, der Oberpräsident wollte die Mitglieder teils selbst berufen, teils von den Kommunalverbänden und den Wirtschaftskammern vorschlagen lassen, und die SPD verlangte deren Berufung durch allgemeine, direkte Wahlen[127].

Es war kein Wunder, daß bei dieser Sachlage die Berliner Ministerien zunächst präzise Vorschläge der ostpreußischen Seite wünschten und dann festlegten, daß der Wirtschaftsrat gemäß den Grundsätzen, die dem künftigen Reichsgesetz über die Bezirkswirtschaftsräte zugrunde lägen, gebildet werden sollte[128]. Damit war die Initiative an die Reichsregierung übergegangen.

123 Winnig, *400 Tage. . .* (Anm. I/16), S. 69.

124 Kbg Allg Ztg, 9.7.21: „Der Leidensweg des ostpreußischen Wirtschaftsrats." Der anonyme Verfasser schildert die ursprünglichen Intentionen Winnigs.

125 *Ebda.* Winnig, *Heimkehr* (Anm. I/6), S. 285.

126 Winnig, *400 Tage. . .* (Anm. I/16), S. 68 f.

127 *NatVers,* Drucks Nr. 2598; *GStA,* Rep. 90, Nr. 1066: OPr, Denkschrift vom 4.3.20; MSPD, Denkschrift vom 6.3.20.

128 *GStA, a. a. O.:* Niederschrift vom 9.3.20. Ob innerhalb der ostpreußischen Delegation sich ein Einvernehmen erzielen ließ, ist nicht ersichtlich; eine Besprechung am 10.3. hatte Winnig vorzeitig beenden müssen, da der anwesende Generallandschaftsdirektor Kapp sich wegen anderer Verpflichtungen verabschiedete; Winnig, *400 Tage. . .* (Anm. I/16), S. 73; ders., *Heimkehr* (Anm. I/6), S. 290 f. PreußMfLDuF an den PreußMPr, 1.6.20, spricht davon, daß am 11.3. ein ostpreußischer Vorschlag der Reichsregierung überreicht worden sei.

Grundsätzlich ist das Reichswirtschaftsministerium bereit gewesen, den provisorischen ostpreußischen Wirtschaftsrat so schnell wie möglich ins Leben zu rufen[129]. Die Meinungsverschiedenheiten, die allgemein noch über die Art der Vertretung der Arbeitnehmer in den Bezirkswirtschaftsräten bestanden[130], sollten zunächst dadurch gelöst werden, daß als erster Schritt ein ostpreußischer Bezirksarbeiterrat gebildet wurde, der seinerseits die Arbeitnehmervertreter zu benennen hätte[131]. Aber dieser Weg wurde als zu zeitraubend erkannt und deshalb die Auswahl der Arbeitnehmervertreter des bestehenden Gewerkschaften übertragen[132]. Da es gleichzeitig gelang, das Preußische Finanzministerium zu veranlassen, die Kosten des ostpreußischen Bezirkswirtschaftsrates vorschußweise zu decken, konnte bereits Ende April der Entwurf einer Verordnung über den vorläufigen Bezirkswirtschaftsrat von Ostpreußen dem Reichsrat zugeleitet werden[133]. Bevor hierüber jedoch ein Beschluß gefaßt wurde, hatten am 14. Mai in Königsberg ergänzende Verhandlungen zwischen Ministerialkommissaren und den ostpreußischen Interessenten stattgefunden und mit dem überraschenden Ergebnis geendet, daß die Sprecher der Handelskammer Königsberg, der Landwirtschaftskammer und der Gewerkschaften den Entwurf rundheraus ablehnten, weil in ihm einesteils wichtige Fragen der künftigen Reichsgesetzgebung über die Bezirkswirtschaftsräte in unzulässiger Weise präjudiziert würden und anderseits die spezifischen ostpreußischen Wünsche nicht berücksichtigt worden seien. Von allen Seiten wurde betont, „daß die geplante Zusammensetzung des Bezirkswirtschaftsrats unter keinen Umständen ein schnell arbeitsfähiges Gremium ergeben werde“; die Reichsregierung wurde deshalb gebeten, ihren Entwurf zurückzuziehen. Die Frage eines ostpreußischen Wirtschaftsrates wurde für erledigt erklärt; die Wirtschaftsvertreter haben sich lediglich vorbehalten, „dem Oberpräsidenten Vorschläge über [die] Berufung eines kleineren, arbeitsfähigeren Sachverständigen-Kollegiums“ zu machen, das im Bedarfsfalle anzuhören der Oberpräsident zugesagt habe[134].
In Berlin blieb nun nichts mehr zu tun übrig, als das ganze Vorhaben zu begraben[135]. Der Preußische Handelsminister hat in richtiger Erkenntnis der Situation die Ablehnung des Entwurfs nicht so sehr auf die formalen Kriterien als vielmehr auf die Tatsache zurückgeführt, „daß dieser Entwurf für die von den Antragstellern erstrebte autonome Regelung wirtschaftlicher Fragen keinen Raum ließ“[136]. Die Diskrepanz zwi-

129 Vgl. die Erklärung des UStS im RWiM vor dem Volkswirtschaftlichen Ausschuß am 2.3.20: *NatVers*, Drucks Nr. 2598. Ausführlich geht Schulz (Anm. I/20), S. 286 ff., auf die Vorarbeiten für einen ostpreußischen Bezirkswirtschaftsrat ein.

130 Vgl. hierzu Harry Hauschild, *Der vorläufige Reichswirtschaftsrat 1920–1926. Denkschrift*, Berlin 1926, S. 496 ff.; S. 505 ff.

131 *GStA*, Rep. 90, Nr. 1066: RArbM an das PreußStM, 9.4.20; übermittelt den Entwurf einer Verordnung über die Errichtung eines Bezirksarbeiterrats in Ostpreußen.

132 *A. a. O.*: Vermerk über eine Besprechung im RWiM am 16.4.20.

133 *A. a. O.*: PreußFM an den PreußMPr, 3.5.20; *RRat* (1920), Drucks Nr. 138: RWiM an den RRat, 28.4.20. Lt. § 15 des Entwurfs hatte der Rat lediglich eine gutachtliche und dem Interessenausgleich dienende Funktion.

134 *GStA*, Rep. 90, Nr. 1066: Aufzeichnung über die Sitzung am 14.5.20 in Königsberg. Die Ablehnung der Gewerkschaften, die trotz der im Entwurf zugesicherten paritätischen Vertretung erfolgte, ist damit zu erklären, daß der Arbeitnehmerseite unterhalb des Bezirkswirtschaftsrats eine öffentlich-rechtliche Vertretung, wie sie die Unternehmer in den Handelskammern besaßen, versagt geblieben ist, ihr Streben aber gerade auf eine Gleichstellung in diesem Punkt ausgerichtet gewesen ist; s. Hauschild (Anm. I/130), S. 496 f.

135 *GStA*, Rep. 90, Nr. 1066: PreußMfHuG an den RWiM, 18.5.20; im *RRat*, 51. Sitzg., 24.6.20, ist die Regierungsvorlage zurückgezogen worden.

136 *GStA*, Rep. 90, Nr. 1067: PreußMfHuG an den PreußMPr, 8.10.20.

schen den ursprünglichen Gedankengängen Winnigs und den ministeriellen Vorschlägen war unübersehbar; allerdings war die eigentliche Quelle des Unmuts nicht die fehlende Entscheidungsgewalt – auch in Winnigs Plänen hatte der Wirtschaftsrat nur eine beratende Funktion gehabt –, sondern die verweigerte Kompetenzvermehrung für den Oberpräsidenten in Form eines Ermächtigungsgesetzes und der Bestellung als Reichskommissar. Hätte der Oberpräsident die beantragte Machtfülle erhalten, so hätte zweifellos auch der Wirtschaftsrat als ein ihn beratendes und beeinflussendes Organ ein Gewicht besessen, das er gegenüber der Reichs- und Staatsregierung nie erlangen konnte. Deshalb war seit März 1920, als der Provinz eine teilweise Autonomie verwehrt worden war, der Gedanke eines Wirtschaftsrates praktisch entwertet, und das Nein der ostpreußischen Interessenten vom 14. Mai war nur die Konsequenz des Neins der Reichsregierung vom 11. März.

Aber selbst in dieser verfahrenen Situation fehlte es nicht an neuen Initiativen, und zwar war es die ostpreußische Landwirtschaft, die das alte Ziel nicht so schnell preisgeben wollte. Am 29. April 1920 hatte sie noch einen Wirtschaftsrat nach den bekannten Vorschlägen der Provinz einschließlich des Ermächtigungsgesetzes gefordert[137]; nach den Erfahrungen des 14. Mai hat sie sich auf die Anregung zurückgezogen, daß nun die Preußische Staatsregierung die Angelegenheit aufgreifen möge, denn es wäre irrig zu glauben, „daß Ostpreußen mit dem jetzigen Zustand sich abgefunden habe"[138]. Obwohl sich die Regierung diesem Appell nicht verschlossen hat, ist ihre Bereitschaft, von sich aus aktiv zu werden, nicht sehr groß gewesen[139]. Sie hat es vorgezogen, dem Vorschlage des Landwirtschaftsministers zu folgen und es den Ostpreußen selbst zu überlassen, einen Wirtschaftsrat auf freier, nicht gesetzlicher Grundlage zu bilden[140]. In diesem Sinne hat eine am 26. Oktober 1920 in der Reichskanzlei abgehaltene Ostpreußenkonferenz den Vertretern der Provinz anheimgestellt, „sich selbst in freier Vereinbarung ein wirtschaftliches Gremium zu schaffen, dessen Anhörung in wirtschaftlichen Fragen in Aussicht genommen und zugesagt war"[141]. Mit dieser scheinbar großzügigen Geste wurde Oberpräsident Siehr die Aufgabe zugeschoben, den in Ostpreußen gehegten Vorstellungen eine praktikable Form zu verleihen. Im Gegensatz zu dem kleinen Sachverständigenkollegium, das am 14. Mai erwähnt worden war, wuchs sich unter seinen Händen der Wirtschaftsrat zu einer großen paritätischen Körperschaft mit mehr als 80 Mitgliedern aus, der der Oberpräsident vorsitzen und die in wirtschaftspolitischen Fragen gutachtlich gehört werden sollte[142]. Wiederum standen die dürftigen Kompetenzen in keinem Verhältnis zu der Zahl der Mitglieder, und wiederum hatte sich gezeigt, daß alles, was mehr sein wollte als eine nicht-öffentliche Expertenkommission, sich im Sog der Verbandsinteressen zu einem wasserkopfähnlichen Gebilde auswachsen mußte. Je mannigfaltiger die Zahl der repräsentierten Interessen war, desto stärker wurde die Stellung des Oberpräsidenten, der sich als unparteiischer Schiedsrichter bewähren und als Vorsitzender verhindern konnte, daß dieses Gremium neben der staatlichen Exekutive, die ebenfalls im Oberpräsidenten verkörpert war, ein selbständiges Gewicht gewann.

137 *A. a. O.*, Nr. 1066: WirtschA der ostpr Ldw an das PreußStM, 29.4.20. Ähnlich *BAK*, R 43 I/1848: HK Kbg an den RK, wo die Erfüllung der Zusagen vom 11.3. gefordert wird.

138 *GStA*, Rep. 90, Nr. 1067: WirtschA der ostpr Ldw an das PreußStM, 28.8.20.

139 *A. a. O.*: PreußMPr an den PreußMfHuG / PreußMdI / PreußMfLDuF, 28.9.20.

140 *GStA*, Rep. 90, Nr. 1066: PreußMfLDuF an den PreußMPr, 1.6.20; Nr. 1067: ders. an dens., 18.10.20; PreußFM an den PreußMPr, 26.10.20.

141 *A. a. O.*, Nr. 1067: PreußMfHuG an den RMdI, 7.12.20; Berichtigtes Protokoll der Besprechung über wirtschaftliche Fragen Ostpreußens vom 26.10.20. Schulz (Anm. I/20), S. 292 f.

142 *GStA*, Rep. 90, Nr. 1067: Satzung des ostpr Provinzial-Wirtschaftsrats vom 14.3.21.

Nachdem die Vorarbeiten Anfang 1921 abgeschlossen waren, hing es nur noch von der Frage der Finanzierung ab, ob der Wirtschaftsrat sich konstituieren würde oder nicht. Im Februar 1921 hat der Oberpräsident dem Preußischen Handelsminister einen Kostenvoranschlag über 240 000 Mark jährlich unterbreitet und darum gebeten, diesen Betrag aus der Staatskasse zu bewilligen, da die beteiligten Wirtschaftsverbände nicht imstande seien, die Kosten zu tragen[143]. Obwohl der Voranschlag nachträglich um 40 000 Mark reduziert worden ist, hat es der Preußische Finanzminister abgelehnt, solch eine rein provinziale Einrichtung zu finanzieren[144]. Das gab der Angelegenheit den Todesstoß, denn die Wirtschaftsverbände blieben ebenfalls bei ihrer Weigerung; einige Organisationen sollen sogar die bloße Teilnahme abgelehnt haben, weil sie die Konstruktion „in dieser Form für verfehlt" hielten[145].
Danach ist das Projekt nicht wieder in Gang gebracht worden. Lediglich in der Presse ist Anfang 1922 eine Zuschrift veröffentlicht worden, die einen privaten Provinzialwirtschaftsrat als diejenige Instanz forderte, die die besonderen Bedürfnisse Ostpreußens ermitteln und nach außen vertreten solle[146]. Obwohl die Anregung in einem redaktionellen Kommentar lebhaft unterstützt worden ist, hat sie keine praktischen Folgen gezeitigt. Die Aufgabe des Prüfens und Koordinierens, die hier erwähnt worden ist, hat hinfort der Oberpräsident übernommen, dem dadurch die Rolle des maßgebenden Vermittlers zwischen der Provinz und den Berliner Ministerien zugewachsen ist. Das ist die unvermeidliche Konsequenz aus der gegenüber 1919/20 veränderten Situation gewesen. Damals ist angestrebt worden, gewisse Kompetenzen von der Provinz selbständig wahrnehmen zu lassen, d. h. erweiterte Selbstverwaltungsrechte zu erlangen, in deren Rahmen der Wirtschaftsrat sowohl sachlich wie politisch hätte aktiv werden können. Sobald aber sicher war, daß der Provinz die Kompetenzerweiterung versagt blieb, war die Idee des Wirtschaftsrates zur Unfruchtbarkeit verdammt. Da alle maßgebenden Entscheidungen weiterhin in Berlin gefällt werden mußten, konnte von Ostpreußen aus derjenige den größten Einfluß auf die Ministerien ausüben, der die besten und kontinuierlichsten Verbindungen zu ihnen besaß. Das ist kraft seiner Stellung der Oberpräsident gewesen, der für die Zentralinstanzen der amtlich legitimierte Partner war und der dank der seit 1920 bestehenden ostpreußischen Vertretung in Berlin über ein an Ort und Stelle tätiges Organ verfügte. Die Koordinierung der divergierenden Interessen und Bedürfnisse innerhalb der Provinz konnte er von Fall zu Fall in formlosen Besprechungen herbeiführen, ohne dazu einer speziellen Institution zu bedürfen. Unter diesen Umständen scheiterte das Projekt eines Provinzial-Wirtschaftsrats aus Mangel an Substanz.

3. Die politische Autonomie Ostpreußens (1921–1922)

Der Streit um die zweckmäßigste staatsrechtliche Stellung, die Ostpreußen innerhalb des deutschen Reichs einnehmen sollte, ist auch in den Jahren 1921 und 1922 nicht zur Ruhe gekommen. Großenteils ist die Existenz autonomistischer Bestrebungen nur

143 *GStA*, Rep. 203, Nr. 194: OPr an den PreußMfHuG, 23.2.21.

144 *GStA*, Rep. 90, Nr. 1067: PreußMfHuG an den OPr, 9.4.21; Rep. 203, Nr. 194: VertrOPr an den OPr, 20.4.21.

145 *Kbg Allg Ztg*, 9.7.21: „Der Leidensweg des ostpreußischen Wirtschaftsrats." Schulz (Anm. I/20), S. 292 f., läßt irrtümlich durchblicken, daß der Wirtschaftsrat vorübergehend ins Leben getreten sei.

146 *Kbg Hart Ztg*, 18.1.22.

in negativer Form sichtbar geworden, wenn z. B. der Oberpräsident sich öffentlich gegen jegliche Abtrennungsgelüste verwahrte oder wenn im Reichstag gegen den vermeintlichen ostpreußischen Separatismus polemisiert wurde[147]. Aber auf den Höhepunkten politischer Auseinandersetzungen konnten sie auch unmittelbar hervortreten, wie es im Herbst 1922 geschehen ist. Bei diesen Gelegenheiten zeigte es sich dann, daß das Verlangen nach Autonomie eine spezielle Erscheinungsform bestimmter wirtschafts- und sozialpolitischer Interessen in Ostpreußen war, die sich unter den geltenden Verhältnissen benachteiligt fühlten und denen eine größere Unabhängigkeit von Berlin gleichbedeutend war mit größeren Chancen auf Selbstentfaltung.

Das entscheidende Ärgernis für die ostpreußische Landwirtschaft war in den Jahren 1921 und 1922 das Umlageverfahren, mit dem die Reichsregierung die Zwangsablieferung eines Teils des Brotgetreides aufrechterhalten hatte. Die Landwirte, die das Ende der Zwangswirtschaft herbeiwünschten, sahen sich genötigt, weiterhin bestimmte Quoten zu amtlich festgesetzten Preisen an die Reichsregierung abzuliefern; nur die überschüssigen Mengen durften sie auf dem freien Markt verwerten. Da das zwangsabgelieferte Getreide nicht die hohen Einnahmen garantierte wie beim Verkauf auf dem freien Markt, empfanden die Landwirte das Umlageverfahren als einen Eingriff in ihre Betriebsführung und forderten, wenn schon das Verfahren als Ganzes nicht verhindert werden konnte, daß die Ablieferungsquoten herab- und die amtlichen Preise heraufgesetzt wurden. In besonderem Maße äußerte sich der Unmut hierüber in Ostpreußen, wo man sich statt der erhofften pfleglichen Behandlung einer extremen Belastung ausgesetzt fühlte: Die Landwirtschaftskammer hielt die Umlage in der vorgeschriebenen Höhe für unmöglich und prophezeite den „Zusammenbruch des ganzen Systems", während in Kreisen der landwirtschaftlichen Vereine das Vorgehen der Reichsregierung als Beweis ihres fehlenden Verständnisses für die wirtschaftlichen Nöte Ostpreußens gewertet wurde, demgegenüber man letzten Endes gezwungen sein werde, „zur Selbsthilfe zu schreiten"[148]. Die angedrohten Weiterungen unterblieben aber, weil Reichsernährungsminister Hermes Ende August 1921 mit allem Nachdruck zu verstehen gab, daß die Reichsregierung weiterhin auf der Umlage bestehe und das ausgeschriebene Soll für erfüllbar erachte; hinzu kam, daß Hermes für das folgende Jahr die vollständige Freigabe der Getreidewirtschaft in Aussicht stellte und eine Erhöhung des Preises für ostpreußisches Umlagegetreide erwirkte[149].

Nach dem Vorangegangenen, zumal nach der Ankündigung der freien Getreidewirtschaft, war es unvermeidlich, daß das 1922 erneuerte Umlageverfahren auf einen weit heftigeren Widerstand stieß als im Vorjahr. Unter dem Druck der ungewissen Marktverhältnisse hatte die Reichsregierung 1922 nicht auf eine öffentliche Brotgetreidereserve verzichten wollen und deshalb eine abermalige Umlage vorgeschrieben. In Ostpreußen wurden wieder die Höhe des Ablieferungssolls und die Preise scharf kritisiert, und obwohl das Quantum nachträglich ermäßigt worden ist, haben der Land- und Forstwirtschaftsverband und die Landwirtschaftskammer es abgelehnt, an der Ausführung der Umlage mitzuwirken. Sie sahen in der „Ausfuhr von billigem Getreide aus der Provinz nach dem Reich" eine „schwerste Schädigung der ostpreußischen Gesamtwirtschaft"

147 *Verhandlungen des 47. ProvLT der Prov Ostpr*, Königsberg 1921, S. 4: OPr Siehr am 15.3.21; *RT*, I, S. 5459; S. 5466: Jäcker (SPD), Heydemann (KPD) am 21.1.22.

148 *Kbg Hart Ztg*, 3.8. und 6.8.21: „Landwirtschaft und Getreide-Umlage"; „Das Umlageverfahren".

149 *Kbg Allg Ztg*, 3.9.21: „Die Reise des Reichsministers für Ernährung und Landwirtschaft, Herrn Dr. Hermes, in Ostpreußen." *GStA*, Rep. 203, Nr. 329: RMfEuL an die LWK, 19.12.21.

und gaben drohend zu bedenken, welche Folgen wohl für die öffentliche Verwaltung entstehen müßten, „wenn der ausschlaggebende Beruf der Provinz die Anforderungen der Regierung als Unrecht und Willkür empfindet und sich innerlich entsprechend einstellt“ [150].

In diese gespannte Atmosphäre wurde zusätzlicher Zündstoff getragen, als im Herbst 1922 verlautete, die Staatsregierung plane, aus politischen Gründen eine Reihe ostpreußischer Landräte abzuberufen und durch republiktreue Beamte zu ersetzen. Die deutschnationale Presse reagierte sogleich mit einem Artikel „Hände weg!“ und kündigte dem Versuch, „in die geordneten und ruhigen Verwaltungsverhältnisse“ der Provinz einzugreifen, „den entschlossenen und empörten Widerstand der übergroßen Mehrheit der Bevölkerung“ an; die Bevölkerung wünsche eine auf fachlichen, nicht auf parteipolitischen Gesichtspunkten beruhende Verwaltung und könne auf die Zusammenarbeit mit den ihr vertrauten Landräten nicht verzichten [151]. Auch aus den landwirtschaftlichen Organisationen wurde Protest laut; die Landwirte bestanden auf der „Belassung ihrer erprobten, . . . unentbehrlichen Landräte“ und sahen andernfalls die Erfüllung der Getreideumlage gefährdet, da sich ihrer Meinung nach „die ohnehin von der Berliner Regierung so oft vernachlässigte Provinz Ostpreußen . . . diese neue erhebliche Schädigung nicht bieten lassen“ werde [152]. Als trotz diesem Widerstand zwei Landräte zur Disposition gestellt wurden, ging die Opposition von allgemeinen Drohungen zu konkreten Vorschlägen über und gab es in einem programmatischen Artikel des *Oberländer Volksblattes* vom 13. Dezember 1922 als eine „gebieterische Forderung der Zeit“ aus, „Ostpreußen entweder als Kolonie oder als Bundesstaat selbständig zu gestalten und eine Volksabstimmung für oder wider entscheiden zu lassen“ [153]. Die Fürsprecher solch eines Vorgehens konnten sich – sofern vom Kolonialstatus abgesehen wurde – auf Artikel 18 der Reichsverfassung berufen, der die Neubildung von Ländern durch Volksabstimmung zuließ und der nur wenige Monate zuvor, am 3. September 1922, in Oberschlesien angewendet worden war, als dort eine Abstimmung darüber stattgefunden hatte, ob das bei Deutschland verbliebene Gebiet die Form eines eigenen Landes oder einer preußischen Provinz erhalten solle [154]. In diesem Sinne ist es das Ziel der ostpreußischen Autonomisten gewesen, die Provinz vom Staat Preußen zu lösen und innerhalb des Reichsverbandes als eigenes Land zu etablieren, wozu die Mißstimmung über die preußische Personalpolitik einen populären Anlaß bot. Die Anführer dieser Bestrebungen, zu denen von Batocki, der Vorsitzende der Landwirtschaftskammer Brandes, Freiherr von Minnigerode als Führer des Landbundes Ost und einer der Grafen zu

150 *GStA*, Rep. 203, Nr. 195: Mitteilungen (des Land- u. Forstwirtschaftsverbandes der Prov Ostpr), 4.9.22; *Kbg Hart Ztg*, 19.5.22: „Der Sturmlauf gegen die Umlage.“

151 *Ostpr Ztg*, 11.10.22: „Hände weg!“

152 *GStA*, Rep. 77, Nr. 149: Landw. Zentral-Verein Königsberg an den PreußMdI, 8.12.22.

153 Dieser Artikel, erschienen unter der Überschrift „Die Autonomie Ostpreußens“, ist nachgedruckt in: *Kbg Hart Ztg*, 14.12.22: „Ostpreußische Frevler.“ Der Status einer Kolonie, die nur durch den Gouverneur mit der Zentralregierung verbunden sei und über eine selbst gewählte Verwaltung verfüge, ist bereits vorher für Ostpreußen gefordert worden; vgl. Walther von Hippel, „Ostpreußen, die deutsche Kolonie“, in: *Europäische Staats- u. Wirtschaftszeitung*, 1.8.21, S. 349 ff.; Gerhard von Janson-Kalleningken, „Ostpreußen“, in: *DAZ*, 29.1.22.

154 Vgl. Gerhard Anschütz, *Die Verfassung des Deutschen Reichs vom 11. August 1919*, Neudruck Darmstadt 1965, S. 156 f.; S. 751 f.; Rudolf von Bitter, *Handwörterbuch der Preußischen Verwaltung*, 3. Aufl., Berlin / Leipzig 1928, Bd. I, S. 214. Carl Ulitzka, „Der deutsche Osten und die Zentrumspartei“, in: *Nationale Arbeit. Das Zentrum und sein Wirken in der deutschen Republik*, Berlin / Leipzig (1929), S. 144 ff.; Ernst Birke, „Schlesien“, in: *Die deutschen Ostgebiete. . .* (Anm. I/60), S. 179. Die Errichtung eines Landes Oberschlesien ist mit 518 000 : 50 000 Stimmen abgelehnt worden.

Eulenburg gerechnet wurden, waren sich allerdings bewußt, daß es nicht genügte, eine Aufwallung politischen Unmuts geschickt auszunutzen, sondern daß auch die wirtschaftliche Lebensfähigkeit des neuen Staatsgebildes gesichert sein mußte. Zu diesem Zweck ließen sie durch eines der Königsberger wirtschaftswissenschaftlichen Institute eine Analyse der finanziellen Beziehungen zwischen der Provinz und Preußen anfertigen[155]. Das im Dezember 1922 vorgelegte Ergebnis besagte, daß bei Fortfall der Bindung an Preußen nicht eine finanzielle Entlastung, sondern das Gegenteil zu erwarten sei, denn 1921 hätten Einnahmen von 775 Mill. Mark und Ausgaben in Höhe von 883 Mill. Mark einander gegenübergestanden, so daß die Staatsregierung einen Zuschuß von annähernd 109 Mill. Mark geleistet habe[156]. Das bedeutete, daß die Absage an den Staat Preußen nicht nur politischen Gewinn, sondern auch materielle Opfer mit sich bringen würde; ein Beharren auf diesen Plänen wäre also zweischneidig gewesen.

Als erste hat die DVP, im allgemeinen eine Bundesgenossin der DNVP, abgewinkt. Sie erinnerte die DNVP an die bisher gemeinsam verfolgte Linie, die Autonomiebestrebungen abzulehnen, und bezeichnete es als ihre Absicht, der weiteren „Verbreitung des Trennungsgedankens" entgegenzuwirken[157]. Noch eindrucksvoller war die Warnung, die aus den Reihen der Landwirtschaft selbst kam und die von Hippel zum Urheber hatte[158]. Hippel wies darauf hin, daß der Landbund Ost und Freiherr von Minnigerode einen Zwiespalt in die Landwirtschaft getragen hätten und daß das von dieser wie von anderer Seite geförderte Autonomiestreben überaus bedenklich sei. Die wirtschaftlichen und politischen Überlegungen, die hierüber angestellt würden, seien unhaltbar. Wirtschaftlich wäre die Abtrennung nicht nur ein schlechtes Geschäft, sondern ein schwerer Schaden für die Provinz, die dann dazu verurteilt wäre, „den ganzen Unsegen der Kleinstaaterei an sich" zu erfahren. Das politische Ziel der Autonomisten, „den preußischen Staat zu zertrümmern, um ihn schöner wieder zusammenzufügen zu irgendwelcher Zeit", sei zwar bekannt, aber das seien doch „freie Phantasien, die jeder

155 *GStA*, Rep. 203, Nr. 43: OPr an die OstprVertr, 10.1.23. Beauftragt war das Institut für ostdeutsche Wirtschaft, das während des Ersten Weltkrieges auf Initiative Batockis gegründet worden ist und dessen Aufgabe u. a. das Studium der Entwicklungsbedingungen und des Wirtschaftslebens der ostdeutschen Provinzen war. Es war organisatorisch an die Königsberger Universität angelehnt, wurde aber getragen und gefördert von einer Vereinigung für ostdeutsche Wirtschaft, deren Verwaltungsrat Batocki vorstand. Vgl. hierzu Albert Hesse, *Das Institut für ostdeutsche Wirtschaft in Königsberg i. Pr. Zweiter Jahresbericht 1917*, Königsberg 1918; Fritz Karl Mann, *Die neuen Aufgaben des Instituts für ostdeutsche Wirtschaft*, Königsberg 1922.

156 *GStA*, Rep. 203, Nr. 443: Inst. f. ostdtsch. Wirtschaft, Dez. 1922; die Darlegung führt die Überschrift „Was zahlt Ostpreußen an den preußischen Staat an Steuern und was leistet umgekehrt der preußische Staat an Zuwendungen aller Art, Gehaltszahlungen usw. für Ostpreußen? Welche Einnahmen und Ausgaben hat er aus Domänen, Forsten, Bernstein?"

157 *Kbg Allg Ztg*, 15. und 18.12.22: (P. Stettin)er, „Zur Frage der Autonomie Ostpreußens"; „Nochmals die Autonomie Ostpreußens." – Die Bereitschaft der ostpreußischen Parteien, einmütig für ein Verbleiben der Provinz beim Staate Preußen einzutreten, hatte sich am 27.7.21 bewährt, als der ProvLT den Gesetzentwurf der Staatsregierung über die Erweiterung der Selbständigkeitsrechte der Provinzen verwarf, weil er ein Schritt zur Zerschlagung Preußens sei, und darüber hinaus einstimmig beschloß, daß jede Lockerung der Beziehung Ostpreußens zu Reich und Preußen abzulehnen sei: *Verhandlungen des 47. ProvLT der Prov Ostpr*, Königsberg 1921, S. 129, und Drucks Nr. 105 c.

158 *Kbg Hart Ztg*, 18.12.22: von Hippel-Kuglack, „Zur Lage Ostpreußens." Ähnlich äußerte sich Hippel in einem Brief an RK Cuno vom 18.11.22: *BAK*, R 43 I/1850.

diskutierbaren Grundlage entbehren". Das Ende dieses Vorgehens könnte nur eine extreme Verschärfung der politischen Gegensätze in der Provinz, die bis zur Aufspaltung der autonomiefreundlichen Parteien gehen würde, sein. Unter solchen Umständen müsse einem der Verstand sagen, daß die Autonomie ein Unglück sein würde.
Diese Stellungnahmen hatten binnen kurzem gezeigt, daß die Autonomiebewegung in der Öffentlichkeit nur eine schmale Basis besaß und daß sie scheitern mußte, sobald sie aus dem Dunkel der Kulissen hervortrat. Keine der Parteien hat sich die Forderung nach einer Volksabstimmung zu eigen gemacht; die Gegnerschaft der SPD, DDP und des Zentrums wurde am 29. Dezember 1922 auf einer Kundgebung in Königsberg betont; die kritische Reserve der DVP war bereits Mitte Dezember in der Presse dokumentiert worden, und die DNVP, die neben einigen agrarischen Organisationen am ehesten als Förderin jener Pläne in Betracht gekommen wäre, zog sich am 17. Januar 1923 von den „höchst abwegigen Autonomiebestrebungen auf Loslösung Ostpreußens vom preußischen Staate" zurück, als sie im Preußischen Landtag eine Große Anfrage über das Verhalten der Staatsregierung in ostpreußischen Angelegenheiten einbrachte. Auch in der Provinz selbst schlossen sich alsbald wieder die Reihen; einzelne Kreistage sprachen sich ausdrücklich gegen die Autonomiebestrebungen aus, und im Provinziallandtag wurde am 20. März 1923 die Entschlossenheit proklamiert, die Reichseinheit und die Zugehörigkeit Ostpreußens zum preußischen Staat zu wahren[159]. Diese totale Abkehr von den Autonomieplänen stand zwar teilweise unter dem Zeichen der französischen Ruhrbesetzung und des passiven Widerstands, die ein Rütteln an der staatsrechtlichen Ordnung in Deutschland unzeitgemäß erscheinen ließ, aber es hat dieser Ereignisse nicht mehr bedurft, um die Aussichtslosigkeit des Unterfangens zu beweisen, denn bereits die Artikel unmittelbar nach dem Pronunciamento des *Oberländer Volksblattes* hatten gezeigt, daß weder die DVP noch die Landwirtschaft als Ganzes für das Projekt zu haben waren. Deshalb konnte der Oberpräsident schon am 23. Dezember 1922 mit gutem Grund nach Berlin mitteilen, daß „die ganze Bewegung, die einen Augenblick gefährlich zu werden schien, ... jetzt im Abebben begriffen" zu sein scheine[160].
Damit versandete eine Agitation, die in der Sache zu wenig durchdacht gewesen ist, um den Bedürfnissen der Provinz gerecht zu werden. Am markantesten war an ihr die antipreußische Spitze, die selbst das Risiko einer Dekomposition des Landes Preußen in Kauf zu nehmen schien, sofern das nur zu einer Erschütterung der sozialdemokratischen Macht in Deutschland führte. Darin bezeugte sich einmal mehr das Streben, Ostpreußen als einen *rocher de bronce* des nationalkonservativen Lagers zu stabilisieren, das schon in den Oststaatsplänen des Jahres 1919 sowie in den Vorbereitungen zum Kapp-Putsch des Jahres 1920 enthalten gewesen ist[161] und das 1925 abermals an die Öffentlichkeit trat, als Batocki sich für die Provinz anheischig machte, die Verleihung erweiterter Selbstverwaltungsrechte durch entschlossene Mitarbeit an der politischen Gesundung des deutschen Volks zu kompensieren, wobei die von Revolution und Demokratie weniger berührte Peripherie des Deutschen Reichs in besonderem Maße beru-

159 *GStA*, Rep. 203, Nr. 47: OPr an den StKom f. d. öffentl. Ordnung, Lagebericht vom 2.1.23; Rep. 203, Nr. 43: Entschließung des Kreistages des Kreises Rosenberg vom 22.12.22; Entschließung des Kreistages des Kreises Gumbinnen vom 28.3.23; *PreußLT*, I, Drucks Nr. 4270: Große Anfrage Winckler, von Plehwe, Dallmer usw. (DNVP) vom 17.1.23; *Verhandlungen des 50. ProvLT der Prov Ostpr*, Königsberg 1923, S. 52.
160 *GStA*, Rep. 203, Nr. 43: OPr an den PreußMdI, 23.12.22.
161 Vgl. Schemann (Anm. I/53), S. 122 f.; Oldenburg-Januschau (Anm. I/53), S. 212.

fen sein sollte, diesen Gesundungsprozeß anzuführen[162]. Die erwiesene Beständigkeit derartiger Tendenzen deutet auf das Vorhandensein einer Interessengruppe hin, die sich unabhängig von den tagespolitischen Konjunkturen erhalten und dem Autonomiegedanken über längere Zeit hinweg eine latente Präsenz gesichert hat. Als ihr führender Kopf ist Batocki hervorgetreten, dessen Name sowohl 1919 als auch 1922 und 1925 genannt worden ist; als tragende soziale Schicht sind jene Kreise der Landwirtschaft anzusehen, die sich 1922 im Landbund Ost zusammengefunden hatten und bei denen sich wirtschaftliche Interessen mit einem Drang nach politischem Aktivismus verbanden. Diese Kreise waren es, die, wie Hippel es ihnen 1922 nachgesagt hat, um ihrer politischen Ziele willen den Zerfall des Staates Preußen in Kauf nehmen wollten und die die schärfsten Gegner der republikanischen Ordnung und der Sozialdemokratie waren. Unter ihrer Leitung erhielt das Autonomiestreben einen derart agrarischen und reaktionären Einschlag, daß es nur durch einen Putsch, nicht aber durch eine freie Volksabstimmung hätte verwirklicht werden können. Wie gering die Neigung für solch ein Abenteuer in Ostpreußen gewesen ist, hat die bündige Reaktion der Öffentlichkeit bewiesen. Sie entsprach der Einsicht in die reale Situation der Provinz; nicht politische Autonomie, sondern wirtschaftliche und finanzielle Hilfe waren künftig die dringendste Forderung[163]. Der bis dahin weitverbreitete Glaube, daß eine Eigenstaatlichkeit der Provinz auf relativ tragfähigen Grundlagen ruhen würde, war spätestens seit dem Gutachten des Instituts für ostdeutsche Wirtschaft erschüttert; die frondierenden Kreise der Landwirtschaft mußten sich damit abfinden und den politischen Rahmen, in den die Provinz gestellt war, als gegeben hinnehmen.

162 *DAZ*, 2.5.25: Batocki, „Ostpreußische Probleme".
163 Vgl. dazu Schulz (Anm. I/20), S. 296.

III. DIE BESONDERE BEHANDLUNG OSTPREUSSENS ALS GRENZGEBIET

1. Die berufungslose Sonderlage Ostpreußens (1920–1930)

Wenn die Berliner Regierungen die ostpreußischen Autonomiewünsche im Interesse der übergeordneten Reichseinheit abgewehrt hatten, so mußten sie auch aus derselben Sorge für die Reichseinheit darauf achten, daß Ostpreußen imstande blieb, sich politisch, sozial und ökonomisch in Einklang mit dem übrigen Reichsgebiet zu entwickeln. Aus den inneren wirtschaftlichen Verhältnissen und der außenpolitischen Lage der Provinz war leicht abzulesen, daß sie die energische Hilfe der Zentralregierungen benötigen würde und daß ihr situationsbedingter Anspruch anerkannt werden mußte. Im Hinblick auf die zu erwartenden Ansprüche anderer bedürftiger Reichsteile kam es jedoch darauf an, für die Befriedigung der ostpreußischen Wünsche eine Formel zu finden, die des Odiums eines Ausnahmegesetzes entbehrte und die trotzdem den Ausschluß konkurrierender Forderungen gestattete. Der Weg zu diesem Ziel konnte nur mit der Taktik eröffnet werden, daß Ostpreußen nun nicht mehr eine relative Selbständigkeit von Berlin anstrebte, sondern sich als ein besonders schutz- und pflegebedürftiger Klient den Zentralregierungen näherte.

Ein erster Erfolg ist hierbei im Herbst 1920 herausgesprungen. Einige Monate nach der Ostpreußenkonferenz war offenbar geworden, daß die Zusammenarbeit zwischen Berlin und Königsberg einer neuen Verständigung bedurfte, und zu diesem Zweck hat Oberpräsident Siehr eine Denkschrift vorgelegt, die u. a. den Antrag enthielt, „daß die . . . Wirtschaftslage Ostpreußens besonderer Behandlung und Unterstützung, nötigenfalls auch unter Abweichung von der allgemeinen Regelung im Reich, bedarf“[164]. Obwohl der Hinweis auf eventuelle Ausnahmeregelungen an das gescheiterte Ermächtigungsgesetz erinnerte, war es das Kennzeichen dieses Antrages, daß er keine definitive gesetzliche Regelung mehr verlangte, sondern nur eine Willensäußerung, die den ostpreußischen Bedürfnissen auch aus Berliner Sicht einen Vorrang zubilligte.

In einer Vorbesprechung der Reichsminister und preußischen Staatsminister, die den Widerstand gegen Ausnahmegesetze und wirtschaftliche Autonomie bestätigte, wurde diese Anregung positiv aufgenommen und Reichskanzler Fehrenbach zu der am folgenden Tage abgegebenen Erklärung ermächtigt, „daß die durch die geographische Trennung vom Reich geschaffene besondere Lage Ostpreußens vielfach eine besondere Behandlung und Unterstützung in wirtschaftlichen Fragen erfordere. Der Notwendigkeit dieser Sonderlage würden sich die Regierungen des Reichs und von Preußen nicht verschließen[165].“

Diese Maxime enthielt zwar keine verbindliche Zusage, erkannte aber die Voraussetzungen eventueller Hilfeleistungen als gegeben an und stellte die Bereitschaft der Regierungen fest, diesen Voraussetzungen Rechnung zu tragen. Hinfort konnte Ostpreußen sich darauf stützen, daß es zu besonderen Ansprüchen berechtigt sei und daß es hierfür das besondere Wohlwollen der Ministerien erwarten dürfe. Außerdem war aktenkundig geworden, daß es die geographische Lage war, die der Provinz eine bevor-

164 *GStA*, Rep. 90, Nr. 1067. OPr an PreußMPr, 14.10.20: „Unterlagen für die Verhandlung in Berlin betr. Erleichterung des Verkehrs von und nach Ostpreußen und Erhaltung des Wirtschaftslebens in dieser Provinz.“

165 *A. a. O.*: (Niederschrift der) Vorbesprechung über Ostpreußen am 25.10.20 in der RK; Berichtigtes Protokoll der Besprechung über wirtschaftliche Fragen Ostpreußens vom 26.10.20 in der RK.

zugte Rücksichtnahme sicherte und die sie in gewissem Maße gegen die konkurrierenden Ansprüche der übrigen Landesteile abschirmte; das bot auch den Regierungen die Gewähr, daß ihr Entgegenkommen in diesem Falle nicht anderen Interessenten als Präzedenzfall dienen konnte.

Zur Natur dieser Maxime gehörte es, daß sie zunächst nur einen moralischen Gewinn darstellte, der sich nicht automatisch in praktische Vorteile umsetzte. Diese waren vielmehr erst zu erwarten, wenn Ostpreußen seine konkreten Wünsche den Ministerien unterbreitete und wenn es ihm gelang nachzuweisen, daß die Anträge durch die anerkannte Sonderlage der Provinz bedingt waren. Wie groß dabei der Erfolg im Einzelfall sein würde, war nicht vorauszusehen, denn die Regierungen hatten zwar versprochen, daß sie sich den Notwendigkeiten der ostpreußischen Verhältnisse nicht verschließen wollten, aber über die Konsequenzen, die sie daraus zu ziehen gedachten, haben sie sich ausgeschwiegen. Es war also der Praxis überlassen, was aus der Zusage vom 26. Oktober werden würde.

Die Erfahrung lehrte binnen kurzer Zeit, daß sich zur Plage entwickelte, was als Wohltat gedacht war. Von Ostpreußen aus ergoß sich über die Zentralbehörden ein ständiger, teilweise ungeordneter Strom von Anträgen, der in den Berliner Ressorts statt Hilfsbereitschaft eine beharrlich wachsende „Ostpreußenmüdigkeit" hervorrief und schließlich auf solche Ansichten stieß wie „die Erkaufung des ostpreußischen Patriotismus muß aufhören" oder „den Ostpreußen kann keine Extrawurst gebraten werden" [166]. Dieser Sinneswandel wirkte seinerseits auf die Provinz zurück und nährte dort das „Gefühl des Vernachlässigtseins", aus dem der Gedanke aufstieg, die enge Bindung an Reich und Preußen durch einen Kolonialstatus zu ersetzen, getreu der Losung: „Deutschland hat nur noch eine Kolonie, es sollte sie pflegen [167]." Derartige Auswüchse ließen unter den preußischen Ministerien die Erkenntnis reifen, daß hier etwas im argen lag und daß „nicht alle Stellen die wünschenswerte Haltung gegenüber den ostpreußischen Wünschen einzunehmen scheinen" [168]. Eine Rückkehr zum Sinn und und zum Zweck des 1920 proklamierten Grundsatzes mußte gesucht werden.

In dieser Situation unterbreitete Oberpräsident Siehr eine Denkschrift, die die Probleme der Ostpreußenpolitik eingehend erörterte. Ihr Ziel war es, alle förderungswürdigen Maßnahmen in einem Programm zusammenzufassen, an das sich die Provinzial- und Ministerialinstanzen zu halten hätten. Darüber hinaus wurde es als notwendig bezeichnet, die besondere Lage Ostpreußens mit all ihren Konsequenzen anzuerkennen, und zwar nicht nur – wie 1920 geschehen – in wirtschaftlicher Hinsicht, sondern auch in kultureller und allgemein politischer. Auch sollte es nicht mehr genügen, jene Anerkennung als protokollierte Äußerung auf einer Konferenz auszusprechen, vielmehr sollte jetzt ein förmlicher Beschluß der beiden Regierungen darüber gefaßt werden. Das heißt, die Anerkennung der ostpreußischen Sonderlage sollte materiell erweitert und formell verstärkt werden. Siehrs Antrag für den Kabinettsbeschluß lautete: „Die berufungslose Sonderbehandlung Ostpreußens in wirtschaftlicher, kultureller und politischer Beziehung wird . . . anerkannt und die Durchführung dieses staatspolitischen Grundsatzes zugesichert [169]."

166 *GStA*, Rep. 203, Nr. 165: Reisebericht (des OPrR Herbst) über die Besprechung im Ostreferat des PreußMdI am 17.2.22.

167 Hippel (Anm. I/153); Janson-Kalleningken (Anm. I/153).

168 *GStA*, Rep. 90, Nr. 1067: PreußMfLDuF an den PreußMdI, 3.4.22; PreußMPr an den PreußMdI, 21.2.22.

169 *A. a. O.*: OPr (Denkschrift über das Ostpreußenprogramm), 18.4.22.

Am 12. Mai 1922, auf einer Sitzung im Preußischen Innenministerium, gelang es dem Oberpräsidenten, die Ministerialvertreter dazu zu veranlassen, allgemeine Richtlinien abzufassen, nach denen die Einzelanforderungen des Ostpreußenprogramms zu behandeln und die von den Ministern zu sanktionieren seien. Zu den Leitsätzen gehörte die Feststellung, daß Ostpreußen „in wirtschaftlicher, kultureller und politischer Beziehung vielfach eine bevorzugte und andersartige Behandlung“ werde genießen müssen. Das Preußische Staatsministerium hat die Leitsätze am 23. Juni und das Reichsministerium am 12. August 1922 angenommen[170].

Obwohl Siehrs Formel von der „berufungslosen Sonderbehandlung Ostpreußens“ in den Kabinettsbeschlüssen nicht wörtlich enthalten ist, ist doch das Gewünschte im wesentlichen erreicht worden. Unter Assistenz aller maßgebenden Ministerien ist der Anspruch Ostpreußens auf bevorzugte Behandlung unter allen Ländern und Provinzen bekräftigt und dank der Zustimmung der Reichs- und Staatsregierung mit einer hohen Autorität ausgestattet worden. Allerdings blieb es auch in Zukunft dabei, daß – wie die Reichsregierung feststellte – „diese programmatische Entschließung keine materielle Bindung für künftige Einzelfragen“ in sich schloß[171], also jeder Antrag gesondert begründet und entschieden werden mußte. Solch eine Unverbindlichkeit im Detail mochte den Leitsatz als fragwürdig erscheinen lassen, aber sie sicherte ihm doch eine gewisse Elastizität und gestattete es den Beteiligten, ihn großzügig in Anspruch zu nehmen. Das ist im Laufe der Jahre von Seiten der Interessenten und der Regierungen geschehen, und bis in die 30er Jahre hinein ist er ein Argument geblieben, dessen sich die Ostpreußen mit gutem Recht bedienen und das die Regierungen nicht außer acht lassen durften.

2. Die Ostpreußische Vertretung in Berlin (1920–1930)

Zu den ostpreußischen Forderungen hatte Anfang 1920 das „Ostpreußische Büro“ in Berlin gehört, dessen Kosten aus Staatsmitteln gedeckt werden, das aber ansonsten dem Oberpräsidenten unterstehen und die Interessen der Provinz bei den Reichs- und Staatsministerien vertreten sollte[172]. Obwohl dieser Wunsch neben dem Verlangen nach einem Provinzialwirtschaftsrat und einem Reichskommissar nur zweitrangig gewesen ist, sollte gerade er es sein, der als einziger verwirklicht wurde. Bereits vor dem Beginn der Ostpreußenkonferenz im März 1920 hatte der preußische Innenminister mitgeteilt, daß seine Regierung willens sei, eine ostpreußische Geschäftsstelle in Berlin einzurichten, und diese Bereitschaft ist auch in einen positiven Beschluß umgesetzt worden[173]. Trotz der schnellen Einigung sind aber gewisse Konflikte zwischen den Ministerien und den ostpreußischen Interessenten nicht ausgeblieben. Sie entzündeten sich an der Frage, wer das Ernennungsrecht für den Inhaber der Ostpreußenstelle ausüben sollte.

170 *A. a. O.:* Niederschrift über die Ressortbesprechung im PreußMdI betr. Ostpreußen am 12.5.22; Auszug aus dem Protokoll der Sitzung des PreußStM vom 23.6.22; RMdI an den PreußMPr, 21.8.22; Wolfgang Wessling, „Die staatlichen Maßnahmen zur Behebung der wirtschaftlichen Notlage Ostpreußens in den Jahren 1920 bis 1930“, in: *Jahrbuch für die Geschichte Mittel- und Ostdeutschlands,* Bd. VI, Tübingen 1957, S. 232 f.; Siehr (Anm. I/29), S. 668 f.

171 *GStA,* Rep. 90, Nr. 1067: RMdI an den PreußMPr, 21.8.22.

172 *A. a. O.,* Nr. 1066: OPr, Denkschrift vom 4.3.20.

173 *A. a. O.:* Niederschrift über die Verhandlungen der Ostpreußenkonferenz vom 9.3.20; ferner die Niederschrift über die Verhandlung vom 11.3.20.

Bei der mündlichen Erläuterung ihrer Anträge hatte die ostpreußische Delegation ausgeführt, daß der Leiter des Berliner Büros vom Oberpräsidenten die dienstlichen Anweisungen erhalten, jedoch später mit dem Vertreter Ostpreußens im Reichsrat identisch werden sollte. Das hätte zur Folge gehabt, daß der Provinzialausschuß als Organ der provinzialen Selbstverwaltung, dem das Recht, den Reichsratvertreter der Provinz zu wählen, zukam, gleichzeitig den amtlichen Beauftragten der Provinz bei den Berliner Behörden bestimmen durfte. Auf diese Weise wäre die neue Institution politisiert worden, denn der Gewählte wäre dann der Vertreter der Parteien gewesen, die im Provinziallandtag und Provinzialausschuß die Mehrheit hatten, d. h. voraussichtlich der DNVP, die die stärkste Fraktion stellte. Ein solcher Mann hätte gegenüber dem Oberpräsidenten und den Regierungen eine unabhängige Position besessen, die sowohl die Weisungsbefugnis des Oberpräsidenten als auch die sachliche Zusammenarbeit mit den Ministerien beeinträchtigt hätte, da die DNVP zum Oberpräsidenten und zu den Regierungsparteien in Opposition stand.

Es ist deshalb nicht verwunderlich, daß Reichs- und Staatsregierung eine behördeninterne Auswahl des Ostpreußenvertreters bevorzugten und übereinkamen, die Ostpreußenstelle gemeinsam einzurichten und ihren Leiter ausschließlich als Vertreter des Oberpräsidenten anzusehen; er sollte als Spezialreferent für Ostpreußenfragen nicht nur ein Interventionsrecht auf Ministerialebene haben, sondern auch an einschlägigen Beratungen des Reichs- und Staatsministeriums mit beratender Stimme teilnehmen. Seine Berufung wurde maßgebend von der preußischen Regierung und vom Oberpräsidenten beeinflußt.

Fußend auf dem Beschluß des Preußischen Staatsministeriums vom 28. April 1920, „daß zur Wahrnehmung der besonderen ostpreußischen Interessen gegenüber den preußischen und den Reichsministerien ein mit den Verhältnissen Ostpreußens vertrauter besonderer Beamter vom Staatsministerium einberufen wird“ [174], wurde der Reichsregierung bereits am 12. Mai der Kandidat für den neuen Posten genannt: Es war Christian Herbst, der Bürgermeister der ostpreußischen Stadt Osterode, den der Oberpräsident als politisch und fachlich geeignet empfohlen hatte [175]. Am 14. Juni zum kommissarischen Vertreter des Oberpräsidenten in Berlin ernannt, konnte dieser „ostpreußische Vertrauensmann“ – wie er ebenfalls in den Akten apostrophiert wurde – am 17. Juni seine Stellung antreten [176]. Langwierig war es jedoch, seinen beamtenrechtlichen Status zu regeln [177], und ebenso zögernd ging der personelle Ausbau seiner Dienststelle vonstatten. Hier ergaben sich zeitweilig sogar Friktionen zwischen Berlin und Königsberg, ehe ein für beide Seiten befriedigender Zustand erreicht wurde.

Anlaß für die Meinungsverschiedenheiten war das Auftreten desjenigen Mannes, der künftig der Ostpreußischen Vertretung das Gepräge geben sollte und der nach Ansicht des Ministerpräsidenten auf eine allzu formlose Weise zum Vertreter Herbsts avanciert war. Eines Tages hatte der Oberpräsident wissen lassen, er habe das Anerbieten eines Regierungsrats Frankenbach, für den Rest seines Urlaubs unentgeltlich und informatorisch bei der Ostpreußenstelle tätig zu werden und deren Leiter, der durch auswärtige

174 *GStA*, Rep. 90, Nr. 940: Auszug aus dem Protokoll der Sitzung des PreußStM vom 28.4.20. Über Entstehung und Bedeutung der ostpreußischen Vertretung s. Wessling (Anm. I/170), S. 218 ff.

175 *GStA, a. a. O.*: PreußMdI an den RMdI, 12.5.20.

176 *A. a. O.*: Auszug aus dem Protokoll der Sitzung des PreußStM vom 14.6.20; vgl. ferner Rep. 203, Nr. 5.

177 *GStA*, Rep. 90, Nr. 940: PreußMPr an den PreußMdI, 14.12.20; PreußMdI an das PreußStM, 19.12.20; Auszug aus dem Protokoll der Sitzung des PreußStM vom 22.12.20. Herbst wurde als Oberregierungsrat in den Staatsdienst übernommen.

Verhandlungen ferngehalten wurde, zu vertreten, unverbindlich angenommen; gleichzeitig beantragte er, Frankenbach als ständigen Hilfsarbeiter der Ostpreußenstelle zu überweisen[178]. Solch eine eigenmächtige Personalpolitik stieß im Staatsministerium auf starken Unwillen, und es wurde betont, daß bei der Stellvertretung Herbsts Frankenbach keinesfalls in Frage kommen werde; aber der Beharrlichkeit des Oberpräsidenten ist es gelungen, seinen Kandidaten in der Stellung zu halten und ihm ab Anfang 1921 die vertretungsweise Geschäftsführung zu sichern. Als Herbst im Sommer 1921 als Oberpräsidialrat nach Königsberg zurückkehrte, war nicht mehr strittig, daß Frankenbach sein Nachfolger werden würde[179].

Friedrich Wilhelm Frankenbach war ein aus Schlesien stammender Beamter, der nach Abschluß seiner Studien- und Referendarzeit in den preußischen Staatsdienst getreten war und sich als Regierungsassessor in Marienwerder so auszeichnete, daß ihm Ende 1915 die Vertretung des Landrats im westpreußischen Kreis Schwetz übertragen worden ist[180]. In dieser Stellung hat er sich, nach dem Urteil der Kreisangehörigen und seines Vorgesetzten, „geradezu glänzend bewährt"[181], und seine definitive Bestallung als Landrat war ein allen gemeinsamer Wunsch, der sich nur deshalb nicht erfüllen ließ, weil der Kreis Schwetz laut Friedensvertrag an Polen fiel. Nach dieser Wendung war Frankenbach, der nahezu vier Jahre lang in selbständiger Stellung einen Kreis verwaltet hatte, wenig geneigt, sich wieder in einer großen Behörde subalternen Arbeiten zu widmen, und er zog es vor, auf ein Jahr Urlaub „ohne Gehalt zwecks Information im Wirtschaftsleben" zu nehmen[182]. Am Ende dieses Jahres stieß er zur Ostpreußischen Vertretung, in der er eine Dienststelle erkannt haben mochte, die als Bindeglied zwischen dem Königsberger Oberpräsidium und den Berliner Ministerien Raum für eine relativ unabhängige Tätigkeit bot. Die Praxis hat bestätigt, daß beide, Frankenbach und diese Dienststelle, für einander geschaffen waren.

Die Ostpreußische Vertretung hat ihrem Inhaber Gelegenheit gegeben, an allen Entscheidungen, die des Zusammenspiels zwischen Königsberg und Berlin bedurften, mitzuwirken. Sie gewährte Zugang zu einer vielseitigen, alle Lebensbereiche einer Provinz umfassenden Materie, und sie war eine gute Ausgangsposition für Kontakte zu sämtlichen Ministerien. Das war ein Aufgabenkreis, der Frankenbachs Fähigkeiten entsprach. Zu ihnen gehörten nicht nur die Vorliebe für selbständige Arbeit und die Kenntnis der Verhältnisse in den östlichen Provinzen, sondern auch eine Reihe von persönlichen Eigenschaften, die den dienstlichen Verkehr in Berlin erleichterten. Frankenbach hat die Gabe besessen, den Umgang mit Menschen ersprießlich zu gestalten und Verbindungen nach allen Seiten zu pflegen. Ihm gelang es, mit den preußischen Ministerialräten engen Kontakt aufzunehmen und so Positionen zu sichern, an denen er ständig ver-

178 *A. a. O.*: OPr an das PreußStM, 24.11.20 und 21.12.20.

179 *A. a. O.*: PreußMPr an den OPr, 13.12.20; PreußMPr an den PreußMdI, 14.12.20; RegRat Frankenbach an den PreußMdI, 10.1.21; PreußMdI an ORegRat Herbst, 14.7.21. Frankenbach ist ab 1.8.21 Leiter der Ostpreußischen Vertretung gewesen; s. Rep. 203, Nr. 5.

180 *GStA*, Rep. 77, Nr. 5142: Aktennotiz vom 28.12.15.

181 *A. a. O.*: RegPr in Marienwerder an den PreußMdI, 7.1.19 und 16.1.19. Am 18.12.18 hatte der Kreistag Frankenbach als Kandidaten für das Landratsamt präsentiert; vgl. auch PreußMdI an den PreußFM, 23.5.19. Selbst der Arbeiter- und Bauernrat in Schwetz hatte ihm attestiert, er sei „ein Volksmann im wahren Sinne des Wortes, der für jedermann, sei es im Dienste oder außer Dienst, zu jeder Stunde zu sprechen *[ist]* und hilfsbereit mit Rat und Tat zur Seite steht". AußRat Schwetz an den PreußMdI, 18.6.19.

182 *GStA*, Rep. 90, Nr. 940: OPr an das PreußStM, 21.12.20; angeblich hatte er daran gedacht, sich im kaufmännischen Beruf eine neue Lebensstellung zu schaffen; s. Rep. 77, Nr. 5142: Randbericht des RegPr in Marienwerder vom 29.8.19.

trauliche Informationen erlangen oder durch Weitergabe eigener Informationen Einfluß ausüben konnte. An der Gestaltung der Hilfsmaßnahmen, die namentlich die Jahre seit 1926 ausgefüllt haben, ist er als gleichberechtigter Partner der Ministerialbürokratie beteiligt gewesen. Es kam ihm dabei zugute, daß er nicht als Außenseiter, sondern als Berufsbeamter in seine Stellung gelangt war und so von den hohen Ministerialbeamten als einer der Ihren angesehen werden konnte. In gleicher Weise ist seine Eigenschaft als Corpsstudent von Vorteil gewesen. Aber mehr als dies haben doch seine Sachkenntnis, seine Arbeitskraft und seine Bereitschaft, die Amtspflichten diskret, loyal und ohne aufdringlichen Ehrgeiz zu erfüllen, den Erfolg seines Wirkens besiegelt. Zu alledem befand er sich dank seiner politischen Haltung, die zur demokratischen Mitte tendierte, in Einklang mit der politischen Gesinnung des Oberpräsidenten Siehr und der preußischen Regierung [183].

Die Ostpreußische Vertretung hat selbst in den Jahren, als ihre Existenz unbestritten war, den Anflug des Vorläufigen, der ihrer Organisation anhaftete, nicht ablegen können. Innerhalb der preußischen Behördenorganisation wurde sie als Bestandteil des Staatsministeriums ausgewiesen, ihr Leiter wurde aber über den Haushalt anderer Behörden besoldet, weil für ihn nie eine eigene Etatposition eingerichtet worden ist [184]. Ähnlich sind die Sachkosten teils durch das Staatsministerium, teils aus besonderen Fonds bestritten worden; abgesehen davon ist für sie jahrelang ein Zuschuß der ostpreußischen Handelskammern in Höhe von 3000 RM jährlich in Anspruch genommen worden [185].

In dieses Bild paßte es, daß anfänglich auch die amtliche Bezeichnung der neuen Dienststelle fließend gewesen ist. Von einem ostpreußischen Büro, einer Ostpreußenstelle und einem ostpreußischen Vertrauensmann war zunächst die Rede, ehe sich der Titel „Bevollmächtigter der Provinz Ostpreußen beim Reichs- und Staatsministerium" einbürgerte. Diese ungenaue Namensgebung, denn der Inhaber der Stelle besaß weder besondere Vollmachten noch war er als Repräsentant der Provinz anzusehen, weckte

183 *GStA*, Rep. 203, Nr. 6: Frankenbach ist Mitglied des Münchener Corps Isaria gewesen; seine politische Nähe zur Deutschen Demokratischen Partei ist daraus zu erschließen, daß er am 27.1.30 vom Reichsausschuß der Deutschen Demokratischen Beamten als Parteifreund angeredet und zum Beitritt eingeladen worden ist; letzteres hat er jedoch abgelehnt. *GStA*, Rep. 90, Nr. 940: Eine amtliche Beurteilung Frankenbachs durch OPr Siehr vom 22.2.24 lautete: „Ein außerordentlich kluger, auch in wirtschaftlichen Dingen sehr versierter Beamter mit vielseitigen Interessen und großem Verwaltungsgeschick. Vorbildliches Pflichtgefühl und unermüdliche Arbeitsfreudigkeit, verbindliche Formen, rasche Auffassungsgabe und eine loyale, selbständige, umsichtige Arbeit nach gegebenen Direktiven qualifizieren ihn späterhin für selbständige Posten." Als ostpreußischer Vertreter habe er „außerordentlich wertvolle Dienste geleistet". – Als Leiter der Ostpreußischen Vertretung ist Frankenbach vom Regierungsrat bis zum Ministerialrat aufgestiegen; im Herbst 1930 ist er Leiter der Landstelle und Kommissar für die Osthilfe in Schneidemühl geworden, von welchem Amt er auf eigenen Wunsch zum 31.12.33 entbunden worden ist. Anschließend ist er am 18.1.34 zum Oberverwaltungsgerichtsrat ernannt worden; s. *GStA*, Rep. 90, Nr. 1116.

184 Herbst ist auf eine freie Oberregierungsratsstelle in Oppeln gesetzt und mitsamt dieser an das OPr Königsberg überwiesen worden; Frankenbach ist im ersten Halbjehr 1921 Inhaber einer Regierungsratsstelle in Koblenz gewesen und ab Juni 1921 über die Ministerial-, Militär- und Baukommission in Berlin besoldet worden; am 1.5.26 ist er als Hilfsarbeiter in das PreußMdI berufen, aber weiterhin für die Ostpreußische Vertretung freigestellt worden; s. *GStA*, Rep. 90, Nr. 940. Versuche, die Stelle etatisieren zu lassen, haben keinen Erfolg gehabt; s. *a. a. O.*, Nr. 1067: OPr an den PreußMPr, 14.10.20; Berichtigtes Protokoll der Besprechung vom 26.10.20.

185 Vgl. Wessling (Anm. I/170), S. 224 f.

Ende 1920 beim Innenminister Bedenken und wurde deshalb von der Wendung „Vertreter des Oberpräsidenten von Ostpreußen" abgelöst [186]. Aber auch sie behauptete sich nur ein Jahr, weil es aus politischen Gründen zweckmäßig schien, die Ostpreußenstelle nicht nur als eine Vertretung des Oberpräsidenten, sondern als Sachwalterin der gesamten ostpreußischen Interessen in Berlin auszuweisen; so hieß sie hinfort „Ostpreußische Vertretung beim Reichs- und Staatsministerium", was jedoch nichts an ihrer dienstlichen Stellung änderte [187].

Die letzte Namensänderung ist eine Reaktion auf Versuche gewesen, die in der Gründungsphase der Ostpreußischen Vertretung unterlegenen Wünsche der provinzialen Interessenten nachträglich zum Siege zu führen. Anknüpfend an die Tatsache, daß am 28. Juni 1921 der Provinzialausschuß den der DNVP angehörenden Wilhelm Freiherr von Gayl zum Reichsratsbevollmächtigten gewählt und dieser am 14. Juli seine Tätigkeit in Berlin angetreten hatte [188], glaubten Landeshauptmann von Brünneck und der Provinzialausschuß die Gelegenheit günstig, nun den alten Plan einer Personalunion zwischen Reichsratsvertreter und Ostpreußischer Vertretung zu verwirklichen. Sie kritisierten die bestehende Ostpreußenstelle, die nur das Oberpräsidium, nicht aber die Provinzialverwaltung und die Wirtschaftskreise mit Berlin verbinde und die in den Händen eines abhängigen Beamten zur Wirkungslosigkeit verurteilt sei. Nur eine Persönlichkeit, die durch die Selbstverwaltungsorgane gewählt und als Vertreter des Willens der Provinz legitimiert sei, könne auf die Dauer Erfolg haben; deshalb sei es an der Zeit, sich über eine Vereinigung der Ostpreußenstelle mit dem Reichsratsbevollmächtigten zu verständigen. Ohnehin sei zu erwarten, daß Freiherr von Gayl immer mehr die Rolle des maßgebenden ostpreußischen Interessenvertreters in Berlin zufallen werde. Es wurde vorgeschlagen: Zur ostpreußischen Vertretung in Berlin gehören künftig der Vertreter des Oberpräsidenten und der Reichsratsbevollmächtigte; ihre Zusammenarbeit sei von Fall zu Fall zwischen dem Oberpräsidenten und dem Reichsratsbevollmächtigten zu vereinbaren; sofern solche Vereinbarungen zustande kämen, obliege die Leitung der Berliner Vertretung dem Reichsratsbevollmächtigten, ansonsten handelten beide Mitglieder gemeinsam und verträten dabei ihre jeweiligen Standpunkte; die Kosten der erweiterten Ostpreußenstelle trage die Staatskasse, die freie Stimmabgabe des Reichsratsbevollmächtigten im Reichsrat bleibe unberührt [189].

Im Oberpräsidium ist dieser Vorstoß besorgt registriert worden, weil man fürchtete, daß bei einer Kraftprobe der amtliche Vertreter Ostpreußens durch die „große Sachkenntnis und bessere Orientierung des Freiherrn von Gayl an die Wand gedrückt" werden könnte; aus diesem Grunde wurde erwogen, entweder auf die vorgeschlagene Art der Zusammenarbeit einzugehen oder die Ostpreußenstelle aufzulösen und ihren Leiter

186 *GStA*, Rep. 90, Nr. 940: PreußMdI an den PreußMPr, 30.12.20; PreußMPr an den PreußMdI, 21.1.21; PreußMdI an den PreußMPr, 31.1.21.

187 *GStA*, Rep. 203, Nr. 2: OPr an den PreußMdI, 23.3.22; Wessling (Anm. I/170), S. 224. Vgl. die Eintragungen im *Handbuch über den Preußischen Staat . . . 1922* (Anm. I/57), S. 32; und *a. a. O.*, 132. Jg., *1926*, Berlin 1926, S. 114.

188 *Verhandlungen des 47. ProvLT der Prov Ostpr*, Königsberg 1921, S. 127: Schreiben Gayls an den Vorsitzenden des ProvLT, 27.7.21.

189 Wessling (Anm. I/170), S. 222; *GStA*, Rep. 203, Nr. 190: Denkschrift über die Erweiterung der Ostpreußischen Vertretung durch Aufnahme des ostpreußischen Reichsratsbevollmächtigten. Die Denkschrift, die in einer Abschrift ohne Datum, Kopf, Titel und Unterschrift vorliegt, dürfte dem Landeshauptmann zuzuschreiben und auf Sommer 1921 zu datieren sein. Undatierter Text der Beschlußvorlage des LHptm an den ProvA, *a. a. O.*, Nr. 2.

als besonderen Ostreferenten in das Staatsministerium einzugliedern[190]. Obwohl die preußische Regierung sich dieser resignierten Haltung nicht anschloß, hat sie es doch mehrere Monate lang unterlassen, von sich aus für Klarheit zu sorgen. Die Gefahr eines konkurrierenden Ostpreußenbüros unter Gayls Leitung hat gerade in der Zeit bestanden, als die Berliner Ministerien einen ersten Anfall von „Ostpreußenmüdigkeit" erlitten und von der ostpreußischen Vertretung nicht den konstruktiven Gebrauch zu machen wußten, der anfänglich erwartet worden war. Erst als zu Beginn des Jahres 1922 die Ostpreußenpolitik von Königsberg aus wieder aktiviert wurde, beendete die Regierung mit der definitiven Benennung der Ostpreußischen Vertretung die Phase der Unsicherheit und gab in dem gewählten Titel zu erkennen, daß für sie der Berliner Vertreter des Oberpräsidenten der einzige amtliche Vertreter der ganzen Provinz bleibe[191].

In den weiteren Jahren hat die Ostpreußische Vertretung noch zwei Anschläge zu überstehen gehabt: 1925 konnte der Finanzminister nur durch den energischen Widerspruch des Innenministers davon abgehalten werden, diese Beamtenstelle einzusparen[192], und 1927 bedrohte sie der Ruf der ostpreußischen Landwirtschaftskammer nach einem Reichsministerium für Ostpreußen[193]. Da die Reichsregierung diese Forderung nicht gänzlich ignorierte, hielt es der Oberpräsident für angezeigt, durch eine Rangaufbesserung der Ostpreußischen Vertretung allen Eventualitäten zuvorzukommen. Aber letztlich blieb alles beim alten, weil die Reichsregierung nur eine geringfügige organisatorische Änderung vornahm, die der Ostpreußischen Vertretung keinen Abbruch tat[194]. Sie hat vielmehr noch den Fortgang Frankenbachs im Herbst 1930 überlebt, ist aber seit diesem Zeitpunkt in eine nur nominelle Existenz zurückgesunken, denn ein neuer Leiter ist nicht mehr berufen worden[195]. Das Absterben dieser bis

190 *A. a. O.*, Nr. 190: Stellungnahme zur Denkschrift des LHptm, ebenfalls in einer Abschrift ohne Datum, Kopf, Adresse und Unterschrift; sie stammt vermutlich aus dem Oberpräsidium. Vgl. auch *a. a. O.*, Nr. 195: OPrRat Herbst an Frankenbach, 5.8.21. Siehr verhielt sich zunächst scharf ablehnend, hat aber dann mit Gayl eine lose persönliche Zusammenarbeit vereinbart, um so den Vorstoß der Provinzialverwaltung zu neutralisieren; *a. a. O.*, Nr. 2: (OPr an die PreußStReg, undatierter Entwurf); OPr an den PreußMdI, 23.2.22.

191 *GStA*, Rep. 203, Nr. 165: Reisebericht des OPrRats Herbst über die Besprechung im Ostreferat des PreußMdI am 17.2.22. Herbst ist dafür eingetreten, die Ostpreußenstelle als Ostpreußische Vertretung zu bezeichnen. Gayl hat 1922 und 1923 zeitweise ein eigenes Geschäftszimmer unterhalten; s. seine Mitteilungen *a. a. O.*, Nr. 366.

192 *GStA*, Rep. 90, Nr. 940: PreußMdI an den PreußFM, 26.10.25.

193 *Georgine* vom 12.7.27: „Außerordentliche Generalversammlung der Landwirtschaftskammer für die Provinz Ostpreußen"; *Kbg Hart Ztg* vom 9.7.27: „Landwirtschaftskammer und Ostpreußenhilfe". Auf der Versammlung hat von Gayl einen Vortrag gehalten und die Ostpreußenpolitik der Berliner Regierungen kritisiert.

194 *GStA*, Rep. 90, Nr. 1070: WTB vom 19.9.27: „Rede des Reichskanzlers in Königsberg". RK Marx hat versichert, daß er dem Gedanken einer für die ostpreußischen Wünsche zuständigen „Reichsstelle durchaus sympathisch gegenüberstehe". *A. a. O.*, Nr. 1108: WTB vom 28.10.27: „Sitzung des Reichskabinetts"; danach wurde beschlossen, eine bereits vorhandene Verwaltungsstelle im Reichsinnenministerium auszubauen. *GStA*, Rep. 203, Nr. 169: OPr an den PreußMPr, 12.10.27; Frankenbach an VizePr Herbst, 15.10.27; *GStA*, Rep. 90, Nr. 940: OPr an den PreußMPr, 10.12.27; 1928 ist Frankenbach zum Ministerialrat befördert worden.

195 Ihr Kommissarischer Leiter ist von 1930 bis 1932 ORegRat Herbert Weichmann aus dem PreußStM gewesen; s. *Handbuch über den Preußischen Staat für das Jahr 1931*, Berlin 1931, S. 142. Eine förmliche Auflösung der Ostpreußischen Vertretung ist nicht aktenkundig geworden; s. Wessling (Anm. I/170), S. 225; sie ist aber vermutlich nach November 1932 eingetreten, da solange ihre Anschrift im dienstlichen Schriftverkehr nachweisbar ist; s. *GStA*, Rep. 203, Nr. 188.

1930 so aktiven Dienststelle erklärt sich daraus, daß 1930 das Reichskommissariat für die Osthilfe und die Landstellen geschaffen worden sind und die spezielle Fürsorge für Ostpreußen durch ein größeres System wirtschaftlicher und finanzieller Hilfe für die gesamten Ostprovinzen abgelöst worden ist.

3. Die nationale Propaganda im Grenzgebiet

Neben der exponierten Lage, die das Prinzip der berufungslosen Sonderlage und die ständige Vertretung in Berlin begründet hatte, ist Ostpreußen auch von dem anderen Kernproblem der östlichen Grenzgebiete, der Minderheitenfrage, nicht verschont geblieben. Obwohl der Nationalitätenkampf hier traditionell nicht so tief verwurzelt gewesen ist wie in anderen preußischen Provinzen, ist er nach dem Ersten Weltkrieg doch zu einer ständigen Begleiterscheinung des politischen Lebens geworden. Die Entstehung neuer Nationalstaaten jenseits der ostpreußischen Grenze und die Volksabstimmung im Juli 1920 waren Ereignisse, die der nationalen Frage innerhalb der Provinz Aktualität verliehen und die die deutsche Abwehr herausforderten.

Die Volkszählung von 1925 hatte ergeben, daß die fremdsprachigen Minderheiten nicht mehr als 5 % bis 6 % der Gesamtbevölkerung ausmachten. Es waren ermittelt worden: 20 000 Einwohner mit ausschließlich polnischer und 24 000 mit polnisch-deutscher Muttersprache (0,9 % bzw. 1 % der Bevölkerung), ferner 50 000 Menschen mit masurischer und 31 000 mit masurisch-deutscher Muttersprache (2,2 % bzw. 1,4 %) sowie eine relativ kleine litauische Minderheit mit 4200 Angehörigen, die nur litauischer, und 3200, die litauisch-deutscher Muttersprache waren[196]. Obwohl diese Minderheiten in Westpreußen, Masuren und der Umgebung Tilsits ihre Schwerpunkte hatten, erreichten sie doch nirgends ein Gewicht, das ihnen im politischen und sozialen Leben der Provinz Einfluß gegeben hätte. Es machte sich bemerkbar, daß sie weder in ethnischer noch in konfessioneller Hinsicht einen homogenen Block bildeten und deshalb gegenüber der deutschen Mehrheit nicht als einheitlicher Faktor in Erscheinung traten. Insbesondere die Wahlen zeigten, daß das Bewußtsein politischer Eigenständigkeit und damit die Bereitschaft, für die prononcierten Minderheitenparteien zu stimmen, schwach entwickelt gewesen ist, denn bei den Reichstagswahlen Ende 1924 haben nur 0,5 % und bei den Provinziallandtagswahlen Ende 1925 nur 0,6 % aller Wahlberechtigten für die nationalen Splitterparteien votiert[197].

196 *Statistisches Jahrbuch für das Deutsche Reich,* 1928 (Anm. I/56), S. 20. Die polnische Forschung betrachtet Polen und Masuren als eine gemeinsame ethnische Minderheit (*ludność etnicznie polska*) und schätzt sie für die Zwischenkriegszeit auf 500 000 Personen; s. Wrzesiński (Anm. I/62), S. 23 f. Diese Zahl ist weitgehend fiktiv, da sich eine fremdsprachige Minderheit in diesem Ausmaße nicht nachweisen läßt. Noch viel weniger entspricht sie dem nationalbewußten politisch aktivierbaren Kern der Minderheit, der weniger als 10 000 Menschen umfaßte. Über die Minderheitenverhältnisse vgl. außer Wrzesiński: Erich Keyser, „Die Bevölkerung der östlichen Provinzen des Preußischen Staates von der Mitte des 19. Jahrhunderts bis zum Jahre 1939", in: *Die Ostgebiete des Deutschen Reiches. Ein Taschenbuch,* 2. Aufl., Würzburg 1955, S. 70 ff.; Arnold Hillen Ziegfeld, „Sprache und Volkstum in Ostpreußen", in: Heiss / Hillen Ziegfeld (Anm. I/58), S. 152 ff.; Walther Hubatsch, „Masuren und Preußisch-Litthauen in der Nationalitätenpolitik Preußens 1870–1920", in: *Zeitschrift für Ostforschung,* 14. Jg. (1965), S. 641 ff., und 15. Jg. (1966), S. 1 ff.; Hans-Ulrich Wehler, „Zur neueren Geschichte der Masuren", in: *Zeitschrift für Ostforschung,* 11. Jg. (1962), S. 142 ff.

197 Vgl. die Belege o. in Anm. I/63.

Dieses an Kontrasten arme Bild darf jedoch nicht dazu verführen, die Stabilität der nationalen Verhältnisse in Ostpreußen als selbstverständlich zu betrachten. Die polnischen Ansprüche am Ende des Weltkrieges und der Abstimmungskampf in Westpreußen und Masuren hatten auf deutscher Seite die Erkenntnis geweckt, daß der verbliebene Besitzstand nur gewahrt werden könne, wenn den ausländischen nationalen Aspirationen beharrlich entgegengewirkt würde. Um das zu erreichen, hat der Staat Preußen nicht nur für Ostpreußen, sondern für alle nördlichen und östlichen Grenzprovinzen jährlich Mittel ausgeworfen, die zur Förderung deutscher Wirtschaft und Kultur bestimmt waren und die zum größeren Teil direkt von den Ober- und Regierungspräsidenten, zum kleineren Teil von den Berliner Ministerien verausgabt worden sind. An diesem Fonds, der 1924 200 000 RM enthalten hat und seit 1928 auf einem Niveau von knapp 1,5 Mill. RM stabilisiert worden ist, hat Ostpreußen regelmäßig partizipiert: Von 140 000 RM im Jahr 1925 ist sein Anteil bis 1928 auf 245 000 RM gestiegen und dann konstant geblieben. Dieser Betrag wurde vom Oberpräsidenten nach einem Plan, den die Ministerien geprüft hatten, verteilt. Vorrang hatte die Förderung kultureller und sozialer Einrichtungen in den gefährdeten Gebieten: der Bau von Kindergärten und Gemeindeschwesternstationen, die Einrichtung von Büchereien und die Unterstützung des Turn- und Sportwesens[198]. Auf diese Weise sollten auch in kleinen Orten Institutionen geschaffen werden, die zu einer allmählichen Besserung der Lebensbedingungen beitragen konnten. Die verfügbaren Mittel waren jedoch so bescheiden, daß sie keine schnelle, durchgreifende Wirkung auf die sozialen Verhältnisse erhoffen ließen, und deshalb blieb neben der praktischen eine propagandistisch-ideelle Betreuung der gemischtnationalen Gebiete erforderlich.

Die Einrichtungen, die in Ostpreußen dieser Aufgabe dienten, waren während des Abstimmungskampfes entstanden und hatten entscheidend zum Erfolg des Plebiszits beigetragen. Außer dem Allensteiner Masuren- und Ermländerbund waren dies namentlich die Ostdeutschen Heimatdienste in Allenstein, in Westpreußen und in Tilsit, die satzungsgemäß die Liebe zu Heimat und Vaterland pflegten, für die Erhaltung des deutschen Volkstums eintraten und eine überparteiliche Verbindung aller Deutschgesinnten herstellen wollten. Gestützt auf die örtlichen Heimatvereine bemühten sie sich, die Bevölkerung in den Dörfern und kleinen Städten durch Vorträge, Theaterabende, Filmvorführungen u. ä. zu unterhalten, um in ihr das Zugehörigkeitsgefühl zum deutschen Kulturbereich zu stärken. Führend bei den Veranstaltungen waren häufig die Lehrer, die den Auftritt von Gesangvereinen, Jugend- und Laienspielgruppen oder ähnlichen Vereinigungen lokalen Charakters leiteten, während die Heimatdienste für die technische und finanzielle Unterstützung sorgten[199]. Der Vorteil dieser Art von Propaganda war, daß sie von Angehörigen derjenigen Bevölkerungskreise, an die sie sich wandte, mitgetragen wurde und deshalb von vornherein auf das Vertrauen der Angesprochenen rechnen konnte; dagegen waren die Träger der polnischen Agitation vielfach nicht Einheimische und konnten als Fremde leicht isoliert und dem Mißtrauen preisgegeben werden[200].

198 Die Angaben über die Aufteilung und Verwendung der Mittel sind den jährlich wiederkehrenden Vorgängen in *GStA*, Rep. 90, Nr. 1105 – 1110 entnommen; ferner speziell für Ostpreußen: *GStA*, Rep. 203, Nr. 443. Von 1923 bis 1929 hat auch das Reichsministerium des Innern in geringem Umfange für dieselben Zwecke Mittel hergegeben; der ostpreußische Oberpräsident hat 1928 z. B. von dieser Seite 47 250 RM erhalten.

199 Vgl. die Materialien in *GStA*, Rep. 203, Nr. 30; Nr. 443; Nr. 444. Über die Entstehung des Allensteiner Heimatdienstes s. Worgitzki, *Geschichte. . .* (Anm. I/21), S. 73 ff.

200 Vgl. dazu Worgitzki, *a. a. O.*, S. 85. Über die Formen der polnischen Agitation s. ders., *Ostpreußen* (Anm. I/65), S. 15 ff.

Auf lange Sicht verfolgten die Heimatdienste das Ziel, „mit kulturellen Mitteln, d. h. durch Förderung und Hebung des kulturellen Durchschnitts unserer Grenzbevölkerung“, den polnischen Ambitionen den Boden zu entziehen[201], doch daneben haben sie stets kurzfristige Aufgaben übernommen, die aus der aktuellen politischen Situation geboren waren. Ähnlich wie in der Abstimmungszeit haben sie besonders vor den verschiedenen Wahlterminen eine rege Aufklärungstätigkeit entfaltet und das Ihre dazu beigetragen, daß der Erfolg von 1920 in allen späteren Wahlgängen bestätigt wurde. Zum Wesen dieser Arbeit gehörte es, daß sie streng überparteilich und allein um der deutschen Sache willen geleistet wurde[202]. Andersartige Tendenzen, die 1919 im Ostdeutschen Heimatdienst Königsberg, dessen Initiator noch Oberpräsident Batocki gewesen ist, eine stark national und antibolschewistisch gefärbte Überparteilichkeit gefördert hatten, sind von den übrigen Heimatdienstgruppen abgewehrt worden, ehe sie zu innenpolitischen Konflikten führen konnten[203]. Trotzdem hat die politische Färbung des Königsberger Heimatdienstes, dem enge Beziehungen zum agrarisch-bürgerlichen Heimatbund nachgesagt wurden, genügt, um die Behörden zur Vorsicht gegenüber allen Heimatdiensten zu veranlassen[204]. Erst als mit den Verbänden in Allenstein und Westpreußen ein enger Kontakt aufgenommen und Einblick in deren Organisation gewonnen wurde, schwanden die Zweifel an ihrer Überparteilichkeit; ihre parteipolitische Neutralität und die gute Zusammenarbeit aller Parteien von der SPD bis zur DNVP konnte nun bestätigt werden[205]. Diese positive Beurteilung hat dazu geführt, daß die Heimatdienste von der preußischen Regierung in erheblichem Umfange finanziell unterstützt worden sind; die Mittel hierfür sind dem jährlich ausgeworfenen Grenzfonds entnommen worden[206]. Auf diese Weise erhielt die Regierung die Möglichkeit, die Grenzlandpropaganda indirekt zu beeinflussen und ihrer nationalistischen Verwilderung vorzubeugen, während die Heimatdienste die staatliche Finanzierung als eine öffentliche Anerkennung ihrer verdienstvollen Kleinarbeit ansehen durften.

201 *GStA*, Rep. 203, Nr. 443: Ostdeutscher Heimatdienst Allenstein an den OPr, 24.7.29.

202 Über die erfolgreiche Abwehr parteipolitischer Einflußversuche auf den Allensteiner Heimatdienst s. Worgitzki, *Geschichte*... (Anm. I/21), S. 77 f. Die örtliche SPD-Organisation in Lyck hat sich allerdings über die Vorherrschaft der Rechtsparteien im Heimatdienst beklagt; s. Kolb (Anm. I/54), S. 381.

203 Über den nationalistisch orientierten Königsberger Heimatdienst s. Klatt (Anm. I/7), S. 139 ff.; Worgitzki, *a. a. O.*, S. 73 f.; Gayl, *Ostpreußen unter fremden Flaggen* (Anm. I/7), S. 100.

204 *GStA*, Rep. 203, Nr. 32: OPr an die OstprVertr, 28.5.21; *a. a. O.*, Nr. 81: OPr an die Ostpr Vertr, 3.12.21. In diesem Schreiben wird jedoch auf die Überparteilichkeit der in den Grenzgebieten tätigen Heimatdienste hingewiesen und mitgeteilt, daß mit ihnen von Amts wegen Beziehungen angeknüpft worden seien; die politische Neutralisierung des Königsberger Heimatdienstes stehe dagegen noch aus. Die Situation ist in der Folge dadurch vereinfacht worden, daß sich der Königsberger Heimatdienst zu einem nicht näher ersichtlichen Zeitpunkt aufgelöst hat. Über den Heimatbund vgl. u. S. 72 ff.

205 *GStA*, Rep. 203, Nr. 43: Worgitzki an Frankenbach, 23.3.23; RegPr Brauweiler (Marienwerder) an den PreußMPr, 8.10.25.

206 Von den 245 000 RM, die der Oberpräsident 1928 für die ostpreußischen Grenzgebiete erhalten hat, sind u. a. 109 000 RM direkt für kulturelle und soziale Vorhaben verwendet worden, während 68 500, 27 000 und 24 000 RM an die Heimatdienste in Allenstein, Marienwerder und Tilsit weitergeleitet worden sind; außerdem hat der Allensteiner Masuren- und Ermländerbund 4000 RM erhalten; s. *a. a. O.*, Nr. 443: OPr an die OstprVertr, 19.7.29. Für die ungünstige Situation vor der Währungsstabilisierung vgl. Worgitzkis Brief an Frankenbach vom 30.6.23: „Wir quälen uns jetzt seit zwei Jahren geradezu jämmerlich durch“, die besser dotierte polnische Propaganda mache immer mehr Fortschritte; *ebda.*

IV. DIE POLITISCHEN KRÄFTE IN OSTPREUSSEN

Wenn es in den ersten Jahren nach Kriegsende nicht gelungen war, dem politischen Leben der Provinz Ostpreußen wesentlich neue Formen zu erschließen – sei es in Gestalt einer Autonomie, eines Provinzialwirtschaftsrats oder eines Reichskommissars –, so mußte sich das allgemeine Interesse zwangsläufig auf die vorhandenen Institutionen des öffentlichen Lebens konzentrieren, wozu in erster Linie die Parteien und die Staatsverwaltung gehörten. Zwischen diesen beiden Faktoren bestand ein gewisser Dualismus, da sie im Rahmen der geltenden Verfassung zwei verschiedene Bereiche politischer Autorität repräsentierten: Die Parteien verkörperten den politischen Willen der Provinzbevölkerung, die staatlichen Behörden mit den politischen Beamten an ihrer Spitze vertraten hingegen die Staatsregierung. In den preußischen Provinzen konnten die örtlichen Parteien das öffentliche Leben lediglich in den engen Grenzen der provinzialen Selbstverwaltung autonom gestalten, während alle maßgebenden Positionen der staatlichen Verwaltung – Oberpräsident, Regierungspräsidenten und Landräte – durch die preußische Staatsregierung von Berlin aus besetzt wurden. Diese Situation wurde dadurch kompliziert, daß nach 1918 die Verteilung der politischen Kräfte in Ostpreußen nicht mit derjenigen innerhalb der preußischen Staatsregierung übereinstimmte und daß die personalpolitischen Entscheidungen der Regierung häufig nicht den Wünschen der tonangebenden ostpreußischen Parteien entsprachen. In der Polemik, die sich aus diesen Gegensätzen ergab, konnten die Rechtsparteien so weit gehen zu behaupten, daß es undemokratisch sei, wenn die Beamten sich nicht in Einklang mit den politischen Strömungen ihrer Verwaltungsbezirke befänden[207]. Aber das war ein vorsätzliches Mißverständnis, denn die politischen Beamten erhielten ihre spezifische Qualität nicht durch die Beziehung zu ihrem Verwaltungsgebiet, sondern durch die Beziehung zur Staatsregierung, die sie in der Provinz zu repräsentieren hatten. Das schloß allerdings nicht aus, daß die Regierung bei ihrer Personalpolitik, zumal bei der Berufung von Landräten, auf die politischen Kräfteverhältnisse in den betreffenden Bezirken Rücksicht genommen hat.

1. Die Staatsbeamten

a) Die Oberpräsidenten

Innerhalb der Provinz nahm der Oberpräsident die höchste amtliche Position ein, sein Aufgabenbereich war beschränkt und umfangreich zugleich[208]. Begrenzt war seine direkte Exekutivgewalt, da die innere Verwaltung von den Regierungspräsidenten und den Landräten ausgeübt wurde. Groß hingegen war der Kreis der Behörden, die seiner

207 Diese Auffassung wurde z. B. in der deutschnationalen Presse vertreten; s. *Ostpr Ztg*, 11.10.22: „Hände weg!"; *Oberländer Volksblatt*, 13.12.22: „Die Autonomie Ostpreußens".

208 Über die Stellung des Oberpräsidenten s. Wolfgang Runge, *Politik und Beamtentum im Parteienstaat. Die Demokratisierung der politischen Beamten in Preußen zwischen 1918 und 1933* (*Industrielle Welt*, Bd. 5), Stuttgart 1965, S. 23 ff.; Fritz Hartung, „Der Oberpräsident", in: ders., *Staatsbildende Kräfte der Neuzeit*, Berlin 1961, S. 275 ff., für die Zeit nach 1918: S. 338 ff.; Helmut Rausch, *Die Entwicklung der Rechtsstellung des Oberpräsidenten in Preußen*, jur. Diss. Leipzig 1936, Dresden 1936, S. 28 ff.; Bitter (Anm. I/154), I, S. 215 f.; Robert Graf Hue de Grais, *Handbuch der Verfassung und Verwaltung in Preußen und dem Deutschen Reiche*, 23. Aufl., Berlin 1926, S. 88 ff.; Arnold Brecht, *Mit der Kraft des Geistes. Lebenserinnerungen 1927–1967* (Teil II), Stuttgart 1967, S. 28 ff.

Leitung oder Aufsicht unterstanden und die, bei aller Selbständigkeit ihrer Geschäftsführung, den Oberpräsidenten als Vermittler ihres Verkehrs mit den Zentralbehörden zu beachten hatten. An ihm war es weniger, die administrativen Fäden in seiner Provinz selbst zu handhaben, als sie zu beaufsichtigen und im Einvernehmen mit der Staatsregierung zu dirigieren. Durch ihn und durch die provinziale Selbstverwaltung wurde die Provinz eigentlich erst als besondere Verwaltungseinheit im preußischen Staat konstituiert. Grundlage seiner Stellung war die Berufung durch die Staatsregierung, als deren Stellvertreter und ständiger Kommissar er tätig wurde. Dieses Verhältnis erhielt nach 1918 in den Ostprovinzen eine neue Note, weil die Oberpräsidenten als Vertreter einer demokratisch-republikanischen Regierung auftreten und gegenüber der konservativ und monarchisch gesinnten örtlichen Bevölkerung eine Mittlerstellung einnehmen mußten, die die politischen Unterschiede zwischen Zentrale und Provinz ausgleichen sollte. Diese Lage hat die Oberpräsidenten mitunter zu einer eigenwilligen Interpretation ihrer Aufgaben geführt, wie es 1925 durch den Oppelner Oberpräsidenten Proske geschah, der sich darauf berief, daß in einem parlamentarisch regierten Staat die Provinzialbehörden mehr als früher gehalten seien, die Interessen ihrer Verwaltungsbezirke gegenüber den Zentralinstanzen zu vertreten. Aber sowohl im allgemeinen als auch in diesem besonderen Falle galt doch die Regel, daß die politischen Beamten in der Provinz ihren maßgebenden Rückhalt an der Berliner Regierung hatten, und Proske erkannte binnen Jahresfrist, daß es notwendig sei, „die Chefs der Provinzialbehörden wieder fest einzuspannen in einen straffen zentralen Verwaltungsorganismus, in der Weise, daß sie möglichst wenig erfaßt werden von den parlamentarischen Wogen und daß sie von ihrem Verwaltungsbezirk lediglich als Vertreter des Staatsministeriums angesehen werden“ [209]. Das war der angemessene Standpunkt für einen Beamten, wenngleich der vorher geäußerte nicht von ungefähr den ambivalenten Status andeutete, den der Oberpräsident als Mittelinstanz zwischen Provinz und Zentrale besaß. Innerhalb gewisser Grenzen bot diese Position entschlußfreudigen Männern ein weites Betätigungsfeld, zumal wenn in der betreffenden Provinz organisatorische oder politische Probleme auftraten, die der an Ort und Stelle tätigen Initiative bedurften.

In Ostpreußen war solch eine Situation 1914 eingetreten, als die russische Invasion schwere Zerstörungen hinterlassen hatte und dem Oberpräsidenten die Leitung des Wiederaufbaus zufiel. Ähnlich war es nach 1918, als die labile Lage Ostpreußens besondere Stützungsmaßnahmen erheischte, an deren Vorbereitung und Ausführung sich der Oberpräsident aktiv beteiligen mußte. Es ist der Vorteil Ostpreußens gewesen, daß es in diesen kritischen Zeiten über Männer verfügt hat, die den Aufgaben gerecht zu werden wußten.

Während der Kriegs- und ersten Nachkriegszeit ist – mit einer kürzeren Unterbrechung – Adolf von Batocki Oberpräsident in Königsberg gewesen [210]. Er war einer der führenden Großgrundbesitzer in der Provinz und hatte von 1907 bis 1914 an der Spitze der Landwirtschaftskammer gestanden. Vorangegangen waren mehrere Jahre des Verwaltungsdienstes, in denen er bis zum Landrat aufgestiegen war. Seine Laufbahn erreichte einen Höhepunkt, als er 1914 zum Oberpräsidenten der vom Krieg heimgesuchten Provinz ernannt und 1916 als erster Präsident des Kriegsernährungsamtes mit dem

209 *GStA*, Rep. 90, Nr. 1106: OPr Proske an den PreußMPr, 21.10.25; ders. an den PreußMdI, 20.11.26.

210 *Neue Deutsche Biographie*, hrsgg. von der Historischen Kommission bei der Bayerischen Akademie der Wissenschaften, Bd. I, Berlin 1953, S. 627 f.; *Reichshandbuch der deutschen Gesellschaft. Das Handbuch der Persönlichkeiten in Wort und Bild*, Bd. I, Berlin 1930, S. 69; Horkenbach (Anm. I/2), S. 637; Gusovius (Anm. I/69), S. 148; S. 250; S. 253; S. 746.

Aufbau einer der wichtigsten kriegswirtschaftlichen Behörden betraut wurde. Seit 1918 wieder Oberpräsident in Königsberg, mußte er als Beamter in leitender Position die Revolution und den Zerfall derjenigen politischen Ordnung erleben, zu der er sich vorbehaltlos bekannt hatte. Für ihn als einen agrarisch und konservativ gesinnten Mann hätte es nach diesem Wechsel nahegelegen, sein Amt aufzugeben. Er hat aber „angesichts der besonderen Verhältnisse der Provinz" davon abgesehen und „auf Wunsch des Arbeiter- und Soldatenrates in Königsberg" beschlossen, „bis auf weiteres mit den mir unterstellten Beamten die Geschäfte fortzuführen, um im Interesse der Bevölkerung von Stadt und Land den geordneten Gang der Geschäfte nach Möglichkeit aufrechtzuerhalten"[211]. Er erkannte, daß die Provinzialbehörden gegenüber den neuen Kontrollorganen der Arbeiter- und Soldatenräte fürs erste zum Taktieren gezwungen seien, da sie in Berlin keine Staatsgewalt mobilisieren konnten, „die ihre Anordnungen auch bei Widerstand durchsetzen kann". Deshalb ging er auf die Zusammenarbeit mit dem Königsberger Arbeiterrat ein, mit dem er gemeinsam als oberste „Provinzialinstanz für [die] einheitliche Regelung aller Zivilverwaltungsgeschäfte" fungierte[212].

Doch dieses Zurückweichen des alten Staatsapparates vor der Revolution, das der SPD erstmals in der Geschichte Ostdeutschlands einen gewissen Einfluß auf die Verwaltung gewährte, ist nicht von Dauer gewesen und wurde von der örtlichen Bürokratie alsbald mit einer „Ermattungsstrategie" beantwortet, die großenteils von Berlin aus gedeckt wurde und im Laufe des Jahres 1919 die Räte zur Machtlosigkeit verurteilte[213]. Auch Batocki hat den im November 1918 entstandenen Zustand nicht als bleibend hingenommen, sondern sich bemüht, die Folgen der revolutionären Umwälzung zu reduzieren. Der größte Dorn im Auge war ihm eine Volksmarinedivision in Königsberg, die als republikanische Volkswehr auftrat und Anfang des Jahres 1919 praktisch die Provinzhauptstadt beherrschte. Mit Hilfe Winnigs und des Militärs ist es ihm gelungen, die Volksmarinedivision am 3. März 1919 zu entwaffnen und den Einfluß des linken Flügels unter den revolutionären Kräften zu brechen. Dadurch ist er auf dem Weg zur inneren Befriedung der Provinz ein wesentliches Stück vorangekommen, woran ihm wegen des gleichzeitig verfolgten Oststaatsplans gelegen war. Jedoch konnte er die politische Position, die er im ersten Halbjahr 1919 aufgebaut hatte, nicht mehr ausnutzen, denn die Frage des Oststaats war mit der Annahme des Friedensvertrages hinfällig geworden. Daraufhin war für ihn im Juni 1919 der Augenblick gekommen, in dem er sein Amt freiwillig an Winnig übergab.

Als Privatmann ist Batocki einer der führenden politischen Köpfe in Ostpreußen geblieben. Seine Tätigkeit als Honorarprofessor an der Königsberger Universität[214] und als Verwaltungsratsmitglied bei der Reichsbahn bezeugen seine Aktivität, deren politische Auswirkungen von den Staatsbehörden mißtrauisch beobachtet wurden. Seine autonomistischen Tendenzen blieben unvergessen, und auch nach 1919 hat er mehrfach für Ostpreußen eine größere Unabhängigkeit von der Staatsregierung verlangt. 1920 heischte er für sich und seine Landsleute dasselbe „Maß von Freiheit, das den Badensern und Württembergern, den Mecklenburgern und Oldenburgern innerhalb der durch

211 *GStA*, Rep. 77, Nr. 149: OPr Batocki an den PreußMdI, 17.4.19; *Verhandlungen des 44. ProvLT der Prov Ostpr*, 11.–13.3.19, Königsberg 1919, S. 44: Ansprache Batockis am 13.3.19; Klatt (Anm. I/7), S. 16.

212 Klatt, *a. a. O.*, S. 35; S. 23.

213 Vgl. zu dieser Entwicklung Kolb (Anm. I/54), S. 367 ff.; Klatt, *a. a. O.*, S. 47 ff.

214 Ein Produkt der wissenschaftlichen Arbeit ist sein gemeinsam mit Gerhard Schack verfaßtes Buch: *Bevölkerung und Wirtschaft in Ostpreußen. Untersuchungen über die Zusammenhänge zwischen Bevölkerungsentwicklung und Erwerbsgelegenheit*, Jena 1929.

Reichsverfassung und Reichsgesetzgebung gegebenen Schranken zusteht". Fünf Jahre später wandte er sich in aller Offenheit an die Reichsregierung und offerierte ihr für den Fall entsprechender Konzessionen die Mitarbeit Ostpreußens „an der seelischen und politischen Gesundung des durch die Revolution und deren mißverstandene Nachäffung westlicher Demokratie verwirrten und verirrten deutschen Volkes", wobei er behauptete, daß diese Gesundung „nur von der Peripherie, von den durch den Umsturz weniger tief berührten äußeren Ländern und Provinzen her nach dem Mittelpunkt vordringen" könne[215]. In derlei Gedankengängen verriet sich eine konservativ-autoritäre Gesinnung, die sich mit der demokratischen Staatsordnung nicht abfinden wollte und die mit Recht auf den Argwohn der Republikaner stieß.

Von Mitte 1919 bis März 1920 hat August Winnig als Oberpräsident in Königsberg gewirkt. Batocki hatte ihn Anfang 1919 auf der ostpreußischen Szene eingeführt, als es darum ging, jemanden zu finden, der die Herrschaft der Arbeiter- und Soldatenräte erfolgreich bekämpfen konnte. Winnig war seit Herbst 1918 als Generalbevollmächtigter der Reichsregierung für die baltischen Lande tätig gewesen und deshalb mit den Problemen der deutschen Stellung im nördlichen Osteuropa eng vertraut[216]. Hinzu kam, daß er als Sozialdemokrat und ehemaliger Gewerkschaftsfunktionär leichter als ein anderer den gemäßigten Teil der ostpreußischen Arbeiterschaft dafür gewinnen konnte, ein durchgreifendes Vorgehen der staatlichen Organe gegen die radikalen Räte und die Volksmarinedivision zu billigen. Außerdem wies er dank seiner nationalen und konservativen Gesinnung[217] auch für die agrarisch-bürgerlichen Kreise ein annehmbares Profil auf, was ihm Äußerungen eines eigentümlichen Wohlwollens eingetragen hat wie: „Er war ein Idealist, hatte zwar als Sozialdemokrat angefangen, aber inzwischen eine erstaunliche Objektivität gewonnen[218]."

Die Zusammenarbeit Batockis mit Winnig repräsentierte das Bündnis zwischen den Relikten des monarchischen Staats und der reformistischen Sozialdemokratie, das in Berlin bereits entstanden war und nun in Königsberg wesentlich auf Betreiben Batockis hergestellt worden ist. Mit feiner Witterung hat der konservative Oberpräsident unter allen rechtsstehenden Sozialdemokraten denjenigen herausgefunden, der auf dem rech-

215 Adolf von Batocki, *Ostpreußens wirtschaftliche Lage vor und nach dem Weltkriege,* Berlin 1920, S. 24; *DAZ,* 2.5.25: Adolf von Batocki, „Ostpreußische Probleme".

216 Vgl. August Winnig, *Am Ausgang der deutschen Ostpolitik. Persönliche Erlebnisse und Erinnerungen,* Berlin 1921; Horkenbach (Anm. I/2), S. 769; Forstreuter, „Von Versailles bis Potsdam" (Anm. I/69), S. 210.

217 Winnig, *Heimkehr* (Anm. I/6), S. 142: „... ich war kein Republikaner. Die parlamentarische Republik mußte unser nächstes, aber sie konnte nicht unser letztes Wort sein. Sooft meine Gedanken hierbei verweilten, wurde es mir zur Gewißheit, daß die Republik nur Notbehelf und Durchgang sein durfte." – Im Dezember 1929 ist Winnig zugunsten der Präsidialregierung im Sinne einer „starken und von dem Geschrei der Unmündigen unabhängigen Regierungsgewalt" eingetreten; s. August Winnig, *Wir hüten dass Feuer. Aufsätze und Reden aus zehn Jahren (1923–1933),* Hamburg 1933, S. 208; ders., *Aus zwanzig Jahren. 1925 bis 1945,* Hamburg 1951, S. 39; vgl. Kurt Sontheimer, *Antidemokratisches Denken in der Weimarer Republik Die politischen Ideen des deutschen Nationalismus zwischen 1918 und 1933,* München 1962, S. 185 ff.; S. 349 f.

218 Magnus Freiherr von Braun, *Von Ostpreußen bis Texas. Erlebnisse und zeitgeschichtliche Betrachtungen eines Ostdeutschen,* Stollhamm 1955, S. 181. Vgl. von Seeckt an seine Frau, 15.4.19: „Herr Winnig ist ein vernünftiger und anständiger Mann, militärische Dinge liegen ihm fern", in: Rabenau (Anm. I/15), S. 158. – Gayl, *Ostpreußen unter fremden Flaggen* (Anm. I/7), S. 27: „Ein gütiges Schicksal gab Ostpreußen einen Mann, der als Vertrauensmann der Berliner Regierung kam und der doch Mittelpunkt des nationalen Widerstandswillens und Bringer der Ordnung wurde... August Winnig ... verstand es, das Vertrauen der nationalen Ordnungskreise zu erwerben."

ten Flügel seiner Partei besonders weit nach außen gerückt war und der sich am ehesten in die politischen Verhältnisse Ostpreußens schicken würde. Nachdem sich Anfang Januar 1919 die Gelegenheit zum gegenseitigen Kennenlernen ergeben hatte, ist Winnig am 22. Januar 1919 auf Batockis Vorschlag zum Reichs- und Staatskommissar für Ost- und Westpreußen und die besetzten, ehemals russischen Gebiete ernannt worden[219]. Sein Dienstsitz wurde Königsberg, wo er neben Batocki im Oberpräsidium residierte und alsbald einen engen Umgang mit ihm pflegte[220]. Gemeinsam haben sie im März mit militärischer Hilfe die Entwaffnung der Königsberger Volksmarinedivision durchgeführt[221], und gemeinsam haben sie an den Oststaatsplänen gearbeitet. Nach deren Scheitern war es Batockis Wunsch, daß Winnig den Posten des Oberpräsidenten übernähme, und da der preußische Ministerpräsident Hirsch ähnliche Erwartungen hegte, war die Ernennung, trotz einem gewissen Widerstand in der SPD, schnell vollzogen[222].

Winnigs Tätigkeit als Oberpräsident ist überschattet gewesen von dem Mißtrauen, das ihm seine Partei entgegengebracht hat, die weder in seinen politischen Anschauungen noch in seiner amtlichen Haltung ihre eigenen Grundsätze wiedererkennen konnte[223]. In dem Bemühen, seiner Provinz eine Stellung innerhalb des Deutschen Reichs zu verschaffen, die mit einem hohen Maß äußerer Sicherheit und innerer Selbständigkeit verbunden gewesen wäre, hat er die Zusammenarbeit mit den konservativ-bürgerlichen Kreisen gesucht – mit „v. Batocki blieb ich in Verkehr und enger Fühlung, mit dem General v. Estorff kam ich öfter zusammen, als das Amt es erforderte, das gastliche Haus Kapp öffnete mir seine Tür ... . , mit dem Verlagsdirektor Wyneken von der Königsberger Allgemeinen Zeitung traf ich mich zu Spaziergängen“ [224] –, während sein Verhältnis zur SPD von einer wachsenden Zahl sachlicher Gegensätze belastet wurde[225]. Er geriet in den Verdacht, mit Kapp und dem Landeshauptmann von Brünneck „dunkle Pläne“ zu schmieden, „die auf eine Abtrennung Ostpreußens und auf vormärzliche Zustände hinausgingen“[226]. Obwohl eine Beteiligung Winnigs an den gegenrevolutionären Umtrieben in Ostpreußen nicht anzunehmen ist, ist ihm vorzuwerfen, daß er diesen Bestrebungen nicht energisch genug die Stirn geboten hat. Er hat sich zwar öffentlich gegen gewaltsame Restaurationsversuche gewandt und die geltende Verfassung als die derzeit allein mögliche Grundlage des politischen Lebens aner-

219 Winnig, *400 Tage...* (Anm. I/16), S. 11 f.; S. 13; ders., *Heimkehr* (Anm. I/6), S. 133; Klatt (Anm. I/7), S. 60 ff.; Gerhard Schulz, „Staatliche Stützungsmaßnahmen in den deutschen Ostgebieten“, in: *Staat, Wirtschaft und Politik in der Weimarer Republik. Festschrift für Heinrich Brüning*, Berlin 1967, S. 164; *BAK*, R 43 I/1795: AA an das PreußStM, 23.1.19, Batocki habe beantragt, „eine Zentralstelle gegen den Bolschewismus im Osten zu schaffen und ihre Leitung ... Herrn Winnig zu übertragen“. Vgl. Batocki am 13.3.19 vor dem ProvLT; s. *Verhandlungen des 44. ProvLT...*, S. 44. – Die Vollmacht des RKom s. *BAK, a. a. O.*: Abschrift vom 24.4.19; eine allgemeine Fassung ferner bei Klatt (Anm. I/7), S. 265 f.; außerdem Winnig, *Heimkehr, a. a. O.*, S. 140.

220 Winnig, *Heimkehr, a. a. O.*, S. 186.

221 Winnig, *400 Tage...* (Anm. I/16), S. 24 ff.; ders., *Heimkehr, a. a. O.*, S. 165 ff.; Siehr (Anm. I/29), S. 657 f.; Klatt (Anm. I/7), S. 65 ff.; Erger (Anm. I/48), S. 18 f.

222 Winnig, *400 Tage...*, *a. a. O.*, S. 37; ders., *Heimkehr, a. a. O.*, S. 219 f.; S. 226; Klatt, *a. a. O.*, S. 136 f.

223 Auf diese Schwierigkeiten ist Winnig in seinen Büchern *Heimkehr* und *400 Tage Ostpreußen, a. a. O.*, wiederholt eingegangen.

224 Winnig, *Heimkehr, a. a. O.*, S. 240. Die *Kbg Allg Ztg* stand der DVP nahe.

225 *A. a. O.*, S. 278 f.; Klatt (Anm. I/7), S. 217 ff.

226 Winnig, *a. a. O.*, S. 285.

kannt[227], aber seine kritische Wachsamkeit gegenüber untergründigen Vorgängen war zu schwach, als daß er auf die Dauer folgenreichen Verstrickungen hätte entgehen können. Als Mitte März 1920 der Kapp-Putsch ausbrach, war er innerlich nicht hinreichend gewappnet, um sich unmißverständlich von dem Abenteuer zu distanzieren. Wenn man seinen eigenen Worten folgen darf, ist sein Verhältnis zu Kapp mehr förmlich als vertrauensvoll gewesen. Bald naehdem Winnig Ende Januar 1919 nach Königsberg gekommen war, hatte sich Kapp, der als Generallandschaftsdirektor eine wichtige Stellung in der Provinz besaß, bei him vorgestellt und ohne Rücksicht auf politische Anschauungen seine Hilfe angeboten. Es ist auch weiterhin zu privaten und dienstlichen Begegnungen gekommen, und in einem dringenden Fall, als Winnig 1919 eine linksradikale Agitation in Masuren bekämpfen wollte, hat ihn Kapp finanziell unterstützt. Aber ihre Beziehungen blieben doch derart, daß Kapp, anstatt Winnig ins Vertrauen zu ziehen, vor ihm jegliche Putschabsichten als eine Torheit verleugnet hat[228]. Vermutlich hat sich Winnig mit diesem lockeren Verhältnis abgefunden, weil es ihn des Zwanges enthob, zwischen einzelnen Gruppierungen innerhalb der Rechtskreise Ostpreußens zu optieren und damit seine ohnehin schwierige Stellung noch weiter zu komplizieren[229]. Während des Putsches war es jedoch nicht mehr möglich, die Dinge hinzuhalten, und nur zu schnell fand er sich in der Rolle eines Akteurs wieder, der sich die wesentlichen Stichworte von außen aufdrängen ließ.

Ungeachtet dessen, daß der Leiter des Unternehmens dem ostpreußischen Großgrundbesitzertum angehörte, hat das Schwergewicht der Ereignisse nicht in Ostpreußen gelegen. Allerdings hatten auch hier Vorbereitungen stattgefunden, waren „vor dem Staatsstreich . . . von den Militär- und Zivilbehörden Listen der in Schutzhaft zu nehmenden Persönlichkeiten, der Führer aller Linksparteien, aufgestellt" und dann stellenweise „vom Garnisonskommandeur bereits in der Nacht zum 14. März alle Kommunistenführer und einige Unabhängige [Sozialdemokraten] festgenommen" worden[230]. Winnig, von dem Geschehen überrumpelt und in den entscheidenden Stunden ohne eigene Informationsmöglichkeiten, glaubte sich mit dem örtlichen Militär darüber verständigen zu können, daß die Provinz bis zur Klärung der Lage quasi neutral bleibe; dann wiederum schwebte ihm vor, diese Neutralität nach außen sichtbar zu konstituieren und die Provinz vorübergehend weder der legalen Reichsregierung noch Kapp zu unterstellen, sondern sie von einem Direktorium, bestehend aus dem Oberpräsidenten, dem Militärbefehlshaber und dem Landeshauptmann, regieren zu lassen. Aber als General von Estorff auf Grund angeblich neuer Informationen die Initiative zugunsten einer Anerkennung der Putsch-Regierung ergriff, brachte Winnig weder die Kraft noch den Willen zu einem entschlossenen Widerstand auf. Am Abend des 13. März schwenkte er auf die Linie der Putschisten ein, indem er gemeinsam mit Estorff „die neue Regierung als die Inhaberin der tatsächlichen Macht" anerkannte und die Unterstützung ihres Programms zusagte. Dasselbe bekräftigte er am folgenden Tage in einem Telegramm an die Regierungspräsidenten, verbunden mit dem Bemerken, daß er sich „in dieser Stellungnahme

227 *Verhandlungen des 45. ProvLT der Prov Ostpr,* Königsberg 1920, S. 3 f.: Ansprache Winnigs am 17.12.19.

228 Vgl. Winnig, *Heimkehr* (Anm. I/6), S. 157.; S. 186; S. 240; S. 285; S. 288; S. 290 f.; S. 296.

229 Zwischen Kapp und LHptm von Brünneck bestanden politische Meinungsverschiedenheiten; s. Winnig, *a. a. O.,* S. 158; S. 299; ferner u. Anm. I/295. Über Kapps vergebliches Bemühen, die ostpreußischen Reichswehrteile zu einem Putschversuch zu bewegen, s. Erger (Anm. I/48), S. 18 f.; S. 38 ff. – Batocki hat Winnig vor Kapp gewarnt; s. Brammer (Anm. I/2), S. 16.

230 Klatt (Anm. I/7), S. 212 f.; S. 193.

zur Sache" mit ihnen und den Landräten eins wisse[231]. Ein anderes Telegramm, das er an den „Generallandschaftsdirektor Kapp, Berlin" und den „Reichskanzler Bauer, Dresden" richtete und worin er „beide Regierungen" aufforderte, auf dem Wege von Verhandlungen eine „Regierung des nationalen Wiederaufbaus" zu bilden, um so den Bürgerkrieg zu verhindern, ließ zwar eine distanziertere Bewertung des Putschregimes anklingen, konnte aber die Konsequenzen der Stellungnahme, die er gegenüber der Provinz abgegeben hatte, nicht abschwächen, so daß nach dem schnellen Ende Kapps seines Bleibens als Oberpräsident nicht mehr länger war. Er sowie die Beamten, die seiner Devise gefolgt waren, wurden des Amtes enthoben[232].

Obwohl Winnig dem Kreis der Verschwörer nicht zugerechnet werden kann, hat er doch mit ihren politischen Zielen sympathisiert und ist keineswegs nur durch unglückliche Umstände auf ihre Seite geraten. Er hat sein Verhalten in den kritischen Stunden des 13. und 14. März vor sich und anderen damit gerechtfertigt, daß der Provinz der innere Frieden erhalten werden mußte, und es war ihm eine Genugtuung, dieses Ziel erreicht zu haben[233]. Jedoch haftete seinem Handeln die Schwäche an, daß er, entgegen seinen anfänglichen Absichten, unter dem Drängen des Militärs ein öffentliches Engagement zugunsten Kapps eingegangen ist und als oberster politischer Repräsentant in der Provinz sich einer von unberufener Seite kommenden politischen Initiative gebeugt hat. Abgesehen von seinen inneren Neigungen ist diese Stellungnahme bezeichnend gewesen für die Isolierung, in die er geraten war: Als ein mit seiner Partei zerfallener Einzelgänger war er nicht imstande, seinen politischen Partnern mit dem Nachdruck zu begegnen, der sie zum Einlenken genötigt hätte[234]. Der Oberpräsident war in Gefahr, unter den Einfluß der Mächtigen in der Provinz zu geraten und seine Funktion als Vertreter der Staatsregierung zu verlieren.

Hinzu kam, daß Winnig als romantisch-nationaler Moralist die Zeichen der Zeit nicht mit der gebotenen Nüchternheit zu beurteilen wußte. Ungeachtet seiner Herkunft aus einer mitteldeutschen Waldarbeiterfamilie und seines Werdegangs in der Arbeiterbewegung betrachtete er die Betriebsamkeit des Massenzeitalters mit Abscheu und wandte sich Idealen zu, in denen ein sozial-nationales Gemeinschaftsgefühl die konfliktgeladene moderne Gesellschaftsordnung überwinden sollte. Sein Hang zur verinnerlichten Beschaulichkeit, der namentlich sein literarisches Schaffen durchdringt, entfernte ihn von der Welt der Revolution und leitete ihn auf konservative Positionen hinüber, von denen aus er die Gewalttätigkeit reaktionärer Bestrebungen nicht mehr bekämpfen konnte. Mit dem Machtstreben und der Interessenpolitik, die ihm bei den führenden Schichten Ostpreußens begegneten, ist er weder seiner Natur noch seiner Herkunft nach vertraut gewesen, und deshalb mußte er auf dem politischen Pflaster in Königsberg zu Fall kommen.

231 *A. a. O.*, S. 269; Erger (Anm. I/48), S. 179.

232 Winnig, *Heimkehr* (Anm. I/6), S. 302 f.; Braun (Anm. I/218), S. 182; Klatt, *a. a. O.*, S. 194 f.; das Telegramm an Kapp und Bauer *a. a. O.*, S. 270.

233 Winnig, *400 Tage*. . . (Anm. I/16), S. 77 f.: „Ich wußte, daß der General und ich zusammengehen mußten, weil es nur dann möglich war, der Provinz Unruhen, Blutvergießen und Bürgerkrieg zu ersparen." Ders., *Heimkehr, a. a. O.*, S. 307: „In Ostpreußen ist keine Stunde gestreikt worden und ist kein Schuß gefallen, aber dafür hat es seine besten Beamten verloren." Ferner *a. a. O.*, S. 297, S. 301.

234 Vgl. Carl Severing, *Mein Lebensweg*, Bd. I, Köln 1950, S. 281: Mit Winnig sei der Verwaltung eine „hervorragende Intelligenz" verlorengegangen; „aber der junge Staat brauchte nicht nur Intelligenzen, sondern auch Männer, die gerade in kritischen Situationen ein unbeugsames Rückgrat reaktionären Lockungen gegenüber behielten, und an diesem Erfordernis hatte es gerade Winnig zu meinem aufrichtigen Bedauern fehlen lassen".

Der Kapp-Putsch hatte nicht nur die Person, sondern auch das Amt des Oberpräsidenten in eine Krise gestürzt, so daß der Nachfolger Winnigs ein dorniges Erbe vorfand. Immerhin ist es gelungen, binnen kurzer Zeit den vakanten Posten zu besetzen: Am 22. März hat Winnig um seine Dispensierung nachgesucht, und am 11. April wurde Ernst Siehr kommissarisch, am 27. Juli 1920 definitiv zum Oberpräsidenten ernannt [235]. Vorbereitet war diese Entscheidung durch Absprachen der Königsberger SPD und DDP, deren Ergebnisse in Berlin vorgetragen und von dort aus verwirklicht worden sind [236].

Siehr, 1869 geboren, entstammte einer ostpreußischen Juristenfamilie und hatte selbst jahrzehntelang als Rechtsanwalt und Syndikus der Handelskammer in Insterburg gewirkt. Seiner politischen Haltung nach gehörte er zu jenen Liberalen, die einst in der Vormärz-Zeit und während des Bismarckschen Heereskonflikts in Ostpreußen mächtig gewesen sind, seitdem aber weit hinter den Konservativen zurückgeblieben waren und nur noch in den größeren Städten sowie im nördlichen Teil der Provinz einigen Einfluß besaßen. Als Vertreter der Fortschrittlichen Volkspartei ist Siehr 1912 in den Reichstag eingezogen; 1919 wurde er Mitglied der Verfassunggebenden Nationalversammlung und Provinzialvorsitzender sowie Mitglied des Reichsvorstandes der DDP. Seine parlamentarische Laufbahn verzeichnete keine Höhepunkte; er hat sich als Abgeordneter vorzugsweise juristischen Spezialfragen gewidmet und u. a. dafür plädiert, die Ausbildung des juristischen Nachwuchses so zu gestalten, daß die Enge des traditionellen Standesbewußtseins durch ein Verständnis für soziale und wirtschaftliche Probleme erweitert wurde; das rechte Mittel hierfür sollte ein längerer Aufenthalt in einer Anwaltspraxis sein [237].

Als ein Mann, der im öffentlichen Leben erfahren und mit reichen juristischen Kenntnissen versehen war, brachte Siehr für seine neue Tätigkeit mehr mit als die, unter den gegebenen Verhältnissen, „richtige“ Parteizugehörigkeit. Seine Ernennung war eine gute Wahl, was durch seine zwölfjährige Dienstzeit bestätigt worden ist. Er hat es als Vertreter der schmalen bürgerlichen Mitte Ostpreußens verstanden, seine Stellung zwischen den großen Blöcken des agrarischen Konservativismus und des proletarischen Sozialismus zu behaupten und einen *modus vivendi* zwischen allen politischen Kräften der Provinz herbeizuführen.

Das hat jedoch nicht ausgeschlossen, daß Siehr gegenüber den Rechtsparteien, nachdem der Kapp-Putsch die politischen Gegensätze verschärft hatte, jahrelang einen schweren Stand gehabt hat. Obwohl ihm von befreundeter Seite vorgehalten worden ist, daß er den reaktionären Kreisen zu viele Konzessionen mache und in Einzelfragen sogar deren Argumente übernehme [238], ist er in Wirklichkeit von der Rechten aufs schärfste angefeindet worden. Von ihr wurde er bezichtigt, dem „politischen Terror“ der Gewerkschaften erlegen und wegen seiner Schwäche und Passivität für das Amt

235 Klatt (Anm. I/7), S. 195. Über Ernst Siehr s. *Reichshandbuch der deutschen Gesellschaft* (Anm. I/210), II, Berlin 1931, S. 1779; *Altpreußische Biographie*, hrsgg. von Kurt Forstreuter und Fritz Gause, Bd. II, Marburg 1961 ff., S. 672; Forstreuter, „Von Versailles. . .“ (Anm. I/69), S. 212.

236 Vgl. hierüber das Schreiben des RuStKom Borowski vom 3.7.20 in: *GStA*, Rep. 203, Nr. 50; Klatt, *a. a. O.*, S. 216. In diese Vorschläge miteinbezogen war die Besetzung des Postens des Oberpräsidialrates bzw. Vizepräsidenten im Oberpräsidium. Winnigs rechte Hand von Hassel war ebenfalls über den Kapp-Putsch zu Fall gekommen und wurde nun durch einen der DDP angehörenden Rechtsanwalt ersetzt. Dessen Amtstätigkeit ist jedoch nur von kurzer Dauer gewesen, und ab 1921 haben sozialdemokratische Beamte diesen Posten bis 1932 bekleidet.

237 *RT*, XIII. LegPer, I. Session, 41. Sitzg. am 19.4.12, S. 1270 f.

238 Karl Fischer, *Das ostpreußische Problem*, Berlin 1921, S. 13 f.; *Königsberger Volkszeitung*, 5.8.21: „Das Oberpräsidium und die Brotpreiserhöhung.“

nicht geeignet zu sein [239]; es wurde ihm vorgehalten, daß er als Exponent einer Partei, die nur einen Bruchteil der ostpreußischen Wähler hinter sich habe, für das höchste Amt in der Provinz nicht qualifiziert sei und daß es ihm als einem „von Berlin eingesetzten und abhängigen führenden politischen Beamten der Provinz" nicht gegeben sei, das Vertrauen der „weit überwiegend im entgegengesetzten politischen Lager stehenden Bevölkerung" zu gewinnen [240]. Um diesem vermeintlichen Mißstand abzuhelfen, scheuten sich DNVP, DVP und Zentrum nicht, im preußischen Innenministerium mehrfach ihre personalpolitischen Wünsche vorzubringen und auf die Abberufung Siehrs zu dringen [241]. Damit ist zwar nichts ausgerichtet worden, denn Siehr besaß das Vertrauen der Regierung, aber es kennzeichnete doch die Atmosphäre, in der er sich bewegen mußte. Erst nach Jahren ist die Zeit reif gewesen für das Zugeständnis der Rechtsparteien, daß er der ostpreußischen Landwirtschaft immer verständnisvoll begegnet sei [242], und bei der zehnten Wiederkehr seines Amtsantritts konnte der deutschnationale Präsident des Provinziallandtages, von Berg-Markienen, unter dem lebhaften Beifall des Hauses die allseits gehegten Gefühle in dem Wunsch zusammenfassen, „daß Ihre Arbeitskraft noch lange erhalten bleiben möge Ihrer Familie, Ihrer Heimatprovinz, Ihrem Vaterlande" [243].

In solchen Worten zeigte sich, daß es Siehr gelungen war, sich selbst und seinem Amt einen unbestrittenen Respekt zu verschaffen. Aber das war nur eine Seite der von ihm begriffenen Aufgabe, denn neben der äußeren Wahrung der Autorität ist er auch um eine institutionelle Stärkung seiner Stellung bemüht gewesen. Sogleich am Anfang seiner Amtszeit griff er mit der Behauptung, daß in Ostpreußen die politische Entwicklung zwangsläufig „eine einheitliche Spitze für alle Reichs- und Landesbehörden in der Person des Oberpräsidenten" herbeiführen werde, die alte Streitfrage auf, ob und wie die Kompetenzen der leitenden Instanzen in Königsberg zu erweitern seien [244]. Er stand hierbei in der Tradition seiner Vorgänger Batocki und Winnig, von denen der eine einen Reichskommissar nach Königsberg gezogen hatte, der neben dem Oberpräsidenten tätig wurde, während der andere bereits das Ziel angestrebt hatte, die ordentlichen und außerordentlichen Kompetenzen in der Hand eines zum Statthalter erhöhten Oberpräsidenten zu vereinigen [245]. Obwohl dieser Anspruch auf der Ostpreußenkonferenz im März 1920 abgewiesen worden war, hielt ihn Winnigs Nachfolger Siehr auf-

239 *GStA*, Rep. 90, Nr. 1067: Wirtschaftsausschuß der Ostpr. Ldw. an den RMfEuL, 2.10.20; *Kbg Hart Ztg*, 8.11.23: „Vorstöße von rechts"; *LVO*, 5.12.25: „Saatgutkredite." Für Hippel war Siehr ein „wohlmeinender, ehrenhafter Mann, aber ohne Führereigenschaften und ohne jeden Einfluß". Hippel an RK Cuno, 18.11.22, in: *BAK*, R 43 I/1850.

240 *LVO*, *ebda.*; *DAZ*, 2.5.25: von Batocki, „Ostpreußische Probleme".

241 *GStA*, Rep. 77, Nr. 149: Telegramm Graf zu Eulenburg-Prassen an den PreußMdI, 28.7.21; Telegramm Stettiner / Lingk / Graf zu Eulenburg / Brandes an den PreußMdI, 13.10.22; *Kbg Hart Ztg*, 8.11.23: „Vorstöße von rechts". *PreußLT*, I, 13., 14. und 17.12.23: PreußMdI Severing erwähnt, daß eine „Abordnung prominenter ostpreußischer Persönlichkeiten" die Abberufung des Oberpräsidenten gefordert habe (Sp. 20 308), und betont demgegenüber, er werde sich, „solange Herr Siehr nicht durch seine Amtsführung seine Unfähigkeit nachgewiesen hat, nie bereit finden, auf Forderungen politischer Parteien hin den Oberpräsidenten zu entfernen" (Sp. 20 420). Meyer (KPD) zufolge habe die DVP ihr Mitglied Scholz zum Oberpräsidenten ernennen lassen wollen (Sp. 20 584).

242 *PreußLT*, III, Sp. 8236: von Plehwe (DNVP) am 11.7.29.

243 *Verhandlungen des 57. ProvLT der Prov Ostpr*, Königsberg 1930, S. 84 (25.3.30). In seinem Dankwort bekräftigte Siehr, daß es für ihn das Schwerste gewesen sei, „die verschiedenen auseinanderstrebenden Kräfte . . . zusammenzuführen zu einer gemeinsamen fruchtbringenden Arbeit für die Provinz". *Ebda.*

244 *GStA*, Rep. 203, Nr. 50: OPr an den PreußMdI, 27.7.20.

245 Winnig, *Heimkehr* (Anm. I/6), S. 253; S. 284 f. Vgl. *GStA*, Rep. 90, Nr. 1066: Denkschrift des OPr Winnig, 4.3.20.

recht und erneuerte ihn von Zeit zu Zeit. Ihm kam es darauf an, eine „einheitliche Führung der Wirtschafts- und Kulturpolitik“ durchsetzen zu können [246], aber er hat darüber nicht vergessen, daß er sich nicht in einen Gegensatz zur Staatsregierung bringen durfte, denn seiner eigenen Erfahrung nach konnte ein demokratischer Oberpräsident in Ostpreußen nur bestehen, wenn er neben untadeligen persönlichen Leistungen jederzeit das volle Vertrauen der preußischen Regierung auf seiner Seite hatte [247]. Er hat deshalb den materiellen Ausbau seiner Position damit begründet, daß der ursprüngliche Kommissars-Charakter des Oberpräsidenten sich nicht in der Funktion des obersten Verwaltungsbeamten erschöpfe, sondern auch die politisch anspruchsvollere Rolle eines Vertrauensmannes der Regierung enthalte [248]. In Ostpreußen trügen die besonderen Verhältnisse der Provinz dazu bei, die Stellung des Oberpräsidenten zu betonen, und wenn es hier notwendig werden sollte, durch einen Kommissar Sonderaufgaben wahrnehmen zu lassen, so liege es „in der Natur der Sache, daß nur der Oberpräsident die Stellung eines Staatskommissars haben kann“ [249].

Siehr mußte jedoch erfahren, daß dieser Anspruch schwer durchzusetzen war. Die preußische Regierung, in deren Schoß jahrelang Pläne für eine Verwaltungsreform vorbereitet wurden, wünschte nicht, vor Abschluß dieser Arbeiten präjudizierende Kompetenzveränderungen vorzunehmen. Unabhängig davon verstieß die alltägliche Verwaltungspraxis der Ministerien mitunter gegen Siehrs Verlangen nach schneller und erschöpfender Information wie z. B. im Herbst 1925, als der agrarische Landwirtschaftsverband Ostpreußen dank direkter Vorsprache im preußischen Landwirtschaftsministerium über gewisse kreditpolitische Maßnahmen vorübergehend besser informiert war als der Oberpräsident und diesen agitatorisch in die Enge treiben konnte [250]. Schwerer als solch eine Panne wog die Kollision, die Ende 1928 eintrat, als die preußische Regierung ganz entgegen den Anschauungen Siehrs sich anschickte, die Überwachung der im Rahmen der Ostpreußenhilfe geplanten Kreditaktionen einem gesonderten Staatskommissar zu übertragen. Siehr hat lebhaften Protest eingelegt und die Entsendung eines Staatskommissars „mit entscheidenden Befugnissen“ als Kabinettsfrage bezeichnet [251], aber er mußte dennoch nachgeben und anschließend an schwere Reibungen, die die ersten schriftlichen Berichte des Staatskommissars im Sommer 1929 hervorgerufen hatten, mit dem Kompromiß vorliebnehmen, der es dem Staatskommissar verwehrte, seinerseits über dienstliche Handlungen des Oberpräsidenten nach Berlin zu berichten, und der ihn anhielt, seinen Schriftverkehr mit den Ministerien teils über den Oberpräsidenten abzuwickeln, teils diesem in Kopien mitzuteilen [252].

Dieser Vorgang zeigt, wie wenig es Siehr gelungen ist, eine exemplarische Erweiterung seiner Kompetenzen durchzusetzen. Es mutet wie eine Ironie des Schicksals an, daß seine Bestrebungen sich der Form nach zu verwirklichen begannen, als er selbst seinen Posten hatte verlassen müssen. Nach dem preußischen Staatsstreich der Reichsregierung Papen am 20. Juli 1932 waren für Siehr als Vertreter demokratischer und liberaler

246 *GStA*, Rep. 90, Nr. 1067: Denkschrift des OPr über das Ostpreußenprogramm, 18.4.22.

247 *A. a. O.*, Nr. 1073: OPr an Frankenbach, 14.12.28. Vgl. Nr. 682. OPr an MRat Arnoldi, 3.9.29: „Am wenigsten in Ostpreußen kann ein Oberpräsident arbeiten, wenn er nicht das unbedingte Vertrauen der Herren Minister genießt.“

248 *StAL*, Rep. 2, Nr. 1970: im OPr angefertigtes Memorandum über die Verschlechterung der amtlichen Stellung des preußischen Oberpräsidenten, 18.2.26; *GStA*, Rep. 90, Nr. 682: OPr an MRat Arnoldi, 3.9.29.

249 *StAL*, Rep. 2, Nr. 1970: im OPr angefertigte Denkschrift: Grundsätzliches zur Stellung des Oberpräsidenten in der Außenprovinz Ostpreußen, 7.4.26.

250 Vgl. hierzu die Vorgänge in: *GStA*, Rep. 77, Nr. 149.

251 *GStA*, Rep. 90, Nr. 1073: OPr an Frankenbach, 8.12.28.

252 Vgl. die Vorgänge in: *StAL*, Rep. 2, Nr. 2496; Nr. 2499; ferner u. IV. Teil, S. 288.

Traditionen die Tage gezählt, und er hat es vorgezogen, sich auf eigenen Wunsch zum 1. Oktober 1932 in den Ruhestand versetzen zu lassen [253]. Noch vor diesem Datum, am 2. September, hat die neue Regierung eine Verordnung beschlossen, die u. a. den Oberpräsidenten als einen ständigen Kommissar der Staatsregierung stärkte und seine Anwartschaft auf den Rang eines Kommissars der Reichsregierung erhärtete [254]. Diese Entwicklung wurde 1933 und 1934 fortgesetzt, als die Stellung der Oberpräsidenten im Sinne des nationalsozialistischen Führerprinzips ausgebaut und mit dem Amt eines Reichsstatthalters verbunden wurde [255]. Die politischen Begleiterscheinungen dieser Reformen waren aber derart, daß Siehr den Genuß der erweiterten Kompetenzen ohne Bedauern seinen Nachfolgern überlassen konnte: Es waren dies von Oktober 1932 an der Konservative Wilhelm Kutscher und seit Juni 1933 der nationalsozialistische Gauleiter Erich Koch. Mit ihm endete 1945 die Reihe der Oberpräsidenten in Königsberg.

b) Regierungspräsidenten und Landräte

Wie gezeigt, haben seit 1918 ausschließlich politische Gründe den Wechsel der Oberpräsidenten veranlaßt; dieselben Ursachen haben auch unter den übrigen Kategorien politischer Beamter mehrfach Veränderungen hervorgerufen. Den entscheidenden Impuls hierzu hat nicht die Novemberrevolution, sondern haben der Kapp-Putsch und die innenpolitischen Krisen der folgenden Jahre gegeben, die wiederholt individuelle Konflikte zwischen dem alten Beamtentum und den republikanischen Kräften auslösten. Nach der Revolution hatten die neuen Machthaber personalpolitische Eingriffe bewußt unterlassen und die Beamten aufgefordert, „ihre Dienstgeschäfte im dringenden Interesse des Vaterlands unter Anspannung aller Kräfte weiterzuführen" [256]; die Beamten waren großenteils diesem Appell gefolgt, so daß die Zahl der politisch motivierten Abschiedsgesuche niedrig blieb [257]. Die Bereitschaft der Staatsregierung, die politische Gesinnung der alten Beamten außer Betracht zu lassen und statt dessen auf deren Loyalität zu bauen, schwächte sich jedoch ab, als die innenpolitische Entwicklung zeigte, daß dieses Vertrauen den unpolitischen Charakter der Beamten vielfach überschätzt hatte. Mit dem Anwachsen der parteipolitischen Gegensätze erlag das Beamtentum teilweise dem Sog, der vom konservativ-nationalen Lager ausging und der es verleitete, sich im Sinne dieser Richtung zu exponieren. Das bestimmte den preußischen Innenminister zu Disziplinarmaßnahmen, bei denen Beamte zwangsweise dispensiert werden mußten, deren Mitarbeit anfänglich erbeten worden war. Die Gelegenheit hierzu war namentlich nach dem Kapp-Putsch und nach der Kette politischer Attentate gegeben, die 1922 einen besonderen Schutz der Republik notwendig gemacht hatten.

253 Cuno Horkenbach, *Das Deutsche Reich von 1918 bis heute*, Jg. 1932, Berlin 1933, S. 281.

254 *A. a. O.*, S. 305 f.; Hartung, „Der Oberpräsident. . . " (Anm. I/208), S. 342 f.

255 Cuno Horkenbach, *Das Deutsche Reich von 1918 bis heute*, Jg. 1933, Berlin 1935, S. 815; Rausch (Anm. I/208), S. 31 ff.

256 PreußMdI an die OPr, 11.11.18; nach Klatt (Anm. I/7), S. 15, und Kolb (Anm. I/54), S. 262 f.

257 Vgl. dazu Runge (Anm. I/208), S. 100 ff.; Hans-Karl Behrend, „Zur Personalpolitik des Preußischen Ministeriums des Innern. Die Besetzung der Landratsstellen in den östlichen Provinzen 1919–1933", in: *Jahrbuch für die Geschichte Mittel- und Ostdeutschlands*, VI (Anm. I/170), S. 205.

Die Krisenjahre 1920 und 1922 sind zwei ostpreußischen Regierungspräsidenten zum Verhängnis geworden, die zwar erst in republikanischer Zeit auf ihre Posten gelangt, aber aus dem alten Beamtenkorps hervorgegangen waren. 1920 mußte Magnus Freiherr von Braun in Gumbinnen abtreten, weil er sich ebenso wie Winnig mit der Putsch-Regierung Kapps solidarisiert hatte[258], und 1922 stürzte in Marienwerder Theodor Graf von Baudissin über dem Versuch, personalpolitische Maßnahmen des Innenministers im Zusammenspiel mit örtlichen agrarischen Interessenten zu durchkreuzen[259]. Die folgenden zehn Jahre brachten für alle ostpreußischen Regierungspräsidien Ruhe und personalpolitische Stabilität; erst nach dem Papenschen Staatsstreich in Preußen begannen wieder die politisch motivierten Revirements, deren erstes Opfer der Königsberger Regierungspräsident Max von Bahrfeldt wurde[260]. Dasselbe Los traf Anfang März 1933 Otto Rosencrantz in Gumbinnen und seinen Allensteiner Kollegen von Ruperti[261]. Lediglich Carl Budding in Marienwerder konnte die Krise von 1932 und 1933 überdauern und bis zu seiner Pensionierung im Amt bleiben[262].

Der personalpolitische Einschnitt am Ende der Weimarer Republik, der in Ostpreußen neben dem Oberpräsidenten und drei Regierungspräsidenten auch zahlreiche Landräte getroffen hat, hat binnen kurzem die Erfolge der republikanischen Personalpolitik in Frage gestellt. Die Schnelligkeit dieses Prozesses bewies, wie abhängig die politischen Beamten von den Berliner Zentralbehörden waren und wie gering die Aussicht war, daß in der Provinz der Widerstand gegen den Umsturz der Staatsordnung lebhafter sein würde als in Berlin selbst.

Praktisch ohne Gegenwehr wich das republikanische Beamtentum den neuen Machthabern, denen es resigniert das Werk seiner jahrelangen Tätigkeit preisgab. In Ostpreußen sind während der drei Jahre von 1931 bis 1934 nicht weniger als 25 Landräte ausgetauscht worden – ein beispielloser Vorgang, der zwei Drittel der 37 Landkreise betraf[263]. Daneben erscheinen die 33 Veränderungen, die von 1920 bis 1931 eingetreten sind, als maßvoll, obwohl die republikanische Regierung im Bedarfsfalle größere Eingriffe nicht gescheut hat.

Freilich ist die Gelegenheit, unmittelbar nach der Revolution die Bürokratie zu reformieren, versäumt worden, weil die neuen sozialdemokratischen Minister daran interessiert waren, den vorgefundenen Staatsapparat funktionsfähig zu erhalten. Mochte die

258 Vgl. Braun (Anm. I/218), S. 181 f. Die Angaben über die Regierungspräsidenten und Landräte stützen sich auf das *Handbuch über den Preußischen Staat* (Anm. I/57), 1922 ff.; und Klatt (Anm. I/7), S. 257 f.

259 Runge (Anm. I/208), S. 90 f.; Ferdinand Friedensburg, „Dienstantritt in Ostpreußen", in: *Der Monat*, 20. Jg., Nr. 242 (November 1968), S. 33.

260 *A. a. O.*, S. 237; Horkenbach, 1932 (Anm. I/253), S. 262. Bahrfeldt gehörte der DVP an; seine Republiktreue hatte er 1927 gegenüber dem PreußMdI mit den Worten dokumentiert, „daß sowohl er wie seine Beamten nicht nur formell, sondern auch überzeugt auf dem Boden des heutigen Staats stünden und zur Arbeit in diesem Sinne bereit seien"; s. *WTB* vom 9.6.27: „Minister Grzesinski in Königsberg" (nach *GStA*, Rep. 90, Nr. 1070). Wenige Tage nach seiner Entlassung ist er von nationalsozialistischen Attentätern verwundet worden; s. Horkenbach, 1932, *a. a. O.*, S. 279.

261 *BAK*, R 43 I/2288: Sitzung vom 8.3.33. Ruperti ist seit 1925 im Amt gewesen, Rosencrantz als unmittelbarer Nachfolger Freiherr von Brauns seit 1920. Rosencrantz, DDP-Mitglied, ist vorher Bürgermeister von Gumbinnen gewesen; vgl. über ihn: Walter Grunert, „Von den Rosencrantz in Ostpreußen", in: *Jahrbuch der Albertus-Universität zu Königsberg/Pr.*, Bd. XV, Kitzingen / Würzburg 1965, S. 313 ff.

262 Bruno Schumacher, *Geschichte Ost- und Westpreußens*, 3. Aufl., Würzburg 1958, S. 309.

263 Allerdings sind nicht alle Landräte aus dem Staatsdienst entfernt worden; z. B. ist der Landrat von Mohrungen unter Papen zum Regierungspräsidenten in Königsberg berufen worden; s. Horkenbach, 1932 (Anm. I/253), S. 262.

Forderung der ostpreußischen SPD, alle Landratsämter neu zu besetzen, auch über das Ziel hinausschießen, so boten anderseits doch die häufigen Konflikte der Arbeiterräte mit den alten Landräten genügend Anlaß für eine kritische Beurteilung einzelner Beamter[264]. Die Arbeiterräte, die der SPD in den Ostprovinzen einen Einfluß auf die ihnen bislang verschlossene Staatsverwaltung gewährten, fanden aber bei den sozialdemokratischen Ministern in Berlin wenig Verständnis und mußten es hinnehmen, daß ihre Macht fortlaufend eingeschränkt und die der alten Beamten gewahrt wurde.

Dieses Versäumnis hat dazu geführt, daß später teilweise nachgeholt werden mußte, was im Augenblick der Staatsumwälzung unterlassen worden ist. Hauptsächlich in den Jahren 1920 und 1922 hat die Regierung Beamtenschübe vorgenommen, die auch die ostpreußischen Landratsämter berührten. Am umfangreichsten war das Revirement nach dem Kapp-Putsch, von dem neun Landräte des Regierungsbezirks Gumbinnen erfaßt worden sind[265]. 1922 war es bereits sehr viel schwieriger für den Innenminister, sich mit seinen Plänen durchzusetzen. Nachdem im Sommer dieses Jahres die Abberufung des Grafen Baudissin und des Landrats in Preußisch-Eylau vorangegangen war[266], reagierte die Öffentlichkeit auf Gerüchte über weitere Amtsenthebungen recht kritisch. Als Anfang Oktober dem Staatsministerium der Antrag zuging, sechs Landräte in Ostpreußen abzulösen, leistete die DVP – eine der preußischen Regierungsparteien – so starken Widerstand, daß nur bei zwei Landräten die Versetzung in den einstweiligen Ruhestand verfügt wurde[267].

Selbst gegen diese beschränkte Maßnahme haben die agrarisch-konservativen Kreise Ostpreußens heftig opponiert, und es zeigte sich aufs neue, wie schwer es war, den Verwaltungsapparat hinreichend zu reformieren, „damit nicht der demokratische Oberpräsident und die zwei, drei republikanischen übrigen hohen Verwaltungsbeamten ganz isoliert und einsam auf der Wacht stehen"[268]. Gerade diese Reaktion bestätigte die Verflechtung, die auf der Ebene der Landratsämter zwischen staatlicher Verwaltung und örtlicher Bevölkerung eingetreten war. In den preußischen Landkreisen war die politische und soziale Integration der Behörden in das sie umgebende Milieu so weit gediehen, daß von außen kommende Eingriffe oft genug als Anschlag auf die geordneten

264 *GStA*, Rep. 77, Nr. 149: Borowski an den PreußMdI, 28.4.19: der Provinzialvorstand der SPD sei von einem Provinzialparteitag aufgefordert worden, bei der Staatsregierung die Neubesetzung aller Landratsämter binnen sechs Wochen zu beantragen. Über den Kampf der ostpreußischen Arbeiterräte gegen konservative Landräte s. Kolb (Anm. I/54), S. 375 ff.; S. 396 f.

265 Klatt (Anm. I/7), S. 199 ff.; Winnig, *Heimkehr* (Anm. I/6), S. 302. Insgesamt sind nach dem Putsch gegen 17 ostpreußische Landräte Untersuchungen angestrengt worden; s. *BAK*, R 43 I/1848: RuStKom Borowski an den RPr, 3.7.20. Nach Behrend (Anm. I/257), S. 206, und Runge (Anm. I/208), S. 131, sind die gemaßregelten Landräte im Staatsdienst geblieben. Sie sind gleichwohl aus ihren Ämtern entfernt worden; eine neuerliche Verwendung ist nicht ersichtlich. Bereits im März 1919 hatte das Spitzengremium der ostpreußischen Arbeiterräte den RegBez Gumbinnen als Zentrum der Bestrebungen bezeichnet, „die sich einen Wiederaufbau des Junkertums im autokratischsten Sinne mit dem Endziel der Wiederaufrichtung eines monarchistischen Staatsgebildes im östlichen Teile des Reiches zum Grundsatz gemacht hätten"; s. Kolb, *a. a. O.*, S. 377.

266 Vgl. dazu *Kbg Allg Ztg*, 13.12.22: (P. Stettin)er: „Zur Amtsenthebung ostpreußischer Landräte."

267 *GStA*, Rep. 90, Nr. 1032: PreußMdI an das PreußStM, 4.10.22.

268 *Berliner Tageblatt*, 21.12.22: „Die ostpreußischen Krisenmacher. Der Beamtenapparat in Ostpreußen." Protestäußerungen sind enthalten in: *GStA*, Rep. 90, Nr. 1032: DNVP-Gruppe Stuhm an den PreußMPr, 8.12.22; DNVP-Kreisgruppe Rosenberg an den RK, 22.12.22; *GStA*, Rep. 77, Nr. 149: Ldw. Zentralverein Königsberg an den PreußMdI, 8.12.22; *Ostpr Ztg*, 11.10.22: „Hände weg!"

und natürlichen Verhältnisse im Kreise empfunden wurden. Die Proteste von agrarischer und deutschnationaler Seite bewiesen deutlich genug, was es mit den betroffenen Landräten auf sich hatte und wie stark ihre Verbindung zu bestimmten Bevölkerungsgruppen geworden war. Dasselbe ergibt sich aus der Begründung, mit der die Anträge des Innenministers versehen waren: einer der zu Maßregelnden hatte am Verfassungstage ohne Grund die angeordnete Beflaggung unterlassen, ein anderer hatte als Vorsitzender des örtlichen Reitervereins ein Reitfest mit schwarz-weiß-rotem Flaggenschmuck und anderen antirepublikanischen Zutaten ausgestattet, ein dritter hatte sich als Vorsitzender des Kriegervereins zu einer Gedenkrede auf die verstorbene Kaiserin bemüßigt gefühlt, und ein vierter hatte sich auf einer nationalen Bismarckfeier die antirepublikanischen Festreden widerspruchslos angehört.
Bemerkenswert ist, daß diese vier Fälle, obwohl sie eine recht brüchige Loyalität gegenüber der republikanischen Verfassung erkennen ließen, ungeahndet blieben und daß nur die beiden andern Fälle, in denen die Gesinnung der Betroffenen zu Mißständen im normalen Dienstbetrieb geführt hatte, die vom Innenminister gewünschten Konsequenzen zeitigten. Der eine dieser Landräte hatte die Beleidigung des Oberpräsidenten durch einen Amtsvorsteher nicht dienstlich weiterverfolgt, und der andere hatte durch sein die DNVP begünstigendes Verhalten die Zusammenarbeit mit den übrigen Kreisorganen untergraben. Solche Verfehlungen mußten also eintreten, wenn Beamte alten Schlages aus ihren Positionen entfernt werden sollten. Wer allein außerdienstliche Anzeichen seiner monarchistischen Denkungsart geliefert hatte, brauchte nicht zu befürchten, daß das seiner amtlichen Tätigkeit ein Ende setzen würde.
Nach 1922 brauchte nur noch vereinzelt aus politischen Gründen gegen ostpreußische Landräte vorgegangen zu werden. Anfang 1926 wurde der Landrat von Osterode abberufen, weil er sich in Kontakte mit geheimen Wehrverbänden eingelassen hatte [269], und vier Jahre später mußte der Landrat von Johannisburg in den einstweiligen Ruhestand treten, weil er öffentlich zugunsten des Volksbegehrens gegen den Young-Plan aufgetreten war [270]. Die Reichsregierung und preußische Regierung hatten im voraus denjenigen Beamten disziplinarische Maßnahmen angekündigt, die für dieses von der Rechtsopposition veranlaßte Volksbegehren einträten. Außerdem hatte die preußische Regierung die Ober- und Regierungspräsidenten angehalten, gemeinsam mit anderen Persönlichkeiten ihrer Verwaltungsbezirke öffentlich von der Teilnahme am Volksbegehren abzuraten. In Ostpreußen publizierte daraufhin am 19. Oktober 1929 das Oberpräsidium einen Aufruf, den 397 Personen – zu 43 % Beamte und Vertreter der Verwaltung bis hinab zum Gemeindevorsteher – unterzeichnet hatten [271]. Obwohl von Berlin aus die Beteiligung der Landräte gewünscht worden war, befand sich kein Angehöriger dieser Beamtenkategorie unter den Befürwortern des ostpreußischen Aufrufs. Anscheinend haben der Oberpräsident und die Regierungspräsidenten darauf verzichtet, die

269 *GStA*, Rep. 90, Nr. 1032: PreußMdI an den PreußMPr, 1.1.26. Dieser Landrat sollte bereits 1922 abberufen werden. Unmittelbar nach der Revolution hatte er sich wegen seiner reaktionären Einstellung in Konflikte mit dem örtlichen Arbeiterrat verwickelt, deretwegen er von Stallupönen nach Osterode versetzt wurde; s. Kolb (Anm. I/54), S. 375 ff.

270 *GStA, a. a. O.*: PreußMdI an den PreußMPr, 22.1.30; Runge (Anm. I/208), S. 148 f. – Einen politischen Hintergrund scheint auch die Abberufung des Landrats von Neidenburg im März 1932 gehabt zu haben, denn am 27.7.32, nach dem Staatsstreich in Preußen, ist derselbe Beamte mit der Verwaltung eines anderen Landratsamts beauftragt worden; vgl. *GStA, a. a. O.*: Sitzung des PreußStM am 18.3. und 27.7.32.

271 *Kbg Allg Ztg*, 19.10.29: „Ein ostpreußischer Aufruf gegen das Volksbegehren", in: *GStA*, Rep. 203, Nr. 192; Runge, *a. a. O.*, S. 22 f.

Landräte mit heranzuziehen, weil deren politische Haltung keine Gewähr für eine einheitliche Stellungnahme bot. Demnach wäre zu vermuten, daß ein großer Teil der ostpreußischen Landräte nach wie vor nationalen und konservativen Ansichten huldigte und daß der Grad ihrer politischen Loyalität für demonstrative Belastungsproben im demokratisch-republikanischen Sinne nicht ausreichte. Doch inwieweit diese Interpretation verallgemeinert werden darf, muß im Hinblick auf die zahlreichen personellen Veränderungen, die nach 1931 durchgeführt worden sind, dahingestellt bleiben.

2. *Die Parteien und Verbände*

a) Die Parteien

Unter den politischen Parteien Ostpreußens dominierten bis 1930 die Deutschnationale Volkspartei und die Sozialdemokratische Partei. Gemäß den politischen Traditionen und der Sozialstruktur der Provinz besaß die DNVP eine breitere Grundlage als die SPD, die sich im allgemeinen mit der Rolle einer starken Minderheit begnügen mußte. Lediglich besondere Umstände hatten bei den Wahlen zur Nationalversammlung im Januar 1919 das Gegenteil bewirkt: Damals errangen die Mehrheitssozialdemokraten 46,0 % der gültigen Stimmen, die Deutschnationalen nur 11,9 %[272]. Bereits bei den nachgeholten Reichstagswahlen von 1921 hat jedoch die DNVP den zeitbedingten Rückschlag wieder wettgemacht, und im Dezember 1924 lag sie gegenüber der SPD mit 39,2 : 20,8 % in Front. Dieses Wahlergebnis, am Ende einer langen Phase innenpolitischer Krisen zustandegekommen, hat der DNVP einen Höhepunkt beschert, den sie in den ruhigeren Jahren danach nicht behaupten konnte; 1928 ist sie auf 31,4 % zurückgefallen, während die SPD auf 26,8 % stieg. Der Niedergang der DNVP hat sich in den folgenden Jahren so rapide fortgesetzt, daß sie bereits 1930 aus dem Wettlauf um die numerische Vorherrschaft ausschied und Mitte 1932 nur noch 9,5 % der Wähler verzeichnete. Ihr Erbe haben die Nationalsozialisten angetreten, die auch die SPD mühelos überholt haben und seit 1930 die stimmenstärkste Partei in Ostpreußen waren. Für die SPD ließ sich zwar geltend machen, daß die 19,7 %, die sie im Juli 1932 erzielt hat, nur um 1 % schlechter waren als ihr Anteil vom Dezember 1924, aber angesichts des rapiden Aufkommens der rechts- und linksradikalen Parteien bedeutete diese scheinbare Stabilität nicht viel.

Neben den überregionalen Reichstagswahlen sind für das politische Leben der Provinz die Wahlen zum Provinziallandtag und zu den Kreistagen aufschlußreich gewesen. Auf dieser Ebene hat sich in den drei Wahlgängen von 1921 bis 1929 die DNVP als stärkste Partei etablieren können. Im Provinziallandtag war sie allerdings auf die DVP und das Zentrum, nach 1929 auch auf andere Rechtsparteien angewiesen, wenn sie eine Mehrheit erreichen wollte, denn die SPD stand ihr mit einem Stimmenanteil von 24 % bis 26 % nicht allzusehr nach[273]. Jedoch fehlte es der SPD an geeigneten Bündnispartnern, mit denen sie eine Alternative zum Übergewicht der Rechtsparteien hätte bieten

272 Über die Reichstagswahlergebnisse s. Alfred Milatz, *Wähler und Wahlen in der Weimarer Republik* (*Schriftenreihe der Bundeszentrale für politische Bildung*, Heft 66), Bonn 1965. Vgl. Forstreuter, „Von Versailles bis Potsdam" (Anm. I/69), S. 212; Wessling (Anm. I/170), S. 272.

273 Die Ergebnisse der Provinziallandtagswahlen von 1921 bis 1933 s. *Statistische Jahresübersicht . . . Ostpreußen* (Anm. I/63), S. 78; Wessling, *a. a. O.*, S. 271.

können. Das gleiche Mißgeschick traf sie in den Kreistagen, wo sie selbst in dem für sie guten Jahr 1929 nirgends eine absolute Mehrheit errang[274]. Obwohl sie 27 % aller Kreistagssitze eroberte, hatte sie nur wenige überdurchschnittliche Schwerpunkte aufzuweisen. Am ehesten traf das noch für den Kreis Gerdauen zu, wo sie 11 von 22 Sitzen einnahm, sowie für die Kreise Angerburg mit 10 von 22 und Fischhausen mit 10 von 26 Sitzen; in allen übrigen Kreisen war sie auf eine Minderheit von 3 bis 8 Sitzen beschränkt. An den Kreistagswahlen waren die großen Städte der Provinz – Königsberg, Elbing, Tilsit, Allenstein und Insterburg – nicht beteiligt, da sie eigene Stadtverordnetenversammlungen wählten. Von den hier vergebenen 221 Sitzen hat die SPD 1929 53 = 24 % und die KPD 36 = 16 % errungen. Die beiden Arbeiterparteien erreichten in keiner Stadt eine Mehrheit, jedoch in Königsberg, Elbing und Insterburg stellte die SPD die stärkste Fraktion. Die Linksparteien besaßen weder auf dem Lande noch in den Städten absolute Hochburgen, was die Überlegenheit des bürgerlich-ländlichen Milieus in Ostpreußen unterstreicht[275].

Anders lagen die Dinge bei der DNVP, die 1925 in fünf Kreisen die absolute Mehrheit eroberte, in zwölf weiteren Kreisen mit ihrem bevorzugten Bundesgenossen, der DVP, über die Mehrheit verfügte und vermutlich in abermals fünf Kreisen mit Hilfe der Vertreter der dort vorhandenen Sonderlisten eine Mehrheit bilden konnte. Das bedeutete, daß sie in 22 Kreisen eine mehr oder weniger dominierende Stellung innehatte und damit als die maßgebende Kraft auf dem Lande ausgewiesen war. Erwartungsgemäß befanden sich die Schwerpunkte deutschnationalen Einflusses vielfach in solchen Kreisen, denen ein hoher Anteil von Großgrundbesitz eigen war; jedoch ist zu betonen, daß nicht die am eindeutigsten großagrarischen Kreise die wahren Domänen der Deutschnationalen waren, sondern daß dies auf die nordöstlich und südwestlich des Ermlandes gelegenen Kreise zutraf, in denen die Großbetriebe 43 % bis 56 % der landwirtschaftlichen Nutzfläche besaßen. In den fünf Kreisen Gerdauen, Rastenburg, Königsberg-Land, Fischhausen und Bartenstein, in denen 65 % bis 69 % der Nutzfläche zu Großbetrieben gehörten, hatte dagegen die SPD in den Kreistagen ein Übergewicht über die DNVP: 1925 hatte sie hier von 121 möglichen Mandaten 48 gewonnen, die DNVP jedoch nur 35; auch 1929 ist die SPD mit 44 : 37 von 119 möglichen Sitzen im Vorteil geblieben. Das ist damit zu erklären, daß die absolute Vorherrschaft des landwirtschaftlichen Großbetriebs gleichbedeutend war mit einem großen Bestand an Landarbeitern, unter denen die SPD leichter Fuß fassen konnte als unter Bauern und Kleinbürgern.

Von den übrigen ostpreußischen Parteien ist das Zentrum erwähnenswert, das zwar 1929 nur 8 % aller Kreistagssitze erringen konnte, aber in drei Kreisen – Braunsberg, Heilsberg, Rössel – dank einer dichten Konzentration der Wählerstimmen die absolute Mehrheit erreichte. Diese Kreise gehörten zum Ermland, dessen Bevölkerung größtenteils katholisch war. Entsprechend der Sozialstruktur des Ermlandes, die sich durch einen auffallend niedrigen Anteil des Großgrundbesitzes auszeichnete, stützte sich das Zentrum auf eine ländlich-kleinstädtische, vornehmlich bäuerliche Bevölkerung, deren konservative Einstellung es zuließ, daß die Partei – wie anfangs der 20er Jahre im Provinziallandtag geschehen – mit den Deutschnationalen zeitweise zusammenarbeitete.

274 Die Ergebnisse der Kreistagswahlen s. *GStA*, Rep. 77, Nr. 5695–5698; ferner im: *Handbuch über den Preußischen Staat für das Jahr 1928*, Berlin 1928, S. 84; dass., *1931* (Anm. I/195), S. 92.

275 *PreußLT*, III, Drucks Nr. 4747: Nachweisung über die parteipolitische Zusammensetzung der Stadtverordnetenversammlungen in den kreisfreien Städten nach dem Ergebnis der Wahlen vom 17.11.29.

In noch engerer Verbindung mit der DNVP hat sich die ostpreußische DVP bewegt, die nicht nur in den Selbstverwaltungsgremien stets an der Seite der großen Nachbarpartei auftrat, sondern häufig auch bei den Kommunalwahlen mit ihr einen gemeinsamen Wahlvorschlag einreichte. Diese Listen trugen – wie bei den Kreistagswahlen 1925 – Bezeichnungen wie „Preußenblock", „Ordnungsblock", „Hindenburgwähler" oder „Tannenberg". Es kam ihrer Bedeutung im lokalen und regionalen Rahmen zugute, daß die DNVP vielfach nur mit ihrer Unterstützung eine rechtsorientierte Mehrheit bilden konnte und deshalb ihren Partner nicht als *quantité négligeable* behandeln durfte.
Solch eine Behandlung drohte eher der DDP, die im Provinziallandtag und in den Kreistagen eine derart schwache Stellung hatte, daß sie sich kaum noch als ein wirksamer Faktor betätigen konnte. Mit einem Stimmenanteil von 3,6 % bzw. 2,8 % bei den Provinziallandtagswahlen von 1925 und 1929 war sie die mandatsärmste aller Parteien. Das hatte zur Folge, daß die SPD in Ostpreußen keinen Koalitionspartner fand, mit dem eine Mehrheit zu bilden gewesen wäre. Auch links von der SPD war – abgesehen von den prinzipiellen Gegensätzen – wenig Hilfe vorhanden, da die KPD wohl in der gesamten Provinz eine dem Zentrum vergleichbare Stärke besaß, aber außerhalb der Städte eines regional abgegrenzten Schwerpunktes entbehrte und deshalb in den Kreistagen nicht mehr als ein Außenseiter war.
Die Rangordnung der Parteien in Ostpreußen wurde 1930 durch den Aufstieg der NSDAP erschüttert. Diese Partei ist vor 1930 in der Provinz nicht unbekannt gewesen. Sie hat bereits bei den Reichstagswahlen von 1924 8,6 % und 6,2 % der Stimmen erringen können, dann aber einen Rückschlag erlitten, der sie 1928 auf 0,8 % herabbrachte[276]. Im selben Jahr trat jedoch eine Wende ein, als der Gauleiter Erich Koch nach Königsberg kam und die Parteitätigkeit forcierte[277]. Einen Anfangserfolg bescherten die Provinziallandtagswahlen von 1929, bei denen die NSDAP 4,3 % Stimmenanteil erzielte und außerdem die Zahl ihrer Kreistagssitze verdoppelte. Aber dieser Zuwachs kündete noch keinen Erdrutsch an, obwohl die krisenhaften Zustände der ostpreußischen Wirtschaft bereits viel Unruhe geschaffen hatten. Es sei erinnert an die Notlage der Landwirtschaft, die 1929 ebenso wie schon 1928 staatliche Stützungsmaßnahmen notwendig machte, wobei deren Ausführung starke Reibungen hervorgerufen und den Landwirtschaftsverband zu einer großen Protestdemonstration in Königsberg mitveranlaßt hatte. Ein anderes Zeichen für die Ungunst der allgemeinen Verhältnisse war der Wanderungsverlust von 20 500 Personen, der im Jahre 1929 registriert wurde. Doch das genügte ebensowenig wie die auf Hochtouren laufende Kampagne der Rechtsparteien gegen den Young-Plan, um den Kommunalwahlen vom 17. November 1929 einen dramatischen Anstrich zu verleihen und der NSDAP mehr als 39 700 Wähler zuzuführen. Anderseits ließ sich nicht verbergen, daß die Partei binnen Jahresfrist ihren Wähleranteil beinahe verfünffacht und einen Vorgeschmack des Kommenden gegeben hatte
Ihre Stellung im Provinziallandtag benutzte sie während der Session im März 1930 dazu, durch agitatorische Anträge die politischen und ökonomischen Interessen der Provinz gegenüber der Reichsregierung auszuspielen und sich selbst zum Vorkämpfer

276 1928 war Ostpreußen der einzige Reichstagswahlkreis, in dem der Stimmenanteil der NSDAP unter 1 % gelegen hat; s. Milatz (Anm. I/272), S. 112; Forstreuter, „Von Versailles. . ." (Anm. I/69), S. 212; ders., „Ostpreußen" (Anm. I/60), S. 38. Jedoch ist zu beachten, daß der Völkisch-nationale Block, der sich 1928 an den Wahlen beteiligte und in den anderen Wahlkreisen teilweise völlig bedeutungslos war, in Ostpreußen das Spitzenergebnis von 40 345 Wählern bzw. 4 % der Stimmen erzielte; s. Horkenbach, I (Anm. I/2), S. 456. Damit war ein beachtlicher Wählerstamm vorhanden, der der NSDAP vermutlich nicht fernstand.

277 Über Erich Koch s. Forstreuter, „Von Versailles. . .", *a. a. O.*, S. 215 f.

der Belange Ostpreußens aufzuwerfen. Sie forderte, daß die Landesverteidigung durch den Ausbau des Gas- und Luftschutzes verstärkt werde, daß das deutsch-polnische Liquidationsabkommen als nicht bindend betrachtet werde, daß alle Zwangsverfahren gegen Betriebe sofort einzustellen und Abgaben und Steuern so lange zu erlassen seien, „bis die Provinz wirtschaftlich gesundet ist"[278]. Die Früchte ihrer von der fortschreitenden Staatskrise begünstigten Agitation erntete sie bei den Reichstagswahlen am 14. September 1930, als sie schlagartig zur stärksten Partei aufstieg: Ihr Stimmenanteil erreichte nun 22,5 % und überflügelte sowohl die 21,1 % der SPD als auch die 19,6 % der DNVP. Besonders im Osten der Provinz, der einen stärkeren bäuerlichen Einschlag aufwies, hat sie sich erfolgreich durchsetzen können, weil hier die verschärfte Wirtschaftsnot dem politischen Radikalismus Auftrieb gegeben hatte[279].
Bemerkenswert ist an dem Wahlergebnis, daß Ostpreußen jetzt, ganz anders als im Jahr 1928, der einzige Wahlkreis war, in dem die NSDAP eine relative Mehrheit errungen hatte. Das schloß zwar nicht aus, daß es zur gleichen Zeit in Deutschland zehn andere Wahlkreise gegeben hat, in denen die NSDAP relativ oder absolut stärker gewesen ist als in Ostpreußen, aber dort hatte sie in der DNVP, der SPD oder dem Zentrum noch überlegene Konkurrenten gefunden, während in Ostpreußen die Zersplitterung der Kräfte ihr den Vormarsch an die Spitze erlaubte[280]. Maßgebend war dafür, daß die traditionelle Überlegenheit der Deutschnationalen nicht groß genug gewesen ist, um jetzt die unvermeidlichen Verluste an die NSDAP noch auffangen zu können, und daß die SPD hier seit jeher ihren schwächsten ostdeutschen Wahlkreis gehabt hat (abgesehen von Oppeln, der eine eigentümliche Wahlstruktur aufwies). Das Zentrum fiel als potentielle Mehrheitspartei ohnehin aus[281].
Bezeichnend für den Grad der ökonomischen und politischen Unsicherheit in Ostpreußen war die Tatsache, daß der Drang zu den stärkeren Bataillonen auch die führenden Schichten der Landwirtschaft ergriff. Die NSDAP begann unter den adligen Großgrundbesitzern der Provinz Anhänger zu finden, obwohl Gauleiter Erich Koch sich nicht als Freund der Großagrarier einführte. Zwei Vertreter der namhaftesten Familien, ein Graf zu Dohna auf Schloß Finckenstein und ein Graf von Finckenstein auf Schloß Schönberg, bemühten sich darum, den Nationalsozialismus und seine Führer in ihren Kreisen gesellschaftsfähig zu machen[282]. Diese Bemühungen haben dazu beigetragen, daß der Aufstieg der NSDAP in dem an Wahlterminen reichen Jahr 1932 neue Dimensionen erreichte.

278 Vgl. hierzu die Drucksachen Nr. 25, 93a, 84, 85 in den *Verhandlungen des 57. ProvLT der Prov Ostpr*, Königsberg 1931.

279 Vgl. Milatz (Anm. I/272), Karte 10. Über die Veränderung der Stimmenanteile zugunsten der NSDAP und ihr besonderes Ausmaß in den Notstandsgebieten s. Werner Kaltefleiter, *Wirtschaft und Politik in Deutschland. Konjunktur als Bestimmungsfaktor des Parteiensystems* (*Demokratie und Frieden*, Bd. 2), Köln / Opladen 1966, S. 41 ff.; S. 57 f.

280 *Statistisches Jahrbuch für das Deutsche Reich*, hrsgg. vom Statistischen Reichsamt, 50. Jg., 1931, Berlin 1931, S. 546 f. Den 236 507 = 22,5 % ostpreußischer NSDAP-Stimmen standen z. B. 283 430 = 24,3 % in Südhannover-Braunschweig und 284 996 = 20,8 % in Hessen-Nassau gegenüber; den höchsten Anteil von 27 % ≙ 240 288 Stimmen erzielte die NSDAP in Schleswig-Holstein.

281 Zum Rückgang der ostpreußischen DNVP hatte die Absplitterung des Christlich-sozialen Volksdienstes und der Christlich-nationalen Bauern- und Landvolkpartei beigetragen, die 1930 46 000 bzw. 15 000 Stimmen erhielten; Horkenbach, I (Anm. I/2), S. 474.

282 Walter Görlitz, *Die Junker. Adel und Bauer im deutschen Osten. Geschichtliche Bilanz von 7 Jahrhunderten*, Glücksburg 1956, S. 371. Über einen ähnlichen Vorgang im brandenburgischen Großgrundbesitz s. Kurt Goßweiler / Alfred Schlicht, „Junker und NSDAP 1931/32", in: *Zeitschrift für Geschichtswissenschaft*, 15. Jg. (1967), S. 644 ff. Graf von Finckenstein-Schönberg, bereits 1932 verstorben, gehörte zu den hoch verschuldeten Großgrundbesitzern;

Von den fünf überregionalen Wahlgängen dieses Jahres hat erst der letzte einen Rückschlag für die Nationalsozialisten gebracht, alle anderen waren einander überbietende Siege[283]. Das Maximum wurde am 31. Juli erreicht, als mit 47;1 % die absolute Mehrheit greifbar nahe gerückt war. Jetzt gab es kaum noch Gebiete in Ostpreußen, in denen sich eine andere Partei vor der NSDAP hatte plazieren können; lediglich die vier Kreise des Ermlandes, mit Anteilen zwischen 34,9 % und 60,3 % weiterhin eine Domäne des Zentrums, und Gerdauen, mit 39,2 % von der SPD angeführt, machten eine Ausnahme. Allein 18 Kreise haben den Nationalsozialisten die absolute Mehrheit gegeben; das Spitzenergebnis von 70,6 % wurde aus Lyck gemeldet[284]. Sämtliche Kreise an der Süd- und Ostgrenze der Provinz, die schon 1930 die Grundlage des nationalsozialistischen Erfolges gewesen sind, traten mit absoluten Mehrheiten für die NSDAP hervor. Es waren dies die schwach bevölkerten Gebiete der Regierungsbezirke Allenstein und Gumbinnen, namentlich Masuren, deren soziale und wirtschaftliche Verhältnisse unter dem Provinzdurchschnitt standen und die der Druck der allgemeinen Krise schwer getroffen hatte. Überdies handelte es sich hier um ein Terrain, auf dem schon in früheren Jahren häufiger als anderswo politische Splittergruppen aufgetreten waren und die traditionellen Parteien geschwächt hatten. Bei den Kreistagswahlen 1925 und 1929 sind in den Regierungsbezirken Allenstein und Gumbinnen 19 % bzw. 23 % aller Mandate von örtlichen Sonderlisten erobert worden[285]. Das darin erkennbare Streben, sich von den vorhandenen Parteien zu distanzieren, hat eine Labilität der politischen Struktur angedeutet, die in den kritischen Jahren von der NSDAP ausgenutzt werden konnte. Begünstigt von solchen Faktoren, hat die NSDAP in den Regierungsbezirken Allenstein und Gumbinnen 53 % und 52 %, dagegen in den Bezirken Königsberg und

s. Bruno Buchta, *Die Junker und die Weimarer Republik. Charakter und Bedeutung der Osthilfe in den Jahren 1928–1933,* Berlin 1959, S. 127. Hermann Graf zu Dohna-Finckenstein erschien an 17. Stelle auf der nationalsozialistischen Kandidatenliste für die preußischen Landtagswahlen am 5.3.33; s. *Handbuch für den Preußischen Landtag. Ausgabe für die 5. Wahlperiode,* hrsgg. von Ernst Kienast, Berlin 1933, S. 99.

283 Die Wahlergebnisse des Jahres 1932 sowie der Märzwahlen 1933 sind für Ostpreußen gesammelt in: *Statistische Jahresübersicht . . . 1932* (Anm. I/63), S. 65 ff.

Stimmen der NSDAP in Ostpreußen:

Datum	*Wahl*	*Anteil*
13. 3.32	1. Wahlgang der Wahl des RPr	34,5 %
10. 4.32	2. Wahlgang der Wahl des RPr	43,8 %
24. 4.32	Wahl des PreußLT	45,6 %
31. 7.32	Wahl des RT	47,1 %
6.11.32	Wahl des RT	39,7 %
5. 3.33	Wahl des RT	56,5 %
12. 3.33	Wahl des ProvLT	57,8 %

284 Vgl. die kartographische Darstellung bei Milatz (Anm. I/272), Karte 13.

285 In den Kreistagen der genannten Regierungsbezirke sind vergeben worden:

1925: 458 Mandate, davon 86 an Sonderlisten (= 19 %),
1929: 457 Mandate, davon 106 an Sonderlisten (= 23 %).

In den Regierungsbezirken Königsberg und Westpreußen haben Sonderlisten im Jahre 1925: 28 von 425, im Jahre 1929: 29 von 413 Mandaten errungen.

Westpreußen nur 41 % und 47 % der Stimmen auf sich vereinigen können. Doch von außen gesehen waren das nur graduelle Unterschiede, denn tatsächlich war die gesamte Provinz eine überdurchschnittlich starke Domäne der NSDAP[286].
Was der Wahlsieg der NSDAP in der Praxis zu bedeuten hatte, sollte sich unmittelbar danach zeigen: Anfang August ging, wie in anderen Teilen Deutschlands, eine nationalsozialistische Terrorwelle über die Provinz hinweg, die mit Revolverattentaten, Bombenanschlägen und Brandstiftungen zu größeren Auseinandersetzungen herauszufordern schien. Mehrere Kommunisten und Sozialdemokraten fielen als Todesopfer; Redaktionsgebäude, Tankstellen und Kaufhäuser waren das Ziel von Sprengstoffattentaten[287]. Doch der Erfolg dieses Vorgehens war negativer Art, denn die politische Entwicklung begann allmählich zuungunsten der NSDAP zu verlaufen, und als am 6. November 1932 abermals gewählt werden mußte, büßten die Nationalsozialisten in Ostpreußen gegenüber den Juli-Wahlen 113 000 Wähler ein, ihr Stimmenanteil verringerte sich von 47,1 % auf 39,7 %. Obwohl dieser Rückgang den Reichsdurchschnitt noch unterboten hat[288], verfügten die Nationalsozialisten nach wie vor über eine außerordentlich breite Basis in der Provinz, und auf ihr fußend ist es ihnen bei den Neuwahlen am 5. März 1933 gelungen, die seit Hitlers Regierungsantritt so einschneidend veränderten Umstände zu einem völlig überlegenen Siege zu nutzen: 56,5 % der Wähler stimmten für sie, das war die höchste Quote in allen deutschen Wahlkreisen. Wurden die 11,3 % der DNVP hinzugenommen, dann hatten die Regierungsparteien sogar die Zweidrittelmehrheit erreicht. Auch bei den späteren Wahlen und Volksabstimmungen der nationalsozialistischen Zeit hat Ostpreußen einen positiven Stimmenanteil von 95,2 % bis 99,7 % melden können; der Ruhmestitel, positivster aller Wahlkreise zu sein, fiel allerdings mit winzigem Vorsprung dem Wahlkreis Rheinpfalz-Saar zu[289].
Der Aufstieg der NSDAP ist in Ostpreußen dem gleichen Rhythmus und denselben Ursachen gefolgt wie im übrigen Reichsgebiet. Wenn die Erfolge der ostpreußischen NSDAP dennoch dazu tendierten, um einige Grade größer auszufallen als jenseits des Korridors, so haben das einige spezielle Umstände bewirkt, die die NSDAP über das Maß des Üblichen hinaus begünstigten. Ostpreußen ist wegen seiner vorwiegend ländlichen Sozial- und Wirtschaftsstruktur vom Wohl und Wehe der Landwirtschaft abhängig gewesen. Deshalb fand hier die Agrarkrise am Ende der Weimarer Republik eine große Breitenwirkung[290]. Sie wurde vertieft durch die seit Jahrzehnten bestehende latente Strukturkrise des ländlich-kleinstädtischen Milieus, das sich den Einflüssen der städtisch-industriellen Gesellschaft nicht entziehen konnte, aber zu schwach war, um sich

286 Gemessen an dem Anteil der NSDAP-Stimmen hat Ostpreußen unter den 35 Wahlkreisen folgende Stellen eingenommen:
bei der RT-Wahl am 14.9.30 die 8. Stelle,
bei der RT-Wahl am 31.7.32 die 6. Stelle,
bei der RT-Wahl am 6.11.32 die 12. Stelle,
bei der RT-Wahl am 5.3.33 die 1. Stelle.
Die Provinz hat zwar bei diesen Wahlen über dem Reichsdurchschnitt gelegen, ist aber erst nach dem Regierungsantritt Hitlers zur führenden Bastion der NSDAP geworden.

287 Horkenbach, 1932 (Anm. I/253), S. 279 ff.; vgl. Joseph Goebbels, *Vom Kaiserhof zur Reichskanzlei. Eine historische Darstellung in Tagebuchblättern*, 3. Aufl., München 1934, S. 136; Brecht (Anm. I/208), S. 187 f.; *PreußLT, IV*, Drucks Nr. 689 und 1356: Uranträge Winzer, Mertins u. Gen. (SPD) vom 4.8. und 6.12.32.

288 Im Reich hat der Rückgang des nationalsozialistischen Stimmenanteils etwa ein Neuntel, in Ostpreußen ein Siebentel des Standes vom 31.7.32 betragen.

289 Vgl. *Statistisches Handbuch für die Provinz Ostpreußen* (Anm. I/69), S. 318.

290 Über den Zusammenhang zwischen Verschuldung der Landwirtschaft und Aufstieg der NSDAP in Ostpreußen s. Kaltefleiter (Anm. I/279), S. 41 ff.; S. 55 f.

aus eigenen Kräften auf ein Niveau zu erheben, das der steigenden sozial-ökonomischen Leistungsfähigkeit dieser Gesellschaft entsprochen hätte. In solch einer Situation struktureller Rückständigkeit und akuter Krise waren alle ländlichen und kleinstädtischen Schichten empfänglich für die Argumente, mit denen die NSDAP die Ressentiments des Mittelstandes gegen die moderne Wirtschaft und Gesellschaft zu mobilisieren suchte [291]. Lediglich die Wähler der Arbeiterparteien und der katholischen Zentrumspartei haben dieser Werbung solange widerstanden, bis sie der Druck des etablierten NS-Staates zum Nachgeben zwang [292]. Aber sie stellten in Ostpreußen ohnedies ein schwächeres Bollwerk dar als in anderen Teilen Deutschlands; im Durchschnitt der Reichstagswahlen von 1924 bis 1932 haben SPD, KPD und Zentrum in Ostpreußen nur einen Stimmenanteil von 40 % besessen, während es im gesamten Reich 52 % waren. Das hat die Ausgangsposition der NSDAP nicht unwesentlich erleichtert.
Außer der Eigenart der sozialökonomischen Verhältnisse ist den Nationalsozialisten in Ostpreußen auch die äußere Lage der Provinz von Vorteil gewesen. Der ständige Protest gegen die im Versailler Vertrag festgelegten Grenzen und das den jungen Nachbarstaaten bewiesene Mißtrauen versetzten die Bevölkerung in ein gespanntes Verhältnis zu ihrer Umwelt, aus dem heraus sie zu emotionalen Reaktionen disponiert und für das Pathos der nationalsozialistischen Befreiungspolitik anfällig war. Es war kein Zufall, daß die NSDAP nicht nur in der allgemeinen Öffentlichkeit, sondern auch bei der ostpreußischen Reichswehr Eingang gefunden hatte und sich des Wohlwollens der höch-

291 Über Nationalsozialismus und Mittelstand s. Karl Dietrich Bracher, *Die Auflösung der Weimarer Republik. Studien zum Problem des Machtverfalls in der Demokratie* (*Schriften des Instituts für politische Wissenschaft*, Bd. 4), 4. Aufl., Villingen 1964, S. 115; Kaltefleiter, *a. a. O.*, S. 53 ff.; Ralf Dahrendorf, *Gesellschaft und Demokratie in Deutschland*, München 1965, S. 423 ff.; Theodor Geiger, *Die soziale Schichtung des deutschen Volkes. Soziographischer Versuch auf statistischer Grundlage*, Neudruck Darmstadt 1967, S. 109 ff.

292 Bei den Reichstagswahlen von 1932 haben SPD und KPD nahezu ebensoviel, das Zentrum sogar mehr Wähler als 1928 gefunden:

1928	SPD:	268 308	= 363 254	Z:	74 280
	KPD:	94 946			
1932 I	SPD:	223 938	= 371 331	Z:	88 069
	KPD:	147 393			
1932 II	SPD:	211 957	= 360 233	Z:	79 902
	KPD:	148 276			
1933	SPD:	180 292	= 287 436	Z:	80 888
	KPD:	107 144			

Formal betrachtet haben SPD und KPD das Wählerpotential der Arbeiterschaft in hohem Grade ausgeschöpft. Laut Berufszählung gab es 1925 in Ostpreußen 454 000 bzw. mit Berufszugehörigen 946 000 Arbeiter. Wird von letzterer Zahl der Anteil der bis 20 Jahre alten Einwohner – im Provinzdurchschnitt 41 % – abgezogen, so verbleiben rd. 558 000 potentielle Wähler. Diese Zahl muß noch entsprechend der Wahlbeteiligung reduziert werden: für die Juliwahlen 1932 um 20 % auf 446 400 und für die Novemberwahlen um 25 % auf 418 500. Gemessen an diesem Ergebnis haben 1932 SPD und KPD, wenn man alle ihre Wähler der Arbeiterklasse zurechnet, die aktiven Wähler aus dem Arbeiterstand zu 83 % und 86 % bei ihren Fahnen gehalten. Freilich vermittelt solch eine schematische Berechnung nur einen Annäherungswert. – Die gleiche Rechnung für das Zentrum hat von 340 000 Katholiken in Ostpreußen auszugehen und ergibt, daß dieses Wählerpotential 1932 zu 79 % und 76 % erfaßt worden ist. Die Ausgangsdaten sind entnommen: Batocki / Schack (Anm. I/214), S. 27 f.; *Berufszählung. Die berufliche und soziale Gliederung des deutschen Volkes. Textliche Darstellung der Ergebnisse. Volks-, Berufs- und Betriebszählung vom 16. Juni 1925* (*Statistik des Deutschen Reiches*, Bd. 408), Berlin 1931, S. 117; *Statistische Jahresübersicht der ProvVerw Ostpr* (Anm. I/63), S. 70 ff.; S. 80; *Statistisches Jahrbuch für das Deutsche Reich*, 1928 (Anm. I/56), S. 18.

sten Offiziere im Königsberger Wehrkreiskommando erfreute. General von Blomberg und Oberst von Reichenau haben 1932 eine Beteiligung der Nationalsozialisten an der Reichsregierung dringend befürwortet und ihrerseits nach dem Regierungsantritt Hitlers die leitenden Positionen im Reichswehrministerium übernommen [293]. Selbst die hemmungslose parteipolitische Aktivität, die die NSDAP in der Provinz entfaltete und die die Zusammenarbeit aller rechtsstehenden Verbände gefährdete, auf die die Reichswehr um der Landesverteidigung willen Wert legte, konnte nicht die Beziehungen zwischen der ostpreußischen Reichswehr und der NSDAP trüben [294]. Schier unaufhaltsam bemächtigte sich die von den Nationalsozialisten erzeugte Atmosphäre des Tatendranges und der rigorosen Entschlossenheit einer Provinz, deren Nöte jahrelang diskutiert und bestätigt, aber nicht behoben worden waren. Die beinahe zur Institution gewordene Krise Ostpreußens hatte soviel Unsicherheit, Mißtrauen und Unzufriedenheit angehäuft, daß nun nicht mehr auf die Rationalität, sondern auf die Radikalität der Argumente geachtet wurde, und darin haben sich die Nationalsozialisten allen Konkurrenten als überlegen erwiesen.

b) Der Heimatbund Ostpreußen

Unter den Verbänden, die der Form nach überparteilich waren, hat zeitweise der Heimatbund Ostpreußen eine größere Rolle gespielt. Er ist 1919 vom ostpreußischen Generallandschaftsdirektor Kapp gegründet worden und war zunächst als militanter, antirepublikanischer Geheimbund gedacht, der auf einen gewaltsamen Umsturz hinarbeiten sollte. Andere einflußreiche Kreise, an ihrer Spitze Landeshauptmann von Brünneck, haben mit Rücksicht auf die exponierte Lage der Provinz derartig riskante Pläne abgelehnt und statt dessen durchgesetzt, daß der Heimatbund als ein vorwiegend defensiv eingestellter Selbstschutzverein aufgezogen wurde, der sich öffentlich der „Wiedererweckung nationalen Geistes, der Herstellung geordneter und arbeitsfriedlicher

293 Blomberg und Reichenau waren vor 1933 Befehlshaber bzw. Stabschef im Wehrkreiskommando Königsberg und sind nach Hitlers Regierungsantritt Reichswehrminister bzw. Chef des Ministeramts im RWehrM geworden. Über ihr Eintreten für eine Regierungsbeteiligung der NSDAP vgl. Bracher (Anm. I/291), S. 521; Kurt Schützle, *Reichswehr wider die Nation. Zur Rolle der Reichswehr bei der Vorbereitung und Errichtung der faschistischen Diktatur in Deutschland (1929–1933)*, Berlin 1963, S. 138; Roos (Anm. I/82), S. 43 f. Ferner Walter Görlitz, *Hindenburg. Ein Lebensbild*, Bonn 1953, S. 362 f.; Goebbels (Anm. I/287), S. 25. Über die positive Haltung der Königsberger Reichswehroffiziere gegenüber der NSDAP heißt es dort unter dem 16.1.32: Die Offiziere „denken in Ostpreußen vielfach anders als sonstwo im Lande". Die Beteiligung von Offizieren an einem NSDAP-nahen „Königsberger Kreis", in dem die Probleme einer nationalen Revolution diskutiert wurden, geht hervor aus Albert Krebs, *Fritz-Dietlof Graf von der Schulenburg. Zwischen Staatsraison und Hochverrat*, Hamburg 1964, S. 94; S. 309.

294 Vgl. Vogelsang (Anm. I/87), S. 429 ff. Reichenau hatte Hitler gebeten, die ostpreußische SA und NSDAP anzuweisen, beim innenpolitischen Kampf auf die besondere Lage der Provinz Rücksicht zu nehmen. Hitler hat das grundsätzlich zugesagt, jedoch gleichzeitig betont, daß er die Reichsregierung weiterhin mit aller Konsequenz bekämpfen wolle. Der Anlaß für Reichenaus Bitte dürfte u. a. die heftige Agitation gewesen sein, die die NSDAP seit Sommer 1932 gegen den Stahlhelm trieb; s. hierzu Alois Klotzbücher, *Der politische Weg des Stahlhelm, Bund der Frontsoldaten, in der Weimarer Republik. Ein Beitrag zur Geschichte der „Nationalen Opposition" 1918–1933*, phil. Diss. Erlangen / Nürnberg 1964, Erlangen 1965, S. 264 f.; Volker R. Berghahn, *Der Stahlhelm. Bund der Frontsoldaten 1918–1935 (Beiträge zur Geschichte des Parlamentarismus und der politischen Parteien*, Bd. 33), Düsseldorf 1966, S. 243.

Verhältnisse und der Kräftigung der heimischen Wirtschaft" widmen sollte[295]. Obwohl ihn das nicht daran gehindert hat, Kontakt mit ähnlichen Gruppen im übrigen Deutschland, z. B. mit der bayerischen Organisation Escherich, aufzunehmen, ist es ihm dank einer Option für ein scheinbar legales Verhalten doch gelungen, die politische Krise des Kapp-Putsches zu überstehen, ohne sich rettungslos zu kompromittieren. Seine konservativ-nationale und antirepublikanische Orientierung blieb von dieser Taktik unberührt. Bezeichnend war es, daß nach dem Kapp-Putsch der ehemalige Oberpräsidialrat von Hassel, der wegen seiner Haltung während des Umsturzversuches den Dienst quittieren mußte, und der ehemalige Major Alfred Fletcher, ein alter Vertrauter Kapps, als erster und zweiter Vorsitzender die Leitung des Heimatbundes übernahmen[296]. Hinter den Exponenten des alten Staatsapparates, des Beamtentums und des Militärs, standen als tragende soziale Schichten die Landwirtschaft und das Bürgertum, die für eine leistungsfähige finanzielle Grundlage des Bundes sorgten[297]. Die materielle Abhängigkeit von den politischen und sozialen Interessen der Gutsbesitzer und des städtischen Bürgertums machten den Heimatbund zu einem politischen Faktor, dessen reale Kraft anfangs der 20er Jahre schwer zu schätzen war, der aber seiner Struktur nach als „Sammelpunkt der Opposition und Reaktion" und als „zentralisierte Kraftreserve" der rechtsradikalen Kreise angesehen werden konnte[298].

In dem Bemühen, alle Kräfte des nationalen Lagers unter seinen Einfluß zu bringen, hat der Heimatbund nicht nur auf den korporativen Anschluß der Krieger-, Schützen- und Jugendvereine hingewirkt, sondern in Form der Vaterländischen Arbeitsgemeinschaft und der Staatsbürgerlichen Arbeitsgemeinschaft – letztere stand unter der Leitung des Freiherrn von Gayl – auch Nebenorganisationen geschaffen, die ihm eine mittelbare Beeinflussung der rechtsstehenden Gruppen gestattete[299]. Bezeichnend für die Tendenz seiner öffentlichen Tätigkeit waren die Referenten, die zu den Vortragsabenden aufgeboten wurden. Unter ihnen gaben die ehemaligen Offiziere wie von Lettow-Vorbeck, Maercker, von Cramon, Admiral Scheer und Kapitänleutnant von Mücke den Ton an[300]. Zur „Wiedererweckung nationalen Geistes" gehörte es, daß die Veranstaltungen sich wiederholt in den Dienst demonstrativer Ehrungen für militärische Größen stellten. So hat die Staatsbürgerliche Arbeitsgemeinschaft im August 1921 eine Tannenbergfeier in Anwesenheit Ludendorffs und im Frühjahr 1922 eine Rundreise Hindenburgs durch die Provinz organisiert[301].

295 Gayl, *Ostpreußen unter fremden Flaggen* (Anm. I/7), S. 206; Schemann (Anm. I/53), S. 123; Winnig, *400 Tage...* (Anm. I/16), S. 68; Görlitz, *Die Junker* (Anm. I/282), S. 333; S. 351. *BAK*, R 43 I/1847: Reichszentrale für Heimatdienst, Bericht über den Heimatbund Ostpr, etwa Februar 1920. Als namhafter Mitbegründer des Heimatbundes ist auch Friedrich Graf zu Eulenburg-Prassen zu nennen, der bis 1933 einer der führenden Männer des agrarisch-konservativen Lagers in Ostpreußen war. Vgl. über ihn Siegfried Graf zu Eulenburg, *Die Eulenburgs. Geschichte eines ostpreußischen Geschlechts* (als Manuskr. gedr.), Lindau 1948, S. 31 f.; *Reichshandbuch...* (Anm. I/210), I, S. 406 f.

296 *GStA*, Rep. 203, Nr. 12: Diensteinteilung des Heimatbundes; Karl Fischer (Anm. I/238), S. 16 ff. Über Fletcher s. Schemann, *a. a. O.*, S. 135 f.

297 Gayl, *Ostpreußen...* (Anm. I/7), S. 205 f. Am 11.12.19 hat der Heimatbund auch aus einem Fonds der Provinzialverwaltung 200 000 M erhalten; s. *Verhandlungen des 47. ProvLT der Prov Ostpr*, Königsberg 1920, Drucks Nr. 69.

298 *GStA*, Rep. 203, Nr. 12: OPr / Meldestelle an den StKom für die öffentl. Ordnung, 21.6.21.

299 Karl Fischer (Anm. I/238), S. 21; vgl. die politischen Lageberichte des OPr in: *GStA*, Rep. 203, Nr. 47.

300 Vgl. die politischen Lageberichte des OPr; *GStA*, *ebda.*

301 Karl Fischer (Anm. I/238), S. 22; *GStA*, Rep. 203, Nr. 43. Über Hindenburgs Reise vgl. u. S. 229.

Ein verborgenes Arbeitsgebiet des Heimatbundes war die Organisation des bewaffneten Selbst- und Grenzschutzes. Hierfür hat er in erster Linie seine materiellen Mittel eingesetzt und jahrelange Auseinandersetzungen mit dem Oberpräsidenten und den übrigen Behörden um den maßgebenden Einfluß auf die Einwohner- und Grenzwehren geführt[302]. Aus eigener Machtvollkommenheit hat er Waffen gesammelt und ehemalige Offiziere in seine Dienste gezogen, womit er direkt die spätere Grenzschutzorganisation der Reichswehr vorbereitet hat[303]. Auf derselben Linie lag es, wenn er sich 1921 und 1922 finanziell an wehrwirtschaftlichen Aufrüstungsversuchen in Ostpreußen beteiligte und nicht nur in Einzelfällen helfend eingegriffen, sondern das gesamte Programm mit „weitgehendsten Zusagen" gefördert hat[304]. Derartige Aktivitäten bestätigten seinen Ruf als einer prononciert antirepublikanischen Kampforganisation, die die politischen Gegensätze in der Bevölkerung vertiefe und den Interessen der Provinz zuwiderhandle[305]. Sein militanter Nationalismus und seine geheimbündlerischen Tendenzen weckten immer wieder den Argwohn der außenstehenden Kreise, die von ihm einen Putsch befürchteten[306]. Das galt solange, wie das Gefühl permanenter innerer und äußerer Bedrohung lebendig war und die Instabilität der republikanischen Ordnung die Rechtsopposition ermunterte, sich für beliebige Eventualfälle ein eigenes Machtinstrument zuzulegen. Sobald aber Inflation und Währungsreform die privaten Geldquellen versiegen ließen und sobald die Festigung der politischen Verhältnisse den unmittelbaren Daseinszweck der Selbstschutzorganisationen aufhob, begann auch der Heimatbund an Gewicht einzubüßen. Ab 1924 mußte er dem Zeitalter der Massenorganisationen weichen, das in Ostpreußen mit der raschen Ausbreitung des Stahlhelms seinen Einzug hielt. Am 12. Januar 1924 entstand hier ein eigener Landesverband des Stahlhelms, den der letzte Kommandeur des alten 1. Garde-Regiments zu Fuß, Siegfried Graf zu Eulenburg-Wicken, führte[307]. Der Heimatbund hörte zwar nicht auf zu bestehen, aber die Zeit, da „ein verhältnismäßig kleiner Kreis weitsichtiger und tatkräftiger Persönlichkeiten . . . auch ohne die feste Form eines einheitlichen Verbandes bei vielen Tausenden willige Gefolgschaft finden" konnte[308], war vorüber.

Der ostpreußische Stahlhelm entwickelte sich zu einer starken Organisation, die auf dem Gebiet des außermilitärischen Grenzschutzes die Traditionen des Heimatbundes fortsetzte und hierbei der maßgebende Partner der Reichswehr war. Eulenburg-Wicken

302 Karl Fischer, *a. a. O.*, S. 18; Emil Julius Gumbel, *Verschwörer. Beiträge zur Geschichte und Soziologie der deutschen nationalistischen Geheimbünde seit 1918*, Wien 1924, S. 71 f.; *GStA*, Rep. 203, Nr. 54: OPr an die RegPr, 17.1.21; *GStA*, Rep. 90, Nr. 2238: OPr an den PreußMdI, 20.5.22.

303 Meinck (Anm. I/82), S. 8; Görlitz, *Die Junker* (Anm. I/282), S. 351 f.

304 Denkschrift von Major a. D. Horst Gilbert, 1922; in: Carl Mertens / Otto Lehmann-Rußbüldt / Konrad Widerhold, *Die deutsche Militärpolitik seit 1918*, Berlin 1926, S. 53 f.

305 Diese Beurteilung war in einem Tadelsantrag der SPD gegen Freiherrn von Gayl enthalten; der Antrag ist am 14.10.22 vom Ostpr ProvLT abgelehnt worden; *Verhandlungen des 49. ProvLT der Prov Ostpr*, Königsberg 1922, S. 33, und Drucks Nr. B 28.

306 *GStA*, Rep. 203, Nr. 12: OPr / Meldestelle an den StKom für die öffentl. Ordnung, 21.6.21: „Der Heimatbund vereinigt in sich eine Reihe führender Männer der Rechtsparteien", er ist „nicht unpolitisch und parteilos, sondern durchaus stark nach rechts orientiert. Er ist der Sammelpunkt der Opposition und Reaktion in der Provinz."

307 *Der Stahlhelm. Erinnerungen und Bilder*, Berlin 1932, S. 362; Görlitz, *Die Junker* (Anm. I/282), S. 350 f.; Eulenburg (Anm. I/295), S. 44 ff.

308 *Der Stahlhelm, ebda.* Zu beachten ist, daß die Reichswehr seit 1923 bemüht war, auf dem Gebiet des regionalen Grenzschutzes den Spielraum der örtlichen Wehrverbände durch zentrale Lenkung einzuengen, so daß die Sonderorganisationen an Gewicht verloren; Thilo Vogelsang, *Reichswehr, Staat und NSDAP. Beiträge zur deutschen Geschichte 1930–1932* (*Quellen und Darstellungen zur Zeitgeschichte*, Bd. 11), Stuttgart 1962, S. 31 ff.

gehörte zu den markanten Persönlichkeiten im Gesamt-Stahlhelm und verfocht einen militanten Nationalismus, der den Verband zum „Kern der Landesverteidigung" erheben wollte. Im Interesse dieser Funktion sprach er sich 1932 gegen die zunehmende Politisierung des Stahlhelms aus und verteidigte den alten Grundsatz der Überparteilichkeit. Aber die Entwicklung ging über ihn hinweg, und als der Stahlhelm 1933 dem Machtspruch der siegreichen NSDAP weichen mußte, hat Eulenburg-Wicken sein Amt sogleich niedergelegt[309].

c) Der Landwirtschaftsverband

Der Landwirtschaftsverband Ostpreußen (LVO) dürfte mit seinen 42 200 Mitgliedern der größte wirtschaftliche Interessentenverband in der Provinz gewesen sein[310]. Wird davon ausgegangen, daß jedes Mitglied ein selbständiger Landwirt mit eigenem Betrieb gewesen ist, so waren rund 59 % der landwirtschaftlichen Betriebe von 5 ha Größe aufwärts im LVO organisiert. Am vollständigsten wurden die Großbetriebe über 100 ha erfaßt, die zu 94 % im Verband vertreten waren. Aber auch die Kleinbauern (5 bis 10 ha) hatten sich ihm mit 49 % zahlreich angeschlossen[311]. Mit etwa 34 000 klein- und mittelbäuerlichen Mitgliedern (bis 50 ha) war der Verband nicht schlechthin als eine großagrarische Interessenorganisation anzusehen, doch das Fehlen einer sichtbaren interessenpolitischen Differenzierung zwischen Bauern und Gutsbesitzern, verbunden mit dem ökonomischen Übergewicht der letzteren, hat es mit sich gebracht, daß der LVO im wesentlichen ein großagrarisch geführter Verband gewesen ist[312].
Seine Entstehungsgeschichte führt zurück in die ersten Nachkriegsjahre. Damals war der zentralistisch geführte Bund der Landwirte, der lange Zeit die maßgebende Interessenorganisation in Ostdeutschland gewesen ist, in regionale Teilverbände zerfallen, aus denen sich schließlich mit einigen verwandten Verbänden wie dem ostpreußischen

309 Görlitz, *Die Junker* (Anm. I/282), S. 293; S. 392; Berghahn (Anm. I/294), S. 155; S. 204; S. 211; S. 215; Görlitz, *Hindenburg* (Anm. I/293), S. 316.

310 Diese Angabe gilt für 1925; *Untersuchungen über Landarbeitsverhältnisse* (*EnquA II*, Bd. 7), Berlin 1929, S. 202 f. 1932 wurden 46 200 Mitglieder angegeben; *Landwirtschaftliches Adreßbuch der Domänen, Rittergüter, Güter und Höfe in der Provinz Ostpreußen* (*Niekammers Landwirtschaftliche Güter-Adreßbücher*, Bd. III), 5. Aufl., Leipzig 1932, S. XXVIII. Im PreußLT hat von Plehwe (DNVP) am 11.7.29 behauptet, daß 85 % der gesamten ostpreußischen Landwirtschaft hinter dem LVO stünden; *PreußLT*, III, Sp. 8236.

311 *EnquA II, ebda.* Daneben sei erwähnt, daß 1925 zwar unter den Erwerbstätigen, die hauptberuflich in der Land- und Forstwirtschaft arbeiteten, rd. 106 000 Selbständige waren, aber nur 93 500 Betriebe von ihren Eigentümern selbst bewirtschaftet wurden, wovon 26 500 Betriebe eine Größe unter 5 ha hatten; wurde die Mitgliederzahl des LVO auf die von ihren Eigentümern geleiteten, über 5 ha großen Betriebe bezogen, so umfaßte sie davon 63 %. Vgl. die statistischen Angaben in: *Berufszählung* (Anm. I/292), S. 47, und *Die Land- und Forstwirtschaft im Deutschen Reich nach den Ergebnissen der Betriebszählung 1925* (*Statistik des Deutschen Reichs*, Bd. 412, II), Berlin 1931, S. 73.

312 Im Frühjahr 1932 verfügten die Führer des LVO über folgenden Grundbesitz in Ostpreußen: der Ehrenvorsitzende von Oldenburg-Januschau über 4850 ha, der Vorsitzende Strüvy-Gr. Peisten über 750 ha und sein Stellvertreter Medler-Norgau über 129 ha. Von den 24 Kreisführern besaßen 2 unter 100 ha, 13 zwischen 100 und 200 ha, 8 zwischen 200 und 500 ha, 10 über 500 ha; von einem Kreisführer fehlt die Besitzangabe. In den ermländischen Kreisen Braunsberg, Heilsberg und Rössel unterhielt der LVO keine Organisation, sondern hatte dieses Gebiet dem Ermländischen Bauernverein überlassen. Vgl. *Landwirtschaftliches Adreßbuch...* (Anm. I/310), S. XXVIII ff.

Landbund Ost der Reichslandbund als Spitzenverband formierte. Neben dem Landbund traten in Ostpreußen andere Vereinigungen wie die Ackerschaften, der Bauernbund Ost und der Ermländische Bauernverein auf; letzterer war bereits 1882 gegründet worden und zählte zu den katholischen Christlichen Bauernvereinen. Als bedeutendste Gruppierung hatte sich in der Übergangsphase vom Bund der Landwirte zum Reichslandbund der Wirtschaftsausschuß der ostpreußischen Landwirtschaft gebildet, der von Walther von Hippel-Kuglack geleitet wurde und 1922 unter der Bezeichnung Land- und Forstwirtschaftsverband der Provinz Ostpreußen auftrat. Seine führende Rolle war nicht immer unbestritten, wie z. B. 1922, als der Landbund Ost um der politischen Autonomiebestrebungen willen sich in Gegensatz zu ihm stellte und hierbei die Ackerschaften sowie den Bauernbund Ost in sein Fahrwasser brachte. Im Unterschied zu den aktivistischen Neigungen dieser Gruppe trat der Land- und Forstwirtschaftsverband dafür ein, die wirtschaftspolitische Interessenvertretung nicht mit staatspolitischen Forderungen zu verbinden, denn Hippel hatte erkannt, daß die ostpreußische Landwirtschaft binnen kurzem auf die Hilfe der Berliner Regierungen angewiesen sein würde und deshalb keine Provokationen gegen eine dieser Regierungen richten durfte[313]. Diese Konzeption hat Hippel in den Fusionsverhandlungen, die die ostpreußischen Agrarverbände im Jahr 1922 geführt haben, gegen den Widerstand des Landbundes zum Siege geführt. Als am 19. Dezember 1922 die neue Einheitsorganisation „Landwirtschaftsverband Ostpreußen" gegründet wurde, war zuvor sichergestellt worden, daß sie bei ihrer künftigen Tätigkeit auf Parteipolitik verzichten müsse und ausschließlich als wirtschaftliche Interessenvertretung handeln dürfe[314]. Neben ihr blieb der Ermländische Bauernverein selbständig bestehen, arbeitete jedoch in allen interessenpolitischen Fragen mit ihr zusammen. Eine Besonderheit des LVO war es, daß er zugleich als landwirtschaftliche Arbeitgeberorganisation fungierte, während die übrigen Landbünde sich diese Eigenschaft nicht beigelegt bzw. besondere Arbeitgebergruppen in ihren Reihen konstituiert hatten[315]. Die Organisation des LVO war so geregelt, daß das Schwergewicht bei der Zentrale lag, die sich mit mehreren Kommissionen umgeben hat. Die Kreisabteilungen und die Mitglieder wurden von Königsberg aus mit einem intensiven Schriftverkehr und der Wochenzeitung *Landwirtschaftsverband Ostpreußen* geleitet[316].

Wenn an der Wiege des LVO das Gebot parteipolitischer Neutralität beschworen worden ist, so darf davon nicht zuviel erwartet werden. In erster Linie war das eine Einigungsformel, auf die sich die Beteiligten im Augenblick der Fusion zurückgezogen hatten und die auch wegen der Beziehungen zum katholischen Ermländischen Bauernverein geboten war. Die konservative und nationale Einstellung der ostpreußischen Land-

313 Zu Hippels Urteil über die Lage der ostpreußischen Landwirtschaft s. seinen Artikel „Zur Lage Ostpreußens", in: *Kbg Hart Ztg,* 18.12.22; vgl. o. S. 37. Darin auch Angaben über den Gegensatz zwischen dem Land- und Forstwirtschaftsverband und dem Landbund Ost. Über die Fusionsverhandlungen der agrarischen Verbände in Ostpreußen s. *GStA*, Rep. 203, Nr. 47 : Lageberichte des OPr vom 1.6.22; 2.10.22; 2.1.23.

314 Mit Rücksicht auf diese Zielsetzung, als deren maßgebender Befürworter Hippel genannt wurde, ist die Gründung des LVO vom OPr begrüßt worden; s. dessen Lagebericht vom 2.10.22, *a. a. O.* Der LVO ist die ostpreußische Provinzialorganisation des RLB geworden. – Allgemein über Entstehung und Organisation des LVO s. *Bilder zur Entwicklung und zeitigen Lage der ostpreußischen Landwirtschaft* (*Arbeiten der Landwirtschaftskammer für die Provinz Ostpreußen*, Nr. 47), Königsberg 1925, S. 33 f.

315 Vgl. *EnquA II*, Bd. 7 (Anm. I/310), S. 202 f. In Sachsen und Mecklenburg-Schwerin ist der Landbund ebenfalls als Arbeitgeberorganisation aufgetreten.

316 *A. a. O.*, S. 147 f.; S. 149 f. Die Auflage des Verbandsorgans wurde 1929 im Impressum mit 45 000 Exemplaren angegeben.

wirte ist jedoch auch im LVO tonangebend gewesen und hat die Richtung seiner politischen Sympathien eindeutig festgelegt. Es kennzeichnete die Situation, daß der Verband den deutschnationalen Großgrundbesitzer und ehemaligen Landrat von Goldap, von Gehren-Czychen, zum Vorsitzenden wählte und außerdem einen Mann als Verwaltungsleiter berief, der erst im Herbst 1922 wegen mangelnder politischer Loyalität seinen Landratsposten eingebüßt hatte und den der Oberpräsident als eine Persönlichkeit disqualifiziert hatte, „die durch und durch Parteimann sei . . . und die, wenn es sich darum handele, zugunsten der rechtsstehenden Parteien etwas zu erreichen, in der Wahl ihrer Mittel skrupellos sei“[317]. Die lange Verwaltungspraxis dieser einstmaligen Beamten hat dem LVO zwar ein hohes Maß an organisatorischer Wirksamkeit verschafft, aber ihre Berufung glich einer politischen Option, deren Gehalt unverkennbar war.

Die Tätigkeit des LVO ist, wie nicht anders zu erwarten, in vielen Fällen umstritten gewesen. Als Arbeitgeberverband hat er zunächst einen Konflikt mit dem sozialistischen Deutschen Landarbeiter-Verband (DLV) heraufbeschworen, der die tarifpolitischen Fronten erheblich verhärtete. Seit März 1919 bestand in Ostpreußen eine Provinzialarbeitsgemeinschaft, die von Reichskommissar Winnig gefördert worden war und die neben den Arbeitgebern die beiden Gewerkschaften DLV und Zentralverband der Landarbeiter (ZdL) umfaßte; ihr war es bisher gelungen, den wirtschaftlichen Frieden auf dem Lande zu wahren[318]. Jedoch weckte die Last der Inflation und der Stabilisierungskrise in den Jahren 1923 und 1924 den Wunsch der Landwirte, sich der lästigen Gemeinschaft mit dem DLV zu entledigen. Bereits im Frühjahr 1923 verursachten arbeitspolitische Meinungsverschiedenheiten einige Streiks. Als sich ein Jahr später bei den Tarifverhandlungen abermals Schwierigkeiten einstellten, nahm das der LVO zum Anlaß, die Arbeitsgemeinschaft zum 1. April 1924 aufzukündigen. Daraufhin organisierte der DLV einen Generalstreik, der aber nach einigen Wochen erfolglos eingestellt wurde[319]. Der LVO hatte fürs erste gesiegt. Er ging eine neue Arbeitsgemeinschaft mit dem christlich-nationalen ZdL ein, der die Tarifvorschläge der Arbeitgeber akzeptierte und sich zu einer weitgehenden Zusammenarbeit mit dem LVO bereitfand, die bis auf das Gebiet der allgemeinen Agrarpolitik hinüberreichte[320]. Der LVO ließ nichts unversucht, um der Organisation des DLV den Todesstoß zu geben: Nicht genug damit, daß diese Gewerkschaft während der Inflationsjahre drei Viertel ihrer Mitglieder eingebüßt hatte, wurden nach dem gescheiterten Streik von den Landwirten schwarze Listen angelegt und 1763 Landarbeiter, die als Funktionäre des DLV oder anderweitig aufgefal-

317 Vom PreußMdI in seinem Schreiben an das PreußStM vom 4.10.22 zitiert; *GStA*, Rep. 90, Nr. 1032. Gemeint war hiermit der ehemalige Landrat in Stuhm, von Auwers.

318 Winnig, *Heimkehr* (Anm. I/6), S. 194 f.; S. 324 f.; *GStA*, Rep. 203, Nr. 50: OPr an den PreußMdI, 27.7.20. Über den DLV und ZdL s. Frieda Wunderlich, *Farm Labor in Germany 1810–1945. Its Historical Development Within the Framework of Agricultural and Social Policy*, Princeton (N. J.) 1961, S. 77 ff.

319 *GStA*, Rep. 203, Nr. 47: Lagebericht des OPr vom 3.4.23; 3.5.23; 2.6.23; *StAL*, Rep. 2, Nr. 2504; Denkschrift des LVO zum Schlichterspruch vom 23.9.26 in Sachen des Deutschen Landarbeiterverbandes, Gau Ostpreußen, gegen den Landwirtschaftsverband Ostpreußen, 30.10.1926, abgedr. in: *LVO*, 13.11.26. *EnquA II*, Bd. 7 (Anm. I/310), S. 154; *Bericht des Verbandsvorstandes des Deutschen Landarbeiter-Verbandes über die Verbandsarbeit in den Jahren 1926 bis 1928. Niederschrift von der 5. Generalversammlung, 2. bis 6. Juni 1929 in Kiel* (*Schriften des DLV*, Nr. 25), Berlin 1929, S. 82.

320 Über den ZdL und seine Zusammenarbeit mit dem LVO s. *EnquA II*, Bd. 7, *a. a. O.*, S. 136; S. 153 f.; ferner *1909–1959. 50 Jahre Gewerkschaftsarbeit auf dem Lande*, Hannoversch-Münden 1959, S. 41 f.; *Bericht des Verbandsvorstandes. . .* , *a. a. O.*, S. 59.

len waren, um ihren Arbeitsplatz in der Landwirtschaft gebracht[321]. Ebenso ist dem DLV die Wiederaufnahme in die Arbeitsgemeinschaft verwehrt worden; erst 1929, als die ostpreußische Landwirtschaft mitten in der Krise steckte und die finanzielle Hilfe der Berliner Regierungen brauchte, hat der LVO mit dem DLV wieder Verhandlungen geführt und einen frei vereinbarten Tarifvertrag abgeschlossen[322].
Den größten Teil seiner Energien konzentrierte der LVO auf die wirtschaftspolitische Interessenvertretung. Hier öffnete ihm die wachsende Not der Landwirtschaft ein weites Tätigkeitsfeld, das er mit allen Mitteln zu bestellen suchte. Er ging dabei, wie im Herbst 1925 und Sommer 1926, bis in die Berliner Ministerien, obwohl seine Zusammenarbeit mit den Behörden im allgemeinen problematisch war[323]. Das zeigte sich u. a. im Herbst 1925, als er die in Berlin gewonnenen Informationen dazu mißbrauchte, um den Oberpräsidenten, der auf dem Amtswege nicht schnell genug unterrichtet worden war, agitatorisch zu überspielen und als jemanden zu denunzieren, der aus der Provinz mehr herauspressen wolle als die Berliner Ministerien verlangten[324]. Derartige Manöver hatten zur Folge, daß der preußische Landwirtschaftsminister sich veranlaßt fühlte, seinen „Sachbearbeitern für die Zukunft größere Zurückhaltung [gegenüber dem LVO] zur Pflicht zu machen“, und daß der Innenminister disziplinarische Maßregeln gegen den LVO-Verwaltungsleiter von Auwers in Betracht zog[325].
Der zweifelhafte Erfolg seines Renkontres mit dem Oberpräsidenten hat den LVO wenig irritiert. Er schwamm bereits seit längerem im Strom eines interessenpolitischen Radikalismus, der nicht mehr die Kooperation mit den Behörden suchte, sondern zu den Mitteln massiver Opposition griff, um seine Wünsche durchzusetzen. Je schwieriger die Lage der Landwirte wurde, desto unverblümter lautete die aus Protesten, Drohungen und Forderungen gemischte Sprache des Verbandes. Bereits 1924 hat er nach einer Regierung gerufen, „die die Not der Landwirtschaft wirklich erkennt und gewillt ist, sie aus ihrer verzweifelten Lage zu retten“[326]. Unter dem Druck der Agrarkrise verdichtete sich die Kritik an der Regierung zu dem Satz, daß die Landwirte die politi-

321 *Bericht des Verbandsvorstandes. . . , a. a. O.*, S. 82 f.; über den Mitgliederschwund s. *EnquA II*, Bd. 7, *a. a. O.*, S. 145; S. 198 und *1909–1959, a. a. O.*, S. 33 ff. Seit 1927 konnte der DLV seinen Mitgliederbestand wieder festigen und ausbauen. Der ZdL hat stets weit hinter der Größe des DLV zurückgestanden.

322 Vgl. die o. in Anm. I/319 zitierte Denkschrift des LVO vom 30.10.26. Der OPr hat es am 23.8.27 gegenüber dem RArbM bedauert, daß der DLV tarifpolitisch isoliert worden sei; s. *StAL*, Rep. 2, Nr. 2504. Zum Tarifvertrag von 1929 s. *Bericht des Verbandsvorstandes. . . , a. a. O.*, S. 83. Der LVO hat betont, daß er den bestehenden Machtverhältnissen, die der SPD günstig seien, Rechnung getragen habe, denn von einem Schiedsspruch des sozialdemokratischen RArbM Wissell sei ein noch ungünstigeres Ergebnis zu erwarten gewesen; s. *LVO*, 4.5.29: „Die 10. Vertreterversammlung. Von der Forderung zur Macht!“

323 Mit der Intervention im November 1925 wurde eine erleichterte Rückzahlung der staatlichen Saatgutkredite erwirkt; s. *GStA*, Rep. 77, Nr. 149: OPr an den PreußMfLDuF, 8.12.25 (als Anlage dazu ein Schreiben des LVO an den OPr vom 27.11.25). Die Vorsprache vom Juni 1926 sollte eine umfassende Hilfsaktion für die ostpreußische Landwirtschaft begründen; s. *StAL*, Rep. 2, Nr. 2421, Bd. 2: Bericht über die Reise der Kommission des LVO nach Berlin am 29. und 30.6.26; *GStA*, Rep. 90, Nr. 1133: PreußFM, Niederschrift über den Empfang einer Delegation des LVO am 29.6.26.

324 Vgl. über diese Affäre die Vorgänge in: *GStA*, Rep. 77, Nr. 149.

325 *A. a. O.*: PreußMfLDuF an den LVO, 18.12.25; PreußMdI an den OPr, 12.2.26. Von einer Maßregelung von Auwers', die möglich gewesen wäre, da jenem als einem zu Diensten gestellten Landrat eine nebenamtliche Betätigung untersagt werden konnte, hat der OPr abgeraten; s. OPr an den PreußMdI, 19.2.26.

326 *StAL*, Rep. 2, Nr. 2421, Bd. 1: Entschließung der 5. Vertreterversammlung des LVO vom 17.12.24; Entschließung des Kreislandwirtschaftsverbandes Gumbinnen vom 28.7.24.

sche Macht für sich erstreben müßten, „denn wir dürfen uns nicht der Hoffnung hingeben, daß die Regierung irgend etwas für uns tut. Die Stunde gebietet der Landwirtschaft jetzt nur noch Kampf um die politische Macht[327]." Obwohl der LVO die Behörden vertraulich wissen ließ, daß er bemüht sei, die aktivistische Strömung unter den Landwirten von illegalen Bahnen fernzuhalten[328], war und blieb er das Organ, das sich berufen fühlte, dieser Kampfbereitschaft Ausdruck zu verleihen. Es wurde dafür agitiert, daß die Landwirte „selbst den organisierten Kampf um ihre Scholle" führen und sich „fester als bisher zu gemeinsamer Front zusammenschließen" sollten; im gleichen Atemzuge wurden der Verbandsführung „erheblich verstärkte Aktivität und Kampfeswillen" nahegelegt[329]. Um die Jahreswende von 1928 auf 1929 trieb die politische Erregung im LVO einem Höhepunkt zu; mit Nachdruck wurde auf eine massive Stärkung der Organisation gedrängt und denjenigen, die nicht in „strammer Selbstdisziplin" den gewählten Führern folgen wollten, die soziale Ächtung angedroht: „Wer nicht mit uns geht, der ist gegen uns, mit dem setzen wir uns nicht an einen Tisch, dem sind wir nicht zur Seite mit Rat und Tat[330]."

Diese Stimmung beherrschte den LVO in den folgenden Monaten, und ihr äußeres Fanal sollte eine auf den 13. Juni 1929 angesetzte Protestkundgebung der Landwirte werden. Bereits im Dezember 1927 war die Devise ausgegeben worden, daß der LVO ein Kampfverband sein müsse, und dementsprechend wurden auf einer Vertreterversammlung am 23. April 1929 Maßnahmen festgelegt, die die Schlagkraft des Verbandes erhöhen und den Auftakt zu der großen Kundgebung in Königsberg geben sollten. Außer einer intensiven Mitgliederwerbung und der unentgeltlichen Lieferung des Verbandsorgans war ein Kampffonds beschlossen worden, zu dem jedes Mitglied 20 Pf je ha Grundbesitz beisteuern sollte. Zur Steigerung der Organisationsdisziplin war ferner ein LVO-Hausschild gedacht, das die Mitglieder, gewissermaßen als demonstratives Bekenntnis zu ihrem Verband, offen an ihren Häusern anzubringen hatten. „Wir wollen sehen, wer mit uns ist und wer gegen uns ist"; wer das Schild entferne, habe eine „klare Trennung von unseren Zielen" vollzogen und eine „entsprechende Behandlung" zu erwarten[331]. Der Sinn dieser dunklen Drohung verriet sich in den Anweisungen, die die Kreisverbände ihren Mitgliedern zugehen ließen und in denen es hieß, daß alle verbandsfähigen Nichtmitglieder, die trotz Aufforderung nicht den Beitritt vollzögen, dem gesellschaftlichen Boykott auszusetzen seien. Ihre Namen müßten im Verbandsblatt und auf Veranstaltungen bekanntgegeben werden, kein Mitglied dürfe mit ihnen Umgang pflegen oder Geschäfte tätigen, wirtschaftliche Hilfe sei ihnen zu versagen und in besonderen Notfällen, z. B. Feuer, der Beistand auf das Äußerste zu beschränken[332].

327 Freiherr von Minnigerode-Rossitten am 24.3.26 auf der Generalversammlung des Kreislandwirtschaftsverbandes Preußisch-Holland; s. *Oberländer Volksblatt*, 25.3.26.

328 *StAL*, Rep. 2, Nr. 2421, Bd. 2: Vermerk über die Rücksprache des Geschäftsführers des LVO, Auwers, beim OPr, 27.4.26.

329 *Heiligenbeiler Ztg*, 9.11.28: „Die Forderungen des Kreislandwirtschaftsverbandes zur Notlinderung der heimischen Landwirtschaft." Zum festen Zusammenschluß im LVO hatte bereits Mönke-Mareese am 24.3.26 aufgefordert; s. *Oberländer Volksblatt*, 25.3.26: „Generalversammlung des Kreislandwirtschaftsverbandes Pr. Holland."

330 So der Hauptvorsteher des landwirtschaftlichen Zentralvereins Westpreußen, van Riesen, in: *Georgine*, 30.12.28.

331 *LVO*, 4.5.29: „Die 10. Vertreterversammlung. Von der Forderung zur Macht!"; ferner das Geleitwort des Verbandsvorsitzenden Strüvy-Gr. Peisten, „Ziel und Zweck unseres Verbandsblattes".

332 Nach einem Mitteilungsblatt des Kreislandwirtschaftsverbandes Insterburg vom 29.4.29, als Anlage zu dem Bericht des OPr an den PreußMfLDuF vom 27.5.29, in: *GStA*, Rep. 90, Nr. 1089; der Bericht selbst ist in Nr. 1091 abgelegt.

Hand in Hand mit dem Ausbau der verbandsinternen Druckmittel ging die Vorbereitung der geplanten Kundgebung. Um hierfür in den eigenen Reihen die rechte Kampfbereitschaft zu entfachen, wurde den Mitgliedern bedeutet, „daß wir uns im Krieg befinden", der „mit nicht zu unterschätzenden Gegnern . . . um unsere nackte Existenz" geführt werden müsse, daß der Verband aus seiner Reserve heraustreten und in „Kampfstellung" übergehen würde und daß die Kundgebung „die äußere Kenntlichmachung des zum letzten Kampf angetretenen Lebenswillens des ostpreußischen Bauern" sein werde[333]. Vielsagend wurde sie als das „geeignetste *vorläufige*" Druckmittel gegenüber den maßgebenden Stellen bezeichnet; sie sollte eine neue Phase solidarischen Verhaltens der Landwirte auslösen und ihren Zweck darin haben, daß vor allen Versammelten die „Parole der Kaufenthaltung" ausgegeben wurde[334].

Die Kaufenthaltung gehörte in den Rahmen der Abstinenz- und Boykottpolitik, die der Reichslandbund seit Frühjahr 1928 propagierte und die durch Einschränkung von Investitionen und Steuerzahlungen die Landwirte finanziell entlasten und die Öffentlichkeit einem wirtschaftlichen Druck aussetzen wollte[335]. Der LVO berief sich auf das Beispiel der Landbünde in 13 deutschen Ländern und Provinzen, wo ebenfalls die Kaufenthaltung proklamiert worden sei, und setzte alles daran, diesen Gedanken auch in Ostpreußen populär zu machen[336]. Er hat die Kampagne mit einem Artikel eröffnet, den der pommersche Landbundführer von Rohr-Demmin der Frage „Kaufenthaltung? – Betriebseinschränkung?" gewidmet hatte und worin die Kaufenthaltung zu einem „Dienst am Vaterland" erhöht wurde, denn wenn infolge des restriktiven Verhaltens der Landwirtschaft die Arbeitslosigkeit zunehmen und die politische „Krisis zur vollen Reife" gelangen sollte, so wäre das besser, als wenn die Landwirtschaft weiterhin die mit Undank belohnte Stütze eines Systems bliebe, „das sterben muß, wenn Deutschland leben soll"[337].

Die Rohrsche Aufforderung zur Katastrophenpolitik, die der LVO mit einem Hinweis auf die Beschlüsse der bevorstehenden Vertreterversammlung am 23. April versehen hatte, ist dem Landwirtschaftsverband nicht zum Guten ausgeschlagen, denn der Oberpräsident erblickte in ihr den Beginn eines politisch motivierten Käuferstreiks, der anscheinend den widerstrebenden Landwirten mit terroristischen Methoden aufgenötigt werden sollte. Die Behörden schickten sich an, dieser Herausforderung „mit allen Machtmitteln entgegenzutreten", und sie durften das mit großer Aussicht auf Erfolg tun, weil in Berlin gerade die Bewilligung neuer Geldmittel bevorstand, die der ostpreußischen Landwirtschaft als Umschuldungskredite zugeführt werden sollten und deren Auszahlung nun so lange aufgehalten werden konnte, bis der LVO sich von seinen extremen Absichten losgesagt hatte[338]. Die Situation des Landwirtschaftsverbandes

333 *LVO*, 4.5.29: Geleitwort Strüvys und Mitteilungsblatt des Kreislandwirtschaftsverbandes Insterburg; *LVO*, 8.6.29: Strüvy-Gr. Peisten, „Zur großen Kundgebung am 13.6.1929."

334 *LVO*, 4.5.29. Über die Kundgebung vgl. Wessling (Anm. I/170), S. 267 f.

335 Vgl. dazu die Entschließung des RLB vom März 1928, in der die Absicht der „in höchster Not befindlichen deutschen Landwirte" notifiziert wurde, „keine weiteren Zahlungen an die öffentliche Hand" zu leisten und „keine weiteren Käufe" zu tätigen; s. *BAK*, R 43 I/2539: RLB an den RK, 15.3.28.

336 *LVO*, 1.6.29: „Was die anderen sagen. Weitere Stimmen zur Kaufenthaltung."

337 *LVO*, 13.4.29: von Rohr-Demmin, „Kaufenthaltung? – Betriebseinschränkung?"

338 *GStA*, Rep. 90, Nr. 1089: OPr, Vermerk über eine Unterredung mit dem Vorsitzenden des LVO am 9.5.29; *a. a. O.*, Nr. 1091: OPr an den PreußMfLDuF, 27.5.29 (einen auf den 7.5.29 datierten Entwurf zu diesem Bericht s. in Nr. 1089). Der PreußMPr Braun hat entschieden, daß fürs erste kein LVO-Mitglied Umschuldungskredite erhalten dürfe; s. Vermerk Frankenbachs vom 25.5.29, *a. a. O.*, Nr. 682.

wurde noch dadurch verschlechtert, daß der Ermländische Bauernverein zwar bereit war, an der Kundgebung teilzunehmen, aber einen Käuferstreik ablehnte und nur einem Aufruf zu äußerster Sparsamkeit beitreten wollte [339].
Unter diesen Umständen mußte der LVO, ungeachtet aller großen Worte, die den „Fanatismus des Eigentums“ beschwören und das verkündete Prinzip der Kaufenthaltung aufrechterhalten wollten, sich zu der Erklärung bequemen, daß er gar nicht den „uns angedichteten Käuferstreik“ predige, sondern die kritische Prüfung aller künftigen Ausgaben verlange, und daß er sich zu keinerlei Gesetzeswidrigkeiten werde provozieren lassen [340]. In seinem Bestreben, das einmal gegebene Ärgernis auf das kleinste Maß zu reduzieren, hat er dem Oberpräsidenten sogar die Texte der geplanten Ansprachen und des Begrüßungsartikels im Verbandsorgan vorgelegt sowie einzelne Änderungswünsche berücksichtigt [341]. Dadurch war eine positive Verständigung mit den Behörden zum Greifen nahegerückt, aber der Stimmungsumschwung beim Oberpräsidenten genügte nicht mehr, um auch die Berliner Ministerien zu beeinflussen. Denn diese waren – nicht zuletzt auf Betreiben des preußischen Ministerpräsidenten – bereits entschlossen, die Herausforderung durch den LVO mit einer Presseerklärung zu beantworten, die den Käuferstreik, die Produktionseinschränkung sowie die Boykottandrohung und Verrufserklärung gegen Berufsgenossen verurteilte und ankündigte, daß die Reichs- und Staatsregierung nur solchen Landwirten eine Kredithilfe gewähren könnten, die nicht hinter den Plänen des LVO stünden [342]. Die Kenntnisnahme der vorbereiteten Texte wurde in Berlin abgelehnt. Der Oberpräsident durfte bis auf weiteres nicht mit dem LVO verhandeln [343] und mußte am 11. Juni die Presseerklärung bekanntgeben, so daß sie am Vortage der Demonstration in den Zeitungen erschien.
Das hat freilich nicht verhindert, daß die Kundgebung dennoch stattgefunden und durch ihren ruhigen Verlauf die Erwartungen des Oberpräsidenten erfüllt hat. Alle Sprecher – unter ihnen der Reichslandbundpräsident Schiele und der LVO-Vorsitzende Strüvy – haben sich eines entschiedenen, jedoch nicht extremen Tones befleißigt, und die 30 000 Anwesenden trugen statt einer verbitterten eher eine vergnügte Stimmung zur Schau [344]. Das heikle Thema der Kaufenthaltung hat Strüvy den Anwesenden als eine „bewußte Sparpolitik“ präsentiert, deren Objekte Petroleum, Maschinen, Kunstdünger, Neubauten und sonstiger täglicher Bedarf seien und die in Anklang an die beschränkten Verhältnisse, wie sie während des Krieges bestanden hatten, gehandhabt werden sollte. Gegen die Unterstellung, daß dies ein Käuferstreik sei, wurde ausdrücklich protestiert.

339 *A. a. O.*, Nr. 1089: OPr, Vermerk über eine Besprechung mit dem Generalsekretär des Ermländischen Bauernvereins am 10.5.29.

340 *LVO*, 18.5. / 1.6. / 8.6.29: „Weshalb Kaufenthaltung?“ „Was die anderen sagen. Weitere Stimmen zur Kaufenthaltung“; Strüvy-Gr. Peisten, „Zur großen Kundgebung...“ (Anm. I/333).

341 *GStA*, Rep. 203, Nr. 209: OPr an den PreußMfLDuF, 5.6.29 (zwei Berichte). Der OPr betonte seinen Eindruck, daß der LVO „den guten Willen hat, einzulenken und die Kundgebung zu einem guten Ende zu bringen“, und schlug deshalb vor, keine Gegenmaßnahmen mehr zu ergreifen.

342 *GStA*, Rep. 90, Nr. 1089: PreußMPr an alle preußischen StM usw., 11.6.29. In der Anlage die Presseerklärung „Ostpreußenhilfe und Landwirtschaft“. Diese Presseerklärung ist schon für den 3.6. vorgesehen gewesen, dann aber wegen der schwebenden Verhandlungen in Königsberg aufgeschoben worden – sehr zum Mißfallen des PreußMPr Braun, der glaubte, daß „diese Schwächlichkeit ... auf die Ostpreußen wenig Eindruck machen“ werde; vgl. *a. a. O.*, Vermerk vom 1.6.29 (mit Randbemerkung Brauns) und vom 5.6.29.

343 *A. a. O.*: PreußMfLDuF an den OPr, 6.6.29.

344 *A. a. O.*: OPr an den PreußMfLDuF, 14.6.29; in der Anlage ein allgemeiner Bericht und das polizeiliche Stenogramm der Ansprachen.

Damit war für die preußische Regierung die Frage des Käuferstreiks erledigt. Jedoch blieb die Kreditsperre einstweilen bestehen, weil die Boykottandrohungen, die das Insterburger Rundschreiben verbreitet hatte, noch nicht aus der Welt geschafft waren. Obwohl der LVO einen förmlichen Widerruf mit spitzfindigen Argumenten zu umgehen suchte, hat er doch bekräftigt, daß er keine verfassungs- oder strafgesetzwidrigen Maßnahmen ergreifen werde und daß er zur Zusammenarbeit mit den Behörden bereit sei. Von der Insterburger Boykott-Anweisung wurde gesagt, daß sie „ohne vorherige Fühlungnahme und nicht im Einvernehmen mit der Verbandsleitung ergangen" sei und daß der LVO nicht die Absicht habe, auf Nichtmitglieder irgendeinen Zwang auszuüben. Daraufhin hat die preußische Regierung eingelenkt und im Einvernehmen mit der Reichsregierung die Hilfsaktion zugunsten der ostpreußischen Landwirtschaft unverzüglich fortgesetzt[345].

Dank günstigen Umständen haben die Regierungen hier einen unruhigen Interessenverband verhältnismäßig mühelos in seine Schranken verwiesen, denn der LVO konnte nicht auf einem Verhalten bestehen, das seine Mitglieder um den Genuß der langerwarteten Umschuldungskredite gebracht hätte. Außerdem hatte er sich in eine zweideutige Situation manövriert, deren Klärung die Regierungen mit Recht verlangen mußten. Nachdem der Artikel von Rohr-Demmins der Kaufenthaltung ein politisches Programm untergeschoben hatte, das sich offen gegen die bestehende Staatsordnung richtete, bekamen die relativierenden Bemerkungen des LVO, daß man „mit allen vorerst gesetzlichen Mitteln" vorgehen und die geplante Kundgebung als das „geeignetste vorläufige Mittel" ansehen wolle, die Kundgebung selbst jedoch nur ein Auftakt und Generalappell sein solle[346], einen verdächtigen Klang, und wenn daneben die Bestrebungen beachtet wurden, die die aktivistischen Tendenzen allen Landwirten aufnötigen wollten, so war es offenkundig, daß eine Art von Generalmobilmachung angestrebt worden war. Doch mit Rücksicht auf die Lage der Landwirtschaft ist zuzugeben, daß die Unruhe innerhalb des LVO nicht von der Verbandsspitze künstlich geschaffen worden, sondern großenteils von den Mitgliedern ausgegangen ist und daß die organisatorischen Anstrengungen der Leitung dem Zweck dienten, dieser Unruhe ein Ventil zu verschaffen[347]. Aber das entscheidende Kriterium war, in welche Richtung der spontane Tatendrang gelenkt wurde, und das war in einer Weise geschehen, daß die Provokation an die Adresse der Staatsgewalt nicht zu übersehen war.

345 *A. a. O.*: PreußMfLDuF an den OPr, 21.6.29; LVO an den OPr, 25.6.29 / 3.7.29 / 9.7.29; PreußMfLDuF an den OPr, 14.7.29. Die Distanzierung ist am 11.7.29 auch im PreußLT durch den DNVP-Abg. von Plehwe ausgesprochen worden: „Einige sehr lebhafte Kreisvorsitzende des Landwirtschaftsverbandes haben dann einige Anordnungen gegeben, die allerdings etwas scharf waren und über das Ziel hinausgeschossen sind, wie z. B. der Kreislandwirtschaftsverband von Insterburg . . . Ganz gewiß ist das nach keiner Richtung hin zu billigen." *PreußLT*, III, Sp. 8237 f.

346 Dies ist der Tenor des Artikels „Die 10. Vertreterversammlung. Von der Forderung zur Macht!" in: *LVO*, 4.5.29. Der PreußMPr Braun hat das Vorgehen des LVO ganz nach der Tendenz des Artikels von Rohr-Demmins beurteilt; s. Vermerk Frankenbachs vom 5.6.29 in: *GStA*, Rep. 90, Nr. 1089.

347 Die Ventil-Funktion der Kundgebung hat Strüvy gegenüber dem OPr geltend gemacht; die nervöse Stimmung der Bauern ist auch vom Ermländischen Bauernverein hervorgehoben worden, dessen Sprecher noch auf der Kundgebung betont hat, daß die Verbandsführung nur einen vorhandenen Impuls aufgenommen und gestaltet habe. Am 1.6.29 hatte der LVO an Hand von Jahresberichten der Banken und von Meldungen über den Düngemittelverbrauch festgestellt, daß die Parole der Kaufenthaltung einer allgemeinen Tendenz in der Landwirtschaft entspreche. *GStA*, Rep. 90, Nr. 1089: Vermerke des OPr über Besprechungen am 9. und 10.5.29; polizeiliches Stenogramm der Ansprachen vom 13.6.29; *LVO*, 1.6.29: „Was die anderen sagen. Weitere Stimmen zur Kaufenthaltung."

Der Kollisionskurs des LVO ist freilich mit diesem Zwischenfall nicht beendet gewesen. Bereits im Februar 1930 hat der Verband neue Pläne geschmiedet, die auf folgendes hinausliefen: Wegen der katastrophalen Lage der Landwirtschaft sei mit einer zunehmenden Zahl von Konkursen zu rechnen, und um diesen Massenzusammenbruch in ein politisches Druckmittel zu verwandeln, wollte der LVO seine Mitglieder auffordern, ihm mindestens 30 000 Konkursanmeldungen auszuhändigen, die den Staatsbehörden als Argument für neue Hilfsaktionen zugunsten der Landwirte präsentiert werden sollten. Blieb dieser Versuch erfolglos, dann sollten die Anmeldungen schlagartig bei den Gerichten eingereicht werden. Abgesehen davon, daß die Gerichte solch einem Ansturm nicht gewachsen wären, würde die Zahlungseinstellung durch 30 000 landwirtschaftliche Betriebe die gesamte Wirtschaft der Provinz treffen und den Staat zur Hilfe nötigen. Falls die Konkurse trotzdem abgewickelt werden sollten, müßte dafür gesorgt werden, daß sich die öffentliche Hand nicht einzelner lohnender Objekte bemächtigte, sondern daß die betreffenden Betriebe den Landwirten erhalten blieben. Dazu bedurfte es eines speziellen Fonds, mit dem der LVO eventuell eine größere Zahl von Betrieben auslösen könnte und den die an der Konkursaktion beteiligten Landwirte im voraus einzuzahlen hätten[348].

Der Plan ist nicht realisiert worden, denn er war unausführbar. Es war nicht nur in psychologischer Hinsicht fragwürdig, 30 000 Landwirte zu einem riskanten Spiel mit ihrem Eigentum aufzufordern, sondern es war auch materiell gesehen ein Widersinn, von den angeblich bankrotten Betrieben kurzfristig noch 27,5 Mill. RM einzuziehen. Selbst wenn viele Landwirte nur aus solidarischen statt aus ökonomischen Gründen die Konkursanmeldung eingereicht hätten, war doch nicht zu erwarten, daß sie inmitten einer schweren Wirtschaftskrise imstande gewesen wären, Tausende von Mark für ein derartiges Unternehmen aufzuwenden.

Es ist dem LVO infolge der Agrar- und Osthilfepolitik der Reichsregierung Brüning, die Ende März 1930 ihr Amt angetreten hat, erspart geblieben, mit seinem Vorhaben in der Praxis ein Fiasko zu erleiden, denn dank den Plänen dieser Regierung konnten die Verzweiflungsschritte in Ostpreußen unterbleiben. Die Umschuldungsaktion wurde fortgesetzt und damit den Landwirten Hoffnung gemacht, die Krise überleben zu können. So betrachtet, war der Plan des LVO, als er Ende August 1930 erstmals in der sozialdemokratischen Presse bekannt wurde, bereits ein Anachronismus, dessen Situationsbedingtheit von den Urhebern geflissentlich betont wurde[349]. Trotzdem maßen ihm Oberpräsident Siehr und die preußische Regierung eine prinzipielle Bedeutung bei, um derentwillen alle Reichs- und Staatsbehörden den amtlichen Verkehr mit dem LVO einstellen sollten. Aber anders als im Vorjahr ließ sich hierüber kein Einvernehmen mit der Reichsregierung erzielen, denn diese vertrat nach monatelangem Schriftwechsel die Ansicht, daß die Angelegenheit von den Ereignissen überholt und daß im übrigen die Mitarbeit des LVO für verschiedene Reichsbehörden unabdingbar sei[350].

348 *GStA, a. a. O.*: OPr an den PreußMdI, 4.9.30 (in der Anlage das Rundschreiben des LVO vom 19.2.30). Es wurde davon ausgegangen, daß die Konkursaktion rd. 1,25 Mill. ha erfassen würde und daß je ha 20 RM zum Auslösungsfonds beigesteuert werden müßten; das hätte eine Summe von 25 Mill. RM ergeben. Außerdem war beabsichtigt, den Verbandsbeitrag auf zwei Jahre im voraus entrichten zu lassen, wofür 2 RM / ha veranschlagt wurden, so daß die fraglichen 30 000 Betriebe nochmals 2,5 Mill. RM aufzubringen gehabt hätten.

349 *A. a. O.*: *Ostpreußischer Landwirtschaftsdienst*, hrsgg. vom LVO, 29.8.30.

350 *A. a. O.*: OPr an den PreußMdI, 4.9.30; PreußMPr an die preuß StM und an den RK, 10.9.30; RK an den PreußMPr, 18.11.30 und 14.8.31. Es ist daran zu erinnern, daß die PreußStReg 1929 eine sozialdemokratisch geführte RReg zum Partner gehabt hat, wohingegen das Kabinett Brüning stark nach rechts orientiert gewesen ist und eine seiner Hauptaufgaben in der

Das war noch immer nicht die letzte der vom LVO ausgelösten Affären. Im Herbst 1931 verursachte er den nächsten Eklat, als er einen Offenen Brief an den Reichspräsidenten richtete und darin ankündigte, daß die ostpreußische Landwirtschaft allgemein zahlungsunfähig sei und die ihr noch möglichen Zahlungen auf Kosten der Steuern und Sozialversicherungsbeiträge einseitig beschränken wolle[351]. Die Leidtragenden dieses Entschlusses drohten die Landkrankenkassen zu werden, denen ab November teilweise die Beiträge verweigert wurden. Nach den Vorstellungen des LVO sollten die Landwirte ihren Arbeitern den Arzt kostenlos stellen, während für die Medikamente die Patienten aufzukommen hätten. Die Reaktion aus Gewerkschaftskreisen war denkbar heftig und gipfelte in dem Verlangen nach strenger Bestrafung der Verantwortlichen[352]. In der preußischen Regierung war besonders Ministerpräsident Braun gleicher Ansicht und meinte, daß nun „scharf vorgegangen" und der LVO aufgelöst werden müsse, „weil er durch fortgesetzte planmäßige Maßnahmen zur Sabotage der Sozialversicherung, zum Ungehorsam gegen die Gesetze aufgefordert" habe[353]. Aber wieder kam es anders: Der Königsberger Oberpräsident berichtete, daß er keinen Anlaß zu einem Einschreiten sehe, denn in der Praxis sei das Vorgehen des LVO sehr viel maßvoller als es in der Presse erscheine, und der preußische Innenminister sprach sich gegen „verstärkte polizeiliche Maßnahmen" aus, worin ihm der Minister für Volkswohlfahrt beipflichtete[354].

Der Grund für die Milde der Behörden ist darin zu sehen, daß der Aufruf zum Boykott der Krankenkassen ein Verzweiflungsschritt war, der aus der Notlage der Landwirtschaft heraus geboren war und der seine Verteidiger mit einem sozialreaktionären Odium belastete, das nicht jeder auf sich nehmen mochte. Es war deshalb nicht überraschend, daß sich aus der Parole des LVO nicht die erhoffte solidarische Selbsthilfeaktion der gesamten Landwirtschaft entwickelte, sondern daß diejenigen Landwirte, die zahlen konnten, die Krankenkassenbeiträge weiterhin entrichteten[355]. Trotzdem ist das Ganze mehr als ein harmloses Zwischenspiel gewesen, denn es fügte sich nahtlos in die Kritik, die die unternehmerfreundlichen Parteien ständig an den Fortschritten der sozialen Gesetzgebung geübt haben. Gerade die Landwirtschaft, die bis zum Ende des Ersten Weltkrieges von den Folgen der Sozialgesetzgebung wenig berührt worden war, hat sich mit dem Ansteigen der sozialen Lasten nur schwer abfinden können und nie die Hoffnung aufgegeben, zu einem ihr angenehmeren Sonderstatus zurückkehren zu

Rettung der Landwirtschaft gesehen hat. Aus diesem Grunde ist es nicht bereit gewesen, seine Beziehungen zu den agrarischen Verbänden nach den Wünschen der preußischen Regierung zu gestalten.

351 *LVO*, 31.10.31: Offener Brief an den RPr, 23.10.31. Ähnlich die Entschließung des Kreislandwirtschaftsverbandes Gerdauen vom 31.10.31; s. die Anlage zum Bericht der Landkrankenkasse Gerdauen an den Ostpreußischen Krankenkassenverband vom 15.11.31; vgl. auch Ostpreußischer Krankenkassenverband an den Reichsverband der deutschen Landkrankenkassen, 14.11.31; beides in: *GStA, ebda.*

352 *A. a. O.*: ADGB / Ortsausschuß Gumbinnen an die PreußStReg, 17.11.31.

353 *A. a. O.*: Randbemerkung Brauns auf dem Schreiben des PreußMfVW an den PreußMPr, 27.11.31; PreußStM, Vermerk vom 5.12.31.

354 *A. a. O.*: PreußMdI, Vermerk über Telefonat mit dem OPr Königsberg, 4.12.31; PreußMdI an den PreußMfVW, 5.1.32; PreußMfVW an den PreußMdI, 20.1.32; vgl. auch RegPr Bahrfeldt an den PreußMfVW, 14.1.32.

355 Lt. Bericht des Königsberger RegPr an den PreußMfVW vom 14.1.32 hat der Kreislandwirtschaftsverband Preußisch-Holland seine Mitglieder aufgefordert, weiter zu zahlen, sofern es ihnen möglich wäre; s. *a. a. O.*

dürfen[356]. Wenn also der LVO im Herbst 1931 eine einseitige Korrektur am Schema der Sozialleistungen betrieb, dann entbehrte das nicht einer gewissen programmatischen Bedeutung und konnte wohl den Verdacht wecken, daß die Landwirte die außerordentlichen Verhältnisse der Wirtschaftskrise dazu benutzen wollten, sich eines Teils ihrer sozialen Pflichten zu entledigen. Das war es auch, was Ministerpräsident Braun in seinem Mißtrauen gegen den Landwirtschaftsverband bestärkte und dessen Auflösung als notwendig ansehen ließ.

Infolge seiner politischen Tendenz und seiner praktischen Tätigkeit war der LVO ausgangs der Weimarer Republik in eine Situation geraten, die seine politische Manövrierfähigkeit stark behinderte. Gegenüber den Behörden hatte er durch seine jahrelange Agitation die Möglichkeit zu konstruktiver Zusammenarbeit verloren, so daß ihm nur noch die Äußerungsformen des Protests und der Obstruktion blieben. Das wiederum begünstigte die radikalen Kräfte innerhalb und außerhalb der Organisation, die es erreichten, daß der LVO seit 1930 „durch Herauswahl der in ihm noch vorhandenen gemäßigten Mitglieder . . . in eine immer schärfere Oppositionsstellung zu den Behörden" trat, weil anders die heftige Konkurrenz der NSDAP unter der ostpreußischen Landbevölkerung nicht mehr zu bestehen war[357]. Mit dieser Taktik ist es ihm gelungen, seinen Bestand bis zum Beginn der nationalsozialistischen Ära zu wahren, aber ein Nachlassen des Drucks von Seiten der rechtsradikalen Kräfte wollte sich nicht einstellen. Durch persönliche Angriffe auf die Führer des Verbandes und durch zersetzende Agitation innerhalb der Kreisorganisationen wußte die NSDAP das Gefühl der Unsicherheit im LVO zu steigern und diesen zu einem engen Anschluß an den politischen Rechtsextremismus zu bestimmen. Im Januar 1933 war für den LVO – wie für den gesamten Reichslandbund – der Kampf gegen die Reichsregierung als „eine Regierung, die die Sprache des Bauern nicht verstehen kann", Ehrensache, und alle Hoffnungen wurden auf Reichspräsident Hindenburg und eine künftige autoritäre Staatsführung gesetzt[358].

Mit solchen Forderungen hatte der LVO seinen Platz in der politischen Kulisse bezogen, vor der sich der Regierungsantritt der NSDAP abspielen sollte. Durch eigene Neigung und durch die Macht der Umstände zu einem Parteigänger antidemokratischer Strömungen geworden, ist der LVO 1933 dem Sog der nationalsozialistischen Gleichschaltung erlegen und in dem von einer autoritären Staatsregierung erzwungenen Zusammenschluß aller landwirtschaftlichen Verbände und Institutionen untergegangen. Ein Verband, der seinem anfänglichen Vorsatz, die wirtschaftlichen Interessen seiner Mitglieder unabhängig von parteipolitischen Rücksichten zu vertreten, bald untreu geworden war und statt dessen einem die Grenzen der Legalität überschreitenden Aktivismus huldigte, war damit selbst von dem aktivistischen Strudel verschlungen worden.

356 Die erfaßbare Belastung der ostpreußischen Landwirtschaft durch Sozialausgaben betrug 1913: 4,4 Mill. M und 1927: 19,0 Mill. RM; *Die Lage der Landwirtschaft*. . . (Anm. I/72), S. 32 f.

357 *GStA*, Rep. 90, Nr. 1089: PreußMPr an den RK, 10.12.30.

358 Vgl. die Ansprachen und Entschließungen auf der 14. Vertreterversammlung des LVO am 17.1.33 und die Entschließung des Kreislandwirtschaftsverbandes Johannisburg vom 20.1.33; beides in den Anlagen zum Bericht des OPr an den RK usw., 24.1.33, in: *GStA*, Rep. 90, Nr. 1079. In der Johannisburger Entschließung wird u. a. auf die Verwirrung der Landbevölkerung hingewiesen, die „in der Zerschlagung der landwirtschaftlichen Berufsorganisation aus politischen Gesichtspunkten ihren verhängnisvollen Ausdruck findet". – Der LVO-Vorsitzende Strüvy ist bereits im Herbst 1931 von der NS-Presse angegriffen worden, wogegen sich der Kreisführertag am 23.10.31 zur Wehr gesetzt hatte; s. *LVO*, 31.10.31.

3. Agrarpolitische Institutionen

a) Die Landwirtschaftskammer

Das maßgebende agrarpolitische Organ der Provinz war neben dem LVO die Landwirtschaftskammer[359]. Die Gründung der preußischen Landwirtschaftskammern ging auf ein Gesetz aus dem Jahre 1894 zurück, das eine korporative Organisation der Landwirte gestattete und ihr die Aufgaben eines staatlichen Hilfsorgans beilegte. Die Landwirtschaftskammern sollten die Staatsbehörden in allen einschlägigen Fragen durch sachdienliche Mitteilungen und Gutachten unterstützen sowie aus eigenen Kräften den technischen Fortschritt der Landwirtschaft fördern. Sie wuchsen sich zu reich gegliederten Verwaltungsstellen mit einem ansehnlichen Stab technisch-wissenschaftlicher Mitarbeiter aus. Die Hauptverwaltung der ostpreußischen Landwirtschaftskammer besaß 1928 elf Abteilungen, darunter eine Ackerbau- und Saatzuchtabteilung, eine Maschinenberatungsstelle, ein bakteriologisches Institut, eine Beratungsstelle für Viehverwertung und eine Zentralstelle für landwirtschaftliche Buchführung. Außerdem betreute sie 30 landwirtschaftliche Schulen in der Provinz und gab ein wöchentlich zweimal erscheinendes Blatt, die *Georgine*, heraus[360]. Der Finanzbedarf, der mit diesen Aufgaben verbunden war, wurde teilweise durch staatliche Beihilfen, überwiegend aber durch eine jährliche Umlage gedeckt, zu der alle Landwirte, die bei den Landwirtschaftskammerwahlen stimmberechtigt waren, herangezogen wurden. In Ostpreußen betrug die Umlage im Jahre 1925 0,19 RM je Hektar.

Die 76 Mitglieder der ostpreußischen Landwirtschaftskammer wurden bis 1920 durch die Kreistage und seither unmittelbar gewählt. Die Wahlen erfolgten alle drei Jahre für jeweils die Hälfte der Mitglieder. Landarbeiter besaßen weder das aktive noch das passive Wahlrecht, so daß die Kammer ein reines Unternehmerorgan war. Geleitet wurde sie durch den Vorsitzenden und zehn Vorstandsmitglieder. Ihr Vorsitzender war seit 1925 Ernst Brandes, Eigentümer des 1004 ha großen Rittergutes Althof bei Insterburg. Vor der Übernahme des väterlichen Gutes hatte Brandes in der preußischen Verwaltung gedient, aus der er als Assessor ausgeschieden ist. Sein organisatorisches und verhandlungspolitisches Geschick ließen ihn nach dem Ersten Weltkrieg zu einem der bedeutendsten Repräsentanten der Landwirtschaft aufsteigen. Er hat agrarpolitische Ämter und Funktionen in einer seltenen Fülle kumuliert: Neben dem Vorsitz in der ostpreußischen Landwirtschaftskammer fiel ihm die gleiche Funktion in der Preußischen Hauptlandwirtschaftskammer und im Deutschen Landwirtschaftsrat zu. Als Inhaber dieser Positionen gelangte er in den Reichswirtschaftsrat, in die Reichsbank, in die Aufsichtsgremien der Rentenbank und Rentenbank-Kreditanstalt. In Ostpreußen gehörte er als stellvertretender Vorsitzender dem Aufsichtsrat der Ostpreußischen Landgesellschaft an und hielt außerdem als Vertreter der DNVP den Vorsitz im Provinzial-

359 Über Entstehung, Organisation und Aufgaben der preußischen Landwirtschaftskammern s. Bitter (Anm. I/154), II, S. 65 ff.

360 *Handbuch über den Preußischen Staat . . . 1928* (Anm. I/274), S. 289 f.; *Landwirtschaftliches Adreßbuch. . .* (Anm. I/310), S. XV ff.; Johannes Hansen, *Die Landwirtschaft in Ostpreußen* (*Grundlagen des Wirtschaftslebens von Ostpreußen*, Teil II), Jena 1916, S. 419 ff.; Wessling (Anm. I/170), S. 264 ff.

ausschuß[361]. Dank seinen zahlreichen Beziehungen war er einer der wichtigsten Verfechter der konservativen Protektions- und Subventionspolitik, die seit 1924 immer größeren Einfluß auf die offizielle Agrarpolitik gewann.
Seine Vorstandskollegen in der Landwirtschaftskammer waren zum überwiegenden Teil Großgrundbesitzer. Sein Stellvertreter Erich von Siegfried besaß das 676 ha große Rittergut Carben und war ein alter Landrat, der Ende 1919 außer Diensten getreten war. Weitere Vorstandsmitglieder waren die Vorsitzenden der Landwirtschaftlichen Zentralvereine in den einzelnen Regierungsbezirken, unter ihnen Heumann-Klein Gablick und Papendieck-Chelchen mit einem Grundbesitz von 737 bzw. 337 ha[362].
Die Politik, die von diesem Gremium betrieben wurde, war darauf gerichtet, die wissenschaftlich-technische Förderung der Landwirtschaft sowohl aus eigenen Kräften als auch mit staatlicher Hilfe zu betreiben[363]. Jedoch in dem gleichen Maße, wie die eigenen Kräfte nachzulassen begannen, verlagerte sich die propagandistische Aktivität der Landwirtschaftskammer auf das Gebiet der Subventionspolitik. Sie ist nicht müde geworden, die situationsbedingten Schwierigkeiten nachzuweisen, unter denen die ostpreußische Landwirtschaft und darüber hinaus die gesamte Provinz zu leiden hatte. Hiergegen wollte sie eine „starke, zielbewußte Wirtschaftspolitik" mobilisieren, die „der Sonderlage der Provinz Gerechtigkeit und Berücksichtigung" widerfahren ließ und die in den ostpreußischen Zuständen ein warnendes Menetekel für die „zukünftige Entwicklung der deutschen Landwirtschaft" erkannte[364]. Seit 1925 ist sie regelmäßig dafür eingetreten, den finanziellen Druck, der auf den Landwirten ruhte, zu erleichtern, und sie hat in zahlreichen Eingaben das Instrumentarium an Argumenten entwickelt, mit dem die Behörden allmählich für ein entsprechendes Vorgehen gewonnen wurden. Dabei war sie klug genug, das taktisch unvorteilhafte „Schimpfen auf die Zentralstellen in Reich und Staat", wie es der LVO in Mode gebracht hatte, zu vermeiden[365]. Doch das besagte nicht, daß zwischen ihr und dem LVO ein wesentlicher Meinungsunterschied bestanden hätte. Der gleiche politische Impetus, der die Aktionen des LVO geprägt hat, lebte auch in ihr und hat sie mitunter über die Grenzen ihres Zuständigkeitsbereichs hinausgetragen. Ihr genügte nicht der Vorbehalt, behördliche Maßnahmen kri-

361 Über Brandes s. *Reichshandbuch der deutschen Gesellschaft* (Anm. I/210), I, S. 196 f.; Erwin Topf, *Die Grüne Front. Der Kampf um den deutschen Acker*, Berlin 1933, S. 141 f.

362 Angaben der Besitzgröße nach: *Landwirtschaftliches Adreßbuch*. . . (Anm. I/310). Die regionalen und lokalen landwirtschaftlichen Vereine, die im Laufe des 19. Jahrhunderts entstanden waren, bildeten quasi den Unterbau der Landwirtschaftskammer, was bei der Zusammensetzung des Vorstandes noch zum Ausdruck kam. Wie in der gesamten Staatsverwaltung, hat die Revolution von 1918 auch in der LWK nur begrenzte personalpolitische Folgen gehabt. Von den 1918 amtierenden 16 Vorstandsmitgliedern waren 1922 noch acht und 1928 noch sechs anzutreffen; vgl. *Handbuch über den preußischen Staat für das Jahr 1918*, Berlin 1918, S. 203; dass., *1922* (Anm. I/57), S. 125; dass., *1928* (Anm. I/274), S. 289. 1928 zählte der Vorstand einschließlich der Stellvertreter 21 Mitglieder.
Von ihnen hatten 3 einen Besitz von weniger als 100 ha,
5 einen Besitz zwischen 100 und 199 ha,
2 einen Besitz zwischen 200 und 499 ha,
9 einen Besitz von mehr als 500 ha.
Für zwei ließ sich der Besitz nicht ermitteln.

363 Vgl. die Denkschriften der LWK vom Juni und September 1922: *GStA*, Rep. 203, Nr. 165 und Nr. 173, sowie vom März 1927 und 1928: *GStA*, Rep. 90, Nr. 1069 und Nr. 1071.

364 Vgl. ihre gedruckten Denkschriften *Bilder zur Entwicklung und zeitigen Lage der ostpreußischen Landwirtschaft* (Anm. I/314) und *Denkschrift zur Lage der Provinz Ostpreußen*, Königsberg 1925; dort, S. 18 und 19, die Zitate.

365 *GStA*, Rep. 203, Nr. 205: LWK an die Ldw. Vereine usw., 28.10.25; OPr an die Ostpr Vertr, 6.11.25.

tisieren und „in geeigneten Fällen mit dem ganzen Gewicht der Öffentlichkeit" bekämpfen zu dürfen[366], sondern sie ist mit ihren Empfehlungen auf das Feld der allgemeinen Politik vorgestoßen und hat dabei ihren eigenen Standpunkt deutlich erkennen lassen.

Als rechtsorientierte Kreise um die Jahreswende 1925/26 aus der ersten Regierungskrise, die unter der Reichspräsidentschaft Hindenburgs ausgebrochen war, Kapital zu schlagen und Hindenburg für ein Regiment mit Hilfe des Verfassungsartikels 48 zu gewinnen suchten, hielt die Landwirtschaftskammer mit ihren Vorurteilen gegenüber dem Parlamentarismus und dem Parteienstaat nicht zurück und forderte Hindenburg auf, „diejenigen verfassungsmäßigen Mittel anzuwenden, um den bisher unheilvollen Einfluß der Parlamentsherrschaft auf das wirtschaftlich erträgliche Maß einzuschränken"[367]. Bekanntlich hat Hindenburg erst einige Jahre später diesen Weg eingeschlagen, aber da waren die allgemeinen Umstände bereits so sehr verändert, daß die Landwirtschaftskammer es ihm nicht mehr zu danken wußte. Sie hat ihn vielmehr Ende 1931 aufgefordert, fähigeren Persönlichkeiten Platz zu machen.

Diesem Affront war im Oktober 1931 die Entstehung der Harzburger Front vorangegangen, in der sich die rechtsradikale Opposition, namentlich die DNVP und die NSDAP, zusammengefunden hatte. Die dort demonstrierte Kooperationsbereitschaft färbte auf die ostpreußische Landwirtschaftskammer ab, in der seit den Neuwahlen von Oktober 1931 16 von der NSDAP nominierte Mitglieder saßen[368]. Wie stark der Einfluß dieser Gruppe war, zeigte sich am 14. Dezember, als die Vollversammlung in das Schlepptau der nationalsozialistischen Anti-Hindenburg-Agitation geriet und im Hinblick auf die bevorstehenden Reichspräsidentenwahlen beschloß, Hindenburg möge „sowohl für seine Person als für das derzeitige Reichskabinett den Weg alsbald . . . für Männer" freigeben, „die, aus Kampf und Glauben zusammengeschweißt, jetzt nur noch allein in der Lage sind, nicht nur die Landwirtschaft, sondern auch das ganze Volk zu retten"[369]. Brandes bemühte sich zwar, dieses Votum für Hitler und Hugenberg durch nachträgliche Interpretationen abzuschwächen, und der Vorstand der Kammer wollte die Abstimmung sogar wiederholen lassen, aber die Tatsache, daß ein Teil der nichtnationalsozialistischen Mehrheit sich dazu hergegeben hatte, Hindenburg das Vertrauen aufzukündigen, war nicht mehr aus der Welt zu schaffen.

Die preußische Regierung hat wegen des Vorfalls die Kammer am 22. Dezember aufgelöst, aber aus den folgenden Neuwahlen ging die NSDAP als Sieger hervor und eroberte damit das erste Selbstverwaltungsgremium der Provinz für sich[370]. Als neuen Vorsit-

366 *StAL*, Rep. 2, Nr. 2496: LWK an den OPr, 17.2.31.

367 *A. a. O.*, Nr. 2421, Bd. 1: LWK an den PreußMfLDuF, 16.2.26. Diese Resolution ist am 29.1.26 beschlossen worden. Der PreußMfLDuF hat die LWK darauf am 11.5.26 angehalten, „von einer Betätigung auf politischem Gebiet künftig gefl. abzusehen ; *a. a. O.*, Bd. 2: PreußMfLDuF an die LWK, 23.5.26. Bezeichnend ist in diesem Zusammenhang, daß zur gleichen Zeit in Ostpreußen für eine Wirtschaftsdiktatur des Reichskanzlers Luther Stimmung gemacht wurde; s. *BAK*, R 43 I/2538: Wehrkreiskommando I an das RWehrM, 9.1.26.

368 *LVO*, 31.10.31: „Landwirtschaftskammerwahlen in Ostpreußen". Diesen Erfolg hatte sich der von Darré geleitete Agrarpolitische Apparat der NSDAP durch eine scharfe Agitation gegen die bisherige Führung der LWK erkämpft; s. Horst Gies, „NSDAP und landwirtschaftliche Organisationen in der Endphase der Weimarer Republik", in: *Vierteljahrshefte für Zeitgeschichte*, 15. Jg. (1967), S. 366.

369 Cuno Horkenbach, *Das Deutsche Reich von 1918 bis heute*, Jg. 1931, Berlin (1932), S. 393.

370 *A. a. O.*, S. 395; S. 397 f.; Topf (Anm. I/361), S. 143 f. *BAK*, R 43 I/1859: Reichszentrale für Heimatdienst / Landesabt. Ostpreußen an die Zentralleitung, 15.4.32, berichtet, daß bei einer Wahlbeteiligung von nur 30 % die NSDAP 50 Sitze, der LVO 21 Sitze und der Ermländische Bauernverein 4 Sitze errungen haben. Die Namen der am 3.4.32 gewählten 76 Mitglieder s. *Landwirtschaftliches Adreßbuch. . .* (Anm. I/310), S. XXV. Auffallend ist, daß 36 der

zenden stellte sie zunächst einen nationalsozialistischen Großgrundbesitzer, Burkhard Freiherrn von Buttlar-Venedien, heraus, der jedoch der Partei alsbald nicht gefügig genug war und seinem Stellvertreter Hermann Bethke weichen mußte[371]. Bethke war ein junger Verwaltungsbeamter, der aus einer pommerschen Bauernfamilie stammte, selbst aber ohne „Ar und Halm" war und seinen Posten nur vorübergehend bekleidete, denn Mitte 1933 zog er unter Erich Koch als Vizepräsident ins Königsberger Oberpräsidium ein. Die Landwirtschaftskammer verlor wenig später ihre Selbständigkeit und ging Ende 1933 in der umfassenden Reichsnährstandsorganisation auf, die der führende Agrarpolitiker der NSDAP, Darré, aufbaute.

Diese Entwicklung zeigt, wie auf dem Wege fortschreitender Politisierung die Landwirtschaftskammer von Grund auf verändert wurde. Obwohl anfänglich fest in den Händen des Großgrundbesitzes, ist sie infolge des direkten Wahlrechts, nach dem ihre Mitglieder ermittelt wurden, in den Krisenjahren der NSDAP anheimgefallen, die das großagrarische Element in den Hintergrund zu drängen wußte. Der konservativ-national gesonnene Teil der Mitglieder ist infolge seiner antidemokratischen Gesinnung nicht imstande gewesen, dem Radikalismus einen prinzipiellen Widerstand zu leisten, sondern hat sich mit ihm verbündet und seinen weiteren Aufstieg begünstigt.

b) Die Ostpreußische Landschaft

Wie die Landwirtschaftskammer war die Ostpreußische Landschaft ein vom Staat beaufsichtigtes Selbstverwaltungsorgan; es hatte die Aufgabe, den Grundbesitz mit langfristigem Kredit zu versorgen. Die Anfänge der preußischen Landschaften liegen in der friderizianischen Zeit; die ostpreußische wurde allerdings erst 1788 zugelassen, denn Friedrich II. hat zu seinen Lebzeiten dem dortigen Adel nicht vergessen, daß er es während des Siebenjährigen Krieges am rechten Patriotismus habe fehlen lassen[372]. Entsprechend den sozialen und politischen Verhältnissen ausgangs des 18. Jahrhunderts waren die Landschaften auf die Bedürfnisse der Rittergutsbesitzer zugeschnitten, die ihren Einfluß auf die Organisation und Kreditpolitik dieser Institute bis ins 20. Jahrhundert behaupten konnten.

Die Landschaften stellten öffentliche Korporationen dar, die auf dem Zusammenschluß des „landschaftsfähigen" Grundbesitzes beruhten. In Ostpreußen traf das zunächst nur für adlige Güter zu, jedoch unabhängig davon, ob sie ein Adliger oder ein Bürgerlicher besaß. Ausgeschlossen blieben die Domänen und die kölmischen Güter sowie die Bauern, die zu dieser Zeit ohnehin noch unfrei waren. Ein Versuch, die kölmischen Güter in die Landschaft aufzunehmen, scheiterte 1799, weil ihn die Beteiligten

Mitglieder einfach als „Landwirt" firmieren, während die übrigen als Rittergutsbesitzer o. dgl. (26), Besitzer o. dgl. (13) und Siedler (1) auftreten. Vermutlich repräsentierten die 36 „Landwirte" den größeren Teil der nationalsozialistischen Fraktion, da sich unter ihnen auch der nächste Kammerpräsident, Freiherr von Buttlar, befindet. Sein Besitz umfaßte 1368 ha. Buttlar wurde als Vorsitzender wieder zurückgezogen, weil er Darré in einem Beleidigungsprozeß gegen seinen Vorgänger Brandes nicht die erwartete Schützenhilfe leistete; s. Topf, *a. a. O.*, S. 144 f.; Gies (Anm. I/368), S. 350, Anm. 38.

371 *Georgine*, 13.12.32: „Rede des Präsidenten Dr. Bethke in der Vollversammlung der LWK am 8.12.1932." Bethke wurde mit 46 : 29 Stimmen gegen Brandes gewählt. Über Bethke s. *Wer ist's ?*, 10. Ausgabe, Berlin 1935, S. 115; Krebs (Anm. I/293), S. 311, Anm. 65.

372 Vgl. dazu Max Hein, *Geschichte der Ostpreußischen Landschaft von 1788 bis 1888*, Königsberg 1938. Allgemein über die Landschaften s. Bitter (Anm. I/154), II, S. 37 ff.

nicht nachdrücklich genug verfolgt haben. Das Versäumte wurde 1808 nachgeholt, als sich Regierung und Landschaft unter dem Druck der napoleonischen Kontributionsforderungen darüber verständigten, daß sowohl die königlichen Domänen als auch die kölmischen und sonstigen in freiem Eigentum befindlichen Güter zur Landschaft zuzulassen seien. Dies aber war wiederum eine unvollständige Maßnahme, weil die gleichzeitig von der Bauernbefreiung erfaßten Bauern, die nach und nach in den Genuß des vollen Grundeigentums gelangten, bis 1849 vom landschaftlichen Kredit ausgeschlossen blieben[373]. Die in jahrzehntelangen Abständen erfolgende Erweiterung der Landschaftsfähigkeit war bedeutungsvoll, weil sie nur allmählich das Privileg der Großgrundbesitzer beseitigte, die günstige Kapitalquelle des Pfandbriefs allein ausbeuten zu dürfen und aus ihr die Mittel zu schöpfen, die nicht nur eine rationellere Gestaltung des Betriebes, sondern auch den Erwerb neuen Grundbesitzes erleichterte. Aus diesem Grunde haben sich die landschaftsfähigen Güter zeitweise erheblich auf Kosten der übrigen Betriebe vergrößern können[374]. Wenn die ostpreußischen Rittergutsbesitzer sich ausgangs der 1840er Jahre dennoch bereit gefunden haben, die Bauern aus ihrer kreditpolitischen Isolierung zu befreien, so zeugte das zwar von ihren damaligen liberalen Anschauungen, diente aber auch dem Ziel, das Aufkommen eines konkurrierenden Kreditinstituts hintanzuhalten und die Einheitlichkeit der Pfandbriefpolitik zu wahren[375]. Die kleinen Betriebe unter 100 ha haben seit 1850 in wachsender Anzahl landschaftlichen Kredit erhalten und bald die große Mehrzahl der Kreditnehmer gestellt[376].

Allerdings ist die Landschaft dadurch keineswegs zu einem bäuerlich orientierten Institut geworden. Wie hundert Jahre zuvor, so war auch 1928 in ihren leitenden Gremien der Großgrundbesitz maßgebend, freilich mit einem beherrschenden bürgerlichen Einschlag. Ihre ständigen Organe neben dem nur periodisch zusammentretenden Generallandtag – das Generallandschaftsdirektionskollegium, das Taxrevisionskollegium und der Rechnungsausschuß – hatten 35 Mitglieder, bei denen es sich infolge zweier Doppelmitgliedschaften und einer Vakanz um 32 Personen handelte. Darunter waren nur sechs Adlige, von denen allerdings vier in der Generallandschaftsdirektion saßen, die

373 Vgl. Hein, *a. a. O.*, S. 12; S. 28 ff.; S. 40 ff.; S. 150 ff.; Hermann Mauer, *Das landschaftliche Kreditwesen Preußens. Agrargeschichtlich und volkswirtschaftlich betrachtet. Ein Beitrag zur Geschichte der Bodenkreditpolitik des Preußischen Staates* (*Abhandlungen aus dem staatswissenschaftlichen Seminar zu Straßburg*, Heft 22), Straßburg 1907, S. 99 ff. Der Mindestwert eines zu bepfandbriefenden Guts wurde 1849 auf 500 Taler festgesetzt. Der kölmische Grundbesitz war bereits in der Zeit des Ritterordens entstanden und war ein nicht-adliger, freier Besitz, dessen Größe teilweise den Rittergütern gleichkam; *a. a. O.*, S. 74 f. Robert Stein, *Die Verwandlung der Agrarverfassung Ostpreußens durch die Reform des neunzehnten Jahrhunderts. Erster Band: Die ländliche Verfassung Ostpreußens am Ende des achtzehnten Jahrhunderts* (*Schriften des Königlichen Instituts für ostdeutsche Wirtschaft an der Universität Königsberg*, Fünftes Heft), Jena 1918, S. 136 ff.

374 Hein, *a. a. O.*, S. 150; Mauer, *a. a. O.*, S. 55 ff.; S. 74 ff.

375 Mauer, *a. a. O.*, S. 128 f.

376 Von der OstprLsch beliehene Grundstücke:

	bis 100 ha	über 100 ha	insgesamt
1850	7	1 254	1 261
1879	2 447	1 999	4 446
1905	11 795	2 953	14 748
1927	ca. 16 000	ca. 2 000	ca. 18 000

Für 1850 bis 1905: Mauer, *a. a. O.*, S. 184; für 1927: OPr an den PreußMfLDuF, 17.12.27, in: *GStA*, Rep. 90, Nr. 1070.

einschließlich der Stellvertreter acht stimmberechtigte Mitglieder hatte[377]. So war in dem führenden Organ der Landschaft der Adel noch stark vertreten, zumal der hier anzutreffende Graf zu Eulenburg-Prassen einer der namhaftesten und einflußreichsten Großgrundbesitzer der Provinz war. Die 26 bürgerlichen Landwirte, die in den Organen der Landschaft tätig waren, zählten alle zum Großgrundbesitz; nur fünf besaßen zwischen 100 und 199 ha, alle übrigen mehr als 200 ha. Besonders großagrarisch war die Generallandschaftsdirektion zusammengesetzt: In ihr begann die Besitzgröße bei 337 ha und stieg bis auf 3036 ha; nur zwei ihrer Mitglieder lagen unter 500 ha[378].

An der Spitze der Landschaft stand der Generallandschaftsdirektor, der lange Zeit nur aus den bekanntesten Adelsfamilien wie der Dohna, Auerswald und Kanitz gewählt wurde. 1877 nahm zum erstenmal ein bürgerlicher Gutsbesitzer diesen Posten ein, und das wiederholte sich bis 1925 ununterbrochen, so daß die schwindende Vorherrschaft des Adels in der Landschaft auch nach außen hin sichtbar wurde. Der bekannteste unter den bürgerlichen Generallandschaftsdirektoren war Wolfgang Kapp, der seit 1906 amtierte und der landschaftlichen Kreditpolitik neue Impulse zu geben suchte. Sein politischer Tatendrang hat ihn aber während und nach dem Ersten Weltkrieg auf Gebiete gelockt, die weit von dem Aufgabenbereich einer Landschaft entfernt waren und die ihn 1920 nach dem mißglückten reaktionären Putsch endgültig von seinem Amt trennten[379].

Die von Kapps Verhalten zu befürchtende Politisierung der Landschaft hat sein Nachfolger Hugo Scheu vermieden; statt dessen wurden mehr und mehr kreditpolitische Probleme beherrschend[380]. Sie gaben nicht zuletzt den Ausschlag dafür, daß 1925 ein Mann an die Spitze der Landschaft trat, der wieder einen adligen Namen führte und mit großem wirtschaftspolitischen Ehrgeiz um die Belange seiner Heimatprovinz bemüht war. Walther von Hippel-Groß Kuglack entstammte einer alteingesessenen Adelsfamilie und hatte eine Verwaltungskarriere hinter sich, die ihn über die Ebene des Landrats hinaus bis ins preußische Landwirtschaftsministerium geführt hatte[381]. Diese Laufbahn hat er 1918 verlassen, um sich hinfort der agrarischen Verbands- und Wirtschaftspolitik in Ostpreußen zu widmen. Er hat führend an der Gründung des Wirtschaftsausschusses der ostpreußischen Landwirtschaft und danach des Land- und Forstwirtschaftsverbandes mitgewirkt sowie 1922 das Seine dazu beigetragen, daß aus diesem Verband durch Fusion mit anderen Organisationen der Landwirtschaftsverband Ostpreußen entstand. Im LVO ist er nicht mehr hervorgetreten, sondern hat 1925 die Position des Generallandschaftsdirektors übernommen, die seinen wirtschaftspolitischen Neigungen gemäß war. Ferner gehörte er beinahe zwei Jahre lang als landwirtschaftlicher Generalsachverständiger der deutschen Delegation an, die über einen Handelsvertrag mit Polen beriet. Als die Vereinbarungen auf Drängen der Industrie eine

377 Zur personellen Besetzung der Landschaftsorgane s. *Handbuch über den Preußischen Staat... 1928* (Anm. I/274), S. 320 f. Es bezeichnet die Kontinuität in der Generallandschaftsdirektion, daß von ihren acht stimmberechtigten Mitgliedern, die vor dem Umsturz von 1918 im Amt waren, 1922 noch sechs und 1928 noch vier tätig waren; vgl. das o. genannte *Handbuch ... 1918* (Anm. I/362), S. 223, und dass. für *1922* (Anm. I/57), S. 141.

378 Besitzgrößen nach: *Landwirtschaftliches Adreßbuch...* (Anm. I/310) ermittelt.

379 Schemann (Anm. I/53), S. 46 ff.; Hans Rothfels in: *Deutsches Biographisches Jahrbuch*, Bd. IV: 1922, Berlin / Leipzig 1929, S. 132 ff.

380 Über Scheu, der von 1921 bis 1925 im Amt war, s. *Altpreußische Biographie* (Anm. I/235), II, S. 605 f.

381 Über Hippel s. *Reichshandbuch der deutschen Gesellschaft* (Anm. I/210), I, S. 763; sein Grundbesitz belief sich 1932 auf 500 ha.

Form anzunehmen begannen, die den Widerstand der ostdeutschen Landwirtschaft gegen Agrarimporte aus Polen nicht mehr in vollem Umfange berücksichtigten, ist Hippel im Oktober 1929 von dieser Stellung zurückgetreten.

Obwohl er sich als konsequenter Repräsentant der ostdeutschen Landwirtschaft betätigt hat, verdient erwähnt zu werden, daß er nicht zu den agrarischen Heißspornen in Ostpreußen rechnete. Nach dem Ersten Weltkrieg war er davon überzeugt, daß seine Provinz nicht in der Opposition gegen Berlin und die preußische Regierung erstarren dürfe, sondern daß sie auf die Hilfe der Zentralregierungen angewiesen sei und die Notwendigkeit dieser Hilfe in Berlin unaufhörlich geltend machen müsse. Mit Rücksicht auf solch einen Zwang zur Kooperation hat er 1922 öffentlich die autonomistischen Bestrebungen in Ostpreußen scharf verurteilt und eindringlich davor gewarnt, die eigenen wirtschaftlichen Möglichkeiten zu überschätzen [382]. Seine auf Zusammenarbeit mit Berlin abgestimmte Haltung war damals unter den ostpreußischen Agrariern so ungewöhnlich, daß er ihretwegen als der „rote Hippel" verschrien wurde und sich den Unwillen der Konservativen alten Schlages, unter ihnen Oldenburg-Januschau, zuzog [383].

Doch derartige Meinungsverschiedenheiten können nicht verbergen, daß Hippel seit 1920 einer der beharrlichsten Vorkämpfer für eine wirtschafts- und finanzpolitische Sonderstellung Ostpreußens gewesen ist. In diesem Sinne ist er namens des Wirtschaftsausschusses der ostpreußischen Landwirtschaft aktiv gewesen, und in besonders autoritativem Tone hat er seine Ansichten als Generallandschaftsdirektor vorgebracht, denn nun mußte er sich *ex officio* mit den finanzpolitischen Problemen auseinandersetzen, die er seit Jahren hatte heranreifen sehen. Er bezeichnete die Tendenz, daß alle weniger arbeiten und mehr verzehren wollten, als einen volkswirtschaftlichen Irrweg, der jahrelang durch die Verschuldung der Landwirtschaft finanziert worden sei und dessen spezielles Opfer Ostpreußen sei. Bereits 1925 stellte er fest, daß die Landwirtschaft seiner Provinz „bei der jetzigen Politik, welche die Sonderlage Ostpreußens mißachtet, überhaupt nicht mehr lebensfähig" sei und daß infolgedessen „nirgends der heutige Staat unbeliebter ist als in Ostpreußen" [384]. Deshalb betonte er, „daß es so wie jetzt nicht weitergehen kann und daß Abbürdung der Lasten das einzige Mittel zur Gesundung der ostpreußischen Wirtschaft" sei. Um die „unerfüllbaren Ansprüche des Staats an die ostpreußische Wirtschaft" zu senken, forderte er ein Ermächtigungsgesetz, das der Reichsregierung die Befugnis verleiht, „Sondermaßnahmen für Ostpreußen" zu erlassen [385]. Dabei kam es ihm nicht darauf an, das staatsrechtliche Gefüge des deutschen Reichs zu verändern, sondern ihm ging es darum, die Konsequenzen aus der ungewöhnlichen territorialen Lage Ostpreußens zu ziehen; für ihn wäre „die abgetrennte Kolonie Ostpreußen ... als gesonderte Wirtschaftsprovinz sehr wohl denkbar" gewe-

382 Vgl. o. I. Teil, S. 37 f.

383 Görlitz, *Die Junker* (Anm. I/282), S. 391 f. Den Sieg über die „Gruppe Oldenburg", den er 1922 mit seiner die wirtschaftliche auf Kosten der politischen Interessenvertretung bevorzugenden Taktik errungen hatte, erwähnte Hippel am 18.12.22 in einem Brief an RK Cuno; *BAK*, R 43 I/1850.

384 *Georgine*, 30.12.28: „Gedanken der ostpreußischen Wirtschaft an der Jahreswende"; *GStA*, Rep. 203, Nr. 205: GenLschDir an den OPr, 9.10.25 (Anlage: Denkschrift über die Finanzlage der ostpreußischen Landwirtschaft, 4.10.25; hieraus das Zitat).

385 *GStA*, Rep. 90, Nr. 1069: Kuratorium der Bank der Lsch an alle RMin, 3.5.27. Der Landschaft als Pfandbriefinstitut war zur Ausführung der bankmäßigen Geschäfte eine Bank angeschlossen, in deren Verwaltungsrat und Kuratorium Hippel ebenfalls den Vorsitz führte.

sen [386]. Von diesem Standpunkt aus beanspruchte er für Ostpreußen im allgemeinen sowie für die Ostpreußische Landschaft im besonderen finanzielle Hilfen, die sich auf Hunderte von Millionen Mark beliefen und die seit 1928 wenigstens teilweise in den staatlichen Unterstützungsaktionen gewährt worden sind.
Jedoch unter dem Druck der fortschreitenden Agrarkrise gestalteten sich die organisatorischen Einzelheiten der Hilfsmaßnahmen so problematisch, daß Hippel ihrer nicht froh geworden ist. Bereits 1928 hielt er es im Interesse der Landschaft für geboten, daß die Bank der Landschaft aus der beginnenden Umschuldungsaktion wieder ausschied, weil einige seiner Wünsche nicht erfüllt worden waren [387]. Sehr viel heftiger und langwieriger waren die Konflikte, die Ende 1929 zwischen der Landschaft und den Berliner Regierungen in einer anderen Streitfrage begannen.
Zur Debatte stand, ob auf solchen Gütern, die trotz staatlichen Umschuldungskrediten zwangsversteigert werden mußten, die landschaftlichen Pfandbriefdarlehn gekündigt werden oder ohne weiteres auf den Neuerwerber übertragen werden sollten. Hippel berief sich auf die Satzung der Landschaft, die die Entscheidung hierüber ins Ermessen des Direktoriums stellte und die eine loyale Zusammenarbeit mit dem Staat, der als Gläubiger der Umschuldungshypotheken finanziell mitbetroffen war, nicht vorschrieb. Diese Handlungsfreiheit benutzte er vorübergehend dazu, um das viel kritisierte System der Familiensanierungen zu praktizieren, bei dem das Landschaftsdarlehn unverändert blieb, wenn ein enger Verwandter des bisherigen Besitzers das Gut ersteigerte, jedoch gekündigt wurde, wenn eine öffentliche Institution den Betrieb erwarb [388]. Das auf die soziale Sicherung der alten Gutsbesitzerfamilien ausgerichtete Verfahren provozierte in der Öffentlichkeit den Ruf nach Gegenmaßnahmen, die „die Ostpreußische Landschaft aus einem wirtschaftspolitischen Klub wieder in ein Agrarkreditinstitut“ verwandeln sollten [389].
Nachdem sich Hippel zugunsten der Interessen der überschuldeten Landwirte exponiert hatte, ließen auch persönliche Anwürfe nicht mehr lange auf sich warten. Von sozialdemokratischer Seite wurde behauptet, daß Hippel 1926 von der Landschaft ein günstiges Darlehn erhalten und für den Ankauf eines Gutes verwendet habe; ein ähnlicher Kredit sei auch einem anderen Mitglied der Generallandschaftsdirektion bewilligt worden, das dann dieses Geld zu einem höheren Zinssatz weiter verliehen habe [390]. Gegen noch massivere Vorwürfe, die das Königsberger NSDAP-Organ *Preußische Zeitung* vorbrachte, hat Hippel mit Erfolg die Gerichte bemüht, aber das half nur bis zur nationalsozialistischen Machtübernahme. Am 6. April 1933 wurde er auf Betreiben des Gauleiters Erich Koch verhaftet und gemeinsam mit anderen Mitgliedern der Generallandschaftsdirektion vor einer Korruptionskammer in Königsberg angeklagt. Das Urteil lautete am 8. September 1933 auf neun Monate Gefängnis wegen Untreue; die Mitangeklagten, unter ihnen Graf zu Eulenburg-Prassen, erhielten drei bis sechs Monate Gefängnis. Gegenstand der Anklage war ein Umschuldungsverfahren zugunsten eines inzwischen verstorbenen Direktionsmitglieds, bei dem betrügerische Mittel geduldet worden seien. Die Urteilsbegründung gab jedoch zu erkennen, daß es um mehr ging als um

386 *A. a. O.*: GenLschDir an das RKab, 26.7.26 (Anlage). Über die faktische Kolonialsituation hatte Hippel sich schon 1921 geäußert; s. seinen Artikel „Ostpreußen, die deutsche Kolonie“ (Anm. I/153).

387 *GStA*, Rep. 90, Nr. 1073: OPr an den PreußMdI, 7.11.28; LHptm, gedruckte Denkschrift: *Ostpreußenhilfe und Umschuldung*, (Königsberg), März 1931, S. 17 f.

388 Vgl. hierüber u. S. 325 ff.; Görlitz, *Die Junker* (Anm. I/282), S. 357.

389 *Kbg Hart Ztg*, 24.4.30: „Die Ostpreußische Landschaft antwortet. Die hundertjährige Satzung als Hindernis für die Zusammenarbeit.“

390 *PreußLT*, III, HptA, 167. Sitzg., Sp. 15 f.: Weidemann (SPD) am 5.12.30.

diesen Fall: Nicht nur die vier Angeklagten als solche seien zu verurteilen, „sondern das ganze System, an dessen Spitze in Ostpreußen der Angeklagte von Hippel stand". Dementsprechend fand gegen Hippel ein Feldzug von mehreren Prozessen statt, die noch zu weiteren Straferkenntnissen führten. Ein Revisionsbegehren hatte keinen Erfolg, so daß Hippel den Verdacht einer strafwürdigen Geschäftsführung nicht mehr tilgen konnte[391].

Inwieweit die Vorwürfe durch Tatsachen gerechtfertigt waren, läßt sich einstweilen nicht überprüfen. Da es sich bei den Kredit- und Umschuldungsverfahren vielfach um Ermessensentscheidungen handelte, bei denen die Angemessenheit einzelner Maßnahmen je nach dem Standpunkt des Betrachters verschieden beurteilt werden konnte, und da nicht zu bestreiten ist, daß Hippel die Kreditpolitik der Landschaft zum Vorteil der existenzgefährdeten Landwirte gestaltet und deswegen schon vor 1933 Anstoß erregt hat, ist nicht ausgeschlossen, daß er Entscheidungen gefällt hat, die vielleicht formell unangreifbar waren, deren Tendenz aber ihrem Urheber zum Verhängnis wurde, als die nationalsozialistische Machtergreifung eine Tendenz-Justiz inthronisiert hatte, die bewußt als politisches Machtmittel gehandhabt wurde. Sie war das Mittel, mit dem der konservativ-großagrarische Einfluß innerhalb der Landschaft gebrochen werden sollte, denn die sonst übliche Gleichschaltungstaktik verhieß in diesem Falle keinen schnellen Erfolg.

Anders als die Landwirtschaftskammer, die schon 1932 von den Nationalsozialisten beherrscht wurde, und der LVO, der im Frühjahr 1933 widerstandslos dem Gleichschaltungsprozeß anheimfiel, war die Landschaft dank ihrer selbständigen und der Form nach unpolitischen Organisation ein Gebilde, das sich nicht schlagartig von innen her aufrollen ließ und dessen Führung nur von außen her gesprengt werden konnte. Diesen Zweck erfüllten die Korruptionsprozesse, die namhafte Vertreter des ostpreußischen Großgrundbesitzes mit dem Makel der Cliquenwirtschaft behafteten und dem neuen Regime zur Bemäntelung des eigenen Radikalismus dienten.

Das Bild der Ära Hippel wäre unvollkommen, wenn nicht auf die objektiven Schwierigkeiten der landschaftlichen Kreditpolitik hingewiesen würde. Die Aufgabe der Landschaft war es, jedem korporationsfähigen Landwirt – und das waren in Ostpreußen die Inhaber von Betrieben hinab bis zu einem Gesamtwert von 1500 Mark – im Bedarfsfalle einen langfristigen Kredit zu verschaffen. Sie ermittelte zuvor den Taxwert des zu beleihenden Grundstückes und berechnete gemäß den Zins- und sonstigen Kreditbedingungen die Beleihungsgrenze, bis zu der eine erststellige Hypothek ausgedehnt werden konnte. Vor dem Kriege hatte sie bei 66 % des Grundstückswerts gelegen, doch nach der Inflation mußte sie wegen der erhöhten Zinsen auf 30 % bis 40 % gesenkt werden[392]. Die Darlehn wurden in Pfandbriefen ausgehändigt, durch deren Verkauf erst

391 Görlitz, *Die Junker* (Anm. I/282), S. 391 f.; Horkenbach, Jg. 1933 (Anm. I/255), S. 162; S. 377 f. (Zitat); S. 389; S. 630. Der Rechnungshof des Deutschen Reichs hat festgestellt, daß die Landschaft 1931 mehr Disagiozuschußmittel angefordert hat, als ihrer tatsächlichen Pfandbriefausgabe entsprach. Sie hat das zunächst abgestritten, und erst eine eingehende Prüfung lieferte den Nachweis, daß sie 1933 einen nicht verausgabten Rest von 265 800 RM in ihrer Kasse hatte. Die Rücküberweisung an das Reich soll auf Anweisung Hippels unterblieben sein. *BAK*, R 43 I/1827: RechH, „Denkschrift des Rechnungshofs des Deutschen Reichs über die Ergebnisse seiner Prüfung auf dem Gebiete der landwirtschaftlichen Osthilfe", 1.11.33, S. 340 ff.

392 Hierzu und zum folgenden Karl Eugen Mößner, *Das deutsche Bodenkreditsystem. Begriffliche Grundlagen. Praktische Probleme und organisatorischer Aufbau des bankmäßig organisierten Bodenkredits in Deutschland* (*Deutscher Bodenkredit*, Bd. 1), Berlin 1934, S. 140; S. 238 ff.

der Landwirt den erwünschten Barbetrag erlöste. Die Höhe dieses Betrages war vom jeweiligen Pfandbriefkurs abhängig, der seit 1924 sehr wechselhaft und im allgemeinen weit unter *pari* gewesen ist [393]. Der Schuldner mußte das Darlehn regelmäßig verzinsen und tilgen, die Landschaft durfte es nur in bestimmten Ausnahmefällen kündigen. Die Sicherheit der Pfandbriefe verbürgte die Gesamtheit der landschaftsfähigen Güter, jedoch ist diese Generalgarantie oder Solidarhaft gerade in den großen Agrarkrisen, in denen sie wegen ausbleibender Zinszahlungen hätte in Anspruch genommen werden müssen, nicht praktiziert worden, weil der Staat helfend eingegriffen hat, um einen Massenzusammenbruch der zahlungsunfähigen Betriebe zu vermeiden [394].

Als Pendant zur unbegrenzten Solidarhaft besaßen die der Landschaft angehörigen Landwirte das unbedingte Recht auf Kredit. Sofern die dinglichen Voraussetzungen einer Beleihung gegeben waren, konnte die Landschaft keinen Darlehnsantrag zurückweisen, denn innere Vorbehalte bei der Beurteilung der möglichen Risiken waren ihr nicht gestattet [395]. Ähnlich nachteilig war es, daß ihr Geschäftsgebiet auf eine Provinz beschränkt war und einen überregionalen Risikenausgleich nicht zuließ, den andere Kreditinstitute durch eine weite Streuung ihrer Engagements herbeiführen konnten [396]. Deshalb war das landschaftliche Kreditsystem an die regionale Wirtschaftslage gebunden und im Notfall zu Manövern auf engem Raum gezwungen. Diese Situation trat in Ostpreußen bald ein, nachdem 1924 eine rapide Neuverschuldung der Landwirtschaft eingesetzt hatte.

Die Landschaft hat zunächst die Zeichen der Zeit dahingehend gedeutet, daß sich den Kreditwünschen der Landwirte unter den Bedingungen des nachinflationären Kapitalmarkts nur willfahren lasse, wenn eine erhebliche Steigerung des Pfandbriefzinses in Kauf genommen wurde. Aus diesem Grunde hat sie im Frühjahr 1924 die Emission 10 %iger Pfandbriefe durchgesetzt, obwohl dieser Zinssatz auf die Dauer für die Landwirtschaft ebenso wenig tragbar war wie der des später eingeführten 8 %igen Pfandbriefs [397]. In den kritischen Jahren nach der Währungsstabilisierung haben die Landschaften eine große Anzahl dieser teuren Pfandbriefe herausgebracht [398].

Wie sich später zeigte, beruhte die bedenkliche Kreditpolitik auf sehr ungewissen Grundlagen, weil 1924 und 1925 nicht abzusehen war, wie sich die Rentabilität der Landwirtschaft und damit der Wert eines landwirtschaftlichen Grundstückes gestalten würde [399]. Nur wer davon ausging, daß sich die allgemeinen Wirtschaftsbedingungen wieder den aus der Vorkriegszeit gewohnten Verhältnissen annähern würden, konnte die eingeschlagene Politik billigen, denn er durfte hoffen, daß die zu erwartende „Normalisierung“ auch den Abbau der extremen Zinslasten ermöglichen würde. Die 1924 und 1925 kontrahierten Kredite wären dann eine Überbrückungshilfe gewesen, die nur für eine begrenzte Zeit beansprucht wurde.

393 *A. a. O.*, S. 260; Wilhelm Moritz Freiherr von Bissing, *Der Realkredit der deutschen Landwirtschaft*, Berlin / Leipzig 1930, S. 228 f.

394 Mößner, *a. a. O.*, S. 254 f.

395 *A. a. O.*, S. 240: „Während sich die Hypothekenbanken, Versicherungen, Sparkassen und privaten Geldgeber ihre Beleihungsobjekte aussuchen können, muß die Landschaft einfach das an Risiken auf sich nehmen, was zu ihr kommt.“

396 *A. a. O.*, S. 240 f.; S. 246; S. 249 f.

397 Bissing (Anm. I/393), S. 65 f. Bis 1914 wurden die Pfandbriefe durchschnittlich mit 4 % verzinst.

398 Mößner (Anm. I/392), S. 252 f.; S. 260.

399 *A. a. O.*, S. 244 f.; S. 252 f.

Die Ostpreußische Landschaft hat unter dem Einfluß solcher Überlegungen gestanden, als sie ihre 10- und 8 %igen Pfandbriefe ausgab. Sobald sie sich aber ihres Irrtums bewußt wurde, versuchte sie das Steuer herumzulegen, und mit der 1925 vollzogenen Wahl Hippels zum Generallandschaftsdirektor setzte ihr Gegenkurs ein. Mit Rücksicht auf die gedrückte Lage der Landwirtschaft revidierte Hippel die Beleihungspolitik nach einem einfachen, klaren Konzept: Es seien nur noch 6 %ige Pfandbriefe auszugeben und die höherverzinslichen Emissionen der Vorjahre auf diesen neuen Typ umzustellen [400]. Daran hat Hippel unbeirrt festgehalten, obwohl der Pfandbriefmarkt nur vorübergehend für ein 6 %iges Papier zugänglich gewesen ist. Er bemühte sich, um der besonderen Lage Ostpreußens willen die staatliche Hilfe für seine neue Emissionspolitik zu gewinnen, hatte damit aber wenig Erfolg. Statt dessen bildete sich ein Bankenkonsortium, das 1927 den Umtausch der 10 %igen Pfandbriefe in 7 %ige organisierte und bis zum Ende des Jahres beinahe restlos durchführte [401]. Ein übriges tat die Ostpreußische Landschaft aus eigenen Kräften, indem sie im März 1927 über ihre Bank eine Auslandsanleihe von 7 Mill. Dollar aufnahm und mit deren Erlös die Hälfte der von ihr ausgegebenen 8 %igen Pfandbriefe in 6 %ige konvertierte [402]. Allerdings war das nur eine befristete Aushilfe, denn am 1. April 1930 mußte der Betrag zurückgezahlt werden. Außerdem war das preußische Landwirtschaftsministerium mit der Aktivität der Landschaft nicht einverstanden, weil in deren Satzungen solch ein Geschäft nicht vorgesehen war. Tatsächlich hatte Hippel eine Lücke in den Statuten, die ein Vorgehen weder gestatteten noch verboten, ausgenutzt und rühmte sich hernach seiner Wendigkeit, die die amerikanischen Geldgeber beeindruckt und ihnen „Respekt vor deutscher schöpferischer Fähigkeit auf dem Gebiet der Kreditpolitik“ eingeflößt habe [403].

Die Energie, mit der Hippel die landschaftliche Kreditpolitik korrigierte, und die Erfolge, die er dabei hatte, waren unverkennbar, aber nach 1927 verließ ihn das Glück. Die Entspannung des Kapitalmarkts, die ihm 1927 zugute gekommen war, klang ab, während sich die Lage der ostpreußischen Landwirtschaft rapide verschlechterte und gebieterisch nach weiterer Hilfe verlangte. Die ließ sich je länger desto weniger durch Pfandbriefe bringen, weil zahlreiche Güter ihre Beleihungsmöglichkeiten erschöpft hatten und sich für die übrigen der 6 %ige Pfandbrief, an dem Hippel ehern festhielt, wegen der niedrigen Verzinsung als ein nahezu unabsetzbares Papier erwies. Lediglich mit staatlichen Zuschüssen waren derartige Pfandbriefe noch unterzubringen, aber auch das nur in engen Grenzen [404]. Hinzu kam, daß die Landschaft von ihrem Recht, die fälli-

400 *GStA*, Rep. 203, Nr. 205: GenLschDir an den OPr, 9.10.25; *GStA*, Rep. 90, Nr. 1068: ders. an das PreußStM, 10.11.25; Nr. 1069: ders. an das RKab, 26.7.26; Bissing (Anm. I/393), S. 133 f.

401 Bissing, *a. a. O.*, S. 148 f.

402 *A. a. O.*, S. 150 f.; *Die Lage der Landwirtschaft*... (Anm. I/72), S. 47.

403 *GStA*, Rep. 203, Nr. 172: PreußMfLDuF an den GenLschPr, 26.4.27; OPr an den PreußMfLDuF, 19.6.27; GenLschDir an den GenLschPr, 5.4.27 (hieraus das Zitat). Als GenLschPr fungierte der OPr.

404 Über die Subventionierung der ostpreußischen Pfandbriefe s. u. S. 240 f.; *Die Lage der Landwirtschaft*... (Anm. I/72), S. 68. Lebhafte Kritik an dem nicht mehr marktkonformen Pfandbrieftyp übte der 1929 eingesetzte preußische Staatskommissar, jedoch hat er Hippel nicht umstimmen können; *GStA*, Rep. 90, Nr. 1076: GenLschDir an den StKom, 11.11.29; StKom an den PreußMfLDuF, 12.12.29; StKom, Bericht über die Lage des ostpreußischen Gütermarkts usw., 13.11.29 (Anlage I); Nr. 1078: StKom, Bericht über die Entwicklung des ostpreußischen Gütermarkts usw., 13.6.30.

gen Zinsen zahlungsunfähiger Schuldner zu stunden, mit Rücksicht auf die ihr verbundenen Landwirte ausgiebig Gebrauch gemacht und Ende 1928 einen Zinsrückstand von 6,9 Mill. RM zu verzeichnen hatte, der sich nur noch durch Zwangsversteigerungen reduzieren ließ[405].

Seit 1929 wurde die Ostpreußische Landschaft zusehends manövrierunfähiger. Der Absatz der Pfandbriefe und der Zinseingang stockten, während früher übernommene Verpflichtungen eingelöst werden mußten. Hierzu gehörte die Umschuldungsanleihe von 1927, die mit 29,4 Mill. RM zu Buche stand und am 1. April 1930 fällig war. Zwar ist es gelungen, diesen Betrag pünktlich zurückzuerstatten, aber da die seinerzeit als Sicherheit hinterlegten Pfandbriefe im Kurs gefallen und unabsetzbar waren, mußte die Landschaft ihre eigene Vermögenssubstanz angreifen sowie kurzfristige Bankkredite aufnehmen[406]. Auch die wegen der wachsenden Außenstände eingeleiteten Zwangsversteigerungen belasteten die Landschaft, weil sie laut Satzung gezwungen war, in Höhe des von ihr bewilligten Pfandbriefdarlehns mitzubieten, und auf diese Weise eine Reihe von Gütern hatte erwerben müssen. Deren Verwaltung fiel ihr bis zu einem eventuellen Weiterverkauf zur Last und fesselte einen erheblichen Teil ihrer Mittel[407].

Diese Entwicklung, verbunden mit der Tatsache, daß die Landschaft seit 1928 keinen Geschäftsbericht mehr veröffentlicht hatte, ließ ihre innere Festigkeit alsbald zweifelhaft erscheinen. Ein Symptom ihrer finanziellen Bedrängnis war das immer häufiger angewandte Verfahren, bei einem durch Zwangsversteigerung ausgelösten Besitzerwechsel die Pfandbriefdarlehn zu kündigen, um auf diese Weise den Zufluß barer Mittel zu erhöhen. Wie bereits erwähnt, führte das zu Konflikten mit den Staatsbehörden, die dort, wo ein Totalverlust der aus öffentlichen Mitteln gegebenen Umschuldungskredite vermeidbar schien, als Käufer auftreten wollten, aber außerstande waren, die vorrangigen Landschaftsdarlehn bar auszuzahlen. Von diesen Kontroversen gereizt, hat Ministerpräsident Braun im Frühjahr 1930 eine gründliche Überprüfung der Landschaft verlangt, da er so einen Druck auf sie ausüben wollte; doch der Landwirtschaftsminister erblickte in ihrem Verhalten ein zwangsläufig entstandenes System, das sich nur beseitigen lasse, „wenn man der Ostpreußischen Landschaft irgendeine Hilfe als Ausweg aus ihrer Lage bietet"[408]. Es ist denn auch tatsächlich dahingekommen, daß die Reichsregierung auf dem Höhepunkt der Agrarkrise die Landschaften mit Zinssenkungen und Zinsdarlehn subventioniert hat, um sie der Notwendigkeit zu überheben, von der Generalgarantie Gebrauch zu machen[409].

405 *Die Lage. . . , a. a. O.*, S. 58 f. 1929 hat die Landschaft beantragt, zwei bis drei Jahre lang die Pfandbriefzinsen aus staatlichen Mitteln auf 5 % zu senken, doch das ist nicht bewilligt worden; *GStA*, Rep. 90, Nr. 1074: GenLschDir (an den OPr), 21.1.29.

406 *Berliner Tageblatt*, 20. und 22.3.30: „Ostpreußen-Anleihe zurückgezahlt. Die erste bar abgedeckte Amerika-Anleihe"; „Bank der Ostpreußischen Landschaft. Die Abdeckung des Amerika-Darlehns. Vermögensschrumpfung bei Bank und Landschaft." *Magazin der Wirtschaft*, 28.3.30: „Die Kreditpolitik der Ostpreußischen Landschaft." *GStA*, Rep. 90, Nr. 682: PreußMfLDuF an den PreußMPr, 10.12.30.

407 *GStA*, Rep. 87, Nr. 1281: Auszug aus dem Bericht der Deutschen Revisions- und Treuhand AG über die bei der OstprLsch vorgenommene Prüfung, 27.6.30. Danach hatte die Lsch Mitte Mai 1930 10 Güter mit 2757 ha und einem Buchwert von 1,68 Mill. RM in Verwaltung. Sechs andere Güter waren schon wieder veräußert worden; die Verkaufsaussichten für die verbleibenden Betriebe wurden ebenfalls günstig beurteilt, wenngleich Verluste unvermeidbar schienen.

408 *GStA*, Rep. 90, Nr. 1077: PreußMPr an den PreußMfLDuF, 28.3.30; Nr. 682: PreußMfLDuF an den PreußMPr, 10.12.30. Die Überprüfung der Lsch hat stattgefunden, jedoch ist von dem Ergebnis nur der in Anm. I/407 zitierte Auszug bekannt geworden. Mößner (Anm. I/392), S. 257.

409 Mößner, *a. a. O.*, S. 255; Topf (Anm. I/361), S. 289.

So war die Landschaft, als sie 1933 der Zugriff der Nationalsozialisten traf, in materieller Hinsicht keine starke Zitadelle mehr, sondern ein von der Existenzkrise geschütteltes Kreditinstitut. Sie hat sich trotz einer jahrelangen Politik des Lavierens dem allgemeinen wirtschaftlichen Niedergang nicht entziehen können und war überdies wegen ihrer Praktiken politisch in Verruf geraten. Der rapide Verlust der finanziellen Bewegungsfreiheit beschränkte sie auf eine defensive Taktik, die die Interessen des verschuldeten Grundbesitzes durch hinhaltenden Widerstand zu wahren suchte und das Ziel hatte, die insolventen Schuldner nach Möglichkeit nicht ihren Gläubigern preiszugeben. Mit dieser Haltung, die auf die Konservierung der bestehenden Agrarstruktur ausgerichtet war, bestätigte die Landschaft ihre Abhängigkeit von dieser Agrarstruktur, deren Organ und Schutzschild sie war.

Zweiter Teil

BEVÖLKERUNG UND WIRTSCHAFT IN OSTPREUSSEN

Die veränderten Existenzbedingungen, die Ostpreußen nach 1918 hinnehmen mußte, haben sein politisches und wirtschaftliches Leben tief beeinflußt. Die neuen Grenzen unterbrachen wirtschaftliche Verbindungen, in denen die Provinz seit langem gestanden hatte und die sich nur teilweise wiederherstellen oder ersetzen ließen. Diese Schäden waren auf die Dauer nicht zu verschmerzen, weil Ostpreußen auf Grund seiner einseitig agrarischen Wirtschafts- und Sozialstruktur eher zur Stagnation als zur Dynamik neigte und deshalb die verlorenen Positionen schwerlich durch gesteigerte wirtschaftliche Aktivität im Landesinnern wettmachen konnte. Schon vor 1914 ist das Wachstum der ostpreußischen Wirtschaft hinter dem der Bevölkerung zurückgeblieben und der Überschuß an Arbeitskräften in andere Teile Deutschlands abgewandert. Obwohl dieses Phänomen und seine bevölkerungspolitischen Konsequenzen ausgangs des 19. Jahrhunderts aufgefallen sind, hat es doch an einer Politik gefehlt, die diese Entwicklung nachdrücklich korrigiert hätte. Infolgedessen ist das Abwanderungsproblem nach dem Ersten Weltkrieg abermals hervorgetreten und zu einem Symptom der wirtschaftlichen Schwäche der Provinz geworden.

Trotz den entmutigenden äußeren Umständen hat sich die ostpreußische Wirtschaft bemüht, die Traditionen der Vorkriegszeit zu beleben und im osteuropäischen Handel eine einträgliche Mittlerposition einzunehmen. Die Hoffnung, der Küstenstrich zwischen Weichsel und Memel werde sich die Funktion der „Niederlande der Ostsee" beilegen können, hat für einige Jahre die Phantasie und Tatkraft in Königsberg beflügelt, aber es stellte sich bald heraus, daß das politische Gelände, das der Weltkrieg hinterlassen hatte, für den großen Brückenschlag zwischen Ost und West nicht tragfähig genug war. Ostpreußen mußte mit den bescheidenen Möglichkeiten, die ihm geblieben waren, vorliebnehmen.

Angesichts der beengten wirtschaftlichen und finanziellen Verhältnisse, die auf dem Binnenmarkt der Provinz bestanden, gewann der Verkehr mit dem übrigen Deutschland eine alles überragende Bedeutung. Es ist deshalb viel Mühe darauf verwendet worden, ihm die zweckmäßigste Form zu geben. Abgesehen von den Besonderheiten, mit denen der Verkehr durch den Korridor verbunden war, erwies sich die weite Entfernung vom deutschen Inlandsmarkt als eine Hypothek, die schwer auf der Konkurrenzfähigkeit der ostpreußischen Wirtschaft lastete. Sie sollte mit verschiedenen Mitteln erleichtert werden, unter denen tarifpolitische Maßnahmen der Reichsbahn an der Spitze standen. Als diese die Interessenten nicht befriedigten, ist ihnen ab 1928 eine staatliche Subventionierung des Frachtverkehrs von und nach Ostpreußen gefolgt.

Ungeachtet solcher Aushilfen sind Handel und Gewerbe, zumal die metallverarbeitenden Großbetriebe in Königsberg und Elbing, in eine heftige Krise geraten, die den Zusammenbruch renommierter Werke auslöste und den Staat zum Eingreifen nötigte, um von den industriellen Kapazitäten der Provinz zu retten, was noch zu retten war. Diese Situation wurde auch den Überlegungen zum Verhängnis, die durch eine schrittweise Industrialisierung die Wirtschaftsstruktur der Provinz hatten bereichern und deren Flexibilität und Leistungsfähigkeit hatten heben wollen. Statt dessen ließ die fortschreitende Schwächung des Gewerbes den agrarischen Charakter Ostpreußens noch schärfer hervortreten.

Damit nicht genug, hat die Krise auch die Landwirtschaft schwer getroffen. Sie stieß hier auf eine Agrarstruktur, die ein stark großagrarisches Gepräge hatte und gebietsweise vom Großbetrieb absolut beherrscht wurde. Das Bauerntum ist zwar dem Großgrundbesitz numerisch überlegen gewesen, hat sich aber mit dessen Einfluß in der Agrarpolitik, namentlich innerhalb der öffentlich-rechtlichen Selbstverwaltungsorgane wie der Landwirtschaftskammer und der Ostpreußischen Landschaft, nicht messen können. Gemeinsam mußten sich dagegen Klein- und Großbetriebe in die natürlichen Gegebenheiten der Provinz schicken. Trotz überwiegend günstigen Bodenverhältnissen drohten von dieser Seite erhebliche Schwierigkeiten, weil das ungünstige Klima viele Nachteile schuf und wiederholt zu großen Ernteverlusten führte. Das beeinträchtigte die Rentabilität des Ackerbaus und schien die Tendenz zu begünstigen, die die Viehzucht zum maßgebenden Produktionszweig der ostpreußischen Landwirtschaft erheben wollte. Aber der finanzielle Spielraum, der für solche Anpassungsversuche vorhanden war, war knapp bemessen, weil die Landwirtschaft über Jahre hinweg partiell unrentabel gewesen ist und sich seit 1924 in eine Verschuldung verstrickt hat, die für viele Betriebe eine ausweglose Situation darstellte. Wenn 1928 nicht der Staat mit einer größeren Kreditaktion eingegriffen hätte, wäre die Landwirtschaft von der Krise ähnlich dezimiert worden wie die Industrie. Der Versuch, diese äußersten Konsequenzen abzuwehren, hat die verfügbaren Kräfte so sehr angestrengt, daß der Wunsch nach einer Reform der Agrarstruktur im allgemeinen und der Betriebsstruktur im besonderen dahinter zurücktreten mußte.

I. DIE BEVÖLKERUNGSVERHÄLTNISSE UND DAS ABWANDERUNGSPROBLEM

Ostpreußen war mit 37 000 qkm die drittgrößte preußische Provinz und zählte am 16. Juni 1925 2,26 Mill. Einwohner, d. h. 61 je qkm[1]. Die Bevölkerungsdichte stand weit unter dem Reichsdurchschnitt von 134 Einwohnern je qkm, so daß Ostpreußen nächst Mecklenburg und der Grenzmark Posen-Westpreußen das am schwächsten besiedelte Gebiet Deutschlands war. Innerhalb der Provinz wichen die Verhältnisse erheblich voneinander ab, wobei die Landkreise Gumbinnen mit 69 und Johannisburg mit 33 Einwohnern je qkm die Extreme darstellten[2]. Abgesehen von den größeren Städten befanden sich die dichtest besiedelten Gebiete in den fünf Kreisen des Regierungsbezirkes Westpreußen sowie in den Kreisen Braunsberg, Fischhausen, Niederung, Tilsit-Ragnit, Gumbinnen, Stallupönen, Lyck, Lötzen, Rastenburg und Rössel. Fast alle diese Kreise lagen an der westlichen, nördlichen und östlichen Peripherie der Provinz, während im Landesinnern die mäßig besiedelten Kreise vorherrschten. Jedoch lagen auch die am dünnsten besiedelten Landstriche an der Grenze: im Osten die Kreise Pillkallen und Insterburg, im Süden Neidenburg, Ortelsburg und Johannisburg[3].
Ähnlich wie die Bevölkerungsdichte wich auch die Verteilung der Einwohner auf Stadt- und Landgemeinden vom Reichsdurchschnitt ab. Im deutschen Reich lebten im Jahre 1925 36 % der Bevölkerung in ländlichen Gemeinden, die 2000 oder weniger Einwohner zählten, und 64 % in Stadtgemeinden; in Ostpreußen betrug das Verhältnis zur gleichen Zeit 61 % : 39 %, war also nahezu umgekehrt[4]. Fast ein Drittel der Stadtbevölkerung, nämlich 280 000 Menschen, lebte in Königsberg, der einzigen Großstadt der Provinz, die zugleich nach Breslau die größte ostdeutsche Stadt war[5]. Es charakterisiert den geringen Grad der Verstädterung in Ostpreußen, wenn hier die Gemeinden mit mehr als 2000 Einwohnern lediglich 1,1 % aller Gemeinden ausmachten, während es im Reichsdurchschnitt 5,4 % waren[6].
Der gleiche Tatbestand spiegelt sich in den Anteilen wider, die die einzelnen Berufsgruppen an der Gesamtbevölkerung besessen haben. Nicht weniger als 45 % der Bewohner Ostpreußens haben unmittelbar von der Landwirtschaft gelebt; von den Erwerbstätigen gehörten sogar 56 % zur Gruppe Land- und Forstwirtschaft, Gärtnerei und Fischerei, d. h. mehr als die Hälfte der arbeitenden Bevölkerung ist in der Landwirtschaft beschäftigt gewesen[7]. Verglichen mit dem deutschen Reich, in dem nur 31 % der Er-

1 *Statistisches Jahrbuch für das Deutsche Reich*, 1928 (Anm. I/56), S. 5.

2 Batocki / Schack (Anm. I/214), S. 21. Die Landkreise Marienburg und Marienwerder, die mit 146 und 75 Einwohnern je qkm eine noch größere Dichte aufwiesen, sind als Ausnahme zu betrachten, da sie einen vergleichsweise geringen Umfang hatten und dadurch die Kreisstädte neben dem flachen Land überdurchschnittlich zur Geltung kamen.

3 Zur Bevölkerungsverteilung s. die Karte *a. a. O.*, S. 19. Die Bevölkerungsdichte divergierte in den einzelnen Regierungsbezirken beinahe um 100 %. Sie betrug

im Reg.-Bez. Westpreußen	89 Einwohner je qkm,
im Reg.-Bez. Königsberg	69 Einwohner je qkm,
im Reg.-Bez. Gumbinnen	57 Einwohner je qkm,
im Reg.-Bez. Allenstein	47 Einwohner je qkm;

s. *Statistisches Jahrbuch. . .*, 1928 (Anm. I/56), S. 6.

4 *Statistisches Jahrbuch. . .*, *a. a. O.*, S. 8.

5 *A. a. O.*, S. 10; Batocki / Schack (Anm. I/214), S. 21. Die nächstgrößten Städte Ostpreußens waren Elbing mit 68 000, Tilsit mit 51 000, Insterburg mit 39 000 und Allenstein mit 38 000 Einwohnern. Von diesen Städten lag nur Allenstein im südlichen Ostpreußen.

6 Berechnet nach *Statistisches Jahrbuch. . .*, *a. a. O.*, S. 8.

7 *A. a. O.*, S. 25; Batocki / Schack (Anm. I/214), S. 23. Von dort stammen auch die im Text folgenden Angaben.

werbstätigen und 23 % der Bevölkerung zur Landwirtschaft gerechnet wurden, stellte Ostpreußen ein vorwiegend agrarisches Gebiet dar, das vom Prozeß der Industrialisierung und Verstädterung erst schwach erfaßt worden war. Zwar ließen Städte von der Größenordnung Königsbergs, Elbings oder Tilsits erkennen, daß auch hier ein intensives gewerbliches Leben entstanden war, aber insgesamt war die unterdurchschnittliche Entwicklung von Industrie und Handwerk offenkundig. Beide verfügten 1925 lediglich über 19 % der Erwerbstätigen, während es im Reich 41 % waren. Dagegen haben sowohl Handel und Verkehr als auch die übrigen Berufssparten einander stark angenäherte Anteilsziffern in Ostpreußen und im Reich aufgewiesen, so daß das Übergewicht der Landwirtschaft in Ostpreußen ausschließlich auf Kosten von Industrie und Handwerk zustande gekommen ist.

In einzelnen Kreisen ist der Vorrang der Landwirtschaft besonders ausgeprägt gewesen. Abweichend vom Provinzdurchschnitt betrug der Anteil der landwirtschaftlichen Bevölkerung in den Kreisen Darkehmen 70 %, Insterburg und Pillkallen 67 %, Preußisch-Eylau 66 % und in weiteren elf Kreisen ebenfalls über 60 %. Dagegen gab es nur drei Landkreise – Allenstein-Land, Fischhausen, Marienburg –, in denen der Provinzdurchschnitt unterboten wurde, und insgesamt ist es allein den fünf Stadtkreisen Königsberg, Elbing, Tilsit, Insterburg und Allenstein zu verdanken gewesen, daß nicht weit über 50 % der gesamten Bevölkerung der Landwirtschaft zugezählt werden mußten[8]. Außerhalb der größeren Städte waren Wirtschaft und Gesellschaft nahezu vollständig von der Landwirtschaft geprägt, die teilweise drei Fünftel bis zwei Drittel der Bevölkerung direkt ernährte und ferner das Wohlergehen von Handwerk, Handel und Verkehr bestimmte. Auf dem Lande herrschte ein kompaktes Sozialgefüge vor, dessen agrarischer Charakter noch nicht durch Industrialisierung und Verstädterung in Frage gestellt war und das keinen sozialen oder ökonomischen Pluralismus kannte.

Der Eindruck innerer Konsistenz ist dadurch gesteigert worden, daß weder in konfessioneller noch in nationaler Hinsicht eine größere Mischung bestanden hat. Unter den Religionsgemeinschaften überwogen die Protestanten mit einem Anteil von 84 %. Zu den Katholiken gehörten 15 % der Bevölkerung, die sich als ein geschlossener Block in den vier Kreisen des Ermlandes – Braunsberg, Heilsberg, Allenstein, Rössel – sowie in dem westpreußischen Kreis Stuhm konzentrierten[9]. Erwähnenswert ist, daß in Ostpreußen die konfessionelle Frage nicht mit der nationalen verknüpft, d. h. die nationale Minderheit nicht mit der konfessionellen Minderheit identisch war. Die Verbindung von Polentum und Katholizismus, die vor dem Ersten Weltkrieg ein politisches Problem der preußischen Ostprovinzen gewesen ist, konnte hier kein größeres Ausmaß annehmen, da in den Regierungsbezirken Allenstein und Westpreußen 1925 nur 20 000 Einwohner mit polnischer und 24 000 weitere Einwohner mit doppelter, deutsch-polnischer Muttersprache gezählt worden sind; das waren 0,9 % bzw. 1 % der Bevölkerung Ostpreußens[10]. Dieser Anteil konnte durch Rückgriff auf die ebenfalls slawischen Masuren nicht verstärkt werden, weil deren Zugehörigkeit zur protestantischen Kirche dem Zusammengehörigkeitsgefühl mit dem polnischen Nachbarvolk entgegenstand.

8 Vgl. die Tabelle bei Batocki / Schack, *a. a. O.*, S. 30 f.

9 *Statistisches Jahrbuch...*, 1928 (Anm. I/56), S. 18; Juden und Konfessionslose besaßen je 0,5 %. *Atlas Östliches Mitteleuropa* (Anm. I/63), Bl. 32; Konrad Steyer, *Die Wanderungsbewegung in Ostpreußen. Eine Bevölkerungsstudie* (*Beiträge zur Statistik der Provinz Ostpreußen*, Heft 1), Königsberg (1935), S. 23: Der Anteil der Katholiken betrug in den Landkreisen Allenstein 93 %, Rössel 89 %, Braunsberg 87 %, Heilsberg 93 % und Stuhm 58 %. Vgl. Albert Hesse / Herbert Goeldel, *Die Bevölkerung von Ostpreußen* (*Grundlagen des Wirtschaftslebens von Ostpreußen*, 3. Teil), Jena 1916, S. 59.

10 Für diese und die folgenden Angaben s. *Statistisches Jahrbuch...*, *a. a. O.*, S. 20. Über die nationalen Minderheiten in Ostpreußen vgl. Keyser (Anm. I/196), S. 70 ff.; Hillen Ziegfeld (Anm.

Die eigentümlichen Daten der ostpreußischen Sozialstruktur geben Anlaß zu der Frage, wie sich mit ihnen der dynamische Prozeß der Bevölkerungszunahme vertragen hat, der seit dem 19. Jahrhundert alle statischen Gesellschaftsformen weitreichenden Veränderungen unterworfen hat. Das Fortbestehen einer agrarisch akzentuierten Gesellschaft in Ostpreußen weist darauf hin, daß hier die bevölkerungspolitische Dynamik nicht jene Folgen gehabt hat wie in anderen Teilen Deutschlands. Einen Anhalt dafür liefert die Tatsache, daß die Einwohnerzahl der Provinz zwischen 1816 und 1925 zwar von 0,915 auf 2,26 Mill. Menschen angewachsen, gleichzeitig aber ihr Anteil an der Gesamtbevölkerung Deutschlands von 4,2 % auf 3,6 % gesunken ist[11]. Dahinter verbirgt sich eine Entwicklung, die zunächst für Ostpreußen einen Vorsprung in der Bevölkerungszunahme verzeichnet hat und erst im letzten Jahrzehnt des 19. Jahrhunderts einen Bruch erlitt, von dem an das Wachstum unter den Reichsdurchschnitt absank.

Dieser Umschwung ist nicht durch ein Nachlassen der biologischen Regenerationskraft verursacht worden. Denn die Anzahl der Geburten ist in Ostpreußen stets höher gewesen als im Deutschen Reich, und wenn die ebenfalls höhere Rate von Sterbefällen bewirkt hat, daß der reine Geburtenüberschuß zeitweise unter dem Reichsdurchschnitt gelegen hat, so ändert das doch nichts daran, daß Ostpreußen stets einen beachtlichen Geburtenüberschuß besessen hat[12]. Was ihm allerdings entgegengewirkt hat, ist das soziale Phänomen der Abwanderung. Seit 1871 ist ein Teil der in Ostpreußen geborenen Menschen ins übrige Deutschland abgewandert, ohne daß dem eine vergleichbare Zuwanderung gegenübergestanden hätte. Dieser Wanderungsverlust ist für Ostpreußen zu einer dauernden Erscheinung geworden. Er hat in den beiden letzten Jahrzehnten des 19. Jahrhunderts solche Ausmaße angenommen, daß er mitunter sogar den Geburtenüberschuß übertroffen hat wie z. B. von 1897 bis 1900, als der jährliche Wanderungsverlust von 13,9 % bei einem gleichzeitigen Geburtenüberschuß von 12,9 % zu einer negativen Bevölkerungsbilanz geführt hat[13]. Obwohl diese extreme Situation bald überwunden worden ist, hat das Wanderungsdefizit angedauert und von 1871 bis 1933 einen Gesamtverlust von 1,028 Mill. Menschen ergeben[14]. Besonders folgenreich war, daß nicht alle Bevölkerungsgruppen gleichmäßig, sondern vorzugsweise die arbeitsfähigen Jahrgänge das Land verließen. Dadurch ist der Altersaufbau der ostpreußischen Be-

I/196), S. 152 ff. Wrzesiński (Anm. I/62), S. 23 f., schätzt zwar die polnische Minderheit in Ostpreußen auf 500 000 Personen, räumt aber ein, daß sich nur ein Bruchteil davon als nationalbewußte Minderheit fühlte.

11 Diese und die folgenden Angaben nach Heinz Rogmann, *Die Bevölkerungsentwicklung im preußischen Osten in den letzten hundert Jahren*, Berlin 1937, S. 199. Die Zahlenangaben sind nach dem Gebietsstand vom 1.1.34 berechnet. Vgl. Siegfried Konopatzki, *Die innerdeutsche Westwanderung der ostpreußischen Bevölkerung und die Erforschung ihrer Ursachen*, Phil. Diss., Leipzig 1936, S. 15.

12 Die Zahlenangaben s. bei Rogmann, *a. a. O.*, S. 212 ff.; S. 218 ff.; S. 226 f.; Hesse / Goeldel (Anm. II/9), S. 30 f.; S. 34; S. 42 f.

13 Hesse / Goeldel, *a. a. O.*, S. 48 f.; S. 46.

14 Rogmann (Anm. II/11), S. 250 ff.; S. 121. Diese Angaben beziehen sich auf den Umfang, den die Provinz Ostpreußen nach dem Ersten Weltkrieg gehabt hat, d. h. einschließlich des Reg.-Bez. Westpreußen. Die an anderen Stellen des Buches Rogmanns – s. S. 91; S. 115; S. 232; S. 234 – nachgewiesenen Wanderungsverluste ergeben abweichende Summen, weil hier die Provinzen Ostpreußen und Westpreußen z. T. noch gesondert aufgeführt sind und die Prov. Westpreußen größer gewesen ist als der nachmalige Reg.-Bez. Westpreußen. Vgl. Konopatzki (Anm. II/11), S. 16 ff.; Fritz Gause, „Die Bevölkerung", in: *Ostpreußen* (Anm. I/69), S. 100 ff.

völkerung so negativ beeinflußt worden, daß 1925 der Anteil der 15- bis 60jährigen um 6 % unter dem Reichsdurchschnitt lag und statt dessen die Kinder und Alten ein ebenso großes Plus aufwiesen [15]. Das galt allerdings nicht für die ostpreußischen Städte, in denen die Altersgruppen annähernd mit dem Reichsdurchschnitt übereinstimmten, so daß das Defizit an arbeitsfähiger Bevölkerung allein den Landgemeinden zur Last fiel.

Das Ziel der Abwandernden ist – sofern die 300 000 Auswanderer unbeachtet bleiben, die von 1871 bis 1932 ins Ausland gezogen sind [16] – in erster Linie Berlin und das rheinisch-westfälische Industriegebiet gewesen [17], Diese Gebiete strahlten dank ihrem ökonomischen Aufschwung eine Anziehungskraft aus, die bis nach Ostpreußen wirkte und einen erheblichen Teil der dortigen Bewohner in Bewegung setzte. Aber wahrscheinlich hätte dieser Einfluß wenig bedeutet, wenn ihm nicht innerhalb der Provinz gewisse Tatbestände entgegengekommen wären. Am wichtigsten war, daß infolge der überdurchschnittlichen Bevölkerungszunahme bis 1871 die Einwohnerdichte auf dem Lande einen Sättigungsgrad erreicht hatte, der unter den gegebenen Verhältnissen kaum noch gesteigert werden konnte, und daß das Aufnahmevermögen der ostpreußischen Städte nicht groß genug gewesen ist, um den natürlichen Menschenüberschuß zu absorbieren. Es kennzeichnet die soziale Situation auf dem Lande, daß die Landbevölkerung seit 1890 absolut ständig abgenommen hat und daß dementsprechend in vielen Landkreisen die Bevölkerungsdichte nicht mehr gewachsen, sondern geringer geworden ist [18]. Die Städte haben zwar von dem Menschenstrom, der die Dörfer verließ, außerordentlich profitiert und ihren Bevölkerungsanteil von 21,1 % (1871) auf 43 % (1933) erhöht [19], aber trotzdem ist der Prozeß der Verstädterung geringer gewesen als das Abwanderungsbedürfnis, so daß ein aus der Provinz hinausführendes Ventil vonnöten war.

Die Wissenschaft hat die Abwanderung vom Lande anfänglich damit begründet, daß die „Landflucht" ein Charakteristikum derjenigen Gebiete sei, in denen der landwirtschaftliche Großgrundbesitz überwiege und die eigentumslosen Landarbeiter eine Bevölkerungsklasse stellten, deren unbefriedigende soziale Lage sie dazu disponiere, jeder noch so fernliegenden Möglichkeit eines sozialen Aufstiegs zu folgen [20]. In Konsequenz dieser Theorie, die die Landarbeiter der großen Güter als das Gros der Landflüchtigen bezeichnete, wurde eine Politik der inneren Kolonisation angeraten, die die Ansiedlung der Arbeiter und die Vermehrung des kleinen Grundbesitzes bezweckte und dadurch die Landbewohner an ihre Heimat binden wollte. Aber auf die Dauer hat sich nicht

15 Batocki / Schack (Anm. I/214), S. 53; Rogmann, *a. a. O.*, S. 41 ff.; Hesse / Goeldel (Anm. II/9), S. 13 ff.; Joseph Bürgers / Franz Schmidt, *Demographie Ostpreußens* (*Schriften der Königsberger Gelehrten Gesellschaft. Naturwiss. Klasse*, Heft 6), Halle (Saale) 1930, S. 211.

16 Rogmann, *a. a. O.*, S. 236 ff.

17 *A. a. O.*, S. 115; S. 246; Konopatzki (Anm. II/11), S. 25.

18 1890 haben 1,47 Mill. Einwohner auf dem Lande gelebt, 1933 nur noch 1,33 Mill. Von 1890 bis 1925 hat die Bevölkerungsdichte in 16 Landkreisen zugenommen, in 19 Landkreisen abgenommen und in 2 Landkreisen stagniert; s. Rogmann, *a. a. O.*, S. 191 f.; S. 204 f.

19 Berechnet nach den Angaben bei Rogmann, *a. a. O.*, S. 191 f.; vgl. auch S. 210 f. und Konopatzki (Anm. II/11), S. 23.

20 Diese Theorie haben Theodor Freiherr von der Goltz, *Die ländliche Arbeiterklasse und der preußische Staat*, Jena 1893, und Max Sering, *Die Verteilung des Grundbesitzes und die Abwanderung vom Lande*, Berlin 1910, entwickelt. – Einen Überblick über die wissenschaftlichen Theorien der Landflucht in Deutschland geben Rogmann, *a. a. O.*, S. 129 ff., und Peter Quante, *Die Flucht aus der Landwirtschaft. Umfang und Ursachen der ländlichen Abwanderung, dargestellt auf Grund neueren Tatsachenmaterials*, Berlin 1933, S. 3 ff.; Schulz, „Staatliche Stützungsmaßnahmen. . ." (Anm. I/219), S. 151 ff.

verhehlen lassen, daß auch die landbesitzenden bäuerlichen Bevölkerungskreise an der Abwanderung beteiligt gewesen sind und daß das Phänomen Landflucht nicht das Attribut einer spezifischen Form der Landwirtschaft, sondern der Landwirtschaft schlechthin war. Bereits vor dem Ersten Weltkrieg ist in Ostpreußen eine ausschließliche Parallelität von Abwanderung und Großgrundbesitz nicht nachweisbar gewesen, weil auch in Landkreisen mit zahlreichem bäuerlichen Grundbesitz erhebliche Wanderungsverluste beobachtet worden sind [21]. Obwohl eingeräumt wurde, daß „die landwirtschaftliche Bevölkerung um so dünner ist, je größer der Anteil der Großbetriebe in den einzelnen Kreisen ist", zeichnete sich die Bevölkerungsentwicklung in den vorwiegend bäuerlichen Landkreisen keineswegs durch eine besonders lebhafte Dynamik aus, sondern hat infolge eines unterdurchschnittlichen Geburtenüberschusses vielfach problematische Züge angenommen [22]. Es wäre deshalb abwegig gewesen, das Bauerntum als ein sicheres Bollwerk gegen die Landflucht zu betrachten; vielmehr drängte sich die Erkenntnis auf, daß das Ausscheiden aus der Landwirtschaft „sich ebensogut auf die bäuerliche wie auf die Arbeiterbevölkerung erstreckt" und daß somit nicht die Sozialstruktur, sondern die Arbeitskapazität der Landwirtschaft ausschlaggebend für die Abwanderung sei, denn die Zahl der Arbeitsplätze sei so beschränkt, daß „der größte Teil des landwirtschaftlichen Nachwuchses oder sogar der gesamte Nachwuchs, unter Umständen auch noch ein Teil der stehenden landwirtschaftlichen Bevölkerung selbst den Beruf . . . aufgeben muß" [23]. Ein solcher grundsätzlicher Trend ließ sich nicht mehr mit innerer Kolonisation bekämpfen, sondern verlangte nach einer Vermehrung der nicht-landwirtschaftlichen Arbeitsplätze, die den Menschen zur Verfügung standen, die in der Landwirtschaft keinen angemessenen Erwerb fanden. Das hieß, daß in den bislang agrarischen Gebieten „eine gesündere Mischung der verschiedenen Wirtschaftszweige in Richtung der Vermehrung einer für landwirtschaftliche Erzeugnisse aufnahmefähigen gewerblichen Bevölkerung" eintreten mußte, wenn sie sich „wirtschaftlich und kulturell dem Reichsdurchschnitt" angleichen sollten [24].

21 Hesse / Goeldel (Anm. II/9), S. 54 ff. Vgl. Batocki / Schack (Anm. I/214), S. 87; Arthur Golding, „Die Wanderbewegung in Ostpreußen seit der Jahrhundertwende mit besonderer Berücksichtigung der Abwanderung vom Lande", in: *Zeitschrift des Preußischen Statistischen Landesamtes,* 69. Jg. (1930), S. 217, Anm. 53. Als Charakteristikum der Landkreise mit überwiegendem Großgrundbesitz ist ermittelt worden, daß dort die Bevölkerung in relativ geringem Grade ortsgebürtig gewesen ist, also einen größeren Anteil von zugewanderten Personen und deshalb eine geringere Seßhaftigkeit als die Bevölkerung vorwiegend bäuerlicher Kreise besaß. Als Ursache hierfür ist der häufige Wechsel der Landarbeiter in den Großbetrieben anzusehen; vgl. Hesse / Goeldel, *a. a. O.,* S. 65 f.; Steyer (Anm. II/9), S. 21 f.; Konopatzki (Anm. II/11), S. 65 f., hat an dem maßgebenden Einfluß des Großgrundbesitzes auf die Abwanderung weiterhin festgehalten.

22 Batocki / Schack, *a. a. O.,* S. 91; S. 93 f.; S. 148.

23 Peter Quante (Anm. II/20), S. 244 f.; S. 357; S. 345; ders., *Die Abwanderung aus der Landwirtschaft* (*Kieler Studien,* Heft 48), Kiel 1958, S. 95 f.; S. 212; S. 208. Mit einer weiteren Abnahme der landwirtschaftlichen Bevölkerung haben auch Batocki / Schack, *a. a. O.,* S. 97; S. 139; S. 169; und Steyer (Anm. II/9), S. 61, gerechnet.

24 Batocki / Schack, *a. a. O.,* S. 170. Golding (Anm. II/21), S. 220 f., hat für 1900 bis 1925 die industriellen Berufszugehörigen in den einzelnen Landkreisen mit dem Wanderungsverlust verglichen und festgestellt, daß die Kreise
mit 10 % bis 15 % industrieller Berufszugehöriger einen durchschnittlichen Wanderungsverlust von 23,5 %,
mit 15 % bis 20 % industrieller Berufszugehöriger einen durchschnittlichen Wanderungsverlust von 20,2 %,
mit 20 % und mehr industrieller Berufszugehöriger einen durchschnittlichen Wanderungsverlust von 13,4 %, bezogen auf den Bevölkerungsstand von 1900, gehabt haben.

Es kann nicht behauptet werden, daß die bevölkerungspolitischen Maßnahmen, die von Amts wegen den kontinuierlichen Menschenverlust Ostpreußens drosseln sollten, dieser Erkenntnis entsprochen hätten. Sie sind nicht mehr gewesen als Reaktionen von begrenzter Reichweite, die auf konkrete Situationen eingingen, aber die allgemeinen Voraussetzungen der bekämpften Entwicklung nicht beseitigt haben. Erstmals wurde die Alarmglocke 1891 geschlagen, als Ministerpräsident Caprivi dem „Staate erhebliche Verluste, die sich zunächst in Bezug auf Rekruten, Pferde und Steuern empfindlich machen würden", voraussagte, falls die Abwanderung aus Ostpreußen nicht aufgehalten würde[25]. Die Minister stellten fest, daß die „arbeitskräftigen Leute . . . in großer Anzahl dauernd nach den westlichen Landesteilen" abzögen, und sahen ebenso wie die Agrarwissenschaftler in der inneren Kolonisation das wirksamste Mittel gegen dieses Übel[26]. Da aber die Ansiedlung politisch und technisch noch als ungeklärt galt, wurde einstweilen einer allgemeinen Förderung der Landwirtschaft und der befristeten Zulassung ausländischer Saisonarbeiter der Vorzug gegeben[27]. Dadurch sind in erster Linie die unruhigen Landwirte beschwichtigt worden, die wegen der Abwanderung ihr Reservoir an billigen Arbeitskräften dahinschwinden sahen und gebieterisch auf einen anderweitigen Ausgleich drängten. Obwohl die Regierung nicht so weit gegangen ist, die Wanderarbeiter – wie es die Landwirte vorgeschlagen hatten – anzusiedeln und zu naturalisieren, hat sie doch seit 1890 in wachsender Zahl Saisonarbeiter aus dem russischen Teil Polens nach Ostpreußen und in die übrigen Ostprovinzen hereingelassen, um den dortigen Bedarf an Arbeitskräften zu decken[28].

Auf diese Weise wurde zwar die von den Landwirten beschworene Not behoben, aber das bevölkerungspolitische Problem der Abwanderung war um nichts gemildert. Der in der Theorie so gelobte Weg der inneren Kolonisation ist vor dem Ersten Weltkrieg nur in den nationalpolitisch umkämpften Provinzen Posen und Westpreußen ernsthaft beschritten worden; in den übrigen Gebieten waren bei Kriegsausbruch nicht viel mehr als die Anfänge einer systematischen Siedlungsarbeit vorhanden[29]. Etwas ergebnisreicher

25 *GStA*, Rep. 87, Nr. 1278: PreußMPr an das PreußStM, 19.5.91.

26 *A. a. O.*: PreußFM / PreußMfHuG an Wilhelm II., 30.7.91.

27 *A. a. O.*: PreußMfLDuF an das PreußStM, 21.6.91; vgl. Auszug aus dem Protokoll des Kronrats vom 24.6.91; PreußFM / PreußMfHuG an Wilhelm II., 30.7.91.

28 *GStA*, Rep. 87, Nr. 1279: (gedruckte) *Denkschrift über die zur Förderung der Landwirtschaft in den letzten Jahren ergriffenen Maßnahmen*, Berlin 1896, S. 11. In der Landwirtschaft sind hiernach

1892	19 000,
1893	22 000,
1894	26 000 und
1895	27 000 ausländische Arbeiter vorübergehend beschäftigt worden.

Vgl. Johannes Nichtweiß, *Die ausländischen Saisonarbeiter in der Landwirtschaft der östlichen und mittleren Gebiete des Deutschen Reiches. Ein Beitrag zur Geschichte der preußisch-deutschen Politik von 1890 bis 1914* (*Schriftenreihe des Instituts für Allgemeine Geschichte an der Humboldt-Universität Berlin*, Bd. 4), Berlin 1959, S. 35 ff. In der ostpreußischen Landwirtschaft sollen es im Juli 1908 rd. 20 000 gewesen sein; für die Zeit der Kartoffelernte kamen weitere 30 000 hinzu; s. Hansen (Anm. I/360), S. 71 f. Nach einer anderen Angabe sind vor dem Ersten Weltkrieg jährlich bis zu 26 300 ausländische Wanderarbeiter (ohne Kartoffelgräber) beschäftigt worden; s. *Die Lage der Landwirtschaft in Ostpreußen* (Anm. I/72), S. 8; Nichtweiß, *a. a. O.*, S. 259 ff.

29 *Zwanzig Jahre deutscher Kulturarbeit (1886–1906). Tätigkeit und Aufgaben neupreußischer Kolonisation in Westpreußen und Posen*, Berlin 1907; *Zwanzig Jahre deutscher Siedlungsarbeit in Ostpreußen (1906 bis 1926). Ein Überblick über die Tätigkeit der Ostpreußischen Landgesellschaft zu Königsberg*, Königsberg 1927, S. 12 f. Die Ostpr LGes ist am 8.7.05 als eine gemeinnützige Siedlungsgesellschaft gegründet worden. Der Gedanke, die Sozialstruktur des preußischen Ostens mit Hilfe der Siedlung zu reformieren, hat im letzten Jahrzehnt vor dem Ersten

sind für Ostpreußen die Versuche verlaufen, deutsche Rückwandererfamilien aus Osteuropa ins Land zu ziehen und dadurch einen Zuzug an Menschen zu verbuchen[30]. Dieses Verfahren ist besonders während des Weltkrieges fortgesetzt worden, nachdem die preußische Regierung wieder einmal die Wichtigkeit der Bevölkerungsfrage in Ostpreußen anerkannt und auf Vorschlag des Oberpräsidenten Batocki verfügt hatte, daß die rückwandernden Deutschrussen vorzugsweise nach Ostpreußen einzuweisen seien[31]. Das Ergebnis war, daß bis Ende 1916 25 000 Wolhyniendeutsche als Arbeitskräfte in die ostpreußische Landwirtschaft vermittelt worden sind[32].
Zur gleichen Zeit hat es die ostpreußische Provinzialverwaltung verstanden, die unter den kriegsbedingten Ernährungsschwierigkeiten wachsende Anziehungskraft des Landes auszunutzen und unter den Familien, die vor 1914 nach Westdeutschland gezogen waren, Rückwanderer zu werben, die per Freifahrt nach Ostpreußen befördert und ebenfalls der Landwirtschaft zugeführt wurden. Obwohl diese Aktion nur im Sommer und Herbst 1916 offen betrieben worden war und danach lediglich die sich unaufgefordert meldenden Familien berücksichtigen durfte, hat sie von 1916 bis 1919 rund 2000 Familien mit 10 800 Personen erfaßt[33].
Ein solches Eingehen auf momentane Konjunkturen hat zwar dazu beigetragen, der ostpreußischen Bevölkerungsbilanz kleine positive Akzente zu verleihen, aber auf die Dauer konnten derartige homöopathische Dosen nichts frommen. Es war denn auch unabänderlich, daß die Abwanderungsfrage in ruhigeren Zeiten wieder in voller Tragweite hervortrat. Nach dem Kriege und während der instabilen Jahre bis 1923 hat noch ein schwer berechenbarer Zustrom an Menschen stattgefunden, der unter den restriktiven Folgen, die die Währungsstabilisierung 1924 auf das Wirtschaftsleben ausübte, sogar zur Plage zu werden drohte, weil nun plötzlich ein Überangebot an Landarbeiterfamilien bestand; jedoch hat die im selben Jahr noch einsetzende Abwanderung den Arbeitsmarkt entspannt[34]. Selbst als in Westdeutschland noch keine idealen Ar-

Weltkrieg als eine leitende politische Idee Fuß gefaßt; vgl. Wilhelm Friedrich Boyens, *Die Geschichte der ländlichen Siedlung*, Bd. I, Berlin / Bonn 1959, S. 25 ff.; Schulz, „Staatliche Stützungsmaßnahmen. . . “ (Anm. I/219), S. 156 ff.

30 Hansen (Anm. I/360), S. 72: Von 1908 bis 1912 sind 626 Rückwandererfamilien aus Rußland mit rd. 3000 Personen auf ostpreußische Güter vermittelt worden. Vgl. Albert Hesse, *Der Grundbesitz in Ostpreußen* (*Grundlagen des Wirtschaftslebens von Ostpreußen*, 1. Teil), Jena 1916, S. 139 ff.

31 Vgl. die Vorgänge in *GStA*, Rep. 90, Nr. 1065. Batocki hatte dem Wiederaufbau in der kriegszerstörten Provinz das Ziel gesetzt, die Bevölkerung zu stärken und die „Menschen aller Stände und Berufe . . . unserer Provinz zu erhalten und, soweit sie hinausgehen mußten, sobald als möglich in die Provinz zurückzuführen“. Vgl. Protokoll der 1. Sitzung der Kriegshilfskommission für die Provinz Ostpreußen, 12.10.14, in: *GStA*, Rep. 90, Nr. 1059.

32 *PreußLT / HdA*, 22. LegPer, III. Session, Nr. 873: Nachtrag zur Denkschrift über die Beseitigung der Kriegsschäden in den vom feindlichen Einfall berührten Landesteilen, Sp. 32.

33 *GStA*, Rep. 90, Nr. 1069: OstprLArbA an den OPr, 30.11.26. Vgl. die Vorgänge in: *StAL*, Rep. 2, Nr. 2510. Die offene Werbung war Ende 1916 auf Betreiben der westdeutschen Wirtschaftsverbände und Wehrkreisbehörden eingestellt worden.

34 *StAL, a. a. O.*: OstprLArbA an den OPr, 31.1.24. Nach Fritz Karl Mann, „Die wirtschaftliche Lage Ostdeutschlands“, in: *Ost- und Westpreußische Wirtschaftszeitung*, 2. Jg. (1925), S. 97 ff.; ist durch diese Abwanderung „Ostdeutschland einer schweren Sorge enthoben“ worden. Ders., *Ostdeutsche Wirtschaftsforschung*. (*Schriften des Instituts für ostdeutsche Wirtschaft an der Universität Königsberg*, Heft 15), Jena 1926, S. 28, Anm. 2, hat den ostpreußischen Wanderungsgewinn der Jahre 1919 bis 1923 mit 32 210 Personen angegeben. Wenn 1924 von einem Überschuß an Landarbeiterfamilien die Rede gewesen ist, so ist zu berücksichtigen, daß in diesem Jahre ein erfolgloser Landarbeiterstreik stattgefunden hat und von den Landwirten mit umfangreichen Entlassungen beantwortet worden ist; vgl. o. I. Teil, S. 77 f.

beitsbedingungen bestanden[35], ist die Zahl der Abwanderer binnen kurzem so gestiegen, daß das Landesarbeitsamt und der Oberpräsident Anfang 1925 beschlossen, die Wanderbewegung amtlich beobachten zu lassen[36]. Wie nicht anders zu erwarten, ist ab 1926 ein zunehmender Wanderungsverlust ermittelt worden, der 1929 mehr als 20 000 Personen betragen hat und erst ab 1930, als die große Wirtschaftskrise sich auswirkte, wieder verschwunden ist[37].

Die breite Öffentlichkeit ist auf das ostpreußische Bevölkerungsproblem aufmerksam geworden, als 1926 die Presse die Berechnungen eines Königsberger Professors verbreitete, wonach der Wanderungsverlust der Provinz allein für die Zeit vom 1. September 1923 bis zum 16. Juni 1925 annähernd 160 000 Menschen betrug[38]. Obwohl diese Angabe bei den ostpreußischen Behörden auf große Skepsis gestoßen ist, weil von einer solchen ungestümen Abwanderung nichts bemerkt worden war, konnte sie mangels exakter Unterlagen nicht entkräftet werden[39], und der Oberpräsident fühlte sich bewogen, vor dem preußischen Innenminister das „Gespenst der Leere mitten in einem slawischen Meer“ zu beschwören, das nun mit Hilfe einer verstärkten Siedlung bekämpft

35 *GStA*, Rep. 90, Nr. 1069: OstprLArbA an den OPr, 30.11.26. *StAL*, Rep. 2, Nr. 2510: StadtVerw Dortmund an den OPr, 24.10.24, und LArb- u. BerufsA der Rheinprovinz an das OstprLArbA, 7.7.25, ersuchen darum, dem Zuzug aus Ostpreußen am Ausgangspunkt entgegenzuwirken, da Arbeitslosigkeit und Wohnungsnot in Westdeutschland herrschten. – Ostpr LArbA an den OPr, 13.12.24, befürchtet trotzdem eine steigende Abwanderung, da die Arbeitsmarktlage in Ostpreußen noch schlechter sei. OstprLArbA an das LArbA Westfalen und Lippe, 28.4.27, bittet darum, zu unterbinden, daß die Abwanderung aus Ostpreußen durch den Bergbau unterstützt werde.

36 *StAL, a. a. O.*: OPr an die RegPr, 4.3.25.

37 Vgl. die Berichte *ebda.*; Konopatzki (Anm. II/11), S. 20. Danach hat der Wanderungsverlust von 1926 bis 1928: 33 396 Personen betragen. Für die folgenden Jahre nennt die Provinzialstatistik:

1926–1928	33 396	Personen Wanderungsverlust,
1929	20 542	Personen Wanderungsverlust,
1930	4 119	Personen Wanderungsverlust,
1931	3 870	Personen Wanderungsgewinn,
1932	158	Personen Wanderungsgewinn,
1926–1932	54 029	Personen Wanderungsverlust.

Steyer (Anm. II/9), S. 99; *Statistische Jahresübersicht der ProvVerw Ostpr* (Anm. I/63), S. 48. Diese Zahl dürfte zu niedrig sein. Ihr stellen Rogmann (Anm. II/11), S. 250 ff., und Konopatzki, *a. a. O.*, S. 19, einen Wanderungsverlust von 94 792 Personen während der Jahre 1925 bis 1933 gegenüber. Die Provinzialstatistik hat von 1926 bis 1928 vermutlich zu niedrige Resultate ermittelt, weil sie in den Anfangsjahren nicht mit erschöpfender Genauigkeit gearbeitet hat; vgl. dazu *StAL, a. a. O.*, wo zu ersehen ist, daß im Mai 1928 Ungleichmäßigkeiten in der bisherigen Berichterstattung festgestellt worden sind. Bezeichnenderweise hat selbst der Direktor des Statistischen Amts der Provinz, Ernst Ferdinand Müller, die Verlustziffer von 94 792 Menschen akzeptiert und den Wanderungsverlust von 1925 bis 1928 mit 74 159 Personen berechnet; s. dessen Aufsatz „Bevölkerungsgeschichte und Wanderungsforschung in der Provinz Ostpreußen“, in: *Altpreußische Forschungen*, 13. Jg. (1936), S. 111. Vgl. hierzu auch Christian Krull, *Die ostpreußische Landwirtschaft. Ihre Entwicklung seit der Vorkriegszeit und ihre heutige Lage (Schriften des Instituts für ostdeutsche Wirtschaft an der Universität Königsberg*, N.F., Bd. IV), Berlin 1931, S. 25 f.

38 Mann, *Ostdeutsche Wirtschaftsforschung* (Anm. II/34), S. 28 ff. *Deutsche Tageszeitung*, 17.8.26: „Die Entvölkerung Ostpreußens“; *Volkswille* (Hannover), 25.8.26: „Abwanderung aus Ostpreußen.“

39 *GStA*, Rep. 90, Nr. 1069: OstprLArbA an den OPr, 30.11.26; OPr an den PreußMdI, 4.2.27; Rep. 203, Nr. 441: Schmahl, „Die Bevölkerungsverluste Ostpreußens durch Abwanderung“ (Sonderdruck einer gegen F. K. Mann gerichteten Abhandlung vom Oktober 1926). Schmahl veranschlagt den Wanderungsverlust von 1914 bis 1925 auf rd. 100 000 Personen, läßt dabei

werden müsse[40]. Tatsächlich hat danach die Siedlung bzw. innere Kolonisation, die seit dem Anfang der Weimarer Republik zu einem häufig zitierten staatspolitischen Grundsatz geworden war, einen kräftigen Aufschwung genommen und die Wanderungsbewegung im lokalen Rahmen günstig beeinflußt[41]. Aber auch auf diesem Wege erfüllte sich nicht die Hoffnung, daß eine größere Anzahl von Menschen aus West- und Mitteldeutschland in den bevölkerungsarmen Ostprovinzen ansässig gemacht werden könnte. Gerade Ostpreußen hat in dieser Hinsicht wenig Erfolg gehabt, denn 1931 mußte der Oberpräsident feststellen, daß die Siedler bisher fast ausschließlich Einheimische gewesen seien und daß der West-Ostsiedlung mehr Aufmerksamkeit geschenkt werden müsse[42]. Angesichts der ständigen Abwanderungsgefahr war jedoch zweifellos auch die Ansiedlung Einheimischer für die Provinz ein Gewinn. Inwieweit die Siedlungstätigkeit tatsächlich die Wanderungsbilanz entscheidend beeinflußt hat, ist allerdings mit Vorbehalten zu beurteilen, denn ihre Rekordjahre 1930 und 1931 sind mit der großen Wirtschaftskrise zusammengefallen und insofern durch abwanderungsfeindliche Faktoren begünstigt worden. Doch selbst wenn ihre positive Wirkung nicht eingeschränkt wird, bleibt es dabei, daß die Siedlungspolitik nicht an den vorwiegend agrarischen Charakter der Provinz rührte, da sie lediglich in demjenigen Wirtschaftszweig neue Arbeitsplätze schuf, der ohnehin schon das große Übergewicht besaß. Wenn aber die These stimmte, daß die Landwirtschaft – aufs Ganze gesehen – nicht zuwenige, sondern zuviele Menschen beschäftigte und deshalb in sich selbst den Zwang zur Abwanderung trug, so war von der Siedlung nur ein vorübergehender Erfolg gegen die Landflucht zu erwarten: Die Siedlergeneration ist vielleicht auf dem Lande gehalten

aber wegen fehlender Unterlagen alle zwischenzeitlichen Zuwanderungen außer Betracht. Golding (Anm. II/21), S. 205, beziffert den ostpreußischen Wanderungsverlust von 1919 bis 1925 auf 142 653 Personen, kommt also den Berechnungen Manns sehr nahe, zumal wenn der von Mann angenommene Wanderungsgewinn für 1919 bis 1923 berücksichtigt wird. Vgl. o. Anm. II/34. – Wilhelm Volz, *Die ostdeutsche Wirtschaft. Eine wirtschaftsgeographische Untersuchung über die natürlichen Grundlagen des deutschen Ostens und seine Stellung in der gesamtdeutschen Wirtschaft* (*Veröffentlichungen des Geographischen Seminars der Universität Leipzig*, Heft 1), Langensalza / Berlin / Leipzig 1930, S. 111, gibt den Wanderungsverlust von 1910 bis 1925 mit 178 100 Personen an.

40 *GStA*, Rep. 90, Nr. 1069: OPr an den PreußMdI, 4.2.27. Dieselbe Forderung ist in der Denkschrift des OPr vom 20.9.27 (*a. a. O.*, Nr. 1070) enthalten. Vgl. die Ansprache des OPr vor dem Ostpr ProvLT am 28.2.27, in der er die beschleunigte Durchführung des Siedlungsprogramms wünschte, da Ostpreußen des Zuzugs von Siedlern bedürfe; *Verhandlungen des 54. ProvLT. . .*, 28.2., 1., 2. u. 3.3.27, Königsberg 1927, S. 7.

41 Die *Statistische Jahresübersicht. . .* (Anm. I/63), S. 31, teilt über die Siedeltätigkeit in Ostpreußen mit:

Jahr	Neusiedlungen	ha	Anliegersiedlungen	ha
1925	220	3 634	367	626
1928	814	12 179	151	257
1931	2 385	26 212	1 747	6 837

Allein von 1929 bis 1932 sind 7427 Neusiedlungen ausgelegt worden. Geht man von dieser Zahl aus und nimmt an, daß ein Siedlerhaushalt durchschnittlich 5,14 (s. *Zwanzig Jahre deutscher Siedlungsarbeit. . .*, Anm. II/29, S. 45; S. 49) bzw. 4,6 Personen zählte (s. *Das ländliche Siedlungswesen nach dem Kriege*, Enquête-Ausschuß / II. Unterausschuß, Bd. 10, Berlin 1930, S. 98), so wären in der genannten Zeit 38 175 bzw. 34 150 Personen angesiedelt und dadurch von einer möglichen Abwanderung abgehalten worden. Vgl. Steyer (Anm. II/9), S. 32 f.; Golding (Anm. II/21), S. 219 f.

42 *Verhandlungen des 58. ProvLT. . .*, 23.–28.3.31, Königsberg 1931, S. 5: Eröffnungsansprache des OPr am 23.3.31. Nach Boyens (Anm. II/29), I, S. 318 f., sind von 1927 bis 1930 in Ostpreußen von zwei Gesellschaften 55 West-Ost-Siedler angesetzt worden.

worden, aber von der folgenden Generation konnte das nicht mehr mit Sicherheit erwartet werden. Anstatt der allgemeinen Wirtschaftsstruktur ist nur die Agrarstruktur Ostpreußens in geringem Umfange verändert worden, aber das hat die Tendenz zur Abwanderung nicht beseitigt.

II. DIE GEWERBLICHE WIRTSCHAFT

Die Betrachtung der Bevölkerungsverhältnisse hat gezeigt, daß in Ostpreußen ein Bedarf an nicht-landwirtschaftlichen Arbeitsplätzen bestanden hat und daß eine expandierende gewerbliche Wirtschaft aus bevölkerungspolitischen Gründen wünschenswert gewesen wäre. Inwieweit dem die Wirklichkeit entsprochen hat, muß an der Lage von Handel und Industrie während der Weimarer Republik geprüft werden.

1. Die Verkehrsverhältnisse und die Frage der Frachttarife

Zu den Grundlagen des modernen Wirtschaftslebens gehört ein leistungsfähiges Verkehrssystem. In Ostpreußen hat die Natur des Landes dem Ausbau des Verkehrsnetzes keine ernsthaften Hindernisse bereitet, so daß sich alle Formen des Transports zu Lande und zu Wasser entwickeln konnten. Der bedeutendste Verkehrsträger war die Reichsbahn, die 1926 in Ostpreußen 11,7 Mill. t Güter abgefertigt hat; die Binnenschiffahrt mit 1,7 Mill. t und die Seeschiffahrt mit 2,0 Mill. t standen weit zurück[43]. Die befestigten Kunststraßen, von denen Anfang 1933 11 600 km vorhanden waren, dienten noch vorwiegend dem Lokalverkehr, da der Bestand an Lastkraftwagen erheblich unter dem Durchschnitt des preußischen Staates lag[44]. Deshalb hatten beim Transport über mittlere und kurze Entfernungen die ostpreußischen Kleinbahnen eine wichtige Aufgabe zu erfüllen; im Betriebsjahr 1927/28 haben sie 1,07 Mill. t Güter befördert[45].

Die Reichsbahn verfügte 1926 in Ostpreußen über eine Streckenlänge von 3200 km. Die Dichte dieses Liniennetzes war im Verhältnis zur Einwohnerzahl höher, im Verhältnis zur Landfläche jedoch niedriger als der Reichsdurchschnitt[46]. Das bedeutete, daß das ostpreußische Bahnnetz relativ weitmaschig war und trotzdem den Grad der Bevölkerungsdichte übertraf. Infolgedessen widersprachen sich mitunter Verkehrsbedürfnis und Verkehrsaufkommen: Die Weitmaschigkeit des vorhandenen Netzes weckte den Wunsch nach zusätzlichen Bahnstrecken, die zu erwartende Verkehrsfrequenz stellte aber die Rentabilität der Neuanlagen von vornherein in Frage[47]. Das hat allerdings nicht verhindert, daß der Ausbau des Bahnnetzes zum ständigen Repertoir der ostpreußischen Wünsche gehörte[48]. Hatten sich vor der Währungsreform noch Mittel

43 *Statistisches Jahrbuch...*, 1928 (Anm. I/56), S. 155; S. 164; S. 175.

44 Über das ostpreußische Straßennetz s. *Statistische Jahresübersicht...* (Anm. I/63), S. 5; *Atlas Östliches Mitteleuropa* (Anm. I/63), Bl. 54; Bl. 55; *Statistisches Handbuch für die Provinz Ostpreußen* (Anm. I/69), S. 5; S. 196. Das Verhältnis zwischen Lastkraftwagen und Einwohnerzahl war 1932 in Preußen 1 : 440, in Ostpreußen 1 : 1078; s. *Statistische Jahresübersicht...*, *a. a. O.*, S. 14; *Statistisches Handbuch...*, *a. a. O.*, S. 196 f.

45 *Statistische Jahresübersicht...*, *a. a. O.*, S. 9.

46 *Statistisches Jahrbuch...*, 1928 (Anm. I/56), S. 148. Vgl. *Statistisches Handbuch...* (Anm. I/69), S. 200; *Atlas Östliches Mitteleuropa* (Anm. I/63), Bl. 56. Auf 100 000 Einwohner entfielen 144,7 km Bahnstrecke in Ostpreußen, 89,5 km im Deutschen Reich; auf 1000 qkm Fläche entfielen 88,2 km Bahnstrecke in Ostpreußen, 119,5 km im Deutschen Reich. Über die Entwicklung des ostpreußischen Eisenbahnnetzes s. Gusovius (Anm. I/69), S. 195 ff.

47 *GStA*, Rep. 90, Nr. 1070: GenDirRBahn an das Büro des RPr / RK usw., 21.12.27: Legt u. a. dar, daß das Betriebsdefizit in der RBahnDirektion Königsberg 1926 17,1 Mill. RM und 1927 rd. 22,0 Mill. RM betragen habe.

48 Vgl. z. B. *GStA*, Rep. 90, Nr. 1067: OPr, Denkschrift über das Ostpreußenprogramm, 18.4.22.

und Wege gefunden, um auf diese Wünsche teilweise einzugehen, so bereitete ab 1924 der Kapitalmangel allen derartigen Bemühungen ein Ende[49]. Die Reichsbahn, die 1927 von den Parlamenten, Länderregierungen und Wirtschaftskreisen nicht weniger als 64 Vorschläge für neue Bahnbauten erhalten hatte, konnte wegen ihrer eigenen Mittellosigkeit nichts unternehmen, und die Reichsfinanzen waren ebenfalls so angespannt, daß von ihrer Seite nur ausnahmsweise Hilfe zu erwarten gewesen wäre, z. B. wenn „im Wege einer besonderen Aktion für das eine oder andere Grenzland doch noch Reichsmittel zur Finanzierung eines außergewöhnlich dringenden Bahnbaus flüssig gemacht werden können“[50]. Obwohl die Reichsregierung grundsätzlich bereit gewesen ist, in diesem Sinne zu verfahren, hat ihr lange Zeit das Geld dafür gefehlt, und sie hat die Förderung des Bahnbaus in den Grenzgebieten seit 1930 in die Osthilfepläne übernommen, die der wirtschaftlichen Förderung der östlichen Landesteile dienen sollten; aber auch auf diesem Wege ist nichts Entscheidendes erreicht worden[51].
Wichtiger als der Ausbau der Bahnanlagen, der den Umfang von 1924 nicht nennenswert überschritten hat, ist für die ostpreußische Wirtschaft die Gestaltung der Frachttarife gewesen, die die Kostspieligkeit des Gütertransports bestimmten und deren Höhe von den Wirtschaftskreisen ständig kritisiert worden ist. Die Reichsbahn hatte 1920 versucht, die Nachteile, die die Entfernung der Grenzgebiete von den wichtigsten Produktions- und Wirtschaftszentren schuf, durch ein gestaffeltes Tarifsystem zu lindern. Seine Sätze waren für große Entfernungen relativ niedriger als für kurze Strecken, so daß z. B. die Fracht für die rd. 700 km lange Strecke Berlin – Königsberg nur so hoch war wie der einfache Kilometertarif für 490 km[52]. Trotzdem sind die interessierten Kreise Ostpreußens, zumal die Landwirtschaft, nicht zufrieden gewesen, weil sie meinten, daß ihre früheren Produktionsbedingungen weit über das Maß der Vergünstigungen hinaus, das ihnen die Staffeltarife gewährten, verschlechtert worden seien und daß ihre Konkurrenzfähigkeit innerhalb der gesamtdeutschen Wirtschaft gefährdet sei[53]. Die höhere Frachtenbelastung, die die Provinz im Vergleich zu zentral gelegenen Gebieten zu tragen habe, sollte allein bei 14 landwirtschaftlichen Erzeugnissen und Bedarfsgütern auf 15,8 Mill. RM zu veranschlagen sein[54]. Deshalb wurde gefordert, daß es nicht beim allgemeinen Staffeltarif bleiben dürfe, sondern daß für Ostpreußen eine Reihe

49 *GStA, a. a. O.*: PreußMfHuG an den PreußMdI, 1.5.23; Nr. 1068: PreußMfHuG an den PreußMdI, 5.4.24; ders. an dens., 10.7.25; Nr. 1108: GenDirRBahn an RVerkM, 28.9.27.

50 *A. a. O.*, Nr. 1108: RVerkM an den RMdI, 24.11.27.

51 Im Herbst 1928 hat der RVerkM in Königsberg erklärt, daß die RReg der RBahn die Baukosten für zwölf neue Bahnlinien vorschießen wolle, darunter auch für zwei ostpreußische Projekte; *GStA*, Rep. 90, Nr. 1110: Bericht des MRats Frankenbach über den Verlauf der Reise des RVerkM nach Königsberg, 8.10.28. Über die Osthilfepläne s. *RT*, IV, Drucks Nr. 2141: Entwurf eines Gesetzes über Hilfsmaßnahmen für die notleidenden Gebiete des Ostens, 16.6.30; *RT*, V, Drucks Nr. 901: dass., 11.3.31. – Die Streckenlänge ist in Ostpreußen zwischen 1926 und 1936 nur unerheblich von 3218,3 km auf 3228,4 km ausgedehnt worden; vgl. *Statistisches Jahrbuch. . .*, 1928 (Anm. I/56), S. 148, und *Statistisches Handbuch. . .* (Anm. I/69), S. 200.

52 Vgl. hierzu *GStA*, Rep. 90, Nr. 1108: GenDirRBahn an den RVerkM, 28.9.27.

53 Vgl. die Ausführungen des Vorsitzenden der LWK, Ernst Brandes, über „Die wirtschaftliche Lage der ostpreußischen Landwirtschaft“, in: *Georgine* vom 10.9.21.

54 *GStA*, Rep. 203, Nr. 332: LWK an ORegRat Frankenbach, 24.4.25, nebst beiliegender Denkschrift der LWK über „Eisenbahntarifarische Forderungen der ostpreußischen Landwirtschaft“. In ihrer Denkschrift „Die zeitige Lage der ostpreußischen Landwirtschaft. . . “, 1.3.27 (*GStA*, Rep. 90, Nr. 1069), hat die LWK die Frachtenbelastung mit 14 bis 15 Mill. RM angegeben; in einer von den IHK und der LWK gemeinsam verfaßten Eingabe werden 19,5 Mill. RM genannt; s. *GStA*, Rep. 90, Nr. 1071: Verband Ostpr IHK / LWK an den OPr, 29.12.27.

spezieller Ausnahmetarife bewilligt werden müßte[55]. Die Reichsbahn und das Reichsverkehrsministerium sind bemüht gewesen, den Wünschen im Rahmen des Möglichen entgegenzukommen, und haben bis zum Herbst 1927 auf 26 Positionen Tarifermäßigungen zwischen 9 % und 70 % eingeführt, wodurch der Transport ostpreußischer Lebensmittel nach Berlin und Umgebung um 19 % verbilligt worden ist[56]. Aber bei alledem hatte die Reichsbahn darauf zu achten, daß sie nicht die Konkurrenzbedürfnisse anderer Gebiete, z. B. Pommerns und Schlesiens, die auf denselben Absatzmarkt wie Ostpreußen angewiesen waren, verletzte; deshalb glaubten die Verantwortlichen Ende 1927, daß mit dem bisher Veranlaßten die Grenze des Zulässigen erreicht sei und daß das „zugunsten von Ostpreußen auf eisenbahntarifarischem Gebiete eingeleitete Hilfswerk im wesentlichen als abgeschlossen betrachtet werden" müsse[57].

Die strenge Prüfung der Tarifwünsche brachte es mit sich, daß die Entscheidungen der Reichsbahn zuweilen heftig kritisiert wurden, weil sie angeblich der Hilfsbedürftigkeit der Grenzgebiete nicht gerecht geworden waren. Selbst in Regierungskreisen wurde es gelegentlich für eine „Aufgabe von größter wirtschaftlicher und politischer Bedeutung" angesehen, „in der grundsätzlichen Einstellung der Reichsbahn Wandel zu schaffen", da die Gestaltung der Frachttarife und Fahrpläne „nicht nur für Ostpreußen, sondern auch für die anderen Grenzgebiete den wirtschaftlichen und damit auch den politischen Zusammenhang mit dem übrigen Deutschland" gefährde[58]. Besonders nachdrücklich gab im Sommer 1927 Reichsinnenminister von Keudell der Reichsbahn zu verstehen, sie möge ihren Betrieb in den notleidenden Gebieten nicht nur nach privatwirtschaftlichen Gesichtspunkten, sondern auch in Einklang mit den lokalen Bedürfnissen gestalten[59]. Doch derartige Ansinnen übersahen, daß die Reichsbahn als ein Wirtschaftsunternehmen, dessen Erträgnisse überdies für die Reparationszahlungen herangezogen wurden, nur in begrenztem Umfange auf politisch motivierte Anregungen eingehen konnte. Obwohl ihre überragende Stellung, die sie im ostdeutschen Verkehrssystem einnahm, sie zu einer gewissen Rücksichtnahme auf außerökonomische Gesichtspunkte verpflichtete, durfte ihr zugute gehalten werden, daß die wirtschaftlichen Probleme der Grenzgebiete nicht von ihr gelöst werden konnten. Dies erheischte vielmehr politische Entscheidungen, die die notwendigen finanziellen Opfer nicht einzelnen Unternehmen, sondern der Allgemeinheit auferlegten.

Diese Erkenntnis begann sich 1927 durchzusetzen, als von den Regierungen ein Hilfsprogramm für Ostpreußen vorbereitet wurde, in das die Frachtensenkung als eine aus öffentlichen Mitteln zu bestreitende Maßnahme miteinbezogen wurde. Nach Ansicht der ostpreußischen Handelskammern und Landwirtschaftskammer sollten nicht mehr einzelne Tarifänderungen, die selbst beim besten Willen nicht ausreichen könnten, sondern ein voller Ausgleich des Mehraufwandes an Frachten, der in Höhe von 19,5 Mill.

55 *GStA*, Rep. 203, Nr. 330: LWK, 28.1.24 (Anträge auf Ausnahmetarife für landwirtschaftliche Erzeugnisse und Bedarfsgüter); *GStA*, Rep. 90, Nr. 1068: Anträge der LWK auf Umgestaltung der zeitigen Frachttarife, 29.3.24; *GStA*, Rep. 203, Nr. 332: Eisenbahntarifarische Forderungen der ostpreußischen Landwirtschaft, 24.4.25.

56 *GStA*, Rep. 90, Nr. 1069: RVerkM an den RMdI, 6.8.26; Nr. 1108: GenDirRBahn an den RVerkM, 28.9.27 (Anlage: Zusammenstellung der zugunsten Ostpreußens gewährten Tarifermäßigungen). *GStA*, Rep. 203, Nr. 396: Niederschrift über Besprechung. . . , 28.2.28; seitens der RBahn werden 28 für Ostpreußen bewilligte Ausnahmetarife aufgezählt. Vgl. die Übersicht über die geltenden ostpreußischen Frachtsätze in: *Die Lage der Landwirtschaft*. . . (Anm. I/72), S. 98 ff.

57 *GStA*, Rep. 90, Nr. 1070: RVerkM an den RMdI, 8.12.27.

58 *A. a. O.*, Nr. 1069: PreußMfLDuF (Niederschrift einer kommissarischen Besprechung am 29.7.26).

59 *A. a. O.*, Nr. 1108: RMdI an den RVerkM, 15.8.27.

RM auf der ostpreußischen Wirtschaft laste, eintreten und diese Summe „Ostpreußen jährlich zur Senkung seiner Frachten zur Verfügung gestellt werden". Die Erleichterung sei für alle „Fern- und Nahfrachten, soweit sie für Ostpreußen in Frage kommen", einzurichten[60].

Die Vorschläge fielen in Berlin auf fruchtbaren Boden und wurden von den beteiligten Ministerien gemeinsam mit den ostpreußischen Behörden und Interessenten und der Reichsbahn zu einem Frachterstattungsprogramm ausgestaltet. Die Reichsbahn, die an Hand des bisherigen Verkehrsaufkommens den finanziellen Bedarf berechnet und die organisatorischen Formen der Frachterstattung geprüft hatte, wollte eine vorsichtige Linie einschlagen und die Frachterstattung nur für den Versand nach Ostpreußen zulassen, denn andernfalls würden die übrigen Grenzprovinzen Nachteile erleiden und ihrerseits einen Ausgleich verlangen. Außerdem sei der ostpreußische Binnenverkehr auszuschließen, weil hierbei die „für die staatliche Hilfsaktion maßgebenden Gründe nicht vorliegen". In der Praxis sollte die Frachterstattung als gleichmäßiger prozentualer Abschlag von der Fracht gewährt werden, der dem in Ostpreußen ansässigen Empfänger bzw. Absender zugute käme. Der Finanzbedarf für eine 17 Positionen umfassende Liste sei bei 10 % Frachterstattung auf 3,6 Mill. RM zu schätzen[61].

Die endgültigen Beschlüsse sind über den knappen Rahmen, den die Reichsbahn für die Aktion entworfen hatte, hinausgegangen, denn die Frachterleichterung für den Versand aus Ostpreußen ist den Beteiligten zu wichtig gewesen, als daß sie darauf verzichtet hätten; gerade der Landwirtschaft ging es darum, den Absatz ihrer Erzeugnisse auf dem Berliner und übrigen deutschen Markt zu erleichtern. Außerdem ist auch der innerostpreußische Verkehr teilweise berücksichtigt worden. Insgesamt sind jährlich 10 Mill. RM bewilligt und einer beim Oberpräsidenten in Königsberg gebildeten „Frachterstattungsstelle der Ostpreußenhilfe" übertragen worden. Die Frachtermäßigungen sind zunächst für 16 Warenarten in Höhe von 8 % bis 50 %, bei den wichtigsten Gütern durchschnittlich 20 %, genehmigt worden und galten ab 1. Mai 1928[62].

Auf diese Weise ist der ostpreußischen Wirtschaft ein erheblicher Vorteil zugewendet worden, der den jahrelangen Streit um die Eisenbahntarife entschärft hat. Doch selbst hiermit ließ sich nicht verhindern, daß der ostpreußische Güterverkehr von Jahr zu Jahr schrumpfte[63]. Auch die Zulassung neuer Warengruppen zur Frachterstattung oder die Erhöhung einzelner Erstattungssätze hat diese Tendenz nicht aufhalten können; erst 1932 ist sie verebbt, nicht zuletzt dank der günstigen Wirkung der Frachterstattung auf den Abtransport der landwirtschaftlichen Produkte aus Ostpreußen[64]. An

60 *A. a. O.*, Nr. 1071: Verband Ostpr. IHK / LWK an den OPr, 29.12.27; OPr an den PreußMdI, 9.1.28; Nr. 1070: OPr (an den PreußMdI), 20.9.27.

61 *A. a. O.*, Nr. 1071: RBahn / HptVerw an den PreußMPr / RMdI u.a., 28.1.28.

62 *Ebda.*: RMdI an den PreußMfHuG, 26.4.28. Die Frachterstattungsliste ist abgedruckt in: *Die Lage der Landwirtschaft*... (Anm. I/72), S. 100 ff. Vgl. ferner Konrad Nordalm, *Absatz- und Verarbeitungskosten bei den Haupterzeugnissen der ostpreußischen Landwirtschaft*, Berlin 1936, S. 67, sowie S. 19; S. 37 f.; Ulrich Bowien, *Die Durchführung der Ostpreußenhilfe und der Osthilfe in Ostpreußen*, Landw. Diss. Bonn, Poppelsdorf 1933, S. 35 f.

63 *GStA*, Rep. 90, Nr. 1075: RBahn / HptVerw an den RMdI, 23.7.29: Der ostpreußische Güterverkehr sei 1928 im Vergleich zum Vorjahr um 6 % gesunken, der Verkehr im gesamten Deutschen Reich nur um 2 %; Nr. 1078: OPr an den PreußMfHuG, 29.1.31 und 12.3.31, rechnet mit weiterem Rückgang des ostpreußischen Verkehrs; Nr. 1119: RMdI, Ergebnis der kommissarischen Beratung vom 10.5.32: Der ostpreußische Verkehr sei im Winter 1931/32 gegenüber dem Vorjahr um 8 % zurückgegangen.

64 *A. a. O.*, Nr. 1122: OPr an den PreußMfHuG, 1.11.32: Der für 1932 erwartete neuerliche Rückgang des Wirtschaftslebens sei nicht eingetreten, vielmehr der Stand von 1931 gehalten worden; RMdI, Ergebnis der kommissarischen Beratung vom 25.1.33: Der Versand von Vieh, Schweinen, Kartoffeln und Getreide habe in Ostpreußen über Erwarten zugenommen.

anderen Problemen hat es ebenfalls nicht gefehlt. So war anfänglich auf Betreiben der Interessenten englische Steinkohle in die Frachterstattung einbezogen worden, wovon man wieder abgehen mußte, weil in der Presse die „deutsche Subvention für englische Kohle" angegriffen worden war und weil befürchtet wurde, daß Polen, sobald ein Handelsvertrag mit ihm abgeschlossen wäre, für seine Kohle die gleichen Vergünstigungen verlangen würde[65]. Aus ähnlichen Erwägungen ist im Herbst 1930 auch deutsche Kohle von der Frachterstattung ausgeschlossen worden, was u. a. den Vorteil hatte, daß rund 5 Mill. RM, die bisher aus dem Fonds jährlich an die Abnehmer von Kohlen gezahlt werden mußten, für andere Zwecke verfügbar wurden[66].

Neuen Ärger gab es, als 1931 die ostpommerschen Grenzkreise in die Frachterstattung einbezogen wurden und mit einigen Erzeugnissen auf dem ostpreußischen Markt auftauchten, die dort als unliebsame Konkurrenz empfunden wurden. Da in Berlin zunächst der Standpunkt galt, daß die begünstigten Wirtschaftsbezirke in erster Linie ihren Absatz in Richtung Berlin suchen sollten und daß sie untereinander nur in Warenaustausch treten dürften, wenn dagegen kein Widerspruch laut werde, fühlte sich Oberpräsident Siehr berechtigt, den mißliebigen pommerschen Waren keine Frachterstattung mehr zu gewähren. Darauf drohte die Gegenseite 17 ostpreußischen Artikeln die gleiche Behandlung an, so daß sich ein kleiner Handelskrieg anbahnte, der leicht die gesamte Frachterstattung in Mißkredit bringen konnte. Angesichts der Unnachgiebigkeit, die namentlich die ostpreußischen Interessenten an den Tag legten, mußten die Berliner Ministerien schlichtend eingreifen und beide Seiten auf das „Prinzip der offenen Tür" verpflichten, wobei jedoch ein Posten, der Möbelversand von Stolp nach Ostpreußen, ausgenommen blieb[67].

Unbeschadet solcher Zwischenfälle kann gesagt werden, daß das Frachterstattungssystem sich als eine zweckmäßige Hilfsaktion für Ostpreußen bewährt hat, denn es schwächte die großen Standortnachteile der ostpreußischen Wirtschaft ein wenig ab. Darüber hinaus erwies sich der Fonds, der hierfür zur Verfügung stand und wiederholt nicht restlos ausgenutzt wurde, in mehreren Fällen als willkommene Geldreserve für unvorhergesehene Notfälle. So wurde 1928 und 1929 dem Königsberger Großbetrieb Union-Gießerei, der wegen Auftragsmangels zu erliegen drohte, mit 1,2 Mill. RM ausgeholfen[68], im Frühjahr 1929 erhielt die Landwirtschaft 250 000 RM als Saatgutkredit[69], ab 1930 wurden die ostpreußischen Sägewerke mit einem Frachtenbonus, der

65 *A. a. O.*, Nr. 1072: RMdI, Niederschrift über die am 4.7.28 . . . abgehaltene kommissarische Beratung über Frachtensenkung für englische Kohle; Nr. 1073: RMdI, Niederschrift über das Ergebnis der kommissarischen Besprechungen vom 6.12.28 betr. OstprH; *Frankfurter Zeitung*, 27.7.28: „Deutsche Subvention für englische Kohle. Marke: Ostpreußenhilfe".

66 *GStA*, Rep. 90, Nr. 1077: OPr an den PreußMfHuG, 1.3.30 und 17.6.30; RMdI, Aufzeichnung über das Ergebnis der kommissarischen Besprechung vom 3.7.30; RMdI, Aufzeichnung des Ergebmisses der kommissarischen Beratung vom 12.8.30.

67 *A. a. O.*, Nr. 1078: OPr an den PreußMfHuG, 29.1.31; Nr. 1119: RMdI, Ergebnis der am 16.6.31 abgehaltenen kommissarischen Beratung über Frachterstattung im Rahmen der OH; OPr an den PreußMfHuG, 3.6.31; RegPr in Köslin an den PreußMfHuG, 9.10.31; RMdI, Aufzeichnung über das Ergebnis der gemeinsamen kommissarischen Beratung der beiden Frachterstattungsbezirke vom 3.11.31; RMdI, Ergebnis der kommissarischen Beratung vom 11.4.32 und dass. vom 10.5.32.

68 *GStA*, Rep. 203, Nr. 396: Niederschrift (Frankenbachs) über Besprechung betr. Vergabe von Aufträgen an Steinfurt und Union-Gießerei, 28.2.28; RMdI an den PreußMPr, 20.4.28; Nr. 425: Vermerk (Frankenbachs) über die Chefbesprechung in der RK vom 8.7.29.

69 *GStA*, Rep. 90, Nr. 1075: RMdI, Übersicht über die Reste bzw. Einsparungen aus der OstprH 1928, 8.7.29.

für ein Kontingent Schnittholz galt, unterstützt[70], und in den Jahren 1931 und 1932 wurde der Versuch gemacht, mit 1 Mill. RM die ostpreußischen Kleinbahnen zu sanieren[71].

Die Kleinbahnen haben sich nach dem Ersten Weltkrieg in einer nahezu permanenten Krise befunden, die durch die allgemeine Schwäche des ostpreußischen Wirtschaftslebens bedingt war. Anders als die Reichsbahn, die 1927 in ihrem Direktionsbezirk Königsberg ebenfalls ein Betriebsdefizit von 22 Mill. RM zu verzeichnen hatte, es aber durch Überschüsse an anderen Stellen ausgleichen konnte[72], waren die Kleinbahnen von den Einnahmen abhängig, die sie in Ostpreußen erzielten, und die waren zu niedrig, um den Verkehr ordnungsgemäß aufrechtzuerhalten. Als chronisch unrentables Unternehmen sind sie zu wiederholten Malen durch Reich und Preußen mit Millionenbeträgen gestützt worden, und selbst 1937 waren sie noch derart ungesichert, daß ihre Übernahme durch die Reichsbahn als Ausweg aus der Misere vorgeschlagen wurde[73]. Die finanziellen Opfer, die die öffentliche Hand – mitunter widerstrebend[74] – gebracht hat, wurden damit begründet, daß die Kleinbahnen aus politischen und wirtschaftlichen Gründen nicht eingestellt werden dürften. Insbesondere ist ihr Nutzen für die Landwirtschaft stets hoch veranschlagt worden[75], obwohl unter den 1,1 Mill. t Gütern, die im Betriebsjahr 1927/28 befördert worden sind, Düngemittel und landwirtschaftliche Erzeugnisse erheblich hinter den Bau- und Brennmaterialien zurückstanden[76]. Es lag jedoch auf der Hand, daß bei der geringen Dichte des übrigen Verkehrsnetzes der Ausfall der Kleinbahnen, von denen 16 Linien mit 855 km Streckenlänge in Betrieb waren, nicht leicht verschmerzt worden wäre, denn der Nahverkehr in den ländlichen Gegenden wurde in erheblichem Umfange von ihnen getragen.

2. *Der Handel und Ostpreußen als Brücke nach Osteuropa*

Die wirtschaftlichen Beziehungen zwischen Ostpreußen und dem übrigen Deutschland sind durch die geographische Lage der Provinz ungünstig beeinflußt worden. Ostpreußen befand sich am Rande des deutschen Wirtschaftsgebietes und war in mancher Hinsicht darauf angewiesen, ein Eigenleben zu führen. Hierzu gehörte es, daß die Provinz neben ihren Beziehungen zum Mutterland einen lebhaften Verkehr mit dem benachbarten Ausland zu pflegen suchte. Ihr bzw. ihrer Hauptstadt Königsberg Streben nach einer Stellung als internationalem Handelsplatz wurde von ihrer exponierten Lage inso-

70 *A. a. O.*, Nr. 1077: RMdI, Aufzeichnung über das Ergebnis der kommissarischen Besprechung vom 3.7.30.

71 *A. a. O.*, Nr. 1119: RMdI, Aufzeichnung über das Ergebnis der kommissarischen Beratung vom 2.11.31; RMdI, Ergebnis der kommissarischen Beratung vom 10.5.32.

72 *A. a. O.*, Nr. 1070: GenDirRBahn an das Büro des RPr usw., 21.12.27.

73 *A. a. O.*, Nr. 1080: OPr an den PreußMPr, Februar 1937. Verstreute Vorgänge über Stützungsaktionen in den Jahren 1922, 1927, 1929 und 1931: *a. a. O.*, Nr. 1067; Nr. 1068; Nr. 1074; Nr. 1119.

74 1931 hat es Dammann bedauert, daß nach Ansicht der Wirtschaftsressorts die Kleinbahnen nicht durch Kraftwagenlinien ersetzt werden könnten; s. *GStA*, Rep. 90, Nr. 1119: RMdI, Aufzeichnungen über das Ergebnis der kommissarischen Beratung vom 2.11.31.

75 So z. B. von dem Vertreter des PreußMfLDuF; s. *a. a. O.*, Nr. 1110: RVerkM, Aufzeichnung über die Verhandlungen am 27.11.1928; vgl. auch Nr. 1119: RMdI, Aufzeichnung. . . vom 2.11.31.

76 Zahlenangaben über die Kleinbahnen in: *Statistische Jahresübersicht. . .* (Anm. I/63), S. 8 ff. 1927/28 sind außerdem 3,1 Mill. Fahrgäste befördert worden, davon 1,1 Mill. durch die von Königsberg ausgehende Samlandbahn.

fern begünstigt, als in dieser der Zugang zum Meer mit der direkten Verbindung zum osteuropäischen Hinterland vereinigt waren. Königsberg liegt an jener Stelle der südlichen Ostseeküste, die den östlichsten Punkt auf dem west-östlich verlaufenden Teil der Küstenlinie bezeichnet – östlich von Königsberg wendet sich die Küste nach Norden – und bei der also die relative Nähe zur osteuropäischen Landmasse mit einem Minimum an Vereisungsgefahr einhergeht. Das heißt, daß Königsberg aus klimatischen Gründen eine kürzere Vereisungsdauer als seine östlichen Konkurrenzhäfen besitzt und daß es gleichzeitig dem osteuropäischen Binnenland näher ist als alle westlicher gelegenen Häfen. Da das Mündungsgebiet des Pregel auch die natürlichen Voraussetzungen für einen Überseehafen bietet, hat der Entwicklung eines modernen Handelsplatzes nichts im Wege gestanden, sobald leistungsfähige Verkehrswege zum Hinterland geschaffen waren. Das geschah während der zweiten Hälfte des 19. Jahrhunderts, als das Eisenbahnnetz in Ostpreußen und Osteuropa ausgebaut und „Königsbergs altes Handelsgebiet ins Unermeßliche erweitert" wurde [77]. Bis nach Zentral- und Südrußland dehnte sich der Einzugsbereich des Königsberger Hafens aus, der dadurch mehr ein russischer als ein deutscher Handelsplatz zu werden schien [78]. Bezeichnenderweise ist der Bau der preußischen Ostbahn, der Mitte des 19. Jahrhunderts Danzig und Königsberg mit Berlin verband, von der Königsberger Kaufmannschaft nicht begrüßt, sondern recht zurückhaltend als eine „Aushilfe zum Verkehr nach Westen" beurteilt worden, die im Grunde genommen „keine Verbindung bringt, welche unsere geographische Lage uns anweist", und die den traditionellen „Handelsverhältnissen, in welchen wir uns mit Polen und Rußland im Osten und mit Großbritannien im Westen" befinden, nicht korrespondierte [79].

Der Fernhandel nach Ost- und Westeuropa war allerdings in hohem Maße von den außenpolitischen Konjunkturen abhängig, was namentlich in der zweiten Hälfte des 19. Jahrhunderts zu beobachten war, als Rußland sich aus politischen Gründen darum bemühte, mit zoll- und tarifpolitischen Maßnahmen seinen Warenverkehr über die eigenen Ostsee- und Schwarzmeerhäfen zu dirigieren, um so die Abhängigkeit von den Diensten des Auslandes zu mildern [80]. Diesen Druck auf Königsbergs Position beseitigte erst der deutsch-russische Handelsvertrag von 1894, der die Wettbewerbsgleichheit zwischen den deutschen und russischen Ostseehäfen festlegte und dem Verkehr zu den deutschen Häfen dieselben Tarife auf den russischen Bahnstrecken zusicherte wie dem Verkehr zu den russischen Häfen [81].

77 Andreas Dullo, *Gebiet, Geschichte und Charakter des Seehandels der größten deutschen Ostseeplätze seit der Mitte dieses Jahrhunderts* (*Staatswissenschaftliche Studien*, 2. Bd., 3. Heft), Jena 1888, S. 87. Ernst Bluhm, *Königsberg Pr. Struktur, Einwohner, Wirtschaft und Kultur der östlichsten deutschen Großstadt in ihren geographischen und historischen Zusammenhängen* (*Veröffentlichung des Geographischen Instituts an der Albertus-Universität zu Königsberg*, außer der Reihe, Nr. 3), Leipzig 1930, S. 26 ff.

78 Dullo, *a. a. O.*, S. 101; S. 122.

79 *A. a. O.*, S. 111 (Zitat aus dem Bericht der Königsberger Kaufmannschaft für 1851); vgl. S. 86 ff.

80 Peter-Heinz Seraphim, *Die Ostseehäfen und der Ostseeverkehr* (*Schriften des Instituts für Osteuropäische Wirtschaft am Staatswissenschaftlichen Institut der Universität Königsberg*), Berlin 1937, S. 63 f.

81 *A. a. O.*, S. 64 f.; Ernst Ferdinand Müller, „Zur Wirtschaftsgeschichte des Preußenlandes", in: *Deutsche Staatenbildung. . .* (Anm. I/29), S. 522 f. Allgemein über die Entwicklung Königsbergs s. Fritz Gause, „Königsberg als Hafen- und Handelsstadt", in: *Studien zur Geschichte des Preußenlandes* (Anm. I/57), S. 347 ff.

Lange Zeit ist die Getreideausfuhr die Grundlage des Königsberger Rußlandgeschäfts gewesen; nach 1894 vollzog sich ein gewisser Wandel, als die russische Brotgetreideausfuhr mehr und mehr den Weg über das Schwarze Meer nahm [82]. Königsberg spezialisierte sich fortan auf die Ausfuhr russischer Hülsenfrüchte sowie auf Flachs und Holz. Unter den Gegenlieferungen standen Heringe an erster Stelle, 64 % des deutschen Heringsexports nach Rußland sind über Königsberg abgewickelt worden [83]. Dieser Warenaustausch erfolgte weitgehend per Eisenbahn und hat bis zum Ersten Weltkrieg ein beachtliches Volumen erreicht, wobei allerdings die Menge der russischen Zufuhren die der Ausfuhr nach Rußland um ein Vielfaches überwog [84]. Etwas ausgeglichener ist der seewärtige Verkehr Königsbergs gewesen, bei dem die Einfuhr englischer Kohle und die Ausfuhr von Getreide, Hülsenfrüchten und Zellulose dominiert haben [85]. Ein großer Teil der über See verfrachteten Güter, insbesondere Getreide und Hülsenfrüchte, ist in deutsche Häfen gegangen, was davon zeugt, daß sich der Königsberger Handel mit dem übrigen Deutschland seit der Mitte des 19. Jahrhunderts intensiviert hatte [86].

Insgesamt ruhte der Königsberger und ostpreußische Handelsverkehr am Vorabend des Ersten Weltkrieges auf vier Säulen: auf dem Warenaustausch zwischen Provinz und Provinzhauptstadt, der per Eisenbahn und Binnenschiffahrt erfolgte und ein reichliches Drittel des Königsberger Gesamtumschlags ausmachte [87], ferner auf dem auswärtigen Eisenbahnverkehr, bei dem der Bezug von Getreide und Hülsenfrüchten aus Rußland und von Steinkohle aus Oberschlesien überwog, des weiteren auf der Binnenschiffahrt, die den Holztransport aus Rußland vermittelte, und schließlich auf dem seewärtigen Verkehr, den die Zufuhr englischer Kohle und der Versand von Getreide, Hülsenfrüchten und Zellulose kennzeichneten. Auffallend ist, in welchem Maße der Umschlag ausländischer Produkte vorherrschte. Einige von ihnen, wie die Zellulose, sind zwar in Ostpreußen bearbeitet worden, aber dennoch lebte der Königsberger Handel weitgehend vom grenzüberschreitenden Warenaustausch zu Lande und zur See.

An diese traditionellen Beziehungen ließ sich nach dem Ersten Weltkrieg nur schwer anknüpfen. Von seinem russischen Hinterland ist Königsberg durch zwei neue Staaten, Polen und Litauen, getrennt worden, die sowohl miteinander als auch zu Ostpreußen

82 Dullo (Anm. II/77), S. 112; Seraphim, *a. a. O.*, S. 83 f.

83 Seraphim, *a. a. O.*, S. 77 f.; S. 83 f.; S. 92; Ernst Bluhm, „Die Großstadtlandschaft Königsberg", in: *Geographischer Anzeiger*, 22. Jg. (1932), S. 189.

84 Seraphim, *a. a. O.*, S. 91 f.: Im Durchschnitt der Jahre 1911 bis 1913 hat Königsberg per Eisenbahn 87 300 t Güter ins Ausland versandt und 584 000 t von dort erhalten. Zusätzlich sind noch mehrere hunderttausend Tonnen Holz auf dem Wasserwege nach Königsberg gelangt.

85 *A. a. O.*, S. 284; S. 294: Der seewärtige Verkehr Königsbergs umfaßte im Durchschnitt der Jahre 1911 bis 1913 890 000 t Einfuhr und 1 020 000 t Ausfuhr. 1913 entfiel nahezu ein Drittel der Einfuhr auf Kohlen (309 000 t), weit über die Hälfte der Ausfuhr auf Getreide und Hülsenfrüchte (441 000 t). Die ausgeführte Zellulose wurde in den ostpreußischen Papierfabriken aus russischem Holz hergestellt.

86 Felix Werner, *Der Handel und die Kreditbanken in Ostpreußen* (*Grundlagen des Wirtschaftslebens von Ostpreußen*, IV. Teil), Jena 1917, S. 90 f.: 1913 ist von der seewärtigen Getreideausfuhr (379 000 t) ein Drittel an deutsche Häfen gegangen (126 000 t); außerdem ist anzunehmen, daß ein Teil der über die Niederlande geleiteten 62 000 t für Westdeutschland bestimmt gewesen ist (vgl. S. 88 f.). Vgl. Friedrich Benecke, *Die Königsberger Börse* (*Schriften des Instituts für ostdeutsche Wirtschaft an der Universität Königsberg*, 12. Heft), Jena 1925, S. 83.

87 Vgl. die Angaben bei Seraphim (Anm. II/80), S. 91 f. Der Königsberger Warenumschlag belief sich 1913 auf 5,2 Mill. t: 2,5 Mill. t Eisenbahn, 1,0 Mill. t Binnenschiffahrt, 1,7 Mill. t Seeschiffahrt; vgl. S. 91 f.; S. 284; Bluhm, *Königsberg. . .* (Anm. II/77), S. 222 ff. Heiss / Hillen Ziegfeld (Anm. I/58), S. 203; Müller, „Zur Wirtschaftsgeschichte des Preußenlandes" (Anm. II/81, S. 523 f.; Gause, „Königsberg. . ." (Anm. II/81), S. 350.

in gespannten Beziehungen standen und deshalb den Handelsverkehr vielfach behinderten. Außerdem besaßen beide Länder mit Danzig bzw. Gdingen und Memel eigene Ostseehäfen, die sie auf Kosten Königsbergs förderten. Aber auch in Rußland waren die wirtschaftlichen Verhältnisse so sehr verändert, daß zunächst ein Warenaustausch größeren Umfanges unmöglich war und neue Geschäftsformen entwickelt werden mußten. Trotzdem haben die Königsberger Handelskreise gerade das Rußlandgeschäft zu reaktivieren gesucht, um ihre Provinz zu einem starken Bindeglied zwischen Ost- und Westeuropa zu machen.

Seit 1920 bildete das Bekenntnis zum Osthandel ein Axiom ostpreußischer Politik, wobei die historischen Traditionen und geographischen Vorzüge geflissentlich hervorgehoben wurden. Die Aktualität dieser Bestrebungen wuchs, als im Frühjahr 1922 der Vertrag von Rapallo den Weg zur deutsch-russischen Zusammenarbeit öffnete. Im Gegensatz zu den Beziehungen zwischen Deutschland und den Westmächten, die im Schatten des Reparationsproblems standen, erschien das Verhältnis zu Rußland als ein „Heil aus dem Osten", bei dem Ostpreußen als die naturgegebene Brücke benutzt werden konnte [88]. Nirgends wurden nach den Zerstörungen des Krieges die zukunftsreichen „Perspektiven im Handelsverkehr mit den Randstaaten und Rußland" erwartungsvoller abgeschätzt als in Ostpreußen, und es war mehr als ein Schlagwort, wenn Oberpräsident Siehr seine Provinz als die „Niederlande der Ostsee" zur verbindenden Brücke zwischen Deutschland und Osteuropa herausbilden wollte [89]. Siehr hat den Vertrag von Rapallo lebhaft begrüßt, weil er sich von ihm bei entsprechender Verständigungsbereitschaft „speziell für die Zukunftsentwicklung Ostpreußens das Beste" erhoffte [90], und er hat bei den Berliner Regierungen darauf gedrungen, daß die mit diesem Vertrag begonnene Politik fortgesetzt und sowohl der direkte Handel mit Rußland als auch die „wirtschaftlichen Beziehungen zu Litauen, Lettland und Estland" geregelt würden [91].

Es darf nicht übersehen werden, daß auf deutscher Seite gewisse Vorbehalte bestanden haben, die jeden Kontakt mit dem bolschewistisch gewordenen Rußland von vornherein untergraben konnten. Während die ostpreußischen Wirtschaftskreise bereit waren, die Handelsmöglichkeiten ohne politische Nebenabsichten wahrzunehmen, ist den Wirtschaftsführern im Reich das Verlangen nicht fremd gewesen, sich der wirtschaftlichen Notlage Rußlands zu bedienen, um durch „restloses Ausräumen der Staatswirtschaft, die nur die Wirtschaft lähmt und tötet", im Innern Rußlands eine „ausreichende Betätigungsmöglichkeit für ausländische Wirtschaftskräfte aller Art" zu schaffen. Die Macht hierzu glaubte man zu haben, weil man der jungen Sowjetunion „in keiner Weise die Fähigkeit und die Möglichkeit [zutraute], sich eigensinnig den Bedingungen des weltwirtschaftlichen Verkehrs zu widersetzen", und da man sich dem Vorurteil hingab, daß „Ingenieure, Kaufleute und Vorarbeiter unbedingt aus Deutschland kommen [müßten], da auch nur der Deutsche die Eigenschaft besäße, den russischen Arbeiter

88 *RT*, I, S. 5470: Hensel (DNVP) am 21.1.22.

89 Mann, *Die neuen Aufgaben des Instituts für ostdeutsche Wirtschaft* (Anm. I/155), S. 6; *Verhandlungen des 48. ProvLT der Prov Ostpr*, 15.–22.3.22, Königsberg 1922, S. 2: Eröffnungsansprache des OPr am 15.3.22; Ernst Siehr, „Ostpreußen als Brücke nach Rußland", in: *Der Wiederaufbau*, Nr. 10 vom 3.8.22, S. 146; ders., „Ostpreußen nach dem Kriege" (Anm. I/29), S. 671; S. 665 f.

90 *Verhandlungen des 50. ProvLT der Prov Ostpr*, 14.–17.3.23, 20.3.23, Königsberg 1923, S. 2: Eröffnungsansprache des OPr am 14.3.23.

91 *GStA*, Rep. 90, Nr. 1067: OPr, Denkschrift über das Ostpreußenprogramm, 18.4.22.

wieder zur Arbeit anzustellen"[92]. Ganz in diesem Sinne haben bei den internen Besprechungen über ein deutsch-russisches Handelsabkommen die Industriellen geäußert, daß die Zeit für ein solches Abkommen erst reif sei, wenn die Vertreter der deutschen Wirtschaft „festen Fuß in Rußland gefaßt hätten", und daß einstweilen „jede Gelegenheit zu benutzen [sei], um das russische Außenhandelssystem zu durchlöchern"[93].

Im Unterschied dazu sind die Königsberger Handelskreise dafür eingetreten, die bestehenden Verhältnisse in der Sowjetunion zu respektieren und keinerlei „grundsätzliche Forderungen an Rußland zu stellen, die dieses Land in seinem augenblicklichen Zustande zu erfüllen ganz außerstande ist"[94]. Obwohl im Kriege noch über die „Zukunftsaufgaben" spekuliert worden war, die die „wirtschaftliche Angliederung der von Rußland abgetrennten Randstaaten" dem ostpreußischen Handel bescheren und die Königsberg zum Brennpunkt der „anzubahnenden wirtschaftlichen Beziehungen mit den neuen Randstaaten, mit Rußland und der Ukraine", machen sollten[95], haben sich die Königsberger Geschäftsleute nach 1919 auf den Boden der Tatsachen gestellt und dementsprechende Initiativen entwickelt. Der wichtigste Schritt war die Gründung des Meßamtes Königsberg im Sommer 1920, das gemeinsam von der Stadt und der Handelskammer getragen wurde und als Veranstalter der Deutschen Ostmesse Königsberg fungierte[96]. Die erste Ostmesse wurde bereits am 26. September 1920 in Anwesenheit des Reichspräsidenten und des Reichswirtschaftsministers eröffnet. Das Unternehmen konnte sich, vom Reich und Preußen finanziell unterstützt, binnen kurzem ein ausgedehntes eigenes Ausstellungsgelände zulegen. Die Messen fanden von 1921 bis 1927 zweimal jährlich, im Februar und August, und ab 1928 nur noch einmal jährlich, im August, statt. Ihr Zweck war es, „die Aufmerksamkeit der maßgebenden Kreise in den Oststaaten von neuem auf die deutsche Industrie und ihre Fabrikate zu lenken und ihnen gleichzeitig eine Gelegenheit zum Einkauf aller derjenigen Erzeugnisse zu liefern, die sie für den Wiederaufbau ihres Wirtschaftslebens benötigen"[97]. Auf diese Weise wollte man sich für den Zeitpunkt rüsten, „in dem das russische Reich . . . wieder in den Weltverkehr eintreten wird" und Deutschlands Handel und Industrie in den Genuß ihres traditionellen Anteils am Rußlandgeschäft kommen sollten[98]. Ein Anfangserfolg wurde hierbei im August 1922 erzielt, als sich erstmals russische Handelsorganisationen

92 *GStA*, Rep. 203, Nr. 113: (gedruckter) Bericht des RT-Abg. Dr. Otto Hugo (DVP) über die wirtschaftlichen Verhältnisse in Rußland, Mai 1922. Hugo war geschäftsführendes Vorstandsmitglied des Reichsverbandes des Deutschen Ein- und Ausfuhrhandels; s. Horkenbach, 1930, (Anm. I/2), S. 688.

93 *GStA*, Rep. 203, Nr. 114: Aktenvermerk über die Besprechung im RWiM am 11.4.23; Aktenvermerk über die Besprechung im AA am 10.4.24.

94 *A. a. O.*, Nr. 141: Wirtschaftsinstitut für Rußland und die Randstaaten, (gedruckter) Bericht der 1. ordentlichen Jahresversammlung (Mai 1922 bis Mai 1923), S. 14.

95 *PreußLT / HdA*, Drucks Nr. 1293: Bericht des Abg. Jany über die Besichtigungsreise der Mitglieder des verstärkten Haushaltsausschusses des Abgeordnetenhauses nach Ostpreußen im August 1918, Anlage VII a (Bericht des Präsidenten der HK Königsberg, Heumann) und Anlage VII c (Denkschrift des Magistrats von Königsberg vom 24.8.18).

96 Walter Flach, *Die Deutsche Ostmesse. Ein Beitrag zur Entwicklung des Randmessenproblems* (*Schriftenfolge Osteuropäischer Aufbau*, Heft 12), Königsberg / Berlin 1927, S. 56 ff. Weiteres Material s. in: *GStA*, Rep. 90, Nr. 940; Rep. 203, Nr. 298; Hans Westenberger, „Die Deutsche Ostmesse Königsberg Pr.", in: *Ostpreußen. Seine Entwicklung und seine Zukunft* (*Deutsche Stadt – Deutsches Land*, Bd. I), hrsgg. von Erich Köhrer und Max Worgitzki, Berlin-Charlottenburg 1922, S. 66 ff.; Forstreuter, „Von Versailles bis Potsdam" (Anm. I/69), S. 213 f.)

97 Westenberger, *a. a. O.*, S. 66.

98 *A. a. O.*, S. 68.

an der Messe beteiligten und die amtlichen Vertreter aus der Sowjetunion „von dem großen Wert einer engeren Zusammenarbeit mit der Deutschen Ostmesse und dem Königsberger Handel" überzeugt werden konnten[99].

In der richtigen Erkenntnis, daß es nicht nur darauf ankam, die potentiellen Handelspartner für die Produkte der deutschen Industrie zu interessieren, sondern daß auch deutscherseits der veränderte osteuropäische Markt fortlaufend und genau beobachtet werden mußte, ist im Frühjahr 1922 vom Meßamt und interessierten Wirtschaftskreisen in Königsberg das Wirtschaftsinstitut für Rußland und die Oststaaten gegründet worden[100]. Es finanzierte sich aus Mitgliedsbeiträgen und Zuschüssen seiner Gründerorganisationen und hatte die Aufgabe, über die wirtschaftliche Entwicklung Osteuropas laufend zu berichten und Auskünfte zu erteilen. Die erforderlichen Informationen wurden an zahlreichen Plätzen durch Verbindungen mit den amtlichen Handelsorganen, durch Informationsreisen und durch ehrenamtlich tätige Vertrauensleute bezogen; seit 1926 hat eine amtlich genehmigte Geschäftsstelle in Moskau bestanden. Die Informationen wurden in der Zeitschrift *Der Osteuropa-Markt* und in verschiedenen Schnelldiensten und Korrespondenzen publiziert. Innerhalb Deutschlands erwarb sich das Wirtschaftsinstitut unter Behörden, Wirtschaftsverbänden und Einzelfirmen einen Interessenten- und Mitgliederkreis, der von Geschäftsstellen in Berlin, Essen und Sachsen betreut wurde. Neben der informatorischen Tätigkeit ist das Institut bemüht gewesen, den Handelsverkehr durch die ebenfalls 1922 gegründete Deutsch-Russische Warenaustauschgesellschaft mbH praktisch zu fördern, indem diese Gesellschaft den Vertrieb der osteuropäischen Waren übernahm und aus deren Erlös die Lieferungen deutscher Exporteure bezahlte. Denn die Hauptschwierigkeit für einen intensiven Ost-West-Handel bestand darin, daß in Osteuropa zwar ein großer Einfuhrbedarf vorhanden war, aber der gleichzeitige Mangel an Devisen entweder die Lieferung auf Kredit oder im Austausch gegen einheimische Produkte erheischte. Da die Kreditmöglichkeiten auf deutscher Seite sehr begrenzt waren, mußten die deutschen Exporte durch Gegenlieferungen kompensiert werden, für die es Abnehmer zu finden galt. Als Vermittler in diesem Geschäft wollte die Deutsch-Russische Warenaustauschgesellschaft auftreten, um dem deutschen Exporteur die Suche nach Interessenten für die osteuropäischen Waren abzunehmen.

Trotz allen Anstrengungen hat sich der Rußlandhandel nicht so entwickelt, wie es unmittelbar nach Abschluß des Rapallovertrages erhofft worden ist. Das hatte für das Wirtschaftsinstitut insofern bedeutsame Konsequenzen, als die sinkenden Mitgliedsbeiträge und die finanzielle Leistungsunfähigkeit seiner Gründerorganisationen es seit 1926 auf öffentliche Zuschüsse, u. a. vom Auswärtigen Amt, anwiesen. Noch einschneidender war, daß sich die maßgebenden deutschen Wirtschaftskreise unter dem Druck der Tatsache, daß der Handel mit Rußland großer Kredite bedurfte und die Beschaffung solcher Kredite die Kräfte eines einzelnen Unternehmens überstieg, zur Gründung eines Rußlandausschusses der deutschen Wirtschaft schritten, der vom Reichsverband der Deutschen Industrie, dem Reichsverband des Deutschen Groß- und Überseehandels, dem Zentralverband des Deutschen Bank- und Bankiergewerbes und dem Deutschen Industrie- und Handelstag getragen wurde. Der überlegenen Autorität und Kompetenz dieses Gebildes mußte sich das Königsberger Wirtschaftsinstitut bald beugen. Ende 1928 kam zwischen beiden Seiten eine Vereinbarung zustande, die alle

99 *GStA*, Rep. 203, Nr. 113: Direktion der DOK, Die Beteiligung russischer Organisationen an der 5. Deutschen Ostmesse Königsberg/Pr.

100 Flach (Anm. II/96), S. 59 f. Weiteres Material hierüber: *GStA*, Rep. 203, Nr. 141; Rep. 90, Nr. 940.

praktischen wirtschafts- und handelspolitischen Angelegenheiten dem Rußlandausschuß überwies und dem Wirtschaftsinstitut nur noch die wissenschaftliche Beobachtung der osteuropäischen Wirtschaftsverhältnisse ließ. Letzteres mußte auch auf seine Mitglieder und deren Beiträge verzichten, wofür es vom Reichsverband der Deutschen Industrie mit einer jährlichen Pauschale von 36 000 RM entschädigt wurde. Lediglich die wirtschaftspolitischen Belange ostpreußischer Interessenten durfte das Institut nach dem 1. Januar 1929 noch in der gewohnten Weise wahrnehmen. Dieser Vorgang läßt erkennen, daß der Versuch der ostpreußischen Wirtschaftskreise, ihre Provinz dank eigener Aktivität zum zentralen Vermittlungspunkt zwischen Osteuropa und der deutschen Wirtschaft zu machen, gescheitert war. Unter den Bedingungen der Nachkriegszeit war der Osthandel ein Politikum geworden, das vom politischen Zentrum aus behandelt werden mußte und das des konzentrierten Einsatzes der vorhandenen Mittel bedurfte. Ostpreußen mußte sich deshalb auf die Aufgaben beschränken, für die es seine geographische Lage prädestinierte: auf die werbende Funktion der Deutschen Ostmesse und auf die beobachtende Funktion des Wirtschaftsinstituts.

In der zweiten Hälfte der 20er Jahre ist den Verantwortlichen in Ostpreußen nicht verborgen geblieben, daß ihr Ziel, die Provinz in die „Niederlande der Ostsee" zu verwandeln, nicht erreicht worden war. Die politischen Beziehungen zu den Nachbarstaaten Polen und Litauen wollten sich nicht bessern, handelspolitische Verhandlungen zogen sich lange Zeit ergebnislos hin, und der Verkehr mit der Sowjetunion kam nur langsam in Gang bzw. blieb ständig von Stagnation bedroht[101]. Das schloß allerdings nicht aus, daß die ostpreußischen Anstrengungen von sowjetischer Seite anerkannt und daß der 1922 aufgenommenen „wirtschaftlichen Zusammenarbeit Ostpreußens mit der UdSSR deutliche und positive Resultate" bescheinigt wurden. Es konnte auch Interesse am Ausbau der beiderseitigen Beziehungen bekundet und beteuert werden, „daß die Sowjetregierung den leitenden Kreisen Ostpreußens bei ihrer . . . Lösung des ostpreußischen Problems entgegenzukommen bereit sein wird", aber gleichzeitig hieß es, daß dies nur im Rahmen der gesamten deutsch-sowjetischen Beziehungen geschehen könne[102]. Ungeachtet dieses Hinweises unternahm im April 1929 eine ostpreußische Delegation mit Oberpräsident Siehr an der Spitze den Versuch, das sowjetische Wohlwollen an Ort und Stelle zu erproben. Sie durfte zwar von ihrer Reise nach Leningrad, Moskau und Südrußland die Zusage mitbringen, „daß die UdSSR gern die Exportmöglichkeiten Ostpreußens ausnutzen werde, da dadurch die Rekonstruktion der sowjet-russischen Landwirtschaft beschleunigt werden könne"[103]. Aber der Eindruck, daß landwirtschaftliche Qualitätserzeugnisse wie Saatgut und Zuchtvieh in Rußland einen aufnahmebereiten Markt fänden und daß Königsberg als russischer Einfuhrhafen an Bedeutung gewinnen werde, blieb ohne rechte Konsequenzen[104]. In der Zeit allgemeinen wirtschaftlichen Rückgangs, die 1929 einsetzte, mußte sich der Erfolg solcher Kontakte im Atmosphärischen erschöpfen, was um so mehr galt, als das sowjetische Entgegen-

101 Vgl. die Ansprachen des OPr Siehr auf den Provinziallandtagen von 1926 bis 1930; *Verhandlungen des 53. ProvLT der Prov Ostpr,* Königsberg 1926, S. 2; *54. ProvLT,* Königsberg 1927, S. 3; *56. ProvLT,* Königsberg 1929, S. 4; *57. ProvLT,* Königsberg 1930, S. 4; ferner Mühlenfels (Anm. I/70), S. 7 ff.

102 *Izvestija,* 3.10.28: „Das Problem Ostpreußen" (nach einer Übersetzung aus dem Wirtschaftsinstitut; *GStA,* Rep. 203, Nr. 113). Vgl. *Sovetskaja Torgovlja,* 8.8.29: „Die Handelsbeziehungen zwischen der UdSSR und Ostpreußen" (*ebda.*).

103 *Osteuropamarkt,* 9. Jg. (1929), S. 216: „Rußlandreise der Ostpreußen-Delegation".

104 *GStA,* Rep. 90, Nr. 1085: Reisebericht über die Pressestudienfahrt nach Ostpreußen (8.6.29); *LVO,* 4.5.29: „Die Ostpreußen-Abordnung aus Sowjetrußland zurück".

kommen eigentlich an Berlin adressiert war, wo der Hinweis auf die guten Dienste, die man im Falle Ostpreußens leisten könne, die handelspolitische Konzessionsbereitschaft stärken sollte.

Unter diesen Umständen ist es nicht verwunderlich, daß der ostpreußische Rußlandhandel der 20er Jahre gegenüber der Vorkriegszeit abfiel. Obwohl die technischen Schwierigkeiten, die die neuen Ländergrenzen bereiteten, 1925 durch ein Eisenbahnabkommen soweit wie möglich beseitigt worden waren[105] und die Königsberger Bank- und Handelskreise sich bemühten, mit Krediten den Warenaustausch zu fördern[106], konnten diese Anstrengungen die allgemeine Ungunst der Verhältnisse nicht wettmachen; der Handel mit Rußland erreichte nur einen Bruchteil des früheren Umfanges[107]. Selbst der Erfolg, daß die alte Stellung in der Ausfuhr russischer Hülsenfrüchte wiedererlangt wurde, war angesichts des verringerten Warenumsatzes sehr relativ. Die Getreideausfuhr des Königsberger Hafens, die mit 324 000 t im Durchschnitt der Jahre 1926 bis 1930 noch beachtlich gewesen ist, bestand nun vorwiegend aus der ostpreußischen Produktion[108]. Besser behauptet hatte sich teilweise die Zufuhr von Holz und die Ausfuhr von Zellulose[109], aber für die Provinz insgesamt überwogen auch in diesem Punkt die Nachteile, da der Flößereibetrieb auf der Memel den politischen Gegensätzen zwischen Polen und Litauen zum Opfer gefallen war und die Einfuhr von Bau- und Nutzholz stark reduziert wurde[110]. Der allgemeine Rückgang des ausländischen Warenverkehrs ist an der ostpreußischen Kohlenversorgung ebenfalls nicht vorübergegangen. Bis 1914 ist die Konkurrenz Englands und Oberschlesiens in der Provinz maßgebend gewesen, während der Kriegs- und Nachkriegszeit haben Steinkohle aus Westfalen und Braunkohle aus Mitteldeutschland den Weg nach Ostpreußen gefunden und einen dauernden Marktanteil gewonnen. Englische Kohle, die ab 1922 wieder bezogen wurde, hat ihre frühere Position nicht mehr erreicht[111].

Aus alledem folgte, daß die Königsberger Handelsbeziehungen stark an Internationalität verloren hatten. Der Verkehr konzentrierte sich auf das nahe Hinterland in der Provinz und auf das übrige Deutschland. Der Versuch, die Rolle eines Mittlers zwischen

105 Seraphim (Anm. II/80), S. 67. Es ist eine über Litauen und Lettland laufende Route eröffnet worden.

106 Hans Thiedemann, *Der ostdeutsche Geldmarkt* (*Schriften des Instituts für ostdeutsche Wirtschaft an der Universität Königsberg*, 16. Heft), Jena 1928, S. 15, Anm. 1.

107 Von 1926 bis 1930 betrug die durchschnittliche Zufuhr von Getreide und Hülsenfrüchten aus dem Ausland 65 400 t, von 1911 bis 1913 sind es 339 000 t gewesen; Seraphim (Anm. II/80), S. 149; S. 92. Über die Folgen der Trennung von Rußland s. auch Hesse, „Die Einwirkungen der Gebietsabtretungen. . ." (Anm. I/58), S. 96 f., sowie allgemein über die Lage Königsbergs nach dem Ersten Weltkrieg Bluhm, *Königsberg*. . . (Anm. II/77), S. 226 ff., und Rolf Oldewage, „Die wirtschaftliche Bedeutung und Entwicklung der Seehäfen in den deutschen Ostgebieten", in: *Die deutschen Ostgebiete*. . . (Anm. I/60), S. 227 f.

108 Seraphim, *a. a. O.*, S. 294 f.; Mühlenfels (Anm. I/70), S. 15.

109 Von 1926 bis 1930 hat Königsberg durchschnittlich 370 000 t Holz erhalten und 172 000 t Zellulose ausgeführt; Seraphim, *a. a. O.*, S. 148 f.; S. 224 f.

110 Otto Höhn, *Der ostpreußische Holzhandel nach dem Kriege* (*Schriften des Instituts für ostdeutsche Wirtschaft an der Universität Königsberg*, 11. Heft), Jena 1925, S. 62 ff.; Mühlenfels (Anm. I/70), S. 11.

111 Die Kohleneinfuhr über den Königsberger Hafen hat sich infolge der verschlechterten Landverbindungen gegenüber der Vorkriegszeit erhöht: 1909–1913: 351 000 t, 1926–1930: 433 000 t; während aber 1909 alle seewärts gelieferte Kohle (486 000 t) aus England kam, traf das 1926 von insgesamt 371 000 t nur noch für 193 000 t zu; s. Hans Runge, *Die Kohlenversorgung Ostpreußens* (*Schriften des Instituts für ostdeutsche Wirtschaft an der Universität Königsberg*, 10. Heft), Jena 1923, Anhang, Tab. I; Tab. II a; Seraphim (Anm. II/80), S. 149; S. 294 f.; *GStA*, Rep. 90, Nr. 1070: Königsberg. Ein Führer durch die Wirtschaft der östlichsten deutschen Großstadt.

Ost- und Westeuropa zu übernehmen, hat nur einen bescheidenen Erfolg gehabt. „Von einem Hafenplatz immerhin beachtlicher Transitbedeutung ... ist der Königsberger Hafen zu einem – zweifellos allerdings nicht unwichtigen – Verkehrsplatz vorwiegend lokaler Bedeutung geworden[112]."

3. Die Industrie und das Problem der Industrialisierung

In Ostpreußen sind Industrie und Handwerk verhältnismäßig schwach entwickelt gewesen; 1925 entfielen 204 914 = 19,2 % aller Erwerbstätigen der Provinz auf diese Wirtschaftsabteilungen[113]. Allein 108 755 Personen sind davon im Handwerk tätig gewesen, so daß zur Industrie im engeren Sinne nur 9 % der Erwerbstätigen rechneten[114]. Das Fehlen von Bodenschätzen und die dominierende Agrarstruktur haben verhindert, daß sich ein gewerbliches Leben größeren Ausmaßes entwickeln konnte. Dennoch haben die Fortschritte der Technik und das steigende Konsumbedürfnis den Aufstieg einzelner Branchen und Unternehmen ermöglicht, die sich in den Jahrzehnten ökonomischer Stabilität vor 1914 gefestigt haben und die in der Provinz sowie im übrigen Ostdeutschland ihren Markt fanden. Zu ihnen gehörten in Elbing die metallverarbeitenden Schichau-Werke und die Komnick-Werke, in Königsberg die Union-Gießerei und die Waggonfabrik Steinfurt, aber auch die Elbinger Zigarrenfabrik von Loeser und Wolff ist zu erwähnen. Diese industriellen Unternehmen überragten bereits die Schranken der regionalen Bedeutung und waren auf ein erweitertes Absatzgebiet angewiesen. Neben ihnen entstanden ebenfalls bedeutende Anlagen der holzverarbeitenden Industrie, die von den Standortvorteilen, die die Provinz ihnen bot, profitierten. Die Sägewerke und Zellulosefabriken bezogen ihren Rohstoff aus den nahegelegenen osteuropäischen Waldgebieten und verfrachteten ihre Produkte per Bahn oder Schiff nach Westen. Sie arbeiteten nur teilweise oder, wie die Zellulosefabriken, überhaupt nicht für den ostpreußischen Markt.

Die politischen Folgen des Ersten Weltkrieges haben die ostpreußische Industrie schwer getroffen. Sowohl ihr Absatzgebiet als auch ihre Rohstoffquellen waren empfindlich beschnitten worden. Die Inflationsjahre haben zwar erleichterte Konkurrenzbedingungen gegenüber dem benachbarten Ausland geschaffen, aber nach der Stabili-

112 Seraphim, *a. a. O.*, S. 148; vgl. Mühlenfels (Anm. I/70), S. 13 ff.

113 *Statistisches Jahrbuch für das Deutsche Reich*, 1928 (Anm. I/56), S. 26. Die Verteilung der Erwerbstätigen auf die einzelnen Wirtschaftsgruppen s. bei Batocki / Schack (Anm. I/214), S. 106.

Gewerbezweig	Anzahl der Erwerbstätigen	
Baugewerbe		46 419
Nahrungs- und Genußmittelgewerbe		32 607
darunter Zigarrenherstellung	3 513	
Bekleidungsgewerbe		31 904
Holz- und Schnitzstoffgewerbe		27 161
darunter Säge- und Furnierwerke	8 997	
Maschinen-, Apparate- und Fahrzeugbau		15 608
Herstellung von Eisen-, Stahl- und Metallwaren		13 356
Papierindustrie und Vervielfältigungsgewerbe		9 157
darunter Papiererzeugung	5 495	
Industrie der Steine und Erden		10 643
darunter Ziegelindustrie	7 811	

114 Batocki / Schack, *a. a. O.*, S. 107 f.

sierung der Währung begann sich die beschränkte Lage Ostpreußens in vollem Maße auszuwirken. Insbesondere die metallverarbeitenden Unternehmen gerieten in einen Strudel von Schwierigkeiten, der sie zwang, ihre Betriebe einzuschränken, stillzulegen oder organisatorisch zu verändern. Den Niedergang leitete der Konjunkturrückschlag ein, der Ende 1923 unter den restriktiven Wirkungen der Währungsstabilisierung einsetzte und der, falls die verminderten Aufträge ein Überleben nicht gestatteten, mit Krediten überbrückt werden mußte. Im allgemeinen ist die bessere Rentabilität, die von der Zukunft erhofft worden ist, ausgeblieben, so daß die aufgenommenen Schulden nicht abgedeckt und neue Kredite bald nicht mehr beschafft werden konnten. Auf diese Weise wurde der Appell an die staatliche Hilfe zur letzten Zuflucht. Die Berliner Regierungen haben sich dieser Situation nicht verschlossen, aber auch ihr Leistungsvermögen war begrenzt und konnte auf die Dauer schwerwiegende Eingriffe in die Substanz einzelner Unternehmen nicht verhindern.

Zuerst ist das bei den Elbinger Schichau-Werken der Fall gewesen, die jahrelang von den Regierungen finanziell gestützt worden sind und schließlich doch nur gerettet werden konnten, indem das Reich und Preußen das Familienunternehmen 1929 aufkauften und in eine GmbH umwandelten. Selbst das ist ein Schritt gewesen, der – wie der Reichshaushaltsausschuß festgestellt hat – „allein mit wirtschaftlichen Gründen nicht gerechtfertigt werden" konnte, sondern bei dem „schwerwiegende Gründe nationalpolitischer, bevölkerungspolitischer und arbeitsmarktpolitischer Art" den Ausschlag gegeben hätten[115].

Nachdem die Schichau-Werke in öffentlichen Besitz übergegangen waren, sind sie zu dem Instrument geworden, mit dem bei der Sanierung bzw. Liquidierung anderer ostpreußischer Großunternehmen eingegriffen und einzelne Fabrikationsstätten am Leben erhalten werden konnten. Das traf namentlich für die Union-Gießerei in Königsberg und die Unternehmen des Elbinger Fabrikanten Franz Komnick zu, die seit 1928 in wachsende Schwierigkeiten geraten waren und in ihrer bisherigen Form nicht mehr bestehen konnten. Von Komnick haben die Schichau-Werke eine Maschinenfabrik und aus der Konkursmasse der Union-Gießerei eine Schiffs- und Maschinenbauabteilung übernommen, so daß wenigstens ein Teil der gefährdeten Arbeitsplätze gesichert worden ist[116].

Die Vorgänge bei Schichau, Komnick und der Union-Gießerei haben gezeigt, daß die ostpreußische Großindustrie eine krisenanfällige Struktur besessen hat. Ihre Produktion ist in erheblichem Umfange auf den Bau von Verkehrsmitteln – Schiffe, Motorfahrzeuge und Lokomotiven – ausgerichtet gewesen, deren Absatz unter den veränderten Nachkriegsverhältnissen ins Stocken geraten war. Die Nachfrage nach diesen Erzeugnissen ist auf dem ostpreußischen Markt relativ gering gewesen, so daß schon in der Vorkriegszeit die Bestellungen der öffentlichen Hand das Fundament der Produktion bildeten. Die Reichsbahn, die Post, das Heer und die Marine sowie die kommunalen Verkehrsunternehmen waren die Auftraggeber, denen die ostpreußische Großindustrie ihre Blüte verdankte[117]. Sobald sich deren Aufträge verringerten, wurden die Un-

115 *RT*, IV, Drucks Nr. 892: Entwurf eines Gesetzes über die Sanierung des Schichau-Unternehmens, 14.3.29; Drucks Nr. 91: Bericht des Haushaltsausschusses, 27.4.29; *RT*, IV, S. 1972 ff.: Sitzung am 16.5.29.

116 Material über die Vorgänge bei der Union-Gießerei und bei Komnick s. *GStA*, Rep. 90, Nr. 1084; Rep. 203, Nr. 396; Nr. 425.

117 Es wurde gelegentlich unumwunden zugegeben, daß „eine eisenverarbeitende Industrie im Osten von jeher keine eigentliche Daseinsberechtigung besessen" habe und „im wesentlichen auf Zuweisung von Staatsaufträgen angewiesen gewesen" sei. *A. a. O.*, Nr. 1086: Waggonfabrik L. Steinfurt AG an den RK, 14.1.31.

ternehmen an ihrer Wurzel getroffen. Es war deshalb in der Logik der Situation begründet, wenn der Staat selbst die Sanierung der notleidenden Betriebe übernehmen und sie unter seinen direkten Einfluß stellen mußte. Dabei war es unvermeidbar, daß der Umfang der ostpreußischen Großbetriebe auf ein vertretbares Maß reduziert wurde. Am deutlichsten hat sich der Schrumpfungsprozeß an der Union-Gießerei vollzogen, deren Hauptwerkstätten stillgelegt wurden; aber auch bei Komnick und Schichau ist das Produktionsprogramm drastisch eingeschränkt worden. Das bedeutete, daß der industrielle Sektor, der in Ostpreußen ohnehin schwach vertreten gewesen ist, unter dem Druck der Krise schrumpfte und eine Reform der Sozial- und Wirtschaftsstruktur ferner denn je war.

Das bestätigen auch die Schwierigkeiten, in die andere Teile der gewerblichen Wirtschaft geraten sind. Besonders auffallend war das bei der Sägewerkindustrie, die 1930 ernsthaft in ihrer Existenz bedroht gewesen ist[118]. Die Kriegskonjunktur hatte ihr eine erhebliche Kapazitätsausweitung gestattet[119], aber als die billige Holzzufuhr aus Ostpolen und Rußland versiegte und statt dessen polnisches Holz konkurrierend auf dem deutschen Binnenmarkt erschien, gerieten die ostpreußischen Sägewerke in große Bedrängnis. Ihre Lage ist so bedenklich geworden, daß eine Hilfe der Berliner Ministerien unumgänglich wurde. Im Sommer 1930 ist ihnen innerhalb der Frachterstattungsaktion ein Frachtenbonus von 8 RM/t für ein Kontingent Schnittholz gewährt und damit ihre Konkurrenzfähigkeit auf dem deutschen Markt gesichert worden[120].

Unrentabel ist ferner der ostpreußische Bernstein-Bergbau geworden, der es nur seiner Zugehörigkeit zum Konzern der PreußAG verdanken durfte, daß er während der Krisenjahre nicht stillgelegt worden ist[121]. Anders ist es einem größeren Unternehmen der Textilindustrie, der Insterburger Spinnerei und Weberei AG, ergangen, die Ende 1928 zusammengebrochen ist, obwohl sie vorher durch einen öffentlichen Kredit gestützt worden war[122]. Solche Schicksale zeigen, was es bedeutete, wenn die Zahl der Konkurse in der gewerblichen Wirtschaft Ostpreußens von 423 (1929) auf 657 (1931) stieg und weit über dem Reichsdurchschnitt lag. Das Bild änderte sich erst 1932 ein wenig, als in Ostpreußen nur 413 Konkurse registriert wurden und sich die Hoffnung zu regen begann, „daß die Hochflut der Insolvenzen im allmählichen Abebben begriffen ist“[123].

Der Krebsgang der ostpreußischen Industrie machte es unmöglich, den Gedanken einer stärkeren Industrialisierung der Provinz zu realisieren, obwohl das angesichts des latenten Bevölkerungsüberschusses notwendig gewesen wäre. Bereits ausgangs des 19. Jahrhunderts, als die wirtschaftlichen und bevölkerungspolitischen Verhältnisse Ostpreu-

118 Vgl. dazu *a. a. O.*, Nr. 1094; Hesse, „Die Einwirkungen der Gebietsabtretungen...“ (Anm. I/58), S. 97 f.

119 Dem PreußMfLDuF Steiger zufolge haben in Ostpreußen 1913: 425 Sägewerke und 1928: 590 bestanden; *PreußLT*, III, Sp. 9642 (22.1.30).

120 *GStA*, Rep. 90, Nr. 1077: RMdI, Ergebnis der kommissarischen Besprechungen im RMdI ... vom 10. und 11.3.30; RMdI, Aufzeichnung über das Ergebnis der kommissarischen Besprechung vom 3.7.30.

121 Hans-Joachim Winkler, *Preußen als Unternehmer 1923–1932. Staatliche Erwerbsunternehmen im Spannungsfeld der Politik am Beispiel der Preussag, Hibernia und Veba* (*Veröffentlichungen der Historischen Kommission zu Berlin...*, Bd. 17), Berlin 1965, S. 159; S. 213.

122 *GStA*, Rep. 90, Nr. 680; Rep. 203, Nr. 254.

123 *Statistische Jahresübersicht...*, 1932 (Anm. I/63), S. 96; *Statistischer Jahresbericht der Provinzialverwaltung Ostpreußen*, 1931, Königsberg 1931, S. 68. 1931 haben je 10 000 gewerblicher Betriebe in Ostpreußen 83,7 und im Reich 53,9 Konkurse stattgefunden. Vgl. *Statistisches Handbuch für die Provinz Ostpreußen* (Anm. I/69), S. 191.

ßens von der preußischen Regierung als besserungsbedürftig anerkannt worden sind, hatte der Handelsminister den Ausbau der Industrie als erstrebenswert bezeichnet und u. a. von der Holzverarbeitung, der Textilindustrie, dem Schiffs- und Maschinenbau gesprochen, die „dort so gut wie anderswo gedeihen" müßten[124]. Trotz dem kräftigen Aufschwung einiger größerer Unternehmen in Königsberg und Elbing ist an der wirtschaftlichen Struktur der Provinz wenig geändert worden. Deshalb war am Ende des Ersten Weltkrieges das Verlangen nach Industrialisierung weiterhin aktuell. Vor allem forderte die isolierte Lage der Provinz zu neuen Überlegungen heraus, die jetzt sogar an den bescheidenen Bodenschätzen des Landes nicht achtlos vorbeigingen. Unter dem Eindruck der Not schien es nicht überflüssig, die Raseneisenstein-, Wiesenkalk- und Torflager intensiver als bisher zu nutzen oder die Ziegelindustrie zu fördern[125], denn nach Winnigs Ansicht sollte Ostpreußen alles, „was es an Rohstoffen besaß, gebrauchsfertig verarbeiten" und zu diesem Zweck ein „Netz von Gewerbebetrieben mittlerer Größe" schaffen, deren Erzeugnisse im gesamten Osten Absatz finden würden[126]. Die erste Etappe dieser Industrialisierung stellte der Plan dar, der die Versorgung Ostpreußens mit Elektroenergie verbessern und hierfür die Wasserkräfte nutzen wollte[127]. Es gelang Winnig 1919, beim Reichsfinanzminister eine ansehnliche finanzielle Unterstützung zu erwirken, so daß nach und nach ein einheitliches Stromversorgungsnetz für die Provinz errichtet werden konnte[128].

Trotz diesem guten Auftakt haben die anderen Industrialisierungspläne keinen Fortgang genommen. Es war zwar ein verheißungsvolles Zeichen, daß Hugo Stinnes sich Anfang 1921 in Ostpreußen engagierte und die Königsberger Zellstoffabriken kaufte[129], aber in der Praxis war damit wenig ausgerichtet. Weder von privater noch von staatlicher Seite ist eine ernsthafte Initiative erfolgt, die den schwebenden Plänen nachhaltigen Auftrieb verliehen hätte. Hinzu kam, daß den Anregungen, die damals in der Öffentlichkeit lanciert wurden, vorwiegend militärische anstatt ökonomische Überlegungen zugrunde lagen, so daß sie sich in den Gefilden rüstungswirtschaftlicher Projektemacherei zu verlieren drohten. Ausgehend davon, daß die Provinz gegen einen polnischen oder litauischen Angriff nur behauptet werden könne, wenn sie über einen gewissen Grad waffentechnischer Selbstversorgung verfüge, dachten 1921 militärische und private Kreise daran, ein System von Industrieanlagen aufzubauen, das im Bedarfsfalle für militärische Zwecke nutzbar zu machen wäre. Am interessantesten war hierbei die Absicht, eine Stickstoff-Fabrik zu gründen, denn deren Erzeugnisse hätten in Form von Düngemitteln und Pulver sowohl der Landwirtschaft als auch dem Militär zugute kommen können. Aber dieses in den Jahren 1922 und 1923 vom Oberpräsidenten befürwortete Projekt hat zu nichts geführt, da die technischen Voraussetzungen nicht ge-

124 *GStA*, Rep. 87, Nr. 1278: Auszug aus dem Protokoll des Kronrats vom 24.6.91.

125 Vgl. hierzu Friedrich Mager, *Ostpreußen. Die natürlichen Grundlagen seiner Wirtschaft, eine Quelle deutscher Kraft* (*Veröffentlichungen des Geographischen Instituts der Albertus-Universität zu Königsberg,* Heft 4), Hamburg 1922, S. 53; S. 57; S. 149 ff.; S. 60.

126 Winnig, *Heimkehr* (Anm. I/6), S. 236.

127 Mager (Anm. I/125), S. 123 ff.; Winnig, *a. a. O.*, S. 235.

128 Winnig, *a. a. O.*, S. 237 f. Unter Beteiligung des Reiches und Preußens wurde eine Ostpreußenwerk AG gebildet, die in Elbing, Friedland und Gr. Wohnsdorf drei Großkraftwerke errichtete und neben einer Reihe von lokalen Kraftwerken zum Hauptstromversorger der Provinz wurde; s. *Verhandlungen des 45. ProvLT der Prov Ostpr*, Königsberg 1920, Drucks Nr. 17; dass., *47. ProvLT. . .*, Königsberg 1921, Drucks Nr. 78; *Statistische Jahresübersicht. . .*, 1932 (Anm. I/63), S. 34 f.; Gusovius (Anm. I/69), S. 367 f.

129 Winnig, *a. a. O.*, S. 271 ff.; *Ostpreußen. Seine Entwicklung. . .* (Anm. II/96), S. 154 ff.; *Kbg Hart Ztg,* 3.7.21: „Ostpreußens Industriewerte".

geben waren: Das von den Interessenten befürwortete Produktionsverfahren ist nicht anwendungsreif gewesen, ja, Kritiker haben sogar behauptet, daß mit dem neuen Stickstoffpatent ein „unerhörter Schwindel getrieben" worden sei, „der dem Reich viele Tausende von Goldmark kostete und der Provinz keinerlei Nutzen brachte"[130].

Ähnlich verhielt es sich mit den übrigen Einrichtungen zur wirtschaftlichen Mobilmachung Ostpreußens. Es sollten entstehen: eine Drahtfabrik, eine Waffenfabrik und eine Waffengroßhandelsgesellschaft, eine Konservenfabrik, eine Tuch- und Uniformfabrik – doch ins Leben getreten ist am 1. Dezember 1921 lediglich eine Gesellschaft zur Erschließung von Industriegelände mbH (Gezevi), die mit verdeckter Unterstützung durch Reichswehrkreise und nationale Verbände aus der Taufe gehoben wurde und die die einzelnen Pläne realisieren sollte[131]. Das inoffizielle Zwielicht, in dem sich die Unternehmungen bewegten, hat jedoch nur das Auftreten von Profitjägern und Schiebern begünstigt, während in der Sache selbst nichts Nennenswertes geleistet wurde[132]. Es war deshalb nicht verwunderlich, daß maßgebende Kräfte in der Reichsregierung den Industrialisierungsplänen kein Gehör schenken mochten. Als im Frühjahr 1922 das Reichsarbeitsministerium angesichts der drückenden Arbeitslosigkeit in Ostpreußen nach Maßnahmen fragte, die „die natürliche Ungunst der Verhältnisse der ostpreußischen Industrie durch besondere Förderung" ausgleichen könnten, hat es das Reichswirtschaftsministerium in seiner Antwort abgelehnt, derartige Schritte zu erwägen, und statt dessen empfohlen, „die gegenwärtig vorhandenen produktiven Möglichkeiten der Provinz" durch Förderung der Landwirtschaft und Ödlandkultur voll auszunutzen – d. h. nicht die industrielle, sondern die landwirtschaftliche Produktion sollte ausgebaut werden[133]. Von dieser Stellungnahme wurden auch die Vorschläge des Oberpräsidenten betroffen, die in dem Ostpreußenprogramm von 1922 enthalten waren und angeregt hatten, die Vorarbeiten zur industriellen Erschließung der Provinz und zur Ausnutzung ihrer Bodenschätze aufzunehmen[134].

Alle Versuche einer langfristigen Wirtschaftspolitik sind der Inflation und dem auf die Währungsstabilisierung folgenden Kapitalmangel zum Opfer gefallen. Letzten Endes mußte, unbeschadet der Erkenntnis, daß „auf die Dauer nur durch Schaffung nicht landwirtschaftlicher Arbeitsgelegenheit" die bevölkerungspolitischen Probleme zu lösen seien[135], nicht für neue Industrieanlagen gesorgt werden, sondern für die Erhaltung der vorhandenen, da die heraufziehende Krise deren Existenz ernsthaft in Frage stellte. Dementsprechend hat der Oberpräsident im Herbst 1928 argumentiert, daß die Erhaltung des bestehenden Gewerbes eine Lebensfrage für die künftige Industrialisierung sei, und aus gewerblichen Kreisen ist zu vernehmen gewesen, „daß einstweilen an die künstliche Schaffung einer neuen ... Industrie in unserer Provinz nicht gedacht werden darf, sondern daß ... nur noch die Erhaltung und Fortführung der bestehenden Betriebe zur Erörterung stehen kann"[136]. Die wachsende Zahl von Konkursen

130 Denkschrift des Polizeimajors a. D. Erich Riecker, Ende 1925, in: Mertens / Lehmann-Rußbüldt / Widerhold (Anm. I/304), S. 73 f.; vgl. auch S. 63. Über die amtliche Behandlung des Planes s. *GStA*, Rep. 203, Nr. 215. Der OPr hat sich u. a. auf ein Gutachten der LWK vom 19.4.22 gestützt, das dem Stickstoff gute Absatzmöglichkeiten in der Provinz bescheinigt hatte.

131 Vgl. die *a. a. O.* zitierte Denkschrift Rieckers sowie die Denkschrift des Majors a. D. Horst Gilbert, 1922, in: Mertens /Lehmann-Rußbüldt / Widerhold, *a. a. O.*, S. 73; S. 51 ff.; S. 66 f.

132 Vgl. die beiden Denkschriften von Gilbert und Riecker, *a. a. O.*, S. 68 f.; S. 79; S. 81.

133 *GStA*, Rep. 203, Nr. 267: RArbM an den RWiM, 23.3.22; RWiM an den RArbM, 30.6.22.

134 *GStA*, Rep. 90, Nr. 1067: OPr (Denkschrift über das Ostpreußenprogramm), 18.4.22.

135 Batocki / Schack (Anm. I/214), S. III.

136 *GStA*, Rep. 203, Nr. 396: OPr an den PreußMfHuG, 27.10.28; Nr. 502: Syndikus der IHK Allenstein, Schauen, „Ostpreußens Lasten- und Lohnproblem" (in: Separatdruck aus der *Allensteiner Zeitung*, Ende 1928).

und der Zusammenbruch einiger Großunternehmen haben diese Diagnose bestätigt; der Ausweg, die wirtschaftliche Lage Ostpreußens durch Erweiterung des industriellen Sektors zu festigen, hatte sich fürs erste als ungangbar erwiesen. Auch das positive Beispiel der vier Zellstoffabriken in Königsberg, Tilsit und Ragnit, die sich in der Krise verhältnismäßig gut behauptet haben, besagte demgegenüber wenig, denn diese Fabriken nahmen eine Sonderstellung ein und gehörten zu großen Konzernen, die ihnen den Rückhalt gewährten, den die übrige ostpreußische Industrie missen mußte [137].

Wenn es trotzdem in der zweiten Hälfte der 20er Jahre Versuche gegeben hat, neue industrielle Unternehmungen zu schaffen, so haben sie alle Zeichen der Zeit gegen sich gehabt und sind aus dem Stadium der Vorbereitungen nicht hinausgelangt. 1928 und 1930 wurde an der Gründung einer Zementfabrik und 1929 an der Gründung einer Kunstseidenfabrik gearbeitet, aber beide Projekte sind auf dem Papier geblieben, da die Interessenten nicht über die zuverlässigen Finanzierungsmöglichkeiten verfügten, die die staatlichen Stellen als Vorbedingung eines eigenen fördernden Engagements betrachteten [138]. Die Ausnahme von dieser negativen Regel bildete das Projekt der Ostpreußischen Fleischwarenwerke AG Königsberg (OFLAG). Seinen Urhebern ist es 1928 gelungen, beim Reichsernährungsministerium die staatliche Garantie für einen Kredit von 4 Mill. Mark zu erwirken, so daß die erforderlichen Mittel zu günstigen Bedingungen beschafft werden konnten [139]. Die OFLAG sollte den Interessen der ostpreußischen Landwirtschaft dienen, indem sie die bisher einseitige Abhängigkeit vom Berliner Fleischmarkt durch eine exportorientierte Fleischproduktion der Provinz ergänzte und den Landwirten einen günstigen Abnahmepreis für das Schlachtvieh gewährte [140]. Zu ihren Gründern haben nicht nur die Landwirtschaft und die Stadt Königsberg gehört, sondern auch Banken und verschiedene Industriezweige. Das federführende Organ dieser Interessentengruppe war das „Studiensyndikat zur Untersuchung ostpreußischer Wirtschaftsfragen", das am 16. Dezember 1927 gegründet worden war. Seine Geschäftsführer waren Adolf von Batocki und Waldemar Sehmer-Karmitten, zwei bedeutende Großlandwirte und Viehzüchter Ostpreußens [141]. In einem Prospekt vom 19. Mai 1928 hat das Studiensyndikat näheren Aufschluß über die „Gründung einer Fleischverwertungsanlage in Ostpreußen" gegeben und sich anheischig gemacht, für den Betrieb „die beiden besten Fachleute der Fleischwarenindustrie im Deutschen Reiche zu sichern". Ferner wurde erwähnt, daß Lieferungen nach den USA über 4 bis 5 Mill. RM jährlich bereits fest vereinbart seien.

Tatsächlich ist die OFLAG 1929 gegründet und in Betrieb gesetzt worden. Aber bereits 1931 war sie kläglich gescheitert: Finanziell und wirtschaftlich völlig festgefahren, mußte sie ihren Betrieb wieder einstellen und sich nachsagen lassen, daß sie ein „Fall typischer agrarischer Mißwirtschaft" gewesen sei [142]. Von Anfang an hatten sich tech-

137 Hans Kohtz, *Ostpreußische Papierfabrikation*, jur. Diss. Königsberg 1935, Stallupönen (1934), S. 164; S. 166; Thiedemann (Anm. II/106), S. 150.

138 Über die geplante Zementfabrik s. *GStA*, Rep. 90, Nr. 1082; über die Kunstseidenfabrik s. *a. a. O.*, Nr. 1096, und Rep. 203, Nr. 213.

139 *RT*, IV, Drucks Nr. 218: RMfEuL, Denkschrift über das landwirtschaftliche Notprogramm und seine Ausgestaltung, 28.6.28. In diesem Notprogramm hat der Reichstag größere Mittel zur Förderung des Absatzes landwirtschaftlicher Erzeugnisse bewilligt.

140 Vgl. hierzu Krull (Anm. II/37), S. 72 f.; Nordalm (Anm. II/62), S. 56; *Georgine*, 18.9.28: „Rationalisierungsbestrebungen in der ostpreußischen Schweinezucht und -mast unter besonderer Berücksichtigung der zu errichtenden großen Königsberger Fleischwarenwerke".

141 Hierzu und zum Folgenden s. die Vorgänge in: *GStA*, Rep. 90, Nr. 1081; Topf (Anm. I/361), S. 193 f.; über Sehmer-Karmitten vgl. Gusovius (Anm. I/69), S. 293 ff.; S. 352.

142 So das Urteil des PreußMPr Braun; s. *GStA*, Rep. 90, Nr. 1081: ORegRat Weichmann an StS Krüger, 11.9.31.

nisches und kaufmännisches Versagen so sehr gehäuft, daß sich im September 1931 jede öffentliche Hilfe von selbst verbot und der preußische Landwirtschaftsminister den Interessenten nur noch bescheinigen konnte, daß sie „bei dem Bau dieser Werke so ziemlich alle nur erdenkbaren Fehler gemacht" hätten[143].
Mag der Fehlschlag der OFLAG in materieller Hinsicht nicht unverdient gewesen sein, so war er trotzdem bedauerlich, denn an und für sich war der Gedanke, die Lebensmittelindustrie Ostpreußens auszubauen, richtig. Inmitten eines agrarischen Überschußgebietes gelegen, konnte ein solches Unternehmen stets auf genügend Schlachtvieh rechnen, und mit seiner an Ort und Stelle ausgeübten Veredelungsproduktion bot es die Chance, den hierbei erzielten Wertzuwachs der Provinz und insonderheit den Landwirten zu erhalten. Das wäre eine Form der Industrialisierung gewesen, die den wirtschaftlichen Möglichkeiten Ostpreußens besser entsprochen hätte als andere Pläne, die im Laufe der Jahre aufgetaucht und wieder versunken waren. Aber selbst an dieser sinnvollen Konzeption zeigte sich, wie umsichtig vorgegangen werden mußte, wenn industrielle Neugründungen in Ostpreußen gelingen sollten. Die Hauptschwierigkeit bereitete im allgemeinen das Aufbringen des erforderlichen Kapitals, denn in der Provinz war keines vorhanden, und von außerhalb war es nur zu beschaffen, wenn sich die öffentliche Hand daran beteiligte. Ein anderes Problem war die technische und kaufmännische Ausführung solcher Vorhaben, weil diese speziellen Kenntnisse in Ostpreußen ebenfalls gering verbreitet waren. Deshalb war damit zu rechnen, daß in den Anfangsstadien eines Projekts größere und kleinere Fehler mit in Kauf genommen werden mußten, da die Beteiligten erst die nötigen Erfahrungen sammeln mußten. Wurden aber die eigenen Fähigkeiten von vornherein überschätzt und außerdem die erschwerenden Umstände, die eine allgemeine Wirtschaftskrise mit sich bringen mußte, außer acht gelassen, so war eine Katastrophe unvermeidlich. Das alles verdeutlicht, wie vielseitig die Problematik gewesen ist, die sich mit der Förderung der Industrie in Ostpreußen verband.

4. Die Kreditverhältnisse

Das Kreditsystem ist ein Spiegel, in dem sich die regionalen Wirtschaftsprobleme deutlich erkennen lassen. Geld und Kapital beeinflussen maßgebend den wirtschaftlichen Prozeß und repräsentieren zugleich seine Leistungsfähigkeit und Intensität. Deshalb haben die Schwierigkeiten, mit denen die ostpreußische Wirtschaft nach dem Ersten Weltkrieg zu ringen hatte, auch im Kreditwesen ihren Ausdruck gefunden.
Der Sozial- und Wirtschaftsstruktur entsprechend ist in Ostpreußen die Ansammlung von Leihkapitalien verhältnismäßig schwach gewesen, so daß der Bedarf an Kreditmitteln großenteils durch Zufuhren von auswärts gedeckt werden mußte[144]. Obwohl das Wachstum der ostpreußischen Spareinlagen in den ersten Jahren nach der Währungsstabilisierung über dem Durchschnitt des preußischen Staates gelegen hat, ist das gesamte Sparaufkommen im Vergleich zur Einwohnerzahl sehr gering gewesen, ganz ab-

143 *A. a. O.*: PreußMfLDuF an die LWK, 30.9.31. Die Anlage der Werke ist überdimansioniert und in technischer Hinsicht mangelhaft bzw. unrationell gewesen, der Absatz der Produktion ist nicht gesichert und durch verdorbene Probesendungen sowie qualitativ schlechte Lieferungen noch zusätzlich beeinträchtigt worden.
144 Thiedemann (Anm. II/106), S. 96 f.

gesehen davon. daß ein beträchtlicher Teil der Spareinlagen kurzfristiger Natur und nicht für langfristige Dispositionen geeignet war [145]. Die Folgen dieses Zustandes waren, daß z. B. Ende 1926 „von allen Krediten [in Ostpreußen] insgesamt 68,97 % aus dem übrigen Deutschland" stammten [146].

Die Abhängigkeit von auswärtiger Kapital- und Geldzufuhr fügte der prekären Situation Ostpreußens einige weitere Züge hinzu: Die periphere Lage der Provinz erschwerte den Kontakt mit den zentralen Bankplätzen, und ihre politisch exponierte wie wirtschaftlich labile Situation beeinträchtigte das Vertrauen der privaten Kreditgeber in die ostpreußischen Kunden [147]. Es war nach 1918 eine oft gehörte Klage, daß das Privatkapital Ostpreußen meide oder nur unter besonderen Bedingungen bereit sei, sich dort zu engagieren [148]. Diese Schwierigkeiten gingen zeitweise so weit, daß ein Vertreter des preußischen Finanzministeriums zu der Ansicht gelangte, die privaten Kreditorganisationen hätten in Ostpreußen versagt und Abhilfe könne nur über die öffentlichen Kreditanstalten gebracht werden [149]. Aus diesem Grunde war es erklärlich, daß in Ostpreußen die öffentlich-rechtlichen Banken, an der Spitze die Ostpreußische Landschaft, die Landesbank der Provinz und die Sparkassen, einen besonders hohen Anteil am Kreditmarkt innehatten; Ende 1926 waren 70 % aller gewährten Kredite von ihnen ausgegeben worden [150].

Eine andere Begleiterscheinung der kreditpolitischen Verhältnisse war es, daß das ostpreußische Zinsniveau sich über dem Reichsdurchschnitt bewegte. Das rührte daher, daß die einheimischen Banken mit hohen Zinsangeboten um die geringen Kapitalreserven in der Provinz konkurrierten und daß die auswärtigen Institute bei ihren Darlehn ein höheres Risiko einkalkulierten. Die wiederholten Hinweise darauf, daß in Ostpreußen Kredite um 1 % bis 2 % teurer seien als im übrigen Reichsgebiet [151], haben Anlaß gegeben zu Bemühungen, vor allem die Zinsen für kurzfristige Personalkredite zu senken [152]; da es aber an Handhaben fehlte, einen Zwang auf die privaten Institute auszuüben, wurden auch hier wieder die meisten Hoffnungen auf eine finanzielle Hilfsaktion der öffentlichen Hand gesetzt [153]. Ein bevorzugter Gegenstand der allgemeinen Kritik

145 *A. a. O.*, S. 103; S. 104; S. 108. Die Spareinlagen betrugen je Einwohner
am 31.12.24 5,02 RM in Ostpreußen, 10,63 RM in Preußen,
am 30. 6.27 34,20 RM in Ostpreußen, 67,89 RM in Preußen.

146 *A. a. O.*, S. 119; S. 117.

147 *A. a. O.*, S. 18; S. 186 f.

148 1921 verlangten einzelne Kreditanstalten für ihre eventuellen Darlehn an ostpreußische Kunden eine Sicherung durch Reichsgarantie; s. *GStA*, Rep. 203, Nr. 293: Paul Fleischer an den OPr, 22.1.21. Im gleichen Jahre hat ein ostpreußisches Wohnungsbauunternehmen bei 14 Instituten vergeblich um Kredit nachgesucht; *ebda.*: Ostpr. Heimstätte an den OPr, 11.4.21. In der zweiten Hälfte der 20er Jahre hat sich an dieser Haltung der privaten Kreditinstitute wenig geändert; vgl. *GStA, Rep. 90, Nr. 1070: PreußMdI an den RWiM / RMdF / RMfEuL usw.*, 23.6.27; Nr. 1069: RWiM, Aufzeichnung über die Besprechung ... am 21.9.26 über die Kreditlage in Ostpreußen. Ferner Hesse, „Die Einwirkungen der Gebietsabtretungen..." (Anm. I/58), S. 79 ff.

149 *GStA*, Rep. 203, Nr. 293: (OstprVertr), Niederschrift über die Verhandlungen ... am 30.11.22.

150 Thiedemann (Anm. II/106), S. 8 f.; S. 59 f.; S. 117.

151 *A. a. O.*, S. 158; S. 160 ff.; S. 165; *GStA*, Rep. 90, Nr. 1068: OPr, Die ostpreußische Wirtschaftslage unter besonderer Berücksichtigung der Kreditverhältnisse in Handel, Industrie und Handwerk (Denkschrift), 13.12.25; Rep. 90, Nr. 1070: PreußMdI an den RWiM / RMdF / RMfEuL usw., 23.6.27; *Verhandlungen des 53. ProvLT der Prov Ostpr*, Königsberg 1926, S. 2 f.: Eröffnungsansprache des OPr Siehr am 2.2.26.

152 1926 wurden hierfür stellenweise noch 14 % bis 16 % Zinsen gefordert; vgl. *GStA*, Rep. 203, Nr. 206: PreußMfLDuF an die RBankDirektion usw., 26.5.26.

153 *GStA*, Rep. 90, Nr. 1069: RWiM, Aufzeichnung über die Besprechung ... am 21.9.26.

war die Zinspolitik der Genossenschaften, die einen großen Teil des kurzfristigen Kredits vermittelten und auf verschiedene Weise – durch Einbehalten einer bestimmten Quote der Kredite oder durch Erhöhung der Zinsen – bemüht waren, ihre Liquidität zu verbessern[154]. Ein von zentraler Stelle ausgehender Versuch, die Genossenschaften zu einer einwandfreien Zinspolitik zu veranlassen, hatte nur begrenzten Erfolg; 1930 war die Situation noch ebenso unbefriedigend wie zuvor[155].
Die organische Schwäche, unter der der ostpreußische Kreditmarkt litt, verlangte, daß in Notfällen die Reichsregierung und die preußische Regierung helfend eingriffen und ihrerseits die notwendigen Geldmittel zur Verfügung stellten. Während der ersten Nachkriegsjahre hatte die Lage – trotz einigen Engpässen – ohne größere Aktionen ausgeglichen werden können[156], aber nach der Währungsstabilisierung wurde von Jahr zu Jahr deutlicher, daß weder die eigenen Kräfte der Provinz noch der allgemeine freie Kreditmarkt imstande waren, den Bedürfnissen der Wirtschaft gerecht zu werden; für Gewerbe und Landwirtschaft wurde die staatliche Hilfe zum letzten Rettungsmittel, das seit 1926 intensiv in Anspruch genommen wurde[157].

154 Thiedemann (Anm. II/106), S. 65; S. 182 f.

155 *GStA*, Rep. 90, Nr. 1070: Direktion der PreußZGK an die Direktionen der Verbandskassen, 2.8.26; Rep. 203, Nr. 172: PreußZGK an das RBankDirektorium, 15.7.30; RBank, Niederschrift über die Besprechung vom 17.7.30. Vgl. *PreußLT*, III, HptA, 283. Sitzung am 6.11.31: Auf eine kommunistische Anfrage hin bezeichnete es der Vertreter des Preuß MfLDuF als zutreffend, daß in Ostpreußen für Personalkredite bis zu 14 % Zinsen verlangt würden.

156 1922 sind diejenigen Hypothekenbanken, deren im polnisch gewordenen Gebiet festgelegte Forderungen vom Reich abgelöst worden waren, von der Reichsregierung dazu verpflichtet worden, aus diesen Entschädigungsmitteln 100 Mill. M in den deutschen Gebieten östlich der Weichsel anzulegen; es scheint aber, als ob die ostpreußischen Interessenten von diesem Kredit nur geringen Gebrauch gemacht haben; *GStA*, Rep. 90, Nr. 1067: PreußMfVW an den PreußMdI, 22.3.22; Rep. 203, Nr. 293: OstprVertr an den OPr, 18.7.22; OPr, Vermerk vom 31.8.22.

157 Die Darstellung der entsprechenden Maßnahmen erfolgt unten im III. und IV. Teil.

III. DIE LANDWIRTSCHAFT

Die bedenklichen Symptome wirtschaftlicher Schwäche, die auf den vorhergehenden Seiten beschrieben worden sind, besitzen nur eine beschränkte Aussagekraft, solange sie nicht mit der Lage der Landwirtschaft verglichen werden. Denn Ostpreußen war eine agrarische Provinz, deren Wohlergehen mehr von der Landwirtschaft als von Handel und Gewerbe abhing und die besonders in den beschränkten Verhältnissen der Nachkriegszeit auf die Leistungsfähigkeit ihres Hauptwirtschaftszweiges angewiesen war.

1. Die Verteilung der Betriebsgrößen: Großgrundbesitzer und Bauern

Wie Ostpreußens Wirtschaftsstruktur im allgemeinen, so wich auch seine Agrarstruktur im besonderen von den Werten des Reichsdurchschnitts ab. Bezeichnend war der geringe Anteil, den die Betriebe bis zu einer Größe von 20 ha an der landwirtschaftlichen Nutzfläche besaßen: Während ihnen im Reich 53,4 % gehörten, waren es in Ostpreußen nur 28,3 %; umgekehrt verfügten die größeren Betriebe im Reich über 46,6 %, in Ostpreußen aber über 71,7 %. Noch auffallender war, daß allein die ostpreußischen Großbetriebe ab 100 ha 39,2 % der landwirtschaftlichen Nutzfläche innehatten und den Reichsdurchschnitt – 20,2 % – beinahe um das Doppelte überboten[158]. Und diese Ziffern steigern sich abermals, sobald die Verhältnisse in den 37 Landkreisen betrachtet werden. In nicht weniger als 18 Kreisen überschritt der großbetriebliche Anteil an der Nutzfläche den Provinzdurchschnitt; der Kreis Bartenstein erreichte mit 68,9 % den Höhepunkt[159]. Der Gegenpol lag im Kreise Braunsberg, wo der Anteil der Großbetriebe 10 % betrug; aber alles in allem gab es nur sechs Landkreise, in denen dieser Anteil unter 20 % blieb. Mehr als fünf Sechstel der Landkreise wiesen einen den Reichsdurchschnitt übersteigenden Anteil des Großbesitzes auf. Trotz dem großagrarischen Einschlag der ostpreußischen Landwirtschaft wäre es voreilig, das bäuerliche Gegengewicht als unbedeutend abzutun, denn immerhin gab es nur neun Kreise, in denen über die Hälfte der landwirtschaftlichen Nutzfläche den Großbetrieben gehörte. Das hieß, daß in großen Teilen der Provinz der kleinere Grundbesitz das Übergewicht hatte und daß ein zahlreiches Bauerntum vorhanden gewesen ist. Es hatte seinen Schwerpunkt im Ermland, in dessen Landkreisen Braunsberg, Heilsberg, Allenstein-Land und Rössel die Bauern zu 90 % bis 78 % an der Nutzfläche beteiligt waren. Auch die westpreußischen Kreise Elbing, Marienburg, Marienwerder und Stuhm besaßen eine überwiegend bäuerliche Agrarstruktur. Dasselbe galt für Masuren, das südöstlich an das Ermland grenzte und wo namentlich die Kreise Ortelsburg, Lyck, Johannisburg, Goldap und Oletzko zu mehr als zwei Dritteln bäuerlich waren. Ihnen schloß sich nach Norden bis zum Kreis Niederung am Kurischen Haff ein Gebiet mit ähnlicher Agrarstruktur an, in dem das bäuerliche Element wohl abgeschwächt, aber immer noch do-

158 *Statistisches Jahrbuch für das Deutsche Reich*, 1928 (Anm. I/56), S. 63. Mit Rücksicht auf die natürlichen und ökonomischen Gegebenheiten in Ostpreußen sowie auf die sozialen Maßstäbe, die in Ostdeutschland galten, ist betont worden, daß erst ein Betrieb von 150 oder 200 ha als Großbetrieb angesehen werden dürfe; aber es entspricht der statistischen Gepflogenheit, den landwirtschaftlichen Großbetrieb ab 100 ha zu rechnen. Vgl. Hansen (Anm. I/360), S. 16 f.; Batocki / Schack (Anm. I/214), S. 71 f.

159 Hierzu und zum Folgenden: Batocki / Schack, *a. a. O.*, S. 91. Vgl. dort, S. 80 ff., die detaillierte Übersicht für die einzelnen Landkreise.

Die ostpreußische Landwirtschaft nach der Betriebszählung am 16. Juni 1925

	Insgesamt	bis 2 ha	2–5 ha	5–20 ha	20–50 ha	50–100 ha	100–200 ha	über 200 ha
A. Betriebe	234 228 *100 %*	125 718 *53,7 %*	27 351 *11,7 %*	50 995 *21,8 %*	18 735 *8,0 %*	6 924 *2,9 %*	2 334 *1,0 %*	2 153 *0,9 %*
Gesamtfläche (ha)	3 492 980 *100 %*	54 976 *1,6 %*	90 933 *2,6 %*	523 740 *15,0 %*	587 706 *16,8 %*	468 513 *13,4 %*	318 214 *9,1 %*	1 448 898 *41,5 %*
Landwirtschaftl. Nutzfläche (ha)	2 323 088 *100 %*	51 095 *2,2 %*	77 068 *3,3 %*	417 752 *18,0 %*	440 476 *19,0 %*	353 967 *15,2 %*	259 762 *11,2 %*	722 968 *31,1 %*
Anteil der Landwirtschaftl. Nutzfläche an der Gesamtfläche	*66,5 %*	*92,9 %*	*84,8 %*	*79,8 %*	*74,9 %*	*75,6 %*	*81,6 %*	*49,9 %*
B. Betriebe	233 883 (+ 345 Betriebe ohne LNFl)	130 179 *55,7 %*	31 665 *13,5 %*	49 150 *21,0 %*	15 181 *6,4 %*	4 268 *1,8 %*	1 776 *0,8 %*	1 664 *0,7 %*
Gesamtfläche (ha)	3 332 726,7 (+ 160 252,9 der Betriebe ohne LNFl)	73 957,1 *2,2 %*	141 374,7 *4,2 %*	704 521,0 *21,1 %*	657 209,4 *19,7 %*	430 630,4 *12,9 %*	339 376,3 *10,1 %*	985 657,8 *29,6 %*
Landwirtschaftl. Nutzfläche (ha)	2 323 087,9 *100 %*	58 123,1 *2,5 %*	106 413,4 *4,6 %*	493 262,4 *21,2 %*	465 395,2 *20,0 %*	288 455,4 *12,4 %*	246 852,7 *10,6 %*	664 585,9 *28,6 %*

In der Abteilung *A* geht die Einteilung der Größenklassen von der Gesamtfläche der einzelnen Betriebe aus, in der Abteilung *B* dagegen von der landwirtschaftlichen Nutzfläche, von der u. a. Wald, Öd- und Unland, Wege, Gewässer, Haus- und Hofflächen ausgeschlossen sind.

Quelle zu *A*: *Landwirtschaftliche Betriebszählung. Die Landwirtschaft im Deutschen Reich* (*Statistik des Deutschen Reichs*, Bd. 412/II), Berlin 1931, S. 18 f.; S. 22 f.

Quelle zu *B*: *Landwirtschaftliche Betriebszählung. Die Hauptergebnisse in den kleineren Verwaltungsbezirken der Länder des Deutschen Reichs* (*a. a. O.*, Bd. 412/I), Berlin 1929, S. 4.

minierend war. Auf der Landkarte bildeten diese bäuerlichen Kreise einen zusammenhängenden, S-förmigen Streifen, der von der Weichsel zum Frischen Haff, von dort südöstlich bis zur polnischen Grenze führte und, dieser bis zur Memel folgend, am Unterlauf des Grenzflusses endete.

Im Gegensatz dazu stellten die Domänen des Großbetriebes zwei geschlossene Regionen dar, die gewissermaßen das Ermland flankierten. Die größere von ihnen erstreckte sich von Königsberg aus landeinwärts und füllte das Zentrum der Provinz aus. Die andere lag im Südwesten zwischen Weichsel, Ermland und polnischer Grenze und bestand aus den Kreisen Osterode, Mohrungen und Rosenberg, ergänzt durch Preußisch-Holland und Stuhm, in denen die Großbetriebe noch 49,9 % bzw. 43,1 % der Nutzfläche erreichten. Den höchsten Grad der Konzentration hatten sie in der zentralen Königsberger Region erlangt. Hierher gehörten die Kreise Heiligenbeil, Wehlau, Preußisch-Eylau, Darkehmen, Gerdauen, Rastenburg, Königsberg-Land, Fischhausen und Bartenstein, die sich zu einem geschlossenen Block zusammenfügten, in dem der Großbetrieb 51,9 % bis 68,9 % der Nutzfläche umfaßte[160].

Die Anordnung der großagrarischen Kerngebiete in der Provinz ist weniger durch natürliche als durch historische Ursachen bedingt gewesen. Sie haben sich in jenen Landesteilen herausgebildet, die im 15. Jahrhundert nach den verlorenen Kriegen gegen Polen beim Ordensstaat geblieben waren und gleichzeitig – wie das Ermland – zu den alten Siedlungsgebieten Ostpreußens zählten. Während aber das Ermland, das seit 1466 mit Polen verbunden war und als Bistum eine eigene Entwicklung einschlug, sich seine bäuerliche Sozialstruktur bewahrte, gelang es dem Adel im Ordensstaat und nachmaligen Herzogtum Preußen, seinen Grundbesitz auf Kosten des Ordens- bzw. herzoglichen Besitzes auszuweiten. Der politisch und materiell geschwächten Zentralgewalt des Landes fehlte es an den Mitteln, dem Adel Einhalt zu gebieten; im Gegenteil, von finanziellen Nöten bedrängt, mußte sie selbst die Hand zur Verschleuderung ihres Grundbesitzes bieten. Es war verständlich, daß der Adel seine Expansionsgelüste auf diejenigen Gebiete konzentrierte, die schon kolonisiert und wirtschaftlich erschlossen waren, und das waren damals außer dem Ermland die Regionen, in denen hernach der Großbetrieb vorherrschend geworden ist. Durch beharrliche Erweiterung des ihm gehörigen Areals und später durch Verminderung der ansässigen Bauern ist es dem Adel gelungen, sich auf Jahrhunderte hinaus eine unangreifbare Position zu verschaffen. Abweichend davon hat das Bauerntum in den peripher gelegenen Zonen kräftiger Fuß fassen können, weil hier die Kolonisation großenteils erst in der Neuzeit erfolgt ist und nur möglich war, wenn den anzusiedelnden Bauern ein gewisses Maß von Rechtssicherheit zugestanden wurde[161].

160 Zur Verteilung der Betriebsgrößen s. Batocki / Schack, *a. a. O.*, S. 91; Krull (Anm. II/37), S. 11 ff.; Hesse, *Der Grundbesitz in Ostpreußen* (Anm. II/30), S. 10 ff.; Hansen (Anm. I/360), S. 14 ff.Die Verteilung der Betriebsgrößen ist kartographisch dargestellt bei Hesse, *a. a. O.*, S. 14 f.; Hansen, *a. a. O.*, S. 18 f.; *Landwirtschaftliche Betriebszählung. Die Hauptergebnisse in den kleinen Verwaltungsbezirken der Länder des Deutschen Reiches* (*Statistik des Deutschen Reiches*, Bd. 412/I), Berlin 1929 (Anhang).

161 Über die Expansion des adligen Grundbesitzes in Ostpreußen und die Entstehung des landwirtschaftlichen Gutsbetriebs s. Robert Stein, *Die ländliche Besitzverfassung in Ostpreußen vor der Reform des neunzehnten Jahrhunderts* (phil. Diss. Königsberg 1917), Jena 1918, S. 177; S. 179 f.; S. 190 ff.; S. 225 f.; ders., *Die Verwandlung...* (Anm. I/373), S. 214 ff.; S. 230; Erich Weise, *Der Bauernaufstand in Preußen* (*Preußenführer*, Nr. 5), Elbing 1935, S. 15 ff.; S. 53 ff.; Wilhelm Abel, *Geschichte der deutschen Landwirtschaft vom frühen Mittelalter bis zum 19. Jahrhundert* (*Deutsche Agrargeschichte*, Bd. II), Stuttgart 1962, S. 145 ff.; Friedrich Lütge, *Geschichte der deutschen Agrarverfassung vom frühen Mittelalter bis zum 19. Jahrhundert* (*Deutsche Agrargeschichte*, Bd. III), Stuttgart 1963, S. 102 ff.

Der ostpreußische Großgrundbesitz hat sich bis in die neueste Zeit erhalten. Von der Gesamtfläche aller landwirtschaftlichen Betriebe gehörten ihm 1925 50,6 %; allein 41,5 % betrug der Anteil des 200 ha überschreitenden Großgrundbesitzes[162]. Das Ausmaß der Besitzkonzentration, die auf dieser Ebene erfolgt war, verrät die kleine Zahl von Betrieben, die sich in die Ländereien teilten: Nicht mehr als 1,9 % aller landwirtschaftlichen Betriebe in Ostpreußen verfügten über jene 50,6 % der Gesamtfläche, und das Areal des Großgrundbesitzes ab 200 ha ballte sich in 0,9 % der Betriebe zusammen. Unter den Größten der Großen war nach wie vor der Adel dominierend. Neben zwei ehemals regierenden Häusern, den Fürsten von Anhalt-Dessau und den Fürsten von Reuß j. L., waren es die alteingesessenen Familien der Grafen zu Dohna, von Dönhoff, zu Eulenburg, Finck von Finckenstein, von der Groeben, von Lehndorff, von Schlieben und von Schwerin, deren Besitz mitunter nicht nach Tausenden, sondern nach Zehntausenden von Hektar zu messen war. Insgesamt sind nach dem Ersten Weltkrieg 354 adlige Grundeigentümer mit einem Besitz von 394 000 ha ermittelt worden; in 229 Fällen überschritt der Besitz 500 ha und betrug im Einzelfall durchschnittlich 1570 ha[163].

Obwohl der direkte Anteil des alten Adels am politischen Leben nach 1918 abgenommen hat, läßt sich an Hand von Beispielen zeigen, daß die politische Aktivität dieser Gruppe nach der Revolution keineswegs erloschen und zumindest innerhalb der Provinz von Gewicht war. Zu erwähnen sind Adolf von Batocki-Bledau (3515 ha), bis 1919 Oberpräsident und seitdem einer der einflußreichsten Führer im Hintergrunde; Manfred Graf von Brünneck-Bellschwitz (2393 ha), bis 1928 Landeshauptmann und Leiter der provinzialen Selbstverwaltung; Friedrich Graf zu Eulenburg-Prassen (5255 ha), ein sehr vielseitig engagierter Großagrarier, der als DNVP-Mitglied des Provinzialausschusses an der provinzialen Selbstverwaltung, als Generallandschaftsrat an der Steuerung des ostpreußischen Agrarkredits und als Kreisführer des Landwirtschaftsverbandes an der agrarischen Interessenpolitik maßgebend beteiligt war; Elard von Oldenburg-Januschau (8576 ha), Ehrenvorsitzender des LVO und seit 1930 nochmals DNVP-Abgeordneter im Reichstag; und als Gegenpol zu diesen deutschnationalen Repräsentanten der im Kreise Stuhm ansässige polnische Graf Stanislaus von Sierakowski (3224 ha), der der Ehrenvorsitzende des Polenbundes in Deutschland und führender Repräsentant der polnischen Minderheit war[164].

Trotz den einflußreichen Stellungen, die der Adel innerhalb der Provinz behauptete, war er keineswegs das schlechthin beherrschende Element in Ostpreußen. Das adlige Grundeigentum betrug 1925 nur 12 % der Gesamtfläche der landwirtschaftlichen Betriebe und erreichte auch innerhalb des Großgrundbesitzes lediglich einen Anteil von 24 %[165]. Der Großteil des landwirtschaftlichen Grund und Bodens befand sich also in

162 *Landwirtschaftliche Betriebszählung. Die Landwirtschaft des Deutschen Reiches* (*Statistik des Deutschen Reiches*, Bd. 412/II), Berlin 1931, S. 22. Hierbei und im Folgenden ist zu beachten, daß die Angaben auf der Gesamtfläche des zu einem Betriebe gehörenden Grundbesitzes beruhen, der umfangreicher ist als die landwirtschaftliche Nutzfläche. Letztere wird im allgemeinen als Ausgangspunkt gewählt, wenn die wirtschaftlichen Verhältnisse beleuchtet werden sollen, hingegen gestattet die Gesamtfläche als Grundlage einer vergleichenden Betrachtung einen genaueren Einblick in die allgemeine Grundbesitzverteilung.

163 Vgl. hierzu Theodor Häbich, *Deutsche Latifundien. Bericht und Mahnung*, 3. Aufl., Stuttgart 1947, S. 138 ff.

164 *A. a. O.*, S. 139 ff.; zu Oldenburg-Januschau auch S. 151, sowie Oldenburg-Januschau, *Erinnerungen* (Anm. I/53), S. 32; S. 35; S. 40 f.; *Der Kreis Rosenberg. Ein westpreußisches Heimatbuch*, hrsgg. von Alfred Müsse, Detmold 1963, S. 195 ff.; über Manfred von Brünneck-Bellschwitz *a. a. O.*, S. 234.

165 Berechnet nach den Angaben bei Häbich, *a. a. O.*, S. 138.

bürgerlichen Händen, wobei nicht ausgeschlossen war, daß hier ebenfalls Komplexe von erheblicher Größe existierten. Die Liste der bürgerlichen Landwirte, die mehr als 1000 ha besaßen, war nicht kurz, wenngleich keiner von ihnen sich mit den größten der altadeligen Grundbesitzer messen konnte. Immerhin ist es erwähnenswert, daß dem LVO-Vorsitzenden Wilhelm Strüvy-Groß Peisten zusammen mit seiner Frau drei Güter bzw. 1358 ha gehörten. Auffallend ist ferner, daß im Kreis Gerdauen drei Träger des Namens Gutzeit mit insgesamt 4718 ha begütert waren[166]. Ein gewisses Aufsehen erregte 1931, mitten während der Agrarkrise, der bürgerliche Domänenpächter Paul Gerhard Goertz, der binnen kurzem einen Privatbesitz von annähernd 2800 ha erwarb und deshalb zum Gegenstand amtlicher Nachforschungen wurde. Sie ergaben, daß Goertz ein besonders tüchtiger Landwirt war, der auch in kritischen Zeiten einen Gewinn zu erzielen wußte und darauf bedacht war, seine Kinder mit einem ausreichenden Grundbesitz auszustatten[167].

Jedoch hatte weniger die Größe ihres Individualbesitzes als die Breite ihrer sozialen Schicht die bürgerlichen Landwirte dahin gebracht, daß sie um 1930 innerhalb der landwirtschaftlichen Organisationen Ostpreußens ein erhebliches Übergewicht besaßen. Am stärksten war der Adel noch in dem traditionsreichen Institut der Ostpreußischen Landschaft repräsentiert, in deren Direktorium er vier von acht Plätzen einnahm, darunter den des Generallandschaftsdirektors. Dagegen dominierten die bürgerlichen Landwirte in der Landwirtschaftskammer, wo sie außer dem Vorsitzenden noch 18 der 20 Vorstandsmitglieder stellten. Ähnlich war es im Landwirtschaftsverband, in dem sowohl der Vorsitzende als auch 27 von 34 Kreisvorsitzenden einen bürgerlichen Namen führten[168]. Allerdings ist hinzuzufügen, daß die Inhaber dieser Stellen zu den Großlandwirten gehörten, deren Besitz über 100 ha hinausging. Nur drei Vorstandsmitglieder der Landwirtschaftskammer und zwei der LVO-Führer auf Provinz- und Kreisebene besaßen weniger als 100 ha. Das heißt, daß die Vorherrschaft bürgerlicher Landwirte in den agrarischen Organisationen nicht gleichbedeutend mit einem Aufrücken der bäuerlichen Landwirte in die maßgebenden Positionen ist. Selbst innerhalb des Ermländischen Bauernvereins, der seinem Namen nach ein bäuerlicher Verband sein wollte, befanden sich die Großlandwirte in der Vorhand. Zwar nannte sein Vorsitzender nur 45 ha sein eigen, firmierte aber im Hauptberuf nicht als Landwirt, sondern als Mühlenbesitzer. Von seinen beiden Stellvertretern war einer Pfarrer, der andere Landwirt mit 114 ha. Unter den vier Kreisvorsitzenden befanden sich ein Großagrarier, der zwei Güter mit mehr als 1000 ha besaß, sowie drei weitere Gutsbesitzer mit jeweils über 100 ha großen Betrieben[169]. Diese Tatsache zeigt deutlich, daß die führende Stellung des großen Grundbesitzes zur Zeit der Weimarer Republik noch unerschüttert war. Wenn die

166 Für Strüvy s. *Landwirtschaftliches Adreßbuch*. . . (Anm. I/310), S. 369. Für Horst Gutzeit-Groß-Gnie (1357 ha), Karol Gutzeit-Klein Gnie (2693 ha) und Rolf Gutzeit-Groß Polleyken (668 ha) *a. a. O.*, S. 281; S. 282; S. 285.

167 Vgl. hierzu *StAL*, Rep. 2, Nr. 2426, Bd. 5: Else Schäfer an den OPr, 21.7.31; Bericht des Referats 1 im OPr, 24.7.31, sowie Berichte der Landräte in Rastenburg und Sensburg vom 28. bzw. 8.9.31. 1932 besaß Goertz die Güter Eichmedien (880 ha), Arnstein (1051 ha) und Powarben (476 ha); s. *Landwirtschaftliches Adreßbuch*. . . , *a. a. O.*, S. 93; S. 288; S. 327. Außerdem hat er – lt. Akten – das rd. 400 ha große Gut Schwetz im polnischen Kreis Graudenz besessen. Die von ihm bewirtschaftete Domäne Langenau (1043 ha) scheint er 1932 abgegeben zu haben; s. *a. a. O.*, S. 449. Über Powarben vgl. Gusovius (Anm. I/69), S. 298 f.

168 Zur OstprLsch und LWK s. *Handbuch über den Preußischen Staat*. . . *1928* (Anm. I/274), S. 320; S. 289; über den LVO s. *Landwirtschaftliches Adreßbuch*. . . , *a. a. O.*, S. XXVIII ff.

169 Vgl. *Landwirtschaftliches Adreßbuch*. . . , *a. a. O.*, S. XXX. Es ist möglich, daß der Kreisvorsitzende von Allenstein nur 63 ha besessen hat, denn sein Familienname war in seinem Wohnort zweimal vertreten, und da sein Vorname nicht bekannt ist, läßt sich nicht entscheiden, welcher der beiden Betriebe mit 130 ha bzw. 63 ha ihm zuzuordnen ist.

Bauern die Wahrnehmung ihrer wirtschaftlichen und politischen Interessen selbst in den ermländischen Kreisen, wo sie bis zu 90 % der landwirtschaftlichen Nutzfläche innehatten, den Gutsbesitzern überließen, so war von den übrigen ostpreußischen Landkreisen mit ihrem stärkeren großagrarischen Einschlag erst recht kein Wandel zu erwarten. Die sowohl politisch-historisch als auch sozial und ökonomisch bedingte Überlegenheit des Großgrundbesitzes haben die Bauern durch ihre größere Zahl nicht wettmachen können. Sie haben den traditionellen Führungsanspruch der Großgrundbesitzer, seien es nun Adlige oder Bürgerliche gewesen, hingenommen und dadurch das Argument von der Interessensolidarität aller Landwirte bestätigt. Inwiefern der Druck der politischen und wirtschaftlichen Krise seit 1930 eine stärkere Differenzierung der sozialen Gruppen ausgelöst hat, bedürfte einer näheren Prüfung; jedoch ist zu vermuten, daß die NSDAP in Ostpreußen einen großen Teil der Bauern nicht nur radikalisiert, sondern auch von der Vormundschaft des konservativ-agrarischen Großgrundbesitzes emanzipiert hat.

2. Die natürlichen Grundlagen: Boden und Klima

Neben den historisch-sozialen Faktoren erhält die Landwirtschaft ihr Gepräge durch die Naturgegebenheiten, die sich nur in begrenztem Umfange durch den Menschen beeinflussen lassen und die in Gestalt von Bodenbeschaffenheit und Klima die allgemeinen Voraussetzungen des landwirtschaftlichen Betriebes bestimmen. In Ostpreußen fand die Landwirtschaft relativ günstige Bodenarten vor, denn die mittleren Böden waren gegenüber den extrem leichten oder schweren im Übergewicht. Sandiger Lehm und lehmiger Sand nahmen mehr als die Hälfte der Oberfläche ein, weitere 23 % entfielen auf Sand und 16 % auf Lehm und Ton, während Moor mit 5 % und Wasser mit rd. 4 % ausgewiesen wurden[170]. Das bedeutete, daß Ostpreußen „hinsichtlich seiner natürlichen Bodenbeschaffenheit durchaus den Vergleich mit anderen Provinzen", zumal mit den Ostprovinzen, aufnehmen durfte und selbst gegenüber dem Durchschnitt des preußischen Staates vorteilhafte Abweichungen verzeichnen konnte[171].

Allerdings wurde der erfreuliche Gesamteindruck durch regionale und klimatische Eigenarten getrübt. In den zentralen Gebieten der Provinz litten die tonigen und lehmigen Böden häufig an einem Übermaß von Nässe, so daß sie nur bei guter Meliorierung einen sicheren Ertrag gewährleisteten[172]; an dieser Bodenverbesserung fehlte es aber vielfach. Nicht minder problematisch war der reine Sandboden, der das südliche Masuren bedeckte und der der landwirtschaftlichen Betätigung enge Grenzen zog[173]. Die Folge solcher exponierten Bodenverhältnisse war, daß der Witterung ein erhöhter Einfluß auf das Gedeihen der Landwirtschaft zufiel, denn das Wetter konnte die spezifischen Mängel der extrem feuchten oder trockenen Böden noch steigern: Hohe Niederschläge bzw. anhaltende Dürre am falschen Platze mußten schwere Schäden nach sich ziehen.

170 Hansen (Anm. I/360), S. 105. Die Angaben gelten für die Provinz in den Grenzen von 1914. Mager (Anm. II/125), S. 35.
171 Hansen, *a. a..O.*, S. 105 f.
172 *A. a. O.*, S. 110; Mager (Anm. II/125), S. 120 f.
173 Hansen, *a. a. O.*, S. 108; Mager, *a. a. O.*, S. 39. Über die Bodenbeschaffenheit und die Naturräume Ostpreußens vgl. *Atlas Östliches Mitteleuropa* (Anm. I/63), Bl. 4 und 9.

Nun war das ostpreußische Klima aber derart, daß es die Landwirtschaft selbst bei guten Bodenverhältnissen mit erheblichen Risiken belastete. Am einschneidendsten war, daß der geographischen Lage der Provinz eine winterliche Frostperiode entsprach, die die Zahl der frostfreien Tage auf 185 gegenüber einem Reichsdurchschnitt von 277 verkürzte[174]. Infolgedessen gab es eine verkürzte Vegetationsperiode, und die Arbeit auf den Feldern konnte im Frühjahr erst spät beginnen und mußte im Herbst früh enden. Das wiederum schuf einen Spielraum für Witterungsschäden, der größer war als in anderen Gegenden Deutschlands: Im Herbst, Winter und Frühjahr drohte durch den strengen Frost Gefahr, im Sommer durch die Tendenz zu überdurchschnittlicher Trokkenheit im Mai und Juni sowie zu stärkeren Niederschlägen im August[175]. Während der 20er Jahre ist die ostpreußische Landwirtschaft mehrfach durch derartige Witterungsschäden benachteiligt worden. Im Herbst 1919 hat der früh einsetzende Frost die Bergung der Hackfruchternte teilweise verhindert[176]. 1924 traten durch Auswinterung in einzelnen Kreisen Ernteverluste zwischen 30 % und mehr als 50 % ein, so daß besondere Notstandsmaßnahmen, u. a. Saatgutkredite in Höhe von 8 Mill. RM im Frühjahr 1924 sowie von 16,5 Mill. RM im Herbst und Winter 1924/25, erforderlich wurden[177]. Das Jahr 1925 brachte abermals Auswinterungs- und Wasserschäden, verbunden mit anhaltender Dürre im Mai und Juni; wegen dieser neuen Verluste konnten die im Vorjahr aufgenommenen Kredite nicht termingerecht zurückgezahlt werden[178]. Als sich 1926 die Katastrophenmeldungen über Auswinterungsschäden wiederholten, hat sie ein Kommissar des preußischen Landwirtschaftsministers an Ort und Stelle nachgeprüft und bestätigt, und im Herbst hat die Landwirtschaftskammer rückblikkend festgestellt, „daß vor allem alle sogenannten besseren Distrikte der Provinz eine sehr wenig erfreuliche, zum großen Teil sogar so schlechte Ernte gehabt haben, wie sie trotz der beiden geringen Ernten in den beiden letzten Jahren noch kaum in den letzten 20 Jahren zu beobachten war"[179]. 1927 verursachten nach anhaltender Kühle und Nässe im Frühjahr mehrere Unwetter in den Sommermonaten gebietsweise Schäden, die u. a. eine staatliche Hilfsaktion für die Kreise Bartenstein, Wehlau, Stuhm und Rosenberg nach sich zogen[180]. Im Frühjahr 1928 setzte infolge der beeinträchtigten Ernte des Vorjahres nicht nur ein Mangel an Saatgut ein, den die Reichs- und die Staatsre-

174 Bernhard Schwarz, „Die Landwirtschaft", in: *Ostpreußen* (Anm. I/69), S. 261 f.; Hansen, *a. a. O.*, S. 97 ff.; Mager, *a. a. O.*, S. 82 ff.; Batocki / Schack (Anm. I/214), S. 56 f.; Krull (Anm. II/37), S. 3 ff.; *Die Lage der Landwirtschaft in Ostpreußen* (Anm. II/28), S. 4 f.

175 Hansen, *a. a. O.*, S. 102.

176 *Verhandlungen des 45. ProvLT der Prov Ostpr*, Königsberg 1920, S. 61; dass., *46. ProvLT...*, Königsberg 1920, Drucks Nr. 62.

177 *RT*, II, Drucks Nr. 186: Interpellation Wormit u. Gen. (DNVP) vom 4.6.24; *GStA*, Rep. 203, Nr. 205: LWK an den PreußMfLDuF, 2.5.24; LWK an den PreußMfEuL, 17.6.24; *StAL*, Rep. 2, Nr. 2421, Bd. 1: LWK an den PrLFinA, 14.1.25; PrLFinA an den OPr, 24.3.25; *GStA*, Rep. 90, Nr. 1133: PreußMfLDuF an den PreußFM usw., 13.3.25; Rep. 203, Nr. 205: OPr an die OstprVertr, 6.10.25.

178 *StAL*, Rep. 2, Nr. 2421, Bd. 1: Ostpr Bauernbund an den PreußMfLDuF, 14.7.25; LWK an den PreußMfLDuF, 15.8.25 und 14.10.25; *Verhandlungen des 53. ProvLT der Prov Ostpr*, Königsberg 1926, S. 2: Eröffnungsansprache des OPr Siehr am 2.2.26.

179 *StAL*, Rep. 2, Nr. 2421, Bd. 2: LWK an den OPr, 11.10.26; *GStA*, Rep. 90, Nr. 1133: LWK an den PreußMfLDuF, 24.4.26; Bericht (des ORegRats Bansi) über die Besichtigungsreise durch Ostpreußen zum Zwecke der Feststellung von Auswinterungsschäden, 17.5.26.

180 *GStA*, Rep. 90, Nr. 1070: PreußMfLDuF an den PreußMPr usw., 2.6.27; Nr. 1133; Nr. 1134: PreußMdI an den PrPreußLT, 19.10.27; 31.12.27; 31.3.28; vgl. *PreußLT*, II, Drucks Nr. 6918: Urantrag Krischick, Frhr. von Mirbach u. Gen. (DNVP) vom 24.6.27; *ebda.*, Kleine Anfrage Nr. 1755: Mönke u. Gen. (DNVP) vom 17.7.27; dass., Nr. 1795: Steffens, Graf zu Stolberg-Wernigerode (DVP) vom 23.8.27.

gierung mit 1,2 Mill. RM Saatgut-Krediten bekämpfen mußten, sondern darüber hinaus erheischten neue Witterungsschäden in mehreren Kreisen zusätzliche Hilfen[181]. 1929 schien sich zu wiederholen, was die Jahre seit 1924 bereits gebracht hatten, denn es wurden für einige Kreise durch die Reichsregierung noch weitere Saatgut-Kredite bewilligt, und der Landwirtschaftsverband sowie die Landwirtschaftskammer machten Auswinterungsschäden geltend, deren Ausmaß sie amtlich festgestellt haben wollten. Doch diesmal hat die günstige Witterung in den Monaten Juni und Juli die Lage noch gebessert und besondere Maßnahmen überflüssig gemacht[182]. Auch in den Jahren 1930 und 1931 blieb die Landwirtschaft von witterungsbedingten Schwierigkeiten verschont. Jedoch im Sommer 1932 gingen über den östlichen und südlichen Kreisen der Provinz schwere Unwetter nieder, so daß sich Reichs- und Staatsregierung zu einer Kredithilfe von 1 Mill. RM entschlossen. Außerdem wurden die Kreise Stuhm und Marienburg, in denen die Getreideernte durch Krankheitsbefall gelitten hatte, finanziell unterstützt[183].

Diese knappe Übersicht spricht für sich. Sie enthüllt die fragwürdigen Seiten, die das ostpreußische Klima für die Landwirtschaft besitzt, und sie deutet auch an, welche Konsequenzen die Unbilden der Witterung gehabt haben, denn die wiederholt gewährte Staatshilfe bestätigt, daß die Schäden das Leistungsvermögen der betroffenen Betriebe überfordert haben. Dahinter verbargen sich Verluste, die um so schwerer wogen, als die Rentabilität der Landwirtschaft seit 1924 unter einer instabilen Konjunktur zu leiden hatte, die jeden unvorhergesehenen Verlust für viele Betriebe zur Existenzfrage ausweiten konnte.

3. Die Produktion: Ackerbau und Viehzucht

Als Tieflandgebiet mit küstennaher Lage und günstiger Bodenbeschaffenheit war Ostpreußen von Natur aus für die Landwirtschaft prädestiniert. Sein Territorium war landwirtschaftlich überdurchschnittlich erschlossen, denn während 1927 im Deutschen Reich 63 % der Oberfläche landwirtschaftlich genutzt wurden, waren es in Ostpreußen 72 %[184]. Dementsprechend lag der Bestand an Ödland, unkultivierten Mooren und insbesondere an Wald unter dem Reichsdurchschnitt[185]. Mehr als die Hälfte des ostpreußischen Gesamtareals (52 %) war Ackerland, auf dem Getreide – mit dem Schwergewicht auf Roggen und Hafer –, Hackfrüchte – vorwiegend Kartoffeln – und Futterpflanzen – in der Hauptsache Klee – angebaut wurden[186]. Aufs Ganze gesehen domi-

181 *GStA*, Rep. 90, Nr. 1134: LHptm an den PreußMPr, 20.9.28; PreußMdI an den PrPreußLT, 19.9.28; 2.11.28. Vgl. dazu *PreußLT*, III, Drucks Nr. 109: Mündl. Bericht des Hauptausschusses vom 9.7.28, in dem 13 ostpreußische Kreise als hilfsbedürftig bezeichnet werden.

182 *GStA*, Rep. 203, Nr. 207: OPr an den PreußMdI, 9.4. und 9.5.29; Rep. 90, Nr. 1075: Auszugsweises Protokoll der Sitzung des PreußStM vom 17.5.29. *StAL*, Rep. 2, Nr. 2421, Bd. 3: LVO an den OPr, 27.4.29; LWK an den OPr, 16.5. und 26.7.29; Vermerk des OPr vom 19.8.29.

183 *GStA*, Rep. 90, Nr. 1134: PreußMfLDuF an das PreußStM, 29.8.32; ders. an den OPr, 28.9.32; ders. an den RegPr in Marienwerder, 21.9.32.

184 Hierzu und zum Folgenden s. *Statistisches Jahrbuch für das Deutsche Reich*, 1928 (Anm. I/56), S. 69; Krull (Anm. II/37), S. 8. Einen höheren Anteil der landwirtschaftlichen Nutzfläche als Ostpreußen konnten nur Schleswig-Holstein und Bremen aufweisen.

185

Reich:	27,2 % Wald;	0,9 % Ödland;	3,1 % unkultivierte Moore;
Ostpreußen:	18,3 % Wald;	0,8 % Ödland;	2,0 % unkultivierte Moore.

186 *Statistisches Jahrbuch für das Deutsche Reich*, hrsgg. vom Statistischen Reichsamt, 51. Jg., 1932, Berlin 1932, S. 58 f.

nierte die Produktion von Futtermitteln, denn die Anbaufläche für Gerste, Hafer, Futterrüben, Klee und andere Futterpflanzen, verbunden mit dem Bestand an Brache, Wiesen und Weiden, belief sich auf 68 % der landwirtschaftlichen Nutzfläche, wobei noch die Tatsache unberücksichtigt ist, daß die Roggen- und Kartoffelernte ebenfalls zu großen Teilen verfüttert wurde[187]. Das deutet darauf hin, daß die ostpreußische Landwirtschaft in starkem Maße auf Viehzucht eingestellt war und ihre Haupteinnahmen aus dem Verkauf von tierischen Produkten erzielte[188]. Die Viehzucht hatte in einzelnen Zweigen einen hohen Stand erreicht und durfte sich züchterischer Spitzenleistungen rühmen[189].

Es war nicht zufällig, daß die Agrarwissenschaft in Ostpreußen die intensive Pflege der Viehhaltung ausdrücklich befürwortet hat. An Hand der Betriebsergebnisse aus der Vorkriegszeit hatte sich nachweisen lassen, daß die Erträge des Getreidebaus trotz allem Aufwand zu unsicher waren, als daß sie eine weitere Intensivierung gerechtfertigt hätten. Während „die Bewegung der Getreideernten für den Durchschnitt der Betriebe nicht ausreicht, um die gestiegenen Kosten zu decken", hatte sich die Viehzucht als der „feste Punkt in der Wirtschaftsorganisation" erwiesen, der den größten Teil zu den Betriebseinnahmen beisteuerte und eine kontinuierliche Zuwachsrate verzeichnen konnte. Es war nur konsequent, wenn geraten wurde, den Getreidebau, der stets der Ungunst der klimatischen Verhältnisse ausgesetzt bleiben mußte, nicht weiter zu forcieren und statt dessen „mehr und mehr die Viehzucht in den Vordergrund des Betriebes" zu rücken[190].

Nach dem Kriege ist die Entwicklung in gewissem Umfange dieser Linie gefolgt. Ohne daß ein tiefgreifender Wandel in der ostpreußischen Agrarproduktion eingetreten wäre,

187 *Statistisches Jahrbuch...*, 1928 (Anm. I/56), S. 68 ff. Die Anbauflächen für Hafer, Gerste, Menggetreide, Gemenge, Futterbohnen, Futterrüben, Wruken, Futterpflanzen nebst Wiesen, Weiden, Ackerweiden und Brache umfaßten 1927: 1,8 Mill. ha; die landwirtschaftliche Nutzfläche betrug 2,66 Mill. ha.

188 Die Betriebseinnahmen der ostpreußischen Landwirtschaft verteilten sich wie folgt:

Zeitraum	Viehzucht	Ackerbau	Sonstiges
1909/14	60,0 %	31,6 %	8,4 %
1924/25	69,0 %	25,6 %	5,4 %
1926/27	62,9 %	32,6 %	4,5 %
1928/29	58,1 %	36,1 %	5,8 %

Krull (Anm. II/37), S. 69; vgl. Hansen (Anm. I/360), S. 488; *Die Lage der Landwirtschaft...* (Anm. I/72), S. 30; Hans Bloech, *Die Ausfuhrleistung der ostpreußischen Landwirtschaft und die Zusammensetzung ihrer Betriebseinnahmen unter besonderer Berücksichtigung der Rindviehzucht und Milchwirtschaft* (*Die Stellung Ostpreußens in der deutschen Ernährungswirtschaft*, Teil 1), Berlin 1935, S. 69. Nach Hansen, *a. a. O.*, S. 477, hat vor dem Ersten Weltkrieg die Ausfuhr pflanzlicher Erzeugnisse lediglich bei Roggen einen bedeutenden Umfang gehabt, während die Viehzucht in Form von Lebendvieh (Rinder, Schweine, Pferde) wie von Butter und Käse erhebliche Überschüsse nach auswärts abgegeben hat. Im Durchschnitt der Jahre 1925 bis 1930 hat sich die Ausfuhr von Lebendvieh und tierischen Erzeugnissen über den Vorkriegsstand erhoben, und zwar sowohl der Menge als auch dem Werte nach; s. Bloech, *a. a. O.*, S. 19; S. 31; S. 39.

189 Über Formen und Leistungen der ostpreußischen Viehzucht s. Schwarz (Anm. II/174), S. 266 ff.

190 Hansen (Anm. I/360), S. 487; S. 490 f.; S. 477; S. 496; S. 499 f.

ließ sich doch ein Ansteigen des Rinder- und Schweinebestandes beobachten[191]. Unbeschadet konjunkturell bedingter Schwankungen, die insbesondere die Schweinezucht getroffen haben, sind die Bestandsziffern nach 1925 gestiegen. Am deutlichsten zeigte sich dies in dem kontinuierlichen und nach 1930 beschleunigten Zuwachs an Milchkühen. Bereits 1925 wurden in Ostpreußen mehr Milchkühe gezählt als 1913, und der Versand von Molkereiprodukten erreichte in der zweiten Hälfte der 20er Jahre einen neuen Höhepunkt[192].

Allerdings darf das Ausmaß dieser Entwicklung nicht überschätzt werden. Die Viehhaltung ist keineswegs auf allen Gebieten gewachsen, denn die Pferde- und Schafzucht ist von Jahr zu Jahr geschrumpft, so daß die Vermehrung des Rinder- und Schweinebestandes teilweise nur kompensiert hat, was andere Zuchtgebiete verloren haben. Freilich ist zu bedenken, daß die Einschränkung der Pferde- und Schafzucht ein allgemeines Phänomen war, das nicht nur für Ostpreußen galt. Die Schafhaltung war bereits seit der zweiten Hälfte des 19. Jahrhunderts rückläufig, weil die einheimische Wollproduktion der überseeischen Konkurrenz zu erliegen begann. Für die Pferdezucht verschlechterte sich die Lage nach dem Ersten Weltkrieg, als der Bedarf an Militärpferden auf einen Bruchteil des früher Üblichen gesunken war und als die Motorisierung die tierische durch die maschinelle Zugkraft ersetzte. Hierunter hatte die ostpreußische Landwirtschaft, die sich in der Pferdezucht ausgezeichnet hatte, spürbar zu leiden. Aber auch der zweifellos vorhandene Anstieg der Rinder- und Schweinezucht ist vorsichtig zu bewerten, denn obwohl er beachtlich gewesen ist und zwischen 1925 und 1932 einen überdurchschnittlichen Bestandszuwachs gezeitigt hat[193], wurde nur allmählich der Anschluß an den Vorkriegsbestand hergestellt. Erst um 1930 ist es für die Dauer gelungen, diese Ziffern zu überbieten, und es ist unschwer zu erkennen, daß die an sich wünschenswerte Stabilisierung der ostpreußischen Landwirtschaft auf dem Wege intensiver Viehzucht bis dahin kaum erreicht worden ist. Wenn trotzdem festgestellt worden ist, daß nach 1925 mit verringertem Aufwand mehr für die Ausfuhr aus der Provinz produziert worden ist als vor 1914[194], so ist diese Leistungssteigerung durchaus begrüßenswert, aber es bleibt die Frage, ob sie nicht eher einer ungewöhnlichen Anspannung aller Kräfte, die vom Druck der Agrarkrise erzwungen wurde, als einer Reform der Betriebsverhältnisse zu verdanken gewesen ist.

Wie in der Viehzucht ist auch beim Ackerbau die Tendenz vorhanden gewesen, die Akzente allmählich zu verschieben. Der Umfang der Anbauflächen, die den verschiedenen Kulturpflanzen eingeräumt worden sind, hat sich im Laufe der Jahre geändert, was na-

191

Jahr	Pferde	Rinder	Milchkühe, Stärken usw.	Schweine	Schafe
1925	498 747	1 126 897	613 690	974 249	304 976
1932	438 725	1 250 667	683 666	1 409 384	169 201

Statistisches Jahrbuch für das Deutsche Reich, 45. Jg., 1926, Berlin 1926; dass., 52. Jg., 1933, Berlin 1933.

192 Bloech (Anm. II/188), S. 36 ff.; Otto Brock, *Ostpreußens Innenmarkt und Gesamtleistung an landwirtschaftlichen Erzeugnissen* (*Die Stellung Ostpreußens in der deutschen Ernährungswirtschaft*, Teil 2), Berlin 1936, S. 67 ff.

193 Von 1925 bis 1932 hat der Bestand zugenommen:

bei Rindern	um 11,6 % im Reich,	um 10,9 % in Ostpreußen,
bei Milchkühen	um 10,4 % im Reich,	um 11,4 % in Ostpreußen,
bei Schweinen	um 43,0 % im Reich,	um 44,7 % in Ostpreußen.

Berechnet nach den Angaben im *Statistischen Jahrbuch...*, 1926 (Anm. II/191) und 1932 (Anm. II/186). Für 1913 vgl. Hansen (Anm. I/360), S. 531. Es sei nochmals erwähnt, daß der Bestand an Milchkühen schon 1925 höher gewesen ist als 1913.

194 Vgl. dazu Bloech (Anm. II/188), S. 40.

mentlich für den Getreidebau zutrifft [195]. Die Flächen für Kartoffeln und Futterpflanzen sind zwischen 1927 und 1934 nahezu konstant geblieben, jedoch hat sich das Bild bei den vier Hauptgetreidearten um einiges gewandelt. Unverkennbar war das Bestreben, das traditionelle Übergewicht von Roggen und Hafer zugunsten der übrigen Getreidearten zu mildern. Der kontinuierlichen Reduktion des Haferanbaus, die teilweise ein Pendant der sinkenden Pferdezucht gewesen ist, stand eine ebenso kontinuierliche, wenn auch weniger umfangreiche Vermehrung der Aussaatfläche von Gerste gegenüber. Etwas ungleichmäßiger hat sich das Verhältnis zwischen Roggen- und Weizenanbaufläche entwickelt, auf das zeitweise die Intentionen der nationalen Agrarpolitik eingewirkt haben. Roggen ist seit eh und je die meistangebaute Feldfrucht in Ostdeutschland gewesen, und es gab keine Anzeichen, die auf eine Änderung hingedeutet hätten. Das wäre belanglos gewesen, wenn nicht die Roggenproduktion den innerdeutschen Bedarf überschritten und dadurch schwierige Absatzprobleme heraufbeschworen hätte, die vollends unlösbar wurden, als die internationale Agrarkrise den Absatz auf dem Weltmarkt blockierte. Diese Notlage veranlaßte Anfang 1931 die Reichsregierung, öffentlich an die Landwirtschaft zu appellieren, daß diese die Anbauflächen von Roggen und Hafer zugunsten derjenigen von Weizen und Gerste einschränken möge, da ohne eine solche Umstellung die Krise nicht zu überwinden sei [196]. In Ostpreußen ist daraufhin die Roggenanbaufläche von 1930 auf 1931 um 41 000 ha (= 9,4 %) vermindert worden. Dieses Ergebnis ist in den anschließenden Jahren wieder revidiert worden, weil das ostpreußische Klima einen größeren Weizenanbau nicht ratsam erscheinen ließ [197]. Aber trotzdem hat der Weizen von der Propaganda, die für ihn getrieben worden ist, sichtbar profitiert und die ihm bis 1930 gezogenen Grenzen kräftig ausgeweitet. Allerdings konnte dieser Erfolg nicht verhindern, daß Roggen und Hafer von ihrem traditionellen Übergewicht zehrten und 1934 immer noch diejenigen Getreidearten waren, die sich in der ostpreußischen Landwirtschaft der größten Verbreitung erfreuten.

195 Die Anbauflächen der einzelnen Kulturpflanzen betrugen in Ostpreußen (ha):

Jahr	Roggen	Weizen	Gerste	Hafer
1927	444 332	87 157	118 622	281 948
1931	397 436	116 859	134 176	250 974
1934	410 009	119 458	138 300	212 451

Jahr	Hackfrüchte	Kartoffeln	Futterpflanzen
1927	255 438	181 594	305 113
1931	259 924	180 053	303 586
1934	267 957	182 317	305 364

Statistisches Jahrbuch für das Deutsche Reich, 1928 (Anm. I/56), S. 70 f.; 1932 (Anm. II/186), S. 58 f.; 54. Jg., 1935, Berlin 1935, S. 82 f.

196 Vgl. Horkenbach, 1931 (Anm. I/396), S. 39.

197 In seiner Eröffnungsansprache vor dem Provinziallandtag am 23.3.31 hat Oberpräsident Siehr die Veränderungen der Getreideanbauflächen als ein Zeichen für den Selbsthilfewillen der ostpreußischen Landwirtschaft hervorgehoben; *Verhandlungen des 58. ProvLT der Prov Ostpr*, Königsberg 1931, S. 3 f. In der wissenschaftlichen Literatur ist die Ausdehnung des Weizenanbaus in Ostpreußen als nicht opportun bezeichnet worden; s. Krull (Anm. II/37), S. 44 f.; Volz (Anm. II/39), S. 62 f.; S. 57 f.; S. 96; Paul Hesse, *Die Verwertung der Hauptbodenerzeugnisse und die Bodennutzung in den deutschen Wirtschaftsgebieten. Beiträge zur Kenntnis der Marktverhältnisse der deutschen Landwirtschaft*, Berlin 1930, S. 34 f. Etwas positiver Emil Lang, *Ost-Deutschland. Grundlagen und Formen der Deutschen Landwirtschaft* (*Berichte über Landwirtschaft*, 84. Sonderheft), Berlin 1933, S. 101.

Neben dieser geringen Wandlungsfähigkeit fällt auf, daß der Ackerbau Mühe gehabt hat, den Leistungsgrad der Vorkriegszeit wieder zu erreichen. Jahrelang haben die Hektarerträge unter dem Stande von 1914 gelegen, und selbst nach 1930 hatten sie sich noch nicht völlig zur alten Höhe erhoben[198]. Die gesunkene Intensität der Feldwirtschaft verriet sich im niedrigeren Verbrauch an Kunstdünger[199] sowie in dem Anwachsen der Viehweiden und Hutungen auf Kosten des bisherigen Ackerlandes[200]. Obwohl dieser Prozeß im gesamten Reichsgebiet zu beobachten gewesen ist[201], hat er in Ostpreußen den Durchschnitt übertroffen und indirekt das schwindende Zutrauen zum intensiven Ackerbau bezeugt. Ein derartiger Selektionsprozeß war eine Begleiterscheinung der unsicheren Absatzmöglichkeiten für Getreide und konnte *nolens volens* den Ratschlag der Wissenschaftler fördern, daß „an die Stelle eines Teiles des Getreidebaus das Grünland und damit eine verstärkte Viehhaltung“ treten möge[202]; ihrer Ansicht nach war eine Änderung der Anbauverhältnisse und eine steigende Verwertung der pflanzlichen Erzeugnisse im Rahmen der Viehzucht unumgänglich[203]. Die feststellbaren Entwicklungstendenzen haben wohl bestätigt, „daß in der gesamten Tierhaltung die Umstellung sich im richtigen Gleise bewegt“ hat, aber für den Tieferblickenden war es anfangs der 30er Jahre dennoch unzweifelhaft, daß „die Umstellung nicht immer energisch genug gefördert worden ist“[204]. In der ostpreußischen Landwirtschaft sind die statistisch nachweisbaren Veränderungen zu gering gewesen, um die qualitativen Änderungen zu bewirken, die der wissenschaftlichen Agrarpolitik vorschwebten. Infolgedessen hat hier das landwirtschaftliche Strukturproblem fortbestanden, und wenn seine Aktualität noch eines Beweises bedurft hätte, so hat ihn die Agrarkrise seit 1928 geliefert. Sie hat die Notwendigkeit einer Reformpolitik bewiesen, aber gerade das mit ihr verbundene Moment der Gefahr hat die vorhandenen Kräfte in einen kurzsichtigen Kampf ums Dasein gestürzt, in dem sich das Beharrungsvermögen der alten Strukturen noch einmal als eine Form ökonomischer Selbsterhaltung durchsetzen konnte.

198 Erträge in dz/ha:

Zeitraum	Roggen	Weizen	Gerste	Hafer	Kartoffeln
1909/13	16,7	18,2	17,7	17,5	138,4
1927/30	14,6	17,3	17,2	16,2	135,8
1931/34	15,3	17,9	18,2	16,6	139,6

Hansen (Anm. I/360), S. 526 f.; für 1927 bis 1934 berechnet nach der Statistik der Ernteerträge im *Statistischen Jahrbuch für das Deutsche Reich*, 1928 bis 1935. Vgl. Krull (Anm. II/37, S. 41: *Die Lage der Landwirtschaft in Ostpreußen* (Anm. I/72), S. 15.

199 Krull, *a. a. O.*, S. 43; *Die Lage der Landwirtschaft. . .*, *ebda.*

200 Krull, *a. a. O.*, S. 7 ff.; S. 39; für die Zunahme des Ackerlandes von 1878 bis 1913 s. Hansen (Anm. I/360), S. 515. Von 1927 bis 1934 hat das Ackerland in Ostpreußen von 1,95 auf 1,90 Mill. ha abgenommen, die Viehweiden und Hutungen sind von 0,34 auf 0,38 Mill. ha angewachsen; dieses Wachstum betrug 11,8 %, während im Reichsdurchschnitt nur 6,8 % zu verzeichnen waren; s. *Statistisches Jahrbuch. . .*, 1928 (Anm. I/56), S. 68, und 1935 (Anm. II/195), S. 80.

201 Paul Hesse (Anm. II/197), S. 19 f.; Lang (Anm. II/197), S. 71 f.

202 Hesse, *a. a. O.*, S. 35; Lang, *a. a. O.*, S. 98 f.

203 Hesse, *a. a. O.*, S. 26 f.; S. 30; S. 34; Lang, *a. a. O.*, S. 102; vgl. Volz (Anm. II/39), S. 77 ff. Rindvieh- und Schweinezucht galten als besonders ausbaufähig. Lang trat außerdem auch für die Haltung von Fleischschafen ein.

204 Lang, *a. a. O.*, S. 102.

4. Rentabilität und Verschuldung der Landwirtschaft

a) Die Rentabilität

Änderungen im wirtschaftlichen Leben sind nicht nur eine Frage des Beharrungsvermögens der alten Ordnung, sondern auch eine der finanziellen Leistungsfähigkeit, denn sie lassen sich nicht ohne Kapitalinvestitionen durchführen. Es ist deshalb angezeigt, die finanzielle Situation der ostpreußischen Landwirtschaft und damit den Spielraum, der ihr für Rationalisierungs- und Umstellungsmaßnahmen zur Verfügung stand, näher zu betrachten[205].

Ostpreußen war als landwirtschaftliches Überschußgebiet darauf angewiesen, einen Teil seiner Agrarproduktion auf dem innerdeutschen Markt, in Berlin, Mitteldeutschland oder gar in West- und Süddeutschland, abzusetzen[206]. Seine marktferne Lage war zwangsläufig mit langen Transportwegen und hohen Transportkosten verbunden, so daß die Verkaufspreise in Ostpreußen unter die der jeweiligen Absatzmärkte gedrückt wurden. Am auffallendsten war das beim Schlachtvieh, dessen Berliner Marktpreis bis zu 20 % über dem Stallpreis in Ostpreußen lag; weniger groß war der Abstand der Getreidepreise in Königsberg und Berlin, die um annähernd 5 % zuungunsten Ostpreußens differierten[207]. Das gleiche Dilemma bestand für den Warenverkehr in umgekehrter Richtung: Die industriellen Erzeugnisse, auf deren Gebrauch die ostpreußische Landwirtschaft angewiesen war und die aus Westdeutschland bezogen werden mußten, waren wegen der Transportkosten 5 % bis 10 % teurer als in Mitteldeutschland[208].

Diese Situation wurde nicht ohne weiteres, wie es an sich denkbar gewesen wäre, durch eine vorteilhafte Relation der sonstigen Produktionskosten, namentlich der Löhne, erleichtert. Zwar lagen die Landarbeiterlöhne in Ostpreußen unter dem Reichsdurchschnitt, und auch der Lohnaufwand pro Hektar war geringer als in anderen Gegenden

205 Eingehende Untersuchungen zur Rentabilität der deutschen Landwirtschaft s. Sering *et al., Die deutsche Landwirtschaft*... (Anm. I/73), S. 39 ff.; Fritz Beckmann *et al., Deutsche Agrarpolitik im Rahmen der inneren und äußeren Wirtschaftspolitik*, Teil I (*Veröffentlichung der Friedrich-List-Gesellschaft*, 5. Bd.), Berlin 1932, S. 379 ff.

206 Über die innerdeutschen Absatzmärkte der ostpreußischen Landwirtschaft s. Bloech (Anm. II/188), S. 49 ff.; Brock (Anm. II/192), S. 66 ff.; Nordalm (Anm. II/62), S. 7 ff.

207 Krull (Anm. II/37), S. 37 f.; *Die Lage der Landwirtschaft*... (Anm. I/72), S. 11 ff.; Nordalm, *a. a. O.*, S. 44 ff.; Hansen (Anm. I/360), S. 83 ff. Über die verlängerten Absatzwege der ostpreußischen Rinderausfuhr nach 1920 s. Bloech, *a. a. O.*, S. 55 ff.

208 *Die Lage*..., *a. a. O.*, S. 10 f.; Krull, *a. a. O.*, S. 36; Hansen, *a. a. O.*, S. 88 ff.

Deutschlands[209], aber die relative Lohnsteigerung gegenüber der Vorkriegszeit war dennoch spürbar und hatte die Freiarbeiterlöhne 1926 sogar über den Reichsdurchschnitt hinausgetrieben. Ein Vergleich zwischen Lohnaufwand und gesamtem Wirtschaftsaufwand ergab, daß in Ostpreußen die Löhne den Betriebshaushalt stärker belasteten als anderswo[210]. Obwohl dem Aufwand pro Hektar zu entnehmen war, daß die ostpreußische Landwirtschaft weniger kapitalintensiv als im übrigen Deutschland betrieben wurde, hat sie ihre Betriebseinnahmen und -ausgaben nur mit Mühe balancieren können: Im Durchschnitt der Jahre 1924 bis 1929 war die Bilanz bei Einnahmen von 204 RM/ha und Ausgaben von 203 RM/ha knapp positiv[211]. Jede weitere Ausgabe, die – seien es Steuern oder Zinsen – über den engeren Rahmen der Betriebskosten hinausging, verursachte ein Defizit und stellte die prekäre Lage der Betriebe bloß.

Bereits vor 1914 sind die Reinerträge der ostpreußischen Landgüter „wenig befriedigend" gewesen, da sie von 1904 bis 1914 nur durchschnittlich 43,60 M/ha erreicht hatten, wovon noch die Privatverpflichtungen des Grundeigentümers wie Schuldzinsen, Steuern und Haushaltskosten zu begleichen waren[212]. Nach dem Kriege sind die Reinerträge so sehr zusammengeschmolzen, daß die Landwirte ihre sonstigen Verbindlich-

209 In Ostpreußen bzw. im Durchschnitt mehrerer Provinzen und Länder betrugen die Löhne für

	1910/14		1926		Zunahme	
	Ostpreußen	Deutschland *a)*	Ostpreußen	Deutschland *b)*	Ostpreußen	Deutschland
Verheiratete Deputanten (Jahreslohn)	790 M	870 M	989 RM	1082 RM	25 %	24 %
Ledige Freiarbeiter (Tageslohn)	1,75 M	2,22 M	2,90 RM	2,82 RM	66 %	27 %

a) Durchschnitt aus 11 deutschen Ländern und Provinzen.
b) Durchschnitt aus 16 deutschen Ländern und Provinzen.

EnquA II, Bd. 7 (Anm. I/310), S. 212 f. 1929 betrug der Jahreslohn für verheiratete Deputanten in Ostpreußen 1088 RM, im Reichsdurchschnitt 1206 RM; s. Wunderlich (Anm. I/318), S. 117. Im Durchschnitt der Jahre 1924 bis 1927 betrug der Lohnaufwand in 50 bis 100 ha großen Getreidewirtschaften mit mittlerem Boden:

in Ostpreußen 99 RM/ha,
in Mitteldeutschland 211 RM/ha,
in Nordwestdeutschland 220 RM/ha.

Die Lage. . . , a. a. O., S. 418; S. 423; S. 425. Vgl. *Landwirtschaftliche Buchführungsergebnisse. Untersuchungen zur Lage der Landwirtschaft. Zweiter Teil: Auswertung der Buchführungsergebnisse* (*EnquA II,* Bd. 4), Berlin 1929, S. 199 f.

210 In Getreidebauwirtschaften mit 50 bis 100 ha mittleren Bodens betrug der Anteil des Lohnaufwands am Wirtschaftsaufwand (1924 bis 1927) in:

Ostpreußen 49 %,
Mitteldeutschland 44 %,
Nordwestdeutschland 45 %.

EnquA II, Bd. 7, *a. a. O.,* S. 418; S. 424; S. 426.

211 Krull (Anm. II/37), S. 98. Diese Angaben stützen sich auf die Wirtschaftsergebnisse derjenigen Betriebe, deren Buchführung von Zentralstellen aus besorgt wurde. Sie stellten eine geringe Minderheit aller Betriebe dar.

212 Hansen (Anm. I/360), S. 488.

keiten nicht mehr aus normalen Einnahmen bestreiten konnten[213]. Für das Rechnungsjahr 1926/27 hat sich feststellen lassen, daß von insgesamt 303 überprüften Betrieben 178 ihr Steuersoll nicht aus Betriebsüberschüssen beglichen haben[214]. Dieser ungedeckte Geldbedarf verwandelte sich zwangsläufig in einen Kreditbedarf und löste eine wachsende Verschuldung aus, deren Zinsendienst je länger desto mehr die Reinerträge überschritt. Für das Wirtschaftsjahr 1930/31 ermittelte die Landwirtschaftskammer an Hand von Buchführungsergebnissen, daß der Reinertrag je Hektar 22,30 RM, der Zinsendienst aber 43,80 RM betrug[215].

An dieser fortdauernden Unrentabilität konnte der Staat nicht achtlos vorbeigehen. Anfang 1928 bemerkte der Staatssekretär im Reichsfinanzministerium, „in Ostpreußen bezahlt die Landwirtschaft kaum noch Reichssteuern"[216]. Auch die preußische Regierung fühlte sich 1928 bewogen, ihre fiskalischen Ansprüche an die ostpreußischen Landwirte um 10,1 Mill. RM zu senken, indem sie auf fällige Steuern verzichtete, rückständige Steuern niederschlug und anderweitige Lasten durch Zuschüsse ermäßigte[217]. Um die schonende Steuerpraxis auch auf die unterste Ebene der Besteuerung auszudehnen, hat das Reich den Gemeinden seit 1929 Zuschüsse gewährt, damit sie ihre An-

213 Die in der Literatur enthaltenen Angaben spiegeln die finanzielle Lage der ostpreußischen Landwirtschaft für die Betriebsjahre 1926/27 und 1928/29 folgendermaßen wider (RM/ha):

	1926/27		1928/29	
	Einnahmen	Ausgaben	Einnahmen	Ausgaben
Betriebseinnahmen *a)*	205,00		239,30	
Betriebsausgaben *a)*		204,60		216,40
Steuern *b)*		15,05		20,30
Zinsen *c)*		34,70		42,50
	205,00	254,35	239,30	279,20
	= – 49,35		= – 39,90	

a) Krull (Anm. II/37), S. 98.
b) *Die Lage der Landwirtschaft...* (Anm. I/72), S. 36; Krull, *a. a. O.*, S. 105.
c) Krull, *a. a. O.*, S. 107; *Die Lage der landwirtschaftlichen Großbetriebe in den östlichen Landesteilen (Preußische Zentralgenossenschaftskasse, Landwirtschaftl.-betriebswirtschaftl. Abt.*, Drucks Nr. 2), Berlin (1928), S. 81; S. 95.

Die Angaben beruhen z. T. wiederum auf Buchführungsergebnissen, die nur für eine begrenzte Anzahl von Betrieben vorliegen. 1929/30 waren in Ostpreußen knapp 2000 buchführende Betriebe vorhanden, von denen die über 100 ha großen Betriebe 61 % stellten. 34 % sämtlicher Großbetriebe beteiligten sich an der Buchführung, von den Kleinbetrieben zwischen 5 und 100 ha nur 1,1 %. Vgl. Bloech (Anm. II/188), S. 66 f. Die Angaben des EnquA und Krulls fußen auf einer noch geringeren Anzahl von Betrieben.

214 *Die Lage der Landwirtschaft...*, *a. a. O.*, S. 38.

215 Über die Rentabilitätsentwicklung der ostpreußischen Landwirtschaft s. *GStA*, Rep. 87, Nr. 1181: PreußMfLDuF, Niederschrift über die Verhandlungen auf der Regierungsdirektorenkonferenz am 19. und 20.2.32, Anlage 4; *Georgine*, 13.12.32: „Rede des Präsidenten Dr. Bethke in der Vollversammlung der Landwirtschaftskammer am 8. Dezember". Im Königsberger Oberpräsidium wurde die jährliche Zinsenbelastung Anfang 1933 auf 38,48 RM geschätzt; *GStA*, Rep. 90, Nr. 1079: OPr an den RK und RKom für das Land Preußen, 24.1.33, Anlagenheft II.

216 Niederschrift des unter dem Vorsitz des RPr am 7.2.28 stattgehabten Ministerrats; in: Graf Henning von Borcke-Stargordt, *Der ostdeutsche Landbau zwischen Fortschritt, Krise und Politik. Ein Beitrag zur Agrar- und Zeitgeschichte (Ostdeutsche Beiträge aus dem Göttinger Arbeitskreis*, Bd. 3), Würzburg 1957, S. 107; Hubatsch, *Hindenburg...* (Anm. I/46), S. 287. Vgl. *RT*, IV, Drucks Nr. 529: Antrag Scholz (DVP) und Gen., 28.11.28, über schonende Einziehung von Reichssteuern in Ostpreußen; von der RReg am 3.6.29 positiv beantwortet; s. Drucks Nr. 1093, S. 8.

217 *GStA*, Rep. 90, Nr. 1109: PreußFM an den PreußMPr, 28.1.28; Nr. 1071: RMdI, Aufzeichnung über die Chefbesprechung am 6.2.28 betr. OstprH (Anlage).

forderungen an die Kommunalsteuerpflichtigen herabsetzen konnten. Infolgedessen sind in Ostpreußen die Lasten aus der Grundvermögensteuer um 55 % und aus der Gewerbesteuer um 35 % gesenkt worden[218].
Mit solchen Maßnahmen bestätigten die Regierungen, daß die Unrentabilität der Landwirtschaft eine normale Besteuerung ausschloß und daß der Druck der gesetzlichen Verpflichtungen gelindert werden mußte. Steuernachlässe und Lastensenkung waren das staatliche *testimonium paupertatis* für die ostpreußische Landwirtschaft, deren Lage selbst der Fiskus nicht mehr beschönigen konnte.

b) Die Verschuldung

Die unzulängliche Rentabilität der ostpreußischen Landwirtschaft führte zu Komplikationen, die in der zweiten Hälfte der 20er Jahre bedrohliche Ausmaße annehmen sollten. Die kritischen Merkmale des Grundstücksmarkts – häufiger Besitzwechsel und zunehmende Verschuldung – lassen sich bis in die Vorkriegszeit zurückverfolgen, als ostpreußische Landgüter trotz ihren unbefriedigenden Erträgen in großer Anzahl und zu steigenden Preisen gehandelt worden sind. Unter dem Einfluß der schnell aufeinander folgenden Besitzwechsel war die Zahl der „walzenden" Güter so sehr angeschwollen, daß mancher Kritiker glaubte, die Existenz eines bodenständigen Grundbesitzes geradezu bestreiten zu müssen[219]. Ebenso fragwürdig ist die Steigerung der Güterpreise gewesen, die oft genug spekulative Formen angenommen hatten, so daß „Rückschläge der Konjunktur im Verein mit der steigenden Verschuldung bedenkliche Folgen" gehabt hätten[220]. Eine statistische Erhebung aus dem Jahre 1902, die sich für Ostpreußen auf 41 865 Eigentümer land- und forstwirtschaftlicher Grundstücke stützte, hat ermittelt, daß nur 5,5 % der Betroffenen unverschuldet waren, hingegen bei 35 % die Schulden mehr als die Hälfte des vorhandenen Vermögens wettmachten[221]. Hieran dürfte sich bis 1914 nichts gebessert haben, denn nach 1902 hat die hypothekarische Verschuldung auffallend zugenommen, so daß von 783 Mill. Mark Hypotheken, die 1912 vorhanden waren, allein 505 Mill. Mark von 1903 bis 1912 eingetragen worden sind[222]. Die Verhältnisse wurden bereits für so ernst angesehen, daß eine Entschuldung bzw. Umschuldung notwendig schien, um den befürchteten Zusammenbrüchen vorzubeugen. Die Ostpreußische Landschaft hat hierfür einschlägige Verfahren entwikkelt, die aber in der Praxis nur einen begrenzten Zuspruch gefunden haben[223].

218 *A. a. O.*, Nr. 1118: PreußMdI an den OPr usw., 16.7.31. Bowien (Anm. II/62), S. 31; S. 33 f. S. 72 ff.
219 Hansen (Anm. I/360), S. 31. Vgl. hierzu und zum Folgenden Ernst Borchert, *Der Landgütermarkt in Ostpreußen seit 1895 unter besonderer Berücksichtigung der Siedlungsankäufe* (*Berichte über Landwirtschaft*, 94. Sonderheft), Berlin 1934, S. 9 ff. Über die Verschuldung der ostdeutschen Landwirtschaft vor dem Ersten Weltkrieg s. Schulz, „Staatliche Stützungsmaßnahmen. . ." (Anm. I/219), S. 147 ff.
220 Albert Hesse, *Der Grundbesitz. . .* (Anm. II/30), S. 66; S. 57; Hansen, *a. a. O.*, S. 460; S. 31.
221 Hesse, *a. a. O.*, S. 77; *Die Verschuldungs- und Kreditlage der deutschen Landwirtschaft in ihrer Entwicklung von der Währungsbefestigung bis Ende 1928* (*EnquA II*, Bd. 12), Berlin 1930, S. 3 f.
222 Hesse, *a. a. O.*, S. 102 f.
223 *A. a. O.*, S. 111 ff.; *EnquA II*, Bd. 12 (Anm. II/221), S. 13; Schulz, „Staatliche Stützungsmaßnahmen. . ." (Anm. I/219), S. 150 f.

Der Krieg und die Inflation haben dann dem Verschuldungsproblem die Spitze genommen. Die Geldentwertung erlaubte den Landwirten eine mühelose Entschuldung, so daß nach der Währungsstabilisierung, formell betrachtet, die Kreditfähigkeit der Landwirtschaft größer denn je war. Und dem entsprach ein ebenso großer Kreditbedarf, der in eine schnelle Neuverschuldung führte. Die Ursachen, die im Einzelfall für diese Entwicklung verantwortlich gewesen sind, lassen sich schwer angeben, da es an Mitteilungen über die Lage einzelner Betriebe fehlt. Aber wenn die Folgen der allgemeinen wirtschaftlichen Veränderungen bedacht werden, die seit 1924 eingetreten sind, so liegt es auf der Hand, daß nur Betriebe mit leistungsfähiger Struktur und geschäftskundiger Leitung ihnen trotzen konnten. Die schwächer fundierten Betriebe gerieten zwangsläufig auf den Weg der Verschuldung, weil die Währungsreform sie vom liquiden Betriebskapital entblößt und einer drastischen Besteuerung der Vermögenswerte ausgesetzt hatte und weil die witterungsbedingten Ernteverluste der Jahre 1924 und 1925 ihre Widerstandskräfte untergruben[224].

Die erschwerten objektiven Existenzbedingungen führten zwangsläufig dazu, daß auch die allenthalben vorhandenen Faktoren subjektiver Unzulänglichkeit stärker ins Gewicht fielen. Ungeachtet der schwierigen Zeiten gab es Grundbesitzer, die sich eines aufwendigen Privatverbrauchs nicht enthalten konnten und leichtfertig genug waren, die Diskrepanz zwischen ihren Ansprüchen und dem ökonomisch erreichbaren Einkommen durch fortlaufende Verschuldung zu schließen. Andere Landwirte überspannten ihre Kräfte, indem sie aus familiären oder spekulativen Gründen ihren Grundbesitz erweiterten und danach der übernommenen Schulden nicht mehr Herr wurden. Ebenso negativ wirkten sich ungenügend kalkulierte innerbetriebliche Maßnahmen wie Neubauten oder das Festhalten an unrentablen Produktionsformen aus. Andere Landwirte wiederum hatten sich in der Übergangszeit von der Inflation zur stabilen Währung finanziell verspekuliert und befanden sich seitdem in dauernden Schwierigkeiten[225].

Unmittelbar nach der Inflation war die Zahl der Landwirte, die noch den fragwürdigen Finanzierungspraktiken der Vorjahre folgten, groß genug, um selbst von agrarischer Seite die Kritik an jenen „verehrten Berufskollegen" herauszufordern, die „in nicht immer ganz ernsthafter Weise einen Kredit aufnahmen, ohne sich zu überlegen, ob sie auch wirklich rechtzeitig in der Lage waren, die Kredite zurückzahlen zu können". Hierzu gehörte, daß manche, die zu Abzahlungen fähig gewesen wären, das Geld lieber zu anderen Geschäften verwendeten und sich dadurch später in eine bedrängte Situation brachten[226].

Das aus objektiven und subjektiven Faktoren gespeiste Kreditbedürfnis der Landwirtschaft begegnete 1924 einem Kapitalmarkt, der im Zeichen schweren Kapitalmangels stand und dessen Ergiebigkeit auch in der Folgezeit, zumal für Ostpreußen, beschränkt blieb. So wurde zunächst auf die kurzfristigen Kredite zurückgegriffen, die die Reichs-

224 Bissing (Anm. I/393), S. 187 f. Die allgemeinen Verschuldungsursachen sind dargestellt in: *Die Lage der Landwirtschaft*... (Anm. I/72), S. 60 ff.; *EnquA II*, Bd 12, *a. a. O.*, S. 85 ff. Der Landrat des Kreises Rosenberg, Friedensburg, hat berechnet, daß die Landwirtschaft seines Kreises aus der Ernte des Jahres 1924 einen Reingewinn von 2,10 Mill. RM erzielen werde, jedoch Verpflichtungen in Höhe von 3,35 Mill. RM erfüllen müsse, also einen Fehlbetrag von 1,25 Mill. RM zu verzeichnen haben werde; Ferdinand Friedensburg, „Die Geldverpflichtungen der Landwirtschaft und die neue Eernte", in: *Georgine*, 9.8.24.

225 Hinweise auf diese subjektiven Verschuldungsursachen gibt der Bericht des RechH über die Osthilfe; s. *BAK*, R 43 I/1826 u. 1827, S. 29 ff.; S. 124 f.; S. 142 f.; S. 250 f.; S. 402 f.; S. 417 f.; S. 425 f.

226 Diese Kritik übten der Präsident des RLB, Hepp, und Brandes am 12.12.25 auf einer Kundgebung des LVO; s. *LVO*, 19.12.25: „Die machtvolle Kundgebung der ostpreußischen Landwirtschaft".

bank und die öffentlichen Kassen zur Verfügung stellten und die in Realkredite umgewandelt werden sollten, sobald sich der Hypotheken- und Pfandbriefmarkt formiert hatte. In Ostpreußen waren bis zum Herbst 1925 weit über 400 Mill. RM neuer Schulden kontrahiert worden, und 1929 wurde, nach amtlichen Schätzungen, die Milliardengrenze überschritten[227]. Binnen weniger Jahre war der Stand der Vorkriegsverschuldung überboten und eine drückende Zinslast aufgenommen worden[228]. Während vor dem Kriege ein Hypothekendarlehn für 4 % bis 5 % zu haben gewesen ist, mußten nach 1924 6 % bis 8 %, zeitweise sogar 10 %, und eine auf 60 % bis 70 % gesenkte Auszahlungsquote zugestanden werden. Zu alledem pendelten die Zinsen für Personalkredit, den die Landwirte jetzt mehr als früher beanspruchten, zwischen 10 % und 18 % und stellten eine besonders schwere Bürde dar [229].

Werden mit diesen Kreditbedingungen die Rentabilitätsverhältnisse der ostpreußischen Landwirtschaft verglichen, so läßt sich verstehen, daß Betriebe, die 1924 oder 1925 Kredite aufgenommen haben und sie nicht bald zurückzahlen konnten, sich *nolens volens* immer tiefer in Schulden verstrickten. Die Problematik dieses Prozesses offenbarte die Feststellung des Vorsitzenden der ostpreußischen Landwirtschaftskammer, „daß die eingegangene Verschuldung zu mindestens 90 Prozent nicht zu produktiven Anlagen benutzt werden konnte, sondern um die Defizits in landwirtschaftlichen Betrieben auszugleichen und zur Bezahlung von Steuern und Lasten, die auf der Land-

227 Der Schuldenstand ist zunächst von der LWK, ab 1927 auch vom LFinA Kbg ermittelt worden; daraus ergibt sich folgendes Bild (Mill. RM):

Datum	Insgesamt	Hypotheken	Kurzfristige Schulden	Sonstige (Altenteil)
15.10.25 *a)*	415,8	216,5	199,3	–
15.10.26 *a)*	441,9	259,7	182,2	–
15.10.27 *a)*	542,2	318,5	223,7	–
1.1.27 *b)*	702,4	528	174	–
1.1.28 *c)*	884,4	630,4	209,0	45,0
1.1.29 *d)*	1000,0	– *e)*	–	–
1.1.30 *d)*	1200,0	–	–	–
Jan. 33 *f)*	1182,0	881,5	300,5	–

a) *GStA*, Rep. 90, Nr. 1070: LWK an den PreußMfLDuF, Dezember 1927. Die Angaben beruhen auf einer Umfrage der LWK bei den ostpreußischen Kreditinstituten, erfassen also nicht die Schulden der Landwirte bei Handwerkern, Kaufleuten usw. Im Sommer 1926 hat Brandes die Verschuldung für den 1.11.25 auf 220 Mill. RM Realkredit, 200 Mill. RM Wechselschulden und 50 Mill. RM andere kurzfristige Schulden beziffert; vgl. Ernst Brandes, „Die wirtschaftliche Lage Ostpreußens. Vortrag . . . am 13.7.26", S. 10 f., in: *GStA*, Rep. 90, Nr. 1069.

b) *Die Lage der Landwirtschaft. . .* (Anm. I/72), S. 48 f.; Krull (Anm. II/37), S. 109.

c) *Die Lage. . . , a. a. O.,* S. 124 f.; Krull, *ebda.*

d) Krull, *ebda.* (die Angaben sind vom LFinA geschätzt worden).

e) Am 31.12.28 hatte die Ostpreußische Landschaft einen Bestand von 300 Mill. RM Pfandbriefdarlehn; *Die Lage der Landwirtschaft. . .* (Anm. I/72), S. 46 f.

f) *GStA*, Rep. 90, Nr. 1079: OPr an den RK / RKom, 24.1.33 (Anlagenheft II). Dieser Schuldenstand ist im Oberpräsidium errechnet worden; Berechnungen der LWK sollen 1,3 und des LVO 1,4 Mrd. RM ergeben haben.

228 Die Hypothekenschulden haben 1912 in Ostpreußen 783,2 Mill. M betragen. Davon entfielen 481,4 Mill. M auf die Ostpreußische Landschaft und 51,7 Mill. M auf die Preußische Zentral-Boden-Kredit AG; s. Albert Hesse, *Der Grundbesitz. . .* (Anm. II/30), S. 103; S. 107; S. 110. Die Höhe der kurzfristigen Verschuldung läßt sich nicht ermitteln, dürfte aber niedriger als nach 1928 gewesen sein.

229 Bissing (Anm. I/393), S. 31; S. 230 ff.; S. 58; S. 74; S. 97 f.; *Die Lage der Landwirtschaft. . .* (Anm. I/72), S. 47; S. 67.

wirtschaft ruhen"[230]. Dem entsprach, daß ein Teil der Landwirte zahlungsunfähig war, sobald das eine oder andere Darlehn zurückgefordert wurde, denn Gelder, die nicht produktiv investiert worden sind, konnten vom Betrieb nicht reproduziert werden und mußten am Fälligkeitstag anderweitig beschafft werden. Als die ersten Raten der 16,5 Mill. RM Saatgutkredite, die die ostpreußische Landwirtschaft im Winter 1924/25 erhalten hatte, fällig wurden, beantragte die Landwirtschaftskammer eine Prolongation, da die Landwirte gänzlich illiquide seien[231]. Ähnlich war es im Herbst 1927, als Verpflichtungen von 60 Mill. RM einzulösen gewesen wären und abermals die Bitte um Stundung, Umschuldung und staatliche Stützungsmaßnahmen ausgesprochen werden mußte[232]. Besonders drastisch dokumentierte sich die chronische Notlage 1931, als der LVO in einem Offenen Brief an Hindenburg kundtat: „Die Landwirtschaft der Provinz Ostpreußen, als Gesamtheit genommen, ist am Ende ihrer Kraft und zahlungsunfähig[233]." Ein weiteres Spiegelbild der trüben Wirklichkeit waren die Zwangsversteigerungen landwirtschaftlicher Grundstücke, die sich von 215 Fällen mit 13 658 ha im Jahre 1927 auf 662 Fälle mit 50 739 ha im Jahre 1931 steigerten[234]. Unter dem Druck dieser Verhältnisse konnte es nicht ausbleiben, daß die Grundstückspreise erheblich sanken. Im Durchschnitt der Jahre 1923/24 bis 1931 erreichte der allgemeine Hektarpreis etwa die Hälfte des Vorkriegsstandes und bei den Betrieben über 100 ha, wenn diese für sich betrachtet werden, sogar weniger als ein Drittel. Aber selbst diese gedrosselten Preise waren weitgehend unrealistisch und überstiegen die Ertragsmöglichkeiten der ostpreußischen Landwirtschaft. Denn mit Hilfe der Verschuldung war es gelungen, die wirkliche Lage zu kaschieren und einen Zusammenbruch der Grundstückspreise zu vermeiden; die 1928 einsetzende staatliche Sanierungsaktion hat dann in ähnlichem Sinne gewirkt[235].

230 Brandes (Anm. II/227), S. 11.

231 *StAL*, Rep. 2, Nr. 2421, Bd. 1: LWK an den PreußMfLDuF, 15.8.25; *GStA*, Rep. 203, Nr. 205: LWK an den PreußMfLDuF, 13.1.26.

232 *GStA*, Rep. 203, Nr. 207: LWK an den RMfEuL, 30.8.27; LWK an den OPr, 8.10.27; *Kbg Hart Ztg*, 18.10.27: „Die Not der ostpreußischen Landwirte. Entschließung des Landwirtschaftsverbandes".

233 *LVO*, 31.10.31: (Offener Brief des LVO) an den RPr, 23.10.31.

234 Zahl und Flächenumfang der zwangsversteigerten Grundstücke:

Jahr	Anzahl	ha	Durchschnittsgröße der Grundstücke
1926 a) (nur April bis Dez.)	136	7 835	58 ha
1927 a)	215	13 685	64 ha
1928 a)	306	14 259	47 ha
1929 a)	445	20 345	46 ha
1930 b)	659	42 496	65 ha
1931 c)	662	50 739	77 ha
1932 c)	689	43 473	63 ha
1933 c)	169	7 831	46 ha

a) *Ostpreußenhilfe und Umschuldung* (Anm. I/387), S. 89.
b) *Statistischer Jahresbericht. . .*, 1931 (Anm. II/123), S. 89.
c) *Statistisches Handbuch. . .*, 1938 (Anm. I/69), S. 190.

Vgl. Krull (Anm. II/37), S. 20 f.; *EnquA II*, Bd. 12 (Anm. II/221), S. 97; *Die Lage der Landwirtschaft. . .* (Anm. I/72), S. 106; Borchert (Anm. II/219), S. 43. Für die Verhältnisse vor 1914 s. Albert Hesse, *Der Grundbesitz. . .* (Anm. II/30), S. 58. Aus der Durchschnittsgröße ist zu ersehen, daß die Jahre der Ostpreußenhilfe 1928 und 1929 für die Großbetriebe eine vorübergehende Erleichterung ihrer Situation bedeutet haben.

235 Borchert, *a. a. O.* S. 39; S. 62 f.

Näheren Einblick in die Verschuldung gewähren die Angaben, die vom Landesfinanzamt Königsberg an Hand der Vermögenssteuerakten per 1. Januar 1928 ermittelt worden sind [236]. Sie stützen sich auf 48 654 landwirtschaftliche Grundstücke mit einer Gesamtfläche von 2,3 Mill. ha, lassen also einen Teil der Landwirtschaft unberücksichtigt. Das betrifft vor allem die Betriebe unter 100 ha, von denen nur 45 025 erfaßt worden sind, während es von ihnen tatsächlich 230 443 gab. Allerdings verfügten die erwähnten 45 025 Betriebe über annähernd 62 % der Fläche, die in dieser Größenklasse bewirtschaftet wurde. Dadurch erreicht die Statistik, obwohl sie die Vermögensverhältnisse der kleinsten Grundbesitzer nicht darstellt, eine genügende Aussagekraft.

Das Ausmaß und das Gewicht der Verschuldung sind aus den folgenden Tabellen abzulesen. Sie bieten die Ergebnisse der Statistik für die gesamte Provinz sowie für 15 Landkreise, die nach dem Anteil der bäuerlichen und der Großbetriebe gruppiert worden sind. Außerdem sind drei Kreise aus dem Gebiet mit dem höchsten und drei aus dem Gebiet mit dem niedrigsten Verschuldungsgrad nebeneinandergestellt worden. Ergänzend dazu folgt eine Übersicht, die für dieselben Kreise die Anzahl der am höchsten verschuldeten Betriebe nachweist.

Das örtliche Volumen der Verschuldung bestimmten weitgehend die Großbetriebe, denn unter den zehn Kreisen mit dem höchsten Schuldenbestand waren nur Heilsberg und Niederung als vorwiegend bäuerliche Kreise vertreten, während in den acht anderen der Großbetrieb dominierte. Königsberg und Preußisch-Eylau hielten mit 42,6 bzw. 40,2 Mill. RM die absolute Spitze. Das entgegengesetzte Extrem des niedrigsten Schuldenbestandes verkörperten Marienburg und Elbing mit 11,6 bzw. 13,3 Mill. RM, die ebenso wie die übrigen acht Kreise, die ihnen am nächsten kamen, bäuerlich strukturiert waren. Eine Relation zwischen Schuldenbestand und Umfang der verschuldeten Grundstücke zeigte für die bäuerlichen Kreise insofern ein verändertes Bild, als sie gleichzeitig die Gebiete mit der minimalen und der maximalen Belastung je Hektar stellten. In Masuren, beginnend mit 218 RM/ha in Ortelsburg, waren die Schulden pro Hektar am niedrigsten, aber den Höchststand innerhalb der ganzen Provinz verzeichneten die ebenfalls bäuerlichen Kreise Marienburg und Niederung mit 706 bzw. 608 RM/ha. Die Lage der großagrarischen Kreise war in dieser Hinsicht weniger exponiert, wenngleich die markantesten unter ihnen den Provinzdurchschnitt sichtbar übertrafen.

Die zwiespältige Situation des ostpreußischen Bauerntums offenbart sich in vollem Umfange, wenn die Verschuldung mit dem Hektar-Einheitswert verglichen wird. Gerade die masurischen Kreise, die, absolut gesehen, die niedrigsten Schulden besaßen, ent-

236 Veröffentlicht in: *Die Lage der Landwirtschaft...* (Anm. I/72), S. 124 ff.; S. 50 f.; vgl. *EnquA II*, Bd. 12 (Anm. II/221), S. 101; S. 105. Die Statistik läßt die unter der Vermögenssteuerfreigrenze von 5000 RM bleibenden Kleinbetriebe und die Staatsdomänen sowie den kommunalen Grundbesitz unberücksichtigt. Die Veranlagung zur Vermögenssteuer beruhte auf dem sog. Einheitswert der Grundstücke, der von Amts wegen ermittelt worden ist und unter dem durchschnittlichen Verkehrswert lag. Er bietet einen überregionalen Vergleichsmaßstab, an dem der Grad der Verschuldung gemessen werden kann. 1928 stand der Einheitswert in Ostpreußen auf 675 RM/ha und der Verkehrswert auf 1173 RM/ha. – Über die Verschuldungsstatistik und den Einheitswert s. *EnquA II*, Bd. 12, *a. a. O.*, S. 17 ff.; S. 22. Die im Text folgende Einteilung in bäuerliche und großagrarische Landkreise ist nach der Tabelle bei Batocki / Schack (Anm. I/214), S. 91, vorgenommen worden. Die zehn großagrarischen Kreise, auf die teilweise exemplifiziert wird, sind: Bartenstein, Fischhausen, Königsberg, Rastenburg, Gerdauen, Darkehmen, Preußisch-Eylau, Wehlau, Heiligenbeil und Rosenberg. Die bäuerlichen Kreise: Braunsberg, Heilsberg, Elbing, Niederung, Ortelsburg, Lyck, Allenstein, Johannisburg, Goldap und Rössel. In der erstgenannten Gruppe waren die Großbetriebe zu 49,9 % bis 68,7 % an der landwirtschaftlichen Nutzfläche beteiligt, in der zweitgenannten nur zu 10,3 % bis 22,1 %.

		Schulden in Mill. RM				Schulden	Schulden	Verschuldung nach Betriebsgrößen in % EW/ha			Umschuldungs-hypotheken bis 31.12.30 bewilligt (Mill. RM)
		Insgesamt	Hypotheken	Sonstige	Altenteil u. dgl.	RM/ha	% EW/ha	bis 100 ha	100 – 200 ha	über 200 ha	
	Provinz	884,4	630,4	209,0	45,0	386	*57,1*	*53*	*69*	*59*	90,74
A	Bartenstein	30,6	21,8	7,5	1,4	408	*58,7*	*65*	*81*	*53*	3,53
	Fischhausen	30,4	21,7	7,8	0,9	508	*72,0*	*63*	*77*	*76*	6,53
	Königsberg	42,6	31,9	10,1	0,6	520	*55,6*	*47*	*65*	*58*	4,98
B	Labiau	20,9	14,1	5,8	1,0	482	*57,4*	*55*	*75*	*53*	2,71
	Gumbinnen	19,3	13,6	4,6	1,1	350	*45,8*	*37*	*55*	*58*	1,64
	Sensburg	20,3	13,7	5,4	1,2	333	*66,8*	*56*	*82*	*79*	2,46
C	Braunsberg	25,4	18,6	5,3	1,5	343	*46,5*	*45*	*51*	*55*	2,00
	Heilsberg	31,7	21,5	8,2	2,0	388	*56,6*	*58*	*51*	*60*	2,73
	Niederung	31,2	23,4	6,4	1,4	608	*52,7*	*52*	*56*	*53*	3,46
D	Ortelsburg	14,1	9,2	3,6	1,3	218	*78,8*	*65*	*92*	*125*	1,34
	Johannisburg	16,5	10,5	4,7	1,3	276	*74,3*	*62*	*102*	*119*	1,44
	Lyck	18,2	11,9	4,1	2,2	289	*92,7*	*80*	*128*	*125*	2,27
E	Elbing	13,3	10,5	2,3	0,5	445	*45,5*	*42*	*69*	*67*	0,77
	Preußisch-Holland	25,3	18,2	5,9	1,3	337	*42,8*	*43*	*59*	*40*	0,96
	Rosenberg	24,4	17,3	5,0	2,1	363	*48,4*	*62*	*62*	*35*	1,19

A = Landkreise, in denen die Großbetriebe am stärksten überwiegen.
B = Landkreise, in denen Groß- und Kleinbetriebe stark gemischt sind.
C = Landkreise, in denen die Kleinbetriebe am stärksten überwiegen.
D = Landkreise in Masuren als Beispiel für das Gebiet mit der stärksten Verschuldung; in diesen Kreisen überwiegen ebenfalls die Kleinbetriebe.
E = Landkreise in der Westregion als Beispiel für das Gebiet mit der geringsten Verschuldung (Elbing als vorwiegend bäuerlicher, Preußisch-Holland als gemischter und Rosenberg als stark großagrarischer Kreis).

		Betriebe a) bis 100 ha b) 100 bis 200 ha c) über 200 ha	davon über 100 % des Einheitswerts/ha verschuldet	Gesamtzahl der erfaßten Betriebe	davon über 100 % EW/ha verschuldet	
Provinz*	a)	45 025	7 306	48 654	8 128	
	b)	2 047	481			*16,7 %*
	c)	1 555	341			
Bartenstein	a)	643	127	790	164	
	b)	55	22			*20,7 %*
	c)	92	15			
Fischhausen	a)	612	106	803	153	
	b)	112	26			*19,0 %*
	c)	79	21			
Königsberg	a)	855	96	1 115	124	
	b)	125	18			*11,1 %*
	c)	135	10			
Labiau	a)	989	130	1 079	144	
	b)	51	7			*13,3 %*
	c)	39	7			
Gumbinnen	a)	1 134	66	1 246	78	
	b)	73	10			*6,3 %*
	c)	39	2			
Sensburg	a)	1 184	187	1 290	224	
	b)	69	23			*17,4 %*
	c)	37	14			
Braunsberg	a)	1 704	318	1 783	328	
	b)	66	9			*18,4 %*
	c)	13	1			
Heilsberg	a)	2 181	421	2 262	428	
	b)	60	6			*18,9 %*
	c)	21	1			
Niederung	a)	2 276	241	2 311	244	
	b)	26	2			*10,5 %*
	c)	9	1			
Ortelsburg	a)	1 388	309	1 446	337	
	b)	37	14			*23,3 %*
	c)	21	14			
Johannisburg	a)	1 369	269	1 438	303	
	b)	38	15			*21,1 %*
	c)	31	19			
Lyck	a)	1 204	392	1 277	436	
	b)	52	28			*34,1 %*
	c)	21	16			
Elbing	a)	1 181	116	1 207	123	
	b)	20	6			*10,2 %*
	c)	6	1			
Preußisch-Holland	a)	1 248	113	1 331	118	
	b)	39	4			*8,8 %*
	c)	44	1			
Rosenberg	a)	1 380	335	1 432	342	
	b)	19	1			*23,9 %*
	c)	33	6			

* Die Differenz von 27 zwischen Spalte 1 und 3 ist bereits in der gedruckten Quelle enthalten,

puppten sich als das Gebiet, wo die Schulden am stärksten die reale Vermögenssubstanz angegriffen hatten. Das negative Extrem bot Lyck mit einer Verschuldung, die über 90 % des Einheitswerts hinausging, während Fischhausen als der ungünstigste großagrarische Kreis um zwanzig Punkte unter diesem Rekord blieb. Anderseits waren es Kreise mit vorwiegendem oder starkem bäuerlichen Einschlag, in denen die am Einheitswert gemessene Verschuldung die niedrigste Relation für ganz Ostpreußen ergab: Marienburg, Preußisch-Holland, Elbing, Gumbinnen und Braunsberg. Aus der Tatsache, daß bäuerliche Kreise am positiven wie am negativen Ende der Verschuldungsskala standen, ist zu entnehmen, daß innerhalb der Provinz die wirtschaftlichen Bedingungen erheblich voneinander abwichen. Die großagrarischen Kreise der Königsberger Region, die wegen ihres hohen Schuldenbestandes ins Auge fielen, treten – mit Ausnahme Fischhausens und Preußisch-Eylaus – bei einer wägenden Betrachtung der Schuldenverhältnisse in den Hintergrund, weil hier der überdurchschnittliche Wert des Bodens das Verschuldungsbild erheblich relativierte.

Der bestgestellte Teil der ostpreußischen Landwirtschaft befand sich im Westen der Provinz, wo die fünf westpreußischen Kreise Elbing, Marienburg, Stuhm, Marienwerder und Rosenberg gemeinsam mit den benachbarten Kreisen Osterode, Mohrungen, Preußisch-Holland, Braunsberg und Heiligenbeil ein Gebiet mit unterdurchschnittlichem Verschuldungsgrad bildeten. Die verkehrsgünstig gelegene Zone entbehrte sowohl in wirtschaftlicher als auch in sozialer Hinsicht der einseitigen Extreme und besaß neben rein bäuerlichen Kreisen wie Braunsberg oder Elbing auch großagrarische wie Heiligenbeil, Rosenberg und Mohrungen. Da der Großgrundbesitz nirgends in einer krassen Konzentration auftrat, hatte das Bauerntum den größeren Teil der landwirtschaftlichen Nutzfläche in Besitz. Hinzu kamen die überdurchschnittliche Qualität des Bodens und die relativ hohe Bevölkerungsdichte von 63 Einwohnern je qkm [237].

Ganz anders war es um das Hauptkrisengebiet Ostpreußens, um Masuren, bestellt [238]. Die Landkreise Neidenburg, Ortelsburg, Johannisburg, Lyck, Oletzko, Goldap, Lötzen und Sensburg lagen verkehrsungünstig am Südrande der Provinz, die Bevölkerungsdichte von 42 Einwohnern je qkm war besonders niedrig, und der weit verbreitete minderwertige Sandboden schmälerte die Leistungsfähigkeit der Landwirtschaft. Die eindeutig bäuerliche Agrarstruktur dieser Kreise ließ die Agrarkrise in Masuren zu einer Not des kleinen Mannes werden, der von der Wucht der sozialen und wirtschaftlichen Erschütterungen an die Seite der NSDAP gedrängt wurde.

Noch ungünstiger als die masurischen Bauern waren allerdings die Großbetriebe in diesem Gebiet daran. Für Ostpreußen allgemein ist festzustellen, daß von den drei Betriebsgrößenkategorien: bäuerliche Betriebe (bis 100 ha), mittlere Großbetriebe (100–200 ha) und absolute Großbetriebe (über 200 ha) die Kleinbetriebe am wenigsten und die mittleren Großbetriebe am stärksten verschuldet waren. Von den Durchschnittswerten der einzelnen Kategorien ergaben sich regionale Abweichungen, die mit dem Vorwiegen des einen oder anderen Betriebstyps zusammenzuhängen scheinen. Beispielsweise lag der Verschuldungsgrad der bäuerlichen Betriebe in sechs der zehn führenden großagrarischen Kreise über dem Provinzdurchschnitt von 53 %; in vier Kreisen waren die Bauern sogar stärker belastet als die absoluten Großbetriebe. Diese Tendenz

237 Hinsichtlich der Bodenqualität s. die Angaben über den Einheitswert in: *Die Lage der Landwirtschaft. . . , a. a. O.*, S. 125; über die Bevölkerungsdichte: Batocki / Schack (Anm. I/214), S. 21. Die relativ günstige Wirtschaftslage in den westlichen Landkreisen hat auch der seit 1929 amtierende Staatskommissar hervorgehoben; s. *GStA*, Rep. 90, Nr. 1076: StKom, Bericht vom 13.11.29; StKom an den PreußMfLDuF, 30.1.30.

238 Über die Lage der Landwirtschaft in Masuren vgl. Emil Lang, „Die Erhaltung des Bauerntums in den ungünstigen Gebieten Ostpreußens", in: Sering *et al.* (Anm. I/73), S. 342 ff.

daß der Teil, der in der örtlichen Sozialstruktur der schwächere war, sich überdurchschnittlich verschuldete, kehrt mit umgekehrten Vorzeichen bei den zehn führenden bäuerlichen Kreisen wieder, wo die absoluten Großbetriebe in sieben und die mittleren Großbetriebe in fünf Fällen den durchschnittlichen Verschuldungsgrad übertrafen. Zwar galt das Gleiche auch fünfmal für bäuerliche Betriebe, aber sie besaßen nur in Lyck mit 80 % eine auffallende negative Spitze, während die Großbetriebe mehrfach über den Einheitswert hinaus verschuldet waren. Auch bei ihnen kamen die Höchstwerte von 128 % bzw. 125 % aus dem Kreise Lyck.
Ein gemäßigteres Bild bietet der relativ gut gestellte Westen der Provinz. Hier wiederholt sich ebenfalls, daß in dem bäuerlichen Kreis Elbing die Großbetriebe und in dem großagrarischen Kreis Rosenberg die Kleinbetriebe besonders hoch verschuldet sind, aber der Provinzdurchschnitt wird in allen drei Kategorien nur selten nennenswert überschritten.
Der Tatbestand, daß die kleinen Betriebe niedriger verschuldet gewesen sind als die größeren, kommt auch bei einer Betrachtung der Grundstücke, die über 100 % ihres Einheitswertes verschuldet waren, zum Vorschein. Während der Anteil der bäuerlichen Betriebe ein wenig hinter der durchschnittlichen Quote von 16,7 % zurückbleibt, waren die mittleren Großbetriebe zu 23,5 % und die absoluten Großbetriebe zu 21,9 % überschuldet. Abermals ist die außerordentliche Notlage Masurens hervorstechend, wo der Anteil der hoch verschuldeten Grundstücke über 20 % lag und in Lyck mit 34,1 % kulminierte. Alle anderen Regionen boten ein uneinheitliches Bild, in dem die großagrarischen Kreise am stärksten über den Durchschnitt hinaus tendierten.
Im Hinblick auf die Wünsche nach einer Umschuldungsaktion verdient die Struktur der Schulden ein besonderes Interesse, weil an ihr der effektive Umschuldungsbedarf gemessen werden kann. Die vorliegende Statistik unterscheidet die Schulden nach Hypotheken, sonstigen Schulden und Altenteilen nebst sonstigen Lasten. In der Kategorie „sonstige Schulden“ sind die kurzfristigen Schulden zu suchen, deren Umwandlung in langfristige Kredite angestrebt wurde. In der ganzen Provinz verteilte sich der Schuldenbetrag zu 71,3 % auf Hypotheken, zu 23,6 % auf sonstige Schulden und zu 5,1 % auf Altenteile usw. Die Hypotheken wurden annähernd zu gleichen Teilen von den Groß- und Kleinbetrieben gehalten, während die sonstigen Schulden überwiegend bei den Großbetrieben und die Altenteile bei den Kleinbetrieben lagen. Das bedeutete, daß

Struktur der Schulden (in Mill. RM und %)

		Provinz		Betriebe bis 100 ha		Betriebe über 100 ha	
		absolut	in %	absolut	in %	absolut	in %
Hypotheken	absolut	630,4	*71,3*	312,3	*72,2*	318,0	*70,4*
	in %	*100,0*	x	*49,5*	x	*50,5*	x
Sonstige Schulden	absolut	209,0	*23,6*	81,9	*19,0*	127,1	*28,1*
	in %	*100,0*	x	*39,1*	x	*60,9*	x
Altenteile u. sonstige Lasten	absolut	45,0	*5,1*	38,2	*8,8*	6,7	*1,5*
	in %	*100,0*	x	*85,0*	x	*15,0*	x
Zusammen		884,4	*100,0*	432,4	*100,0*	451,8	*100,0*

28,1 % des Schuldenbestands der Großbetriebe den kurzfristigen Krediten zuzurechnen waren, hingegen bei den Kleinbetrieben nur 19,0 %. Demzufolge wäre der Umschuldungsbedarf auf seiten der Großbetriebe am dringendsten gewesen.
Sieht man von den extremen Verhältnissen in Masuren ab, so lassen die bisherigen Feststellungen vermuten, daß sich die Kleinbetriebe dank ihrem niedrigeren Verschuldungsgrad und dank ihrem geringeren Anteil an den kurzfristigen Schulden noch in einer relativ günstigen Lage befanden. Der Eindruck ist korrekt, wenn man Groß- und Kleinbetriebe als gleichwertige Begriffe nebeneinander stellt und sich mit dem statistischen Befund begnügt. Freilich ist auch dieser alarmierend genug, denn von den 8128 Betrieben, deren Verschuldung über 100 % des Einheitswertes hinausging, gehörten allein 7306 zu der Kategorie der unter 100 ha großen Betriebe. Auf ihnen ruhte mit 152,5 Mill. RM eine größere Schuldenlast als auf den 822 gleichsituierten Großbetrieben, die eine Schuldensumme von 143,4 Mill. RM aufzuweisen hatten. Der Druck dieser Tatsache wird noch dadurch verstärkt, daß die genannten bäuerlichen Betriebe 196 000 ha Gesamtfläche mit einem Gesamteinheitswert von 106,3 Mill. RM besaßen, während die Großbetriebe nach Größe – 198 000 ha – und Wert ihres Areals – 107,3 Mill. RM Einheitswert – ein wenig besser gestellt waren. Das beweist, daß das Bauerntum unter den Betrieben, deren wirtschaftlicher Niedergang am weitesten fortgeschritten war, numerisch überaus stark vertreten war und daß die Substanz der in größter Not befindlichen Kleinbetriebe mehr angegriffen war als die der vergleichbaren Großbetriebe.
Andere Anzeichen deuten ebenfalls darauf hin, daß die zugunsten der Bauern sprechende statistische Bilanz nicht überbewertet werden darf. Sowohl die Ostpreußische Landschaft als auch die Landwirtschaftskammer haben darauf hingewiesen, daß die seit 1924 sinkende Durchschnittshöhe der bewilligten landschaftlichen Darlehn von einer zunehmenden Beteiligung der Kleinbetriebe an der Verschuldung zeuge. Wenn deren Notlage im allgemeinen nicht so sichtbar geworden sei wie die der Großbetriebe, so beruhe das darauf, daß zusammenbrechende Kleinbetriebe noch verhältnismäßig leicht verkauft werden könnten, während sich für entsprechende Großbetriebe keine zahlungsfähigen Interessenten fänden[239]. 1931 legte die Landwirtschaftskammer dar, daß die Zinsbelastung ostpreußischer Kleinbetriebe kaum noch hinter der der Großbetriebe zurückstehe und daß das Bauerntum an der Grenze seiner Leistungsfähigkeit angelangt sei. Im Einklang damit betonte der Landrat des überwiegend bäuerlichen Kreises Niederung, daß die landwirtschaftlichen Zustände in seinem Verwaltungsbezirk, „wenn sie auch nur noch einige Monate so anhalten, zu einer Katastrophe von nicht geahntem Ausmaße führen werden“[240]. Diese Katastrophe ist nicht ausgeblieben, denn die politische Radikalisierung, die seit 1930 einen großen Teil der Landbevölkerung in die Arme der NSDAP getrieben hat, hat gerade in bäuerlichen Gebieten am heftigsten um sich gegriffen. Damit wurde die 1929 formulierte Diagnose bestätigt, daß die Kleinbetriebe einstweilen noch existenzfähig seien, weil ihre Inhaber „übermäßig viel arbeiten und in ihrer Sparsamkeit bis an die unterste Grenze der Lebensmöglichkeit herangehen“. Es sei aber selbstverständlich, daß sie nicht mehr durchhalten könnten, „wenn die heutigen wirtschaftlichen Zustände noch längere Zeit bestehen“[241].

239 *GStA*, Rep. 90, Nr. 1069: Kuratorium der Bank der Lsch an alle RMin, 3.5.27; *Georgine*, 23.3.28: Amlong, „Die Verschuldung in Großbetrieb und Bauernbetrieb“; *Die Lage der Landwirtschaft...* (Anm. I/72), S. 52.
240 *GStA*, Rep. 90, Nr. 1079: LWK an den OPr, 10.1.33; Nr. 1089: LRat (Kr. Niederung an unbekannt), 22.10.31.
241 *Die Lage der Landwirtschaft...* (Anm. I/72), S. 85. Vgl. Buchta (Anm. I/282), S. 36 ff.

Dritter Teil

DIE STAATLICHE FÖRDERUNG OSTPREUSSENS VON 1891 BIS 1927

Die Besonderheiten der Wirtschafts- und Sozialstruktur Ostpreußens waren bereits vor dem Ausbruch des Ersten Weltkrieges so evident, daß die preußische Regierung mehrfach den Zwang gespürt hatte, von Staats wegen die bessernde Hand anzulegen. Ihre Vorsätze sind jedoch nicht weit gediehen, weil der Druck der ökonomischen Bedürfnisse nicht stark genug gewesen ist, um den Staat zu eingreifenden strukturpolitischen Maßnahmen zu veranlassen. Die Situation änderte sich 1919, als Ostpreußens äußere und innere Lebensbedingungen sich verschlechterten und eine systematische öffentliche Unterstützung der Provinz von Jahr zu Jahr unumgänglicher wurde. Das 1922 aufgestellte Ostpreußenprogramm des Oberpräsidenten brachte das in umfassender Form zum Ausdruck und wurde auch von den Berliner Regierungen als Katalog für sachgemäßes Handeln akzeptiert.

Die finanziellen Schwierigkeiten, die das Land Preußen bei der Befriedigung der außerordentlichen Bedürfnisse seiner Grenzprovinzen hatte, nötigten 1925 dazu, in größerem Maße als bisher die Hilfe des Reiches für die notleidenden Grenzgebiete zu erwirken. Das Sofortprogramm und die Grenzhilfe, die das Reich daraufhin 1926 und 1927 organisierte, sind zu einem erheblichen Teile Ostpreußen zugute gekommen und haben praktisch die spezielle Ostpreußenhilfe der folgenden Jahre vorbereitet. Diese Aktionen enthüllten gleichzeitig aber auch die fragwürdigen Aspekte, die sich für Preußen ergeben mußten, wenn sich das Reich finanziell in Landesaufgaben engagierte. Die administrativen Reibungen, die das Sofortprogramm und die Grenzhilfe begleiteten, haben die Furcht aufkommen lassen, daß die Autonomie der Landesverwaltung unter der neuen finanziellen Abhängigkeit leiden konnte. Preußens eigene Möglichkeiten waren jedoch zu gering, um zu verhindern, daß die Initiative in der Grenzhilfepolitik mehr und mehr auf die Reichsregierung überging.

I. DIE ANFÄNGE DER STAATLICHEN FÖRDERUNG VOR 1918

1. Die Ansätze für ein Ostpreußenprogramm von 1891 bis 1908

Die staatlichen Hilfsaktionen, die während der Weimarer Republik für Ostpreußen eingeleitet worden sind, sind gern mit dem Hinweis auf die Folgen des Weltkrieges begründet worden, aber tatsächlich hat sich die Provinz schon vorher in einem Zustand befunden, der von den Behörden mit Sorge beobachtet worden ist. Im Unterschied zu früheren Jahrhunderten, wo Kriege und Seuchen die Provinz ins Elend gestürzt hatten, und anders noch als 1867 und 1868, wo Mißernten und Arbeitslosigkeit die Bevölkerung heimgesucht hatten, traten ausgangs des 19. Jahrhunderts strukturelle Schwierigkeiten auf, die nach einer systematischen Hebung der Wirtschaftskraft verlangten. Der preußische Ministerpräsident Caprivi skizzierte am 19. Mai 1891 erstmals den Tatbestand, daß Ostpreußen von den klimatischen und geographischen Gegebenheiten daran gehindert werde, „in Bezug auf landwirtschaftliche, industrielle und merkantile Entwicklung gleichen Schritt mit dem begünstigten Westen der Monarchie zu halten"; infolgedessen seien hier die Arbeitslöhne niedrig, und die Einwohner wanderten in Landesteile ab, wo ihnen ein höherer Verdienst winke. Wenn das so weitergehe, „so drohen dem Staate in Ostpreußen] erhebliche Verluste, die sich zunächst in Bezug auf Rekruten, Pferde und Steuern empfindlich machen würden". Es sei geboten, dieser Entwicklung notfalls unter Opfern entgegenzuwirken und dafür folgende Maßnahmen zu erwägen: eine Ansiedlungspolitik wie in den Provinzen Posen und Westpreußen, den Bau von technischen Anlagen zur besseren Verwertung der Getreideernte, den Ausbau der Verkehrsmittel, die Förderung des Handels und die Erleichterung von Steuern und Frachttarifen. Caprivi räumte jedoch ein, daß das Heil nicht mehr von einem „großen, rettenden Gedanken" zu erwarten sei, sondern daß nur noch allmählich wirkende Mittel helfen könnten, hinter denen „auf vielen Gebieten des öffentlichen Lebens der Wille, Abhilfe zu schaffen, zum Ausdruck kommen" müsse[1].

Die anschließende Diskussion innerhalb der Regierung konzentrierte sich ganz auf die wirtschaftlichen Probleme, nachdem der Versuch des Kultusministers, im Interesse seines Ressorts eine „durchgreifende Verbesserung des Kirchen- und Schulwesens" in Ostpreußen vorzuschlagen, von Finanzminister Miquel mit dem Bemerken abgewiesen worden war, daß zur wirtschaftlichen Förderung der Provinz besondere finanzielle Aufwendungen beim Schul- und Kirchenwesen nicht notwendig seien[2].

Den meisten Anklang fand der Standpunkt des Landwirtschaftsministers von Heyden, daß die Hilfe auf landwirtschaftlichem Gebiete einsetzen müsse, da nur eine rationelle und leistungsfähige Landwirtschaft imstande sein werde, durch höhere Löhne der Abwanderung entgegenzuwirken. Er sprach sich dafür aus, die Verbreitung rationeller Produktionsmethoden finanziell zu fördern, das Verkehrsnetz zu verbessern und die allgemeine Landeskultur durch Bodenmeliorationen, Kultivierung der Moore und Aufforstung minderwertiger Bodenflächen zu steigern. Mit einer gewissen Skepsis äußerte sich Heyden über das Zentralproblem der „fortschreitenden Entvölkerung", da er be-

1 *GStA*, Rep. 87, Nr. 1278: PreußMPr an das PreußStM, 19.5.91.

2 *A.a.O.*: Preußischer Minister der geistlichen, Unterrichts- und Medizinalangelegenheiten an den PreußMPr, 8.6.91; PreußFM an das PreußStM, 4.7.91.

zweifelte, daß die Landwirtschaft jemals Löhne abwerfen werde, die dem Ertrag aus industrieller Arbeit gleichkämen und dadurch die Abwanderung in die Industriegebiete aufhalten könnten. Seiner Meinung nach würde auf die Dauer „nur die durch eigenen Besitz mit den östlichen Landesteilen verwachsene Bevölkerung diesen erhalten bleiben", so daß also eine Besiedlung des privaten Grundbesitzes durch Angehörige der besitzlosen Volksschichten anzustreben sei[3]. Allerdings seien die einschlägigen Verfahren noch ungeklärt und bedürften gründlicher Vorstudien, was besagte, daß eine grundlegende Abhilfe fürs erste nicht erreichbar war und die strukturellen Probleme der ostpreußischen Wirtschaft nicht vom Kern, sondern vom Rande her angegriffen werden sollten.

Ähnlich argumentierte Heyden auf einem Kronrat am 24. Juni 1891, auf dem ihm Wilhelm II. darin zustimmte, „daß Hilfe für Ostpreußen auf landwirtschaftlichem Gebiete zu schaffen sei". Daneben bezeichnete Handelsminister von Berlepsch auch den Ausbau der Industrie einschließlich des Schiffs- und Maschinenbaus als aussichtsreich, doch am wichtigsten war das Einverständnis des Finanzministers, „daß für die Hebung der wirtschaftlichen Verhältnisse in Ostpreußen stetig und planmäßig, auch mit finanziellen Opfern, etwas geschehen müsse". Die Einzelheiten sollten von den Ressortministern an Ort und Stelle ermittelt werden[4].

Die Aufgabe, an Hand der tatsächlichen Zustände in Ostpreußen ein Programm für die staatlichen Hilfsmaßnahmen aufzustellen, ist Miquel und von Berlepsch zugefallen. Beide Minister sind vom 5. bis 16. Juli 1891 durch die Provinz gereist und haben in Verhandlungen mit sämtlichen Interessenten die dringendsten Wünsche ermittelt. Ihre Eindrücke haben sie in einem umfangreichen Bericht an den König vom 30. Juli 1891 niedergelegt und in zahlreichen Hinweisen auf zweckdienliche staatliche Maßnahmen konkretisiert. Die Fürsorgebedürftigkeit Ostpreußens wurde von ihnen grundsätzlich bejaht, ebenso die Pflicht des Staates, mit den Mitteln der Gesamtheit für die schwächeren Landesteile einzutreten. Die Hilfe sollte langfristig sein und sich in „einem planmäßigen und ununterbrochenen Vorgehen und einem Ineinandergreifen von Maßregeln auf den verschiedenen Gebieten" äußern[5]. Als wesentliche Gebiete sind von der Denkschrift behandelt worden: die Handels- und Verkehrspolitik sowie die Förderung von Landwirtschaft und Industrie.

Handel und Industrie hatten gewünscht, daß die wirtschaftlichen Beziehungen zu Rußland durch den Abschluß eines Handelsvertrages verbessert und dadurch zollpolitische Hemmnisse, die im Augenblick den Gang der Geschäfte hinderten, beseitigt würden. Besondere Erleichterungen wurden für den Getreidehandel erstrebt, damit er seine Mittlerstelle zwischen den Produzenten in Rußland und den Verbrauchern in England und Skandinavien behaupten könne. Ebenso großer Wert wurde einer Reform der Eisenbahntarife beigemessen, die den Transport innerhalb der Provinz und den Absatz nach Mitteldeutschland erleichtern sollte. Ergänzend dazu wurde die Erweiterung des Eisenbahnnetzes um fünf neue Linien in Ostpreußen angeregt. Auffallend gering war das Interesse für den Ausbau der Wasserstraßen. Die Aussprache über dieses Thema zeigte den Ministern eindeutig, daß von der ostpreußischen Wirtschaft „der Einführung von schnell zu erreichenden Tarifermäßigungen ein erheblich größerer Wert beigemes-

3 *A.a.O.*: PreußMfLDuF an das PreußStM, 21.6.91.

4 *A.a.O.*: (Auszug aus dem Protokoll des Kronrats am 24.6.91).

5 *A.a.O.*: PreußFM/PreußMfHuG an Wilhelm II., 30.7.91. Erwähnenswert ist, daß auch die Provinzen Westpreußen, Posen und Schlesien, wie das bereits vorher der Landwirtschafts- und Innenminister angeregt hatten, bei der staatlichen Förderung berücksichtigt werden sollten. Über die Haltung Miquels vgl. Hans Herzfeld, *Johannes von Miquel*, Detmold 1938, Bd. II, S. 322 ff.; S. 498 ff.; S. 573 ff.

sen wird als dem Bau neuer Kanäle". Auch in der Frage einer weiteren Industrialisierung wurde nicht viel mehr ermittelt, als daß die Seehäfen und Eisenbahnknotenpunkte geeignete Standorte seien, an denen vornehmlich die Weiterentwicklung der Holzindustrie zu empfehlen wäre.

Um so mehr Raum hat die Denkschrift den Bedürfnissen der Landwirtschaft gewidmet, wobei sie den von der Abwanderung hervorgerufenen Mangel an Arbeitskräften in den Vordergrund rückte. Als Abhilfe sei von den Landwirten die Zulassung russisch-polnischer Landarbeiter erbeten und sogar deren Ansiedlung sowie Naturalisation vorgeschlagen worden. Obwohl die Minister vorübergehende Konzessionen in dieser Hinsicht bejahten, haben sie die dauernde Niederlassung der ausländischen Wanderarbeiter doch nicht eher erwägen wollen, als bis zweifelsfrei erwiesen sei, „daß dem Drängen der deutschen Arbeiter nach dem Westen mit keinem Mittel begegnet werden könne". Klarheit hierüber sollte der Versuch schaffen, „den deutschen Arbeiter durch Verdienst und Besitz an die Heimat zu fesseln". Das heißt, durch die Vermehrung des kleinen Grundbesitzes sollten dessen Inhaber als nebenerwerbstätige Lohnarbeiter der Landwirtschaft erhalten bleiben. Solch eine Siedlungspolitik müsse gründlich vorbereitet werden und werfe noch zahlreiche organisatorische Fragen auf. Abgesehen davon gerieten ihre Erfolgsaussichten von vornherein in ein gewisses Zwielicht, weil die Minister den Realkreditbedarf des schon bestehenden kleinen und mittleren Grundbesitzes als besonders dringend schilderten. Diese Landwirte, deren soziale Lage teilweise der der künftigen Siedler entsprach, seien auf eine außerbetriebliche Kapitalzufuhr angewiesen, ohne aber die relativ hohen Kreditzinsen tragen zu können; es müßten deshalb an sie von den Sparkassen und Banken verbilligte Kredite ausgegeben werden.

Aus der Denkschrift der Minister Miquel und Berlepsch sind die Reform der Eisenbahntarife zugunsten Ostpreußens, die Verbesserung der handelspolitischen Beziehungen zu Rußland und eine Linderung des Mangels an landwirtschaftlichen Arbeitskräften als die markantesten Forderungen hervorzuheben. Gleichzeitig haben die Minister betont, daß die Staatsregierung dem drohenden Verlust an wirtschaftlicher Leistungsfähigkeit in der Provinz mit einer planmäßigen, kontinuierlichen und verschiedene Maßregeln koordinierenden Politik entgegenwirken, d.h. ein Höchstmaß an Rationalität und Effektivität anstreben müsse. Solch ein Vorgehen setzte Klarheit darüber voraus, welche Ursachen die Schwierigkeiten in Ostpreußen ausgelöst hatten und welches Ziel anzustreben sei. Der Zusammenhang zwischen der allgemeinen Industrialisierung Deutschlands und der Abwanderung aus Ostpreußen ist zwar erkannt worden, aber die Vorschläge der Minister sahen ihr Ziel nicht in einer zweckmäßigen Reform der ostpreußischen Wirtschafts- und Sozialstruktur, sondern in der Anwendung technisch-administrativer Maßregeln, die wohl geeignet waren, momentane Schwierigkeiten zu lindern, jedoch an den bestehenden Verhältnissen nichts änderten und deshalb die Wiederkehr der bekämpften Mißstände nicht ausschlossen. Obwohl Miquel und Berlepsch dem Staate die Aufgabe zuschrieben, „selbst unter finanziellen Opfern mit den Mitteln der Gesamtheit diese schwächeren Landesteile tunlichst zu fördern", ist der finanzielle Impuls zu einer groß angelegten Entwicklungspolitik ausgeblieben. Statt dessen ist der einfachere Weg beschritten worden, sich nach den Wünschen der Interessenten zu richten und dem vorhandenen ökonomischen Gefüge einige stabilisierende Stützen zu gewähren.

Das zeigte sich u. a. auf landwirtschaftlichem Gebiete, wo die bestehende Sozialstruktur als reformbedürftig bzw. die Vermehrung der kleinen Grundbesitzer und die Verminderung der eigentumslosen Landarbeiter als notwendig bezeichnet worden war, wo aber nicht das übergeordnete staatspolitische Interesse an einem Ausgleich der sozialen Gegensätze, sondern das Verlangen der agrarischen Interessenten nach einem ständigen

Reservoir an Arbeitskräften zum ausschlaggebenden Moment des Handelns wurde. Eine derartige Siedlungspolitik, die die unselbständigen Landbewohner nicht in eine unabhängige soziale Stellung geführt hätte, entbehrte von vornherein der werbenden Kraft und war eine halbe Maßnahme, die keine soziale Reform auslösen konnte.
Es ist charakteristisch für dieses Ostpreußenprogramm, daß es auf der Linie des geringsten Widerstandes ausgeführt worden ist. Die handels- und verkehrspolitischen Wünsche sind teils durch den deutsch-russischen Handelsvertrag von 1894, teils durch Änderung der Frachttarife erfüllt worden; die Landarbeiterfrage ist, soweit das möglich war, durch die Zulassung einer großen Anzahl polnischer Wanderarbeiter geregelt worden, deren alljährlicher Zustrom aus dem Leben der ostdeutschen Landwirtschaft bald nicht mehr wegzudenken war[6]. Auf diese Weise verstand es die Regierung, den kritischen Zuständen in Ostpreußen mit geringem Aufwand die Spitze zu nehmen und die Phase bis zum Beginn eines neuen Konjunkturaufschwunges, der sich seit 1896 einstellte, zu überbrücken.
Doch die grundlegenden Probleme blieben unverändert. Nach wie vor war das ostpreußische Wirtschaftsleben weder intensiv noch vielseitig genug, um der gesamten Bevölkerung einträgliche Arbeitsplätze zu bieten, und nach wie vor war die Rentabilität der landwirtschaftlichen Betriebe zu gering, um die Transportkosten, die den Verkehr inner- und außerhalb der Provinz belasteten, tragen zu können. Gelegentliche Vorschläge, die die Nachteile „der unglücklichen verkehrspolitischen Lage der Provinz" durch den bevorzugten Ausbau des ostpreußischen Bahnnetzes und durch Sondertarife für Ferntransporte bekämpfen wollten[7], fruchteten so wenig, daß 1907 Reichskanzler von Bülow die preußischen Minister in aller Form dazu anhielt, die „zur Überwindung augenblicklicher oder dauernder Notstände in Ostpreußen vorgeschlagenen Maßregeln alsbald" zu prüfen[8]. Der Landwirtschaftsminister unterbreitete daraufhin neun Punkte, an deren Spitze er wiederum die innere Kolonisation stellte[9]. Die sorgfältige „Ansässigmachung landwirtschaftlicher und auch gewerblicher Arbeiter" sollte der „verderblichen Entvölkerung der Provinz Einhalt" gebieten. Außerdem sei der Ankauf von Staatsdomänen zu empfehlen, weil dieses Vorgehen „manchem durch die Ungunst der Verhältnisse in der Provinz zurückgekommenen Gutseigentümer ermöglicht, sich als Pächter auf seinem bisherigen Gute zu erhalten und alle diejenigen Boden- und Wirtschaftsverbesserungen vorzunehmen, die zwar als notwendig längst anerkannt, aber wegen schlechter finanzieller Lage zurückgestellt werden mußten". Daneben wurden hervorgehoben: Erleichterung des Personalkredits durch staatliche Zuwendungen an die Genossenschaften, Förderung der Landeskultur durch staatliche Beihilfen zur Aufforstung, Bodenmelioration und Flußregulierung, wirtschaftliche Förderung der Bauern, Ausbau des Straßennetzes.
Einschließlich der 1905 bereits begründeten Wünsche nach neuen Bahnlinien und Tarifermäßigungen ergab sich wieder eine Skala von Maßnahmen, mit denen vielleicht Schlimmeres verhütet, aber die bestehenden Übel nicht ausgemerzt werden konnten. Obwohl zuzugeben ist, daß die wirtschaftliche und soziale Disparität, die die Indu-

6 Vgl. o. II. Teil, S. 106. Über die Ausführung des agrarischen Teils der Ostpreußendenkschrift s. *GStA*, Rep. 87, Nr. 1278: PreußMfLDuF an den PreußMPr, 21.11.93; ferner Nr. 1279: *Denkschrift über die zur Förderung der Landwirtschaft in den letzten Jahren ergriffenen Maßnahmen* (Anm. II/28).
7 *A.a.O.*, Nr. 1279: PreußMfLDuF an die übrigen StM, 30.6.05.
8 *A.a.O.*: RK an das PreußStM, 21.9.07.
9 *A.a.O.*, Nr. 1280: PreußMfLDuF an den PreußMdI, 15.7.08. Der Begriff „Entvölkerung" trifft zwar nicht für die Provinz insgesamt, aber für einige ihrer Landkreise zu; vgl. o. II. Teil, S. 103.

strialisierung in Deutschland zuungunsten der preußischen Ostprovinzen hervorgerufen hatte, nicht mit wenigen Handgriffen auszugleichen gewesen wäre, so durfte doch erwartet werden, daß das Bewußtsein um die Probleme der ostdeutschen Sozialstruktur bei den leitenden Stellen allmählich einen schärferen Ausdruck gefunden hätte, als die ministeriellen Denkschriften erkennen lassen. Zwar ist die Herausforderung, die die teils akuten, teils chronischen Notstände in Ostpreußen darstellten, von den Behörden gespürt worden, aber die Antworten, die sie darauf gegeben haben, verraten mehr Verlegenheit als Zielstrebigkeit. In der Hoffnung, daß Wirtschaft und Gesellschaft den kritisierten Schwächezustand vorwiegend mit eigenen Kräften überwinden können, hat der Staat sich mit einem System begrenzter Aushilfen begnügt, das nirgendwo in das Innere des wirtschaftlichen und sozialen Körpers hineingriff. Der Respekt vor den vorhandenen Strukturen, die ein tragendes Element der konservativ-bürokratischen Staatsordnung bildeten, war zu groß, als daß die Regierung ihre Reform in Betracht ziehen konnte.

2. Das Ostpreußenproblem im Ersten Weltkrieg

Wie unbefriedigt alle Beteiligten von den Ergebnissen der bisherigen Ostpreußenpolitik waren, zeigte sich, als nach den schweren Zerstörungen, die die Provinz am Anfang des Ersten Weltkrieges erlitten hatte, der Wiederaufbau vorbereitet wurde. Gleich in den ersten Besprechungen, die hierüber abgehalten wurden, setzte sich die Meinung durch, daß nicht nur die Kriegsschäden beseitigt, sondern auch ein Übriges getan werden müßte, „um in Ostpreußen dauernd gesunde Verhältnisse herbeizuführen“[10]. Das besondere Augenmerk ruhte dabei auf der Sanierung der Landwirtschaft, die „schon jetzt . . . sehr erheblich überlastet“ sei und vor einem „späteren Zusammenbruch“ geschützt werden müsse, wenn nicht der staatliche Aufwand für den Wiederaufbau und die dabei „neugeschaffenen Werte“ sogleich wieder in Frage gestellt werden sollten[11]. Es wurde angeregt, das Besitzbefestigungsverfahren intensiver anzuwenden, das vor dem Krieg gesetzlich fixiert worden war und das eine finanzielle Staatshilfe für die Konsolidierung des deutschen Grundbesitzes in den national gefährdeten Landesteilen vorsah[12]. Auch von einer erweiterten Siedlungstätigkeit war die Rede. Im übrigen erhoffte man sich nähere Anregungen von einer Provinzialkommission, die zunächst mit der Ermittlung der Kriegsschäden beauftragt und „später von Fall zu Fall mit gutachtlicher Äußerung über Maßnahmen zur Wiederaufrichtung und weiteren Hebung der Provinz und Erhaltung des Besitzstandes in Landwirtschaft, Handel, Gewerbe und Industrie“ betraut werden sollte[13]. Dieser Kriegshilfskommission stellte Oberpräsident Batocki die Aufgabe, für den „Fortschritt unserer gesamten Entwicklung“ zu wirken und die Provinz mit Hilfe des Staates „zu einer Blüte [zu führen], wie wir sie, wenn der Krieg

10 *GStA*, Rep. 90, Nr. 1059: (Protokoll einer Vorbesprechung über die staatliche Notstandsaktion für Ost- und Westpreußen), 12.9.14.

11 *A.a.O.*: Ausführungen des PreußFM in der Sitzung des PreußStM vom 15.9.14. Bei derselben Gelegenheit hat der Vizepräsident des Staatsministeriums, von Delbrück, ebenfalls betont, daß gleichzeitig mit dem allgemeinen Wiederaufbau in den „wichtigen und großen Agrarfragen Ordnung zu schaffen“ sei.

12 Vgl. Oskar Oberst, *Zur Verschuldung und Entschuldung des bäuerlichen Besitzes in den östlichen Provinzen Preußens*, Jena 1914, S. 170 f.

13 *GStA*, Rep. 90, Nr. 1059: PreußStM an Wilhelm II., 21.9.14.

nicht dazwischengekommen wäre, erreicht hätten". Noch weiter ging der Vorsitzende der Budgetkommission des Preußischen Abgeordnetenhauses, Winckler, der als auswärtiger Sachverständiger in die Kommission aufgenommen worden war und für den es selbstverständlich war, „daß die Zustände nicht wie früher wieder entstehen, sondern daß Ostpreußen größer und mächtiger wird, als es jemals gewesen ist, und größer und einflußreicher als vor dem Kriege"[14].

Deutlicher als jemals zuvor zeigte sich der Wille, ganze Arbeit zu leisten und die Lebensbedingungen der Provinz entscheidend zu bessern. Das galt nicht allein für die Ministerien, sondern auch für Ostpreußen selbst, wo neben der dringenden Aufgabe des Wiederaufbaus zusätzliche Anstrengungen unternommen wurden, um die Erfordernisse der künftigen Entwicklung zu erkennen. Am 18. Mai 1916 wurde in Königsberg das Institut für ostdeutsche Wirtschaft eröffnet, das auf Initiative Batockis gegründet worden ist und in Zusammenarbeit mit der Universität die wirtschaftlichen Verhältnisse Ostpreußens und seiner weiteren Umgebung erforschen sollte[15]. Es hat eine umfangreiche *Denkschrift zum Wiederaufbau der Provinz* ausgearbeitet, von der zwischen 1916 und 1918 sechs Bände erschienen sind. Darin werden die „Grundlagen des Wirtschaftslebens von Ostpreußen" beschrieben und zwar im einzelnen der Grundbesitz, die Landwirtschaft, die Bevölkerung, der Handel und die Kreditbanken, die Wohlstandsverhältnisse und das Gewerbe der Provinz. Aber es zeigte sich, daß es zweierlei war, eine wissenschaftlich gründliche Bestandsaufnahme anzufertigen und ein konkretes Entwicklungsprogramm für die Provinz zu entwerfen. Die amtlichen Planungen sind unter dem Druck anderweitiger Verpflichtungen nicht vorangekommen, und so fanden private Interessenten wie der konservative Abgeordnete Graf von Mirbach-Sorquitten ein Feld, auf dem sie mit eigenen Plänen hervortreten konnten. Mirbach sprach ganz zugunsten der Landwirtschaft, der durch Schutzzölle, schonende Besteuerung, Erleichterung der Frachttarife und Ausbau der Wasserstraßen geholfen werden sollte. Besonderen Wert maß er einer umfassenden Elektrifizierung bei, weil sie eine arbeitskräftesparende Rationalisierung der landwirtschaftlichen Betriebe ermöglichen würde. Die innere Kolonisation als Mittel gegen den Landarbeitermangel hielt er für aussichtslos; seiner Meinung nach sei an die Siedlung „nur mit Vorsicht heranzugehen", denn „große und schnelle Erfolge sind dabei jedenfalls ausgeschlossen"[16] – eine Feststellung, die allein dadurch, daß bereits jahrzehntelang mit diesem Gedanken erfolglos operiert worden war, nicht unberechtigt war. Obwohl Mirbachs Vorschläge zum Teil recht konkret waren, konnten sie die Regierung nicht aus ihrer Reserve herauslocken. Solange der Krieg andauerte, zog sie es vor, über ihre grundsätzliche Bereitschaft, „der Provinz neue Bahnen zu eröffnen", nicht hinauszugehen, da sie sich „im Drange der Zeit über die Einzelheiten

14 Beide Zitate *a.a.O.*: Protokoll der ersten Sitzung der Kriegshilfskommission für die Provinz Ostpreußen am 12.10.14. Der Berufung Wincklers in seiner parlamentarischen Eigenschaft hatten der PreußFM und der PreußJustM widersprochen, da sie es staatsrechtlich für bedenklich hielten, den Drang der Parlamentarier in die Exekutive zu fördern. Angesichts der finanziellen Tragweite der ostpreußischen Hilfsmaßnahmen war jedoch eine gesicherte Zusammenarbeit mit den parlamentarischen Körperschaften wünschenswert, und deshalb ist Winckler auf Vorschlag des PreußMdI als Sachverständiger in die Kommission aufgenommen worden. Den Vorwand hierfür bot seine Stellung als Vorsitzender des mitteldeutschen Feuersozietäts-Verbands. Vgl. *a.a.O.*: Sitzung des PreußStM am 15.9.14.

15 Vgl. o. Anm. I/155.

16 Julius Graf von Mirbach-Sorquitten, „Die derzeitige und künftige Lage Ostpreußens. Unter besonderer Berücksichtigung der ostpreußischen Landwirtschaft", in: *Grundbesitz und Realkredit*, 19.11.15 (s. *GStA*, Rep. 90, Nr. 1061).

derartiger Maßnahmen noch nicht schlüssig" werden konnte[17]. Noch im Sommer 1918 hat der Innenminister andeutungsweise auf „allerhand großzügige Ideen . . . , die Elektrisierung der Provinz, Verbindung ihrer Wasserstraßen, Verbesserung der Handelsbeziehungen und was sonst noch in Betracht kommt", hingewiesen und zugestanden, daß von Staats wegen „noch mannigfache Maßnahmen nötig sein werden, um Ostpreußen . . . zu helfen, damit es Schritt halten kann mit den übrigen Landesteilen in unserem preußischen Vaterlande"[18]. Aber all das waren Dinge, die nun nicht mehr in organischem Zusammenhang mit dem Wiederaufbau der Provinz betrieben werden sollten, sondern auf die Zeit des Friedens verschoben waren.

Zu dieser Zurückhaltung dürfte beigetragen haben, daß das Reich es abgelehnt hat, sich an den preußischen Plänen stärker zu beteiligen, als von Rechts wegen erforderlich war. Gelegentlich wurde sogar die Verpflichtung des Reiches, für Kriegsschäden Ersatz zu leisten, nicht anerkannt, da es an gesetzlichen Grundlagen dafür fehlte[19], doch im allgemeinen galt es als sicher, daß das Reich für die Sachschäden eintreten würde. Allerdings wurde stets betont, daß hierbei enge Grenzen eingehalten werden müßten und ein vollständiger Ersatz keineswegs zu erwarten sei; alle weitergehenden Leistungen blieben dem Ermessen der Bundesstaaten anheimgestellt[20]. Das traf besonders für die Erwägungen zu, die einer grundlegenden Hilfe für Ostpreußen gewidmet waren. Nach Helfferichs Worten war es wohl sinnvoll, „gelegentlich der derzeitigen Aktion eine Hebung Ostpreußens gegenüber dem Zustande vor dem Kriege anzustreben", aber es war „keinesfalls Sache des Reiches, sich an solchen Mehrleistungen zu beteiligen". Während für Preußen hierbei „verschiedene erhebliche wirtschaftliche Momente in Frage kämen", könne es sich für das Reich nur „um eine reine Entschädigung" handeln[21]. Infolgedessen war Preußen bei der Beseitigung der ostpreußischen Kriegsschäden großenteils auf sich allein angewiesen; vorbehaltlich der später zu regulierenden Ansprüche gegenüber dem Reich mußte es mit eigenen Mitteln für den Wiederaufbau der zerstörten Gebiete eintreten. An Aufwendungen für eine großzügige strukturelle Fortentwicklung der Provinz war demnach nicht zu denken.

Es ist jedoch für die preußische Regierung unzweifelhaft gewesen, daß die Hilfe reichlich genug ausfallen müsse, um „die durch die Kriegsereignisse in Ostpreußen Betroffenen in vollem Umfange schadlos" zu halten[22]. Dementsprechend durfte der ostpreußische Oberpräsident am Beginn der amtlichen Schadensermittlung seine Landräte anweisen, das Verfahren so zu handhaben, daß „die wirtschaftlichen Verhältnisse aller Kreiseingesessenen bei Beendigung des Krieges so gefestigt sind, daß alle Geschädigten gesichert dastehen"[23]. Obwohl sich bald herausstellte, daß die Großmut der Behörden bei den Interessenten nicht immer auf die gleiche Selbstlosigkeit traf und deshalb den

17 So die Erklärung des Unterstaatssekretärs Drews vor der Haushaltskommission des Preußischen Abgeordnetenhauses am 6.6.16, *a.a.O.*, Nr. 1062.

18 PreußMdI Drews am 3.7.18, *PreußLT/HdA*, Sp. 11 407.

19 So der Staatssekretär im Reichsschatzamt, Helfferich, am 25.2.16 auf einer Ministerbesprechung; *GStA*, Rep. 90, Nr. 1062.

20 *Ebda.* Vgl. das Schreiben des Reichsschatzamtes an den PreußMdI/PreußFM vom 27.10.14; *a.a.O.*, Nr. 1059.

21 Helfferich in den Ministerbesprechungen am 25.2. und 25.3.16; *a.a.O.*, Nr. 1062. Demgegenüber war in einer Besprechung preußischer Ministerialvertreter am 17.9.14 von Unterstaatssekretär Drews noch der Standpunkt vertreten worden, daß die vollständige Entschädigung aller Nachteile dem Reich überlassen bleiben müsse.

22 *A.a.O.*, Nr. 1059: PreußStM an Frau M. Aly, 4.10.14; PreußMdI/PreußFM an den StS im RSchatzA, 26.11.14.

23 *A.a.O.*: OPr an die Landräte, 17.10.14.

vielfach anfechtbaren Bekundungen der Geschädigten und ihrer Zeugen ein Riegel vorgeschoben werden mußte, indem den Ermittlungsausschüssen das Recht zur eidlichen Vernehmung von Zeugen und Sachverständigen verliehen wurde[24], ist der Regierung aus parlamentarischen Kreisen doch ein Lob dafür zuteil geworden, daß sie „für die Ausführung ihrer absichtlich sehr weit und dehnbar gehaltenen Anweisungen dem Oberpräsidenten der Provinz die denkbar größte Freiheit gelassen hat[25].

Das Entschädigungsverfahren stützte sich auf eine zentrale Kriegshilfskommission beim Oberpräsidenten und zahlreiche Kriegshilfsausschüsse als Unterorgane in den Kreisen. Es ist bewußt abweichend von den bürokratischen Prinzipien und unter „Mitverantwortung sachkundiger und in der Selbstverwaltung der Provinz bewährter Männer" organisiert worden, um der Hilfsaktion von vornherein das politisch wichtige Vertrauen der betroffenen Bevölkerung zu sichern[26]. Unter den Bedingungen des Krieges mußten bürokratisch-fiskalische Gesichtspunkte hinter politisch-psychologischen zurücktreten. Bereits im Herbst 1914 sind die maßgebenden Gremien konstituiert worden, und sie begannen ihre Arbeit an Hand vorläufiger Richtlinien, denn die vom Preußischen Staatsministerium genehmigte „Anweisung über die vorläufige Ermittlung von Kriegsschäden und die Gewährung einer staatlichen Vorentschädigung in den durch den Krieg unmittelbar berührten Landesteilen" lag erst am 18. Januar 1915 vor[27]. Die Vorentschädigung erfolgte vorbehaltlich einer reichsrechtlichen Regelung aus staatlichen Mitteln und sollte sich im Einzelfalle auf das wirtschaftlich notwendige Maß beschränken. Sie mußte unter dem Gesamtbetrag des ermittelten Schadens bleiben und wurde in Höhe bis zu 5000 M vom Landrat, bei höheren Beträgen vom Regierungspräsidenten festgesetzt. Die Aufsicht über das gesamte Verfahren führte der Oberpräsident, der von der Kriegshilfskommission beraten wurde. In diesem stark dezentralisierten Verfahren spiegelten sich großenteils die Intentionen des Oberpräsidenten Batocki, der von Anfang an darauf hingewirkt hatte, „daß das Verfahren sich schnell abwickelt und die Dienstfreudigkeit der schwer beanspruchten Landräte sich durch erhöhte Verantwortung hebt"[28]. Das Schwergewicht der Arbeit lag in den 66 örtlichen Kriegshilfsausschüssen, denen der Landrat als Vorsitzender und vier weitere Mitglieder angehörten, darunter zwei landwirtschaftliche und ein Bausachverständiger sowie ein Vertreter sonstiger Interessenkreise[29]. Sie hatten den Schaden in vorläufiger Form zu ermitteln und über die Höhe der Vorentschädigung ein Gutachten abzugeben. Die allgemeinen Grundsätze ihrer Tätigkeit wurden von der zentralen Kriegshilfskommission aufgestellt

24 Vgl. hierzu PreußMdI/PreußJustM an das PreußStM, 24.4.15; eine entsprechende Verordnung ist vom König am 28.7.15 vollzogen worden. *A.a.O.*, Nr. 1061.

25 *A.a.O.*: Bericht des (nationalliberalen) Abgeordneten (Paul) Fuhrmann über die Besichtigungsreise von Mitgliedern des Abgeordnetenhauses durch Ostpreußen, 25. bis 30. August 1915. Darin wird hervorgehoben, daß bei der Schadensermittlung, „frei von jeder bürokratischen und engen Auslegung, in der Hauptsache die Angaben der Geschädigten zugrunde gelegt [worden seien], ohne durch das Verlangen nach schlüssigen Beweisen den Hauptzweck, die schnelle Hilfe, zu gefährden". Der Bericht ist am 7.2.16 als Drucksache des PreußLT erschienen. In einer Denkschrift von Ende Mai 1916 (s. u. Anm. III/34) hat die Staatsregierung selbst die Besonderheiten des Verfahrens betont: „Starke Abweichungen von den finanziellen Friedensgrundsätzen des Preußischen Staates in der Art des Verfahrens und Rechnungswesens mußten bei dieser Arbeit in Kauf genommen werden."

26 *A.a.O.*, Nr. 1059: PreußMdI an das PreußStM, 13.9.14.

27 *A.a.O.*, Nr. 1060: PreußMdI/PreußFM an den VizePr des PreußStM, 26.1.15.

28 *A.a.O.*, Nr. 1059: OPr an den PreußMdI, 17.10.14.

29 *A.a.O.*: (Protokoll über die kommissarische Beratung über die Hilfsaktion für Ostpreußen), 17.9.14.

und von der Staatsregierung bestätigt. Die Kriegshilfskommission sollte den Oberpräsidenten beraten, der gleichzeitig ihr Vorsitzender war und eine dominierende Stellung in ihr innehatte. Ihm standen 17 Mitglieder zur Seite, von denen alle bis auf eines aus Ostpreußen stammten und die Spitzen der staatlichen Verwaltung, der provinzialen und wirtschaftlichen Selbstverwaltung sowie einzelner Unternehmen von zentraler Bedeutung repräsentierten[30].
Die Kommission durfte für sich hohe Autorität in allen wirtschaftspolitischen Belangen Ostpreußens beanspruchen und konnte als der Ort angesehen werden, wo sich im Bedarfsfall die Integration der institutionalisierten ökonomischen Interessen herbeiführen ließ. Allerdings war ihre repräsentative Geltung insofern begrenzt, als sich in ihr lediglich die Vertreter der öffentlichen Verwaltung mit denen des Unternehmertums vereinigten und somit ein Kartell der herrschenden Interessen bildeten, von dem die unselbständigen Bevölkerungsschichten ebenso ausgeschlossen waren wie die politischen Parteien. Während auf der einen Seite die Staatsregierung sorgsam bemüht war, den Einfluß der Parteien von der Kriegshilfskommission fernzuhalten, hat sie keine Bedenken gehabt, den Vertretern wirtschaftlicher Interessen, d. h. den Arbeitgebern in allen ihren Erscheinungsformen, die große Mehrheit einzuräumen[31]. Damit wahrte der Staat wohl nach außen den Anschein der Überparteilichkeit, jedoch brachte ihn seine Kooperation mit den herrschenden Klassen in die Gefahr, zum Exponenten einseitiger Interessen zu werden.
Im vorliegenden Falle war es freilich den außerordentlichen Verhältnissen zuzuschreiben, daß den provinzialen Verwaltungsorganen und privaten Sachverständigen eine so große Handlungsfreiheit gestattet worden ist, denn der Staatsregierung lag daran, die Einwohner durch eine schnelle und großzügige Regelung der Vorentschädigung zu befriedigen. Daß es sich hierbei um eine Ausnahme handeln sollte, hat jenes andere Verfahren gezeigt, das seit dem Herbst des Jahres 1916 zur definitiven Ermittlung der Kriegsschäden durchgeführt worden ist. Es beruhte auf einem Reichsgesetz vom 3. Juli 1916 und hatte seine unterste Stufe ebenfalls in Ausschüssen, die von den Landräten geleitet wurden und aus Vertretern der Wirtschaftskreise (diesmal aber einschließlich der Arbeiterschaft) bestanden. Neu war jedoch, daß bei den Feststellungsbehörden Reichskommissare eingesetzt wurden, die nicht nur den allgemeinen Gang des Verfahrens zu fördern, sondern auch die Interessen des Reiches und des preußischen Staates wahrzunehmen hatten. Sie waren in der Regel preußische Beamte aus der landwirtschaftlichen Verwaltung, die vorübergehend für die Tätigkeit im Reichsdienst beurlaubt worden waren[32]. Die Unterschiede dieses Verfahrens gegenüber der Vorentschädigung, die allein in preußischer Regie durchgeführt worden war, sind den Interessenten bald mißliebig aufgefallen: Die Feststellungsausschüsse waren angeblich unzuläng-

30 Mitgliederverzeichnis s. *a.a.O.*: OPr an den PreußMdI, 17.10.14 (Anlage). Die Staatsverwaltung war vertreten durch den Oberpräsidenten und die drei Regierungspräsidenten, die Provinzialverwaltung durch den Landeshauptmann und die Vorsitzenden des Provinziallandtages und des Provinzialausschusses, je zwei Vertreter besaßen die Landwirtschaftskammer, die Handelskammern und die Handwerkskammern; außerdem waren vertreten die Stadt Königsberg durch ihren Oberbürgermeister sowie die Ostpreußische Landschaft, die Ostpreußische Landgesellschaft und die Feuersozietät durch ihre Generaldirektoren; einziges auswärtiges Mitglied war der Vorsitzende des Mitteldeutschen Feuersozietätsverbandes und gleichzeitige Vorsitzende der Budgetkommission des Preußischen Abgeordnetenhauses.

31 Zu beachten ist, daß auch die drei Vertreter der provinzialen Selbstverwaltung dem Großgrundbesitzertum angehörten. Für die Ausschaltung der Parteien vgl. o. Anm. III/14.

32 Vgl. hierüber *PreußLT/HdA*, Drucks Nr. 873: Nachtrag zur Denkschrift über die Beseitigung der Kriegsschäden usw., 8.3.18.

lich besetzt, weil ihnen zuwenige Landwirte und zuviele abhängige Leute wie Beamte und Angestellte angehörten, und an den Reichskommissaren wurde der falsche Ehrgeiz getadelt, „möglichst hohe Ersparnisse herauszudrücken", anstatt frei „von aller fiskalischen Engherzigkeit" die Schadenshöhe festzusetzen[33]. Es war also ein spürbarer Umschwung eingetreten, und die bürokratische Großzügigkeit der Jahre 1914 und 1915 gehörte der Vergangenheit an.

Neben den organisatorischen Formen ist für den Erfolg der Vorentschädigung entscheidend gewesen, daß ihre finanziellen Grundlagen ebenfalls in undogmatischer Weise gesichert wurden. Das erreichte die Staatsregierung, indem sie sich durch Gesetz vom 10. November 1914 ermächtigen ließ, die Betriebsmittel der Generalstaatskasse durch Ausgabe von Schatzanweisungen um 1,5 Mrd. Mark zu erhöhen und hieraus u. a. die Hilfsaktion für Ostpreußen zu finanzieren. Die Regierung hat es zu rühmen gewußt, daß der Landtag „ohne jede einschränkende Kontrolle und Zweckbegrenzung die Mittel bewilligt" und ihr damit gestattet hatte, „gestützt auf den Rat und die Tatkraft der örtlichen Behörden . . . durch schnelles, von ängstlicher finanzieller Rücksichtnahme völlig freies Handeln ein Werk" zu schaffen, das weiteren Schaden erfolgreich verhütet habe[34]. Insgesamt wurde der Sachschaden auf 1 Mrd. Mark und der Gebäudeschaden auf rund 400 Mill. Mark veranschlagt; etwa 250 000 Schadensfälle sind ermittelt worden, die zerstörten Gebäude beliefen sich auf 32 000. Die Auszahlung der Vorentschädigung setzte Anfang 1915 im großen Stile ein und erreichte bis Ende des Jahres 352 Mill. Mark. Bis zum 1. Juli 1918 sind 1,25 Mill. Anträge gestellt und 975,5 Mill. Mark Vorentschädigung ausgezahlt worden. Auf diese Weise ist bereits während des Krieges der größte Teil der Schäden abgegolten worden, so daß das anfangs gesteckte Ziel, bis zum Ende des Krieges den Wiederaufbau zu bewältigen, weitgehend verwirklicht worden ist[35]. Freilich machen es diese hohen Aufwendungen begreiflich, daß daneben ein finanzielles Engagement des Staates zugunsten struktureller Reformen nicht zustande gekommen ist. Die Anforderungen des Krieges, dessen Dauer und Intensität alle Erwartungen übertrafen, haben die Hilfsbereitschaft der Regierung gedrosselt und die Hoffnung auf künftige Friedenszeiten als einzigen Ausweg offengelassen.

33 Vgl. die Äußerungen der konservativen Abgeordneten Kreth und Plehwe am 11.5. und 3.7.18 im Abgeordnetenhaus; *PreußLT/HdA*, Sp. 9969; Sp. 11 386 ff.

34 *GStA*, Rep. 90, Nr. 1062: PreußStM an Wilhelm II., 26.5.16. Ausführlich hat die Staatsregierung über die Grundlagen, Formen und Erfolge ihrer Ostpreußenpolitik berichtet in der beiliegenden „Denkschrift über die Beseitigung der Kriegsschäden in den vom feindlichen Einfall berührten Landesteilen". Sie ist am 28.5.16 auch dem Abgeordnetenhaus zugegangen und als Drucks Nr. 224 A und B veröffentlicht worden. Ein Nachtrag ist am 8.3.18 dem Abgeordnetenhaus zugegangen, und weitere Information enthält der „Bericht des Abgeordneten Jany über die Besichtigungsreise der Mitglieder des verstärkten Staatshaushaltsausschusses des Abgeordnetenhauses nach Ostpreußen im August 1918", der vom 22.10.18 datiert und ebenfalls als Drucksache des Abgeordnetenhauses veröffentlicht worden ist.

35 Zu diesem Erfolg hat die sog. Patenschaftsbewegung mit beigetragen. Sie beruhte auf Patenschaften, die Orte im übrigen Deutschland seit März 1915 für einzelne Orte in Ostpreußen übernommen haben und die ihre organisatorische Form in lokalen Kriegshilfs- und Ostpreußenhilfevereinen sowie im Reichsverband Ostpreußenhilfe gefunden hat. Bis zum 31.3.18 sind von den lokalen Vereinen 16,3 Mill. M und vom Reichsverband 2,6 Mill. M zum Wiederaufbau Ostpreußens beigesteuert worden. Vgl. *GStA*, Rep. 90, Nr. 1063: Erster Verwaltungsbericht der Ostpreußenhilfe, Februar 1915 bis 31. März 1918.

II. DIE STAATLICHE HILFE VON 1919 BIS 1925

1. Die Versuche von 1919 bis 1922

Das ernüchternde Ende des Krieges im Herbst 1918 und die vom Versailler Vertrag geschaffenen politischen Grenzen erheischten eine Ostpreußenpolitik, die planmäßig den Druck der äußeren Verhältnisse durch eine Kräftigung der Sozial- und Wirtschaftsstruktur aufzufangen suchte. Ungeachtet des Selbständigkeitsdranges, den die Königsberger Instanzen 1919 und 1920 entwickelten, kam es gerade in diesem Punkte auf eine gute Zusammenarbeit mit den republikanischen Regierungen in Berlin an, denn ein unabhängiges Vorgehen in Königsberg wäre selbstmörderisch gewesen. Die ostpreußischen Interessenten durften nicht vergessen, daß für die Zentralregierungen Ostpreußen nur ein Problem unter anderen war, weil andere Grenzprovinzen vom Kriegsausgang ebenfalls betroffen worden waren und die Existenz des gesamten Reiches jahrelang durch innere und äußere Krisen gefährdet gewesen ist.

Diese Umstände zeitigten einen häufigen Wechsel der politischen Prioritäten und waren einer langfristigen Ostpreußenpolitik nicht günstig. Deshalb war nicht zu erwarten, daß die Wünsche, die während des Krieges auf den Frieden vertagt worden waren, nun ausreifen konnten. Die Förderung der Provinz blieb vielmehr für alle Beteiligten ein mühevolles Geschäft, bei dem je länger desto mehr der Kampf ums bloße Dasein die Entscheidungen bestimmte. Nur zu oft beanspruchten aktuelle Notstände die Aufmerksamkeit und hinderten die Entfaltung einer kontinuierlichen Politik.

Trotz solchen Schwierigkeiten wurde nach Konzeptionen gesucht, die über den jeweiligen Augenblick hinaus eine bleibende Besserung der Lage Ostpreußens anstrebten. Zu nennen ist der Plan des Oberpräsidenten August Winnig, durch Förderung des mittleren Gewerbes bodenständige Produktionskapazitäten zu entwickeln, die der Bevölkerung genügend Arbeitsstätten geboten und die Skala der heimischen Industrie erweitert hätten. Wichtig war hierfür die Versorgung der Provinz mit elektrischer Energie, worüber schon jahrzehntealte Entwürfe bestanden, die nun gemeinsam mit der Reichsregierung und der preußischen Regierung ausgeführt wurden[36]. Doch die weiteren Pläne Winnigs sind im März 1920 gescheitert, weil sie von wirtschafts- und verwaltungspolitischen Forderungen überwuchert wurden, die die Berliner Regierungen ablehnen mußten[37]. Abseits von solchen Meinungsverschiedenheiten ließen sich wohl Einzelmaßnahmen wie die Subventionierung der lebensnotwendigen Kohlenzufuhr oder die Bewilligung einer Extradotation für die Abstimmungsgebiete erreichen[38], aber eine Einigung

36 Winnig, *Heimkehr* (Anm. I/6), S. 235 ff. Vgl. o. S. 127.

37 Vgl. o. Teil I, S. 28 und S. 30. Über die Besprechungen im März s. auch *NatVers*, S. 5280 und S. 5290, wo am 24.4.20 Baerecke (DNVP) die Haltung der Regierungen scharf kritisierte und Fleischer (Z) die Ergebnisse referierte.

38 In der ersten Nachkriegszeit ist der Eisenbahnverkehr nicht leistungsfähig genug gewesen, um den Kohlenbedarf Ostpreußens zu decken, und weil der seewärtige Transport mit erhöhten Kosten verbunden war, sollte durch öffentliche Subventionen das Kohlenpreisniveau in Ostpreußen ausgeglichen werden. Soweit ersichtlich, sind folgende Summen aufgewendet worden:

1919:	3 Mill. M,
1920:	3 Mill. M, davon 1 Mill. durch die Provinz aufgebracht,
1921:	7,2 Mill. M, davon 0,5 Mill. M durch die Provinz aufgebracht.

Ab 1922 war diese Hilfe nicht mehr erforderlich. *GStA*, Rep. 90, Nr. 1067: PreußFM an den PreußMdI, 12.4.22; RMdI an alle Reichs- und Staatsressorts, 4.12.23; Rep. 203, Nr. 267: RWiM an den PreußMdI, 20.3.22; *Verhandlungen des 45. ProvLT. . .*, Königsberg 1920, Drucks Nr. 49,

über die programmatischen Grundfragen konnte das nicht ersetzen. Deshalb wurde im Herbst 1920 ein neuer Vorstoß unternommen, als Reichspräsident Ebert zur Eröffnung der ersten Ostmesse in Königsberg weilte und dort die verkehrs- und wirtschaftspolitischen Wünsche der Provinz kennenlernte. Ebert wies nach seiner Rückkehr die Reichs- und Staatsminister auf diese Fragen hin und bereitete damit den Boden für eine Denkschrift vor, die Oberpräsident Siehr am 14. Oktober 1920 den Ministern zuleitete. Siehr ging von der Verteuerung des ostpreußischen Wirtschaftslebens als Folge der gestiegenen Transportkosten aus, der mit einer Normalisierung und Verbilligung des Verkehrs abzuhelfen sei. Fürs erste war ihm viel daran gelegen, daß die Reichs- und Staatsregierung die besondere Wirtschaftslage Ostpreußens und den daraus herzuleitenden Anspruch auf besondere Unterstützung grundsätzlich anerkannten[39]. Anders als Winnig, der einen konkreten Sonderstatus der Provinz gewünscht hatte, begnügte sich Siehr damit, diesen Anspruch in einer allgemeinen Form aufzustellen und die notwendigen Konsequenzen der weiteren Praxis zu überlassen. Solch ein maßvolles Vorgehen konnte sich auf die ostpreußenfreundlichen Tendenzen im Lager der Regierungsparteien stützen, die Stresemann in dem Zugeständnis hatte anklingen lassen, daß seiner Meinung nach Ostpreußen „bei den Fragen des Wiederaufbaus Deutschlands ... im Programm der Regierung auch eine bevorzugte Stellung verdient" habe[40]. Es kam deshalb in Berlin schnell zu einer Verständigung, und am 26. Oktober erklärte Reichskanzler Fehrenbach für die Reichs- und preußische Regierung, daß die „besondere Lage Ostpreußens vielfach eine besondere Behandlung und Unterstützung in wirtschaftlichen Fragen" erfordern werde und daß die Regierungen sich der „Notwendigkeit dieser Sonderlage" nicht verschließen würden[41]. Ergänzend wurde vereinbart, daß für die ostpreußischen Sonderfragen das Reichsinnenministerium federführend werden sollte.

Von nun an wären die Voraussetzungen für eine aktivere Ostpreußenpolitik der Regierungen gegeben gewesen, doch es wollte nicht gelingen, den guten Willen auf überzeugende Art in die Tat umzusetzen. Bereits in der Besprechung vom 26. Oktober waren die ostpreußischen Verkehrswünsche als unerfüllbar abgelehnt oder auf eine kommende Normalisierung der Verhältnisse vertröstet worden. Was zurückblieb, war die Unsicherheit darüber, wie der Sonderlage der Provinz effektiv Rechnung getragen werden könne und welche Wirtschaftsfragen eine besondere Behandlung rechtfertigten. Eine Umfrage, die der preußische Ministerpräsident Braun am 20. September an seine Ministerkollegen gerichtet hatte und die um Vorschläge für eine konstruktive Ostpreußenpolitik bat, fand im allgemeinen ein bereitwilliges Echo, rief aber nur bei Volkswohlfahrtsminister Stegerwald eine wirtschaftspolitische Idee größeren Formats – die „Durchführung einer kräftigen Siedlungspolitik" – hervor. Andere, wie Handelsminister Fischbeck, opponierten gegen die autonomistischen Tendenzen, die hinter den ostpreußischen Wünschen vermutet wurden, und zogen sich, wie der Innenminister, auf das Argument zurück, daß inzwischen ja das Reichsinnenministerium federführend geworden sei und preußische Initiativen sich deshalb erübrigten. Diese Ausflucht hat

49 a und S. 60; *a.a.O., 46. ProvLT. ..*, Königsberg 1920, Drucks Nr. 37 und S. 10 f.; Hans Runge (Anm. II/111), S. 33 f. – Am 22.9.19 hatte das PreußStM grundsätzlich beschlossen, für die Abstimmungsgebiete eine staatliche Hilfsaktion durchzuführen; daraufhin sind am 18.9.20 für die Regierungsbezirke Allenstein und Marienwerder 100 Mill. M bewilligt worden, die am 7.3.21 auf 150 Mill. M erhöht wurden. Die Mittel dieser Treudank-Aktion sind zu zwei Dritteln Allenstein und zu einem Drittel Marienwerder zugewendet worden; s. *GStA*, Rep. 90, Nr. 1099.

39 *BAK*, R 43 I/1849: Büro des RPr an den RK, 30.9.20; *GStA*, Rep. 90, Nr. 1067: StSRK an den PreußMPr, 8.10.20; OPr an den PreußMPr, 14.10.20.

40 *RT*, I, S. 59: Stresemann (DVP) am 30.6.20.

41 *GStA*, Rep. 90, Nr. 1067: (Niederschrift zur) Vorbesprechung über Ostpreußen am 25.10.20; Berichtigtes Protokoll der Besprechung über wirtschaftliche Fragen Ostpreußens vom 26.10.20.

Braun jedoch nicht gelten lassen und den Handelsminister aufgefordert, dafür zu sorgen, daß Preußen an den Arbeiten der Reichsregierung beteiligt werde[42]. Das änderte aber nichts daran, daß niemand eine Konzeption für eine langfristige Ostpreußenpolitik hatte. Dadurch wurde den ostpreußischen Behörden und Interessenten die Initiative überlassen, während die Ministerien sich auf kritische und vielfach ablehnende Reaktionen beschränkten. Das war insbesondere der Fall, solange von Ostpreußen der Gedanke vertreten wurde, daß man in erster Linie nicht materielle Hilfe, sondern gewisse administrative und politische Freiheiten benötige, um zur vollen Entfaltung der eigenen Wirtschaftskräfte zu kommen. Erst als in Königsberg die Erkenntnis reifte, daß für Ostpreußen etwas anderes als die normale staatsrechtliche Stellung einer preußischen Provinz nicht erstrebenswert sei, war die Möglichkeit zu einer Zusammenarbeit mit den Berliner Ministerien frei von allen politischen Hinterhalten gegeben.

Die im Herbst 1920 begonnene Phase der Ostpreußenpolitik klang Anfang 1922 in einer allgemeinen Mißstimmung aus, weil sich das Prinzip der Entscheidungen von Fall zu Fall nicht bewährt hatte. Abermals standen die Minister vor der Frage, was sie tun sollten. Den Anstoß zur Gewissenserforschung lieferte der preußische Innenminister, der am 12. Februar alle Reichs- und Staatsressorts auf die wachsende Unzufriedenheit der Ostpreußen hinwies und sie um Auskunft über ihre Ansichten bat[43]. Die Antworten fügten sich zu einem Bild vielfältig bemühter Hilfsbereitschaft, dem es jedoch an einigen selbstkritischen Zügen nicht fehlte. Ausführliche Tätigkeitsberichte lieferten der Handelsminister, der Finanzminister, der Staatskommissar für Volksernährung und der Reichsinnenminister[44]. Sie teilten mit, daß die Königsberger Ostmesse, der Kohlentransport nach Ostpreußen, die ostpreußischen Kleinbahnen, der Ausbau des Königsberger Hafens und die Elektrifizierung der Provinz mit erheblichen Beträgen gefördert worden und daß auf administrativem Gebiete mehrfach Regelungen ergangen seien, die den ostpreußischen Wünschen entsprochen hätten. Sehr viel weniger positiv war die Meinung des Kultusministers, daß den kulturellen Bedürfnissen der Provinz ganz und gar nicht entsprochen worden sei und künftig „besondere Mittel zur Pflege des geistigen Lebens in Ostpreußen zur Verfügung gestellt werden“ müßten. Noch schwerer wog die Kritik des Ministerpräsidenten, der die ostpreußischen Beschwerden teilweise als begründet anerkannte und bezweifelte, ob die zur Zeit beliebte Form der allgemeinen Gesetzgebung, die auf die besonderen Bedürfnisse Ostpreußens nicht eingehe, aufrechterhalten werden dürfe. Vollends brisant war die Behauptung des Landwirtschaftsministers Wendorff, daß einzelne Stellen die „wünschenswerte Haltung gegenüber den ostpreußischen Wünschen“ hätten vermissen lassen und daß insbesondere der Finanzminister „ein einheitliches Vorgehen der preußischen Ressorts bisher unmöglich gemacht“ habe, indem er u. a. eine Hilfsmaßnahme mit der Begründung abgelehnt habe, daß sie die „Begehrlichkeit der Provinz nur noch weiter steigern“ würde. Dem stellte Wendorff entgegen, daß es für das Reich und für Preußen sowohl eine Ehrenpflicht als auch eine politische Notwendigkeit sei, „für Ostpreußen alles zu tun, was

42 *A.a.O.*, Nr. 1067: PreußMPr an den PreußMfHuG/PreußMdI/PreußMfLDuF, 28.9.20; PreußMfVW an den PreußMPr, 5.10.20; PreußMdI an den PreußMPr, 7.10. und 7.11.20; PreußMfHuG an den PreußMPr, 8.10.20; PreußMfLDuF an den PreußMPr, 18.10.20. Weitere Stellungnahmen liegen vom PreußFM vom 26.10.20, vom PreußMfWKuVB vom 13.1.21 und vom PreußMdöA vom 1.2.21 vor. PreußStM an den PreußMfHuG, 21.11.20; PreußMfHuG an den RMdI, 7.12.20.

43 *A.a.O.*: PreußMdI an sämtliche Reichs- und Staatsminister, 12.2.22.

44 *A.a.O.*: PreußStKomVErn an den PreußMdI, 4.3.22; PreußFM an den PreußMdI, 12.4.22; PreußMfHuG an den PreußMdI, 15.4.22; PreußMfVW an den PreußMdI, 22.3.22; Rep. 203, Nr. 267: RWIM an den PreußMdI, 20.3.22.

irgend in ihren Kräften steht", und daß Preußen gut beraten wäre, wenn es dabei führend voranginge, „statt den Anschein zu erwecken, daß es sich nur widerwillig vorwärts schieben lasse"[45]. Wie zu sehen, wurde das Versagen der Ostpreußenpolitik zu einem erheblichen Teil dem Finanzminister zugeschrieben, dessen fiskalisches Verhalten die Ministerien in interne Gegensätze gestürzt und die Regierung in Gefahr gebracht hat, das Gesetz des Handelns an die Parteien zu verlieren.

Die deutschnationale Opposition hatte sich schon im November 1921 geregt und an die Reichsregierung die Frage gerichtet, was sie zu tun gedenke, „um die schon des öfteren in Aussicht gestellte, dringend notwendige Besserung der Wirtschaftslage Ostpreußens, vor allem auf dem Wege des Frachtenausgleichs, zu bewirken". Die Aussprache des Reichstags am 21. Januar 1922 brachte eine Polemik der Linksparteien gegen die ostpreußische DNVP, deren politische Motive scharf beargwöhnt wurden, aber unberührt davon wiederholten die Sprecher der DNVP und des Zentrums die Forderung, daß „nun einmal mit einem entschiedenen und durchgreifenden ‚Ostpreußenprogramm' Ernst gemacht und eine bedeutende wirtschaftliche Besserstellung für Ostpreußen gegenüber den übrigen Provinzen" durchgesetzt werden müsse[46]. Jedoch verpuffte ihr Vorstoß weitgehend, weil die Interpellation und ihre Fürsprecher die verkehrs- und tarifpolitischen Fragen in den Vordergrund rückten und dadurch den Eindruck begünstigten, als ob das Dilemma der abgetrennten Provinz durch schnellere Zugverbindungen und niedrigere Frachttarife am ehesten zu beheben sei[47]. Von dieser technischen Seite her hat auch die Reichsregierung den Fall angesehen und die Interpellation vom Staatssekretär des Reichsverkehrsministeriums beantworten lassen, dessen Auskünfte die Erwartungen innerhalb und außerhalb des Hauses nicht befriedigten. Hinzu kamen die äußeren Begleitumstände der Debatte: Sie fand an einem Sonnabendnachmittag ein überaus schwach besetztes Haus vor, aus dem die zwei Minister, die vorher noch anwesend waren, alsbald entschwanden und in dem sogar die Fraktion der Interpellanten, die DNVP, auf vier anwesende Mitglieder zusammenschmolz. Das Ganze mutete wie eine Pflichtübung an, die von der Tagesordnung auferlegt war und die der Sache wenig frommte.

Eines war immerhin sichtbar geworden: Die Reichsregierung plante keine weitergehenden Initiativen, und wenn die Parteien etwas für Ostpreußen erreichen wollten, dann mußten sie selbst handeln. Das geschah bei den Haushaltsberatungen im Frühjahr 1922. Alle Parteien, von der DNVP bis zur KPD, beantragten einmütig, daß in den Reichshaushalt 15 Mill. Mark zur Beseitigung wirtschaftlicher Schäden in Ostpreußen eingesetzt werden sollten, sofern Preußen ein Gleiches tue; diese Bedingung wurde noch am selben Tage durch einen entsprechenden SPD-Antrag im Preußischen Landtag

45 *GStA*, Rep. 90, Nr. 1067: PreußMfWKuVB an den PreußMdI, 5.5.22; PreußMPr an den PreußMdI, 21.2.22; PreußMfLDuF an den PreußMdI, 3.4.22. Der PreußFM hat sich am 22.5.22 gegen die Vorwürfe des PreußMfLDuF verwahrt.

46 *RT*, I, Drucks Nr. 2990: Interpellation Graf von Kanitz u. Gen. (DNVP), 11.11.21; *RT*, I, S. 5451 f.; S. 5463 f.: Graf von Kanitz (DNVP), Fleischer (Z) am 21.1.22.

47 Graf von Kanitz bezeichnete als dringendste Punkte eines Ostpreußenprogramms: Die Sicherung des Korridorverkehrs, einen Frachtenausgleichsfonds, Spezialtarife, Erhaltung des ostpreußischen Eisenbahnnetzes und Verbesserung des Seedienstes Swinemünde – Pillau. Etwas vielseitiger waren die Vorschläge Cunos (DVP) und Fleischers (Z), die auch einige sozialpolitische Forderungen miteinbezogen; aber die Konturen des gewünschten Ostpreußenprogramms blieben trotzdem unscharf.

aufgegriffen[48]. Damit stand die preußische Regierung abermals vor der Frage, was geschehen solle, denn es war klar, daß sie – mit den Worten des Handelsministers – „aus politischen Gründen sich den Wünschen der Provinz Ostpreußen nicht vollkommen verschließen" konnte[49].

2. *Das Ostpreußenprogramm von 1922*

Die unübersehbare Malaise der Ostpreußenpolitik im Frühjahr 1922 verlangte nach einem neuen Anlauf, und ihn unternahm Oberpräsident Siehr mit einer programmatischen Denkschrift, in der er die Wünsche seiner Provinz zu Gehör brachte.
Das Schicksal der deutschnationalen Ostpreußeninterpellation hatte im Königsberger Oberpräsidium die Einsicht geweckt, daß die Berliner „Ostpreußenmüdigkeit" auf konstruktive Weise bekämpft werden müsse. Mitte Februar weihte Oberpräsidialrat Herbst die Fachreferenten der preußischen Ministerien in die Pläne seines Oberpräsidenten ein, die auf ein förmliches Ostpreußenprogramm hinausliefen. Darin sollten die Forderungen der Provinz zusammengefaßt und außerdem ein Ermächtigungsgesetz vorgeschlagen werden, demzufolge beim Reichsernährungsministerium ein Fonds von 10 Mrd. Mark einzurichten sei, mit dem die landwirtschaftliche Leistungsfähigkeit Deutschlands wiederhergestellt und an dem Ostpreußen mit 5 Mrd. Mark beteiligt werden sollte. Der Zweck dieser Operation war es, „für die landwirtschaftlichen Überschuß- und Ausfuhrgebiete Deutschlands durch wirtschafts- und tarifpolitische Maßnahmen die relativen Produktionsbedingungen der Vorkriegszeit mit dem Stichjahr 1913" wiederherzustellen. Insbesondere Ostpreußen sollte, unter Berücksichtigung der veränderten Umstände, „der vor dem Krieg vorhandene Vorsprung [in der Rentabilität der Landwirtschaft] wiedergegeben werden"[50].
Dieser Vorschlag war ungewöhnlich. Er wollte die Produktionsfähigkeit der Landwirtschaft in großem Stile steigern und die Rentabilitätsmöglichkeiten der Vorkriegszeit annähernd erneuern. Wenn auch nicht alle zeitbedingten Produktions- und Intensitätseinbußen beseitigt werden konnten, so lautete das Ziel doch, die Produktionsbedingungen innerhalb ganz Deutschlands so weit auszugleichen, daß die Konkurrenzfähigkeit der einzelnen Produktionsgebiete in den Relationen von 1913 wiederauflebte. Dabei wurde unterstellt, daß die deutsche Landwirtschaft sich 1913 in einem ausgewogenen Zustand befunden habe, den zu erneuern wünschenswert sei. In Wirklichkeit ist aber die Lage der ostpreußischen Landwirtschaft vor dem Kriegsausbruch nicht so ideal gewesen, wie nun angenommen wurde[51]. Wenn 1922 trotzdem die alten Verhältnisse

48 *RT,* I, Drucks Nr. 4037: Abänderungsantrag Scholz, Cuno (DVP), Fleischer (Z), Graf von Kanitz, Hensel (DNVP), Jaecker (SPD), Heydemann (KPD), Mittwoch (USPD), 3.4.22; *PreußLT,* I, Drucks Nr. 2455: Antrag Limbertz, Osterroth usw. (SPD), 3.4.22. Vom Reichstag wurden die 15 Mill. M in den RHPl 1922 eingestellt; s. *RT,* I, Drucks Nr. 4374: Zusammenstellung der Beschlüsse des Reichstages in 2. Beratung über den GE RHPl 1922 (Kapitel 1, Titel 47), und *RT,* I, S. 7666 f. (3. Beratung am 27.5.22). Der Preußische Landtag hat seinerseits das Preußische Staatsministerium ermächtigt, ebenfalls 15 Mill. M aufzuwenden; *PreußLT,* I, Sp. 11 883 (8.7.22). Da im Hauptausschuß aber argumentiert wurde, diese Mittel sollten zur Verbilligung der Hausbrandkohle in Ostpreußen dienen – s. *PreußLT,* I, HptA, 144. Sitzg. (6.7.22), Sp. 5 –, ist anzunehmen, daß sie nicht verausgabt worden sind. Vgl. dazu o. Anm. III/38.

49 *GStA,* Rep. 90, Nr. 1067: PreußMfHuG an den PreußMdI, 15.4.22.

50 *GStA,* Rep. 203, Nr. 329: Reisebericht (Herbsts über die Besprechung im PreußMfLDuF), 18.2.22; Nr. 165: Reisebericht (Herbsts) über die Besprechung im Ostreferat des PreußMdI am 17.2.22.

51 Vgl. o. II. Teil, S. 148.

zum Maßstabe erhoben wurden, so bewies das nur, daß die Not der Gegenwart die Probleme der Vergangenheit zugedeckt hatte und daß die relative Sicherheit der Vorkriegsjahre wie ein Wegweiser wirkte, von dem sich Ostpreußen auf eine früher innegehabte Position zurückleiten lassen wollte.

Es ist bemerkenswert, daß der Vorschlag bei den Vertretern von Wirtschaft und Verwaltung in Königsberg nur einen geteilten Beifall fand. Allein die Sprecher des Oberpräsidiums – Siehr, Herbst und Frankenbach – haben ihn uneingeschränkt verteidigt und hervorgehoben, daß in Berlin keine langfristigen finanziellen Zusagen zu erwarten seien und daß nur eine einmalige Dotierung die aus den ständigen Einzelanforderungen resultierende „Ostpreußenverdrossenheit" der Minister überwinden könne. Der Allensteiner Regierungspräsident von Oppen und Freiherr von Gayl glaubten dagegen, daß das Ermächtigungsgesetz politisch nicht zu erreichen sei, und der Vorsitzende der Landwirtschaftskammer, Brandes, hielt ebenso wie der Königsberger Bürgermeister Goerdeler einen einmaligen Fonds für unzweckmäßig, weil die Provinz auf laufende, etatrechtlich verankerte Zuwendungen angewiesen sei. Unabhängig davon wurde aber die Initiative des Oberpräsidenten allgemein begrüßt, so daß Siehr, gedeckt durch dieses Einverständnis, am 18. April 1922 seine Denkschrift über das Ostpreußenprogramm und die politischen Aspekte des „ostpreußischen Problems" vorlegen konnte[52].

Der erste Teil der Denkschrift faßte in 63 Punkten die Forderungen zur Wirtschaftspolitik und in 12 Punkten die zur Kulturpolitik zusammen. Wiederum dominierten mit 38 Punkten die Verkehrswünsche, die vom Ausbau der Verkehrsanlagen – Häfen, Kanäle, Eisenbahnen, Straßen, Flughafen – bis zu den Tariffragen eine Fülle von Einzelheiten berührten. Weitere 14 Punkte betrafen die Versorgung der Provinz mit Materialien, Rohstoffen und Krediten, während den Rest der Liste die Bedürfnisse der Landwirtschaft, der Industrie, der Badeorte, des Wohnungsbaus und der Erwerbslosenfürsorge einnahmen. Die kulturpolitischen Punkte reichten von der allgemeinen Bevölkerungs- und Siedlungspolitik bis zum Ausgleich des Defizits der Königsberger Oper. Alles in allem präsentierte das Programm einen Wunschzettel, in dem nur wenig von dem Anspruch seiner Urheber realisiert war, „an Stelle der bisher mehr oder minder wahllos gehäuften Einzelanforderungen einen planmäßig aufgebauten Rahmen mit zielklaren, aber elastischen Richtlinien" geliefert zu haben. Desgleichen fiel es schwer, in dem Vorliegenden ein „organisch lebendiges Gebilde" zu entdecken, „innerhalb dessen die Lösung des ostpreußischen Problems gefunden werden muß". Wenn es der Denkschrift trotzdem nicht an einem prägnanten politischen Zug fehlte, so verdankte sie das ihrem zweiten, grundsätzlich gehaltenen Teil, der das „ostpreußische Problem und seine Lösung" behandelte.

Entgegen dem offen bekundeten Standpunkt zweier Ministerien, „daß sich . . . die Sonderbehandlung Ostpreußens unter keinen Umständen mehr rechtfertigen lasse", wurde zur richtigen „Erkenntnis des ostpreußischen Problems" unter Einschluß seiner gesamtdeutschen Bedeutung aufgerufen. Es hieß, daß von der „berufungslosen Sonderbehandlung Ostpreußens" nicht abgegangen werden dürfe und daß die Stellung des Königsberger Oberpräsidenten gestärkt werden müsse, damit er die Wirtschafts- und Kulturpolitik seiner Provinz einheitlich führen und in einschlägigen außenpolitischen Fragen mitwirken könne[53]. Die Finanzierung des Programms sei so zu regeln, daß einzelne Ob-

52 *GStA*, Rep. 203, Nr. 165: (OPr), Bericht über die vertrauliche Besprechung am 8.3.22 betr. Durchführung des Ostpreußenprogramms; Rep. 90, Nr. 1067: OPr, (Vertrauliche Denkschrift über das Ostpreußenprogramm), 18.4.22; vgl. Wessling (Anm. I/170), S. 228 ff.

53 Vgl. o. I. Teil, S. 41.

jekte als feste Ausgabenposten in den Etats verankert würden und daß darüber hinaus ein „Ermächtigungsgesetz zur Wiederherstellung der Wirtschaftsintensität" erlassen würde, mit dessen Hilfe die „relativen Produktionsbedingungen der Vorkriegszeit" erneuert werden sollten. Die erforderlichen Mittel ließen sich nach Ansicht Siehrs aufbringen, wenn die Beträge, die bisher für Preissubventionen ausgegeben worden seien, produktiven Zwecken innerhalb der Landwirtschaft zugeführt würden. Würden die Investitionsmittel den einzelnen Produktionsgebieten nach der Höhe ihrer Agrarüberschüsse zugeteilt, so wäre Ostpreußen zwangsläufig in überdurchschnittlichem Maße berücksichtigt worden, und es wäre ohne ein auf die Provinz begrenztes Sondergesetz in den Genuß einer finanziellen Förderung geraten.
Den Schluß der Denkschrift bildeten neun Leitsätze, die durch Kabinettsbeschluß zu Maximen der Regierungspolitik erhoben werden und feste Grundbegriffe für die künftige Ostpreußenpolitik schaffen sollten. Sie besagten im einzelnen:

1. Das Ostpreußenproblem hat für Deutschland größte Bedeutung.
2. Die berufungslose Sonderbehandlung Ostpreußens wird als staatspolitischer Grundsatz anerkannt und durchgeführt.
3. Die innerdeutschen Relationen der Produktionsbedingungen müssen nach dem Vorkriegsstande für Ostpreußen wiederhergestellt werden.
4. Das vorgelegte Ostpreußenprogramm wird als geeignete Grundlage der künftigen Politik anerkannt.
5. Die Frage des Gesetzes zur Wiederherstellung der Wirtschaftsintensität wird von den landwirtschaftlichen Ressorts geprüft.
6. Die Stellung des Oberpräsidenten wird gestärkt.
7. Die erforderlichen Mittel werden im Etat bereitgestellt.
8. Für Ostpreußen wird ein Nothilfefonds für Kultur, Wissenschaft und Wohlfahrtspflege geschaffen.
9. Die einheitliche Federführung für das Ostpreußenprogramm hat der Preußische Innenminister.

Das Ostpreußenprogramm ist von der Not des Augenblicks inspiriert worden und hat Anregungen für sofortiges Handeln geben wollen. Deshalb hat es in vieler Hinsicht nicht das große Format erreicht, das ihm seine Verfasser gerne geben wollten. Die Vielseitigkeit seiner Vorschläge spiegelte recht deutlich die Anträge der Interessenten, die dem Programm beigetreten waren. Gerade die praktischen Forderungen nahmen sich wie eine Kompilation der Interessentenwünsche aus, die mit dem Anspruch auf organische Einheit nicht harmonierte. Auch um die Definition des Zieles, das die Ostpreußenpolitik verfolgen sollte, war es nicht gut bestellt. Der einzige richtungweisende Satz betraf die „Wiederherstellung der innerdeutschen Relativität der Produktionsbedingungen der Wirtschaft nach dem Vorkriegsstande". Er orientierte sich an einer Vergangenheit, von der die Verfasser der Denkschrift wußten, daß in ihr die Bedürfnisse der Provinz vernachlässigt worden und die Produktionsbedingungen nicht denen im übrigen Deutschland gleichwertig gewesen waren. Was an ihr dennoch so verlockend erschien, waren die handels- und verkehrspolitischen Vorteile, die die Lage Ostpreußens vor 1914 stabilisiert hatten und für die nun Äquivalente gefordert wurden. Es wurde aber übersehen, daß die Vorteile vorwiegend auf dem Handel mit Rußland und England beruht hatten, der nach 1918 nicht mehr im alten Umfange wiedererstanden war und für den die Berliner Regierungen kaum innenpolitische Äquivalente schaffen konnten. Das gab dem Rückgriff auf die Verhältnisse des Jahres 1913 einen utopischen Anstrich.
Nach dem Vorschlag der Denkschrift sollte die Erneuerung der alten wirtschaftlichen Relationen bei der Landwirtschaft beginnen. Demnach hätten die landwirtschaftlichen Bedürfnisse im Ostpreußenprogramm einen breiten Raum einnehmen müssen, um zu

beweisen, welche produktiven Möglichkeiten in der Provinz noch schlummerten. Aber *in praxi* galten nur 7 von 63 Punkten der Landwirtschaft im engeren Sinne. Sie behandelten die Förderung der Viehzucht und der Meliorationen, die bessere Versorgung mit Düngemitteln, den Ausbau des landwirtschaftlichen Bildungswesens und die Landarbeiterfürsorge. Daneben hätte die Landwirtschaft zwar auch von den verkehrs- und tarifpolitischen Maßnahmen, die in der Denkschrift enthalten waren, profitiert, aber trotzdem hatte es nicht den Anschein, daß derjenige Wirtschaftszweig, in dem zuerst die Zielvorstellung des Ostpreußenprogramms verwirklicht werden sollte, im Mittelpunkt der Denkschrift stand[54]. Zu dieser Zeit war die Lage der Landwirtschaft noch nicht das Hauptproblem Ostpreußens, so daß einstweilen die Verkehrsfragen die größte Aufmerksamkeit fanden.

Zu den Eigentümlichkeiten des Programms gehörte es, daß es keine Fristen für seine Ausführung nannte. Grundsätzlich wurde allen Forderungen eine hohe Dringlichkeitsstufe beigemessen, aber die Einzelvorschläge waren zu inhomogen, um sie in eine aufeinander abgestimmte Stufenfolge einzuordnen. Das Moment des Planmäßigen verflüchtigte sich so sehr, daß von ihm kaum noch gesprochen werden konnte. Die angestrebte Rückkehr zu den Wirtschaftsbedingungen der Vorkriegszeit täuschte über die Reformbedürftigkeit der ostpreußischen Sozial- und Wirtschaftsstruktur hinweg. Die Frage, wie eine peripher gelegene, agrarische Provinz innerhalb eines industrialisierten Staates lebens- und funktionsfähig zu erhalten sei, ist in der Denkschrift nicht diskutiert worden. Das Programm reduzierte sich dadurch auf eine Anleitung zu praktischem administrativen Handeln, der die Gefahr zur Seite stand, daß die Hilfsmaßnahmen sich in der Subvention einer krisenanfälligen Wirtschaftsstruktur erschöpften.

Dessen ungeachtet ist der Versuch, die akuten Forderungen der Provinz aufzuzählen und den Behörden ein Instrumentarium für ihr Vorgehen zu bieten, durchaus anerkennenswert. Die Denkschrift war von den Interessenvertretern der Provinz gebilligt worden und durfte in Berlin als dasjenige Programm vorgelegt werden, das alle maßgebenden Kreise der Bevölkerung unterstützten. Damit hatte die ostpreußische Seite das Ihrige getan, um die Zusammenarbeit mit den Ministern zu verbessern. Und diese konnten in dem Zustande des Unbehagens, in dem sie sich befanden, gar nicht anders als positiv reagieren. Die Gelegenheit dazu fanden sie auf einer großen Ressortbesprechung am 12. Mai im preußischen Innenministerium. Dort erläuterte Siehr, der an der Spitze einer zahlreichen Delegation erschienen war, vor den Vertretern der Reichs- und Staatsministerien die Bedürfnisse seiner Provinz und drang erfolgreich darauf, daß sofort Schritte eingeleitet würden, um die beantragten Kabinettsbeschlüsse herbeizuführen. Die anwesenden Ressortvertreter willigten ein, ihren Ministern fünf Punkte zur Annahme vorzuschlagen, in denen die Bedeutung Ostpreußens und sein Recht auf bevorzugte Behandlung bestätigt, die Stärkung der Stellung des Oberpräsidenten zugesagt, das Ostpreußenprogramm als geeignete Grundlage der künftigen Politik anerkannt und die Wiederherstellung der früheren Relationen der innerdeutschen Produktionsbedingungen als Ziel akzeptiert wurden. Die übrigen Forderungen sollten noch geprüft werden. Diese fünf Leitsätze sind am 23. Juni von der Preußischen Staatsregierung und am 12. August 1922 von der Reichsregierung angenommen worden[55]. Danach veranlaßte

54 In ähnlicher Weise hatte 1922 die Landwirtschaftskammer ihr „Ostpreußenprogramm für die Landwirtschaft" ganz darauf abgestimmt, die Ausbildung der landwirtschaftlich tätigen Menschen zu verbessern; erst in zweiter Linie wurde für die Förderung der Tier- und Pflanzenzucht sowie der Moorkolonisation eingetreten. *GStA*, Rep. 203, Nr. 165: OPr an die OstprVertr, 21.7.22 (Anlage).

55 *GStA*, Rep. 90, Nr. 1067: Niederschrift über die Ressortbesprechung im PreußMdI betr. Ostpreußen am 12.5.22; Auszug aus dem Sitzungsprotokoll des PreußStM vom 23.6.22; RMdI an den PreußMPr, 21.8.22; Wessling (Anm. I/170), S. 232 f.

der preußische Innenminister seine Kollegen, zu entscheiden, für welche Programmpunkte ihre Ressorts federführend werden wollten, und am Ende des Jahres 1922 bat er um Auskunft darüber, was bereits im Sinne der beschlossenen Leitsätze getan worden sei. Es war seine Absicht, den „weitesten Kreisen in Ostpreußen" nachzuweisen, „daß die Ausführung des Ostpreußen-Programms schon jetzt Ergebnisse gezeitigt hat"[56].

Die im Laufe des Jahres 1923 eingehenden Berichte der Ministerien zählten u. a. auf, daß der Ausbau des Königsberger Hafens und die Elektrifizierung der Provinz weiterhin finanziert, daß der Ausbau des Tilsiter Hafens vollendet, andere Wasserstraßen- und Bahnbauten vorbereitet worden seien; die Tarifwünsche seien bei einer Revision des Staffeltarifsystems berücksichtigt und die Versorgung mit Düngemitteln verbessert worden usw.[57]. Auf der negativen Seite mußte jedoch verbucht werden, daß die programmatische Forderung des Oberpräsidenten, die Vorkriegsrelationen der innerdeutschen Produktionsbedingungen wiederherzustellen, abgelehnt worden war. In dem Bericht des Reichsinnenministers hieß es dazu, daß sich die Lage Ostpreußens zwar im Vergleich zur Vorkriegszeit verschlechtert habe, daß es aber nicht angehe, „den Grad dieser relativen Verschlechterung zahlenmäßig zu erfassen und, falls dies gelingen sollte, ihn durch entsprechende Abhilfsmaßnahmen . . . wirksam auszugleichen". Obwohl alle tauglichen Maßnahmen zur Förderung der ostpreußischen Landwirtschaft zu begrüßen seien, könne doch „bei der gegenwärtigen Gesamtlage . . . dem Plan der von Ostpreußen erstrebten umfassenden Bereitstellung von Reichsmitteln auf Grund eines Wirtschaftsintensitätsgesetzes nicht nähergetreten werden". Damit war das große Ziel der Denkschrift praktisch erledigt, und fortan dominierten in der Ostpreußenpolitik die pragmatischen Gesichtspunkte über die programmatischen, wie bereits an den Berichten für das Jahr 1923 zu beobachten ist.

Allerdings muß diese ernüchternde Entwicklung unter dem Aspekt der politischen Zustände gesehen werden. Anfang 1923 besetzte Frankreich das Ruhrgebiet, der deutsche Gegenzug des passiven Widerstandes öffnete die Schleusen der galoppierenden Inflation, die erst Ende 1923 mit Hilfe drakonischer Maßnahmen wieder geschlossen werden konnten. Die Währungsstabilisierung ging mit einer scharfen Kreditrestriktion und einer rigorosen Ausgabenbeschränkung einher, so daß die gesamte Wirtschaft erschüttert wurde. Die Regierungen gewannen nur allmählich genügenden politischen und finanziellen Spielraum zurück, um sich den Problemen der engeren Landespolitik ausführlicher widmen zu können. Unter solchen Umständen war es kaum möglich, die Fundamente einer großzügigen Ostpreußenpolitik zu legen. Die Bedürfnisse des Augenblicks gingen allem voran, was auch die Berichte der Ministerien bestätigten, die über die Leistungen während der Haushaltsjahre 1923 und 1924 Rechenschaft ablegten. Nur der Ausbau des Königsberger Hafens und der Elektrizitätsversorgung hatten in nennenswertem Umfange fortgesetzt werden können. Sonstige Erfolge waren dünn gesät, und insbesondere bei den Tariffragen fehlte nach wie vor eine Lösung, die die Provinz befriedigt hätte[58]

56 *GStA, a.a.O.*: PreußMdI an die preußischen Ressorts, 27.7.22 und 19.12.22. Auf das erste Schreiben liegen Antworten des PreußFM, PreußMfHuG, PreußMfVW und PreußMfLDuF aus der Zeit vom 14.8. bis 31.10.22 vor.

57 *A.a.O.*: PreußMfHuG an den PreußMdI, 1.5.23; RMdI an sämtliche Reichs- und Staatsressorts, 4.12.23.

58 *A.a.O.*, Nr. 1068; PreußMfHuG an den PreußMdI, 5.4.24 und 10.7.25; PreußMdI an den RMdI, 17.6.24 und 24.10.25; RMdI an alle PreußStM, 22.8.24 und 26.11.25.

Es war beinahe unvermeidlich, daß die Ostpreußenpolitik unter dem Zwang der Verhältnisse zu erstarren drohte. Einen Ausweg aus dieser Situation suchte die DDP-Fraktion des preußischen Landtages, die am 25. September 1925 einen Urantrag einbrachte und ein detailliertes neues Ostpreußenprogramm vorschlug, das formal und inhaltlich nicht wesentlich von den Forderungen der Denkschrift des Jahres 1922 abwich[59]. Im Ausschuß für die östlichen Grenzgebiete wurde der Antrag zu einem Entwurf abgewandelt, der eine Hilfe für die ostpreußische Landwirtschaft als am dringendsten bezeichnete, jedoch auch die übrigen Bereiche des wirtschaftlichen und kulturellen Lebens berücksichtigte und eine kaum zu übertreffende Vielfalt von Maßnahmen registrierte. Der Landtag hat den Entwurf am 17. Dezember 1925 angenommen und am 21. Dezember dem Staatsministerium übermittelt[60].

Diesem Vorgehen hat der ostpreußische Provinziallandtag Anfang Februar 1926 Beifall gezollt. Gleichzeitig hat er der Staatsregierung bedeutet, daß die Provinz nur durch schnelle und gründliche Hilfe dazu befähigt würde, „die ihr als Trägerin deutscher Kultur auf vorgeschobenem Posten zufallenden besonderen Aufgaben zu erfüllen". Bei derselben Gelegenheit ließ Oberpräsident Siehr die Öffentlichkeit wissen, daß er das heiße Eisen rasch zu schmieden gedenke und schon seit Monaten „die Aufstellung eines neuen, der jetzigen Lage entsprechenden Ostpreußenprogramms" eingeleitet habe, das binnen kurzem den Ministern vorliegen werde[61]. Dieses Wort hat er am 16. Februar eingelöst.

Das „neue Ostpreußenprogramm" war eine überarbeitete Ausgabe des Textes von 1922, die sich auf die wirtschafts-, verkehrs- und kulturpolitischen Aufgaben beschränkte, weil der seit 1922 anerkannte Grundsatz der berufungslosen Sonderbehandlung für ausreichend befunden wurde[62]. Aller Nachdruck wurde auf ein ökonomisches Phänomen gelegt, das nach der Währungsreform bedrohliche Ausmaße angenommen hatte: die lähmende Kapitalschwäche der ostpreußischen Wirtschaft. Der Schatten einer „ganz besonderen wirtschaftlichen Depression", die von der Mißernte des Jahres 1924 hervorgerufen worden sei, liege über der Provinz und erheische dringend, „daß sofort . . . eine Aktion . . . durchgeführt wird, die der noch gesunden ostpreußischen Wirtschaft den nötigen Kredit zur Inbetriebsetzung gibt". Dieser „Ankurbelungskredit" solle in erster Linie der Landwirtschaft zufließen, von der aus seine heilende Wirkung auf die übrigen Wirtschaftszweige ausstrahlen würde. Wäre die Landwirtschaft wieder liquide, so würden Handel, Handwerk und Gewerbe ebenfalls von der steigenden Geldflüssigkeit erfaßt werden, und die Gefahr einer Katastrophe wäre gebannt.

Anders als 1922, wo man noch dem hypothetischen Ziel des Vorkriegsstandards nachsinnen konnte, war nun die Not so brennend geworden, daß die wirtschaftliche Lebenskraft der Provinz nur durch Sofortmaßnahmen aufrechtzuerhalten war. Die Schwierigkeiten einer akuten Krise traten als ein neues Moment in die Ostpreußenpolitik ein und begannen die Prioritäten zu diktieren, die alle anderen Anträge des

59 *PreußLT,* II, Drucks Nr. 1075: Urantrag Falk, Grzimek, Schmiljan (DDP), 25.9.25. Da Oberpräsident Siehr der Führer der ostpreußischen DDP war und Grzimek von 1920 bis 1921 als Oberpräsidialrat sein amtlicher Stellvertreter gewesen ist, darf angenommen werden, daß die parlamentarische Initiative der DDP im Einvernehmen mit Siehr erfolgt ist und das politische Terrain für spätere Vorstöße präparieren sollte.

60 *A.a.O.,* Drucks Nr. 1862: Bericht des 23. Ausschusses vom 14.12.25; *PreußLT,* II, Sp. 7713: 111. Sitzung am 17.12.25.

61 *Verhandlungen des 53. ProvLT der Prov Ostpr,* Königsberg 1926, Drucks Nr. 1 und S. 21; S. 4: Eröffnungsansprache des Oberpräsidenten am 2.2.26.

62 *GStA,* Rep. 90, Nr. 1068: OPr, (Denkschrift über) das neue Ostpreußenprogramm, 16.2.26.

neuen Programms überragten. Die Krise verlangte nach speziellen Aktionen, die die finanziellen und organisatorischen Mittel gezielt einsetzten. Neben diesen Sondermaßnahmen, die seit 1926 im Werden waren, verlor das Ostpreußenprogramm sichtlich an politischem Gewicht, wurde aber dennoch weiter ausgeführt. Bis Ende 1927 haben die Ministerien ihre internen Jahresberichte über die einschlägigen Leistungen fortgesetzt, aber sobald die Regierungen zu einer Politik intensivierter Ostpreußenhilfe übergingen, wurde vom Ostpreußenprogramm mit einer Gesamtübersicht Abschied genommen, die die seit 1922 veranlaßten Aufwendungen darzustellen suchte[63].

Es wäre müßig, in diesem Zusammenhang von Erfolg oder Mißerfolg zu sprechen, denn das Ostpreußenprogramm ist von vornherein so beschaffen gewesen, daß es allenfalls nützlich, aber nicht in einem höheren Sinne erfolgreich sein konnte. Es hat das wirtschaftliche, soziale und kulturelle Leben der Provinz an möglichst vielen Punkten fördern wollen, um so einen sich summierenden Effekt hervorzurufen, der seinerseits zu einer allmählichen Steigerung der allgemeinen Leistungsfähigkeit geführt hätte. Das konnte aber nur gelingen, solange die Wirtschaft in einer gewissen Mittellage verblieb und nicht in extreme Zustände geriet. Als letzteres 1924 eintrat, entpuppte sich das Ostpreußenprogramm als eine Gießkanne, mit der der Brand einer großen Krise nicht gelöscht werden konnte.

63 *A.a.O.*, Nr. 1070: RMdI an die PreußStMinisterien, 18.11.27. Ob der hier mitgeteilte Entwurf einer Gesamtübersicht später eine definitive Form erhalten hat, ist nicht ersichtlich.

III. DIE STAATLICHE HILFE FÜR DIE OSTDEUTSCHEN GRENZGEBIETE IN DEN JAHREN 1926 UND 1927

1. Die Notlage der östlichen Grenzgebiete

Im Jahre 1926 bahnte sich ein wichtiger Wandel in der Politik gegenüber den ostdeutschen Grenzgebieten an. Die Reichsregierung übernahm in demonstrativer Form größere finanzielle Aufwendungen zugunsten der notleidenden Ostprovinzen und erweckte den Anschein, als wolle sie derartiges auch in den folgenden Jahren tun.

Dieses Engagement war ein Resultat der politischen Veränderungen, die seit 1923 eingetreten waren. Deutschland verfügte wieder über eine stabile Währung und hatte mit dem Dawes-Plan eine vorläufige Regelung des Reparationsproblems erhalten, die diesen Streitpunkt einstweilen als Ursache innerer und äußerer Krisen beseitigte. Die konsolidierte Lage erlaubte der Reichsregierung, ihre Aufmerksamkeit den wirtschaftlichen und sozialen Wunden zuzuwenden, die die Nachkriegsjahre dem deutschen Volke geschlagen hatten. Als Inhaberin der großen direkten Steuerquellen hatte sie 1924 eine gewisse Manövrierfähigkeit erlangt, weil die rigorose finanzielle Steuer- und Fiskalpolitik des ersten Haushaltsjahres nach der Währungsreform Mehreinnahmen von 892 Mill. Reichsmark beschert hatte. Obwohl sich in den folgenden Jahren Ausgabenüberschüsse einstellten, hat das im März 1925 vorhandene Polster genügt, den Reichshaushalt bis 1927/28 positiv zu gestalten. Erst ab 1928/29 traten bei der Schlußabrechnung von Jahr zu Jahr steigende Fehlbeträge auf[64]. Das war aber 1926 noch nicht abzusehen, so daß die Reichsregierung bereitwillig wirtschaftsbelebende Ausgaben auf sich nahm, um so die Stabilisierung der Verhältnisse in Deutschland zu erleichtern.

Wenn die Wirtschaftskraft gefördert werden sollte, dann durften die östlichen Grenzgebiete nicht übersehen werden, deren Leistungsfähigkeit unter den veränderten Umständen empfindlich zurückgegangen war. Dazu hatte nicht wenig die neue Ostgrenze beigetragen, die in vielen Fällen auf lokaler und regionaler Ebene jahrhundertealte Einheiten durchschnitten und zahlreiche Absurditäten geschaffen hatte: Das Verkehrsnetz war seines organischen Zusammenhanges beraubt, die örtliche Wirtschaft hatte ihre traditionellen Absatzwege und -gebiete verloren, mehrere Kommunen hatten ihre Versorgungsanlagen eingebüßt – kurz, die Infrastruktur der Grenzkreise war gestört und reorganisationsbedürftig[65]. Zu allem Überfluß trafen diese Schäden Gebiete, deren Leistungsfähigkeit ohnehin unter dem gesamtdeutschen Durchschnitt lag und deren strukturelle Schwächen nun noch schärfer hervortraten. Das ökonomische und soziale Gefüge der Provinzen Ostpreußen, Pommern, Grenzmark Posen-

64 *Statistisches Jahrbuch für das Deutsche Reich,* hrsgg. vom Statistischen Reichsamt, 49. Jg., 1930, Berlin 1930, S. 463; dass., 1932 (Anm. II/186), S. 435.

65 Vgl. hierzu Wilhelm Volz/Hans Schwalm, *Die deutsche Ostgrenze. Unterlagen zur Erfassung der Grenzzerreißungsschäden,* Leipzig 1929; und Albert Hesse, „Die Einwirkungen der Gebietsabtretungen auf die Wirtschaft des deutschen Ostens" (Anm. I/58); ders., „Die Einwirkungen der Gebietsverluste und Grenzveränderungen auf die Landwirtschaft des deutschen Ostens", in: Sering *et al.* (Anm. I/73), S. 195 ff. In Ostpreußen sind z.B. Tilsit von seinem Wasserwerk und der Regierungsbezirk Westpreußen von seinem wichtigsten Elektrizitätswerk getrennt worden.

Westpreußen, Brandenburg, Niederschlesien und Oberschlesien hat seit Beginn der allgemeinen Industrialisierung in Formen verharrt, die sich mit der Dynamik der mittel- und westdeutschen Wirtschaftszentren nicht messen konnten und die nach 1918 dem Anprall einer veränderten Wirklichkeit nicht gewachsen waren. Das galt für die rein agrarischen Gebiete Ostpreußen, Pommern und die Grenzmark mit ihrer unterdurchschnittlichen Bevölkerungsdichte ebenso wie für die stärker industrialisierten Gebiete Ober- und Niederschlesien, in denen die Bevölkerungsdichte den Reichsdurchschnitt übertraf. Die periphere Lage zum deutschen Binnenmarkt ließ im Osten weder die Landwirtschaft noch die Industrie florieren. Der relative Aufschwung, den die deutsche Wirtschaft nach 1925 erlebte, erreichte nicht den Zustand der Vollbeschäftigung und strahlte deshalb keine konjunkturellen Impulse aus, die auch die an ungünstige Standorte gebundenen Produktionsreserven aktiviert hätten. Die Standortvorteile, die die schlesische Industrie für einen Absatz in Richtung Osten besaß, wurden seit 1925 durch den deutsch-polnischen Zollkrieg paralysiert, der den Handel an der neuen Ostgrenze jahrelang beeinträchtigte und ein Wiederaufleben der wirtschaftlichen Zusammenhänge, wie sie vor 1914 bestanden hatten, verhinderte. Obwohl der Handelskrieg mit Polen nicht zuletzt im Interesse der ostdeutschen Landwirtschaft geführt worden ist, wurde diese Landwirtschaft dennoch in eine jährlich wachsende Rentabilitätskrise verwickelt, und damit geriet die stärkste Säule der ostdeutschen Sozial- und Wirtschaftsstruktur ins Wanken[66]. Es spricht für sich, daß die Landesfinanzamtsbezirke Königsberg, Stettin, Brandenburg, Breslau und Oberschlesien 1926 nur 9,8 % zum gesamten deutschen Aufkommen an Einkommen-, Lohn- und Körperschaftsteuern beigetragen haben, obwohl in diesen Bezirken 18,5 % der deutschen Bevölkerung wohnten[67]. Solche Anzeichen des Niederganges nötigten einen zeitgenössischen Beobachter zu der Erkenntnis, „daß diese Schäden als Folgen der Gebietsabtretungen wegen der [allgemeinen] Lage der deutschen Ostgebiete und ihrer wirtschaftlichen Struktur notwendig eintreten mußten und daß die Wirtschaftspolitik außerstande ist, die periphere Lage und die natürlichen Bedingungen der deutschen Ostgebiete wesentlich zu beeinflussen"[68]. Konnte die Wirtschaftspolitik im engeren Sinne tatsächlich nichts gegen die Probleme der Ostgrenze ausrichten, so mußte zu den Mitteln einer Subventionspolitik gegriffen werden, um den Zusammenbruch der gefährdeten Gemeinden, Kreise und Provinzen aufzuhalten.

Es ist nicht ausgeblieben, daß die Parteien und Parlamente sich dieser Materie bemächtigten und auf ein Eingreifen der Regierungen drängten. Bezeichnend war, daß der preußische Landtag und auch der Reichstag spezielle Ausschüsse für die östlichen Grenzgebiete einrichteten und dadurch ihr Interesse für die einschlägigen Fragen demonstrierten[69]. Zu den Resultaten dieser Entwicklung gehörten das detaillierte Ost-

66 Zur Lage der Ostprovinzen s. *Die Not der preußischen Ostprovinzen. Denkschrift*, hrsgg. von den Landeshauptleuten der Provinzen Ostpreußen, Grenzmark Posen-Westpreußen, Pommern, Brandenburg, Niederschlesien und Oberschlesien (als Manuskript gedruckt), Königsberg 1930; Heinz Rogmann, *Ostdeutschlands große Not. Zahlen und Tatsachen*, Berlin 1930; ders., *Die Bevölkerungsentwicklung im preußischen Osten. . .* (Anm. II/11); Wilhelm Volz, *Die ostdeutsche Wirtschaft* (Anm. II/39); ders., *Industrie in den Osten! Die deutsche Wirtschaftsstruktur und das Problem der Ostsiedlung (Schriften zur Geopolitik*, Heft 6), Berlin 1933.

67 *Die Not der preußischen Ostprovinzen, a.a.O.*, Anlage 7. Über die besonders hohen Steuerzuschläge ostdeutscher Gemeinden vgl. Rogmann, *Ostdeutschlands große Not, a.a.O.*, S. 84; Volz/Schwalm (Anm. III/65), S. 60.

68 Albert Hesse, „Die Einwirkungen der Gebietsabtretungen. . ." (Anm. I/58), S. 99.

69 Der Ostausschuß des Reichstages ist am 9.3.26 als freier interfraktioneller Ausschuß zusammengetreten und am 11.6.26 in einen geschäftsordnungsgemäßen Ausschuß umgewandelt worden. Über seine Entstehung s. den Schriftwechsel zwischen dem Deutschen Ostbund und dem Reichs-

preußenprogramm des preußischen Landtages und die Aufforderung des Reichstages an die Reichsregierung, denjenigen Personenkreis finanziell zu unterstützen, der „durch die Abtretung deutschen Gebiets Heimat und Erwerb verloren" habe und sich nun eine neue Existenz gründen müsse[70]. In diesen Vorstößen zeichnete sich der Einfluß einer hinter den Kulissen agierenden Kraft ab, die die Interessen der aus Polen verdrängten deutschen Bevölkerung vertrat und 1926 die Politik gegenüber den Ostprovinzen mitzugestalten verlangte: Es war der Deutsche Ostbund.

2. Der Deutsche Ostbund

Der Deutsche Ostbund (DOB) ist in den ersten Nachkriegsmonaten unter dem Namen „Reichsverband Ostschutz" entstanden und nahm sich der Deutschen an, die die an Polen abgetretenen Gebiete verlassen mußten und in Deutschland eine neue Existenz suchten. Er betreute diese Flüchtlinge und vertrat ihre Entschädigungsansprüche so rührig, daß er von sich sagen durfte, er sei die „alleinige vom Reich anerkannte Interessenvertretung der ostmärkischen Flüchtlinge"[71]. Obwohl anfänglich den Behörden bei der Flüchtlingsbetreuung ein willkommener Helfer, begann seine Stellung problematisch zu werden, als das Gros der ehemaligen Ostmärker den Zustand unmittelbarer Fürsorgebedürftigkeit überwunden hatte und das Reich einen Schlußstrich unter die Entschädigungsgesetzgebung zog. Der DOB versuchte nun, sein interessenpolitisches Mandat extensiv auszulegen, und spielte sich als Anwalt der gesamten Ostgebiete auf. In dieser Rolle attackierte er die Reichsregierung mit neuen Forderungen, um eine ihm genehme Grenzhilfepolitik in Gang zu bringen. Auf seinem Königsberger Bundestreffen im Frühjahr 1926 traten die neuen Tendenzen so deutlich hervor, daß das Suchen nach einer neuen Existenzberechtigung auch für Außenstehende evident wurde[72]. Ziel des DOB war, die Ostprovinzen in einen Interessenbund zusammenzuführen und sich dabei eine Position aufzubauen. In diesem Sinne stachelte er die Provinzen zu größerer politischer Aktivität an und hielt ihnen vor, daß sie die „Forderung energischen Fortschreitens und Wiederaufbauens" erheben und „stürmisch" deren Erfüllung verlangen müßten. Er verband hiermit den bezeichnenden Hinweis, daß die Provinzen, Städte und Kreise mehr als bisher Mitglieder des DOB werden sollten, damit

tagspräsidenten, u. Anm. III/74; und *RT*, II, S. 7339 (19.5.26); S. 7456 (11.6.26). Der Ostausschuß des Preußischen Landtages hat sich bereits am 3.7.25 konstituiert, nachdem zwei Tage vorher ein entsprechender interfraktioneller Antrag angenommen worden war; *PreußLT*, II, Drucks Nr. 385: Urantrag Porsch (Z), Grzesinski (SPD), Graf von Garnier (DNVP), Steffens (DVP), Hermann (DDP) vom 12.3.25; *a.a.O.*, Sp. 2981 (1.7.25).

70 *RT*, II, Drucks Nr. 2021: Antrag Ulitzka (Z), Löbe (SPD), Budjuhn (DNVP), Mittelmann (DVP), Kopsch (DDP), Graf von Lerchenfeld (BVP) u. Gen., 9.3.26; *RT*, II, S. 6749: am 26.3.26 angenommen. Vgl. u. Anm. III/93.

71 *GStA*, Rep. 203, Nr. 365: DOB an OPr Siehr, 26.1.22. – Zur Entstehung und Tätigkeit des DOB s. Max Wolkowitz, „Deutscher Ostbund (1920 – 1933)", in: *Die bürgerlichen Parteien in Deutschland. Handbuch der Geschichte der bürgerlichen Parteien und anderer bürgerlicher Interessenorganisationen vom Vormärz bis zum Jahre 1945*, hrsgg. von einem Redaktionskollektiv unter Leitung von Dieter Fricke, Bd. I, Berlin 1968, S. 499 ff.

72 *GStA, a.a.O.*: OPr an OstprVertr, 28.6.26. Vgl. dazu den Artikel „Und wo bleibt der Osten?" im Verbandsorgan des DOB, ***Ostland.*** *Wochenschrift für die gesamte Ostmark*, 7. Jg., 4.6.26, S. 307 ff. Daraus ist zu entnehmen, daß der DOB einen Zusammenschluß der Ostprovinzen zur gemeinsamen Vertretung ihrer Interessen angeregt hat, wobei er besonders auf die Teilnahme der provinzialen Selbstverwaltungsorgane hoffte und die Einrichtung eines ständigen Ausschusses anstrebte.

er „als Sturmtrupp für die Ostfragen immer größer und geschlossener" werde[73]. Als Beweis für seinen schon vorhandenen Einfluß konnte er anführen, daß er die treibende Kraft bei der Bildung der Ostausschüsse des Preußischen Landtages und des Reichstages gewesen und eingeladen worden sei, sich an der Konstituierung des zunächst freien, interfraktionellen Reichstagsausschusses am 9. März 1926 mit zwei Vertretern zu beteiligen[74]. Es ist nicht überraschend, daß dieser Ausschuß im Herbst 1926 Millionenforderungen zugunsten der Flüchtlinge erhob und die Arbeit der Regierungen an dem geplanten Sofortprogramm komplizierte[75].

Das politische Gewicht verdankte der DOB nicht zuletzt seiner organisatorischen Stärke. Er zählte 1926 50 000 Mitglieder, die sich auf 20 Landes- bzw. Provinzialverbände und 400 Ortsgruppen verteilten[76]. Die Gesamtleitung hatten der ehemalige Geheime Oberregierungsrat von Tilly als Bundespräsident und der ehemalige Posener Zeitungsverleger Ginschel als Bundesdirektor. Beide waren versierte Männer, die sich schon vor 1918 in der preußischen Ostmarkenpolitik und im Ostmarkenverein ihre Sporen verdient hatten. Besonders der unermüdliche Emanuel Ginschel, der ausgangs der zwanziger Jahre zum Bundespräsidenten aufstieg, verkörperte die Verbindung mit dem alten Ostmarkenverein, aus dem er hervorgegangen war und unter dessen wohlwollender Förderung der Reichsverband Ostschutz um die Jahreswende 1918/19 entstanden war[77]. Die aus dieser Tradition herrührende Tendenz zu straffer Organisation und zu politischem Aktivismus hatte dem DOB eine Stellung verschafft, die 1926 von den Regierungen mit Unbehagen betrachtet wurde.

Das offizielle Mißvergnügen hatte eine doppelte Ursache. Einmal war es erwiesen, daß der allgemeine Führungsanspruch des DOB die Zusammenarbeit mit den übrigen Ostverbänden erschwerte und die Ministerien daran hinderte, die Tätigkeit dieser Verbände, die weitgehend von öffentlichen Zuschüssen abhängig waren, zu koordinieren[78]. Zum anderen hatte das Verhalten des DOB für die Reichsregierung Nebenwirkungen, unter denen die Beschwerden des polnischen Gesandten über Äußerungen des DOB-Vorstandes noch die geringsten waren. Sehr viel übler wurde ihm vermerkt, daß er durch seine Agitation die Begehrlichkeit der Verdrängten immer wieder geweckt und durch seine „hemmungslose Werbearbeit eine verhängnisvolle Absaugung aus den abgetretenen Gebieten bewirkt" habe, denn in Einzelfällen war er soweit gegangen, abwanderungswilligen Deutschen, die ausschließlich aus privaten Gründen die Aufgabe ihres Besitzes in Polen erwogen, darüber zu beraten, welche Unterlagen sie sich beschaffen sollten, um in Deutschland einen Entschädigungsanspruch geltend machen zu können[79].

73 Emanuel Ginschel, „Die neue Ostmarkenpolitik", in: *Ostland*, 7. Jg., 29.10.26.

74 *GStA*, Rep. 203, Nr. 365: DOB an Frankenbach, 1.11.26; als Anlage dazu eine Abschrift des Briefwechsels zwischen dem DOB und dem RTPr über den Ostausschuß.

75 Vgl. *GStA*, Rep. 90, Nr. 1106; RMdI an alle Reichs- und Staatsressorts, 25.10.26; *BAK*, R 43 I/1797: DOB an den RK, 4.12.26. In dem Brief des DOB wurde ausdrücklich eine Kreditaktion für die Verdrängten verlangt. Auch der am 26.3.26 gefaßte Beschluß des Reichstages zugunsten der Verdrängten war einer Initiative des Ostausschusses und damit indirekt des DOB entsprungen; vgl. u. Anm. III/93 und *RT*, II, S. 6726: Ulitzka (Z) am 26.3.26.

76 *GStA*, Rep. 203, Nr. 365: DOB an den RMdI, 3.7.26; RMdI, Niederschrift über die von den Ressorts des Reiches und Preußens am 28.9.26 abgehaltene Besprechung über den Ostbund; Galos/Gentzen/Jakobczyk (Anm. I/9), S. 357 f.

77 Vgl. hierüber Cleinow (Anm. I/8), S. 181 ff.; Galos/Gentzen/Jakóbczyk, *a.a.O.*, S. 329 f.

78 Über den Führungsanspruch des DOB im Rahmen eines Zusammenschlusses aller Ostverbände s. dessen Schreiben an den RMdI vom 3.7.26; *GStA*, Rep. 203, Nr. 365.

79 *A.a.O.*: RMdI, Niederschrift über . . . die am 28.9.26 abgehaltene Besprechung über den Ostbund; Deutsches Konsulat Thorn an das AA, 17.8.26; Cleinow (Anm. I/8), S. 181 f.

Wegen solcher Praktiken haben die Ministerien es 1926 abgelehnt, den DOB aus öffentlichen Mitteln zu unterstützen, und nur aus Rücksicht auf seine organisatorische Stärke und auf den Ehrenvorsitz, den Reichspräsident von Hindenburg innehatte, ist der repräsentative Umgang mit ihm aufrechterhalten worden. Dieses äußerliche Band hat Preußen, wo Ministerpräsident Braun ein scharfer Kritiker des DOB war, Ende 1929 vollends durchschnitten, als die Behörden vom Innenminister angewiesen wurden, sich gegenüber dem Ostbund streng zurückzuhalten und keine Einladungen oder dgl. mehr anzunehmen[80]. An diesen Widerständen ist der Versuch des DOB gescheitert, sich mit Hilfe einer lärmenden Agitation als *spiritus rector* der offiziellen Grenzhilfepolitik durchzusetzen. Es ist ihm nicht gelungen, die Ostprovinzen zu einer ständigen gemeinsamen Interessenpolitik zusammenzuschließen; sein praktischer Einfluß auf die amtliche Hilfsaktion für die Grenzgebiete ist gering geblieben. Lediglich 1926 hat er es vorübergehend geschafft, auf dem Umwege über den Reichstag die amtlichen Planungen mit seinen Wünschen zu berühren.

3. Preußens Antrag auf Reichshilfe für die Grenzgebiete

Unabhängig von den Manövern der Interessenten verstärkte sich in der zweiten Hälfte des Jahres 1925 bei der preußischen Regierung der Eindruck, daß es notwendig sei, den Grenzgebieten mehr Aufmerksamkeit als bisher zu schenken. Nachdem im Frühjahr 1922 das Ostpreußenprogramm akzeptiert worden war und 1923 der Oberpräsident der Provinz Grenzmark Posen-Westpreußen für seinen Verwaltungsbezirk ebenfalls eine intensive wirtschaftliche und soziale Förderung beansprucht hatte[81], reichten 1925 der Oberpräsident von Oberschlesien und der Regierungspräsident von Breslau programmatische Denkschriften ein, deren Wirkung noch durch das Votum des Ostausschusses des Preußischen Landtages gesteigert wurde, der Anfang Oktober 1925 gemeinsam mit einigen Ministerialbeamten Oberschlesien und die niederschlesischen Grenzgebiete bereist und deren Hilfsbedürftigkeit bestätigt gefunden hatte[82]. Ferner hat Siehr ausgangs des Jahres, noch vor der Neuauflage des Ostpreußenprogramms, einmal mehr die wirtschaftliche Lähmung seiner Provinz beschworen und Abhilfe gefordert[83].

Diesen Programmen war gemeinsam, daß sie nicht einzelne Mißstände, sondern die nahezu totale Hilfsbedürftigkeit der Ostprovinzen betonten. Ob Industrie oder Handel, Handwerk oder Landwirtschaft, Verkehr oder Wohnungsbau, ob Stadt- oder Landgemeinden, ob Kultur- und Gesundheitspflege oder allgemeine Volkswohlfahrt – überall wurde die stützende Hand des Staates benötigt, um die Provinzen aus dem finanziellen Mißverhältnis zu befreien, das zwischen ihren Aufgaben und ihrer Leistungsfähigkeit bestand. Vielfach handelte es sich um Aufgaben – Bau von Schulen, Krankenhäusern, Verkehrsanlagen usw. –, die in jeder wachsenden Gesellschaft gelöst werden

80 *GStA, a.a.O.*: RMdI an den DOB, 1.11.26; PreußMPr an den PreußMdI, 2.12.26; Frankenbach an RegRat Lehmann, 14.2.29; Rep. 87, Nr. 1281: PreußMdI an alle OPr, 26.11.29.

81 Raddatz (Anm. I/5), S. 82 ff.

82 *GStA*, Rep. 90, Nr. 1106: OPr Proske an den PreußMPr, 27.8.25; RegPr in Breslau an den PreußMdI, 17.10.25: PreußMdI an den PreußMPr, 13.10.25; *PreußLT*, II, Drucks Nr. 2295: Bericht des 23. Ausschusses über die Reise nach den ober- und niederschlesischen Grenzgebieten in der Zeit vom 5. bis 19.10.25.

83 *GStA*, Rep. 90, Nr. 1068: OPr Siehr (an den PreußMPr), 13.12.25.

müssen und die als solche nicht ein Charakteristikum für die Schwäche der Ostgebiete waren. Aber hinter ihnen stand als drängendes und kritisches Moment der akute Kapitalmangel Ostdeutschlands, mit dem die Begleiterscheinungen einer wirtschaftlichen Stagnation einhergingen.

Für die preußische Regierung war es leicht zu erkennen, daß ihre Kräfte der langen Reihe von Wünschen nicht gewachsen sein würden. Es war deshalb naheliegend, die Reichsregierung für die Probleme der Ostprovinzen zu interessieren und ihre finanzielle Unterstützung zu gewinnen. Das warf jedoch zwei delikate Fragen auf: Es mußten geeignete Argumente gefunden werden, die ein Eintreten der Reichsregierung in dieser Angelegenheit begründeten, denn an sich war es Sache der Länder, für die Wohlfahrt ihrer Teilgebiete zu sorgen. Außerdem galt es zu verhindern, daß das Reich seine Hilfe mit Eingriffen in die Kompetenzen der Länder verquickte und deren verfassungsrechtliche Stellung untergrub. Gerade dieser Punkt barg Schwierigkeiten in sich, weil nicht zu erwarten war, daß das Reich seinen finanziellen Beistand leihen würde, ohne sich ein gewisses Mitspracherecht bei der Vergabe der Gelder zu sichern. Wurde dies konzediert, so war ein Stück Landesautonomie preisgegeben, und es war ungewiß, ob dieser Schritt nicht weitere provozieren würde. In der preußischen Regierung fehlte es nicht an Skeptikern, die in der Zusammenarbeit mit dem Reich eine *societas leonina* erblickten, die für Preußen mit unwägbaren Risiken verbunden sei[84]. Aber es siegte der Mut zum Wagnis, und im November 1925 richtete der Innenminister die Aufforderung an den Reichskanzler, das Reich möge sich an der Linderung der Notlage Schlesiens finanziell beteiligen[85].

Diesen Anspruch stützte Preußen auf eine Argumentation, die zum Teil in den folgenden Jahren noch präzisiert worden ist, aber grundsätzlich bereits Ende 1925 vorhanden war. Sie besagte, daß die Intervention in den Grenzgebieten eine moralische und politische Pflicht des Reiches sei, weil hier Notstände zu beseitigen waren, die weit mehr als nur die Interessen des Landes Preußen berührten. Angesichts der fortdauernden polnischen Ansprüche auf deutsches Gebiet müsse die Tatsache anerkannt werden, daß Grenzland stets Kampfland sei und widerstandsfähig erhalten werden müsse. Es sei zu bedenken, daß die Folgen der Grenzziehung und das internationale Minderheitenrecht das Reich und Preußen vor Aufgaben gestellt hätte, „die der früheren Zeit völlig unbekannt waren". Deshalb habe die Reichsregierung aus nationalpolitischen Gründen „die besondere Notlage zu berücksichtigen, in die die [schlesischen] Provinzen durch die Grenzziehung geraten sind, und die außerordentlichen Schäden auf jeglichem Gebiet wieder gutzumachen, die sich aus ihr ergeben". Dabei dürfe sich das Reich nicht scheuen, einen Teil der Lasten zu übernehmen, die eigentlich in die Zuständigkeit des Landes fielen, jedoch dessen effektive Leistungsfähigkeit überstiegen[86].

Mit dem Hinweis auf die Folgen der Grenzziehung und die nationalpolitische Gefährdung der Ostprovinzen wollte Preußen Gesichtspunkte geltend machen, die für die Reichsregierung relevant waren und die die landespflegerischen Aufgaben des Teilstaates sprengten. Gleichzeitig war diese Argumentation geeignet, ähnliche Wünsche anderer Reichsgebiete abzuwehren, denn von den Grenzveränderungen und der Minderheitenfrage war im wesentlichen nur Preußen betroffen. Doch selbst von dieser

84 Vgl. das warnende Schreiben des PreußMfLDuF an den PreußMPr vom 8.5.26; *GStA*, Rep. 90, Nr. 1106.

85 *A.a.O.*: PreußMdI an den RK, 10.11.25.

86 Vgl. *ebda.* Die Argumentation ist weiter ausgebaut in den Denkschriften des PreußMdI vom 20.4.26, 7.7.27 und 9.10.28; *a.a.O.*, Nr. 1108; Nr. 1110.

Plattform aus war das andere Problem, nämlich wie die erwarteten Reichsgelder in einer unverfänglichen Form zu verwerten seien, schwer zu lösen. Preußen wollte wohl finanzielle Hilfe empfangen, darüber aber nicht Schaden nehmen an seiner staatlichen Autonomie. Deshalb ging es darauf aus, detaillierte Auseinandersetzungen über die Verwendung der Gelder und damit Eingriffe in seine Verwaltungshoheit zu vermeiden. Am ehesten war das zu erreichen, wenn die Reichshilfe als zweckgebundener Pauschalbetrag überwiesen wurde, den Preußen in eigener Verantwortung aufzuteilen hätte. Zwei Argumentationsweisen standen dafür zur Wahl. Einmal konnte Preußen vom Reich eine Entschädigung für seine großen Verluste an Staatseigentum, die es bei den Grenzveränderungen erlitten hatte, fordern und die eventuell anfallenden Gelder für die Ostprovinzen verwenden[87]. Zum anderen war es denkbar, dem Reich eine kontinuierliche und auf einen bestimmten Prozentsatz fixierte Beteiligung an den Ausgaben, die Preußen zugunsten seiner Ostgebiete tätigte, vorzuschlagen und den in Frage kommenden Betrag zur Disposition der preußischen Ministerien zu erbitten[88].

Beide Möglichkeiten waren nicht mehr als ein Appell an den guten Willen des Reiches und enthielten keine rechtlichen Handhaben, mit denen sie hätten durchgesetzt werden können. Außerdem krankte die letztere daran, daß Preußen die Reichshilfe gegen die „besondere Notlage" und die „außerordentlichen Schäden" in den Ostprovinzen mobilisieren wollte, d.h. gegen Zustände, die die normale Leistungsfähigkeit des Landes überforderten und die durch Sonderaufwendungen bekämpft werden mußten. Nach Ansicht des preußischen Finanzministers konnte sich Preußen an den Sonderaufwendungen nicht beteiligen, weil es bereits durch seine etatgemäßen ständigen Ausgaben stark belastet war und schwächere Finanzquellen als das Reich besaß. Ganz in diesem Sinne hat das Reich in der Folge seine Hilfe als einen außerordentlichen Beitrag betrachtet, der nicht einzelne Posten des preußischen Etats, sondern einmalige Bedürfnisse befriedigen sollte[89]. Das bedeutete, daß es keine Bemessungsgrundlage gab, auf der der Anteil des Reiches an der Grenzhilfe hätte fixiert werden können: Die regelmäßigen Etataufwendungen kamen nicht in Betracht, und außerordentliche Aufwendungen hat Preußen nicht leisten können. Infolgedessen blieb die finanzielle Organisation der Grenzhilfe eine ungeregelte Frage, aus der sich zum Nachteil Preußens ein wachsendes Interesse des Reiches an den administrativen Einzelheiten der Ak-

87 Vgl. dazu Otto Brauns Stellungnahme von 1927, u. S. 207 f. In einem speziellen Fall ist diese Möglichkeit bereits im Herbst 1925 erwogen worden: Danach sollte das Reich den Bau einer Eisenbahnstrecke in Oberschlesien finanzieren, während Preußen die dafür aufgewendeten Mittel auf seine Entschädigungsansprüche anrechnen sollte; *a.a.O.*, Nr. 1106: (PreußMdI), Niederschrift über die Besprechung am 12.11.25 betr. die Hilfsaktion für Ober- und Niederschlesien. Das Reich hatte 1920 die materiellen Verluste Preußens auf 3,5 Mrd. Mark veranschlagt und eine Ersatzpflicht grundsätzlich anerkannt. Aber erst 1925 hat es 65 Mill. RM gezahlt und verlangt, daß Preußen sich damit zufriedengebe. Das hat die Preußische Staatsregierung abgelehnt, jedoch zugestanden, nicht vor dem 1.11.28 weitere Zahlungen zu begehren. Vgl. hierüber *PreußLT*, II, Drucks Nr. 6478: Aufzeichnung über die hauptsächlichsten zur Zeit bestehenden Meinungsverschiedenheiten zwischen Reich und Preußen, 16.5.27.

88 Dieses Verfahren hat Frankenbach im Sommer 1925 vorgeschlagen, jedoch ist es damals wegen der schwebenden Planungen im PreußMdI nicht weiter verfolgt worden; s. *GStA*, Rep. 203, Nr. 443: Aktennotiz (Frankenbachs) betr. zukünftige Beteiligung des Reiches an der Deutschtumsarbeit durch finanzielle Beihilfen, 15.8.25; OstprVertr an den OPr, 26.9.25. Anfang 1926 ist es in internen Besprechungen wieder aufgetaucht, ohne aber dem Reich als Vorlage präsentiert zu werden; *GStA*, Rep. 90, Nr. 1106: PreußStM, Vermerk (12.2.26).

89 Für die Auffassung des PreußFM s. sein Schreiben an den RMdF vom 18.8.26; *ebda.*; für den Standpunkt des Reichs vgl. die allgemeinen Richtlinien für das Sofortprogramm 1926, RMdI an den PreußMdI, 11.1.27 (Anlage).

tion und daran anschließend Konflikte mit der preußischen Regierung entwickelten. So lenkte die Grenzhilfepolitik von vornherein in Bahnen ein, die bald zu Spannungen zwischen den beteiligten Regierungen führten.

4. Das Sofortprogramm von 1926

a) Die Entstehung des Sofortprogramms

Der preußischen Regierung schwebte der Plan vor, die Not ihrer Ostprovinzen durch langfristige Programme einzudämmen und sich hierfür der Unterstützung des Reiches zu vergewissern. Der erste formelle Antrag, den die Reichsregierung im November 1925 erhielt, war noch ausschließlich den Provinzen Ober- und Niederschlesien gewidmet, weil deren Bedürfnisse dank der Besichtigungsreise des Landtagsausschusses eine Publizität erhalten hatten, die ein weiteres Abwarten nicht ratsam erscheinen ließ. Es wurden die politischen Argumente, die für eine Reichshilfe sprachen, und die dringendsten Aufgabenbereiche, u.a. Verkehrswesen, Erwerbslosenfürsorge, Kriegsfolgeschäden, mitgeteilt. Der Vorstoß kam zu einer günstigen Zeit, denn auf seiten des Reiches nahm gerade der Gedanke Gestalt an, das gesamte Wirtschaftsleben durch öffentliche Finanzhilfen anzuregen. Davon sollte der Osten nicht ausgenommen sein, und so forderte der Reichskanzler in einer positiv gestimmten Antwort konkrete Vorschläge an[90].

Daraufhin stürzten sich die preußischen Ministerien in monatelange Vorarbeiten, die mit einer Besprechung am 6. Februar 1926 begannen. Mittlerweile hatte sich, nicht zuletzt auf Betreiben des preußischen Landtages, die Konzeption durchgesetzt, daß außer Schlesien auch die Grenzmark und Ostpreußen berücksichtigt und ein auf fünf Jahre berechnetes Programm vorbereitet werden müßte[91]. Diese Vorstellungen gingen in die Denkschrift des Innenministers ein, die am 20. April dem Reichsinnenminister übersandt wurde[92]. Sie enthielt keine detaillierten Forderungen, sondern nannte wiederum nur die Sachgebiete, auf denen die Reichshilfe erwartet wurde – Wohnungsbau, Jugend-, Wohlfahrts- und Gesundheitspflege, Ausbau des Elektrizitätsnetzes und

90 *A.a.O.*: PreußMdI an den RK, 10.11.25; ders. an den PreußMPr, 27.1.26 (darin ist die Antwort des Reichskanzlers vom 21.11.25 erwähnt). Für die konjunkturpolitischen Pläne RK Luthers s. *BAK*, R 43 I/1288: (RK), Vermerk (Wachsmanns), 28.12.25, worin festgehalten wird, daß Luther die industrielle Produktion aus Reichsmitteln anzuregen wünschte und insbesondere den Bau von Arbeiterwohnungen und die Anlage von Siedlungen im Osten empfahl. Im Hinblick auf die Stellung Preußens ist sein Verlangen bemerkenswert, „daß die Länder, Provinzen und Gemeinden bei der Durchführung der Aufgabe ausgeschaltet würden, da sie sich bislang nur als Hindernisse bei derartigen Maßnahmen erwiesen hätten". Vgl. Schulz, „Staatliche Stützungsmaßnahmen. . ." (Anm. I/219), S. 174 f.

91 *GStA*, Rep. 90, Nr. 1106: (PreußStM), Vermerk (Conrings) über die Besprechung am 6.2.26. Über die Langfristigkeit der Grenzhilfe vgl. die Bemerkung des Vertreters des PreußMfHuG vor dem Ostausschuß des Landtages, wonach die PreußStReg ein Ostpreußenprogramm für die nächsten zehn Jahre als zweckmäßig betrachtete; s. *PreußLT*, II, Drucks Nr. 1862: Bericht des 23. Ausschusses vom 14.12.25, Sp. 50. Über die grenzpolitischen Beschlüsse des Landtags s. Drucks Nr. 1925: Erste Zusammenstellung der vom Landtag bei anderen Gegenständen als dem Haushaltsplan angenommenen Entschließungen und Anträge, 10.1.26, Sp. 62 – 74.

92 *GStA*, Rep. 90, Nr. 1106: PreußMdI an den PreußMPr, 3.4.26; PreußMdI an den RMdI, 20.4.26. Schulz, „Staatliche Stützungsmaßnahmen. . ." (Anm. I/219), S. 181 f.

der Verkehrsanlagen, Förderung des Schul- und Bildungswesens sowie der Kirchen und kulturellen Einrichtungen, Kredite für Handwerk und Kleinindustrie –, und meldete teilweise einen genauen Finanzbedarf an. Letzterer belief sich auf 72 Mill. RM; in den einstweilen nicht präzisierten Punkten waren schätzungsweise weitere 8 Mill. RM enthalten, so daß das Gesamtprogramm rd. 80 Mill. RM im Laufe von fünf Jahren verlangt hätte. Ein jährliches Volumen von 16 Mill. RM ist nicht als zu aufwendig anzusehen. Wenn der preußische Innenminister dennoch mit dem Vorwurf rechnete, daß die Anforderungen zu hoch seien, so entsprang sein unsicheres Gefühl der Erkenntnis, daß er dem Reich eine bunte Wunschliste vorgelegt hatte, deren Fülle wohl den Eindruck der Unbescheidenheit hervorrufen konnte. Nicht zufällig hatte der Landwirtschaftsminister dafür plädiert, „die Inanspruchnahme des Reiches zweckmäßig auf einige große Aufgaben" zu beschränken, „deren unmittelbarer Zusammenhang mit der Pflicht des Reiches zur Linderung der Kriegsfolgen und zum Schutz der nationalgefährdeten Grenzgebiete offensichtlich ist"[93]. Die Tendenz, die Reichshilfe möglichst vielseitig zu gestalten, verriet ein gewisses Unvermögen, klare Prioritäten festzulegen und dementsprechend zu disponieren. Dadurch wurde die Verhandlungsposition Preußens beeinträchtigt, denn die Reichsregierung konnte nun mit dem Wunsche nach näheren Aufschlüssen ihren Partner auf die Bahn von Detailverhandlungen drängen, die er eigentlich vermeiden wollte.

Erwartungsgemäß hat der Reichsinnenminister die Vorlage vom 20. April dazu benutzt, die andere Seite zu präzisen Angaben über das finanzielle Ausmaß ihrer Wünsche aufzufordern. Trotz abermaligen ausgedehnten Besprechungen gaben sich die preußischen Ressorts am Schluß die Blöße, daß sie zu Beginn der Verhandlungen mit den Reichsministerien kein definitives Programm ausgearbeitet hatten. Sie vermochten in der verfügbaren Zeit nicht, ihr eigenes Verlangen nach einer langfristig geplanten Aktion für die Ostgebiete zu konkretisieren, und verfielen gegenüber den ungeduldigen Reichsministerien auf die Ausrede, daß die Vorlage eines endgültigen Ostprogramms aus technischen Gründen noch nicht möglich, eigentlich aber auch nicht wünschenswert sei, denn solch ein Programm „sei immer schon überholt, ehe es vorläge, und würde, einmal angenommen, die Verwaltung auf lange Zeit auf Aufgaben festlegen, die gegebenenfalls bald nicht mehr in erster Reihe stünden"[94]. Solch eine pure Dialektik symbolisierte die Verlegenheit einer Administration, die einer selbstgestellten Aufgabe nicht Herr geworden war. Die Situation war um so bedenklicher, als die Unentschiedenheit Preußens die Möglichkeit heraufbeschwor, daß die Parlamente ihrerseits vorpreschten und die Handlungsfreiheit der Regierungen beschnitten[95]. Unter diesen Umständen waren sich alle Ministerialvertreter am 13. August darüber einig, daß „aus bekannten

93 *GStA, a.a.O.*: PreußMfLDuF an den PreußMPr, 8.5.26.

94 *A.a.O.*: RMdI, Niederschrift über die gemeinsame Ressortbesprechung der Ressorts des Reiches und Preußens über die Programme der Ostgebiete vom 13.8.26.

95 Am 25.6.26 waren im Ostausschuß des Reichstages Richtlinien für eine Kreditaktion zugunsten der Wirtschaft in den Grenzgebieten vorbereitet worden; s. *BAK*, R 43 I/1797: RMdI an den RMdF, 5.8.26 (Anlage). Vom 12. bis 17.7.26 hat der Reichsrat Ostpreußen bereist und damit die Hoffnung auf offizielle Hilfsmaßnahmen beflügelt; vgl. dazu die Vorgänge in: *GStA*, Rep. 90, Nr. 1069, und Rep. 203, Nr. 415. Bereits im März 1926 hatte der Reichstag die Reichsregierung zu einer großzügigen Kreditaktion für die Verdrängten aufgefordert, damit diese sich eine angemessene neue Existenz gründen könnten; *RT*, III, Drucks Nr. 2021: Ulitzka (Z), Löbe (SPD), Budjuhn (DNVP), Mittelmann (DVP), Kopsch (DDP), Graf von Lerchenfeld (BVP) u. Gen., 9.3.26; angenommen am 26.3.26; s. *RT*, III, S. 6749. Die Reichsregierung hat diesen Beschluß nicht ausgeführt, jedoch waren die Verdrängten bei den Krediten des Sofortprogramms empfangsberechtigt; s. *RT*, III, Drucks Nr. 3422: RMdI an den PrRT, 11.6.27, S. 3 f.

Gründen sofort etwas geschehen" müsse, und deshalb wurden die preußischen Ressorts gebeten, wenigstens ihre Vorschläge für ein „Sofortprogramm", dem die Reichsregierung 30 Mill. RM zuzuwenden gedachte, umgehend mitzuteilen. Ministerialdirektor Dammann, der für die Grenzfragen zuständige Abteilungsleiter des Reichsinnenministeriums, ließ die Sitzung mit der Erklärung ausklingen, daß das Sofortprogramm eine „Teillösung der Ostbelange" darstelle, „der unter tunlichster Beschleunigung die weitere Bearbeitung der gesamten Ostfragen folgen . . . müsse".
Obwohl die Verhandlungen am 13. August für die preußische Seite nicht frei von peinlichen Momenten gewesen sind, trug sie doch den Eindruck davon, daß nun eine Zeit großzügiger Aktionen anbreche. Alle Beteiligten hätten übereingestimmt, daß das Sofortprogramm nur eine „Abschlagszahlung auf den Betrag" sei, „den das Reich für die Ostprovinzen zu zahlen bereit wäre" und der mit einem „zahlenmäßig noch nicht erläuterten großen Programm für die Ostprovinzen" ausgeschöpft werden solle; außerdem liefen „noch folgende große Aufgaben des Reiches für den Osten": eine Kreditaktion, ein Siedlungsprogramm, ein Arbeitsbeschaffungsprogramm und die Flüchtlingsfürsorge[96]. Einen Augenblick mutete es an, als solle ein Zeitalter der unbegrenzten Möglichkeiten beginnen. Selbst der Reichsfinanzminister störte dieses Hochgefühl nicht, als er ohne größeren Nachdruck verlangte, Preußen solle sich an dem Sofortprogramm finanziell beteiligen. Er wurde dahingehend beschieden, daß im Landeshaushalt bereits 292 Mill. RM für die Ostprovinzen ausgeworfen würden und die erbetene Reichshilfe nur solchen Aufgaben gelte, für die die Finanzkraft Preußens nicht mehr ausreiche[97].
Bereits am 19. August lag ein erster Verteilungsschlüssel für das Sofortprogramm vor, aber das besagte nicht viel[98], denn in der Öffentlichkeit erachteten die Parteien und der Deutsche Ostbund die Maßnahmen, die der Förderung der allgemeinen Landeskultur dienten, als ungenügend und verlangten eine ergänzende Kreditaktion für die private Wirtschaft der Grenzgebiete. Zu solchen „Wiederaufbaudarlehen an notleidende Existenzen" fühlte sich die Reichsregierung jedoch nicht berufen und wollte diese Aufgabe den Banken überlassen[99]. Die Banken wiederum wiesen das Ansinnen von sich, weil sie in den Grenzgebieten, zumal in Ostpreußen, Mühe hätten, sich über Wasser zu halten. Einer ihrer Sprecher vermerkte unverblümt, daß z. B. Ostpreußen „nur bei einer Hilfsaktion der öffentlichen Hand wieder finanziell flott werden" könne[100]. So fiel das Kreditproblem auf die Reichsregierung zurück, und sie mußte sich seiner wohl oder übel annehmen, wenn sie nicht im Reichstag ein politisches Unwetter heraufbeschwören wollte.
Die erste Vorlage, die Reichsinnenminister Külz dem Kabinett unterbreitete, ging noch davon aus, daß das Sofortprogramm von den „nicht entscheidungsreifen Kreditfragen" frei bleiben und schnell verabschiedet werden müsse, um „untragbare weitergehende Parlamentsbeschlüsse" zu verhindern. Doch das Kabinett spürte, daß es der Kreditfrage nicht länger ausweichen dürfe, und erhöhte am 27. September das Sofortprogramm

96 *GStA*, Rep. 90, Nr. 1106: PreußStM, Vermerk (über die vorangegangenen Ressortbesprechungen) vom 20.8.26.
97 *A.a.O.*: PreußFM an den RMdF, 18.8.26.
98 Als Anlage B zu dem Vermerk vom 20.8.26; s. o. Anm. III/96.
99 *BAK*, R 43 I/1797: Vorlage des ORegRat Wienstein vom 20.9.26.
100 *GStA*, Rep. 90, Nr. 1069: RWiM, Aufzeichnung über die Besprechung im RWiM am 21.9.26 über die Kreditlage in Ostpreußen. Die Forderung nach direkter Staatshilfe hat der Vertreter des Deutschen Spar- und Giroverbandes erhoben.

auf 32 Mill. RM, wovon 24 Mill. für das sogenannte Verwaltungsprogramm und 8 Mill. für die Kredithilfe bestimmt waren[101].

Doch dieses Entgegenkommen konnte die Lage nicht mehr retten. Als am 20. Oktober der Ostausschuß des Reichstags über den neuen Stand informiert wurde, forderte er sogleich weitere 12 Mill. RM als Kredit für die Verdrängten[102]. Außerdem wurden nun diejenigen Gebiete rege, die sich ebenfalls zu den notleidenden Grenzgebieten rechneten, aber im Sofortprogramm nicht berücksichtigt waren. Gewisse Teile Niederschlesiens, die Grenzkreise der Provinz Brandenburg und der pommersche Regierungsbezirk Köslin fanden im Reichstag Fürsprecher, als dort im November die Beratung des Nachtragshaushalts für 1926, in dem das Sofortprogramm enthalten war, begann. Der Ostausschuß setzte beim Reichsinnenminister trotz der Gegenwirkung Preußens durch, daß in die Vorlage noch 5 Mill. RM für Mittelstandskredite, 3 Mill. RM für Niederschlesien und 1 Mill. RM für die Grenzmark sowie die Regierungsbezirke Frankfurt a.d. Oder und Köslin aufgenommen wurden; insgesamt waren jetzt 41 Mill. RM vorgesehen[103].

Aber auch danach gab es noch Abgeordnete, denen das Erreichte nicht genügte. Die zweite Lesung des Gesetzentwurfes löste eine neue Springflut von Änderungs- und Zusatzanträgen aus, die sich für Grenzgebiete verwandten, von denen bis dahin niemand gesprochen hatte: Der Reichstag befürwortete je 2 Mill. RM für die Grenze in Schleswig und die bayerische Ostgrenze sowie 3 Mill. RM für die Grenzgebiete des Freistaates Sachsen. Als notleidend wurde die gesamte Ostgrenze von Königsberg bis Salzburg proklamiert; sogar Ansprüche für die Westgrenze am Oberrhein wurden laut. Beinahe wäre das Sofortprogramm auf 48 Mill. RM gesteigert worden, wenn nicht das Veto des Reichsfinanzministers dem Taumel ein Ende gesetzt hätte. Bei der dritten Lesung sorgte ein interfraktioneller Antrag dafür, daß nur die 41 Mill. RM bewilligt wurden, die Anfang Dezember als Kompromiß vereinbart worden waren. Ebenso blieb es dabei, daß das Sofortprogramm den östlichen Grenzgebieten Preußens gewidmet war[104]. Die Subventionsjäger, die diesmal leer ausgegangen waren, durften sich jedoch mit Külz' Zusage trösten, daß die soeben beschlossene Aktion ein Anfang sei, dem die Reichsregierung, „sowohl was die östlichen Gebiete Preußens anbetrifft wie die Gebiete, die in anderen Bundesstaaten unter bedrückten kulturellen Verhältnissen und Grenzverhältnissen leben", weitere Maßnahmen folgen lassen werde[105].

101 *A.a.O.*, Nr. 1106: RMdI an den RK, 17. und 24.9.26; Auszug aus dem Protokoll der Sitzung des Reichsministeriums vom 27.9.26. Der RMfEuL hatte 5 Mill. RM und der RWiM 7 Mill. RM als Kredite beantragt.

102 *A.a.O.*: RMdI an alle Reichs- und Staatsressorts, 25.10.26; PreußMdI an den PreußMPr, 25.10.26; Randnotiz und Vermerk (Nobis') vom 30.10. bzw. 3.11.26. Preußen hat die Versuche, das Sofortprogramm aufzubauschen und dadurch seine Verabschiedung zu verzögern, scharf bekämpft, jedoch war die Reichsregierung zu einem Kompromiß mit dem Ostausschuß bereit: Es wurden 1 bis 2 Mill. RM für die Verdrängten in Aussicht genommen sowie weitere Leistungen im folgenden Jahr geplant.

103 *A.a.O.*: IHK für Frankfurt/Oder und die Neumark an den PreußMPr, 18.11.26; *Neumärkische Zeitung*, 17.11.26: „Wo bleibt die mittlere Ostmark?"; *PreußLT*, II, Kleine Anfrage Nr. 1279: Wulle, Koerner usw. (DVFrP) vom 9.11.26 betr. Berücksichtigung des niederschlesischen Kreises Namslau; *RT*, III, Drucks Nr. 2626: GE über die Feststellung eines erneuten Nachtrages zum RHPl 1926, 4.11.26; Drucks Nr. 2747: Mündlicher Bericht des 5. Ausschusses usw., 2.12.26; *BAK*, R 43 I/1797: (RK), Vermerk vom 1.12.26.

104 *RT*, III, Drucks Nr. 2748; Nr. 2750 – 2753; Nr. 2790 vom 2. bis 9.12.26; Nr. 2857: Zusammenstellung der Beschlüsse des Reichstages in zweiter Beratung usw., 15.12.26. Die zweite Lesung fand am 2. und 9.12.26 statt, die dritte am 17.12.26; s. *RT*, III, S. 8340 ff.; S. 8646. Vgl. ferner die 181. und 188. Sitzung des RHA am 2. und 13.12.26.

105 *RT*, III, S. 8349: RMdI Külz am 2.12.26.

Dieser Wink mit dem Zaunpfahl beendete die parlamentarische Kampagne um das Sofortprogramm und stellte zugleich die Signale für die Auseinandersetzungen um die nächste Grenzhilfeaktion. Einstweilen aber durfte Preußen ansehnliche materielle Zuwendungen einheimsen, obwohl sich seine ursprünglichen Intentionen im Sofortprogramm nicht verkörpert haben. Verglichen mit dem preußischen Fünfjahresprogramm, das jährlich 16 Mill. RM erfordert hätte, waren die bewilligten 41 Mill. RM eine stattliche Summe. Auch nach Abzug der zunächst nicht vorgesehenen Kredithilfen bildeten die restlichen 28 Mill. RM einen beachtlichen Betrag, der ein verheißungsvoller Auftakt der Grenzhilfe war. Unbefriedigend blieb, daß vom ersten preußischen Antrag bis zur Verabschiedung des Sofortprogramms über ein Jahr vergangen war. Die Hälfte der Zeit hatte Preußen für seine nicht ganz geglückten Planungen benötigt, danach haben die steigenden Ansprüche der Parteien das Ihrige dazu beigetragen, um den Abschluß zu verzögern. Das Ergebnis war, daß das Sofortprogramm 1926 großenteils erst 1927 ausgeführt werden konnte.

Der Reichsinnenminister hat die allgemeinen Richtlinien, nach denen bei der Vergabe der Gelder verfahren werden sollte, am 11. Januar 1927 erlassen[106]. Darin wurden die bewilligten Mittel als eine einmalige Finanzhilfe bezeichnet, die weder Ansprüche auf eine künftige Unterstützung begründen noch Form oder Umfang der späteren Hilfsaktionen präjudizieren sollte. Die „einmalige, außerordentliche Beihilfe" sei dazu bestimmt, „dauernde und sichtbare Werte" zu schaffen, die ohne laufende Zuschüsse auskommen mußten. Insgesamt standen 41 Mill. RM zur Verfügung, davon 28 Mill. RM als verlorene Beihilfen und 13 Mill. RM als Kredite. Die Beihilfen des sog. Verwaltungsprogramms flossen den Provinzen in unterschiedlicher Höhe zu, wobei Ostpreußen und Schlesien sehr im Vorteil waren. Noch günstiger war Ostpreußen bei den Krediten gestellt, die für Landwirtschaft, Industrie und Mittelstand vorgesehen waren[107]. Während das Verwaltungsprogramm verlorene Beihilfen enthielt, die für wirtschaftliche, soziale und kulturelle Zwecke im öffentlichen Bereich aufgewendet wurden, sollten die Kredite „nur in wirtschaftlich verantwortbarer Form hergegeben werden", so daß, gewisse Ausfälle einkalkuliert, ihre Rückzahlung erwartet werden durfte[108]. Jedoch sind die Darlehn infolge der wachsenden Notlage uneintreibbar geworden, und die Reichsregierung mußte sich im Frühjahr 1929 entschließen, die noch

106 *GStA*, Rep. 90, Nr. 1107: RMdI an den PreußMdI, 11.1.27.

107 *A.a.O.*: Übersicht über die Verteilung der Mittel aus dem Sofortprogramm 1926 (ohne Datum, etwa Mitte Februar 1927).

Gebiet	Verwaltungsprogramm in Mill. RM	Kredite in Mill. RM
Ostpreußen	8,445	8,650
Oberschlesien	7,750	1,200
Niederschlesien	7,205	1,200
Grenzmark	3,350	0,600
RegBez. Frankfurt/O.	0,400	0,200
RegBez. Köslin	0,850	0,150
Bäuerlicher Besitz westlich des Korridors	––	1,000
Insgesamt	28,000	13,000

108 *A.a.O.*: RMdI an den RWiM, 4.1.27.

ausstehenden 10 Mill. RM in verlorene Zuschüsse zu verwandeln[109]. Diese Entwicklung rechtfertigte nachträglich das Zögern, mit dem die Ministerien sich 1926 den Kreditwünschen der Interessenten genähert hatten.

b) Ostpreußen und das Sofortprogramm

Die steigende Aufmerksamkeit für Ostpreußens Lage

Der Löwenanteil des Sofortprogramms ist Ostpreußen zugefallen: Es hat beinahe ein Drittel der Beihilfen und zwei Drittel der Kredite erhalten, insgesamt 17,1 von 41 Mill. RM[110]. Das kam einer öffentlichen Anerkennung seiner besonderen Notlage gleich und krönte die Bemühungen, die die Interessenten und Behörden der Provinz seit 1925 unternommen hatten.

In der zweiten Hälfte des Jahres 1925 waren den Regierungen wiederholt Eingaben der ostpreußischen Wirtschaftsverbände zugegangen, die auf besonderen Hilfsmaßnahmen für die Provinz bestanden. Besonders von agrarischer Seite boten die Landwirtschaftskammer, die Landschaft und der Landwirtschaftsverband all ihre Kräfte auf, um in Berlin ein Eingehen auf ihre Wünsche zu erreichen. Am rührigsten war die Landwirtschaftskammer, die durch umfangreiche Denkschriften und persönliche Vorsprache ihres Vorsitzenden Brandes bei Reichskanzler Luther die Regierungsbeschlüsse zu beeinflussen suchte[111]. Kaum weniger aktiv waren die Landschaft und der LVO, von denen letzterer am 12. Dezember 1925 eine Großkundgebung mit 3000 Landwirten in Königsberg organisierte und so den agrarischen Forderungen eine öffentliche Resonanz verschaffte[112]. Hauptgegenstand der Agitation war das Verlangen nach einer großen Kredithilfe, die die Landwirte von einem Teil der auf 200 Mill. RM geschätzten kurzfristigen Schulden befreien sollte[113]. Daneben hatten im Frühjahr 1925 die Industrie- und Handelskammern 50 Mill. RM als Sonderkredit beantragt, damit die Illiquidität in Handel und Gewerbe behoben werden könne; ihre Eingabe wurde indirekt durch die Industriekreditaktion im Rahmen des Sofortprogramms erledigt[114] Eine

109 *A.a.O.*, Nr. 1110: RMdF an den RMdI, 12.3.29; RMdI, Ergebnis der kommissarischen Beratung vom 10.4.29 über die Umwandlung der Staatskredite von 10 Mill. RM in verlorene Zuschüsse.

110 Vgl. Wessling (Anm. I/170), S. 236; Bowien (Anm. II/62), S. 8 f.

111 Vgl. die gedruckten Denkschriften der LWK: *Bilder zur Entwicklung und zeitigen Lage...* (Anm. I/314) und *Denkschrift zur Lage der Provinz...* (Anm. I/364). Über Brandes' Kontakt zum RK s. *BAK*, R 43 I/1852: Vermerk (RK Luthers) über den Besuch des Herrn Präsidenten Brandes vom 26.2.26.

112 *LVO*, 19.12.25: „Die machtvolle Kundgebung der ostpreußischen Landwirtschaft"; *BAK*, R 43 I/1852: LVO an den RMfEuL, 4.5.26; *GStA*, Rep. 90, Nr. 1068: LVO an den PreußMPr, 18.12.25; GenLschDir an das PreußStM, 10.11.25; LHptm an das PreußStM, 28.11.25.

113 In der *Denkschrift zur Lage...* (Anm. I/364), S. 16 f., ist die Schätzung für den 15.10.25 enthalten.

114 *GStA*, Rep. 203, Nr. 260: Verband ostpr. IHK an das PreußStM, 25.5.25; OPr an das PreußStM, 11.6.25. Eine gewisse Erleichterung haben die 80 Mill. RM gewährt, die der RT und der PreußLT 1925 zur Förderung des gewerblichen Mittelstandes bewilligt haben; die auf Ostpreußen entfallenden Quoten haben allerdings nicht den angemeldeten Bedarf gedeckt; vgl. Rep. 90, Nr. 1068: PreußMfHuG an den PreußMPr, 12.6. und 3.8.25.

Zusammenfassung der verschiedenen Anträge schufen die Denkschriften des Oberpräsidenten vom Dezember 1925 über die ostpreußische Wirtschaftslage und vom Februar 1926 über das neue Ostpreußenprogramm, die die preußische Regierung zu umgehender Hilfe aufforderten. Im einzelnen hat Siehr angeregt, die laufenden staatlichen Kredite zu prolongieren und alle verfügbaren Kredit- und Kassenreserven nach Ostpreußen zu legen. Seine Lagebeurteilung haben die Ministerien zwar akzeptiert, aber seine praktischen Vorschläge wurden einstweilen nicht diskutiert, sondern für das allgemeine Grenzhilfeprogramm, das dem Reich vorgeschlagen werden sollte, aufgespart[115].

Für den weiteren Gang der Ereignisse ist es bedeutungsvoll geworden, daß die Berliner Instanzen mehrfach Gelegenheit erhielten, die komplexe Situation Ostpreußens unmittelbar kennenzulernen. Das geschah teilweise durch den Bericht eines Referenten aus dem Landwirtschaftsministerium, der im Mai 1926 die Provinz bereiste und dessen Beobachtungen seinen Minister veranlaßten, umgehend finanzielle Erleichterungen für die ostpreußische Landwirtschaft zu fordern. Ähnlich wirkten die Vorstellungen, die eine Delegation des Landwirtschaftsverbandes beim preußischen Finanzminister erhob. Doch am wichtigsten war die Besichtigungsfahrt, die der Reichsrat vom 12. bis zum 17. Juli nach Ostpreußen unternahm[116]. Sie war vom Provinzialausschuß und dem Reichsratsmitglied Freiherrn von Gayl angeregt sowie vom preußischen Ministerpräsidenten Braun befürwortet worden. Einen besonderen Akzent gab ihr die Rede des Reichsinnenministers Külz in Allenstein, die Ostpreußen in wirtschaftlicher und kultureller Hinsicht als „*das* deutsche Problem" herausstellte. Nicht minder vielversprechend waren die Worte des sächsischen Gesandten Gradnauer, der beteuerte, daß Ostpreußen ein Anrecht darauf habe, „in besonderer Weise behandelt zu werden", und daß sich die Reichsratsmitglieder bemühen würden, bei ihren Regierungen „außerordentliche Hilfsmaßnahmen für Ostpreußen zu erwirken". Nichts verständlicher, als daß nach solchen Andeutungen in der Provinz „schon entschwundene Hoffnungen ... neu geweckt" waren und eine erwartungsvolle Stimmung um sich griff[117]. Sie wurde noch gefördert durch den Besuch des Reichsfinanzministers Reinhold am 18. August, der sein Informationsbedürfnis mit den schwebenden Beratungen über die ostpreußischen Wünsche begründete und die Zusage abgab, daß er wohlwollend prüfen werde, wie das Reich der Provinz helfen könne[118].

Diese Vorgänge wurden in Ostpreußen aufmerksam registriert und verpflichteten die Regierungen dazu, in ihren Taten den guten Worten gerecht zu werden. Ministerpräsi-

115 *GStA*, Rep. 90, Nr. 1068: OPr, (Denkschrift über) die ostpreußische Wirtschaftslage unter besonderer Berücksichtigung der Kreditverhältnisse in Handel, Industrie und Handwerk, 13.12.25; ders., (Denkschrift über) das neue Ostpreußen-Programm, 16.2.26; PreußMfLDuF an den PreußMPr, 15.1.26; PreußMfHuG an den PreußMPr, 30.1.26; PreußMdI an den PreußMPr, 7.3.26.

116 Über die Fahrt des Reichsrats s. die Unterlagen in *GStA*, Rep. 90, Nr. 1069, und Rep. 203, Nr. 415. Zu den beiden vorher erwähnten Aktionen s. Rep. 203, Nr. 167: PreußMfLDuF/ORegRat Bansi, Bericht über die Besichtigungsreise durch Ostpreußen..., 17.5.26; PreußMfLDuF an den PreußFM, 26.5.26; Rep. 90, Nr. 1133: PreußFM, (Niederschrift über den Empfang einer Delegation des LVO am 29.6.26).

117 Über die Ansprachen Külz' und Gradnauers s. *Tilsiter Zeitung*, 20.7.26: „Die Reise der Reichsräte in Ostpreußen"; über die belebten Hoffnungen s. *Georgine*, 21.7.26: „Die Ostpreußenfahrt des Reichsrats".

118 Über die Reise des RMdF s. die Meldungen von WTB am 18. und 21.8.26 in: *GStA*, Rep. 90, Nr. 1069. Zu erwähnen ist, daß im Oktober 1926 RMfEuL Haslinde ebenfalls in Ostpreußen gewesen ist, um sich über die agrarpolitischen Aspekte des Sofortprogramms zu informieren; ein Hinweis darauf in: *Ostpreußische Zeitung*, 31.3.27: „Oberpräsident Siehr und die kleinen Besitzer. Freiherr von Gayl stellt klar".

dent Braun spürte die Vorteile, die sich daraus für Preußen ergaben, und er hat seinen Innenminister eindringlich angehalten, bei den Verhandlungen mit der Reichsregierung darauf zu achten, daß die lebhaften Wünsche Ostpreußens nicht enttäuscht und daß die Eindrücke, die die Reichsratsmitglieder und der Reichsinnenminister auf ihrer Reise empfangen hätten, zum Wohle der Provinz nutzbar gemacht würden[119]. In welchem Maße das gelungen ist, beweisen die überdurchschnittlichen Anteile, die Ostpreußen am Sofortprogramm eingeräumt worden sind.

Die Kredithilfe für die gewerbliche Wirtschaft

Der wirtschaftspolitisch wichtigste Teil der Hilfe waren die Kredite, die der Wirtschaft zufließen sollten. Handel, Industrie und Landwirtschaft hatten übereinstimmend erklärt, daß für sie die Illiquidität das Hauptproblem sei, und ebenso hatte Siehr einen größeren Ankurbelungskredit als lebenswichtig bezeichnet. Die Hoffnungen, die die zunächst zögernden Regierungen auf das Bankgewerbe gesetzt hatten, sind von diesem mit dem Argument enttäuscht worden, daß sie – die Banken – bereits das Menschenmögliche getan hätten und daß die Verhältnisse in Ostpreußen nicht mehr mit normalen Bankkrediten, sondern nur noch mit wirtschaftspolitischen Maßnahmen größeren Stils zu bessern seien[120]. Die preußische Regierung hatte schon vor den Beratungen über das Sofortprogramm eingesehen, daß der Staat der notleidenden ostpreußischen Industrie werde Hilfe bringen müssen, und seit dem Frühjahr 1926 eine Aktion vorbereitet, die den bedürftigen Betrieben einen hypothekarisch gesicherten Kredit gewähren sollte. Als dann das Sofortprogramm 3,65 Mill. RM als Kredit für die gewerbliche Wirtschaft in Ostpreußen bewilligte, hat das Reich 1 Mill. RM davon für die preußische Aktion abgezweigt, die insgesamt 3 Mill. RM umfaßte.

Diese Darlehnsaktion ist von Siehr angeregt worden, der es am 28. Mai erreicht hatte, daß sich Ministerpräsident Braun und Finanzminister Höpker-Aschoff mit Verhandlungen über einen solchen Industriekredit einverstanden erklärten[121]. Über die Höhe des Kredits sind die Ansichten auseinandergegangen, denn die Ministerien mochten weder die 8 Mill. RM, die Siehr im Mai erwähnt hatte, noch die 6 Mill. RM, die im Juli von Königsberg aus vorgeschlagen wurden, bewilligen. Sie beharrten vielmehr auf einer Summe von 3,4 Mill. RM, die sie Anfang Juli auf einer internen Besprechung in Betracht gezogen hatten. Tatsächlich gelang es, den Betrag endgültig auf 3 Mill. RM zu fixieren, indem die wenigen Großbetriebe, die einen höheren Kapitalbedarf hatten, aus dieser Aktion ausgeschieden und die Kreditfähigkeit der restlichen Betriebe streng geprüft wurden. Ende Juli war die Angelegenheit entschieden, die technische Regelung verzögerte sich aber ebenso wie das Sofortprogramm bis in den Herbst. Das Reich und Preußen kamen für das Geld auf, dessen Sicherheit die Provinz als Dritter im Bunde mitverbürgen mußte[122].

119 *GStA, a.a.O.*: PreußMPr an den PreußMdI, 23.7.26.

120 *A.a.O.*, Nr. 1068: PreußMfHuG an den PreußMPr, 20.4.26; PreußZGK an den PreußFM, 12.5.26; PreußStBank an den PreußFM, 25.5.26. Vgl. auch die Angaben des PreußFM in: *GStA*, Rep. 203, Nr. 253: OstprVertr an den OPr, 28.5.26; Rep. 90, Nr. 1069: RWiM, Aufzeichnung über die Besprechung . . . am 21.9.26.

121 *GStA*, Rep. 203, Nr. 253: OPr an den PreußMPr, 25.5.26 und 28.5.26; OstprVertr an den OPr, 28.5.26; Rep. 90, Nr. 1068: PreußStM, Vermerk vom 29.5.26.

122 *A.a.O.*, Nr. 1069: Vermerk (über eine Besprechung am 2.7.26 im PreußFM); OPr an den PreußMfHuG, 12. und 17.7.26; PreußStM, Vermerk (über eine Ressortbesprechung im

Über die Garantiefrage hat es Meinungsverschiedenheiten gegeben, die ein bezeichnendes Licht auf die wirtschaftliche Situation in Ostpreußen warfen. Anfänglich wünschte die Provinz, ihrer Landesbank eine Mithaftung zu ersparen und das gesamte Risiko dem Staat aufzubürden[123]. Nachdem schon Siehr dieses Begehren unterstützt hatte, begründete es Landeshauptmann von Brünneck Angang Juli ganz offen mit den negativen Zukunftsaussichten der ostpreußischen Industrie. Ausgehend davon, „daß die Landesbank . . . Risikogeschäfte jeder Art vermeiden müsse", bezeichnete er es als seine Meinung, daß Geldanlagen bei der örtlichen Industrie „nicht als sicher angesprochen werden könnten, weil die Entwicklung der Firmen sich nicht übersehen lasse und . . . eine verminderte Sicherheit der Industrie leider festgestellt werden müsse"[124]. Der Landeshauptmann also und mit ihm die Landesbank, die ein Kreditinstitut mit guter Ortskenntnis war, hielten die ostpreußische Industrie nicht mehr für kreditfähig. Wer sollte unter diesen Umständen den Ministerien die Unnachgiebigkeit verübeln, mit der sie darauf bestanden, daß die Landesbank die Kredite nicht nur verteilte, sondern mitbürgend auf die Seite der Gläubiger trat und dadurch an einer genauen Prüfung der Darlehnssicherheiten interessiert wurde? Im übrigen hat die Landesbank selbst erkannt, daß ihr Standpunkt der geplanten Aktion eigentlich jeden Sinn absprach, und sie hat sich deshalb binnen kurzem „grundsätzlich bereit" gefunden, die „Kreditaktion im Rahmen der vorhandenen Sicherheiten durchzuführen". Fortan war der Weg frei für das Verfahren, das die Ministerien gefordert hatten[125].

Die Kredithilfe für die Landwirtschaft

Ein nicht minder heikles Thema war die Frage der landwirtschaftlichen Kredite, die in Ostpreußen besonders drängte. Ebenso wie die Industrie sind Teile der Landwirtschaft infolge ihrer unzulänglichen Ertragslage genötigt gewesen, von der Substanz zu zehren und ihre Finanzschwäche mit Krediten auszugleichen. Der Ausweg in die Verschuldung führte jedoch nicht weit, denn der deutsche Kapitalmarkt gab nach der Währungsreform Kredite nur zu ungünstigen Bedingungen her, so daß die Schuldner sich Lasten aufbürdeten, die sie nicht lange tragen konnten. Am unangenehmsten war das hohe Konto kurzfristiger Schulden, das seit 1924 von Jahr zu Jahr fortgeschleppt wurde, weil die Mittel fehlten, es zu tilgen. Die einzige Hoffnung, diese Fessel abzu-

PreußMfHuG am 27.7.26); RWiM an den StSRK, 6.8.26; PreußMfHuG an den PreußMPr, 11.10.26; *PreußLT*, II, Drucks Nr. 7017: GE über die Bereitstellung von Staatsmitteln zur Gewährung eines Kredits zugunsten der ostpreußischen Mittel- und Kleinindustrie, 28.6.27; am 14.11.27 angenommen, *PreußLT*, II, Sp. 21 867 ff.

123 Über die Finanzlage des ProvVerb vgl. *GStA*, Rep. 90, Nr. 1069: LHptm an das PreußStM, 16.8.26. Der LHptm forderte eine Staatshilfe von 60 Mill. RM, da der ProvVerb die dringenden nächsten Aufgaben nicht aus eigenen Mitteln finanzieren und auch keine Anleihe zu erträglichen Bedingungen erhalten könne. Nachdem sich die finanzielle Lage des ProvVerb weiter zugespitzt hatte, ist ihm 1929 eine Sonderzuwendung von 4 Mill. RM bewilligt worden; Nr. 1074: PreußFM an den PreußMdI, 8.3.29, und Beschluß des PreußStM vom 14.3.29.

124 *A.a.O.*, Nr. 1069: OstprVertr an den PreußFM und PreußMfHuG, 10.7.26.

125 *A.a.O.*. LBank an den OPr, 13.7.26. Die Kredite für den gewerblichen Mittelstand, die im Sofortprogramm ausgeworfen wurden und von denen Ostpreußen 2,65 Mill. RM erhalten hat, haben die Sparkassen und Kreditgenossenschaften ohne Beteiligung des ProvVerb ausgegeben.

streifen, bestand darin, daß die kurzfristigen Schulden allmählich in langfristige umgewandelt wurden und dadurch der gefährliche Sog, den die kurzen Fälligkeitstermine und die hohen Zinsen ausübten, beseitigt wurde.
Diese Politik hatte seit 1924 die Ostpreußische Landschaft verfolgt, die als Pfandbriefinstitut die wichtigste Quelle langfristigen Kredits für die Landwirtschaft war. Sie hat unter den extremen Bedingungen, die nach der Währungsreform auf dem Kapitalmarkt herrschten, die Initiative zur Herausgabe eines mit 10 % verzinslichen Pfandbriefes ergriffen, da bei einem niedrigeren Zinsfuß kein langfristiges Leihkapital für die Landwirte aufzutreiben gewesen wäre[126]. 1925 konnte zu einem 8 %igen Pfandbrief übergegangen und 1926 die Emission der 10 %igen eingestellt werden, aber die Zinsbelastung blieb für die bisherigen Darlehnsnehmer größer als es ihrer Ertragslage entsprach und verlangte nach einer Reduzierung. Die Ostpreußische Landschaft entwickelte deshalb den Plan, das Zinsniveau der landwirtschaftlichen Pfandbriefe auf 6 % zu normieren und die höher verzinslichen Emissionen der Vorjahre auf dieses Niveau umzustellen[127]. Das war jedoch eine Operation, die sich nur mit staatlicher Hilfe durchführen ließ, denn der freie Kapitalmarkt war noch nicht aufnahmefähig genug, um eine so große Konvertierungsaktion ohne Kursstürze zu verkraften.
Die Doppelaufgabe der Umschuldung der kurzfristigen Kredite und der Konvertierung der hochverzinslichen Pfandbriefe wurde 1926 akut. Im Herbst 1925 war die kurzfristige Verschuldung der ostpreußischen Landwirtschaft auf 200 Mill. RM gestiegen, und nach Ansicht der Landschaft mußte sie durch Verlängerung der schwebenden Kredite und durch eine vom Staat unterstützte Umschuldung gelindert werden[128]. Tatsächlich gelang es 1926, die kritische Situation der gesamtdeutschen Landwirtschaft zu erleichtern, indem die Rentenbank-Kreditanstalt in Zusammenarbeit mit der Golddiskontbank 360 Mill. RM mittelfristiger Kredite aufbrachte, die speziell der Tilgung kurzfristiger Schulden dienen sollten und die mit 7 % zu verzinsen waren[129]. Sie mußten zwar ab Juli 1929 in drei Jahresraten zurückgezahlt werden, aber zunächst erfüllten sie ihren Zweck und überbrückten die Phase bis zum Herbst, wo die Einnahmen aus der neuen Ernte verfügbar wurden.
Diese Entlastungsaktion berührte jedoch nicht die 8- und 10 %igen Pfandbriefe, die die Ostpreußische Landschaft 1924 und 1925 im Werte von 130 Mill. RM ausgegeben hatte. Sie waren unter dem Zwang der Verhältnisse und im Vertrauen auf bessere Zeiten emittiert worden, aber wie wenig sie den Möglichkeiten der Landwirtschaft entsprachen, bewies der Zinsrückstand von 5 Mill. RM, den die Landschaft Mitte 1926 verbuchen mußte. Die Landschaft forderte deshalb die Reichsregierung zur Mitarbeit an einer umfassenden Zinssenkung auf und suchte sie davon zu überzeugen, daß für Ostpreußen in wirtschafts- und finanzpolitischen Belangen „eine grundsätzliche und dauernde Sonderstellung" lebensnotwendig sei[130] Ihr Plan war, die erwähnten 130 Mill. RM in 6 %ige Pfandbriefe umzuwandeln und dadurch die Zinslast ihrer Gläubiger um 5 Mill. RM jährlich zu senken. Voraussetzung war, daß die konvertierten Pfand-

126 Bissing (Anm. I/393), S. 65 f.
127 *A.a.O.*, S. 89; S. 121; S. 133.
128 *GStA*, Rep. 203, Nr. 205: LWK an die landwirtschaftlichen Kreis- und Ortsvereine usw., 27.10.25 (Anlage); GenLschDir an den OPr, 9.10.25; als Anlage dazu eine Denkschrift über die Finanzlage der ostpreußischen Landwirtschaft vom 4.10.25. Vgl. auch die o. in Anm. III/111 und III/115 angeführten Eingaben und Denkschriften.
129 Vgl. hierüber Bissing (Anm. I/393), S. 123 ff.
130 *GStA*, Rep. 203, Nr. 172: GenLschDir an das RKab, 26.7.26 (nebst Anlage); GenLschDir an den OPr, 28.8.26.

briefe bei sicheren Abnehmern placiert wurden, die den Markt nicht sogleich mit 6 %igen Pfandbriefen überschwemmten, sondern ihn für die Emissionen aus der laufenden Neubeleihung freiließen. Gerade in diesem Punkt rechnete die Landschaft auf den Beistand der Reichsregierung bzw. der Kapitalfonds bei der Reichsbahn, den Versicherungen und ähnlichen Institutionen.

Die Berliner Ministerien haben die Bedeutung dieses Planes durchaus gewürdigt, jedoch den vorgeschlagenen Weg nicht als gangbar anerkannt. In mehreren Besprechungen, u. a. mit Vertretern der Hypothekenbanken, kamen die Beteiligten einmütig zu der Ansicht, daß eine Konversion auf 6 % aussichtslos sei. Erwägenswert schien allenfalls eine Umstellung auf 7 % oder 8 %, die die 8 %igen Pfandbriefe nicht erfaßt hätte[131]. Der Kreditmarkt war für das Vorhaben der Landschaft noch nicht reif, es sei denn, die öffentliche Hand hätte erhebliche Zuschüsse geleistet. Aber davor schreckten die Regierungen zurück, weil sie das Risiko großer Subventionen nicht auf sich nehmen wollten. Infolgedessen wurde die Zinserleichterung auf einem unverfänglichen Wege angestrebt.

Der momentane Zinsdruck, dem die Landwirte ausgesetzt waren, ließ sich verringern, wenn ein Teil der an den nächsten Terminen fälligen Zinsen aus öffentlichen Mitteln abgedeckt würde. Die Reichsregierung dachte daran, der Landschaft ein zinsloses Darlehn zu geben, aus dem notleidenden Pfandbriefschuldnern Zinsnachlässe bewilligt werden konnten. Gegen dieses Verfahren opponierte die preußische Regierung und verlangte, daß entweder eine generelle Zinssenkung für alle Schuldner öffentlich-rechtlicher Hypothekenbanken durchgeführt würde, d.h. sie lehnte eine Privilegierung der Landschaft ab, oder daß überhaupt nur öffentliche Abgaben berücksichtigt würden: Steuern und Steuerverzugszinsen sowie die Rentenbankgrundschuldzinsen[132]. Das Reichslandwirtschaftsministerium hielt aber daran fest, daß die Last der Hypothekenzinsen erleichtert werden müsse, und am 28. Oktober kam es im Beisein von Brandes und Hippel zu dem Kompromiß, daß die 5 Mill. RM, die das Sofortprogramm für die ostpreußische Landwirtschaft enthielt, in drei Posten aufzuteilen seien: Mit 1,6 Mill. RM sollte die Hälfte der im Oktober fälligen Rentenbankgrundschuldzinsen abgedeckt werden, mit 2 Mill. RM sollte an den nächsten beiden Zinsterminen der 8 % übersteigende Anteil der Hypothekenzinsen beglichen werden, und die restlichen 1,4 Mill. RM sollten als billiger Umschuldungskredit an gefährdete Bauernbetriebe, vornehmlich in Masuren, ausgegeben werden[133].

131 *A.a.O.*: RMfEuL, Niederschrift betr. die am 26.8.26 abgehaltene Besprechung über den Konvertierungsplan des GenLschDir von Hippel; OstprVertr an den OPr, 4.9.26. Die Konvertierung der 10- in 7 %ige Pfandbriefe ist 1927 von einem Bankenkonsortium ausgeführt worden; Bissing (Anm. I/393), S. 148 f.

132 *GStA*, Rep. 203, Nr. 172: OstprVertr an den OPr, 8.9.26; OstprVertr an VizePr Herbst, 12.10.26. Die Rentenbankgrundschuldzinsen sind bei der Währungsreform im Herbst 1923 entstanden. Sie beruhten auf der Grundschuld, die der wirtschaftliche Grundbesitz zugunsten der Deutschen Rentenbank übernehmen mußte. Die Rentenbank benutzte diese Hypothek als Basis für festverzinsliche Rentenbriefe, die wiederum das Deckungsmittel der neuen Währung, der Rentenmark, abgaben. Obwohl 1924 die auf Gold- und Devisendeckung beruhende Reichsmark folgte, mußte die Rentenbankgrundschuld von der Landwirtschaft solange verzinst werden, bis alle umlaufenden Rentenbankscheine wieder liquidiert waren; vgl. Wilhelm Gerloff, „Die Besteuerung der Landwirtschaft vor und nach dem Kriege“, in: Sering *et al.* (Anm. I/73), S. 177.

133 *GStA*, Rep. 203, Nr. 172: OstprVertr an den OPr, 28.10.26; RMfEuL/RMdF an den PreußMfLDuF, 1.11.26.

Diese Maßnahmen waren zeitlich und materiell eng begrenzt und wirkten neben dem Wunsch nach einer Konvertierung von Pfandbriefen, lautend auf 130 Mill. RM, recht bescheiden. Es konnte nicht überraschen, daß die ostpreußische Landwirtschaft unzufrieden war. Für den LVO war dieses Sofortprogramm nur ein Beweis des guten Willens, dem die entscheidenden Taten erst noch folgen mußten. Die Landwirtschaftskammer bedauerte ebenfalls den geringen Umfang der direkten Finanzhilfe für die Wirtschaft und erwartete für die nächsten Jahre eine weit schnellere und gründlichere Entlastung der Landwirte[134]. Damit begegnete das Sofortprogramm, noch ehe es überhaupt ausgeführt war, einer Eskalation der Wünsche, die den Regierungen keine Ruhe gewährte.

Die Umschuldungskredite für Bauern

Als ein Problem eigener Art entpuppte sich die Verteilung der 1,4 Mill. RM Bauernkredite, die vorwiegend dem Kleinbesitz in den national gemischten Gebieten an der Süd- und Westgrenze der Provinz zugute kommen sollten. Die preußische Regierung hatte die wirtschaftlichen Schwierigkeiten dieser Gebiete seit längerem beobachtet und erkannt, welche Vorteile daraus die polnische Agitation zu ziehen suchte. In den kapitalarmen Jahren nach der Währungsreform haben die wenigen polnischen Banken selbst mit geringen Darlehnsbeträgen die Öffentlichkeit propagandistisch beeinflussen können, und um dieser Praxis einen Riegel vorzuschieben, hat Preußen Ende 1925 300 000 RM für Masuren und 30 000 RM für den Kreis Stuhm bewilligt, die unter der Aufsicht der Behörden als landwirtschaftlicher Kredit von den Kreissparkassen verteilt werden sollten[135].

Trotzdem machte 1926 eine Protestbewegung von sich reden, die unter der masurischen Bevölkerung entstanden war. Im Frühjahr 1926 fanden sich alle Wirtschaftskreise in einem „Arbeitsausschuß für Landwirtschaft, Handel und Industrie, Handwerk und Hausbesitz Masurens und der übrigen Abstimmungskreise“, später „Notgemeinschaft Südostpreußen“ genannt, zusammen, in dem die Landwirte und namentlich die örtlichen Organisationen des LVO tonangebend waren[136]. Der Arbeitsausschuß veröffentlichte auf einer Kundgebung am 15. Juni 1926 in Allenstein ein Zehn-Punkte-Programm und trat dafür ein, daß in erster Linie der Landwirtschaft als dem ausschlag-

134 *GStA*, Rep. 90, Nr. 1106: Entschließung des LVO zu dem „Sofortprogramm“ für den deutschen Osten, 27.10.26; Nr. 1069: LWK, (Denkschrift über) die zeitige Lage der ostpreußischen Landwirtschaft und Anträge derselben zur Ostpreußenhilfe für das Etatsjahr 1927/28, 1.3.27; auf S. 7 f. wird ein Beschluß der Vollversammlung der LWK über das Sofortprogramm vom 11.2.27 zitiert.

135 *GStA*, Rep. 203, Nr. 83: RegPr in Allenstein an den PreußMdI, 24.8.25 und 30.10.25; Aktennotiz (Frankenbachs) über die Besprechung im PreußMdI am 12.12.25 betr. Kreditgewährung polnischer Banken in Masuren.

136 Über den Einfluß der Landwirtschaft s. *Allensteiner Volksblatt*, 16.6.26; „Protestkundgebung gegen die Vernachlässigung unserer südostpreußischen Wirtschaft“. Die Kundgebung wurde durch den Kreisvorsitzenden des LVO im Kreis Allenstein, von Schultzen-Gradtken, eröffnet; der nächste Redner kam von der Königsberger Zentrale des LVO. Außerdem traten zwei Vertreter von Handel und Industrie sowie von Handwerk und Hausbesitz auf. Bezeichnend ist ferner, daß eine Delegation der Notgemeinschaft, die Ende September beim PreußMPr vorsprach, vom LVO-Kreisvorsitzenden in Lyck, Fueß-Woszellen, geleitet wurde; s. *GStA*, Rep. 90, Nr. 1069: Notgemeinschaft Südostpreußen an den PreußMPr, 21.9.26.

gebenden Wirtschaftszweig geholfen werden müsse[137]. Dem Programm zufolge befand sich das ehemalige Abstimmungsgebiet in einer besonderen Notlage, die von der Regierung anerkannt und bekämpft werden müsse. Das Verlangen nach einer speziellen berufungslosen Sonderlage innerhalb Ostpreußens wurde damit begründet, daß Südostpreußen außerordentliche Nachteile zu tragen habe: Verkehrsferne, Grenznähe, schlechter Boden, Abwanderung der Einwohner u. dgl. mehr – alles unstreitige Tatsachen, die die wirtschaftliche Anfälligkeit Masurens demonstrierten.
Obwohl 19 Städte Südostpreußens, die Allensteiner Industrie- und Handelskammer sowie der landwirtschaftliche Zentralverein in Allenstein diesen Vorstoß unterstützten[138], hat er in der übrigen Provinz keinen Beifall gefunden. Insbesondere die Industrie- und Handelskammern sprachen sich gegen ihn aus und bezeichneten die wirtschaftlichen Argumente der Notgemeinschaft insofern als unrichtig, als sie den übrigen Teilen der Provinz bessere Existenzbedingungen unterstellt hatten. Der Wunsch dieser Kritiker war es, „die geschlossene Einheitsfront Ostpreußens wiederherzustellen" und alle Wirtschaftskreise auf den Boden des gemeinsam gebilligten Ostpreußenprogramms zurückzuführen[139].
Weniger ablehnend hat sich die preußische Regierung verhalten, denn aus einem Brief des Ministerpräsidenten an den Landwirtschaftsminister, der Anfang August in die Presse gelangt war, ging hervor, daß Braun die Hilfsbedürftigkeit Masurens bestätigte und das Programm der Notgemeinschaft prüfen lassen wollte[140]. Für die preußischen Ressorts war die Notlage Masurens so eindeutig, „daß darüber kaum noch gesprochen zu werden" brauchte; der Anspruch des Abstimmungsgebietes auf eine Bevorzugung galt als berechtigt[141]. Dennoch rieten die Ministerialreferenten von einem besonderen Masurenprogramm ab, weil sie befürchteten, dadurch der polnischen Agitation das Argument zu liefern, daß Masuren mit dem übrigen Ostpreußen nicht organisch verbunden sei und Polens Forderung nach diesem Gebiet von der Natur der Verhältnisse bestätigt werde. Deshalb wurde beschlossen, die Wünsche der Notgemeinschaft im Rahmen des Ostpreußenprogramms und der übrigen Hilfsaktionen zu berücksichtigen, wie es dann auch beim Sofortprogramm geschehen ist.
Zu diesem Zeitpunkt war noch nicht vorauszusehen, daß gerade die Bauernkredite eine Kette unerquicklicher Reibereien nach sich ziehen würden. Die schweren Bedenken, die der preußische Finanzminister noch in der Besprechung am 29. Juli gegen staatliche Darlehn oder Bürgschaften erhoben hatte, waren zwar hinfällig geworden, weil die Reichsregierung die Mittel aufgebracht hatte, aber dafür erwuchsen an einer anderen Stelle Schwierigkeiten. Sie gingen von Oberpräsident Siehr aus, der sich Ende 1926 gegen den Plan verwahrte, die Verteilung der Bauernkredite der Ostpreußischen Landgesellschaft zu übertragen.

137 *A.a.O.*: Arbeitsausschuß für Landwirtschaft usw. an den OPr, 25.5. und 15.6.26. Den Behörden ist das Programm schon Ende Mai übermittelt worden.

138 *A.a.O.*: Schreiben der Bürgermeister von Lyck und Ortelsburg an den OPr, 13.7. und 13.9.26; IHK Allenstein an den RegPr, 16.6.26; Landwirtschaftlicher Zentralverein Allenstein, Kurze Denkschrift über die Lage und Wünsche der südostpreußischen Landwirtschaft, 16.7.26.

139 *A.a.O.*: IHK Königsberg an das PreußStM, 19.8.26; IHK Elbing/Insterburg/Königsberg/Tilsit an den OPr, 9.11.26.

140 *A.a.O.*: PreußMPr an den PreußMfLDuF, 15.7.26. Dieser Brief ist am 3.8.26 in der *Kbg Hart Ztg* veröffentlicht worden. Außerdem hat Braun am 29.9.26 eine Delegation der Notgemeinschaft empfangen, der zugesagt worden ist, daß ihre Wünsche bei den geplanten Hilfsaktionen berücksichtigt werden sollten; vgl. PreußStM, Vermerk vom 2.10.26.

141 *A.a.O.*: PreußMfLDuF, (Niederschrift über die kommissarische Besprechung am 29.7.26 über das südostpreußische Wirtschaftsprogramm).

Die Ostpreußische Landgesellschaft war ein gemeinnütziges Unternehmen, das 1905 zur Förderung der landwirtschaftlichen Siedlung gegründet worden war. Ihr Kapital hatten der preußische Staat, der Provinzialverband und alle Landkreise sowie die Landwirtschaftskammer, die Feuersozietät, der Landlieferungsverband, zwei genossenschaftliche Kassen und als einziger Privatmann Alfred Hugenberg aufgebracht. Die Geschäfte führten ein Generaldirektor und vier weitere Direktoren, unter denen Wilhelm Freiherr von Gayl die politisch bedeutendste Persönlichkeit war [142]. Gayl war mit allen sozialen Schichten verbunden, in denen der nationale Konservativismus seit jeher wurzelte: Er entstammte väterlicherseits dem Militäradel, war durch seine Mutter dem ostpreußischen Großgrundbesitz sowie durch seine Frau dem Beamtenadel verbunden. Er war zunächst in die staatliche Verwaltung eingetreten und 1908 als Regierungsassessor zur Ostpreußischen Landgesellschaft übergewechselt, bei der er 1909 als knapp Dreißigjähriger in den Kreis der geschäftsführenden Direktoren aufrückte. Während des Ersten Weltkrieges ist er in der Militärverwaltung des Oberbefehlshabers Ost tätig gewesen und mit Hindenburg näher bekannt geworden. Danach übernahm er im ersten Halbjahr 1919 die neugeschaffene Abteilung Heimatschutz beim Königsberger Oberpräsidenten und im Frühjahr 1920 das Reichs- und Staatskommissariat für das Allensteiner Abstimmungsgebiet. Diese Tätigkeiten führten ihn tief in das politische Leben der Provinz hinein, an dem er weiterhin als Repräsentant der DNVP und als Mitglied des Reichsrats und des Preußischen Staatsrats teilhatte. Sein politisches Gewicht in Ostpreußen und Berlin und sein Ansehen als konservativer Politiker und Verwaltungsspezialist waren so groß, daß er 1932 im Kabinett Papen für einige Monate zum Reichsinnenminister avancierte, in welcher Position er das spektakuläre Vorgehen gegen die preußische Staatsregierung am 20. Juli entscheidend gefördert hat.

Gayl ist es gewesen, der im Herbst 1926 die von Siehr bekämpfte Verwendungsart der Bauernkredite angeregt hatte. Wenige Tage, nachdem die Reichsregierung in das Sofortprogramm Kredite für die Privatwirtschaft aufgenommen hatte, ist er mit einer Denkschrift zur Stelle gewesen, die an das Besitzfestigungsverfahren aus der Vorkriegszeit erinnerte und vorschlug, diese Form der Sanierung und Stärkung des deutschen Bauerntums in den Grenzgebieten wieder aufleben zu lassen. Wie vor 1914 sollte die Ostpreußische Landgesellschaft die staatlichen Kredite verteilen, deren Höhe zunächst auf 3 Mill. RM veranschlagt wurde [143]. Dieses Projekt, für das Gayl den Reichslandwirtschaftsminister Haslinde interessiert hatte, stand auf einer Ressortbesprechung Mitte November 1926 zur Debatte. Mangels anderer Vorschläge gingen die Ministerien darauf ein und forderten einen Entwurf der Richtlinien an. Gayl konzipierte nun ein Verfahren, das die Landgesellschaft zentral leiten, dessen Hauptarbeit aber erst noch zu bestellende Vertrauensleute in den Landkreisen leisten sollten. Als allgemeine Maxime war vorgesehen, daß die Vergabe der Darlehn „nach außen nur an das Vorliegen einer Notlage und an die Reichsangehörigkeit des Grundstückeigentümers geknüpft

142 Über die Ostpreußische Landgesellschaft s. *Zwanzig Jahre deutscher Siedlungsarbeit...* (Anm. II/29). Über Frhr. von Gayl s. *Reichshandbuch der deutschen Gesellschaft* (Anm. I/210), I, S. 522; Horkenbach, 1931 (Anm. I/369), S. 511; Schulz, *Zwischen Demokratie und Diktatur* (Anm. I/20), I, S. 268; Görlitz, *Die Junker* (Anm. I/282), S. 343; Max Voigt, *Handbuch für den Preußischen Staatsrat*, Berlin 1922, S. 115 f.; Boyens (Anm. II/29), I, S. 219 f.

143 *GStA*, Rep. 203, Nr. 206: Bevollmächtigter der Provinz Ostpreußen zum Reichsrat, Frhr. von Gayl, 2.10.26, (Denkschrift über die) Wiederaufnahme des Besitzfestigungsverfahrens nach dem Gesetz vom 26.6.12. Die Denkschrift wurde am 4.10.26 dem PreußMdI zugeschickt.

[werde], nach innen tatsächlich aber auch an die nationale Zuverlässigkeit des Darlehensnehmers"[144].
Siehr lernte die Richtlinien Mitte Dezember kennen, als sich die Ministerien und die Landgesellschaft bereits weitgehend geeinigt hatten und die Überweisung des Geldes vom Reich an die Preußische Staatsbank bevorstand. Er mußte zwar seit November wissen, daß Gayls Vorschlag ernsthaftes Interesse gefunden hatte, aber da er anscheinend über den Fortgang der Verhandlungen nicht informiert worden ist, fühlte er sich übergangen und protestierte nachdrücklich gegen das Verfahren, das er für unpraktisch hielt, weil es sich erst eine besondere Organisation schaffen müsse und dabei die ländlichen Kreissparkassen umgehe. Wenn dagegen die Kreissparkassen mit der Aktion beauftragt würden, behielten die staatlichen und kommunalen Behörden bessere Kontrollmöglichkeiten in der Hand, als wenn die Landgesellschaft zur maßgebenden Instanz würde[145].
Dieser Einspruch erzielte in Berlin erst eine Wirkung, als Siehr am 24. Januar 1927 gemeinsam mit dem westpreußischen Regierungspräsidenten, einem Landrat und einem Zentrumsabgeordneten dem preußischen Landwirtschaftsminister darlegte, daß die Landgesellschaft „der Kreditaktion einen nationalpolitischen Charakter verleihen müsse, weil . . . angenommen werden muß, daß sie namentlich im Bezirke Marienwerder [als] die Nachfolgerin der alten Ansiedlungskommission für Westpreußen und Posen tätig wird"[146]. Das rührte an einen Punkt, an dem die preußische Regierung empfindlich war, denn mit der Nationalitätenpolitik ihrer königlichen Vorgängerin wollte sie nicht identifiziert werden. Siehr hatte fortan gewonnenes Spiel und durfte neue Richtlinien ausarbeiten, die den Kreissparkassen die ihnen zugedachte Rolle sicherten.
Doch ehe diese Richtlinien im Mai sanktioniert wurden, mußten noch einige Hürden überwunden werden. Die preußischen und die Reichsministerien haben lange Zeit Wert darauf gelegt, daß die Landesbank als zentrales Kreditinstitut den Kreissparkassen vorgeschaltet wurde und eine einheitliche banktechnische Kontrolle ausübte. Andere Bedenken richteten sich gegen Siehrs Verteilungsschlüssel, der die eigentlichen Grenzgebiete nicht ausreichend berücksichtigte. Diese Meinungsunterschiede hielten die Behörden so lange auf, daß die DNVP Ende März die verfahrene Situation zu einem Angriff auf Siehr ausnutzen konnte, dem sie die Verzögerung der Kreditaktion zur Last legte. Das provozierte eine Pressefehde der Königsberger Blätter, die die Kluft zwischen dem Oberpräsidium und dem rechtsorientierten Teil der ostpreußischen Öffentlichkeit bloßlegte[147]. Ähnliche Komplikationen drohten den Beziehungen zwischen dem Reich und Preußen, denn es ist nicht ausgeschlossen, daß die deutschnationale Attacke gegen die preußischen Behörden von einem Partner der Reichsregierung gesteuert worden

144 *A.a.O.*: Vorschläge (Gayls) für die Verwendung der im Sofortprogramm bereitgestellten 1,4 Mill. RM für die Linderung der Notlage des bäuerlichen Besitzes in der Provinz Ostpreußen (ohne Datum). Vgl. zu der Kontroverse über die Kreditaktion *Ostpr Ztg*, 31.3.27: „Oberpräsident Siehr und die kleinen Besitzer. Freiherr von Gayl stellt klar"; *GStA*, Rep. 203, Nr. 206: OPr an Gayl, 31.3.27; Aufzeichnung (Frankenbachs) betr. die Bereitstellung von 1,4 Mill. RM usw., 8.4.27.

145 *A.a.O.*: OPr an den PreußMfLDuF, 3.1.27.

146 *A.a.O.*: PreußMfLDuF an die OstprVertr, 24.1.27. Dasselbe Argument hatte der PreußMfLDuF später auch in der Öffentlichkeit geltend gemacht: s. *Berliner Börsen-Zeitung*, 2.4.27: „Zum Sofort-Programm für den Osten".

147 *GStA*, Rep. 203, Nr. 206: Karl von Plehwe, „Das Sofortprogramm und seine Ausführung", in: *TDNZ* vom 24.3.27; ferner dazu die Artikel der *Ostpr Ztg* vom 29.3. und 31.3.27 und der *Kbg Hart Ztg* vom 25.3., 29.3. und 31.3.27.

war: Seit Ende Januar 1927 war die DNVP Regierungspartei, und der von ihr gestellte Reichslandwirtschaftsminister Schiele bemühte sich allem Anschein nach darum, die stagnierende Bauernkreditaktion in die ursprünglichen Bahnen zurückzulenken. Sein Plan, die 1,4 Mill. RM doch noch der Ostpreußischen Landgesellschaft zu übertragen, wurde zwar von seinem preußischen Ressortkollegen Steiger durchkreuzt, der in einer Presseerklärung die bestehenden nationalpolitischen Bedenken offen ausbreitete, aber die Mißstimmung auf seiten der Reichsregierung war schon so groß geworden, daß aus dem Reichsinnenministerium das Ende der Zusammenarbeit mit Preußen bei weiteren Grenzhilfeaktionen angedroht wurde: Die Reichsregierung war angeblich „auf Grund der preußischen Behandlung dieser Angelegenheit" entschlossen, „in Zukunft die Verteilung der Mittel aus dem Grenzprogramm 1927 unmittelbar ohne Inanspruchnahme der preußischen Regierung vorzunehmen"[148].

Erst in einer persönlichen Rücksprache bei den maßgebenden Ministerien gelang es Siehr am 11. April, die unterschiedlichen Auffassungen auszugleichen: Der preußische Finanzminister und Schiele verzichteten auf die Beteiligung der Landesbank, und er sagte seinerseits zu, daß den Grenzgebieten besonders hohe Kreditquoten eingeräumt würden. Anfang Mai wurden in Berlin die letzten Beschlüsse gefaßt, und Mitte Mai erhielt Siehr die bestätigten Richtlinien[149]. In ihnen hieß es, daß die Darlehn an Betriebe, die unter 100 ha groß seien, gegeben werden dürften und daß mit ihnen dringende Wechselschulden und persönliche Schulden sowie hoch verzinsliche Realkredite abzustoßen seien. Sie hätten die Form zweitstelliger Kredite und dienten dazu, dem Empfänger „eine ordnungsgemäße Fortführung seines landwirtschaftlichen Betriebes zu sichern".

Ein unvorhergesehenes Ergebnis des langen Tauziehens war, daß die Bauernkredite aus den Ersparnissen, die an anderen Stellen des Sofortprogramms eingetreten waren, um 280 000 RM erhöht werden konnten. Von den 1,68 Mill. RM haben die Regierungsbezirke Allenstein und Marienwerder 1,13 Mill. RM erhalten[150]. Selbst dieser vermehrte Betrag war schnell vergriffen und deckte nicht im entferntesten den tatsächlichen Bedarf. Schon im August 1927 hat Siehr wissen lassen, daß für eine Fortsetzung der Darlehnsaktion 6 Mill. RM benötigt würden[151]. Doch dieser Wunsch ist unerfüllt geblieben.

Die langwierigen Vorarbeiten für die Bauernkreditaktion werfen ein ungünstiges Licht auf die Zusammenarbeit zwischen Reichsregierung, preußischer Regierung und Provinzialbehörden. Als Ursachen dieser Verzögerung zeichneten sich politische Konflikte ab, die aus den unterschiedlichen Intentionen der Beteiligten resultierten und die andeuteten, daß die Kredithilfe nicht nur eine ökonomische Maßnahme, sondern ein Politikum war. Was den Außenstehenden wegen des geringen Streitwertes von 1,4 Mill. RM unverständlich anmuten mußte, erwies sich für den Eingeweihten als ein bezeichnendes Vorgefecht, denn für die Berliner Regierungen, zumal für den Reichsfinanz- und den Reichslandwirtschaftsminister, ging es um Vorentscheidungen über künftige Aktionen, bei denen „weiterhin entweder Reichsmittel oder private Mittel,

148 *Berliner Börsen-Zeitung*, 2.4.27: „Zum Sofort-Programm für den Osten"; *GStA*, Rep. 203, Nr. 206: Frankenbach an VizePr Herbst, 7.4.27; Aufzeichnung (Frankenbachs) betr. die Bereitstellung von 1,4 Mill. RM usw. , 8.4.27 (dort das Zitat).

149 *GStA, a.a.O.*: Aufzeichnung (Frankenbachs über die Besprechungen des OPr beim StS PreußMfLDuF, PreußFM und RMfEuL am 11. und 12.4.27); OstprVertr an den OPr, 3.5.27; Nr. 207: PreußMfLDuF an den OPr, 12.5.27. Über die Ausführung dieser Kreditaktion s. Bowien (Anm. II/62), S. 10 ff.

150 *GStA, a.a.O.*: PreußMfLDuF an den OPr, 12.5.27.

151 *A.a.O.*. OPr an die OstprVertr, 20.8.27.

die mit Reichsgarantie ausgestattet seien, zur Entschuldung des landwirtschaftlichen Grundbesitzes in Ostpreußen" verwendet werden sollten und deren Durchführung, „da es sich um eine rein geschäftsmäßige Darlehnshergabe handeln werde, eine Organisation mit einem zentralen Bankinstitut der Provinz" an der Spitze voraussetzte[152]. Mit der Beteiligung der ostpreußischen Landesbank sollte im Frühjahr 1927 ein Verfahren institutionalisiert werden, das bereits auf die geplanten größeren Umschuldungsaktionen zugeschnitten war. Dabei spielte eine Rolle, daß die Landesbank ein Institut des Provinzialverbandes war und von den Selbstverwaltungsorganen der Provinz, dem Landeshauptmann und dem Provinziallandtag beaufsichtigt wurde, während die Sparkassen unter der Aufsicht der preußischen Staatsbehörden standen. Da in der provinzialen Selbstverwaltung die DNVP und ihr landwirtschaftlicher Anhang die stärkste politische Gruppe waren, ist es verständlich, daß diese Kreise, in Konkurrenz zur preußischen Regierung, daran interessiert waren, Einfluß auf eine Aktion zu gewinnen, die zu ihrem unmittelbaren Nutzen vorbereitet wurde. Mochte Schiele die künftige Kredithilfe als eine „rein geschäftsmäßige Darlehnshergabe" bezeichnen, so war doch zu vermuten, daß derjenige, der das Geschäft ausführte, ihm auch weitgehend nach Form und Inhalt das Gepräge geben würde. Deshalb war die DNVP rechtzeitig darauf bedacht, die organisatorischen Weichen in ihrem Sinne zu stellen. Solange sie in der Regierung saß, konnte sie ihre Wünsche ungehindert geltend machen. Für Preußen war die Konstellation nicht ungefährlich, denn wer konnte wissen, ob der Hinweis darauf, daß das Reich seine Grenzhilfemittel allein verteilen wolle, nur eine Warnung oder ein Auftakt zu ernsthaften Pressionen war?

5. *Die Grenzhilfe von 1927*

a) Der Umfang und Empfängerkreis der Grenzhilfe

Bei den Verhandlungen, die das Reich und Preußen im Sommer 1926 geführt hatten, war bekräftigt worden, daß das Sofortprogramm nur ein Anfang sei, dem das Reich weitere Beihilfen für die Grenzgebiete folgen lassen werde. Begreiflicherweise trachtete der preußische Innenminister danach, diese Offerte so schnell wie möglich zu realisieren, und er begann mit seinen Kollegen zu beraten, welche Vorschläge der Reichsregierung für das Haushaltsjahr 1927 einzureichen seien. Anfang Oktober 1926 einigten sich die Ressortreferenten darüber, daß die neuen Anträge Aufgaben von der gleichen Art betreffen sollten, wie sie schon im Verwaltungsprogramm von 1926 enthalten waren, und daß der Finanzbedarf tunlichst auf 20 bis 25 Mill. RM zu begrenzen sei, damit das Argument, es würden nur dringende Sonderwünsche vorgetragen, glaubwürdig blieb[153]. Doch die danach einlaufenden Anforderungen der Ministerien folgten anderen Maßstäben und ergaben bald eine Summe von 70 Mill. RM. Bevor sich daraus interne Konflikte entwickeln konnten, wurde die preußische Regierung mit der inoffiziellen und unverbindlichen Information überrascht, sie solle mit ihrer Forderung an das Reich nicht unter 50 Mill. RM bleiben. Dem ließ sich leicht entsprechen, und schon am

152 *A.a.O.*, Nr. 206: Aufzeichnung (Frankenbachs über die Besprechungen ... am 11. und 12.4.27). Die zitierten Äußerungen stammen vom RMfEuL Schiele.

153 *GStA*, Rep. 90, Nr. 1106: PreußMdI, Niederschrift über die Besprechung am 6.10.26 über die Anforderungen an das Reich zugunsten der Ostprovinzen für das Rechnungsjahr 1927.

8. November ging dem Reichsinnenminister eine auf diesen Betrag abgestimmte Bedarfsanmeldung zu[154].

Wenig später war allerdings jedem Optimismus über die Intentionen der Reichsregiegierung der Boden entzogen. In dem neuen Reichshaushaltsplan, der Ende November dem Reichsrat zugestellt wurde, waren die 50 Mill. RM, um die Preußen nachgesucht hatte, nicht enthalten, und das Reichsinnenministerium bemängelte an den Anträgen, sie nähmen verschiedentlich nicht genügend Rücksicht darauf, daß das Reich nur einmalige Sonderhilfen zu bewilligen gedenke. In sprödem Tone wurde hinzugefügt, daß das Reich „nicht alte preußische Sünden“, sondern allein „Folgen des Versailler Vertrages und der Grenzziehung“ ausgleichen wolle. Zwar verstand es Preußen, den Wortlaut seiner Forderungen kurzfristig umzuformulieren und den alten Ansatz von 50 Mill. aufrechtzuerhalten, aber die anschließenden Etatberatungen im Reichsrat offenbarten, daß die Reichsregierung ganz andere Ziffern ins Auge gefaßt hatte[155]. Nicht mehr als 15 Mill. RM setzte sie für die Grenzgebiete aus, obwohl die Länder ungefähr 100 Mill. RM bei ihr beantragt hatten. Wegen des schwer zu findenden Etatausgleichs übte sie Sparsamkeit und suchte den gerade erst geweckten Dotationshunger der zahlreichen Interessenten wieder zu drosseln.

Sie durfte jedoch nicht erwarten, daß sie ihren Sparkurs unangefochten durch die parlamentarischen Klippen hindurchsteuern könnte. Nur zu schnell bildete sich im Reichsrat eine Front der Enttäuschten, die 30 Mill. RM in den Etat einstellte und für eine Doppelvorlage im Reichstag sorgte, denn die Regierung beharrte darauf, 15 Mill. RM als „einmalige Beihilfen für wirtschaftlich oder kulturell besonders bedrängte Grenzgebiete“ zu geben. Der Reichstag hat Anfang April den umstrittenen Posten auf 25 Mill. RM festgesetzt[156].

Dieses Ergebnis wäre nicht so übel gewesen, wenn es wie 1926 uneingeschränkt der preußischen Ostgrenze zugute gekommen wäre. Aber gerade das war nicht der Fall. Nur 15 Mill. RM wurden Preußen zugewiesen, während die übrigen 10 Mill. RM Sachsen, Bayern und Baden zufielen. Auf preußischer Seite war es seit dem Herbst 1926 eine ausgemachte Sache, daß die deutsch gebliebenen Teile Schleswigs eine erhebliche Summe erhalten müßten, so daß also die östlichen Grenzgebiete nicht mit der vollen Quote rechnen durften, die das Reich überweisen wollte[157]. Unter diesen Umständen fühlten sich die Ostprovinzen in ihren Bedürfnissen außerordentlich geschmälert, denn die Differenz, die zwischen Forderungen von 56,5 Mill. RM (einschließlich Schleswigs) und den bewilligten 15 Mill. RM bestand, sprach für sich selbst[158]. Der Versuch des preußischen Innenministers, dem Reich zusätzlich 14,3 Mill. RM zu entlocken, hatte keinen Erfolg, und selbst die Ankündigung, daß Preußen eine „Staatshilfe für den Osten im Rahmen des Möglichen und im Rahmen seiner eigenen Zuständigkeiten“ anstrebe,

154 *A.a.O.*: PreußMfHuG an den PreußMdI, 22.10.26; PreußStM, Vermerk vom 31.10.26; PreußMdI an den RMdI, 8.11.26.

155 *A.a.O.*: PreußMdI an den PreußMPr, 25. und 26.11.26; PreußStM, Aufzeichnung über die Ressortbesprechung im PreußMdI, 30.11.26 (hieraus das Zitat) und Vermerk vom 3.12.26; PreußMdI an den RMdI, 2.12.26.

156 *RT*, III, Drucks Nr. 2888: GE über den RHPL, 29.12.26; *a.a.O.*, S. 10 373 (2.4.27). Das Plenum folgte damit einem Antrag des RHA vom 30.3.27; s. Drucks Nr. 3214: Mündl. Bericht des 5. Ausschusses usw.

157 Vgl. die o. in Anm. III/153 erwähnte Niederschrift.

158 *GStA*, Rep. 90, Nr. 1107: PreußMdI an die OPr in Königsberg, Schneidemühl, Oppeln, Breslau, Charlottenburg, Kiel und den RegPr in Köslin, 5.2.27; die Antworten der Provinzialinstanzen an den PreußMdI sind vom 14. und 15.2.27 datiert. Zu erwähnen ist noch eine Denkschrift des grenzmärkischen OPr von Bülow vom 28.2.27, die ein fünf Jahre währendes Hilfsprogramm mit einem Aufwand von 61,28 Mill. RM forderte; vgl. dazu Raddatz (Anm. I/5), S. 88 ff.

wirkte nicht mehr stimulierend. Das Reich verwies auf seine bisherigen Leistungen und begnügte sich mit der Ankündigung, daß im nächsten Jahr noch einmal eine auf Ostpreußen und Oberschlesien beschränkte Grenzhilfe ausgeworfen werden würde[159]. Preußen mußte also mit 15 Mill. RM Vorlieb nehmen, und obwohl der Betrag unter dem Eindruck der öffentlichen Proteste noch um 5 Mill. RM zugunsten Ostpreußens erhöht worden ist, war unverkennbar, daß die 1926 geweckten Erwartungen getrogen hatten. Statt der erhofften Expansion war ein Rückschlag eingetreten, der sich im nächsten Jahr voraussichtlich noch fortsetzen würde. Die eben begonnene Grenzhilfepolitik schien in Frage gestellt.

Sichtbarstes Zeichen für die zerfließende Konzeption der Grenzhilfe war die Tatsache, daß 1927 beinahe alle deutschen Grenzgebiete in die Unterstützung einbezogen worden sind. Das Sofortprogramm von 1926 hatte an vielen Orten die Begehrlichkeit geweckt und u.a. das preußische Zentrum im Herbst 1926 veranlaßt, für ein Westprogramm zu werben, das die rhein- und moselländischen Grenzgebiete an der Staatshilfe beteiligen sollte. Der preußische Landtag hat gegen den Widerstand der Staatsregierung einen speziellen Westausschuß eingesetzt und eine Parallele zum Ostausschuß geschaffen, aber für die Grenzhilfe 1927 kamen die Westgebiete trotzdem zu spät[160].

Erfolgreicher als das Rheinland sind andere Gegenden Deutschlands gewesen: Sachsen, Bayern und Baden. Sie hatten schon während der Schlußverhandlungen über das Sofortprogramm als notleidende Grenzgebiete posiert und lösten nun das Versprechen ein, das ihnen Reichsinnenminister Külz am 2. Dezember 1926 gegeben hatte[161]. Die preußische Regierung erfuhr im November 1926 von dieser Konkurrenz, baute aber

159 *GStA, a.a.O.*: PreußMdI an den RMdI, 7.5.27; RMdI, Niederschrift über die Ressortbesprechung am 9.5.27 betr. Verteilung des Grenzfonds 1927. Über die Verteilung der Mittel s. Nr. 1108: RMdI an die preußischen Zentralbehörden, 9.12.27. Danach haben erhalten:

Gebiet	Mill. RM	
Ostpreußen	3,25	plus 5,00 Mill. RM Sonderfonds
Oberschlesien	2,50	
Niederschlesien	1,50	
Grenzmark	2,25	
Reg.Bez. Frankfurt/O.	1,20	plus 0,06 Mill. RM Sondermittel
Reg.Bez. Köslin	0,80	
Schleswig-Holstein	3,50	plus 0,30 Mill. RM Sondermittel
Preußen	15,00	plus 5,36 Mill. RM Sondermittel
Bayern	4,00	
Baden	3,25	
Sachsen	2,75	
Insgesamt	25,00	plus 5,36 Mill. RM Sondermittel

160 *PreußLT*, II, Drucks Nr. 4517: Urantrag Heß (Z) usw., 12.11.26; Beschluß über den Ausschuß für die westlichen Grenzgebiete am 18.12.27; s. *a.a.O.*, Sp. 17 141 ff. Über den Widerstand der PreußStReg gegen diesen Ausschuß s. die Vorgänge in: *GStA*, Rep. 90, Nr. 1125; dort auch die Schreiben des RMdI und RMfEuL an den StSRK vom 14.4.27, in denen der Wunsch des Reichsministers für die besetzten Gebiete, die Westgrenze an dem Grenzhilfefonds zu beteiligen, abgelehnt wurde.

161 Vgl. o. Anm. III/105.

einstweilen darauf, daß das Reichsinnenministerium die Argumente der drei Länder als nicht stichhaltig empfand. Deren Ansprüche genügten ja keineswegs dem Grundsatz, daß die Reichshilfe nicht alte Unterlassungssünden der Länder, sondern die Folgen der neuen Grenzen beseitigen sollte. Otto Brauns Randbemerkung: „Was hat denn Bayern und Sachsen an Grenzland abgetreten? ", enthüllte die Dürftigkeit der Argumentation, die jahrhundertealte Grenzen nun für ein brennendes Problem ausgeben wollte[162]. Wenn Preußen trotzdem den Kürzeren zog, so hat darauf die Umbildung der Reichsregierung Ende Januar 1927 ihren Einfluß gehabt. Nachdem alle anderen Kombinationen gescheitert waren, formierte sich das neue Kabinett unter Einschluß der Deutschnationalen, die sich mit vier Ministern beteiligten und der stärkste Koalitionspartner waren. Dieser Rechtsruck beeinträchtigte zwangsläufig die Beziehungen zu Preußen und steigerte den Wert eines guten Verhältnisses zu den übrigen Ländern. Hinzu kam, daß die politische Homogenität der neuen Koalition nicht über allen Zweifel erhaben war, so daß die Beteiligten zunächst die verbindenden Elemente geflissentlich hervorhoben. Dazu gehörte die Bereitschaft, den süddeutschen Ländern finanziell zu helfen und ihren Anspruch auf gewisse Steuerüberweisungen wohlwollend zu regeln[163]. In ähnlicher Weise wurden die grenzpolitischen Wünsche Bayerns, Badens und Sachsens honoriert und Preußens Ansprüche auf die Hälfte der von der Reichsregierung vorgesehenen 15 Mill. RM beschränkt[164]. Der Reichstag hat zwar die Mittel auf 25 Mill. RM erhöht und Preußens Anteil verdoppelt, aber die Beteiligung mittel- und süddeutscher Länder an einem Fonds, der ursprünglich der neuen Ostgrenze gewidmet gewesen ist, war und blieb ein Ärgernis.

Preußen hat sich nicht gescheut, es hierüber zu einem Konflikt mit dem Reich kommen zu lassen. Otto Braun hat einen geharnischten Protest an den Reichskanzler gerichtet, der die Abtretungsverluste Preußens und die Schädigung seiner Grenzgebiete mit der Tatsache verglich, daß Bayern, Baden und Sachsen keine Grenzveränderungen erlitten hätten und in ihrem Vorfeld durch ein massiert wohnendes Auslandsdeutschtum geschützt seien. Die Reichsregierung ließ sich davon nicht beeindrucken, obwohl in ihren eigenen Reihen Ansichten laut wurden, die den Vorrang der Ostgrenze im engeren Sinne verteidigten. Brauns Argwohn, die Beteiligung der drei anderen Länder werde, „wie es scheint, aus rein politischen Gründen" durchgesetzt, war begründet und fand sich in der Reaktion des Reichstags-Ostausschusses bestätigt, der 1926 die Interessen der Ostgebiete bis zum äußersten verfochten hatte, nun aber im Sinne der Regierungsparteien vor der Beteiligung Bayerns, Badens und Sachsens resignierte. Mitte Mai war es entschieden, daß die Grenzhilfe das Konzept von 1926 aufgegeben hatte und zu einem Objekt der starken Ellenbogen geworden war[165].

162 *GStA*, Rep. 90, Nr. 1106: PreußMdI an den PreußMPr, 25.11.26 (hier Brauns Randbemerkung); PreußStM, Vermerk vom 3.12.26.

163 Es handelte sich vornehmlich um eine Erhöhung ihrer Biersteueranteile; vgl. Hildemarie Dieckmann, *Johannes Popitz. Entwicklung und Wirksamkeit in der Zeit der Weimarer Republik (Studien zur europäischen Geschichte aus dem Friedrich-Meinecke-Institut der Freien Universität Berlin*, Bd. IV), Berlin 1960, S. 74; Schulz, *Zwischen Demokratie und Diktatur* (Anm. I/20), I, S. 346 ff.

164 *GStA*, Rep. 90, Nr. 1107: PreußMdI an die OPr in Königsberg, Schneidemühl, Oppeln, Breslau, Charlottenburg und an den RegPr in Köslin, 5.2.27. Teilt den Wunsch der Reichsregierung mit, bei den Anmeldungen einen Gesamtbetrag von 7,5 Mill. RM zugrunde zu legen.

165 *A.a.O.*: PreußMPr an den RK, 4.5.27; RMdI, Niederschrift über die Ressortbesprechung am 9.5.27 (hier haben die Vertreter des RWiM, des AA und des RMfEuL dafür plädiert, die Anteile der außerpreußischen Länder zugunsten Preußens zu kürzen); Vermerk Rathenaus vom 18.5.27 (über die Haltung des RT-Ostausschusses).

Diese Entwicklung empfand Preußen als ungerecht, weil gleichzeitig die Biersteueranteile der süddeutschen Länder beträchtlich erhöht worden sind[166]. Es bot sich die Vermutung an, daß die Belastung des Reichsetats zugunsten Bayerns, Würtembergs und Badens direkt die Schmälerung der Grenzhilfe veranlaßt hatte. Die preußische Regierung bemühte sich deshalb nach Kräften, hiergegen ihr Veto einzulegen, doch wiederum vergeblich. Eine energische Intervention Otto Brauns im Reichstag prallte an der Einmütigkeit der Regierungsparteien ab, und der Protest im Reichsrat fand ebenfalls keine Mehrheit. Eine Klage vor dem Staatsgerichtshof, die die Rechtmäßigkeit jener Zuwendungen an die süddeutschen Länder bestritt, weil sie ohne die erforderliche Zweidrittelmehrheit beschlossen worden waren, führte zwar im Herbst 1928 zum Siege, aber das diente der Grenzhilfe von 1927 nicht mehr[167].
In dieser Affäre war ein eigentümlicher Verlauf der politischen Fronten zu beobachten, denn die preußische Regierung hatte bei ihrem Kampf gegen das Reich nicht einmal die eigenen Ostprovinzen, um deren Belange es sich doch handelte, hinter sich. Fast alle provinzialen Reichsratsvertreter, unter ihnen auch Freiherr von Gayl, haben sich auf die Seite der Reichsregierung geschlagen und mitgeholfen, den preußischen Protest gegen die Neuordnung der Biersteueranteile niederzustimmen. Gayl hat das Verhalten der im deutschnationalen Lager stehenden Reichsratsmitglieder damit verteidigt, daß nur anerkannte Ansprüche Süddeutschlands befriedigt worden seien und daß deren Verweigerung schwerlich zu einem Zuwachs für den Grenzfonds geführt hätte. Gleichzeitig hat er aber zu verstehen gegeben, daß nicht nur Loyalität, sondern auch Taktik seine – und wie man hinzufügen darf: seiner Partei – Stimmabgabe beeinflußt hat. Es sei nämlich darauf angekommen, sich des Wohlwollens der außerpreußischen Länder für die Zukunft zu versichern und so die Möglichkeit zu wahren, „im Einvernehmen mit sämtlichen deutschen Ländern in einem Nachtragshaushalt für 1927 . . . die notwendigen Mittel bereitzustellen, um sämtlichen durch den Vertrag von Versailles direkt oder indirekt geschädigten Grenzprovinzen zu helfen"[168]. Mit anderen Worten: Die Deutschnationalen wollten im Haushaltsjahr 1927 noch erhebliche Zuwendungen an die Ostgebiete veranlassen, und um hierfür freie Hand zu erhalten, haben sie zunächst die Wünsche anderer Interessenten erfüllt. Die Grenzhilfe war damit vollends zu einem Objekt des politischen Kräftespiels geworden, wobei die Zusammenarbeit zwischen dem Reich und Preußen immer fragwürdiger wurde. Bedenkt man, daß zur gleichen Zeit, als diese Entscheidungen fielen, das Ringen um die ostpreußischen Bauernkredite von 1926 mühselig beigelegt wurden, so war der Wille der Reichsregierung nicht mehr zu übersehen, sich in der Grenzhilfepolitik von den preußischen Vorstellungen zu lösen und eigenen Initiativen zu folgen.

166 Vgl. dazu die Literatur o. in Anm. III/163. Nach einer Darstellung Frankenbachs sind 1927 die Biersteuervorausleistungen für Bayern um 27,8 Mill., für Württemberg um 2,3 Mill. und für Baden um 3,0 Mill. RM erhöht worden; hinzu kam eine einmalige Erhöhung um 8,3 Mill. RM, so daß 1927 gegenüber der Regelung aus dem Jahre 1925 41,4 Mill. RM mehr an die süddeutschen Länder gezahlt werden mußten. *GStA*, Rep. 203, Nr. 170: Frankenbach an Siegfried Dyck, 22.12.28.

167 Über die Haltung Brauns s. Otto Braun, *Von Weimar zu Hitler*, 2. Aufl., New York 1940, S. 220 ff.; *RT*, III, S. 10 265; S. 10 352 f.: Otto Braun (SPD) am 1. und 2.4.27.

168 *PreußStRat*, Sp. 241 ff.: 16. Sitzung am 31.5.27.

b) Ostpreußen und die Grenzhilfe

Die Taktik der DNVP gegenüber den süddeutschen Ländern hat freilich die Ostprovinzen nicht bewogen, die Grenzhilfe 1927 gelassen zu beurteilen. Sie gaben vielmehr vehemente Proteste von sich, die nicht zuletzt von den deutschnational geführten Wirtschaftsverbänden und der deutschnationalen Presse ausgingen. Besonders Ostpreußen, für das der Oberpräsident als allerdringendsten Bedarf 35,66 Mill. RM ermittelt hatte, fühlte sich mit einem Anteil von 3,25 Mill. RM beinahe verhöhnt[169]. Ende März wurde von der Königsberger Presse zum ersten Mal Alarm geschlagen[170], doch der eigentliche Entrüstungssturm brach einen Monat später los, als aus parlamentarischen Kreisen Näheres über den Verteilungsschlüssel durchsickerte, den die Reichsregierung vorbereitet hatte. Die deutschnationalen Vorsitzenden der Landwirtschaftskammer und des LVO versicherten empört, daß sie „eine derartige unglaubliche Behandlung Ostpreußens für unmöglich angesehen" hätten und daß eine Besserstellung ihrer Provinz bei der Grenzhilfe unabdingbar sei[171]. Die *Allensteiner Zeitung*, ein deutschnationales Blatt, versuchte zwar in dieser Sache eine Attacke gegen die preußische Regierung zu reiten, die sie bezichtigte, die Interessen ihrer Ostprovinzen nicht gewahrt zu haben, aber als Ministerpräsident Braun dagegenhielt, daß seine Bemühungen um eine Korrektur des Reichshaushalts „leider nicht die Unterstützung der gerade von den östlichen Provinzen . . . gestellten Reichsratsvertreter gefunden" hätten, mußte die Königsberger Rechtspresse zu der törichten Ausrede greifen, daß die ostpreußenfreundliche Haltung Brauns ein absolutes Novum sei und daß sie nur parteidemagogischen Zwecken diene[172]. Solche verkrampften Argumente verrieten die unerfreuliche Position, in die die deutschnationalen Kreise Ostpreußens durch die Politik „ihrer" Reichsregierung geraten waren, denn das Bemühen, die preußische Regierung zum Sündenbock zu stempeln, war nur ein ungeschickter Versuch, von der Verantwortung der DNVP innerhalb der Reichsregierung abzulenken.

Doch unbeschadet solcher Scharmützel war sich die Provinz in ihrem Protest einig. Die landwirtschaftlichen Verbände, die Industrie- und Handelskammern, die Handwerkskammer, der Allgemeine Deutsche Gewerkschaftsbund, der Deutsche Ostbund, der Provinzialschulverein – alle hatten ein und dieselbe Meinung, die unter Überschriften wie „Ein offener Skandal!", „Heraus zum Protest!", „Bruch feierlicher Versprechungen", „Das wahre Gesicht des Reiches? " der Öffentlichkeit präsentiert wurden. Diese gereizte Stimmung, deren bedenkliche Konsequenzen Siehr seiner Regierung vor Augen gehalten hat, verfehlte nicht ihre Wirkung. Siehrs Antrag, daß Ostpreußen ein Vielfaches der auf Bayern entfallenden Summe verlangen müsse, fand den Beistand Otto

169 *GStA*, Rep. 90, Nr. 1107: OPr an den PreußMdI, 14.2.27.

170 *Kbg Allg Ztg*, 29.3.27: „Nur vier Millionen für Ostpreußen? – Das unannehmbare ‚Grenzprogramm' ".

171 *BAK*, R 43 I/1797: Telegramme des Vorsitzenden der LWK Brandes an den RK, 28.4.27, und des Vorsitzenden des LVO von Gehren an den RK, 29.4.27 (hieraus das Zitat).

172 *Allensteiner Ztg*, 30.4.27: „Das Sofortprogramm in Gefahr!"; *Ostpr Ztg*, 3.5.27: „Ostpreußens Benachteiligung. Schwere Anklagen gegen wen? "; *Kbg Allg Ztg*, 18.5.27: „Ostpreußen als Zankapfel? Preußischer Ministerpräsident, Reichsregierung und Ostpreußen"; *GStA*, Rep. 90, Nr. 1107: PreußMPr an die Redaktion der Allensteiner Zeitung, 2.5.27.

Brauns und des Reichspräsidenten, der den Reichskanzler eindringlich auf die ostpreußischen Beschwerden verwies und um eine Änderung des Verteilungsmodus der Grenzhilfe oder um die Vergabe von Sondermitteln an Ostpreußen ersuchte[173].
Am 4. Mai wurde eine von Siehr geleitete Delegation, in der sich alle Wirtschaftskreise vom LVO bis zu den Gewerkschaften vereinigt hatten, in Berlin vorstellig. Bei den preußischen Ministerien erhielt sie schnell die Zusage, daß man „trotz gewisser Bedenken für eine Sonderbehandlung Ostpreußens" eintreten wolle. Bei Reichskanzler Marx, der sich vom deutschnationalen Vizekanzler Hergt und von Gayl flankieren ließ, stieß die Erregung der Ostpreußen zunächst auf Erstaunen, denn ein verbindlicher Verteilungsplan bestehe nicht, und das Reichskabinett werde sich erst noch mit der Angelegenheit befassen. Dann räumte Marx aber ein, daß Ostpreußens Sonderlage mehr als 3,25 Mill. RM erheische, und er fügte hinzu, daß der Grenzhilfefonds vielleicht durch Kredite ergänzt werde, jedoch sei darüber noch nicht abschließend verhandelt[174]. Tatsächlich hat die Reichsregierung am 11. Mai beschlossen, für Ostpreußen zusätzlich 5 Mill. RM aufzubringen, die nicht an die Verwendungszwecke des Grenzprogramms gebunden sein sollten. Diese Regelung gestattete es, die außerpreußischen Länder im Genuß ihrer Anteile an der Grenzhilfe zu lassen, wofür sich der bayerische Ministerpräsident eingesetzt hatte[175].
Die 5 Mill. RM waren verhältnismäßig schnell erobert worden, doch um so schwerer fiel es den Regierungen, sich über die Verwendungszwecke zu einigen. Der Betrag von 3,25 Mill. RM, den Ostpreußen im Rahmen der Grenzhilfe erhalten hatte, war nach den Vorschlägen Siehrs für den Straßenbau, die technische Förderung der Landwirtschaft, für sozial- und kulturpolitische Aufgaben u. dgl. mehr festgelegt worden. Nun sollten Bedürfnisse berücksichtigt werden, die nicht in den Umkreis der Grenzhilfe gehörten[176]. Am 22. Juli kamen die preußischen und Reichsministerien grundsätzlich überein, der Landwirtschaft 3,1 Mill. RM aus dem Sonderfonds zu gewähren und 1,6 Mill. RM zur Sanierung der ostpreußischen Kleinbahnen und 0,3 Mill. RM für verschiedene bauliche Maßnahmen abzuzweigen. Schwierig wurde es jedoch, als über die Art, in der die Landwirtschaft zu unterstützen sei, entschieden werden sollte. Im Gegensatz zur preußischen Regierung, die unter dem Einfluß Otto Brauns für allgemein produktionsfördernde Aufwendungen eingetreten war, bevorzugte das Reichslandwirtschaftsministerium eine neuerliche Besitzerhaltungsaktion unter den Bauern, von denen namentlich die Altsiedler hilfsbedürftig waren. Im selben Sinne argumentierte eine Denkschrift des LVO über die „Lage der Rentengütler und Siedler in Ostpreußen", die von den 5000 Bauern, die unter diese Kategorie fielen, sagte, daß sie keinen normalen Hypothekarkredit erlangen könnten und deshalb dringend staatliche Hilfe brauchten[177]. Diesem Vorschlag wollte Schiele folgen, sofern gewährleistet war, daß die Kre-

173 *GStA, a.a.O.*: OPr an den PreußMPr, 2.5.27. Als Anlage dazu 31 Ausschnitte aus der ostpreußischen Presse, denen die im Text zitierten Überschriften entnommen sind. *BAK*, R 43 I/1798: RPr an den RK, 2.5.27; *GStA*, Rep. 90, Nr. 1107: PreußMPr an den RK, 4.5.27.

174 *GStA, a.a.O.*: Aufzeichnung (Frankenbachs) über den Empfang der ostpreußischen Delegation am 5.5.27 beim PreußMPr, PreußMdI und beim RK.

175 *BAK*, R 43 I/1798: Auszug aus dem Protokoll der Sitzung des Reichsministeriums vom 11.5.27; Bayerischer Ministerpräsident an den RK, 12.5.27.

176 Ein detaillierter Verwendungsnachweis für die Grenzhilfe und den Sonderfonds ist enthalten in: *GStA*, Rep. 90, Nr. 1108: RMdI an die preußischen Zentralbehörden, 9.12.27.

177 *A.a.O.*: RMfEuL an den PreußMPr, 27.7.27 (als Anlage die Denkschrift des LVO); RMdI, Niederschrift über die kommissarische Beratung vom 22.7.27 betr. Verwendung des 5 Mill. RM-Fonds für Ostpreußen; zwei Vermerke Conrings vom 25.7. und 2.8.27; Rep. 203, Nr. 207: OstprVertr an den OPr, 22.7.27.

dite nicht von den Kreissparkassen, sondern von einer zentralen Stelle verteilt würden.

Damit trat wieder die leidige Situation ein, die schon die Vergabe der Bauernkredite aus dem Sofortprogramm beeinträchtigt hatte. Die Reichsregierung wollte die Sparkassen von der Kreditaktion fernhalten, während die preußischen Behörden auf deren Teilnahme bestanden. Abermals ging der Widerstand von Siehr aus, der die Fortführung der Kredithilfe für die Bauern als wichtig ansah, jedoch die Bedingungen Schieles ablehnte. Auf denselben Standpunkt stellte sich Otto Braun, der anfänglich gegen ein Wiederaufleben der staatlichen Darlehn war, nun aber einwilligte, sofern die Regierungspräsidenten und Landräte darüber die Aufsicht führten. Doch Schiele ließ diesmal von seiner Forderung nicht ab. Deshalb mußten andere Verwendungsvorschläge gewählt werden, unter denen sogar Brauns ursprünglicher Wunsch nach Produktionsförderung Aufnahme fand. Lediglich 200 000 RM verblieben als Darlehn für die Altsiedler; von dem übrigen Geld wurden 1,6 Mill. RM auf die im Herbst fälligen Rentenbankgrundschuldzinsen verrechnet und 1,3 Mill. für die Produktionsförderung auf diversen landwirtschaftlichen Gebieten vorgesehen. Am 18. August war die Aufteilung perfekt[178].

Insgesamt hat Ostpreußen 1927 8,25 Mill. RM Reichshilfe erhalten. Das war viel weniger als das Sofortprogramm gebracht hatte und zählte gewissermaßen nur als Zwischenspiel vor der großen Hilfsaktion, die Gayl schon Ende 1926 für seine Provinz verlangt hatte[179]. Im Laufe des Jahres 1927 deuteten verschiedene Anzeichen darauf hin, daß die Reichsregierung einen „Sonderfonds für Ostpreußen, insbesondere für die ostpreußische Landwirtschaft" plante, aber es dauerte noch bis 1928, ehe daraus Wirklichkeit wurde[180].

c) Die Grenzhilfe und das Verhältnis zwischen Preußen und dem Reich

Als die preußische Regierung 1925 den Entschluß faßte, die Hilfe des Reiches für ihre Ostprovinzen zu erbitten, da durfte sie erwarten, daß die von ihr entwickelte Argumentation, in den Ostgebieten seien kriegsbedingte Schäden zu beseitigen und nationalpolitische Pflichten zu erfüllen, allein ihr einen Anspruch auf die verlangte Hilfe gab. Die Mittel, die das Reich für die Grenzhilfe aufzuwenden gedachte, hätten *eo ipso* Preußen zufallen müssen. Das Jahr 1927 hat aber gezeigt, daß dem nicht so war. Die Beteiligung Bayerns, Badens und Sachsens hat erhebliche Spannungen zwischen Preußen und dem Reich verursacht und ihre Zusammenarbeit auf einen Punkt gebracht, an dem die Zukunft der Grenzhilfepolitik ungewiß schien.

Für Preußen erneuerte sich damit ein Problem, das schon in den Jahren vor 1925 aufgetreten war: nämlich das Ringen um die Autonomie der Landesverwaltung bei der Vergabe von Geldern, die das Reich zur Verfügung gestellt hatte. Einerseits waren die Länder in der Verwaltung ihrer inneren Angelegenheiten autonom und wünschten es zu bleiben, aber anderseits fehlten ihnen mitunter die Mittel, die aus ihrer Autono-

178 *GStA*, Rep. 203, Nr. 207: OstprVertr an den OPr, 8.8.27; OPr an die OstprVertr, 12.8.27; RMfEuL an den RMdF, 18.8.27.

179 *RRat*, 1926, S. 529: Frhr. von Gayl am 22.12.26.

180 *GStA*, Rep. 90, Nr. 1107: Vermerk Conrings vom 2.6.27.

mie erwachsenden Aufgaben zu erfüllen. Das zeigt sich besonders dort, wo langwierige Notstände einen außergewöhnlichen Geldbedarf weckten. Dann wurde, wie es das Beispiel der preußischen Ostprovinzen lehrt, die finanzielle Hilfe des Reiches benötigt, und die löste automatisch Tendenzen zu einer Kompetenzverschiebung aus, weil sich der Geldgeber einen Einfluß auf die Verwendung seiner Mittel nicht nehmen ließ.

Die beiderseitigen Standpunkte hatten sich schon Anfang 1923 als unvereinbar erwiesen, als die Reichsregierung an der Pflege des Deutschtums in den Grenzgebieten finanziell mitzuwirken begann, aber das preußische Ansinnen, die betreffenden Gelder zweckgebunden an die Länder zu überweisen, ablehnte, weil es nicht ihre Sache sei, durch allgemeine Zuschüsse den Ländern einen Teil ihrer genuinen Aufgaben abzunehmen. Das Reich wollte sich nur in einzelnen Fällen beteiligen und dabei auf ein Einvernehmen mit den Landesregierungen achten. Die Reichsregierung behielt sich damit die Auswahl der Fälle, in denen sie aktiv werden wollte, vor und beanspruchte ein ins Detail gehendes Prüfungsrecht. Es ist begreiflich, daß die preußischen Ministerien derartige Zuwendungen mit gemischten Gefühlen betrachteten, „weil dadurch der Reichsregierung ein nicht erwünschter Einfluß auf diese Angelegenheiten eingeräumt“ wurde[181]. Aber die Macht der Umstände zwang dazu, die Bedingungen des Reiches hinzunehmen.

Die mit dem Sofortprogramm beginnende Grenzhilfe stand ebenfalls unter dem Grundsatz, daß die Zuschüsse des Reiches nicht den ordentlichen Haushalt Preußens entlasten, sondern außerordentliche Beihilfen sein sollten, mit denen „dauernde und sichtbare Werte“ als „bleibendes Zeugnis für die Hilfe des Reiches“ zu schaffen seien[182]. Das besagte, daß die Reichsregierung sich nicht bescheiden hinter den Aufgaben, die Preußen als dringend ansah, verbergen wollte. Besonders gravierend war ihr Anspruch, die Grenzhilfeprojekte daraufhin zu prüfen, ob sie unter die normalen Obliegenheiten des preußischen Etats fielen oder jenen außerordentlichen Charakter besaßen, der die Voraussetzung für einen Reichszuschuß bildete. Angesichts der ambivalenten Natur, die den meisten Projekten eigen war – als Maßnahmen der allgemeinen Landeskultur und Volkswohlfahrt waren sie Landesaufgaben, die nur als Folgen der Grenzziehung eine die Reichszuständigkeit berührende Bedeutung erhielten –, eröffnete dieser Vorbehalt einen großen Spielraum für Ermessensentscheidungen, den Preußen um so weniger einengen konnte, als die Argumentation mit der Reichszuständigkeit von ihm selbst eingeführt worden war.

Ein beharrlicher Kritiker dieser Entwicklung ist der preußische Landwirtschaftsminister Steiger gewesen. Er hat die anmaßende Konkurrenz der Reichsressorts mit starkem Unbehagen beobachtet, dabei aber nicht übersehen, daß die preußischen Ministerien sich selbst schadeten, wenn sie eine Vielzahl von kleinen Projekten für die Grenzhilfe vorschlugen und dadurch dem Reich „erneute Gebiete der Betätigung“ preisgaben. Auf diese Weise könnte das Reich „unter Berufung auf den eigenen Wunsch der preußischen Regierung in die verfassungsrechtlichen Befugnisse der Länder“ eingreifen. Als Alternative empfahl Steiger, „die Anträge auf Reichshilfe wieder etwas einzuschränken“ und sie auf einige große Aufgaben zu konzentrieren, „deren unmittelbarer Zusammenhang mit der Pflicht des Reiches zur Linderung der Kriegsfolgen und zum Schutz der nationalgefährdeten Grenzgebiete offensichtlich ist“[183].

181 *A.a.O.*: RMdI an den PreußMdI, 2.12.22 und 18.1.23; PreußMdI an den RMdI, 2.1.23; Rep. 203, Nr. 443: OstprVertr an den OPr, 10.1.23 (hieraus Zitat).

182 *GStA*, Rep. 90, Nr. 1107: RMdI an den PreußMdI, 11.1.27 (Zitat aus den allgemeinen Richtlinien für das Sofortprogramm).

183 *A.a.O.*, Nr. 1106: PreußMfLDuF an den PreußMPr, 8.5.26.

Steigers Anregungen wurden nicht befolgt, weil die Grenznöte sich vorwiegend in den Verwaltungseinheiten der Gemeinden und Kreise äußerten und dort mit zahlreichen Einzelmaßnahmen bekämpft werden mußten. Jedoch die Erfahrungen, die bei der Zusammenarbeit mit dem Reich gesammelt wurden, waren nicht geeignet, das vorhandene Unbehagen zu verringern. Die Grenzhilfe von 1927, die durch die Auseinandersetzung über ihre Höhe und ihren Empfängerkreis sowie durch den Konflikt zwischen dem Reich und Preußen belastet war, erhielt für Preußen zusätzlich einen unerfreulichen Aspekt, als der Reichsinnenminister die Länder drängte, ihre Verwendungsvorschläge binnen einer kurzen Frist einzureichen. Daran nahm Steiger Anstoß, weil er nicht geneigt war, „zu Gunsten unvermittelter Entschlüsse des Reichsressorts auf die geordnete, sachgemäße Abwicklung der Geschäfte zu verzichten"[184]. Er bestand darauf, daß die selbständige Geschäftsführung Preußens nicht durch die Ansprüche, die das Reich aus seinen relativ niedrigen Aufwendungen herleitete, beeinträchtigt werde. Eher sei auf die Annahme von Reichsmitteln als auf die Abwehr einer Praxis zu verzichten, „die den Bau der preußischen Verwaltung zu erschüttern geeignet ist". Die bisherige Technik der Grenzhilfe sei in einen „Krieg aller gegen alle" ausgeartet, der die nachgeordneten Behörden „an den unmittelbaren Verkehr mit den ausschlaggebenden Reichsstellen" gewöhne und der der preußischen Regierung Mühe bereite, „in diesem Durcheinander ihre Stellung notdürftig zu wahren". Vergegenwärtige man sich, wie sehr auf diese Weise das Ansehen Preußens und die Funktionsfähigkeit seiner Verwaltung geschädigt werde, so sei die von einem hohen Reichsbeamten geäußerte Ansicht, „10 Jahre Reichsosthilfe würden das Ende der preußischen Verwaltung in den Ostprovinzen bedeuten", als durchaus wirklichkeitsnah zu bestätigen[185].

Obwohl sich niemand fand, der wie Steiger gegebenenfalls auf eine Reichshilfe verzichten wollte, war doch im Kreise der preußischen Minister die Kritik an den Übergriffen des Reiches so stark, daß der Innenminister, der im allgemeinen das Verhältnis zum Reich nicht durch heftige Reaktionen strapazierte, den Reichsinnenminister auffordern mußte, künftig „jeden unmittelbaren Schriftwechsel . . . mit Ober- und Regierungspräsidenten zu unterlassen"[186].

Derartige Verwahrungen richteten allerdings nicht viel aus, solange die Provinzen ein dringendes Interesse an finanzieller Hilfe jeder Art hatten und solange Preußen diesen Bedarf nicht aus eigenen Kräften befriedigen konnte. Ein Verzicht auf die mögliche Reichshilfe war politisch unmöglich. Das einzige Gegenmittel wäre gewesen, daß Preußen selber sich an der außerordentlichen Grenzhilfe beteiligte und dadurch „in der Betätigung der Fürsorge für die gefährdeten östlichen Grenzprovinzen wieder die Führung in die Hand" bekam[187].

Ein aktiver Förderer dieses Gedankes ist Innenminister Grzesinski gewesen, der sämtliche Grenzprovinzen bereist und seine persönlichen Eindrücke über die dortigen Zustände in einer umfangreichen Denkschrift verarbeitet hat, die Anfang Juli 1927 den Anstoß für eine neue Ostmarkenpolitik Preußens zu geben suchte[188]. Sein Ziel war es,

184 *A.a.O.*, Nr. 1107: PreußMfLDuF an den PreußMdI, 8.6.27.

185 *A.a.O.*, Nr. 1108: PreußMfLDuF an den PreußMdI, 11.7.27.

186 *A.a.O.*: PreußMfVW an den PreußMdI, 22.7.27; PreußMfWKuVB an den PreußMPr, 8.8.27; PreußMdI an den RMdI, 26.7.27.

187 *A.a.O.*: PreußMdI, Niederschrift (über die Ressortbesprechung am 1.9.27 betr. wenere Grenzhilfe).

188 *A.a.O.*: PreußMdI an den PreußMPr, 7.7.27. Über Grzesinskis Reisen in die Grenzgebiete und seine Einstellung zur Grenzhilfe vgl. seine Äußerungen am 30.1.28 vor dem preußischen Haushaltsausschuß; *PreußLT*, II, HptA, 267. Sitzung, Sp. 17.

im Zusammenwirken mit dem Reich eine auf zehn Jahre geplante Grenzhilfepolitik zu inaugurieren, die den nationalen Besitzstand verteidigen und zu der das Land Preußen einen angemessenen Beitrag leisten sollte. Gerade für das republikanische Preußen sei es lebenswichtig, „die im allgemeinen demokratischen Gedanken nicht zugetane Bevölkerung des Ostens . . . an sich zu fesseln und ihr zu zeigen, daß es . . . gewillt und imstande ist, eine Ostmarkenpolitik zu treiben, die der Bevölkerung Achtung und schließlich auch Zuneigung gegenüber dem neuen Staat abnötigt". Wenn es auch zweifelhaft war, ob dieser innenpolitische Erfolg in erreichbarer Nähe lag, so war doch für Preußen klar die Frage nach einer eigenen Grenzpolitik gestellt.

Trotz den reservierten Randbemerkungen Otto Brauns, in denen der Argwohn nistete, daß eine allzu grundsätzlich betriebene Grenzhilfe in die Bahnen der altpreußischen, antipolnischen Ostmarkenpolitik abgleiten könnte, ist nicht der Wille Preußens, seinen Grenzgebieten Hilfe zu bringen, strittig gewesen, sondern sein finanzielles Vermögen, diesen Willen zu verwirklichen. Im Hinblick auf die bescheidenen eigenen Möglichkeiten hat Otto Braun 1927 in dem Konflikt mit der Reichsregierung daran erinnert, daß Preußen durch den Kriegsausgang einen Vermögensschaden von 3,5 Mrd. Mark erlitten habe, der dem Reich auf dem Reparationskonto gutgeschrieben worden sei. Er forderte dafür vom Reich jährliche Entschädigungszahlungen, die sein Land finanziell so leistungsfähig machen sollten, daß es die Ausgaben für eine Grenzhilfe selbst bestreiten könne. Braun strebte eine Jahresrate von 50 Mill. RM an, die genügend Spielraum gegeben hätte, um den aus Ressortkreisen vorgetragenen Wunsch, kontinuierlich 10 Mill. RM pro Jahr für die Grenzhilfe verfügbar zu halten, zu erfüllen[189].

Die Rechnung, sich mit der finanziellen Hilfe des Reiches von den Eingriffen zu emanzipieren, die dasselbe Reich in der preußischen Verwaltung begangen hatte, ist nicht aufgegangen, weil das Reich die gewünschten Zahlungen nicht geleistet hat. Wenn Preußen also etwas für seine Grenzgebiete tun wollte, mußte es sich auf seine eigenen Kräfte verlassen. In dieser Situation ist das Staatsministerium zögernd an Grzesinskis Denkschrift herangetreten und hat erst im November sein Plazet dazu gegeben, daß deren Inhalt von Ressortvertretern erörtert wurde[190]. Auf der folgenden Besprechung hat der Kommissar des Finanzministers zwar mitgeteilt, daß aus zurückgeflossenen Staatskrediten ein einmaliger Betrag von 10 Mill. RM für die Grenzgebiete bewilligt werden könne, aber er hat entschieden der Ansicht widersprochen, das Staatsministerium habe mit der Erlaubnis für diese Beratungen bereits grundsätzlich eine langfristige Grenzhilfe bejaht. Immerhin haben die Ministerien die angebotenen 10 Mill. RM als einen Erfolg verbucht, den sie zu einer dauerhaften Grenzhilfe ausbauen zu können hofften[191].

189 *RT*, III, S. 10 352: Otto Braun (SPD) am 2.4.27; vgl. Otto Braun (Anm. III/167), S. 220; *PreußLT*, II, Drucks Nr. 6478: (PreußStReg), Aufzeichnung über die hauptsächlichsten zur Zeit bestehenden Meinungsverschiedenheiten zwischen Reich und Preußen, 16.5.27. Den Vorschlag, 10 Mill. RM jährlich für eine preußische Grenzhilfe aufzuwenden, hatte der PreußMfLDuF gemacht; MinDir Nobis aus dem PreußStM hat ihn in einer Randbemerkung beifällig aufgenommen und die Absicht zum Ausdruck gebracht, die Grenzhilfe aus der Reichsentschädigung zu speisen; *GStA*, Rep. 90, Nr. 1108: PreußMfLDuF an den PreußMdI, 11.7.27 (mit Randbemerkung Nobis').

190 *GStA*, *a.a.O.*: Auszug aus dem Protokoll der Sitzung des PreußStM am 2.11.27.

191 *A.a.O.*: PreußStM, Vermerk (Strundens über die Ressortbesprechung am 18.11.27); lt. Auszug aus dem Protokoll der Sitzung des PreußStM am 29.11.27 ist klargestellt worden, daß die Ressortbesprechungen insbesondere zu erörtern hätten, „ob eine Ostpolitik auf längere Sicht als erforderlich anerkannt werden müsse", d.h. eine solche Politik war noch keineswegs akzeptiert worden. PreußMfLDuF an den PreußMdI, 12.11.27.

Doch ihr Optimismus fand sein unüberwindliches Hindernis an dem harten Realismus, mit dem Finanzminister Höpker-Aschoff die Möglichkeiten seines Staates beurteilte. Von dieser Seite ist niemals ein Zweifel daran gelassen worden, daß Preußen außer seinen etatmäßigen Aufwendungen für die Grenzprovinzen nichts aufbringen könne und daß der außerordentliche Mehrbedarf vom Reich getragen werden müsse. Höpker-Aschoff hat es abgelehnt, einen Beitrag zum Soforthilfeprogramm zu leisten[192], und ebenso hat er 1927 eine preußische Grenzhilfe in Millionenhöhe als ein Unding bezeichnet. Er bestand darauf, „daß die Beseitigung der durch Kriegs- und Friedensvertragsfolgen geschaffenen Notstände und Schäden ausschließlich Sache des Reiches ist"[193]. Wenn er Ende 1927 trotzdem 10 Mill. RM freigegeben hat, so deklarierte er sie als einmalig und wies alle Forderungen, die diesen Posten im folgenden Etat wiederaufleben lassen wollten, unnachgiebig zurück[194]. Seine kompromißlose Haltung ist um so ernster zu bewerten, als er selbst der damaligen Form der Grenzhilfe nachsagte, daß sie „dem Bestreben des Reiches auf Ausdehnung seiner Zuständigkeit zum Nachteile Preußens Vorschub geleistet" habe[195]. Aber der Zwang der Verhältnisse erlaubte es ihm nicht, solche Bedenken bis zu den Konsequenzen fortzuspinnen, bei denen die anderen Minister angelangt waren. Aus seiner Sicht mußte die Hilfe des Reiches für die östlichen Grenzprovinzen beansprucht werden, weil Preußen dort aus eigenem nicht genug tun konnte. Damit erledigte sich aber auch die Hoffnung, daß Preußen *in puncto* Grenzhilfe die lästige Mitsprache des Reiches abschütteln werde.

192 *A.a.O.*, Nr. 1106: PreußFM an den RMdF, 18.8.26.

193 *A.a.O.*, Nr. 1108: PreußFM an den PreußMPr, 10.10.27.

194 *A.a.O.*, Nr. 1109: PreußFM an den PreußMPr, 28.1.28; PreußFM an den PreußMdI, 3.8.28.

195 *A.a.O.* Nr. 1125: PreußFM an den PreußMPr, 10.12.26 (im Zusammenhang mit einer eventuellen Hilfe für die Westgebiete geäußert).

Vierter Teil

DIE OSTPREUSSENHILFE VON 1928 UND 1929

Das fragwürdige Ergebnis der Grenzhilfeaktion von 1927 ist nur verständlich, wenn dahinter die Absicht der Reichsregierung vermutet wird, für die am meisten bedrängten Grenzgebiete Ostdeutschlands eine massierte Sonderaktion vorzubereiten. In den nun folgenden Jahren wich die bisher geübte Grenzhilfepolitik einer konzentrierten Ostpreußenhilfe, die dem leidigen Zustand einer weitgestreuten Verzettelung der verfügbaren Mittel ein Ende bereiten sollte. Dabei gewann die 1926 nur zögernd akzeptierte Verteilung von Krediten an die private Wirtschaft, namentlich an die Landwirtschaft, eine überragende Bedeutung, denn die ökonomischen Verhältnisse hatten sich in Ostpreußen so sehr zugespitzt, daß die alleinige Finanzierung von Verwaltungsprogrammen der Situation nicht mehr angemessen war. Das Schwergewicht der staatlichen Hilfe verlagerte sich auf das wirtschaftliche Gebiet, wo mit einem großen Aufwand an zweitstelligen Krediten die überschuldete Landwirtschaft saniert werden sollte. Diese Umschuldungsaktion hat alle übrigen Maßnahmen sowohl ihrer finanziellen als auch ihrer politischen Tragweite nach überschattet und den Auftakt zu jener großangelegten Osthilfe gegeben, die seit 1930 auf das ostelbische Deutschland ausgedehnt worden ist. Entsprechend der Größe des finanziellen Aufwandes und der Heftigkeit der Wirtschaftskrise verstärkten sich die Interessengegensätze unter den beteiligten Parteien, so daß die Ostpreußenhilfe ein weites Feld politischer Konflikte eröffnete und alsbald zu einem Gegenstand vielseitiger Kritik wurde. Sie ist unter dem Druck akuter Notstände geschaffen worden und diente dem Schutz der bedrängten ostdeutschen Wirtschafts- und Sozialstruktur, weil für tiefergehende Reformen die politischen und finanziellen Voraussetzungen fehlten. Die jahrzehntelange Ostpreußenhilfepolitik fand in ihr einen dramatischen Höhepunkt, auf dem sich die Berliner Regierungen in ungewöhnlichem Maße zugunsten der Provinz engagierten, der aber dennoch nicht zu einem prinzipiellen Wendepunkt geworden ist. Die Ostpreußenhilfe hat zwar der Problematik, die einer peripher gelegenen agrarischen Grenzprovinz in einem stark industrialisierten Wirtschaftsgebiet anhaftet, reichen materiellen Tribut gezollt, sie aber nicht gelöst. Nicht zuletzt dem Fehlen einer langfristig wirkenden konstruktiven Note ist es zuzuschreiben, daß die Ostpreußenhilfe bei den Beteiligten und in der Öffentlichkeit ein zwiespältiges Echo gefunden hat.

I. DIE OSTPREUSSENHILFE UND GRENZHILFE VON 1928

1. Die Entstehung der Ostpreußenhilfe

a) Die öffentliche Aufmerksamkeit für Ostpreußens Lage

Nach dem umstrittenen Ausgang der Grenzhilfe von 1927 war die Reichsregierung moralisch verpflichtet, ihre nächsten grenzpolitischen Taten dem preußischen Osten zugute kommen zu lassen. Ebenso war die DNVP als die Regierungspartei mit dem größten politischen und sozialen Rückhalt in den Ostprovinzen den Beweis schuldig, daß sie erfolgreicher als andere Parteien für die Belange des Ostens einzutreten wußte. Gleichzeitig mußte sie zeigen, ob sie ein Konzept besaß, das ein abermaliges Ausstreuen der verfügbaren Mittel in alle Himmelsrichtungen verhinderte und das die sachlich notwendige Zusammenarbeit mit Preußen gewährleistete.
Bis zur Mitte des Jahres 1927 war erkennbar geworden, daß die Reichsregierung ihre Aufmerksamkeit auf Ostpreußen zu konzentrieren gedachte. Sowohl im Mai als auch im Juli hat Dammann im internen Kreise betont, daß in Zukunft Ostpreußen die besondere Aufmerksamkeit des Reichsinnenministeriums finden werde[1]. Äußere Anzeichen dieser Tendenz waren die Reisen offizieller Persönlichkeiten und Gruppen, die ähnlich wie im Vorjahr die Öffentlichkeit auf ein größeres Engagement der Regierungen in Ostpreußen vorbereiteten. Anfang Juni bekräftigte Preußens Innenminister Grzesinski in Königsberg, daß Reichs- und Staatsregierung „vom ehrlichsten Wollen beseelt“ seien, „den bedrängten Gebieten des Ostens und vornehmlich der . . . besonders arg geschädigten Provinz Ostpreußen unter Anspannung aller vorhandenen Mittel zu helfen“[2]. Noch gewichtiger waren die Worte des Reichskanzlers Marx, der im September an der Einweihung des Tannenbergdenkmals teilnahm und anschließend mit Reichsinnenminister von Keudell Königsberg besuchte. Er bestätigte nicht nur, daß „die völlige Ausnahmestellung der ostpreußischen Grenzgebiete in einer entschiedenen Bevorzugung bei der Zumessung der Reichshilfe zum Ausdruck kommen muß“, sondern konkretisierte die Pläne der Reichsregierung dahingehend, daß neben den bisher üblichen Maßnahmen vor allem die Wirtschaft durch Produktionsförderung, Lastensenkung und Kreditverbilligung unterstützt werden solle. Außerdem fand er sich bereit, durch organisatorische Veränderungen innerhalb der Reichsregierung die Entstehung einer „jederzeit zur persönlichen Entgegennahme ostpreußischer Wünsche bereiten Reichsstelle“ zu fördern. Sein Hinweis, daß der Finanzkraft des Reiches Grenzen gezogen seien, wurde reichlich aufgewogen durch das Bekenntnis, die Frage Ostpreußen als „eine nationale Frage des ganzen deutschen Volkes“ behandeln und dementsprechend in seiner rheinischen Heimat wirken zu wollen[3].
Nicht minder zeugte die Rundreise, die der Ostausschuß des Preußischen Landtages Anfang September durch Ostpreußen antrat, davon, daß „eine Reihe von wichtigen

1 *GStA*, Rep. 90, Nr. 1107: RMdI, Niederschrift über die Ressortbesprechung am 9.5.27; Nr. 1108: Niederschrift über die kommissarische Beratung am 22.7.27.

2 *Amtlicher Preußischer Pressedienst*, 8.6.27: „Minister Grzesinski in Ostpreußen. Eine Ansprache des Ministers in Königsberg“, in:*GStA*, Rep. 90, Nr. 1070.

3 *WTB*, 19.9.27: „Rede des Reichskanzlers in Königsberg“; *WTB*, 20.9.27: „Eine weitere Rede des Reichskanzlers in Königsberg“, in: *GStA*, *ebda.*

Entscheidungen" heranreifte, „die auch für Ostpreußen von Bedeutung seien"[4]. Erwähnenswert sind in diesem Zusammenhange die publizistischen Auseinandersetzungen, die sich an der Rolle des Zentrums und des Ermlands innerhalb der entstehenden Ostpreußenhilfe entzündeten und die ein Schlaglicht auf das verborgene Spiel der politischen Kräfte warfen. Sie begannen mit einem Begrüßungsartikel, den das ostpreußische DVP-Organ *Königsberger Allgemeine Zeitung* dem Ostausschuß gewidmet hat. Darin war u.a. eine Anregung kritisiert worden, die der Redaktion vorgeblich aus Zentrumskreisen zugegangen war und derzufolge Ostpreußen seine Interessen gemeinsam mit dem katholischen Oberschlesien verfolgen solle, um sich so des Wohlwollens der parlamentarisch wichtigen Zentrumspartei zu versichern[5]. Hierauf ging der Koblenzer Zentrumsabgeordnete Heß, der zu der Parlamentariergruppe gehörte, bei einer Ansprache in Königsberg ein. Er bestritt, daß seine Partei einen überragenden parlamentarischen Einfluß besitze, und unternahm es, seinerseits ein politisches Kompensationsgeschäft zu lancieren, das Ostpreußen nicht mit Oberschlesien, sondern mit dem Rheinland verbinden sollte. Nach dem Vorspruch, daß die Ostpreußenfrage nicht zum Gegenstand parteipolitischen Tauziehens werden möge, machte er seinen Zuhörern den Vorschlag, die ostpreußische DNVP und das rheinische Zentrum sollten zum Wohle ihrer notleidenden Heimatbezirke „den ernsthaften Versuch machen, . . . einander . . . durch eine solche [gemeinsame] Aktion zu helfen"[6].

Den ostpreußischen Ohren war diese Tonart ungewohnt, denn es war selten, daß jemand aus dem Reich nach Königsberg kam und sich dort weigerte, in das ortsübliche Lied von der berufungslosen Sonderlage Ostpreußens einzustimmen. Zu alledem gefiel sich Heß darin, die Notlage der Provinz mit gespieltem Erstaunen zur Kenntnis zu nehmen, weil seiner Meinung nach Ostpreußen jahrhundertelang der maßgebende Faktor in Preußen gewesen sei und genügend Gelegenheit gehabt hätte, für sein eigenes Wohl zu sorgen. Doch damit nicht genug: Bei einer humorvollen Beschreibung der Gefühle, die den Rheinländer auf der Reise zu seinen fernen östlichen Landsleuten beschleichen konnten, ließ sich Heß von einem Artikel des ostpreußischen Schriftstellers Alfred Brust inspirieren, der die komplexe Seelenverfassung des ostpreußischen Menschen kräftig pointiert und damit die Phantasie des zugereisten Gastes beeindruckt hatte.

Mit derlei „skeptischen und das ostpreußische Selbstbewußtsein herausfordernden" Äußerungen erntete Heß unter seinen Zuhörern weidliches Befremden, das noch gesteigert wurde, als in den folgenden Wochen die Zentrumspresse eine Agitation zugunsten des Ermlandes inszenierte[7]. Entgegen der in Königsberg geltenden Parole, daß die gesamte Provinz einmütig in der gemeinsamen Not zusammenstehe, behauptete die Berliner und rheinische Zentrumspresse, daß das katholische Ermland ein Stiefkind der Königsberger Verwaltung sei und daß es, „eine Insel in einer größeren Insel, einen doppelt schweren Kampf um seine Geltung" führen müsse. Zum Beweis wurde erwähnt, daß die Reiseroute des Ostausschusses „mit aller Raffinesse" um das Ermland herumgelegt worden sei, so daß die Parlamentarier die dortigen Verhältnisse nicht hätten ken-

4 Äußerung des Ausschußvorsitzenden Riedel; s. *WTB*, 5.9.27: „Informationsreise des Ostausschusses des Preußischen Landtages durch Ostpreußen", in: *GStA, ebda.*

5 *Kbg Allg Ztg*, 4.9.27: „Ostpreußenpolitik! Zur Ostpreußenreise des Ostausschusses des Preußischen Landtages".

6 *GStA*, Rep. 90, Nr. 1070: Rede des RegDir Heß (Z) anläßlich seiner Anwesenheit in Ostpreußen (am 5.9.27).

7 *Kbg Allg Ztg*, 25.9.27: „Nachklänge zu den Ostpreußenbereisungen" (hieraus das Zitat); *Kölnische Volkszeitung*, 28.9.27: „Politische Stimmungen aus Ostpreußen"; *Germania*, 1.10.27: „Zentrum und Ostpreußenprogramm".

nenlernen können[8]. Die Zurücksetzung des katholischen Landesteils wollte das Zentrum nicht länger dulden; in Hinblick auf die zu erwartende Ostpreußenhilfe kündigte es an, daß das Ermland „mehr als bisher . . . an dem Berliner Segen teilhaben" müsse.

Vermutlich war der Ausgangspunkt dieser Kritik nicht Ostpreußen, sondern Berlin, wo die Reichsregierung an den Formen der ostpreußischen Hilfsaktion arbeitete und wo Zentrum und DNVP als Koalitionspartner einen Ausgleich ihrer Interessen herstellen mußten. Das Zentrum bemühte sich, entweder Kompensationen zugunsten der westlichen Grenzgebiete zu erzielen oder wenigstens seiner ostpreußischen Hochburg einen garantierten Anteil an der Reichshilfe zu sichern. Es spielte dabei seine günstige Position aus, denn als linker Flügel der Reichskoalition war es politisch nicht unbedingt auf die DNVP angewiesen, während die Deutschnationalen ihre grenzpolitischen Pläne nur verwirklichen konnten, wenn das Zentrum ihnen zustimmte. Außerdem verlieh ihm seine Funktion als Bindeglied zur preußischen Regierung, in der es als einzige Partei der Reichskoalition vertreten war, zusätzlichen Einfluß auf die Gestaltung des neuen Grenzprogramms. Derartige taktische Vorteile waren verlockend genug, um nun in die Waagschale geworfen zu werden.

Neben den Regierungen und Parteien entwickelten auch die industriellen Verbände ein gewisses Interesse für die Lage Ostpreußens und deren Rückwirkungen auf die allgemeine Politik. Im Sommer sind Präsidium und Vorstand des Reichsverbandes der deutschen Industrie in Königsberg gewesen, wo ihnen u.a. Brandes, der Vorsitzende der Landwirtschaftskammer, die wirtschaftlichen Verhältnisse darstellte, und im Herbst sind auf der Düsseldorfer Mitgliederversammlung des Langnam-Vereins Batocki, Brandes und Hippel zu Worte gekommen, um den Industriellen ein Bild von der Hilfsbedürftigkeit der Provinz zu geben[9]. Doch abgesehen von Batockis Aufforderung, die Unternehmer bzw. ihre Söhne sollten ostpreußischen Grundbesitz erwerben oder die Industrialisierung der Provinz fördern, gab es wenig Möglichkeiten für die Industrie, ein agrarisches Gebiet wie Ostpreußen direkt zu unterstützen. Es ist nicht anzunehmen, daß die westdeutsche Industrie daran dachte, sich zugunsten Ostpreußens zu engagieren. Wenn sie trotzdem diese Kontakte gesucht hat, so bewog sie dazu der Wunsch, sich über die Notwendigkeit der künftigen Ostpreußenhilfe und die finanziellen Opfer, die der Staat dabei bringen würde, zu informieren. Außerdem existierte noch die Frage des deutsch–polnischen Handelsvertrages, in der sich der exportorientierte Teil der gewerblichen Wirtschaft, der den polnischen Absatzmarkt gewinnen wollte, und die Landwirtschaft, die die Konkurrenz der polnischen Agrarproduktion vom deutschen Markt fernhalten wollte, gegenüberstanden. Bei der Verzögerung der Verhandlungen fiel nicht zuletzt die Rücksichtnahme auf Ostpreußen ins Gewicht, weil dessen Landwirtschaft sich besonders heftig gegen handelspolitische Zugeständnisse an Polen sperrte. Deshalb war für die Industrie ein Einblick in die wirtschaftlichen Verhältnisse Ostpreußens erstrebenswert, wenngleich nicht zu erwarten war, daß die sachlichen Gegensätze beigelegt werden konnten.

8 Für die offiziellen Reisen durch Ostpreußen hatte sich eine Route eingebürgert, die von Königsberg aus durch die Grenzbezirke führte und tatsächlich das zentral gelegene Ermland nur in seinem südlichsten Teil bei Allenstein berührte.

9 Brandes (Anm. II/227); *Kölnische Zeitung*, 16.11.27: „Ostpreußens Not und Westdeutschlands Teilnahme. Mitgliederversammlung des Vereins zur Wahrung [der gemeinsamen wirtschaftlichen Interessen in Rheinland und Westfalen".

b) Die ostpreußischen Vorschläge

Wie erinnerlich, haben die wirtschaftspolitischen Denkschriften, die seit 1925 von ostpreußischen Institutionen verfaßt worden sind, übereinstimmend den Wunsch nach einer umfangreichen Kredithilfe in den Vordergrund gestellt. Hierauf sind aber das Sofortprogramm 1926 und die Grenzhilfe 1927 nur in geringem Umfange eingegangen, so daß die finanzielle Notlage der Wirtschaft immer dringender geworden war. Das galt vor allem von der Landwirtschaft, deren Situation sich zum Kernproblem einer jeden Ostpreußenhilfe entwickelt hatte. Sie bildete das Hauptthema der Anträge, die 1927 von Königsberg nach Berlin gelangten.

Dreh- und Angelpunkt aller Überlegungen war die Verschuldung der Landwirtschaft, die allmählich die Grenzen der Kreditfähigkeit erreicht und dennoch den Kreditbedarf der Landwirte nicht befriedigt hatte. Die drohenden Konsequenzen dieser Entwicklung hatten die agrarischen Organisationen schon seit Jahren beschworen, aber jetzt wurden sie den Regierungen nochmals mit Nachdruck vor Augen gestellt. Generallandschaftsdirektor von Hippel wiederholte Anfang Mai 1927 seine Warnung aus dem Vorjahr, daß in Kürze viele Betriebe bis an die Verschuldungsgrenze belastet sein dürften, infolgedessen keinen Kredit mehr finden würden und wegen ihrer Unrentabilität dem Bankrott verfallen müßten. Die Landschaft habe seit 1925 mehrfach betont, daß sie die notleidenden Landwirte „bis in das Wirtschaftsjahr 1927/28 halten könne und halten werde, aber nicht länger". Wenn die Regierungen Hilfe bringen wollten, dann sei jetzt der letzte Moment gekommen[10]. Ebenso laut forderte die Landwirtschaftskammer den Beistand des Staates, um die Gefahr eines Massenzusammenbruchs abzuwenden und um „auf seiner Scholle zu halten, was noch zu halten ist, zu konsolidieren, was noch konsolidiert werden kann"[11].

Solche und andere bis zum Herbst 1927 folgende Eingaben verrieten die Entschlossenheit der Interessenten, den lange gehegten Wunsch nach einer erschöpfenden Hilfe nun endlich durchzusetzen, da ein weiteres Abwarten für die Landwirte nicht mehr angängig schien. Allerdings gab es über die einzuschlagenden Wege keine einhellige Meinung. Hippel sah die Wurzel allen Übels in den Steuern und öffentlichen Lasten, die die Ertragskraft der Landwirtschaft überstiegen und früher oder später jeden Betrieb finanziell auszehren müßten. Er verlangte, daß derart „unerfüllbare Ansprüche des Staates an die ostpreußische Wirtschaft" drastisch reduziert und das Mißverhältnis zwischen Einnahmen und Ausgaben korrigiert würde. Da ein Anwachsen der Einnahmen nicht zu erwarten sei, stelle die „Abbürdung der Lasten das einzige Mittel zur Gesundung der ostpreußischen Wirtschaft" dar. Die rechtlichen Schwierigkeiten sollte ein Ermächtigungsgesetz beheben, das die Reichsregierung mit der Befugnis zu Sonderregelungen für Ostpreußen ausstattete[12]. Obwohl es etwas für sich hatte, ein Gebiet, dem außerordentliche Existenzbedingungen auferlegt waren, in wirtschafts- und finanzpoli-

10 *GStA*, Rep. 203, Nr. 172: GenLschDir an den OPr, 28.8.26; Rep. 90, Nr. 1069: Kuratorium der Bank der Lsch an alle RMin, 3.5.27. *BAK*, R 43 I/1852: GenLschDir an den RK, 19.9.27 (Zitat); Schulz, „Staatliche Stützungsmaßnahmen. . ." (Anm. I/219), S. 183 f.

11 *GStA*, Rep. 90, Nr. 1069: LWK, Die zeitige Lage der ostpreußischen Landwirtschaft und Anträge derselben zur Ostpreußenhilfe für das Etatjahr 1927/28, 1.3.27.

12 *A.a.O.*: Kuratorium der Bank der Lsch an alle RMin, 3.5.27.

tischer Hinsicht zu privilegieren, war es doch ein ungewisses Beginnen, hiervon eine entscheidende Hilfe zu erwarten. Die Verschuldung und der Kreditbedarf der notleidenden Betriebe wären dadurch nicht verringert und das staatliche Vorgehen gegen diese unmittelbaren Krisenmomente nicht vermieden worden.

Realistischer war die Forderung der Landwirtschaftskammer nach einem großangelegten Finanzierungsprogramm, das das Verlangen nach Kredithilfe miteinschloß. Auch hier wurde die Senkung der Zins- und öffentlichen Lasten sowie die Umwandlung der rückständigen Steuern in eine langfristig tilgbare Schuld gewünscht, aber dem ging das Problem des Realkredits vor, das entweder durch eine Erweiterung der Beleihungsgrenze für erststellige Hypotheken oder durch Beschaffung zweitstelliger Hypotheken gelöst werden sollte. Außerdem trat die Landwirtschaftskammer dafür ein, die hohen Frachtkosten, die die ostpreußische Wirtschaft wegen ihrer marktfernen Lage tragen müsse, auf eine nicht näher bezeichnete Art zu senken[13].

Solche konkreten Vorschläge leiteten zwangsläufig zur Frage des Finanzbedarfs über, der mit einer intensiven Ostpreußenhilfe verbunden wäre. Die Interessenten haben zunächst keine bestimmten Angaben gemacht. Lediglich als im Mai 1927 anläßlich der Sonderzuwendung, die Ostpreußen neben der Grenzhilfe erhalten sollte, von 10 Mill. RM gesprochen wurde, lüftete Hippel ein wenig den Schleier und sagte, daß für eine spürbare Hilfe jährlich ungefähr 60 Mill. RM erforderlich seien[14]. Diese Zahl ist in unverbindliche Verhandlungen der Reichsministerien übergegangen, die wiederum bei dem rührigen Freiherrn von Gayl den Eindruck hervorgerufen haben, daß die Reichsregierung vielleicht für eine besondere Kreditaktion zugunsten Ostpreußens zu gewinnen sei. Aus diesem Grunde hat er am 27. Mai eine Besprechung in Königsberg veranlaßt, auf der die Vertreter von Landwirtschaft, Industrie und Handwerk den „Gesamtbedarf an Kreditmitteln, wie sie die Wirtschaft Ostpreußens zur Erhaltung ihrer Lebensfähigkeit und künftigen Wiedergesundung dringend benötige", anmelden sollten. Ihm wurde eine Summe von 146 Mill. RM genannt, in die sich die Landwirtschaft mit 85, die Industrie mit 46 und das Handwerk mit 15 Mill. RM teilten. Von den landwirtschaftlichen Forderungen entfielen allein 70 Mill. RM auf den Realkredit: 30 Mill. wurden für zweitstellige Hypotheken, 20 Mill. für die Ablösung der hochverzinslichen Roggenpfandbriefdarlehn und 20 Mill. RM für Bauernkredite benötigt. Für den Fall, daß diese Mittel tatsächlich bewilligt würden, machten sich die Anwesenden anheischig, alle „noch nicht konsolidierten Schulden in konsolidierte Kredite" überzuleiten, d.h. die weitere Umschuldungsaktion „aus eigener Kraft der ostpreußischen Wirtschaft" zu

13 LWK, Die zeitige Lage ... (Anm. IV/11). In einer Entschließung vom 8.7.27 hat die LWK sich insofern Hippel angeschlossen, als sie verlangt hat, daß Steuern u. dgl. nur erhoben werden dürften, wenn sie vom Einkommen des Zahlungspflichtigen gedeckt würden; außerdem hat sie für Ostpreußen ein besonderes Reichsministerium oder Staatssekretariat gefordert. Vorher war Gayl in seinem Referat vor der Generalversammlung der LWK dafür eingetreten, alle gesetzlichen Bestimmungen an die Verhältnisse Ostpreußens anzupassen und hierfür eventuell ein Ermächtigungsgesetz zu beanspruchen. Vgl. *Georgine*, 12.7.27: „Außerordentliche Generalversammlung der Landwirtschaftskammer für die Provinz Ostpreußen". Eine spätere Forderung des LVO lautete dahingehend, daß die Landwirte einstweilen nur 80 % ihres Reingewinns für öffentliche Lasten aufwenden und den Rest für innerbetriebliche Ausgaben behalten sollten. Alleiniger Gläubiger der dadurch auflaufenden Rückstände an Steuern usw. sollte das Reich werden, das die anderen Gläubiger (Gemeinden, Land) schadlos zu halten hätte; *StAL*, Rep. 2, Nr. 2426, Bd. 1: LVO an den OPr, 20.12.27 (Anlage).

14 *GStA*, Rep. 90, Nr. 1069: Reisebericht (Frankenbachs) über die am 18.5.27 ... in Königsberg stattgehabte Besprechung über die Reichshilfe für die ostpreußische Wirtschaft.

bewerkstelligen[15]. Demnach wurde also von jährlichen Zuwendungen, wie sie Hippel beansprucht hatte, abgesehen, sofern der einmalige Kreditbedarf von 146 Mill. RM befriedigt wurde. Diese Summe steckte erstmals den Rahmen ab, den nach Ansicht der ostpreußischen Wirtschaft die Staatshilfe haben sollte.

Doch diese Zahlen waren nicht das letzte Wort. Als im Herbst die landwirtschaftlichen Schuldner unter dem Druck der heranrückenden Zahlungstermine das ganze Ausmaß ihrer finanziellen Kalamität zu spüren bekamen, wurde der Ruf laut, zunächst das Damoklesschwert einer fällig werdenden Schuldenlast von 60 Mill. RM mit Staatshilfe zu beseitigen[16]. Darüberhinaus forderte die Landwirtschaftskammer für die eigentliche Ostpreußenhilfe die Umschuldung der kurzfristigen Verbindlichkeiten in zweitstellige Hypotheken, die Konvertierung aller Pfandbriefdarlehn auf 6 % und die Verringerung der Frachtkosten[17]. Die Landschaft gab für die Konvertierung und die Fortführung der Pfandbriefdarlehn einen Betrag von 300 Mill. RM an, von dem sie der Staatskasse allerdings nur 30 Mill. RM in Form eines Disagiozuschusses aufbürden wollte. Der Zuschuß sollte das erwartete Disagio von 10 % ausgleichen und eine pari-Zahlung an die Landwirte gewährleisten. Das im Vorjahr unlösbar gebliebene Problem, wie die 300 Mill. RM 6 %iger Pfandbriefe placiert werden könnten, suchte die Landschaft durch das Patentrezept einer Auslandsanleihe zu meistern, die auf 350 bis 400 Mill. RM zu lauten hätte und durch allmählichen Verkauf der Pfandbriefe zu tilgen wäre. Im Hinblick auf diese Anleihe sollte die Reichsregierung der Landschaft einen Zwischenkredit von 50 Mill. RM bewilligen, damit diese den Landwirten Vorschüsse auf ihre Darlehnsanträge auszahlen konnte. Außerdem seien 60 bis 80 Mill. RM für zweitstellige Umschuldungshypotheken vonnöten[18].

Jetzt war der Kreditbedarf der ostpreußischen Landwirtschaft weit über die 85 Mill. RM, die im Mai genannt wurden, hinausgewachsen. Allein die Auslandsanleihe sprengte alle Maßstäbe. Aber auch die zweitstelligen Hypotheken hatten sich mehr als verdoppelt. Unabhängig von der Anleihe hätte die Reichsregierung 30 bis 40 Mill. RM für Disagiozuschüsse, einen Zwischenkredit von 50 Mill. RM und zweite Hypotheken bis zu 80 Mill. RM aufbringen müssen, also 140 bis 170 Mill. RM, an denen die übrigen Wirtschaftszweige der Provinz keinen Anteil hatten. Selbst unter günstigen Umständen konnte das Reich derartigen Forderungen nicht entsprechen. Es sind denn auch im entscheidenden Moment von Ostpreußen aus die Akzente so gesetzt worden, daß ein Kompromiß in den Bereich des Möglichen trat. Obwohl Hippel es nicht verschmähte, seine Anträge mit der Drohung zu verbinden, daß die für 1928 zu erwartenden Zusammenbrüche landwirtschaftlicher Betriebe „voraussichtlich nicht ohne politische Begleiterscheinungen bleiben" würden und daß daran allein die staatliche Wirtschafts- und Finanzpolitik, „welche Ostpreußen unter unerträglichen Bedingungen arbeiten läßt und von der Provinz unaufbringbare Leistungen verlangt", schuld wäre[19], hat er es

15 *BAK*, R 43 I/1798: Freiherr von Gayl an den RK, 31.5.27 (als Anlage: Protokoll über die am 27.5.27 ... stattgefundene Besprechung ostpreußischer Wirtschaftsvertreter bezüglich staatlicher Sonderkreditmaßnahmen zur Unterstützung der ostpreußischen Wirtschaft); *GStA*, Rep. 90, Nr. 1070: OPr an die OstprVertr, 1.6.27; OstprVertr an den OPr, 11.6.27.

16 *GStA*, Rep. 203, Nr. 207: LWK an den RMfEuL, 30.8.27; Rep. 90, Nr. 1070: LVO an den PreußMPr, 15.10.27.

17 *GStA*, Rep. 90, Nr. 1070: LWK an den OPr, 8.10.27.

18 *A.a.O.:* GenLschDir (an die RReg), 5.9.27; Rep. 203, Nr. 207: Kuratorium der Bank der Lsch an den RMdF, 5.11.27; GenLsch Syndikus Hinz an Frankenbach, 25.11.27; Vermerk (Frankenbachs) vom 24.11.27.

19 *GStA*, Rep. 90, Nr. 1070: Kuratorium der Bank der Lsch an den RK, 8.11.27.

doch verstanden, im geeigneten Moment einzuräumen, daß auf ostpreußischer Seite zwei Maßnahmen absoluten Vorrang genössen: die Sicherung des Absatzes neuer Pfandbriefdarlehn in Höhe von 50 Mill. RM sowie die Beschaffung der zweitstelligen Umschuldungshypotheken[20]. Das war eine Verhandlungsgrundlage, die in Berlin akzeptiert werden konnte.

c) Die Regierungsbeschlüsse über die Ostpreußenhilfe

In Berlin sind die Verhandlungen über die Ostpreußenhilfe im Spätherbst 1927 in ein akutes Stadium getreten. Die Initiative hierzu ist von den Reichsministerien des Innern und für Landwirtschaft, denen deutschnationale Minister vorstanden, ausgegangen, und in der Schlußphase hat Reichspräsident von Hindenburg mit einer persönlichen Intervention die beteiligten Ressorts zu schneller Arbeit angehalten. Preußen geriet dabei in die Rolle eines widerstrebenden Verhandlungspartners, der den Vorschlägen der Reichsregierung zum Teil nur ungern folgte, sich ihnen aber nicht entziehen konnte, weil sein eigener Einfluß zu schwach war, um mögliche Alternativen durchzusetzen.

Die preußische Regierung hat die Zustände in Ostpreußen keineswegs unterschätzt. Zwei Denkschriften des Königsberger Oberpräsidiums vom 1. Juli und 20. September haben ihr die Notwendigkeit einer kontinuierlichen Ostpreußenpolitik nochmals verdeutlicht und eine Prüfung der Vorschläge der Interessenten nahegelegt[21]. Die Julidenkschrift lehnte Hippels Idee eines Ermächtigungsgesetzes als unpraktikabel ab, ohne jedoch Aufschluß über die empfohlene große Hilfsaktion zugunsten der Landwirtschaft zu geben. Ergiebiger fiel die Septemberdenkschrift aus, die sich als grundlegendes Plädoyer für eine „neue Ostpreußenpolitik" einführte und die das bekannte Ziel, für Ostpreußens Wirtschaft die Produktionsbedingungen der Vorkriegszeit wiederherzustellen, auffrischte. Im einzelnen forderte sie, die Frachtkosten und die Kommunallasten zu senken, den Agrarkredit im Sinne der Konvertierungspläne Hippels zu fördern, die landwirtschaftliche Siedlung zu verstärken sowie Industrie und Handwerk mit Krediten zu unterstützen. Es war unverkennbar, daß der Oberpräsident sich den Forderungen der Wirtschaftskreise angeschlossen hatte und eine auf die Bedürfnisse der Wirtschaft konzentrierte Hilfe bevorzugte.

Ähnliche Tendenzen waren in den preußischen Ministerien vorhanden. In ihrem Kreise regte sich die Einsicht, daß es notwendig sei, „schleunigst erhebliche Mittel nach Ostpreußen zu bringen, damit nicht große Güter massenhaft zugrunde gehen"[22]. Der Wunsch nach einem Ermächtigungsgesetz oder sonstigen Ausnahmeregelungen fand freilich keine Gegenliebe, aber das Problem des Agrarkredits beschäftigte doch die Ressorts. Für Steiger war es das tauglichste Hilfsmittel, wenn die Landschaft befähigt wurde, über lange Zeit hinweg einen 6 %igen Pfandbrief zu emittieren. Da dieses Papier vorläufig noch keinen Markt hätte, müßte es vom Reich aufgenommen werden, was freilich der Reichsfinanzminister schon 1926 abgelehnt hatte. Doch Steiger glaubte, darüber hinweggehen zu dürfen, denn für ihn handelte es sich nicht mehr darum, „ob Reichsmittel zugunsten Ostpreußens aufgenommen werden sollen oder nicht, sondern nur noch darum, in welchem Umfange und auf welche Weise sie der ostpreußischen Wirtschaft . . . nutzbar gemacht werden sollen"[23].

20 *GStA*, Rep. 203, Nr. 207: GenLschDir an StS Popitz, 1.12.27.
21 *GStA*, Rep. 90, Nr. 1070: OPr an den PreußMfLDuF, 1.7.27; OPr (an den PreußMdI), 20.9.27.
22 *A.a.O.*, Nr. 1108: PreußMfVW an den PreußMPr, 31.8.27.
23 *A.a.O.*, Nr. 1070: PreußMfLDuF an den PreußMPr, 14.7.27.

Ausführlicher und nicht auf Ostpreußen beschränkt, bot Steiger seinen Vorschlag noch einmal im November 1927 dar. Würde mit staatlicher Hilfe der Absatz 6 %iger Pfandbriefe gesichert, so erhielten die landwirtschaftlichen Großbetriebe in Ostdeutschland einen neuen Kreditspielraum von 200 Mill. RM; hinzu kämen 100 Mill. RM für die Konvertierung bislang höherverzinslicher Pfandbriefe. Der Absatz dieser 300 Mill. RM Pfandbriefe müsse gesichert werden; außerdem sei ein Disagiozuschuß von 45 Mill. RM erforderlich, um den Landwirten einen erträglichen Auszahlungskurs zu gewährleisten. Neben der Aktion zugunsten der größeren Betriebe müsse eine entsprechende Aktion für den ostdeutschen Kleinbesitz stehen, der etwa 150 Mill. RM zu seiner Sanierung benötige und der das Geld direkt, also nicht auf dem Umweg über Pfandbriefe o. dgl. erhalten müsse[24]. Insgesamt sollten also der ostdeutschen Landwirtschaft binnen zwei Jahren annähernd 450 Mill. RM an Krediten zugeführt werden.

Weniger aufwendig sind die Anregungen Grzesinskis gewesen, der in seiner Denkschrift über die Ostmarkenpolitik auch auf Ostpreußen eingegangen ist und ein stärkeres Engagement Preußens in der Grenzhilfe u.a. damit begründete, daß nur so das regionale Streben nach Ausnahmegesetzen bekämpft werden könne. Für Ostpreußen, Oberschlesien und das östliche Hinterpommern hat Grzesinski das Kreditbedürfnis der Landwirtschaft als berechtigt anerkannt. Daneben hat er die Verkehrs-, Siedlungs- und Kulturpolitik als die Hauptgebiete bezeichnet, auf denen die staatliche Förderung der Grenzprovinzen einsetzen müsse[25]. Seine Vorschläge sind im Kreise der Minister wohl auf starkes Interesse gestoßen, aber unmittelbare Konsequenzen wollten sich daraus nicht ergeben, weil der Zweifel an Preußens finanzieller Leistungsfähigkeit alle Entschlüsse blockierte. Der Ministerpräsident und der Finanzminister neigten aus diesem Grunde dazu, die Aufwendungen zugunsten der Ostgebiete aus den bisher schon vorhandenen, eventuell zu verstärkenden Fonds zu bestreiten und alle außergewöhnlichen Sonderausgaben zu vermeiden[26]. Infolge derartiger Hemmnisse geschah es, daß die Diskussion über die Denkschrift erst im November aufgenommen wurde und selbst dann zu keiner prinzipiellen Klärung führte.

Diese Entwicklung entsprach in gewissem Umfange den Vorbehalten, die Ministerpräsident Otto Braun den neuen grenzpolitischen Tendenzen entgegenbrachte. Braun war in Königsberg geboren und hatte die ersten vier Jahrzehnte seines Lebens dort verbracht, so daß er mit den ostpreußischen Verhältnissen vertrauter war als viele andere republikanische Politiker der Weimarer Zeit. Allerdings hatte er Land und Leute vom Standpunkt der sozialdemokratischen Arbeiterbewegung aus kennengelernt und dadurch eine kritische Einstellung zur herrschenden konservativen Klasse gewonnen, deren Wünsche und Forderungen er mit großen Vorbehalten beurteilte. Er mißtraute seit jeher dem agrarischen Lamento, das den Gang der deutschen Wirtschafts- und Sozialpolitik begleitet hat, und nach der Novemberrevolution hat er als preußischer Landwirtschaftsminister Eindrücke sammeln können, die seine Skepsis gegenüber der Loyalität der ostdeutschen Landwirte nur noch steigerten. In der spannungsreichen Zeit der ersten Nachkriegsjahre hat er seinen agrarischen Widersachern zugerufen, er wolle „lieber Landwirtschaftsminister für fünf bis sechs Millionen Landarbeiter und Bauern sein als der Kommissar von 20 000 Großgrundbesitzern“, die durch ihren Eigennutz wesentlich

24 *A.a.O.*, Nr. 1108: PreußMfLDuF an den PreußMdI, 12.11.27 (Anlage: [Zusammenstellung über] landwirtschaftliche Bedürfnisse der Ostgebiete).
25 *A.a.O.*: PreußMdI an den PreußMPr, 7.7.27.
26 *GStA*, Rep. 203, Nr. 169: Frankenbach an Siehr, 13.9.27.

zum Niedergang Deutschlands beigetragen hätten[27]. Die Appelle der Landwirte an die Staatshilfe lösten bei ihm, solange er über diese Hilfe zu gebieten hatte, eine reservierte Reaktion aus, und gerade im Herbst 1927 meinte er, daß die tatsächliche Situation durch die Notschreie dramatisiert werde. Die Behauptung des LVO, daß die Landwirte in Ostpreußen mittellos vor einer fällig werdenden Schuld von 60 Mill. RM stünden, veranlaßte ihn zu der Bemerkung: „Die ostpreußische Landwirtschaft kann zahlen, denn sie hat eine gute Ernte; sie will aber nicht zahlen[28]." Solch ein Urteil – das im vorliegenden Falle unzureichend begründet war, denn die Hektarerträge sind 1927 in Ostpreußen niedriger gewesen als in den vorhergehenden und folgenden Jahren[29] – macht es verständlich, daß Braun die Propaganda für eine landwirtschaftliche Kreditaktion ablehnte und es vorgezogen hätte, wenn die Staatshilfe auf den Gebieten der allgemeinen Landeskultur erfolgt wäre[30]. Seiner Ansicht nach war es nicht Sache des Staates, den Landwirten einen Teil ihres Berufsrisikos abzunehmen und sie unter Einsatz öffentlicher Mittel im Genuß ihres Privateigentums zu erhalten, das sie eigentlich wegen Überschuldung verwirkt hatten. Er erblickte in der ostdeutschen Agrarkrise den Bankrott einer bestimmten sozialen Schicht, der er mit großer Kühle zu verstehen gab, es liege nicht im Interesse des Staates, dafür zu sorgen, „daß diese einige hundert Großgrundbesitzer-Existenzen in ihrer gesellschaftlichen Stellung erhalten werden. Wir sollten im Gegenteil nicht verhindern, daß die volkswirtschaftlichen Gesetze sich durchsetzen, daß in der Krise ein gewisser Reinigungsprozeß erfolgt, daß viele dieser in Schwierigkeiten geratenen Objekte ihren Besitzer wechseln müssen[31]." Entscheidend war für ihn nur, daß die vorhandene landwirtschaftliche Nutzfläche weiterhin bewirtschaftet wurde, und deshalb bejahte er die Aufgabe des Staates, den technischen und wissenschaftlichen Fortschritt in der Landwirtschaft und damit die Agrarproduktion zu fördern, denn davon hätte die Allgemeinheit einen unmittelbaren Nutzen gehabt. Dementsprechend hat er die einschlägigen Anregungen der ostpreußischen Landwirtschaftskammer positiv aufgenommen und den Gedanken begrüßt, „auf lange Sicht hinaus Maßnahmen für eine Hebung der Landwirtschaft in Ostpreußen zu erwägen und einzuleiten"[32]. An solch eine Politik dachte er, wenn er hilfesuchenden Landsleuten versicherte: „Soviel an mir liegt, werde ich stets für meine bedrängte Heimatprovinz eintreten[33]." Aber das genügte den agrarischen Kreisen nicht, die ihm in ihrer Existenznot vorwarfen, daß es „sein trauriger Ruhm" sei, „mit aus parteipolitischem Ehrgeiz die staatserhaltende, gesunde Volkskraft der Provinz Ostpreußen zersetzt zu haben"[34]. Für Braun war es allerdings zweifelhaft, ob Landwirte, die den wirtschaftlichen Schwierigkeiten der Zeit

27 *NatVers*, S. 1905: Otto Braun (SPD) am 25.7.19; Otto Braun (Anm. III/167), S. 52 ff.; über Braun s. Wilhelm Matull, „Hugo Haase und Otto Braun", in: *Jahrbuch der Albertus-Universität zu Königsberg/Pr.*, Bd. XVI, Würzburg 1966, S. 173 ff.

28 *GStA*, Rep. 90, Nr. 1070: Randbemerkung Brauns auf der Entschließung des LVO vom 15.11.27. Ähnlich hat er die Klagen, die zur gleichen Zeit in Pommern und Brandenburg wegen Unwetterschäden laut wurden, für übertrieben gehalten; s. *a.a.O.*, Nr. 1133: PreußMPr an den PreußMdI/PreußFM, 6.10.27.

29 Vgl. die Angaben über Ernteflächen und Ernteerträge in: *Statistisches Jahrbuch für das Deutsche Reich*, 1926 bis 1930.

30 In diesem Sinne hat er an den Rand von Grzesinskis Ostmarkendenkschrift demonstrativ das Wort „Landeskultur" gesetzt; *GStA*, Rep. 90, Nr. 1108: PreußMdI an den PreußMPr, 7.7.27 (auf S. 39 der Denkschrift).

31 *PreußLT*, III, Sp. 1561: PreußMPr Braun am 14.12.28.

32 *GStA*, Rep. 90, Nr. 1071: PreußMPr an den PreußMfLDuF, 22.5.28.

33 *A.a.O.*, Nr. 1083: PreußMPr an Gustav Nitsch, 22.2.28.

34 Hanns Gert Frhr. von Esebeck in: „Ostpreußens Lasten- und Lohnproblem" (Sonderdruck aus der *Allensteiner Ztg.* etwa im Herbst 1928); *GStA*, Rep. 203, Nr. 502.

nicht gewachsen waren, als Repräsentanten der „gesunden Volkskraft der Provinz" gelten und eine kostspielige Staatshilfe beanspruchen durften. Er neigte dazu, die hohe Verschuldung als ein Armutszeugnis für die Landwirtschaft zu deuten, der in den ersten Nachkriegsjahren die Befreiung von der staatlichen Zwangswirtschaft nicht schnell genug hatte erfolgen können und die nun wiederum nicht schnell genug des staatlichen Beistands teilhaftig werden konnte.

Preußen richtete sich darauf ein, die Vorschläge des Reichs abzuwarten, denn daß von dieser Seite eine Initiative erfolgen würde, war seit Mitte August gewiß. Reichsinnenminister von Keudell hat zu dieser Zeit allen Ressorts mitgeteilt, daß er Anfang Oktober grundlegende Besprechungen über die neue Grenz- und Ostpreußenhilfe einleiten wolle. Er ließ dabei wissen, daß künftig „in erster Linie an die Hebung des wirtschaftlichen Lebens in den östlichen Grenzgebieten" zu denken sei, weil die bisherige Art der Unterstützung weder die Kredit- und Steuerprobleme noch die Verkehrsschwierigkeiten habe lösen können[35]. Für Preußen bedeutete das Ersuchen, bis Oktober die einschlägigen Materialien einzureichen, sogleich eine Verlegenheit, die einstweilen damit überbrückt wurde, daß der Oktobertermin wegen der dazwischen liegenden Urlaubszeit als unhaltbar bezeichnet wurde. Jedoch entsprach diese Taktik nur wenig dem eigenen Wunsch, in der Grenzhilfepolitik „wieder die Führung in die Hand zu bekommen"[36].

Die Führung übernahmen vielmehr die Reichsministerien, die im Oktober die Diskussion über die Kredithilfe für die ostpreußische Landwirtschaft eröffneten. Eine erste Ressortbesprechung fand am 28. Oktober statt[37], aber konkrete Verhandlungen ergaben sich erst auf Grund einer Vorlage des Reichslandwirtschaftsministeriums, die Hippels Konvertierungsplan als undurchführbar fallen ließ und statt dessen die Förderung der erst- und zweitstelligen Beleihung aus öffentlichen Mitteln propagierte. 7,5 Mill. RM sollten als Disagiozuschuß die Ausgabe von 50 Mill. RM neuer landwirtschaftlicher Pfandbriefe erleichtern, und 30 Mill. RM sollten als Betriebserhaltungs- und Umschuldungskredit in Form von zweitstelligen Hypotheken vergeben werden. Die Mitarbeit Preußens galt als unumgänglich und war u.a. in einer Mitbürgschaft in Höhe von 45 % für die Umschuldungskredite vorgesehen[38].

Auf einer größeren Ressortbesprechung am 24. November bekundeten die preußischen Vertreter ihre Verhandlungsbereitschaft und wagten den Versuch, den vom Reich konzipierten finanziellen Rahmen zu durchbrechen. Ministerialrat Mussehl vom Landwirtschaftsministerium regte an, neben Ostpreußen auch die westlich des Korridors gelegenen Grenzgebiete zu berücksichtigen; außerdem stellte er fest, daß in Ostpreußen 100 Mill. RM für zweitstellige Umschuldungshypotheken benötigt würden. Besitzerhaltungskredite wurden prinzipiell gebilligt, sofern sie den sanierbaren Betrieben vorbehalten blieben. Dammann hat jedoch außerostpreußische Fragen von der Diskussion ausgeschlossen und die weiteren Vorarbeiten einer kleinen Kommission, bestehend aus den beiden Landwirtschafts- und Finanzressorts sowie dem Reichsinnenministerium, übertragen[39].

35 *GStA*, Rep. 90, Nr. 1108: RMdI an alle Reichs- und Staatsminister, 15.8.27.
36 *A.a.O.:* PreußMdI, Niederschrift (über die preußische Ressortbesprechung vom 1.9.27); PreußMdI an den PreußMPr, 5.9.27.
37 *BAK*, R 43 I/1852: RMdI, Niederschrift über die kommissarische Besprechung am 28.10.27.
38 *GStA*, Rep. 90, Nr. 1070: (RMfEuL), Maßnahmen zur Erleichterung der Kreditnot der ostpreußischen Landwirtschaft (als Anlage zu: RMdI an den StSRK usw., 18.11.27).
39 *A.a.O.:* RMdI, Niederschrift über die kommissarische Besprechung vom 24.11.27 betr. Kreditnot in Ostpreußen.

In den folgenden Tagen hat Preußen seine Verhandlungsposition präzisiert, und zwar abweichend von den Intentionen des Reichs. So ignorierte die preußische Regierung auf Betreiben Steigers das Prinzip der berufungslosen Sonderlage Ostpreußens und beschloß, daß die „Maßnahmen zur Erleichterung der Kreditnot . . . grundsätzlich . . . das ganze Ostgebiet umfassen“ sollten[40]. Noch schwerwiegender waren die Meinungsverschiedenheiten über die Art der Kreditaktion: Preußen befürwortete eine Staatshilfe für die Ausgabe erststelliger Hypotheken und wollte für 20 Mill. RM Pfandbriefe der Ostpreußischen Landschaft übernehmen; die Reichsministerien hatten aber auf Grund negativer Auskünfte der Banken erkannt, daß ein nennenswerter Absatz von Pfandbriefen nicht möglich sei, und deshalb die Gewährung zweitstelliger Umschuldungskredite als wichtigstes Hilfsmittel auserkoren. Im Gegensatz dazu hat Höpker-Aschoff „rundweg abgelehnt“, sich an solch einer Kreditaktion zu beteiligen, und Steiger wollte sie nur erwägen, wenn sie sich auf den mittleren und kleinen Grundbesitz beschränkte[41]. Das brachte die Verhandlungen schnell auf einen toten Punkt. Am 30. November trugen die preußischen Vertreter den Beschluß ihrer Regierung vor, daß die Kredithilfe auf alle östlichen Grenzgebiete ausgedehnt werden müsse, und bekräftigten den Standpunkt, daß außer der Übernahme von 20 Mill. RM Pfandbriefen nichts für die Ostpreußenhilfe aufgebracht werden könne. Hingegen hielten die Reichsressorts daran fest, daß sich Preußen angemessen beteiligen müsse und daß die Umschuldungskredite den Groß-, Mittel- und Kleinbetrieben ohne Unterschied zugeführt werden sollten. Auch wurde von ihnen betont, daß „sofort gehandelt“ und die berufungslose Sonderlage Ostpreußens respektiert werden müsse[42].

Preußens Verhalten deutete darauf hin, daß es die Verhandlungen von den Umschuldungsplänen des Reichs abzulenken suchte. Zu diesem Zwecke hat es dreierlei getan: Es hat eine finanzielle Teilhabe an der Umschuldung abgelehnt, es hat deren Beschränkung auf Ostpreußen abgelehnt, und es hat die Berücksichtigung der Großgrundbesitzer abgelehnt. Dadurch wurde die finanzielle Last dem Reich allein überlassen und noch in einer schwer abzuschätzenden Weise gesteigert, indem die übrigen Ostprovinzen in die Aktion einbezogen wurden. Den größeren Betrieben wollte Preußen auf dem Wege der Pfandbriefbeleihung helfen, denn das war ein bewährtes Verfahren, das dank der guten Sicherung erststelliger Hypotheken die öffentliche Hand mit einem relativ niedrigen Risiko belastet hätte. Die Schwäche dieser Alternative bestand darin, daß Pfandbriefe nur noch begrenzt absetzbar waren und daß von ihnen nur diejenigen Betriebe Gebrauch machen konnten, die noch nicht überschuldet waren bzw. noch keine erste Hypothek aufgenommen hatten. Auf diese Weise wären die kritischen, schwer sanierbaren Fälle nicht zu behandeln gewesen – und vermutlich hat sie die preußische Regierung auch nicht behandeln wollen. Insgesamt glich das Vorgehen Preußens einem hinhaltenden Widerstand, der die Geduld der Reichsregierung und zumal des Reichsfinanzministers auf die Probe stellen sollte, denn von letzterem war bekannt, daß er die finanziellen Lasten der Grenzhilfepolitik nur zögernd auf sich nahm und erklärt hatte, daß er jetzt wohl bereit sei, „für Ostpreußen noch ein übriges zu tun, [dabei] aber voraussetzen müsse, daß die Reichsbeihilfen für den übrigen Osten aufhörten“[43].

40 *A.a.O.:* PreußMfLDuF an den PreußMPr, 25.11.27; Auszug aus dem Protokoll der Sitzung des PreußStM am 29.11.27. Vgl. die o. Anm. IV/24 zitierte Denkschrift Steigers.

41 *GStA, a.a.O.:* Vermerk (Frankenbachs) zu der heute im RMfEuL stattgehabten Besprechung über die Erleichterung der landwirtschaftlichen Kreditlage in Ostpreußen. . . , 28.11.27.

42 *A.a.O.:* RMdI, Niederschrift über die kommissarische Besprechung vom 30.11.27; Vermerk (Frankenbachs), 30.11.27.

43 *A.a.O.:* RMdI, Niederschrift über die kommissarische Beratung vom 5.11.27, betr. Bekämpfung der Wohnungsnot in Ostpreußen.

Nach Lage der Dinge war Anfang Dezember 1927 nicht abzusehen, wann und wie sich Preußen und Reich einigen würden. In dieser ungewissen Situation trat Reichspräsident Hindenburg als Fürsprecher der Provinz hervor. Obwohl Hindenburg ganz allgemein für die ostelbischen Kernlande des alten Preußens eine tiefe Wertschätzung hegte, ist Ostpreußen zweifellos diejenige Provinz gewesen, mit der ihn die innigsten persönlichen Beziehungen verbanden. Selbst Sproß einer Adelsfamilie, die seit Jahrhunderten in Ost- und Westpreußen beheimatet gewesen ist, hat er während seines militärischen Werdeganges die Provinz mehrfach berührt und sich insbesondere auf ihrem Boden die Grundlagen seines späteren Ansehens erworben: Die großen Siege bei Tannenberg und in Masuren waren aus seinem Leben nicht fortzudenken. Seit diesen Zeiten verfügte er in Ostpreußen über einen Bekanntenkreis, der den Kontakt zu dem ausgedienten Feldmarschall gerne aufrechterhielt und für ihn gelegentlich Besuchsreisen arrangierte, die ihn durch große Teile der Provinz führten. Hindenburgs erste Ostpreußenreise hat 1922 stattgefunden und wurde von Gayl organisiert. Als Gastgeber fungierten Vertreter des adligen Großgrundbesitzes: Graf Lehndorff-Preyl, von Berg-Markienen, von Tettau-Kraphausen, Freiherr von Knyphausen-Kalittken, Frau von Hindenburg-Neudeck, von Oldenburg-Januschau, Graf zu Eulenburg-Prassen, Graf Lehndorff-Steinort, von Alvensleben-Rodehlen, Graf Dönhoff-Friedrichstein und abschließend Landeshauptmann von Brünneck in Königsberg. Wegen des politischen Gewichts, das Hindenburg als Heros des national-konservativen Lagers besaß, und wegen der demonstrativen Formen, die die Initiatoren der Reise zu geben trachteten, hatte die preußische Regierung das Vorhaben bekämpft, ohne freilich die rein private Reise verhindern zu können. Sie mußte sich damit begnügen, zu untersagen, daß staatliche Gebäude für nationalistisch-propagandistische Veranstaltungen benutzt wurden oder Staatsbeamte an ihnen teilnahmen. Trotz allen Vorkehrungen kam es in Königsberg zu einem blutigen Zusammenstoß, als demonstrierende Arbeiter einer Reichswehrformation begegneten, die zu einer nichtöffentlichen Parade vor Hindenburg marschierte. Ein Demonstrant wurde getötet, vier weitere verletzt[44].

Trotz diesem fatalen Erlebnis haben die Ostpreußenfahrten für Hindenburg eine besondere Anziehungskraft behalten. Im Sommer 1924 hat er auf dem Schlachtfeld von Tannenberg, umrahmt von einem Massenaufmarsch der örtlichen Wehrverbände und der alten Generalität, den Grundstein für das Tannenberg-Denkmal gelegt, und im September 1927 durfte er, nun als Reichspräsident, das fertige Bauwerk unter nicht minder lebhaftem pseudo-militärischem Gepränge einweihen [45]. Solche Ereignisse versinnbildlichten seine persönliche Bindung an Ostpreußen, die durch den freundschaftlichen Verkehr mit namhaften Familien der Provinz gepflegt wurde.

44 Aktenmaterial über Hindenburgs Ostpreußenreise im Mai und Juni 1922 s. *GStA*, Rep. 203, Nr. 43, und *BAK*, R 43 I/1850. Ferner Severing (Anm. I/234), I, S. 348 f.; Görlitz, *Hindenburg* (Anm. I/293), S. 240; John W. Wheeler-Bennett, *Hindenburg. The Wooden Titan*, London 1936, S. 244 f. Für die Formen, mit denen Hindenburg auf den adligen Landsitzen empfangen wurde, ein Beispiel in: *Der Kreis Rosenberg* (Anm. II/164), S. 295 ff. Die Bemerkung bei Hubatsch, *Hindenburg und der Staat* (Anm. I/46), S. 67, daß es auf der Reise keine Zwischenfälle gegeben habe, trifft nicht zu. Vgl. die parlamentarischen Anfragen, *PreußLT*, I, Drucks Nr. 3001, 3019: Scholem u. Gen. (KPD), 12.6.22, bzw. Leid, Rabold u. Gen. (USPD), 13.6.22, und *RT*, I, Drucks Nr. 4464: Crispien u. Gen. (USPD), 13.6.22. Als Kommissar der RReg bestätigte Major von Schleicher den Sachverhalt und räumte ein, daß angesichts der politischen Gegensätze in Königsberg Ort und Zeit der militärischen Veranstaltung anders hätten gewählt werden müssen; *RT*, I, S. 8342 f. (6.7.22).

45 Görlitz, *Hindenburg*, *a.a.O.*, S. 246 f.; S. 288 f.

Nicht von ungefähr ist gerade in Ostpreußen der Gedanke geboren worden, Hindenburg durch ein Geschenk von hohem ideellem und materiellem Wert zu ehren: Die Nation sollte ihrem Präsidenten das alte Familiengut Neudeck zum 80. Geburtstag darbringen. Der Urheber dieses Planes war von Oldenburg-Januschau, ein Großgrundbesitzer in der Nachbarschaft Neudecks und ein enger Bekannter Hindenburgs. Neudeck hatte zuletzt einer Schwägerin Hindenburgs gehört und mußte nach einer Periode wirtschaftlichen Niedergangs an die Ostpreußische Landgesellschaft, deren Direktor von Gayl war, verkauft werden. Von ihr hat es Oldenburg-Januschau mit den Geldern, die er unter den Kriegervereinen und in industriellen Kreisen gesammelt hatte, zurückgekauft, so daß am 2. Oktober 1927 Vertreter der Industrie und der Landwirtschaft dem Jubilar die Schenkungsurkunde überreichen konnten. Die Spender haben auch später dafür gesorgt, daß das Neudecker Gutshaus standesgemäß erneuert und die Wirtschaftskraft des Betriebes allmählich gehoben wurde[46].

Dieses Geschenk machte Hindenburg zu einem grundbesitzenden ostpreußischen Landedelmann. Im Hinblick auf die entstehende Ostpreußenhilfe und die Rolle, die Hindenburg dabei gespielt hat, ist es nicht belanglos gewesen, daß der Reichspräsident hinfort unmittelbar mit der landwirtschaftlichen Praxis verbunden war und viele agrarische Nöte auf seinem eigenen Hof kennenlernte. Wenn daraus hergeleitet worden ist, die Schenkung Neudecks sei ein Schachzug agrarischer Kreise gewesen, die den Reichspräsidenten an ihre Interessen fesseln wollten[47], so harmonierte das weder mit einzelnen Umständen der Schenkung – den ausschlaggebenden Spendenanteil hatte die Industrie aufgebracht, die schwerlich eine Zunahme des agrarischen Einflusses auf die Politik wünschte – noch mit der Intensität der Bindung, die vorher schon zwischen Hindenburg und Ostpreußen sowie dem gesamten agrarisch-konservativen Milieu bestanden hat[48]. Auf Grund des Ansehens, das der alte Feldmarschall im deutschen Volk genoß, und dank der national-konservativen Gesinnung, die die spendenden Wirtschaftskreise auszeichnete, ist anzunehmen, daß die Schenkenden nicht einen Repräsentanten des öffentlichen Lebens bestechen, sondern jemanden, den sie ohnedies fest auf ihrer Seite wußten, auszeichnen wollten. Das schließt jedoch nicht aus, daß dieser Akt Hindenburg einen beträchtlichen materiellen Vorteil beschert hat und daß es bedenklich ist, wenn private Spenden von solch einem Ausmaß an Persönlichkeiten gelangen, die unter den Bedingungen des modernen Parteienstaats aktiv und maßgebend im politischen Leben tätig sind.

In der Entgegennahme des Geschenks offenbarte Hindenburg sein Unvermögen, die Imponderabilien politischen Verhaltens abzuwägen. Die gleiche Ahnungslosigkeit zeigte Reichskanzler Marx, der Oldenburgs Vorschlag, Neudeck als ein Geschenk des Reichs oder Preußens dem Präsidenten anzubieten, ablehnte und statt dessen empfahl, den Ankauf des Guts durch eine Sammlung in den Ostprovinzen zu finanzieren[49]. So

46 *A.a.O.*, S. 291 ff.; Andreas Dorpalen, *Hindenburg in der Geschichte der Weimarer Republik*, Berlin/Frankfurt a.M. 1966, S. 134 f.; Hubatsch, *Hindenburg*. . . (Anm. I/46), S. 106; Wheeler-Bennett (Anm. IV/44), S. 311 ff. Über Neudeck s. *Der Kreis Rosenberg* (Anm. II/164), S. 278 f. Zum Gut gehörten 1932: 752 ha, davon 347 ha Wald; vgl. *Landwirtschaftliches Adreßbuch*. . . (Anm. I/310), S. 448.

47 Vgl. z.B. Wheeler-Bennett, *a.a.O.*, S. 311 f.; Otto Braun (Anm. III/167), S. 295 f.; Friedrich J. Lucas, *Hindenburg als Reichspräsident (Bonner Historische Forschungen*, Bd. 14), Bonn 1959, S. 65 f.

48 Vgl. dazu Görlitz, *Hindenburg* (Anm. I/293), S. 292 f.; Dorpalen (Anm. IV/46), S. 135.

49 Hubatsch, *Hindenburg und der Staat* (Anm. I/46), S. 106: Oldenburg-Januschau an den RK, 21.6.27; RK an Oldenburg-Januschau, 28.6.27. Hieraus ist zu schließen, daß Oldenburg ursprünglich nicht beabsichtigt hat, Neudeck als ein Geschenk privater Spender dem Präsidenten anzutragen.

wurde Hindenburg unter Assistenz seiner politischen Ratgeber zu einer Handlung bewogen, die zum Schaden seiner Person und seines Amts den Verdacht begünstigte, daß er agrarpolitische Fragen hinfort nicht als unbefangener Mann, sondern als interessierter Gutsbesitzer betrachten würde. Vor der Öffentlichkeit mußte seine Integrität durch diesen Vorgang leiden, zumal in Zusammenhang mit den dramatischen Wendungen, die die deutsche Agrarpolitik seit 1930 genommen hat.

Unabhängig von dem Fall Neudeck ist es für Hindenburg eine Selbstverständlichkeit gewesen, sich als Reichspräsident zugunsten Ostpreußens zu verwenden. Schon im Mai 1927 hat er wegen der zahlreichen Proteste, die gegen die Grenzhilfe laut geworden waren, dem Reichskanzler die Sorgen der Provinz ans Herz gelegt[50], und als nun im Spätherbst die Beratungen über die Ostpreußenhilfe stagnierten, war das für ihn Anlaß genug, seine Autorität in die Waagschale zu werfen. Am 3. Dezember 1927 teilte er dem Reichskanzler mit, daß er – Hindenburg – über „das Schicksal Ostpreußens außerordentlich besorgt" sei und sich verpflichtet fühle, „die Reichsregierung nachdrücklichst auf den außerordentlichen Ernst der Lage in diesem Grenzgebiet hinzuweisen und sie eindringlich zu bitten, mit aller Beschleunigung hier auf gründliche Hilfe bedacht zu sein"[51]. Unter Berufung auf „eigene Anschauungen", „zahlreiche Besprechungen mit führenden Männern der Provinz" und auf „tägliche Zuschriften von dort" hat er die damalige Lage skizziert und konkrete Vorschläge für die wichtigsten Maßnahmen gemacht. Er stellte die finanzielle Sanierung der Landwirtschaft in den Vordergrund und forderte zu diesem Zweck einen großen Kredit, der notfalls als „Sonderanleihe für die Landwirtschaft Ostpreußens im In- oder Auslande" beschafft werden müsse. Neben diesem Umschuldungskredit trat er für Zuschüsse ein, mit denen auf Jahre hinaus die Zinsverpflichtungen der Landwirte allgemein auf 5 % zu senken seien. Weitere Zuschüsse sollten für Tarifvergünstigungen aufgewendet werden. Wesentlich sei bei alledem, daß die berufungslose Sonderlage Ostpreußens von der Reichsregierung einstimmig anerkannt werde. Abschließend hielt er den Reichskanzler an, seinen „Ausführungen . . . die gebührende Aufmerksamkeit entgegenzubringen" und mit den Ressorts „unverzüglich die nötigen Vorarbeiten und Berechnungen für ein solches Ostpreußenprogramm aufzustellen". Er wünschte, „noch vor Weihnachten die hier angeschnittenen Fragen" mit den Reichsministern zu besprechen, und faßte für Mitte des Monats einen „Ministerrat über Ostpreußen" ins Auge, dessen Vorsitz er selbst übernehmen wollte.

Das war eine klare Sprache und ein sichtbares persönliches Engagement. Bemerkenswert ist es, daß Hindenburg die Reichsregierung nicht nur auf die Hilfsbedürftigkeit Ostpreußens hingewiesen, sondern ihr auch die wesentlichen Formen ihres Eingreifens vorgeschrieben hat. Das kam *in praxi* einer verbindlichen Anweisung an den Reichskanzler gleich, denn obwohl Hindenburg sich in den Formen des Bittens und Ersuchens an Marx gewandt hat, ist die Diktion seines Briefes so intensiv gewesen, daß er weit mehr als eine wohlwollende Anregung enthielt. An sich war die Entscheidungsfreiheit der Reichsregierung durch das verfassungsgemäße Recht des Reichskanzlers, die Richtlinien der Politik zu bestimmen, garantiert. Doch daneben konnte der Reichspräsident

50 Vgl. o. Anm. III/173.

51 Borcke-Stargordt (Anm. II/216), S. 36 ff.; *GStA*, Rep. 90, Nr. 1070: RPr an den RK, 3.12.27; Schulz, „Staatliche Stützungsmaßnahmen. . ." (Anm. I/219), S. 186 ff.; Peter Haungs, *Reichspräsident und parlamentarische Kabinettsregierung. Eine Studie zum Regierungssystem der Weimarer Republik in den Jahren 1924 und 1929 (Politische Forschungen*, Bd. 9), Köln/Opladen 1968, S. 251 ff.; Lucas (Anm. IV/47), S. 62 f.

auf seinen gleichfalls in der Verfassung formulierten Eid verweisen, der ihm allgemeine Pflichten auferlegte, die trotz ihrem defensiven Charakter den Anspruch auf politische Aktivität rechtfertigten. Er hatte u.a. geschworen, das deutsche Volk vor Schaden zu bewahren, und wenn er dem Reichskanzler die in Ostpreußen heranreifende Gefahr als so groß darstellte, daß „das verarmte und sich verlassen fühlende Land in verzweifelter Stimmung den Mut zur Selbstbehauptung verliert und eines Tages eine Beute des immer auf der Lauer liegenden polnischen Nachbarn wird", so war es seine Pflicht, diesem drohenden Verlust an Land und Leuten entgegenzuwirken. Allerdings war es eine andere Frage, ob er der Reichsregierung gleichzeitig auftragen durfte, welche Schritte sie in der gegebenen Situation tun müsse. Solch ein Vorgehen erweckte den Anschein, als ob der Reichspräsident sich in diesem Falle für so sachkundig hielt, daß er der Exekutive Direktiven erteilen konnte.

In der Tat hat Hindenburg sein detailliertes Votum mit dem Verweis auf „eigene Anschauung" und „zahlreiche Besprechungen" eingeleitet. Im Besitz dieser vermeintlichen Sachkenntnis hat er seinen Vorschlägen jenen autoritativen Ton gegeben, der kaum noch einen Widerspruch gestattete. Bei näherem Zusehen erweist sich freilich Hindenburgs Meinung als identisch mit den Argumenten und Forderungen, die die Ostpreußische Landschaft und die Landwirtschaftskammer vorgetragen haben. Was Brandes und Hippel über die Lage der ostpreußischen Landwirtschaft ausgeführt haben, kehrte in geraffter Form bei Hindenburg wieder: die Betonung der überwiegend bäuerlichen Agrarstruktur in der Provinz sowie die Betonung der Ungunst der allgemeinen Verhältnisse als Ursache für die existenzgefährdende Verschuldung. Ebenso wohlbekannt sind die positiven Vorschläge: Anerkennung der berufungslosen Sonderlage der Provinz, Umschuldung und Konvertierung vermittels einer großen Sonderanleihe, allgemeine Zinssenkung, Erleichterung der Frachtkosten. Hindenburg vertrat also die Argumente und Anträge der führenden Landwirte Ostpreußens und lieh damit den Wünschen, die von interessierter Seite an ihn herangetragen worden waren, die Autorität des Reichspräsidenten. Auch das Vorgeben persönlicher Sachkenntnis verhüllte nicht, daß er sich in auffallender Form exponiert hatte.

Die Mitarbeit Preußens erwähnte Hindenburg nur in Zusammenhang mit der Zinsverbilligung, doch der politische und moralische Druck seiner Demarche mußte Preußen am stärksten treffen, da es bisher der widerstrebende Teil war. Der Reichskanzler gab der preußischen Regierung Kenntnis vom Präsidentenbrief und lud sie zum Ministerrat am 21. Dezember ein[52].

Die Reichsregierung war bestrebt, Preußen möglichst eng mit der vorbereiteten Hilfsaktion zu verknüpfen und es zur Übernahme erheblicher Lasten zu veranlassen. Schon im Oktober hatte die Reichskanzlei verlauten lassen, daß sie „nur im engsten Einvernehmen mit Preußen vorzugehen" gedenke, und nun, während der Vorbesprechung für den Ministerrat, drang der Reichsinnenminister darauf, daß Preußen „tunlichst die gleichen Opfer" bringen solle wie das Reich[53]. Namentlich die Bürde der Umschuldungskredite mochte das Reich nicht allein auf sich nehmen, während Preußen, getreu seinem Vorbehalt gegenüber dieser Kreditaktion, außerordentlich zögernd die Zusage gab, daß es 5 Mill. RM zu den Umschuldungskrediten beisteuern würde. Außerdem versprach es, in einem noch nicht bestimmten Maße an der Lastensenkung mitzuwirken, so daß in einer abschließenden Chefbesprechung am 21. Dezember der Reichs-

52 *GStA, a.a.O.*: StSRK an das PreußStM, 7.12.27.
53 *BAK*, R 43 I/1852: StSRK an den PreußMPr, 22.10.27; 1853: RMdI an den StSRK, 13.12.27.

kanzler Preußens Einverständnis feststellen konnte, sich sowohl an den einmaligen wie wiederkehrenden Ausgaben der Ostpreußenhilfe zu beteiligen[54].
Nach dieser Klärung trat am Nachmittag desselben Tages im Reichspräsidentenpalais der Ministerrat zusammen, der die Grundzüge der geplanten Ostpreußenhilfe sanktionierte. Einleitend bezeichnete es Hindenburg als seine Pflicht, sich „an die Spitze der Bewegung, Ostpreußen Hilfe zu bringen, zu setzen", und drang darauf, „nicht eher heute auseinanderzugehen, bis wir zu einem Beschluß gekommen sind"[55]. Es folgten die Berichte der Reichsministerien über die Fragen der Kreditbeschaffung, der Zins- und Lastensenkung sowie der Frachtermäßigung. Der Finanzbedarf wurde auf 70 Mill. RM geschätzt, von denen 53 Mill. RM für kreditpolitische Maßnahmen, 10 Mill. für die Zins- und Lastensenkung und 7 Mill. für die Frachtermäßigung vorgesehen waren. Die organisatorischen und finanziellen Einzelheiten sollten mit den Vertretern Ostpreußens besprochen werden, deren prinzipielles Einverständnis mit dem vorliegenden Programm Marx unter Berufung auf Gayl bereits bekanntgeben konnte. Für Preußen versprach Otto Braun, daß seine Regierung „nach besten Kräften" mitwirken wolle, jedoch hob er hervor, daß die Länder finanziell weniger leistungsfähig seien als das Reich und daß Preußen von den Kriegsfolgen schwer getroffen worden sei, ohne vom Reich einen Ersatz dafür erhalten zu haben. Preußens Mithilfe kündigte er für die Senkung der Realsteuern und Schullasten an, und er billigte auch die berufungslose Sonderlage Ostpreußens, die sowohl unter wirtschaftlichen wie unter politischen Gesichtspunkten zu würdigen sei. Nach reibungslosem Verlauf beendete Hindenburg den Ministerrat mit der Ankündigung, daß er Ende Januar im gleichen Rahmen „den Bericht über die Durchführung der heutigen Beschlüsse" entgegennehmen wolle. Ein Kommuniqué informierte die Öffentlichkeit in allgemeinen Zügen und ohne Zahlenangabe über die schwebenden Pläne[56].
In den folgenden Wochen traten zwischen Reich, Preußen und Ostpreußen mehr Meinungsverschiedenheiten auf, als in der von Hindenburg gestellten Frist bereinigt werden konnten. Die letzten Entscheidungen fielen erst Anfang Februar, und der zweite Ministerrat fand am 7. Februar statt. Eine Hürde auf dem Wege dahin waren die Wünsche der ostpreußischen Wirtschaft, die nach wie vor daran dachte, die zweitstelligen Umschuldungskredite aus einer Auslandsanleihe zu finanzieren und dadurch eine anderweitige Verwendung derjenigen Mittel zu erreichen, die das Reich von sich aus bewilligen wollte. Als einige Ministerialvertreter Mitte Januar 1928 die bisher erarbeiteten Vorschläge in Königsberg zur Diskussion stellten, begegneten sie statt des erhofften Beifalls nur massiven Gegenvorschlägen. Es wurde verlangt, daß das Reich 60 Mill. RM als Disagiozuschüsse an frühere und künftige Pfandbriefschuldner hergebe und eine 85 %ige Garantie für eine 100 Mill. RM-Auslandsanleihe des Provinzialverbandes übernehme. Die konsternierten Beamten sahen sich außerstande, dieses Ansinnen zu akzeptieren, und vermerkten mit unverhohlener Kritik, daß das unbefriedigende Verhandlungsergebnis dem Treiben Hippels zuzuschreiben sei, der offensichtlich für den Gegenvorschlag verantwortlich sei und die übrigen Führer der ostpreußischen Landwirtschaft

54 *A.a.O.*, R 43 I/1853: Auszug aus dem Protokoll der Chefbesprechung vom 19.12.27; Vermerk (Feßlers über die Ressortbesprechung am 20.12.27 im RMdI); Niederschrift über die Chefbesprechung am 21.12.27 in der RK.

55 Niederschrift der Ministerbesprechung am 21.12.27. . . , betr. Ostpreußenhilfe, in: Borcke-Stargordt (Anm. II/216), S. 97 ff.; Hubatsch, *Hindenburg*. . . (Anm. I/46), S. 278 ff.

56 *WTB*, 21.12.27: „Hilfsmaßnahmen für Ostpreußen. Das Ergebnis des Kabinettsrats", in: *GStA*, Rep. 90, Nr. 1070.

beeinflusse. In Berlin war es ohnehin kein Geheimnis, daß Hippel im Geschäftsverkehr nicht einfach zu behandeln sei, weshalb man es vorgezogen hätte, wenn er an den Königsberger Verhandlungen gar nicht erst beteiligt worden wäre. Aber Hippel hatte schon im November 1927 angekündigt, daß er zu den erwarteten Besprechungen hinzugezogen werden wolle, und er hatte es jetzt verstanden, seine Teilnahme mit Hilfe des Oberpräsidenten durchzusetzen[57]. Ihm war es letzten Endes zuzuschreiben, daß die Berliner Ministerien den Anleiheplan akzeptierten und unter teilweise lebhaftem Widerstreben einen speziellen Härtefonds bewilligten, aus dem solche Betriebe, die nicht mit zweitstelligen Hypotheken beliehen werden konnten, Hilfe erhalten sollten[58].

Ein anderes Hindernis war Preußen, das sich nur schwer zu einer klaren Zusage über seinen finanziellen Beitrag zur Ostpreußenhilfe durchrang. Das Zentrum des Widerstandes war das Finanzministerium, das beharrlich an seinem Angebot festhielt, 5 Mill. RM als Umschuldungskredit für die Bauern zu gewähren und auf 6 Mill. RM rückständiger Steuern zu verzichten; was darüber hinausgehe, müsse dem 10 Mill. RM-Grenzfonds entnommen werden. Gegen diesen Standpunkt liefen die übrigen Ressorts Sturm, weil sie Preußens Erklärung vom 21. Dezember großzügiger interpretierten und endlich eine befriedigende Verhandlungsposition gegenüber dem Reich einnehmen wollten[59]. Das leidige Thema wurde erst am 3. Februar abgeschlossen, als das Staatsministerium die Vorschläge des Finanzministers guthieß. Danach leistete Preußen zur Lastensenkung einen baren Zuschuß von 2,8 Mill. RM, mit dem die Volksschullasten in der Provinz gesenkt werden sollten. Außerdem verzichtete es auf 2,8 Mill. RM Grundvermögenssteuer, die im Februar und März fällig gewesen wären, und schlug 4,2 Mill. RM rückständiger Steuern nieder. Den rechnerischen Gesamtbetrag von 9,8 Mill. RM bezeichnete Höpker-Aschoff als das äußerste Entgegenkommen, das Ostpreußen erwiesen werden könne[60]. Hiervon ist Preußen in den abschließenden Besprechungen am 3. und 4. Februar nicht mehr abgegangen, obwohl die Vertreter Ostpreußens und des Reichs ihre Unzufriedenheit nicht verbargen: Sie meinten, das Reich führe nur auf, was es positiv gebe, während Preußen mit Summen operiere, die zum Teil nur auf dem Papier stünden und keinen effektiven Geldzustrom nach Ostpreußen darstellten[61].

So waren unter Mühen die Voraussetzungen für den zweiten Ministerrat am 7. Februar geschaffen worden[62]. Hindenburg betonte sogleich am Anfang, daß er die von Preußen beabsichtigte Niederschlagung gestundeter Steuern nicht für eine erwähnenswerte Hilfe halte. Diese Kritik, die von den Reichsressorts unterstützt wurde, wies Höpker-

57 *BAK*, R 43 I/1852: Kuratorium der Bank der Lsch/GenLschDir an den RK, 8.11.27; Vermerk (Feßlers), 12.11.27; R 43 I/1853: Aufzeichnung (Feßlers) über die Verhandlung mit Vertretern der ostpreußischen Wirtschaft über die Hilfsmaßnahmen für die Provinz (am 16. und 17.1.28); *GStA*, Rep. 90, Nr. 1071: (Niederschrift über die) Sitzung der Reichs- und Staatsressorts betr. Ostpreußenhilfe am 16. und 17.1.28 auf dem OPr Kbg (als Anlage Sanierungsplan der ostpreußischen Wirtschaftsvertreter).

58 *BAK*, R 43 I/1853: Vermerk (Feßlers über die Verhandlungen mit den ostpreußischen Vertretern am 3.2.28 im RMdI); Niederschrift über die Chefbesprechung am 6.2.28 in der RK. Der Härtefonds ist identisch mit dem späteren Betriebserhaltungsfonds.

59 *GStA*, Rep. 90, Nr. 1071: (PreußMdI), Niederschrift über die Besprechung im PreußMdI am 29.12.27 über die OstprH.

60 *GStA*, Rep. 90, Nr. 1109: PreußFM an den PreußMPr, 28.1.28; Auszug aus dem Protokoll der Sitzung des PreußStM vom 3.2.28.

61 *A.a.O.*, Nr. 1071: Vermerk (Weichmanns), 5.2.28.

62 Niederschrift des unter dem Vorsitz des RPr am 7.2.28 stattgehabten Ministerrats (nebst Kommunique), in: Borcke-Stargordt (Anm. II/216), S. 103 ff.; Hubatsch, *Hindenburg*... (Anm. I/46), S. 284 ff.

Aschoff mit dem Bemerken zurück, daß Preußen sich auch an der Übernahme ostpreußischer Pfandbriefe und an der Garantie der Auslandsanleihe beteilige und daß im übrigen das Reich der „reichere Mann" sei, mit dem es sich nicht messen könne. Im weiteren begnügten sich die Anwesenden damit, einen detaillierten Bericht des Ministerialdirektors Dammann über die endgültige Form der Ostpreußenhilfe entgegenzunehmen. Es waren nun 75 Mill. RM vorgesehen, von denen das Reich 60 und Preußen 15 Mill. aufbrachte. Der größte Teil davon war für die Kredithilfe bestimmt, die ihrerseits bis auf ein Geringes der Landwirtschaft zugute kam. Es war geplant, den Absatz von 60 Mill. RM neuer 6 %iger Pfandbriefe durch einen Disagiozuschuß von 12 % zu erleichtern, wofür 7,2 Mill. RM benötigt wurden. 18 Mill. RM waren für zweitstellige Umschuldungskredite reserviert, die aus den Erträgen einer künftigen Auslandsanleihe auf 100 Mill. RM erhöht werden sollten. Ein besonderer Darlehnsfonds mit 7,4 Mill. RM wurde den Bauern, Pächtern, Gärtnern und Fischern vorbehalten, während 10 bis 15 Mill. RM als sogenannter Betriebserhaltungsfonds auf spezielle Sanierungsmaßnahmen verwandt werden sollten. Ein anderer Disagiozuschuß von 1 Mill. RM sollte die Kreditaufnahme des ostpreußischen Gewerbes unterstützen. Die Lastensenkung war ebenfalls auf die Bedürfnisse der Landwirtschaft zugeschnitten und umfaßte neben den Maßnahmen Preußens, die nun auf 10,1 Mill. RM beziffert wurden, die Zusage der Reichsregierung, die Rentenbankgrundschuldzinsen bis zu deren Schlußtermin im Jahre 1932 zu übernehmen; das bedeutete eine Zinserleichterung von 6,4 Mill. RM pro Jahr. Für die Frachterstattung wurde mit einem Bedarf von 7,5 bis 10 Mill. RM gerechnet. Hindenburg, der eingangs ein klares und schnell ausführbares Programm verlangt hatte, gab sich mit den Vorschlägen zufrieden und dankte den Verantwortlichen für die geleistete Arbeit. In einem Kommunique wurden der Betrag von 75 Mill. RM und die geplanten Maßnahmen erwähnt, der voraussichtliche Verteilungsschlüssel aber noch verschwiegen. Die Anforderungen für die Ostpreußenhilfe wurden über einen Nachtrag zum Etat von 1927 legalisiert, den der Reichsfinanzminister aus vorhandenen Kassenreserven bestritt. Die Vorlage gelangte Anfang März an das Parlament und wurde ohne nähere Aussprache bis zum 30. März erledigt[63].

Weniger Erfolg hatte ein anderer Antrag der Reichsregierung, der indirekt mit der Ostpreußenhilfe verbunden war und für eine Ostverwaltungsstelle im Reichsinnenministerium die Position eines Minsiterialrats in den Etat einfügen wollte. Er ging auf Wünsche zurück, die für Ostpreußen ein spezielles Reichsministerium oder Staatssekretariat vorgeschlagen hatten und namentlich von der Landwirtschaftskammer sowie von der DVP und DNVP vertreten worden sind[64]. Die Resonanz der Regierungen war gedämpft. Nicht nur Otto Braun war dagegen, auch der deutschnationale Reichsinnenminister Keudell wollte sich wegen der befürchteten Kompetenzstreitigkeiten mit dem Anspruch begnügen, daß sein Ressort in allen grenzpolitischen Fragen federführend werden müsse. Ähnlich vage hat Reichskanzler Marx seine prinzipielle Sympathie für die

63 *RT*, III, S. 12 234: RMdF Köhler am 19.1.28; Drucks Nr. 4047: GE über einen Nachtrag zum RHPl 1927, 6.3.28; die Vorlage wurde am 13., 26. und 30. März parlamentarisch behandelt; s. S. 13 440; S. 13 746 f.; S. 13 973 f.

64 *Georgine*, 12.7.27: „Außerordentliche Generalversammlung der Landwirtschaftskammer für die Provinz Ostpreußen"; vgl. den Vortrag des Vorsitzenden der LWK, Brandes, am 28.7.27 vor dem Präsidium und Vorstand des Reichsverbandes der deutschen Industrie unter dem Thema „Die wirtschaftliche Lage Ostpreußens" (Anm. II/227). Für die DVP zustimmend *Kbg Allg Ztg*, 4.9.27: „Ostpreußenpolitik! Zur Ostpreußenreise des Ostausschusses des Preußischen Landtages"; für die DNVP vgl. Otto Hoetzsch, „Ostpreußens Not", in: *Der Tag*, 9.8.27, wo ein Staatssekretariat befürwortet wird.

entsprechenden Bestrebungen bekundet[65]. Trotzdem ist die demokratische Presse gegen die Pläne der Rechtsparteien zu Felde gezogen, hinter denen sie Gayl als treibende Kraft vermutete[66]. Die Reichsregierung hat diesen Argwohn nicht gerechtfertigt, denn ihr Beschluß von Ende Oktober, das bestehende Ostreferat im Innenministerium auszubauen, war im Einvernehmen mit Preußen zustande gekommen und bekannte sich zur Zusammenarbeit mit den preußischen Ressorts[67]. Die interessierten Kreise Ostpreußens haben die Entscheidung abfällig kommentiert und Ende November mit einem Vorstoß bei Hindenburg beantwortet, doch an dem Ergebnis konnten sie nichts ändern[68].

Die definitive Regelung erfolgte Anfang Dezember. Sie durchbrach den Rahmen der bisherigen Organisation nicht, sondern errichtete im Reichsinnenministerium eine Stelle, die „die einheitliche und beschleunigte Behandlung aller auf Ostpreußen und die übrigen östlichen Grenzprovinzen bezüglichen Fragen" gewährleisten sollte. Die sogenannte „Ostverwaltungsstelle" wurde der Ministerialabteilung II einverleibt, die für Volksgesundheit, Wohlfahrtspflege und Deutschtum zuständig war und seit jeher die Probleme der östlichen Grenzgebiete bearbeitet hatte. Zur Entlastung des Abteilungsleiters, Ministerialdirektor Bruno Dammann, sollte ein Vertreter der ostpreußischen Wirtschaftskreise berufen werden, den auch der Reichskanzler „zwecks unmittelbarer Entgegennahme der Wünsche Ostpreußens" heranziehen wollte[69]. Als Bewerber für diesen Posten war Frankenbach aufgetreten, der als bewährter Leiter der ostpreußischen Vertretung in Berlin eine vertrauensvolle Verbindung zur preußischen Regierung verbürgt hätte. Die Intentionen des Reichs waren aber auf eine „politisch rechtsstehende Persönlichkeit" gerichtet, damit die ostpreußischen Wünsche wenigstens in diesem Punkt befriedigt wurden[70]. Die Wahl ist deshalb auf Georg Gottheiner, den Landrat des masurischen Kreises Johannisburg, gefallen. Gottheiner entstammte dem alten preußischen Beamtenkorps und verwaltete den Landkreis Johannisburg seit 1914. Seine politische Aktivität, die ihn zunächst für die DNVP in den Provinziallandtag und 1928 in den Reichstag führte, kostete ihn Anfang 1930 seinen Landratsposten, weil er sich zugunsten des rechtsradikalen Anti-Youngplan-Volksbegehrens exponiert hatte. Das war aber noch nicht das Ende seiner Karriere, denn im Juni 1932 wurde er von Reichsinnenminister Gayl zum Leiter der Abteilung Politik, Verfassung, Verwaltung und Beamtentum berufen[71]. Diese wichtige Position konnte er freilich nur bis in das Anfangsjahr der nationalsozialistischen Ära behaupten.

65 *GStA*, Rep. 203, Nr. 485: Notiz (Frankenbachs) betr. Rücksprache des OPr mit dem PreußMPr über Ostmarkenpolitik (Juli 1927); *BAK*, R 43 I/1798: RMdI, Bemerkungen zum Ostproblem, 9.8.27; *WTB*, 19.9.27: „Rede des Reichskanzlers in Königsberg"; *GStA*, Rep. 90, Nr. 1070.

66 *Kbg Hart Ztg*, 20.9.27: „Ostpreußen und das Reich. Das Versprechen des Reichskanzlers". Ähnliche Artikel im *Berliner Tageblatt* und in der *Berliner Volkszeitung*, beide vom 21.9.27. Gayl hat dementiert, daß er die zu schaffende Stellung für sich erstrebe; vgl. *BAK*, R 43 I/1798: Vermerk vom (29.) 9.27.

67 *GStA*, Rep. 203, Nr. 169: OstprVertr an den OPr, 26.10.27; *WTB*, 28.10.27: „Sitzung des Reichskabinetts" (am 27.10.27); *GStA*, Rep. 90, Nr. 1108. Über die wiederholten Kontakte zwischen Reich und Preußen in dieser Frage s. das Material in: *BAK*, R 43 I/1852.

68 *Kbg Allg Ztg*, 8.11.27: „Die Vertretung der Ostgebiete bei der Reichsregierung"; Plehwe-Dwarischken an den RPr, 27.11.27, und RPr an Plehwe-Dwarischken, 1.12.27, in: Hubatsch, *Hindenburg*. . . (Anm. I/46), S. 115 f.

69 *GStA*, Rep. 203, Nr. 169: (RMdI, Presseerklärung), „Fürsorge für den Osten" (8.12.27); vgl. dazu *Kbg Hart Ztg*, 11.12.27: „Die Ostpreußenstelle beim Reich".

70 *GStA, a.a.O.*: OstprVertr an den OPr, 12.12.27.

71 Horkenbach, 1932 (Anm. I/253), S. 525 f. Im übrigen waren die Ostpreußen mit der Berufung Gottheiners noch nicht befriedigt, sondern verlangten, daß auch im RMfEuL „an hervorragender Stelle ein Ostpreuße einberufen wird"; s. *BAK*, R 43 I/1853: LWK an den RK, 21.12.27 und 12 1 28.

Weniger politisches Profil besaß Bruno Dammann, der ein langgedienter Ministerialbeamter war und – wie einer seiner Chefs von ihm sagte – Minister hatte „kommen und gehen sehen, ohne verpflichtet gewesen zu sein, besondere Notiz von ihnen zu nehmen". Seine Sachkunde auf den für seine Abteilung relevanten Gebieten war unbestritten und sein Einfluß auf die Organisation der Grenzhilfe groß. Im allgemeinen hat er als Vertreter des Reichs mit den preußischen Ressorts und den Vertretern der Provinzen verhandelt, und er hat dies mit so viel Geschick und Loyalität getan, daß seine Partner dankbar seiner „sachlichen und wohlwollenden Führung des Vorsitzes sowie der großzügigen Regelung der Maßnahmen [gedachten], die den preußischen Ostgebieten zustatten gekommen seien". Da er in Oberschlesien geboren war und mehrere Jahre als stellvertretender Landrat in Ostpreußen verbracht hatte, schätzten ihn die Ostprovinzen als einen verständnisvollen Anwalt ihrer Nöte, der über mehr als die bloße Aktenkenntnis verfügte[72].

Um der neuen Ostverwaltungsstelle in der Besetzung Dammann-Gottheiner eine längere Dauer zu sichern, bemühten sich die Reichsregierung bzw. die DNVP und die DVP darum, dem kommissarisch berufenen Gottheiner eine etatmäßige Ministerialratsstelle zu beschaffen. Mitte März 1928 machte Gayl im Reichsrat einen entsprechenden Vorschlag, wich aber vor dem Widerspruch des preußischen Vertreters zurück[73]. Ebenso ungünstig war das Terrain im Reichstag, wo Keudells Maxime, daß „der Aufbau der Beamtenschaft im Ministerium . . . den Grundsätzen, wie sie vor dem Kriege maßgebend waren, möglichst wieder angenähert" werden müsse, wenig Anklang fand. Wie es tatsächlich um die Grundsätze seiner Personalpolitik bestellt war, enthüllte Keudell ungewollt mit dem Geständnis, daß die Berufung Gottheiners von den ostpreußischen Interessenten auf dem Umweg über Hindenburg durchgesetzt worden sei[74]. Die SPD wandte sich gegen den unverblümten Versuch, einen Vertrauensmann der ostpreußischen Deutschnationalen im Ministerium zu installieren, und die von ihren Koalitionspartnern verlassenen Rechtsparteien waren zu schwach, um den Antrag auf Etatisierung der Ministerialratsstelle durchzusetzen. Gottheiners Tätigkeit in der Ostverwaltungsstelle blieb deshalb ein kurzes Intermezzo[75].

2. Die Grenzhilfe von 1928

Vor Beginn der Beratungen über die Ostpreußenhilfe hatte Keudell nicht ausgeschlossen, daß auch die Bedürfnisse der übrigen Grenzgebiete diskutiert werden könnten, und so setzte Preußen einiges daran, abermals eine allgemeine Grenzhilfe des Reichs zu veranlassen. Seine Vorarbeiten für ein neues Grenzhilfeprogramm begannen im September 1927 und endeten zwei Monate später mit einer überschläglichen Bedarfsermittlung von 1,1 Mrd. RM. Diese Summe wurde als so irreal empfunden, daß Preußen es vorzog,

72 Horkenbach, 1931 (Anm. I/369), S. 505; Severing (Anm. I/234), S. 151; *GStA*, Rep. 90, Nr. 1119: Aufzeichnung über das Ergebnis der kommissarischen Beratung vom 2.11.31 (mit Beglückwünschung durch den preußischen MRat Woltering).

73 *BAK*, R 43 I/2539: Vermerk (Feßlers) vom 20.3.28.

74 *RT*, III, S. 13 666 f.: RMdI Keudell am 23.3.28; er sagte u.a., daß Gottheiner „nicht nur bei mir, sondern auch an höherer Stelle von den berufenen Vertretern der Selbstverwaltung der Provinz Ostpreußen nominiert worden ist".

75 *A.a.O.*, S. 13 741: Sollmann (SPD) am 26.3.28; S. 13 972; Ablehnung des handschriftlichen Antrags Drucks Nr. 4223: Schultz (Bromberg/DNVP), Scholz (DVP) u. Gen., 30.3.38.

seine Wünsche dem Reich nur in allgemeiner Form bekanntzugeben und alles Weitere den Verhandlungen zu überlassen[76].

Die Reichsregierung war inzwischen nicht mehr geneigt, außer Ostpreußen auch den übrigen Grenzgebieten etwas zuzuwenden. Der Reichsfinanzminister verband sein Ja zur Ostpreußenhilfe mit der Voraussetzung, „daß die Reichsbeihilfen für den übrigen Osten aufhörten". Der Entwurf des Reichsetats für 1928 begründete das Verschwinden des Grenzhilfefonds mit der euphemistischen Wendung: „infolge Erfüllung des Zwecks". Im Regierungslager herrschte nun die Meinung, die bisherige „Politik des Grenzfonds" sei als verfehlt anzusehen, da die Mittel unbefriedigend oder gar mißbräuchlich verwendet worden seien[77]. Es fehlte zwar nicht an entgegenstehenden Anträgen – der Reichsrat hatte 20 Mill. RM für die östlichen und südöstlichen sowie 6 Mill. RM für die westlichen Grenzgebiete gefordert, desgleichen die SPD und KPD 18 bzw. 40 Mill. RM für die Ostgebiete –, aber die Regierungsparteien antworteten darauf mit dem bescheidenen Kompromiß, daß nur 9,5 Mill. RM als Beihilfe für die östlichen und südöstlichen Grenzgebiete in den Nachtragsetat für 1927 einzustellen seien[78].

Dieser Betrag, der nach Dammann eine „ausklingende Hilfe" war, auf deren Fortsetzung „von vornherein nicht gerechnet werden" könne[79], wurde ähnlich wie 1927 aufgeteilt. Preußen erhielt 6,9 Mill. RM und Sachsen und Bayern jeweils 1 Mill. RM; 0,6 Mill. RM blieben beim Reichsinnenminister[80]. Der ostpreußische Anteil betrug 1,21 Mill. RM und wurde vom Oberpräsidenten für ein „Programm wohlfahrtspflegerischer und . . . bildungspflegerischer Art" eingesetzt[81].

In ihren Einzelheiten führte die Grenzhilfe wieder zu langwierigen Meinungsverschiedenheiten zwischen Reich und Preußen, die sich teilweise bis zum Frühjahr 1929 hinzogen[82]. Diese neuerlichen Erfahrungen verwandelten auch Innenminister Grzesinski in einen Kritiker der Grenzhilfepolitik, der nach einer grundlegenden Änderung verlangte[83]. Er zählte einen Katalog von Mißständen auf: die Verzettelung der Mittel, die Ausführung unzureichend finanzierter Projekte, die geringe Sparsamkeit der Empfänger, die Unstimmigkeiten zwischen Reich und Preußen, und erwartete eine Besserung der Situation nur, wenn Preußen sich finanziell und organisatorisch stärker zur Geltung bringe. Zu diesem Zweck beantragte er jährlich 10,5 Mill. RM für die Grenzprovinzen. Außerdem sollte das Reich einen festen Betrag als Grenzhilfe aufwenden und pauschal an die preußische Regierung überweisen.

76 *GStA*, Rep. 90, Nr. 1108: RMdI an sämtliche Reichs- und Staatsminister, 15.8.27; (PreußMdI), Niederschrift über die Besprechung am 1.9.27; PreußFM an den PreußMdI, 11.11.27; PreußMdI an den RMdI, 3.12.27.

77 *A.a.O.*, Nr. 1070: RMdI, Niederschrift über die kommissarische Besprechung vom 5.12.27. *RT*, III, Drucks Nr. 3854: Überblick über den Entwurf des RHPl 1928, 30.12.27; *RT*, III, S. 12 326; S. 12 377: RMdF Köhler und Quaatz (DNVP) am 23.1.28.

78 *RT*, III, Drucks Nr. 3850: RMdF an den PrRT, 21.12.27; Drucks Nr. 4123; Nr. 4134: Änderungsanträge Müller (Franken) u. Gen. (SPD), 20.3.28, sowie Stoecker, Rosenbaum u. Gen. (KPD), 22.3.24; Drucks Nr. 4212: Änderungsantrag Schreiber (Z), Schultz (Bromberg/DNVP), Cremer (DVP), Leicht (BVP) u. Gen., 29.3.28. Außerdem wurden 6 Mill. RM als Beihilfe für den Wohnungsbau im Osten und 15 Mill. RM für die westlichen Grenzgebiete bewilligt.

79 *GStA*, Rep. 90, Nr. 1109: Vermerk (Rathenaus) über eine Besprechung im RMdI am 30.4.28.

80 *A.a.O.*: Aufzeichnung (Weichmanns) betr. Sitzung im RMdI über Verteilung der Grenzhilfe 1928 am 3.5.28; RMdI, Niederschrift über das Ergebnis der kommissarischen Beratung am 8.8.28 betr. Verteilung der Mittel des preußischen Anteils am Grenzfonds 1928.

81 *A.a.O.*: PreußMdI an den OPr, 9.5.28; OPr an den PreußMdI, 19.5.28.

82 Das betraf u.a. die Höhe des ostpreußischen Anteils; s. *a.a.O.*, Nr. 1110: RMdI, Niederschrift über die Referentenbesprechung am 6.4.29.

83 *A.a.O.*: PreußMdI an den PreußMPr, 9.10.28.

Abgesehen von der heftigen Kritik an der Grenzhilfe enthielt dieser Plan nichts Neues, und er bewirkte auch nichts Neues, denn Höpker-Aschoff ging von seinem bekannten Standpunkt nicht ab. Er teilte vollauf die Bedenken gegen die bisherige Grenzhilfe, lehnte aber die finanziellen Konsequenzen einer neuen Grenzhilfepolitik als untragbar ab. Das Staatsministerium gelangte zu derselben Ansicht, so daß der preußische 10 Mill. RM-Fonds, der Ende 1927 verfügbar geworden war, keinen Nachfolger fand[84]. Die grenzpolitische Aktivität, für die Grzesinski seit Jahren eintrat, überforderte die Kräfte des Landes und mußte in deklamatorischen Anläufen steckenbleiben. Preußen konnte keine konstruktiven Konsequenzen aus den Erfahrungen ziehen, die es in der Praxis der Grenzhilfe gesammelt hatte. Aus seiner Sicht endete das 1926 begonnene Werk in einer Weise, die politisch und administrativ nicht befriedigend war, die jedoch unter dem Zwang der Verhältnisse hingenommen werden mußte.

84 *A.a.O.:* PreußFM an den PreußMPr, 18.10.28; Auszug aus dem Protokoll der Sitzung des PreußStM vom 23.10.28. Vom 10 Mill. RM-Fonds waren 2,86 Mill. RM an die westlichen und 7,14 Mill. RM an die östlichen Grenzgebiete gegangen. Ostpreußen hatte 3 Mill. RM erhalten, die in der Lastensenkungsaktion der OstprH aufgegangen sind; *a.a.O.*, Nr. 1109: PreußFM an den PreußMPr, 28.1.28; PreußMdI an den PreußMPr, 7.3.28.

II. DIE AUSFÜHRUNG DER OSTPREUSSENHILFE

Die nach monatelangen Verhandlungen geborene Ostpreußenhilfe vereinigte in sich eine Reihe finanzieller Maßnahmen, die von mehreren Punkten aus auf die wirtschaftliche Lage der Provinz einwirken sollten. Die Lastensenkung ermäßigte die öffentlichrechtlichen Abgaben, neben einigen Steuern insbesondere die Rentenbankgrundschuldzinsen, und die Frachterstattung verminderte die Kosten, die den Warenverkehr zwischen Ostpreußen und dem übrigen Reichsgebiet belasteten[85]. Von großer Bedeutung war die Kredithilfe, die der Wirtschaft zugewendet wurde. Den mittleren und kleinen Industriebetrieben stand eine Provinzialanleihe von 10 Mill. RM zur Verfügung, die das Reich mit einem Disagiozuschuß von 10 % ausstattete und die in Einzeldarlehn zwischen 5000 und 250 000 RM ausgegeben werden sollte. Bis Anfang November 1928 waren daraus 130 Kredite mit insgesamt 8,8 Mill. RM bewilligt worden[86]. Zugunsten der Kleinbauern wurde mit 6 Mill. RM die Kreditaktion fortgesetzt, die 1927 begonnen und dann wegen gegensätzlicher Ansichten über das zweckmäßigste Ausgabeverfahren unterbrochen worden war. Jetzt übernahmen wieder die Sparkasssen und Genossenschaften die Verteilung der Mittel, die zum größten Teil in den Regierungsbezirk Allenstein flossen[87]. Andere Berufsgruppen, wie die landwirtschaftlichen Pächter und die Binnenfischer, erhielten ähnliche Hilfen, wenn auch mit geringeren Beträgen[88]. Allen Darlehn war gemeinsam, daß sie die rationelle Fortführung der betreffenden Betriebe ermöglichen und kurzfristige Schulden in einen langfristig tilgbaren Kredit umwandeln sollten. Das galt auch für den wichtigsten Bestandteil der Ostpreußenhilfe, die Darlehns- und Umschuldungsaktion zugunsten der größeren landwirtschaftlichen Betriebe, bei der annähernd 100 Mill. RM verbraucht worden sind.

1. Die finanzielle Sicherung der Umschuldungsaktion

a) Die Ausgabe von Pfandbriefen

Die Umschuldung spielte sich vorwiegend auf dem Gebiet der zweitstelligen Hypotheken ab, aber daneben sollte auch die Ausgabe 6 %iger Pfandbriefe ihren Fortgang nehmen, damit in den geeigneten Fällen die Kreditmöglichkeiten des freien Kapitalmarkts

85 Über die Frachterstattung und Lastensenkung vgl. o. S. 147 f.; S. 114 f.; Wessling (Anm. I/170), S. 247 ff.; Bowien (Anm. II/62), S. 31; S. 33 ff.

86 *GStA*, Rep. 90, Nr. 1072: RMdI an den PreußMdI, 5.7.28, übermittelt die Richtlinien für die Vergabe der Industriekredite; *a.a.O.*, Nr. 1073: OPr an den PreußMfHuG, 6.11.28, berichtet über die Ausgabe der Industriekredite; Wessling, *a.a.O.*, S. 247.

87 *GStA*, Rep. 90, Nr. 1072: RMdI an den PreußMdI, 12.7.28, übermittelt die Richtlinien für die Vergabe der Kredite. Die Richtlinien sind gedruckt in: *Die Lage der Landwirtschaft in Ostpreußen* (Anm. I/72), S. 118 ff. Lt. Verteilungsplan des OPr sollten erhalten: 3,0 Mill. RM der Reg.Bez. Allenstein, 1,3 Mill. der Reg.Bez. Gumbinnen, 1,2 Mill. RM der Reg.Bez. Königsberg und 0,25 Mill. RM der Reg.Bez. Marienwerder, der Rest als Reserve; s. *GStA*, Rep. 90, Nr. 1073: PreußMdI an den PreußMPr, 12.12.28.

88 Für Pächter sind bis Anfang 1931 rd. 4,0 Mill. RM verfügbar gewesen, jedoch nur 2,5 Mill. RM verausgabt worden; für Binnen- und Küstenfischer sind 978 000 RM verfügbar gewesen und 971 500 RM verausgabt worden. Zusammenfassend darüber *Ostpreußenhilfe und Umschuldung* (Anm. I/378), S. 53 ff. Richtlinien s. *Die Lage der Landwirtschaft. . .*, *a.a.O.*, S. 115 ff.; S. 120 ff.

ausgenutzt wurden. Die Richtlinien sahen vor, daß bei allen Umschuldungskandidaten „zunächst auf höchstmögliche Beschaffung erststelligen Kredits hinzuwirken" sei[89]. Um den Landwirten hierbei finanzielle Verluste zu ersparen, die wegen des unter pari liegenden Auszahlungskurses unvermeidlich gewesen wären, hat sich das Reich bereiterklärt, die Ausgabe von 60 Mill. RM landschaftlicher Pfandbriefe mit einem Disagiozuschuß von 12 % zu subventionieren. Außerdem war zugesichert, daß Institutionen des Reichs und Preußens 30 Mill. RM der neuen Pfandbriefe aufnehmen würden[90]. Der Absatz der übrigen Pfandbriefe war der Landschaft überlassen worden. Generallandschaftsdirektor von Hippel hoffte, die Pfandbriefe bei einer Auslandsanleihe verwerten zu können. Als jedoch die Anleihepläne am Veto des Reichsfinanzministers scheiterten, forderte er das Reich auf, weitere 10 Mill. RM zu übernehmen und dadurch den Fortgang der Beleihung zu sichern. Seine Bitte wurde erfüllt[91]. Die übrigen Pfandbriefe hat die Landschaft nicht placieren können; sie meldete aber trotzdem einen neuen Bedarf von 32 Mill. RM und den Wunsch nach neuerlicher Reichshilfe an. Doch dieses Ansinnen zog ihr nur die Rüge zu, daß sie bislang keinen Pfandbrief aus eigenen Kräften untergebracht habe, während das Reich seine Verpflichtungen mehr als erfüllt habe; nun „müsse die Landschaft sich selber helfen"[92].

Obwohl damit erwiesen war, daß die erststelligen Kredite kein ergiebiges Umschuldungsmittel mehr waren, ist nicht davon abgelassen worden, die Ausgabe von Pfandbriefdarlehn im Rahmen des Möglichen aufrechtzuerhalten. Als Anfang 1929 über die weitere Finanzierung der Ostpreußenhilfe beraten wurde, entwickelte Hippel für das laufende Jahr ein Emissionsprogramm in Höhe von 150 Mill. RM, wofür er einen Disagiozuschuß von 24,5 Mill. RM erwartete. Die Reichsregierung war jedoch realistischer und sah nur 5 Mill. RM vor[93]. Neue Hoffnungen weckte Mitte des Jahres der Gedanke, mit Hilfe des Städtetages westdeutsche Gemeinden zur Abnahme ostpreußischer Pfandbriefe zu bewegen, aber statt der von Hippel erwarteten 25 bis 30 Mill. RM haben die Sparkassen nur 13 Mill. RM hergegeben[94]. So blieb der Staat wiederum die letzte Zuflucht, doch war er weder geneigt noch imstande, mehr zu tun, als die gesetzlich festgelegten Verpflichtungen vorsahen. Anderseits hat der Staatskommissar, der seit Frühjahr 1929 die Ostpreußenhilfe überwachte, vergeblich dafür plädiert, den Zinssatz der Pfandbriefe auf 7 % oder 8 % zu erhöhen, weil die 6 %igen Papiere nur unter großen Verlusten verkäuflich waren; die Landschaft widersprach unbeirrt, weil ihrer Meinung nach sogar 6 % für die Landwirtschaft schon untragbar waren. Sichtbarer Beweis für die Stagnation der ostpreußischen Pfandbriefpolitik war es, daß bis Oktober 1930 nur

89 *Die Lage. . . , a.a.O.*, S. 109; Bowien (Anm. II/62), S. 17 f.

90 Vgl. dazu den Ministerrat am 7.2.28 in: Hubatsch, *Hindenburg. . .* (Anm. I/46), S. 285.

91 Über die Anleihe s. *GStA*, Rep. 90, Nr. 1071: GenLschDir an den PreußMfLDuF, 9.5.28; Aktenvermerk (Frankenbachs) über die Sitzung im RMdI vom 14.5.28. *A.a.O.*, Nr. 1072: GenLschDir an den PreußMfLDuF, 27.6.28; PreußMfLDuF an die OstVerwSt beim RMdI, 27.6.28; RMdF an das RMdI, 31.8.28.

92 *A.a.O.*, Nr. 1073: GenLschDir an den PreußMfLDuF, 5.11.28; RMdI, Ergebnis der am 12.11.28 . . . abgehaltenen Besprechung über die OstprH (Äußerung Dammanns).

93 *A.a.O.*, Nr. 1074: GenLschDir (an den OPr), 21.1.29. In der Forderung waren 10,6 Mill. RM Pfandbriefe enthalten, die 1928 nicht abgesetzt worden waren. Der LHptm und der OPr (dieser mit gewissen Modifikationen) haben Hippels Antrag unterstützt; LHptm an den OPr, 2.11.29, in: *Ostpreußenhilfe und Umschuldung* (Anm. I/387), S. 80 f.; OPr, Vorschläge zur Fortsetzung der Ostpreußenhilfe, 3.3.29, in: *GStA*, Rep. 90, Nr. 1074. *RT*, IV, Drucks Nr. 988: Entwurf eines Gesetzes über wirtschaftliche Hilfe für Ostpreußen, 27.4.29. Das Gesetz wurde am 16.5.29 verabschiedet und am 18.5.29 im *RGBl* veröffentlicht.

94 *GStA*, Rep. 90, Nr. 1092: StKom an den PreußMfLDuF, 29.7.29; Nr. 1077: StKom, (Bericht über die) Entwicklung des ostpreußischen Gütermarkts usw., 13.6.30.

Darlehn in Höhe von 20,3 Mill. RM abgeschlossen und dafür 2,8 Mill. RM an Disagiozuschüssen bewilligt werden konnten, d.h. der anderthalb Jahre zuvor geschaffene Subventionsfonds von 5 Mill. RM war bei weitem nicht ausgeschöpft worden[95]. Der Pfandbriefkredit hat also in der Zeit der Agrarkrise nur wenig zur Sanierung landwirtschaftlicher Betriebe beitragen können.

b) Die Beschaffung zweitstelliger Umschuldungskredite

Wie erinnerlich, hatten es die Vertreter der Provinz durchgesetzt, daß der Großteil der Umschuldungskredite aus einer Auslandsanleihe bestritten werden sollte. Nur so schien es möglich, den auf 100 Mill. RM geschätzten Bedarf mit einem Schlage zu beschaffen. Die Richtlinien der Ostpreußenhilfe erwähnten ausdrücklich, daß weitere Mittel „im Wege einer von dem Provinzialverbande Ostpreußen aufzunehmenden Auslandsanleihe" beigebracht werden sollten[96]. Der Landeshauptmann fühlte sich daher berechtigt, mit amerikanischen Bankhäusern eine 20 Mill. Dollar-Anleihe auszuhandeln, die Ende April 1928 abschlußreif war. Er hatte es jedoch versäumt, die Berliner Minsterien auf dem laufenden zu halten, obwohl Frankenbach deren ablehnende Haltung frühzeitig nach Königsberg gemeldet hatte und der förmliche Einspruch, den der Reichsfinanzminister Anfang Mai erhob, zu erwarten war[97]. Das Reichsfinanzministerium besaß seit 1924 ein maßgebliches Mitspracherecht bei den Auslandsanleihen der Länder und Kommunalverbände und untersagte nun wegen reparationspolitischer Bedenken das isolierte Vorgehen Ostpreußens. Statt dessen wurde die Provinz auf eine 100 Mill. RM-Anleihe vertröstet, die die Landesbankenzentrale für Zwecke der landwirtschaftlichen Umschuldung vorbereitete[98].

Diese Umschuldungsanleihe gehörte zu einem landwirtschaftlichen Notprogramm, das die Reichsregierung parallel zur Ostpreußenhilfe entworfen und im Reichstag durchgebracht hatte. Ausgehend von den Kredit- und Absatzschwierigkeiten, die die Landwirtschaft in ganz Deutschland zu spüren begann, strebte das Notprogramm danach, die Preisbildung für tierische Erzeugnisse mit öffentlichen Mitteln zu stabilisieren und notleidende Betriebe durch Umschuldung zu sanieren. Die Kreditaktion war auf 200 Mill. RM berechnet; das Kapital sollte eine Auslandsanleihe der Deutschen Landesbankenzentrale aufbringen. Die erste Tranche von 25 Mill. Dollar ist Ende Mai aufgelegt worden, die zweite ist nicht mehr zustande gekommen[99].

95 Über den Fortgang der Pfandbriefbeleihung s. *a.a.O.*, Nr. 1076: GenLschDir an den StKom, 11.11.29; StKom an den PreußMfLDuF, 12.12.29; sowie die Berichte des StKom über den ostpreußischen Gütermarkt vom 13.11.29, 10.3.30, 13.6.30, 26.8.30, 31.10.30, *a.a.O.*, Nr. 1076, 1077, 1078.

96 *Die Lage der Landwirtschaft*... (Anm. I/72), S. 108.

97 *Ostpreußenhilfe und Umschuldung* (Anm. I/387), S. 11; *GStA*, Rep. 90, Nr. 1071: RMdF an den PreußMdI, 2.5.28; *GStA*, Rep. 203, Nr. 27: Frankenbach an Herbst, 17. und 22.2.28.

98 *GStA*, Rep. 90, Nr. 1071: Aktenvermerk (Frankenbachs) über die Sitzung im RMdI vom 14.5.28; Vermerk (Frankenbachs) betr. die Amerika-Anleihe für die Umschuldungsaktion im Rahmen der OstprH, 16.4.28. Über den Einfluß des RMdF auf die Auslandsanleihen der Länder und Gemeinden s. Bitter (Anm. I/154), I, S. 134 ff.

99 Über das landwirtschaftliche Notprogramm s. *RT*, III, Drucks Nr. 4102: Ergänzung zum GE RHPl 1928, 17.3.28; Nr. 4150: Mündlicher Bericht des 5. Ausschusses, 24.3.28; *RT*, III, S. 13 023 ff.: RMfEuL Schiele am 29.2.28; *RT*, IV, Drucks Nr. 218: RMfEuL, Denkschrift über das landwirtschaftliche Notprogramm und seine Ausgestaltung, 28.6.28. Über die Umschuldungsanleihe s. Bissing (Anm. I/392), S. 174 ff. Die Landesbankenzentrale war das Spitzeninstitut der Staatsbanken, Realkreditanstalten und provinzialen Landesbanken.

Im Prinzip wich diese Art der Kreditbeschaffung nicht von den ostpreußischen Plänen ab, jedoch hatte sie den Nachteil, daß Ostpreußen von ihr keineswegs jene 84 Mill. RM erhalten würde, die es bei seinen eigenen Verhandlungen vereinbart hatte. Siehr erwartete nur noch 25 Mill. RM für seine Provinz. Er protestierte deshalb bei Hindenburg gegen das Veto des Reichsfinanzministers, das das „Kernstück der Ostpreußenhilfe" zerschlagen habe. Desgleichen kritisierte Otto Braun die Reichsregierung, die in den vergangenen Monaten entgegen dem Wunsch Preußens die berufungslose Sonderlage Ostpreußens geltend gemacht hatte und nun eine Haltung einnahm, die „die vollständige Aufgabe des Gedankens bedeutet, für Ostpreußen eine reine Sonderaktion durchzuführen"[100].

Das Reichsfinanzministerium blieb dennoch unzugänglich. Staatssekretär Popitz klärte sowohl Hindenburg wie Siehr darüber auf, daß der Einspruch unabänderlich sei. Der Widerstand des Reparationsagenten gegen deutsche Kommunalanleihen habe nur in einigen bestimmten Fällen überwunden werden können, zu denen die ostpreußische Anleihe nicht gehöre. In Königsberg müsse man diese Zusammenhänge zur Kenntnis nehmen und dürfe nicht „im Vertrauen auf einen willigen amerikanischen Bankier alles für erledigt" halten, was ohne Zusammenarbeit mit den Reichsinstanzen vereinbart worden sei. Zum Ausgleich deutete Popitz an, daß Ostpreußen von der Umschuldungsanleihe der Landesbankenzentrale einen Vorzugsanteil von 40 Mill. RM erhalten könne. Siehr war durch diese Mitteilungen nicht besänftigt und hielt die Reichsregierung nun für verpflichtet, dafür zu sorgen, daß Ostpreußens Finanzbedarf befriedigt werde[101].

Tatsächlich stellte sich heraus, daß Popitz zuviel versprochen hatte. Aus Rücksicht auf die übrigen Provinzen sind Ostpreußen aus der Umschuldungsanleihe nicht 40, sondern nur 30,45 Mill. RM zugebilligt worden[102]. Zusammen mit den 18 Mill. RM, die innerhalb der Ostpreußenhilfe aus Etatmitteln für die Umschuldung vorgesehen waren, standen knapp 50 Mill. RM bereit, die nur die Hälfte des geschätzten Bedarfs deckten. Damit ließ sich die Umschuldung wohl beginnen, aber nicht vollenden. In dieser ungewissen Situation hat der Reichsfinanzminister eine Generalgarantie ausgesprochen und versichert, daß die Provinz keinerlei Schwierigkeiten zu befürchten habe. „Ostpreußen wird bei der Durchführung seiner Umschuldungsaktion nicht im Stiche gelassen werden und kann daher ohne Bedenken die Aktion mit den augenblicklich zur Verfügung stehenden Mitteln in die Wege leiten[103]." Diesen Blankoscheck stellte die rechtsgerichtete Reichsregierung kurz vor ihrem Rücktritt aus, denn die Koalitionsparteien waren seit langem zerstritten und bei den Reichstagswahlen am 20. Mai in die Minderheit geraten. In der neuen Regierung wurde der Sozialdemokrat Hilferding Finanzminister; er mußte im Herbst 1928 darüber befinden, wie die Umschuldung weiterhin zu finanzieren sei.

Mitte Oktober forderte Landeshauptmann Blunk die Reichsregierung zum erstenmal auf, ihr Versprechen einzulösen. Ihm zur Seite stand Siehr, der den Gedanken, es könnten vielleicht keine Mittel mehr flüssig werden, als eine indiskutable „Bankrotterklärung der Ostpreußenhilfe" ablehnte[104]. Ende November trat der Fall ein, daß in sieben Landkreisen des Regierungsbezirks Königsberg das Kreditkontingent erschöpft war und keine Darlehn mehr ausgezahlt werden konnten. Bis Anfang März 1929 griff die-

100 *GStA*, Rep. 90, Nr. 1071: Telegramm OPr an den RPr, 11.5.28; OPr an den PreußMdI, 11.5.28; PreußMPr an den RK, 21.5.28.

101 *A.a.O.:* StS RMdF an den OPr, 12.5.28; OPr an den StS RMdF, 22.5.28.

102 *A.a.O.*, Nr. 1072: OstprVertr an den OPr, 26.5.28; Bissing (Anm. I/393), S. 177.

103 *GStA*, Rep. 90, Nr. 1073: RMdF an den RMdI, 8.6.28 (in der Anlage zum Schreiben des OPr an den PreußMPr vom 24.11.28).

104 *A.a.O.:* LHptm an den RMdI, 15.10.28: OPr an die OstVerwSt im RMdI, 1.11.28 (beides als Anlage zu OPr an den PreußMdI, 7.5.28).

ser Zustand auf nahezu die Hälfte aller Landkreise über. Die Reichsregierung hat zwar am 12. März und 11. April 1929 jeweils 10 Mill. RM als Vorschüsse auf eine immer noch geplante Anleihe bewilligt sowie eine dritte 10 Mill. RM-Rate für später zugesagt, aber wegen politischer Differenzen konnten diese Anweisungen nicht genutzt werden. Erst als im Frühjahr 1929 gewisse organisatorische Veränderungen durchgeführt und ein Staatskommissar in das Umschuldungsverfahren eingefügt wurde, änderte sich die Situation. Das agitatorische Vorgehen des LVO im Mai und Juni verursachte neuerliche Hemmnisse, so daß die aus den Reichsvorschüssen genehmigten Umschuldungskredite nicht vor Ende Juli 1929 ausgezahlt werden konnten[105].

Nach dieser langen Krise war das Ende aller Schwierigkeiten noch nicht erreicht. Das im Mai 1929 verabschiedete Reichsgesetz über die Ostpreußenhilfe sah vor, daß das Reich für Umschuldungsdarlehn in Höhe von 50 Mill. RM eine Garantie übernehmen dürfe[106]. Mit dieser Reichsbürgschaft sollten ausländische Kreditquellen erschlossen werden, aber das erwies sich bald als illusorisch, so daß die Reichsvorschüsse *nolens volens* als langfristige Darlehn einfroren. Als die Reichskasse in immer größere Bedrängnis geriet, verfiel der Reichsfinanzminister auf den Ausweg, weitere Vorschüsse nur noch zu gleichen Teilen mit Preußen zu leisten. Damit drang er jedoch nicht durch. Für Höpker-Aschoff hatte sich Preußen bereits bis an „die äußerste Grenze seiner Leistungsfähigkeit" bei der Ostpreußenhilfe engagiert, mehr sei nicht angängig und im Ostpreußenhilfegesetz auch nicht vorgesehen. Otto Braun empfand den Vorschlag ebenfalls als eine Zumutung, die „bei der Art der Verteilung der Steuerquellen zwischen Reich und Preußen um so weniger erträglich [sei], als das Reich schon seit Jahren Preußen gegenüber bei der Erfüllung seiner von ihm selbst anerkannten Ersatzpflichten äußerste Zurückhaltung übt"[107]. Die Verlegenheit wurde schließlich von Reichslandwirtschaftsminister Dietrich behoben, der bei der Preußischen Zentralgenossenschaftskasse und bei der Deutschen Rentenbank-Kreditanstalt 15 Mill. RM als weitere Vorschüsse auftrieb. Allerdings mußte sich das Reich verpflichten, diese Vorschüsse nach Jahresfrist zurückzuerstatten[108]. Dieselben Nothelfer haben in der gleichen Weise Anfang 1930 noch einmal 8 Mill. RM aufgebracht[109].

Auf solch mühseligen Wegen sind für zweitstellige Umschuldungskredite in Ostpreußen von 1928 bis Anfang 1930 89,3 Mill. RM bereitgestellt worden. Da die Darlehn mit einem Disagio von 7,5 % ausgegeben wurden, entsprach die genannte Summe einem nominellen Hypothekenbetrag von 96,0 Mill. RM[110]. Damit war das anfängliche Ziel von 100 Mill. RM beinahe erreicht worden, aber die allgemeine Lage der Landwirtschaft hatte sich inzwischen so verschlechtert, daß der Umschuldungsaktion ein nachhaltiger Erfolg versagt blieb.

105 *A.a.O.:* OPr an den PreußMPr, 24.11.28; *Ostpreußenhilfe und Umschuldung* (Anm. I/387), S. 27 f.

106 *RT*, IV, Drucks Nr. 988: Entwurf eines Gesetzes über wirtschaftliche Hilfe für Ostpreußen, 27.4.29; s. o. Anm. IV/93.

107 *GStA*, Rep. 90, Nr. 1076: PreußMfLDuF an den PreußFM, 31.7.29; PreußFM an den PreußMPr, 29.8.29; PreußMPr an den PreußMdI, 29.11.29.

108 *A.a.O.*, *WTB*, 4.10.29, „Die Sanierungsaktion in Ostpreußen"; RMdF an den RMfEuL, 27.9.29. Von diesem Zwischenkredit wurden nur 5 Mill. RM tatsächlich nach Ostpreußen überwiesen.

109 *GStA*, Rep. 203, Nr. 174: RMfEuL, Vermerk über die Besprechung . . . am 24.2.30 betr. OstprH.

110 *Ostpreußenhilfe und Umschuldung* (Anm. I/387), S. 12.

c) Der Betriebserhaltungsfonds

Neben der Vergabe von Pfandbriefdarlehn und Umschuldungshypotheken haben die ostpreußischen Interessenten von Anfang an ein drittes Hilfsmittel gefordert, das zur Sanierung der Landwirtschaft eingesetzt werden sollte: einen Fonds, aus dem in bestimmten Fällen nicht Kredite, sondern Zuschüsse bewilligt werden könnten. Es wurde angenommen, daß es eine Reihe von Betrieben gebe, bei denen die vorhandene Schuldenlast über die Beleihungsgrenzen für erst- und zweitstellige Hypotheken hinausging, deren rationelle Fortführung aber durch einen gewissen, das Umschuldungsdarlehn ergänzenden Zuschuß zu sichern wäre. Um nicht den Anschein zu erwecken, als sollte auf diese Weise jede verkrachte Existenz saniert werden, schränkten die Interessenten ihren Antrag auf diejenigen Betriebe ein, „die namentlich infolge von Kreditaufnahmen besonders große Verluste erlitten haben"; darunter waren die Landwirte zu verstehen, die nach der Währungsreform Hypotheken mit hohen Zinsen und niedrigem Auszahlungskurs aufgenommen hatten[111]. Für diese nachträglichen Disagiozuschüsse sollten 28 Mill. RM vorgesehen werden, und als die Berliner Regierungen zunächst nur 10 Mill. RM reservierten, hob Hippel den Betriebserhaltungsfonds als „das wichtigste Glied der Hilfsmaßnahmen" heraus, dessen Stärkung „eine vermehrte Erhaltung des Besitzes in Ostpreußen gewährleiste". Trotzdem kam nur die bescheidene Erhöhung auf 11,2 Mill. RM zustande[112].

Das Interesse der Landwirtschaft an diesem Fonds ließ erkennen, daß in der Provinz zahlreiche Betriebe vorhanden waren, die nicht mehr in vollem Umfange sanierungsfähig waren und denen mit speziellen Zuschüssen beigesprungen werden mußte. Die Regierungen haben sich bemüht, die Vergabe der Zuschüsse an bestimmte Kriterien zu binden und dadurch einem Mißbrauch zu steuern. Den Richtlinien zufolge durften sich nur Betriebe bewerben, die „bei der Aufnahme von Realkrediten besonders große Verluste erlitten" und bei denen „infolge dieser Verluste die Personalschulden einen solchen Umfang angenommen haben, daß sie im Wege der erst- und zweitstelligen Beleihung nicht mehr abgedeckt werden können". Ausnahmen waren nur vorgesehen, sofern sich die Verschuldung darauf zurückführen ließ, daß dem betreffenden Landwirt Hypothekenkredit gar nicht oder nur in unzureichendem Maße zugänglich gewesen sei. Ausschlaggebend war sowohl in dem einen wie im anderen Falle, daß der betreffende Betrieb nach der Gewährung des Zuschusses „rationell fortgeführt" werden könne[113]. Demnach waren die Beihilfen den Betrieben vorbehalten, die wegen der drückenden Kreditkonditionen nach 1923 in Not geraten, jedoch 1928 noch hinreichend gefestigt waren, um aus eigenen Kräften bestehen zu können, sofern ihnen die vorher entstandenen Lasten abgenommen wurden. Die Verbindung zwischen der derzeitigen Verschuldung und den früheren Kreditschwierigkeiten war absichtlich als wesentliches Kriterium gewählt worden, weil die Berücksichtigung anderer Schadensursachen wie Unwetter, Viehseuchen und Feuer eine unabsehbare Fülle von Ansprüchen geweckt hätte.

111 *GStA*, Rep. 90, Nr. 1071: RMdI an das PreußStM, 6.2.28 (Anlage); ferner die Vermerke Rathenaus und Weichmanns über die Besprechungen im RMdI am 3.2.28.

112 *A.a.O.:* Vermerk Weichmanns vom 26.4.28; Nr. 1072: (RMdI), Vermerk über die kommissarischen Beratungen vom 6. und 7.6.28; *a.a.O.*, Nr. 1073: (RMdI), Niederschrift über das Ergebnis der kommissarischen Besprechung vom 6.12.28 (Anlage 4).

113 *Die Lage der Landwirtschaft. . .* (Anm. I/72), S. 112; S. 114.

Trotzdem war es in den zugelassenen Ausnahmefällen schwer zu entscheiden, ob die vorliegende Verschuldung auf Kreditmangel oder andere Ursachen zurückzuführen sei. Aus diesem Grunde haben die Regierungen die Sonderbewilligungen zeitweise untersagt und dann auf einen Gesamtumfang von 600 000 RM begrenzt[114]. *De facto* ist der Betriebserhaltungsfonds nicht ausgeschöpft worden, denn bis zum 31. Dezember 1930 war erst über 10,1 Mill. RM verfügt, also weniger, als 1928 bereitgestellt worden ist[115].

d) Die Bauernkredite

Bei den Pfandbrief- und zweitstelligen Umschuldungskrediten handelte es sich um hypothekarisch gesicherte Darlehn, die auf die Bedürfnisse des größeren Grundbesitzes zugeschnitten waren. Deshalb haben die Regierungen für die Kleinlandwirte einen Spezialfonds bewilligt. Er enthielt 1928 6 Mill. RM und galt den Besitzern von Anwesen, deren Grundsteuerreinertrag 20 Taler nicht überschritt[116]. Auch hier war es der erklärte Zweck, kurzfristige Personalschulden in einen langfristigen Abzahlungskredit zu verwandeln, bei dem jedoch die sonst übliche dingliche Sicherung durch Bürgschaften oder anderweitige Garantien ersetzt werden durfte. Ausgebende Kreditinstitute waren die Sparkassen und Genossenschaften, mit denen die Kleinbauern am leichtesten Verbindung aufnehmen konnten. Nahezu die Hälfte der Darlehn floß in den Regierungsbezirk Allenstein, wo das masurische Kleinbauerntum besonders hilfsbedürftig war[117].

Dieser Teil der Ostpreußenhilfe erfuhr 1929 noch einen Zuwachs, als das Reich ermächtigt wurde, für einen bäuerlichen Besitzerhaltungskredit von 15 Mill. RM die Garantie zu übernehmen[118]. Geleitet von dem Wunsch, das eigene Engagement möglichst niedrig zu halten, trachtete das Reich danach, Preußen als Mitbürgen zu gewinnen, und im Verein mit den übrigen preußischen Ministerien, denen die „Gewährung von Krediten an Klein- und Mittelbetriebe politisch ganz besonders erwünscht" war, gelang es ihm sogar, seinen Anspruch gegenüber dem widerstrebenden preußischen Finanzminister durchzusetzen[119]. Damit war allerdings von den erforderlichen Krediten noch

114 *GStA*, Rep. 90, Nr. 1073: OPr an den RMdI, 27.12.28; *Ostpreußenhilfe und Umschuldung* (Anm. I/387), S. 15 f.

115 *Ostpreußenhilfe. . .*, *a.a.O.*, S. 99; S. 102. Die Sonderbewilligungen betrugen davon 521 622 RM. Wessling (Anm. I/170), S. 257.

116 *Die Lage der Landwirtschaft. . .* (Anm. I/72), S. 118 ff.; *GStA*, Rep. 90, Nr. 1072: RMdI an den PreußMdI, 12.7.28; Nr. 1073: OPr an den PreußMfLDuF, 6.11.28; (RMdI), Ergebnis der am 13.11.28 abgehaltenen Besprechung über die OstprH. Der Grundsteuerreinertrag war ein im Anschluß an das preußische Grundsteuergesetz von 1861 ermittelter Wert, der hier herangezogen wurde, weil er den wirtschaftlichen und sozialen Charakter eines Betriebs genauer kennzeichnete als die Größenangabe, die vielfach durch die unterschiedliche Bodengüte relativiert wurde.

117 *A.a.O.*, Nr. 1073: PreußMdI an den PreußMPr, 12.12.28 (Anlage).

118 *RT*, IV, Drucks Nr. 988: Entwurf eines Gesetzes über wirtschaftliche Hilfe für Ostpreußen, 27.4.29 (s. die Begründung des Entwurfs); *GStA*, Rep. 90, Nr. 1074: (Übersicht über das) Ostpreußenhilfsprogramm (ohne Datum, Unterlage für die Sitzung des PreußStM am 14.3.29). Für diese Kreditaktion wurden neue Richtlinien erlassen, die den Empfängerkreis auf die Betriebe bis zu einem Einheitswert von 15 000 RM festlegten, d.h. es waren jetzt mittelbäuerliche Betriebe eingeschlossen; *a.a.O.*, Nr. 1095: RMfEuL, Richtlinien für Bauernkredite zum Zwecke der Besitzerhaltung usw., 4.9.29.

119 *A.a.O.*: RMfEuL an den PreußMfLDuF, 8.6.29; Vermerk (Frankenbachs) über Besprechung im PreußMfLDuF am 28.6.29 (hieraus das Zitat); PreußFM an den PreußMfLDuF, 5.7.29; PreußMfLDuF an den RMfEuL/RMdF, 10.7.29.

kein Pfennig aufgebracht, und es fiel auch weiterhin trotz der angebotenen Reichs- und Staatsgarantie schwer, leistungsfähige Kapitalgeber für die Bauern aufzutreiben. Ende 1929 war erst die Hälfte des gedachten Betrages zusammengekommen – 1,7 Mill. RM hatten sogar die ostpreußischen Sparkassen und Genossenschaften beisteuern müssen –, und der Staatskommissar durfte mit Recht monieren, daß, verglichen mit der Umschuldung der Großbetriebe, „die Kreditaktion des klein- und mittelbäuerlichen Besitzes über Anfänge noch nicht hinausgekommen" sei[120].

Wegen der trostlosen Lage der öffentlichen Finanzen wurde die Möglichkeit, neue Subventionskredite an die Landwirtschaft zu geben, immer ungewisser, und Ministerpräsident Braun äußerte deshalb die Ansicht, daß „die Übernahme der Bauernschulden auf den Staat endlich ein Ende haben" müsse; aber trotzdem hielt er es für angezeigt, wenigstens die im Vorjahr eingegangenen Verpflichtungen zu erfüllen[121]. Mit einiger Mühe haben es Reich und Preußen geschafft, im Laufe des Jahres 1930 die fehlenden Millionen aufzubringen. Der Staatskommissar bestätigte am 31. Oktober, daß ihm die 15 Mill. RM vollzählig zur Verfügung stünden; durch Kreditbewilligungen beansprucht waren bis dahin jedoch nur 8,78 Mill. RM[122].

Wie groß der praktische Erfolg dieser Anstrengung war, muß dahingestellt bleiben. Auf jeden Fall konnte eine Hilfe, die sich jahrelang verzögerte, weder den Urheber noch den Empfänger befriedigen und auch nicht die objektive Notlage, gegen die angegangen werden sollte, beseitigen.

2. *Die Organisation und Verteilung der Ostpreußenhilfe*

Ausschlaggebend für den Beginn der Umschuldungsaktion war das Eintreffen der Richtlinien in Ostpreußen. Die Berliner Ministerien stellten ihren Wortlaut fest, nachdem sie zuvor die Vertreter der Provinz angehört hatten. Zuerst ergingen am 24. April 1928 die Richtlinien für die Umschuldungshypotheken, einen Monat später folgten die für den Betriebserhaltungsfonds, Ende Juli die für die Kleinbauernkredite und Anfang Oktober die für die Pächterkredite[123].

Der finanziell aufwendigste Teil der Ostpreußenhilfe waren die zweitstelligen Umschuldungskredite, deren Richtlinien deshalb ein besonderes Interesse verdienen. Sie institutionalisierten ein Verfahren, in dem sich banktechnische und politische Gesichtspunkte sowie provinziale Selbstverwaltung und staatliche Aufsicht miteinander verschränkten, das aber weitgehend unabhängig von den Berliner Ministerien ablief. Die Reichsregierung hatte zunächst beabsichtigt, die Umschuldung wie „eine rein geschäftsmäßige Darlehnshergabe" von einem „zentralen Bankinstitut der Provinz" ausführen zu las-

120 *GStA*, Rep. 90, Nr. 1076: StKom, Bericht über die Lage des ostpreußischen Gütermarktes usw., 13.11.29 (Anlage III). Vgl. RMfEuL, Vermerk über die Besprechung am 6.2.30 betr. OstprH, wonach zu dieser Zeit erst 1,45 Mill. RM an Bauernkrediten tatsächlich ausgegeben worden waren.

121 *A.a.O.:* Vermerk (Weichmanns), etwa 21.2.30 (hieraus das Zitat); PreußMPr an den RK, 28.2.30.

122 *A.a.O.*, Nr. 1078: StKom, Abschlußbericht vom 31.10.30. *BAK*, R 43 I/1826: RechH, Denkschrift ... über ... die OH, S. 33.

123 *GStA*, Rep. 90, Nr. 1071: PreußMdI an den OPr, 24.4.28 und 23.5.28; Nr. 1072: ders. an dens., 28.7.28 und 9.10.28. Alle Richtlinien sind abgedruckt in: *Die Lage der Landwirtschaft...* (Anm. I/72), S. 108 ff. Vgl. auch *Ostpreußenhilfe und Umschuldung* (Anm. I/387), S. 13 f.

sen[124]. Beim weiteren Durchdenken der Materie erwies es sich aber als notwendig, dafür zu sorgen, daß die mit öffentlicher Unterstützung beschafften Mittel dorthin geleitet wurden, wo sie am wirkungsvollsten waren, nämlich zu den Landwirten, die sowohl umschuldungsbedürftig als auch noch sanierungsfähig waren. So tauchte der Plan auf, über einen Reichs- und Staatskommissar oder einen speziellen Ausschuß dirigierend auf das Umschuldungsinstitut einzuwirken[125]. In diesem Sinne schlug Oberpräsident Siehr Anfang 1928 vor, einen Haupt- und einen Unterausschuß in Königsberg einzurichten, von denen ersterer über die grundsätzlichen Fragen, insbesondere über die Richtlinien, entscheiden und der andere die Umschuldungsanträge bearbeiten sollte. Für den Hauptausschuß waren 13 Mitglieder vorgesehen, voran der Oberpräsident und der Präsident des Landesfinanzamtes als Vertreter der preußischen Staats- und der Reichsregierung. Die übrigen Mitglieder waren von provinzialen Wirtschaftsverbänden, Kreditorganisationen und Banken zu stellen. Der Unterausschuß zählte nur sieben Mitglieder und wurde vom Vertreter der Landesbank geleitet. Ihm gehörten der Oberpräsident und Landesfinanzamtspräsident sowie Beauftragte der Landschaft, der Landwirtschaftskammer, des LVO und der Ostpreußischen Bauernschaft an[126]. Auffallend an dieser Konstruktion war, daß Siehr die Vorbereitung und Ausführung der Kreditaktion nach Königsberg ziehen und den Berliner Zentralstellen die Rolle eines fernen Schiedsrichters, der nur bei eventuellen Meinungsverschiedenheiten eingreifen durfte, anweisen wollte.

Damit drang er jedoch bei der preußischen Regierung nicht durch. Sie wünschte eine vielseitigere Beteiligung der staatlichen Stellen und gedachte, den Landrat als örtliche Instanz in das Verfahren einzubeziehen, was auch den Beifall der Reichsministerien fand. Die beteiligten Ressorts beschlossen, von sich aus nähere Vorschläge auszuarbeiten[127]. Das Reichsinnenministerium legte einen diskussionsreifen Referentenentwurf der Richtlinien Mitte März vor und besprach ihn mit der preußischen Regierung und mit den Vertretern der Provinz in Königsberg[128]. Auf diese Weise ging die Ausarbeitung und amtliche Feststellung der Richtlinien auf die Berliner Ministerien über, so daß der von Siehr konzipierte Hauptausschuß allenfalls in den Beratungen Ende März vorübergehend existent wurde. Die definitive Fassung überreichte der Reichsinnenminister am 20. April der preußischen Regierung, verbunden mit dem Ersuchen, die sofortige Bildung der Ausschüsse zu veranlassen sowie auf eine schleunige Bearbeitung der Kreditanträge und sorgfältige Prüfung der Kreditsicherheit hinzuwirken[129].

Die maßgebenden Organe des Umschuldungsverfahrens waren die Kreiskreditausschüsse, der Provinzialkreditausschuß und die Landesbank der Provinz Ostpreußen. Die Lan-

124 *GStA*, Rep. 203, Nr. 206: Aufzeichnung (Frankenbachs) vom 12.4.27 (Äußerung des RMfEuL Schiele gegenüber dem OPr am 11.4.27).

125 *GStA*, Rep. 90, Nr. 1070: RMdI an den StSRK usw., 18.11.27 (Anlage); RMdI, Niederschrift über die kommissarische Besprechung vom 30.11.27.

126 *A.a.O.*, Nr. 1071: OPr an den MinDir Dammann, 24.1.28.

127 *A.a.O.*: Vermerk (Weichmanns) vom 26.1.28; Aufzeichnung (Weichmanns) über die Sitzung im RMdI betr. OstprH am 31.1.28.

128 *A.a.O.*: RMdI an den StSRK usw., 17., 19. und 21.3.28; Vermerk (Weichmanns) vom 27.3.28; Vermerk (Frankenbachs) über die auf dem Oberpräsidium in Königsberg stattgehabten Sitzungen vom 27., 29. und 30.3.28.

129 *A.a.O.*: RMdI an den PreußMdI, 20.4.28; *Die Lage der Landwirtschaft*... (Anm. I/72), S. 108 ff. Über die Zusammensetzung der Kreditausschüsse s. Wessling (Anm. I/170), S. 279 ff.; über die allgemeine Organisation und Durchführung der Umschuldung s. Bowien (Anm. II/62), S. 18 ff.

desbank gab die bewilligten Kredite aus und verwaltete sie; außerdem mußte sie von den eventuellen Zins- und Kapitalverlusten 25 % tragen, wobei es ihr jedoch offenstand, diese Haftung auf nachgeordnete Gläubiger abzuwälzen (in die verbleibenden 75 % der Bürgschaft teilten sich das Reich und Preußen). Innerhalb des Verfahrens besaß sie ein zweifaches Prüfungsrecht an den Umschuldungsanträgen, aber sie konnte nicht allein über sie entscheiden und mußte sich großenteils auf das Material stützen, das ihr die lokalen Kreditausschüsse zusandten.

Im allgemeinen nahm ein Umschuldungsantrag folgenden Weg: Der betreffende Landwirt füllte möglichst in Zusammenarbeit mit einem örtlichen Kreditinstitut das vorgeschriebene Formular aus und reichte es beim Kreiskreditausschuß ein. Der Ausschuß hatte sodann den Wert und die Beleihungsfähigkeit des Grundstückes zu ermitteln, die Höhe und die Ursachen der Verschuldung festzustellen, die Sanierungsfähigkeit und -würdigkeit zu prüfen sowie mit den Gläubigern über eventuelle Schuldennachlässe zu verhandeln und sie für die Übernahme der 25 %igen Bürgschaft zu gewinnen. Den Abschluß seiner Tätigkeit bildete ein Gutachten, in dem er sich über die Erfolgsaussichten der Umschuldung und die Höhe des notwendigen Kredits äußerte. Danach ging der Antrag an die Landesbank, die ihn ihrerseits prüfte und dem Provinzialkreditausschuß vorlegte, wo an Hand der Unterlagen über den Kredit beschlossen, in Zweifelsfällen aber auch noch Sondergutachten eingeholt wurden. Letzte Instanz war der Verwaltungsrat der Landesbank, der ebenfalls dem Darlehn zustimmen mußte.

Die Hauptarbeit hatten zweifellos die Kreiskreditausschüsse zu leisten, die am intensivsten auf die einzelnen Anträge eingingen. Die nachfolgenden Instanzen der Landesbank und des Provinzialkreditausschusses konnten die Fülle des Materials, das sich aus der ganzen Provinz bei ihnen ansammelte, nur noch überschläglich oder selektiv prüfen, falls sie nicht das Bewilligungsverfahren ungebührlich verlängern wollten. Namentlich der Provinzialkreditausschuß fungierte als ein Beschlußgremium, das sich weitgehend auf die Vorarbeit der Kreiskreditausschüsse und der Landesbank verlassen mußte, denn auf seinen periodischen Sitzungen fand er Vorlagenpakete von 300 und mehr Anträgen vor, so daß er – nach der Rechnung des späteren Staatskommissars Rönneburg – mitunter nur anderthalb Minuten auf einen Antrag verwandte[130].

Unter solchen Umständen hing der Erfolg der Umschuldung in hohem Maße von den Kreiskreditausschüssen ab, die sich als erste mit den Anträgen zu befassen hatten. Sie waren jeweils für einen Landkreis zuständig und zählten fünf Mitglieder: den Landrat als Vorsitzenden, den Leiter des zuständigen Finanzamts als stellvertretenden Vorsitzenden und drei Landwirte, die die Landwirtschaftskammer benannte. Da die Richtlinien vorsahen, daß mit einfacher Stimmenmehrheit entschieden wurde, war also die Möglichkeit gegeben, daß die Landwirte die beiden Verwaltungsbeamten überstimmten. Wie oft das geschehen ist, läßt sich nicht nachprüfen, aber allein das Wissen um diese Möglichkeit führt zu der Annahme, daß in Zweifelsfällen die Antragsteller auf eine ihnen freundliche Mehrheit rechnen konnten. Allerdings wurde diese bedenkliche Konstellation insofern gemildert, als die Kreiskreditausschüsse keine Entscheidungsbefugnis über die Anträge besaßen, sondern sie – nach dem Wortlaut der Richtlinien – nur bearbeiten und begutachten, nicht aber ablehnen oder bewilligen sollten. Das war vielmehr Aufgabe der Landesbank und des Provinzialkreditausschusses.

130 *RT*, IV, S. 5732: Rönneburg (DDP) am 24.6.30; *Ostpreußenhilfe und Umschuldung* (Anm. I/387), S. 17; S. 39. Für die Doppelsitzung am 20. und 21.3.29 haben z.B. 601, für die Sitzung am 4.4.29 295 Anträge vorgelegen. Ausführliches Material in: *StAL*, Rep. 2, Nr. 2430.

Im Provinzialkreditausschuß war der Einfluß der Landwirtschaft ebenfalls stark, aber nicht überragend. Von neun Mitgliedern stellte sie anfänglich vier – drei über die Landwirtschaftskammer, eins über die Landschaft. Erstere erhielt noch einen weiteren Vertreter, als der Ausschuß im Oktober 1928 auf fünfzehn Personen vergrößert wurde[131]. Die Vergrößerung erfolgte zum Vorteil der nichtlandwirtschaftlichen Wirtschaftskreise, die nun über die Industrie- und Handelskammern sowie die Handwerkskammer je einen Beauftragten entsenden durften. Außerdem erhielten auch die Genossenschaften, Sparkassen und Privatbanken und der Generaldirektor der Landesbank Zutritt. Dadurch wurden die agrarischen Vertreter etwas in den Hintergrund gedrängt, wenngleich die Autorität des Generallandschaftsdirektors und des Vorsitzenden der Landwirtschaftskammer kaum zu erschüttern war.

Den Vorsitz im Provinzialkreditausschuß hatte der Landeshauptmann inne, wodurch der Vorrang der provinzialen Selbstverwaltung innerhalb der Umschuldung plakatiert wurde. Der Oberpräsident und der Präsident des Landesfinanzamts fanden sich in der Rolle einfacher Mitglieder wieder, denen erst im Frühjahr 1929 ein Vetorecht verbrieft wurde[132]. Die Berliner Regierungen hatten sich zwar die Entsendung von Kommissaren vorbehalten, aber es ist nicht bekannt, ob sie davon Gebrauch gemacht haben. Das einzige ordnungsgemäße Mitglied, das nicht von Amts wegen mit dem Königsberger Standort und der Perspektive, in der die Umschuldungsaktion von dort aus erschien, verbunden war, war der Präsident der Preußischen Zentralgenossenschaftskasse, der in Berlin residierte und sich in Königsberg von kritisch eingestellten Mitarbeitern vertreten ließ. Sie verfolgten die Tätigkeit des Provinzialkreditausschusses mit wachsenden Vorbehalten und unterrichteten schließlich die Zentralbehörden über vermeintliche Mißstände, woraufhin 1929 ein Staatskommissar in das Verfahren eingefügt wurde[133].

Der Provinzialkreditausschuß trat am 11. Juni 1928 erstmals zusammen und beriet u.a. über sechs Kreditanträge. Hinfort tagte er in Abständen von 10 bis 20 Tagen und hatte bald mehrere Hundert von Anträgen auf seiner Tagesordnung. In dem Dreivierteljahr vom 1. Juli 1928 bis zum 31. März 1929 bewilligte er 3100 Anträge mit einer Kreditsumme von 75,6 Mill. RM, d.h. weit mehr, als ihm bis dahin zur Verfügung gestellt worden war. Dementsprechend waren die Auszahlungen, die am 20. September 1928 begonnen hatten, hinter diesem Tempo zurückgeblieben und bis Ende März 1929 erst auf 42,1 Mill. RM gediehen[134]. Ab April 1929 war die Umschuldungstätigkeit stark gedrosselt: Bis Ende 1929 wuchs die Zahl der bewilligten Anträge nur auf 4158 = 83,9 Mill. RM und bis Ende 1930 auf 4208 = 90,7 Mill. RM. Die ausgezahlten Kredite stiegen für dieselben Termine auf 68,3 und 85,5 Mill. RM.

Im gleichen Rhythmus ist über den Betriebserhaltungsfonds verfügt worden. In den neun Monaten des Ostpreußenhilfe-Booms wurden 1162 Anträge in Höhe von 10,7 Mill. RM bewilligt, jedoch nur knapp 5 Mill. RM ausgezahlt. Unter dem Einfluß des Staatskommissars, der im Sommer 1929 einen Teil der im Frühjahr genehmigten An-

131 Zusammensetzung der Ausschüsse s. *Die Lage der Landwirtschaft*... (Anm. I/72), S. 110 f.; 3.10.28 (Anlage); Wessling (Anm. I/170), S. 281.

132 *GStA*, Rep. 90, Nr. 1075: RMdI an den PreußMdI, 24.4.29 (Anlage). Diese Änderung paßte die Richtlinien der Ostpreußenhilfe an die Richtlinien an, die im Mai 1928 für die überregionale Umschuldungsaktion aus der 100 Mill. RM-Auslandsanleihe erlassen worden waren.

133 Hierüber s. u. S. 273; S. 285.

134 *Ostpreußenhilfe und Umschuldung* (Anm. I/387), S. 17; S. 18 f.; S. 99. An letztgenannter Stelle befindet sich eine vom 30.6.28 bis zum 31.12.30 reichende Übersicht, die vierteljahresweise die Bewilligungs- und Auszahlungsergebnisse aufführt.

träge aufgehoben hat[135], ist die bis Ende 1930 bewilligte Summe (10,1 Mill. RM) nicht mehr auf die Höhe vom Frühjahr 1929 gelangt; die Auszahlungen sind noch auf 9,7 Mill. RM gestiegen.

Bis zum 31. Dezember 1930 hat der Provinzialkreditausschuß 4534 Umschuldungsanträge erhalten, von denen er 4208 bewilligt und 326 abgelehnt hat. Zusammen mit den 1175 Anträgen, die die Landesbank bereits aufgehalten hat, sind 1501 Anträge mit einer Kreditsumme von 30,2 Mill. RM nicht bewilligt worden. Insgesamt hatten die Kreise 5709 Anträge, lautend auf 121 Mill. RM, nach Königsberg geschickt; Landesbank und Provinzialkreditausschuß haben 26 % der Anträge und 25 % der beantragten Darlehnssumme nicht genehmigt[136]. Der beträchtliche Teil von negativen Entscheidungen deutet darauf hin, daß die Kreiskreditausschüsse zahlreiche zweifelhafte Fälle weitergereicht und deren Ablehnung den zentralen Instanzen überlassen haben[137].

Werden alle landwirtschaftlichen Kreditformen – Umschuldungshypotheken, Bauern- und Pächterkredite – addiert, so sind von Juni 1928 bis Dezember 1930 im Rahmen der Ostpreußenhilfe 12 143 Darlehn mit 109,6 Mill. RM bewilligt worden. Hinzukommen 10,1 Mill. RM aus dem Betriebserhaltungsfonds, die größtenteils an Landwirte gegangen sind, die schon zu den Empfängern der Umschuldungskredite gehörten[138].

Einige Aufmerksamkeit verdient die Frage, wohin die Mittel in der Praxis geflossen sind. Nominelle Empfänger waren zwar die umzuschuldenden Landwirte, aber nach den Richtlinien sollten die Darlehn „der Umwandlung der vorhandenen Personalschulden des Kreditnehmers . . . in einen langfristigen . . . Realkredit" dienen und waren

135 *GStA*, Rep. 90, Nr. 1076: StKom, Bericht über die Entwicklung des ostpreußischen Gütermarkts usw., 13.11.29 (Anlage II); Nr. 1077: StKom, dass., 10.3.30 (Anlage IV, V).

136 *Ostpreußenhilfe und Umschuldung* (Anm. I/387), S. 46. Außerdem sind 491 Anträge auf Beihilfen aus dem BEF abgelehnt worden. Soweit ersichtlich, hat der ProvKredA während der Wirksamkeit des StKom vom 1.6.29 bis zum 31.10.30 217 Umschuldungsanträge und 171 Anträge an den BEF abgelehnt; *GStA*, Rep. 90, Nr. 1078: StKom,(Bericht über) die Entwicklung des ostpreußischen Gütermarkts, 26.8.30 und 31.10.30.

137 *GStA*, Rep. 90, Nr. 1073: LHptm an den OPr, 17.11.28, erwähnt u.a., daß von den KrKredA 1, von der LBank 34 und vom ProvKredA 29 Anträge abgelehnt worden seien. Nr. 1077: Bericht des StKom vom 13.6.30, S. 8 und Anlage 6, macht ausführlichere Angaben über die Ablehnungen durch die KrKredA bis zum 30.5.30. Danach haben sie abgelehnt (nach Reg.-Bez. und Größenklasse gesondert):

	bis 100 ha		über 100 ha	
Reg.Bez.	Anträge	%	Anträge	%
Königsberg	101 von 1319	7,6	21 von 770	2,7
Allenstein	97 von 1258	7,7	14 von 322	4,4
Gumbinnen	53 von 1152	4,6	9 von 428	2,1
Westpreußen	55 von 361	15,3	5 von 81	6,1
Provinz	306 von 4090	7,5	49 von 1601	3,1
Insgesamt	355 von 5691 = 6,2 %			

Da die Richtlinien keine Ablehnungsbefugnis für die KrKredA enthielten, dürfte es sich bei den hier aufgezählten Ablehnungen um negative, ablehnende Gutachten zu den Kreditanträgen handeln.

138 Görlitz, *Die Junker* (Anm. I/282), S. 358, bemerkt, die Ostpreußenhilfe habe „zunächst rund 1100 Bauernwirtschaften und 1500 größere Betriebe vor dem Untergang" bewahrt. In Wirklichkeit ist die Zahl der Ostpreußenhilfe-Empfänger größer gewesen, wenn auch nicht gesagt werden kann, daß alle vor dem Untergang bewahrt worden sind.

Stand der Umschuldungsaktion am 31. Dezember 1930

a) Anteil der Betriebsgrößenklassen an den bewilligten Krediten (in %)

	bis 5 ha	5 - 20 ha	20 - 100 ha	100 - 200 ha	200 - 500 ha	über 500 ha	
an der Zahl der Kredite	23,9	43,4	22,0	5,1	4,5	1,1	100,0
am Betrag der Kredite*)		40,0		17,5	28,8	13,7	100,0

b) Verteilung der bewilligten Kredite und Beihilfen nach Betriebsgrößenklassen

	bis 5 ha		5 - 20 ha		20 - 100 ha		bis 100 ha	
	Anträge	RM	Anträge	RM	Anträge	RM	Anträge	RM
Umschuldungshypotheken	27	70 700	829	3 293 050	2 132	23 522 000	2 988	26 885 750
Pächterkredite	–		–	–	11	94 600	11	94 600
Bauern- und Kleinpächterkredite	2 944	*)	[illegible] 550	*)	592	*)	8 086	16 865 971
Zusammen	2 971		5 379	x	2 735	x	11 085	43 846 321
BEF	7	13 189	141	137 139	522	1 459 715	670	1 610 043
RM insgesamt		x		x		x		45 456 364

	100 - 200 ha		200 - 500 ha		über 500 ha		insgesamt	
	Anträge	RM	Anträge	RM	Anträge	RM	Anträge	RM
Umschuldungshypotheken	619	18 962 250	487	30 285 800	114	14 604 100	4 208	90 737 900
Pächterkredite	21	184 200	68	1 282 800	19	463 800	119	2 025 400
Bauern- und Kleinpächterkredite	–	–	–	–	–	–	8 086	16 865 971
Zusammen	640	19 146 450	555	31 568 600	133	15 067 900	12 413	109 629 271
BEF	272	2 347 184	265	4 460 594	62	1 686 656	1 269	10 104 477
RM insgesamt		21 493 634		36 029 194		16 754 556		119 733 748

c) Verbleib der ausgezahlten**)Kredite und Beihilfen (in RM)

Steuer-kassen	Genossen-schaften	Spar-kassen	öffentl.-rechtl. Kreditanstalten	Privat-banken	Privat-gläubiger	Summe	Eigentümer der beliehenen Grundstücke	Gesamtsumme der ausgezahlten Beträge
2 460 536	35 443 451	5 316 848	23 477 449	2 559 256	31 074 537	100 332 077	8 206 464	108 538 541

Zusammengestellt nach: *Ostpreußenhilfe und Umschuldung* (Anm. I/387), S. 93; S. 101; S. 102; S. 103.

*) Verteilung der Bauernkredite auf die Betriebsgrößenklassen ist nicht ersichtlich.
**) Die ausgezahlten Beträge waren um 11 195 207 RM niedriger als die bewilligten.

deshalb „in der Regel im Wege der unmittelbaren Zahlung an die Gläubiger" auszugeben. Das bedeutete, daß die betreffenden Gelder nicht in die Hände der Landwirte, sondern in die ihrer Gläubiger gelangten. Die Übersicht über die bis Ende 1930 ausgezahlten 108,5 Mill. RM zeigt, daß die Landwirte nur 8,2 Mill. RM erhalten haben, während 66,8 Mill. RM verschiedenen Kreditinstituten und 31,1 Mill. RM privaten Gläubigern in Handel und Handwerk zugute gekommen sind. Den kleinen Betrag von 2,4 Mill. RM verbuchten die Steuerkassen. Es ist zu vermuten, daß die Hauptgläubiger der Landwirtschaft ihrerseits bei außerostpreußischen Geldgebern verschuldet gewesen sind und deshalb einen Teil der Kredithilfe wieder aus der Provinz abgeben mußten.

Obwohl die Landwirte nicht die Empfänger der Barmittel gewesen sind, ist es doch wissenswert, in welchem Umfange die einzelnen Schichten der Landwirtschaft an der Umschuldung partizipiert haben. Wird von den 12 413 bewilligten Anträgen ausgegangen und wird jeder Antrag einem Landwirt zugeschrieben, so haben 12 % aller ostpreußischen Landwirte ein Darlehn erhalten[139]. Sobald die Antragsteller nach Betriebsgrößen aufgeschlüsselt werden, offenbart sich eine bemerkenswerte Verteilung der Schwergewichte. Von den 100 243 kleineren Betrieben haben 11,0 % ein Umschuldungsdarlehn erhalten, von den 3440 Großbetrieben aber 38,6 %. Trotzdem rührten 89,3 % der bewilligten Anträge von Seiten der kleineren Landwirte her, jedoch sind ihnen nur 40 % der bewilligten Kreditsumme zugefallen. Besonders hoch ist der Anteil der Großbetriebe an den zweitstelligen Hypotheken und am Betriebserhaltungsfonds, von denen sie 70,4 % bzw. 84,6 % vereinnahmt haben. Hier kann man sagen, daß 1220 ostpreußische Großgrundbesitzer 63,8 Mill. RM Umschuldungshypotheken an sich gebracht haben, während sich die Bauern mit einem weit bescheideneren Anteil begnügen mußten.

Wenn jedoch berücksichtigt wird, daß die Umschuldungsaktion von vornherein den kurzfristigen Schulden galt, so lehrt ein Blick auf die Verschuldungsstatistik vom 1. Januar 1928, daß das Ergebnis der Aktion nicht anders ausfallen konnte als oben skizziert. Von den damals ermittelten 209 Mill. RM „sonstiger Schulden" hielten die Betriebe unter 100 ha 39,1 %, die Großbetriebe 60,9 %[140]. Mit diesen Quoten stimmte die Verteilung der bewilligten Kreditsummen nahezu genau überein. Das bezeugt zwar nicht unbedingt die Gerechtigkeit des eingeschlagenen Verfahrens, gestattet aber die Feststellung, daß sich die Aktion nicht von ihren ursprünglichen Grundlagen entfernt hat, denn ihnen zufolge mußte der überwiegende Teil der verfügbaren Mittel unvermeidlich dem Großgrundbesitz zufließen.

Danach kann es nicht überraschen, daß die großagrarischen Regionen der Provinz reichlich von der Umschuldung profitiert haben. Bis zum 31. Dezember 1930 waren 90,7 Mill. RM zweitstelliger Hypotheken und 10,1 Mill. RM Beihilfen aus dem Betriebserhaltungsfonds bewilligt worden. Auf die dreizehn Landkreise des Regierungsbezirks Königsberg entfielen 43,7 bzw. 5,7 Mill. RM, insgesamt also 49,4 Mill. RM, während die drei übrigen Regierungsbezirke mit 51,4 Mill. RM nur unwesentlich mehr erhalten

139 Nach den Richtlinien für die Kleinbauernkredite waren nur solche Bauern umschuldungsfähig, bei denen der landwirtschaftliche Betrieb „die wesentliche Grundlage ihrer wirtschaftlichen Existenz bildet". Das bedeutet, daß die nebenberuflich unterhaltenen Kleinstbetriebe von vornherein ausgeschlossen waren. Im folgenden werden sie deshalb außer Betracht gelassen. Die Zahl der umschuldungsberechtigten Betriebe wird im Einklang mit dem OPr auf 103 683 angesetzt. Des weiteren wird davon ausgegangen, daß in der Denkschrift des LHptm die Betriebsgrößen nach der landwirtschaftlichen Nutzfläche klassifiziert worden sind, wie das ebenfalls der OPr in seinem Bericht getan hat; s. *GStA*, Rep. 90, Nr. 1076: OPr an den PreußMfLDuF, 19.8.29; vgl. u. Anm. IV/216.

140 Über die Verschuldungsverhältnisse am 1.1.28 s. o. S. 156 f.

haben[141]. Als Spitzenreiter hat der Kreis Fischhausen 6,5 Mill. RM zweitstelliger Hypotheken und annähernd 1,0 Mill. RM aus dem Betriebserhaltungsfonds bezogen. Im Königsberger Bezirk betrug die durchschnittliche Höhe eines Umschuldungsdarlehns 28 139 RM, in den Bezirken Gumbinnen 19 521, Marienwerder 18 278 und Allenstein 15 777 RM. Außerdem wußten die Großbetriebe die Umschuldungsmöglichkeiten mit besonderer Geschwindigkeit zu nutzen, was daran zu erkennen war, daß die ersten Kreise, in denen Ende 1928 das verfügbare Kontingent an Umschuldungskrediten erschöpft war – Fischhausen, Bartenstein, Gerdauen, Heiligenbeil, Preußisch-Eylau und Rastenburg – sämtlich einen überwiegend großagrarischen Einschlag besaßen[142].
Für die bäuerlichen Landkreise besserte sich das Gesamtbild durch die Bauernkredite nicht mehr erheblich, obwohl ihnen ein beträchtlicher Teil dieser Spezialkredite vorbehalten gewesen ist. In den Regierungsbezirk Allenstein, zu dem das masurische Notstandsgebiet gehörte, wurden 1928 rd. 3 Mill. RM und 1929/30 rd. 6 Mill. Bauernkredite geleitet, so daß hier die Umschuldungsmittel insgesamt auf 25,9 Mill. RM zu veranschlagen sind. Daneben hat der Regierungsbezirk Königsberg nur rd. 1,2 und 4,5 Mill. RM erhalten, aber sein gesamter Umschuldungsfonds stand mit 55,1 Mill. RM auf einer einsamen Höhe[143]. Ferner ist zu bedenken, daß die Bauernkredite langsamer realisiert worden sind als die zweitstelligen Hypotheken, weil die erforderlichen Mittel zeitweise nicht greifbar waren. Das unterstreicht den Eindruck, daß die Umschuldungsaktion der Ostpreußenhilfe in erster Linie den Großbetrieben zugute gekommen ist, was auch ihrer Konstruktion entsprach.

141 Vgl. *Ostpreußenhilfe und Umschuldung* (Anm. I/387), S. 104. Von den 13 Kreisen des Königsberger Bezirks waren lediglich Braunsberg und Heilsberg ohne nennenswerten großagrarischen Einschlag. Werden die o. in Anm. II/235 erwähnten zehn Kreise mit dem jeweils stärksten Anteil an Groß- bzw. Kleinbetrieben betrachtet, so ergibt sich, daß die zehn Großbetriebskreise 36,0 Mill. RM und die Kleinbetriebskreise 18,3 Mill. RM Umschuldungshypotheken erhalten haben.

Regionale Verteilung der Hypotheken und Zuschüsse nach RM und Anträgen (bis 31.12.30)

Reg.Bez.	2. Hypotheken	BEF	Anträge Hypotheken	Anträge BEF
Königsberg	43 729 150	5 661 938	1 554	567
Gumbinnen	23 425 050	2 420 244	1 200	396
Allenstein	18 255 050	1 631 709	1 157	227
Marienwerder	5 328 650	390 586	297	79
Zusammen	90 737 900	10 104 477	4 208	1 269

142 *GStA*, Rep. 90, Nr. 1073: OPr an den PreußMdI, 12.12.28.

143 Über die Verteilung der Bauernkredite von 1928 s. *a.a.O.*: PreußMdI an den PreußMPr, 12.12.28. Die Verteilung der 1929 bewilligten 15 Mill. RM ist nach dem Zwischenbericht des StKom vom 26.8.30, Anlage V (s. *a.a.O.*, Nr. 1078), geschätzt worden; danach wären auf Allenstein 40 und auf Königsberg 30 % des Betrages entfallen.

III. ZUR PROBLEMATIK DER OSTPREUSSENHILFE

Wenn im folgenden auf die umstrittenen Aspekte der Ostpreußenhilfe eingegangen wird, so soll dabei nicht übersehen werden, daß auf den Verantwortlichen ein Zwang zum Handeln ruhte, der sachlich berechtigte Bedenken überlagern und allgemeine politische Rücksichten in den Vordergrund schieben konnte. Selbst ein Skeptiker wie Otto Braun hat anerkannt, daß die Situation Ostpreußens „nicht nur unter wirtschaftlichen, sondern auch unter politischen Gesichtspunkten zu betrachten" sei, denn die ehemaligen Kriegsgegner hätten den Korridor in der Absicht geschaffen, um Ostpreußen verkümmern und „dann im geeigneten Moment zur Beute der östlichen Nachbarn werden zu lassen"[144]. Diese Möglichkeit beunruhigte die öffentliche Meinung in Deutschland, die die im Versailler Vertrag diktierten Ostgrenzen als ein nationales Unglück empfunden hatte und von jeder weiteren Verkürzung des territorialen Besitzstandes eine Katastrophe befürchtete. Insbesondere das Wohl und Wehe Ostpreußens erschien als eine deutsche Existenzfrage, deren Gewicht mit Argumenten unterstrichen wurde, die wohl zweckpessimistisch anmuten mochten, jedoch inzwischen ihre tiefere Berechtigung offenbart haben. „Ginge die Insel Ostpreußen in der Flut des Völkerchaos unter", hieß es 1920, „so würde das Deutschtum nach einigen Jahrzehnten wahrscheinlich bereits an der Oder als Machtfaktor aufhören[145]." Dieser Gedanke ist wiederholt aufgegriffen und dahingehend präzisiert worden, daß in solch einem Falle die Oder zur „Grenze des deutschen Siedlungs- und Nahrungsraumes" werden würde[146]. Aus diesem Blickwinkel war es selbstverständlich, daß Ostpreußen als „Bollwerk des Deutschtums im Osten" eine Schlüsselstellung in der deutschen Politik einnahm, weil in dem Augenblick, „da auch Ostpreußen fällt, ... die Rolle Deutschlands im Osten für alle Zeiten ausgespielt" wäre[147]. Eine Aussicht auf Revision der Ostgrenze bestand nur so lange, wie ein „starkes Ostpreußen erhalten" blieb[148], und hierfür zu sorgen, war dringend, denn „unsere nationale Zukunft als Volk und als großes Volk mitten in Europa und über Europa hinaus hängt von dem Schicksal unseres Ostens ab"[149].
Obwohl es sich zunächst um die defensive Aufgabe handelte, die wirtschaftlich darniederliegenden Ostgebiete lebensfähig zu erhalten, damit sie nicht „eine Beute des immer auf der Lauer liegenden polnischen Nachbarn" würden und nicht eines Tages „die Schlacht von Tannenberg umsonst geschlagen" worden sei[150], wohnte dieser Defensive doch die Hoffnung inne, daß sie zur Grundlage einer aktiveren künftigen Ostpolitik werden und Deutschland „die entscheidende Stellung bei der Neuordnung der Dinge" sichern könnte – einer Neuordnung, die eintreten müßte, sobald die als labil angesehene osteuropäische Staatenordnung ins Wanken geriet[151]. In diesem Sinne ließ sich

144 Hubatsch, *Hindenburg und der Staat* (Anm. I/46), S. 281.
145 Schultze-Pfaeltzer (Anm. I/16), S. 15.
146 Gayl, *Die Not Ostpreußens* (Anm. I/89), S. 25. Vgl. auch die Beiträge von Paul Blunk und Ernst Siehr in: *Deutsche Staatenbildung...* (Anm. I/29), S. XIV; S. 670.
147 Blunk, *a.a.O.*, S. XIV.
148 Gayl, *Die Not Ostpreußens* (Anm. I/89), S. 24.
149 *PreußLT*, III, Sp. 9471: Leidig (DVP) am 13.12.29.
150 Worte Hindenburgs in seinem Brief an den RK vom 3.12.27, in: Borcke-Stargordt (Anm. II/216), S. 37.
151 *RT*, IV, S. 6343: Kleiner (DNVP) am 14.7.30.

dann behaupten, daß die Behandlung des ostpreußischen Problems beweisen werde, „inwieweit der Deutsche noch historisch zu denken vermag" und den „klaren machtpolitischen Willen zur Befreiung des deutschen Staates und zur Neubildung deutscher Kultur" aufbringe[152].

Der Rückgriff auf derartige Perspektiven deutet an, daß die Lage Ostpreußens neben dem wirtschaftlichen und politischen Zweckdenken auch die nationalen Emotionen anregte und daß der Bestand der Provinz zu einem Symbol für Deutschlands Zukunft erhoben wurde. Daraus ergab sich eine psychisch-politische Konstellation, unter deren Einfluß die Regierungen standen, als sie ihre Politik der Ostpreußenhilfe formulierten und in Gang setzten. Sie ergriffen zwar in erster Linie wirtschaftliche Maßnahmen, weil hierfür ein vordringliches Bedürfnis vorhanden war, aber sie durften nicht ausschließlich nach den Regeln der ökonomischen Rationalität verfahren, sondern mußten die innen- und außenpolitischen Implikationen bedenken, mit denen das Problem des deutschen Ostens verbunden war. Das schuf von vornherein Verhältnisse, in denen der Zweck der nationalpolitischen Stabilisierung der Grenzgebiete dominierte und die auf eine Stärkung der vorhandenen Sozial- und Wirtschaftsstruktur ausgerichtet waren, weil die nach innen und außen angespannte Lage strukturpolitischen Experimenten keinen Raum gewährte. Infolgedessen geriet die Ostpreußenhilfe zu einer staatlichen Subvention, die durch den Filter der bestehenden Wirtschaftsstruktur gegossen und manch einer Existenz zugeleitet wurde, die – ökonomisch betrachtet – nicht mehr lebensfähig war, jedoch ihren Selbstbehauptungsdrang um so heftiger äußerte. Dadurch sind erhebliche Teile der Staatshilfe *a fonds perdu* gegeben worden, was aus politischen Gründen in Kauf genommen wurde.

1. Über die Konzeption der Ostpreußenhilfe

Zu den Eigentümlichkeiten jeder Subventionspolitik gehört es, daß sie nicht gern bei ihrem Namen genannt werden möchte und viel Fleiß darauf verwendet, die Fürsprache rationeller ökonomischer Argumente zu gewinnen. Das ist zu einem großen Teil taktisch bedingt, dient aber auch dem praktischen Zweck, mit Hilfe ökonomischer Argumente die Grenzen der Subvention zu umreißen und dergestalt auf eine sinnvolle Auswahl der Subventionsobjekte hinzuwirken. Solch eine Tendenz zur rationellen Beschränkung der Subventionspolitik ist auch bei der Ostpreußenhilfe vorhanden gewesen, jedoch ist ihr Ziel nicht klar genug herausgearbeitet worden, um spätere Kontroversen zu verhindern.

Die Kontroversen ergaben sich aus der Tatsache, daß umgeschuldete Betriebe nach einer gewissen Zeit wieder notleidend wurden und teilweise sogar zwangsversteigert werden mußten, wobei die von Reich und Preußen garantierten Kredite oftmals vollständig ausfielen und folglich die öffentlichen Kassen belasteten. Diese Entwicklung deuteten die Kritiker dahingehend, daß die Kreditvergabe seinerzeit nicht sorgfältig genug erfolgt sei, sondern von interessierten Kreisen in eine Subventionspolitik zugunsten der Großagrarier verwandelt worden sei, deren Konsequenzen einen Skandal darstellten, „der in seinem Ausmaß alles übertrifft, was wir in den letzten Jahren an Korruptionsaffären erlebt haben"[153]. Dem hielten die Verteidiger des Verfahrens entge-

152 Krull (Anm. II/37), Vorwort.
153 *PreußLT*, III, Sp. 15 941: Weidemann (SPD) am 14.11.30. Vgl. Buchta (Anm. I/282), S. 48 ff.; Topf (Anm. I/361), S. 257 f.

gen, daß die Umschuldung als solche die Lebensfähigkeit der betroffenen Betriebe weder garantieren konnte noch garantieren sollte. In zahlreichen Äußerungen haben sie seit 1928 betont, daß die Umschuldung die Landwirtschaft nicht dauerhaft sanieren könne, sondern daß sie nur eine vorübergehende Atempause bringe, die den Regierungen Spielraum für eine durchgreifende Reform der Agrarpolitik und damit Gelegenheit für Maßnahmen schaffe, in deren Gefolge sich erst die Rentabilität der Landwirtschaft einstellen würde. Bereits am 6. Februar 1928 legte der DNVP-Landtagsabgeordnete Freiherr von Mirbach dar, die Ostpreußenhilfe „bilde lediglich die erste Maßnahme, um eine Katastrophe zu vermeiden"; zur Sanierung der Landwirtschaft bedürfe es noch ganz anderer Mittel als der Umschuldung, „die freilich meist in die Kompetenz des Reiches fielen". Ähnlich äußerte sich der Enquête-Ausschuß im November 1928, der die Ostpreußenhilfe „überhaupt noch nicht auf eine Gesamtbereinigung der ostpreußischen Überschuldungsfrage, sondern allzu sehr auf ein immer neues Hinausschieben des seit Jahren drohenden Zusammenbruchs mit kleinen und unzulänglichen Mitteln eingestellt" fand. Dementsprechend bestätigte Brandes zur gleichen Zeit, daß die Ostpreußenhilfe keine definitive Sanierung bedeute und nur die Betriebe so lange existenzfähig erhalten solle, „bis eine weitere Hilfe einsetzt". Als zeitlichen Rahmen für diese Hilfe setzte die Ostpreußische Landgesellschaft drei Jahre an, in denen die verantwortlichen Stellen soviel tun müßten, „wie zur Herstellung des Gleichgewichts zwischen Soll und Haben in normalen Betrieben" notwendig sei. Selbst für Oberpräsident Siehr war es erwiesen, „daß es in Ostpreußen nur wenige rentable landwirtschaftliche Betriebe gibt und daß es nicht Aufgabe der Ostpreußenhilfe gewesen sein kann, die ostpreußische Landwirtschaft rentabel zu gestalten". Noch deutlicher beharrte der Landeshauptmann auf dem Charakter einer Hilfsaktion, die das „Durchhalten der Betriebe bis zur Wiederherstellung der Rentabilität" ermöglichen sollte und bei deren Ausführung der Provinzialkreditausschuß bewußt vorausgesetzt habe, „daß die Maßnahmen zur Wiederherstellung der landwirtschaftlichen Rentabilität alsbald ergriffen und zur Auswirkung kommen würden"[154].

Die Vertreter Ostpreußens haben sich geradezu auf das Versprechen berufen, daß die Reichsregierung „vom Anfang des Jahres 1928 ab im langsamen Ausgreifen der im einzelnen zu ergreifenden Maßnahmen etwa in zwei Jahren" die allgemeine Rentabilität der Landwirtschaft habe gewährleisten wollen[155]. Ob solch eine bestimmte Zusage vorgelegen hat, muß dahingestellt bleiben, jedoch dürfte es zutreffen, daß die Reichsregierung zu Beginn des Jahres 1928 derartige Gedanken verfolgt hat. Das damals amtierende bürgerliche Kabinett Marx hat neben der Ostpreußenhilfe ein landwirtschaftliches Notprogramm vorgelegt, das neben der Umschuldungsaktion noch Maßnahmen enthielt, die die Genossenschaften und den Absatz landwirtschaftlicher Erzeugnisse fördern und die als Auftakt regulierender Staatseingriffe auf dem Agrarmarkt gelten sollten. Sowohl die Regierung als auch die Rechtsparteien haben betont, daß es sich

154 *PreußLT*, II, Niederschrift über die Sitzungen des Unterausschusses des 23. Ausschusses (für die östlichen Grenzgebiete) am 6. und 10.2.28: Freiherr von Mirbach (DNVP) am 6.2.28 (in: *GStA*, Rep. 90, Nr. 1071); *EnquA II*, Vorläufiges Gutachten über die Lage der ostpreußischen Landwirtschaft, 22.11.28, S. 16 (in: *GStA*, Rep. 90, Nr. 1073); *GStA*, Rep. 90, Nr. 1074: Brandes auf einer Besprechung am 28.11.28 im Königsberger Landeshaus; *GStA*, Rep. 87, Nr. 2501: OstprLGes an den PreußMfLDuF, 29.12.28; *GStA*, Rep. 203, Nr. 178: OPr an den PreußMfLDuF, 6.8.29; *Ostpreußenhilfe und Umschuldung* (Anm. I/387), S. 35 ff.

155 *Ostpreußenhilfe. . .*, *a.a.O.*, S. 9; S. 51; vgl. *PreußLT*, III, Sp. 16 085: Goldau (Deutsche Fraktion) am 14.11.30; *a.a.O.*, HptA, 167. Sitzung, Sp. 7: von Plehwe (DNVP) am 5.12.30. Plehwe erhob hier den Vorwurf, daß die RReg es „trotz des Ablaufs von 2 1/2 Jahren nicht vermocht habe, die Rentabilität der Landwirtschaft herzustellen".

hierbei um einen Anfang handele, dem andere Schritte folgen müßten. Der deutschnationale Landwirtschaftsminister Schiele bezeichnete die Umschuldung als notwendige Hilfe für die gefährdeten Betriebe, richtete aber sein Hauptaugenmerk auf die desorganisierten Verhältnisse des Agrarmarktes, denen er nachsagte, daß sie jeden „normalen Betrieb zum Verlustbetrieb machen“ müßten. Deshalb erhob er die Preisbildung der landwirtschaftlichen Produkte zum Hauptziel der Agrarpolitik, was bei ihm *in concreto* auf eine Kampfansage an die ausländischen Lebensmitteleinfuhren und damit auf eine grundlegende Änderung der Wirtschafts- bzw. Außenhandelspolitik hinauslief[156]. Obwohl das im Sommer 1928 folgende, stärker linksorientierte Reichskabinett unter Hermann Müller den autarkistischen Kern in Schieles Konzeption nicht akzeptierte, hat es doch anerkannt, daß die Rentabilität der Landwirtschaft von einer Verbesserung ihrer Produktions- und Absatzbedingungen abhängig sei und daß wiederum die endgültige Sanierung Ostpreußens nur innerhalb einer gesicherten Rentabilität der gesamten deutschen Landwirtschaft möglich sei[157].

Aus alledem geht hervor, daß von Anfang an ein Zusammenhang zwischen den Umschuldungsmaßnahmen und einer aktiven Agrarpolitik bestanden hat. Die Umschuldung wurde als eine momentan dringende Aktion ausgeführt, aber die nachhaltige Gesundung der landwirtschaftlichen Betriebe wurde nicht eigentlich von ihr, sondern von den übrigen Schritten erwartet, die die Agrarpreise stabilisieren und der Landwirtschaft auskömmliche Einnahmen gewähren sollten. Jedoch hat der rapide Fortgang der Wirtschafts- und Agrarkrise verhindert, daß die beträchtlichen Anstrengungen der Reichsregierung einen durchschlagenden Erfolg zeitigten. Der Verfall der Agrarpreise ließ sich nur teilweise bremsen, und in dem Maße, wie sich die generelle Lage der Landwirtschaft gegenüber 1928 verschlechterte, schwand eine wesentliche Voraussetzung der Umschuldung, die schrittweise Festigung der landwirtschaftlichen Verhältnisse, dahin. So gesehen, ist die Umschuldungsaktion 1928 von einer falschen Prognose ausgegangen, und das mußte sich negativ auf ihr Ergebnis auswirken. Trotzdem ist die Frage berechtigt, ob und wie den Risiken, mit denen selbst unter günstigeren Umständen gerechnet werden mußte, vorgebeugt worden ist.

Entscheidend waren hierfür die Kriterien, nach denen die umschuldungsfähigen Betriebe von den rettungslos überschuldeten gesondert werden sollten. Niemand war sich darüber im Zweifel, daß es 1928 bereits eine Anzahl von Betrieben gab, deren Lage nicht mehr zu bereinigen war und an die der staatlich subventionierte Kredit nicht verschwendet werden durfte. Der Vorschlag des Reichslandwirtschaftsministeriums vom November 1927 sah deshalb vor, daß die Schuldenregulierung nur dort stattfinden sollte, wo nach dieser Hilfe mit einer gesicherten Erhaltung des Betriebes zu rechnen sei[158]. Preußen hat sich nur widerstrebend auf den Weg einer breit angelegten Umschuldungsaktion begeben und seinen Argwohn, es könne zu einer Subventionierung unwürdiger Bankrotteure kommen, nie restlos überwunden. Seine Ministerialvertreter fragten, ob die Verschuldung nicht auf die Unfähigkeit der Landwirte zurückzuführen

156 *RT*, III, S. 13 023 ff.; S. 13 105: RMfEuL Schiele am 29.2.28. Vizekanzler Hergt hat neben dem Notprogramm ebenfalls „weitere grundlegende Maßnahmen zur Wiederherstellung der landwirtschaftlichen Rentabilität“ angekündigt, und in der gleichen Weise sind Graf von Westarp (DNVP) sowie Janson (DVP) für eine fortgesetzte agrarpolitische Aktivität der RReg eingetreten (*a.a.O.*, S. 12 958; S. 12 966; S. 13 049 am 27. bzw. 29.2.28).

157 *RT*, IV, S. 41; Regierungserklärung des RK Müller am 3.7.28; RMfEuL Dietrich auf dem Ministerrat am 20.3.29, in: Hubatsch, *Hindenburg und der Staat* (Anm. I/46), S. 293.

158 *GStA*, Rep. 90, Nr. 1070: (RMfEuL), Maßnahmen zur Erleichterung der Kreditnot der ostpreußischen Landwirtschaft (November 1927).

sei, und fanden wenig Beruhigung in Brandes' Antwort, daß wohl außerordentliche Fehlschläge eingetreten seien, die Landwirte aber mit bestem Wissen um ihre Wirtschaft bemüht seien[159]. Beharrlich kehrten sie zu dem Argument zurück, daß die aus politischen Gründen notwendige Hilfe nicht den gesunden Besitzwechsel innerhalb der ostpreußischen Landwirtschaft blockieren dürfe und daß von der Umschuldung „nicht sanierungsfähige Kreditnehmer durchaus ausgeschlossen sein" müßten[160]. Sie gewannen schließlich die Reichsministerien für den Grundsatz, „daß der Kredit sanierungsfähigen und sanierungswürdigen Betrieben eingeräumt" und „eine sorgfältige Prüfung der Kreditsicherheit" vorgenommen werde[161].

Nachdem die preußische Seite den Eindruck gewonnen hatte, daß „nach Möglichkeit ausreichende Vorsorge gegen eine mißbräuchliche Verwendung der Gelder getroffen" worden sei[162], gelangte die Arbeit an den Richtlinien zum Abschluß. Der entscheidende Satz in ihnen lautete, daß ein Umschuldungskredit nur zulässig sei, „wenn der landwirtschaftliche Betrieb des Kreditnehmers sanierungsfähig und sanierungswürdig ist. Diese Voraussetzung ist erfüllt, wenn nach Gewährung des Umschuldungskredits eine rationelle Fortführung des Betriebes unter Berücksichtigung des Zustandes der Wirtschaft und ihrer Leitung gewährleistet ist[163]." Damit waren drei Kriterien aufgestellt: Sanierungsfähigkeit, Sanierungswürdigkeit und Gewährleistung der rationellen Fortführung. Die Sanierungsfähigkeit hing von der Höhe der Schulden ab und war nur zu beurteilen, wenn die gesamten finanziellen Verhältnisse eines Betriebes und seines Besitzers geprüft wurden. Die Sanierungswürdigkeit war vorwiegend nach der Person des Besitzers, nach seinen ökonomischen Qualitäten und seiner Wirtschaftsführung zu bewerten. Die Möglichkeiten der rationellen Fortführung ließen sich nur mit Hilfe konjunkturpolitischer Prognosen abwägen und waren zweifellos ein besonders problematischer Punkt des Umschuldungsverfahrens.

Es ist eine Frage der Interpretation, was die Verfasser der Richtlinien unter „rationeller Fortführung" verstanden haben. Als sich später herausstellte, daß eine Reihe von umgeschuldeten Betrieben wegen fortdauernder Unrentabilität zusammenzubrechen begann, und daran der Vorwurf genküpft wurde, die Umschuldung sei unsachgemäß ausgeführt worden, beriefen sich die leitenden Beamten in Königsberg darauf, daß die Richtlinien den Begriff der Rentabilität gar nicht enthielten. Jedermann habe wissen müssen, daß die Umschuldung nicht mit der Sicherung der Rentabilität identisch sei „Der Begriff der Sanierungsfähigkeit ... konnte also nicht die Herbeiführung des Zustandes der Rentabilität umschließen. Von der letzteren sprechen die ... Richtlinien daher überhaupt nicht[164]." Das Argument ist, obgleich etwas spitzfindig, insofern zu-

159 *GStA*, Rep. 203, Nr. 175: (OPr Kbg), Niederschrift über die Sitzung der Reichs- und Staatsressorts betr. OstprH ... in Königsberg am 16. und 17.1.28.

160 *GStA*, Rep. 90, Nr. 1071: Aufzeichnung (Weichmanns) über die Sitzung im RMdI betr. OstprH am 31.1.28; Vermerk (Rathenaus) über die Besprechung im RMdI vom 3.2.28.

161 *A.a.O.:* RMdI, Aufzeichnung für die Chefbesprechung am 6.2.28 betr. OstprH, 6.2.28; RMdI an den PreußMdI, 20.4.28.

162 *A.a.O.:* Vorlagevermerk Weichmanns für den PreußMPr auf dem Schreiben Frankenbachs an Weichmann, 2.4.28.

163 *Die Lage der Landwirtschaft...* (Anm. I/72), S. 109. Die Richtlinien, mit denen das RMfEuL die Vergabe der durch die Auslandsanleihe gewonnenen Umschuldungskredite außerhalb Ostpreußens regelte, waren lockerer gefaßt und ließen alle Betriebe zur Umschuldung zu, „die zu ihrer rationellen Fortführung dieses Kredits bedürfen und deren rationelle Fortführung bei Gewährung des Umschuldungskredits zu erwarten ist". Vgl. die Richtlinien vom 3.5.28 in: *RT*, IV, Drucks Nr. 218: RMfEuL, Denkschrift über das landwirtschaftliche Notprogramm und seine Ausgestaltung, 28.6.28.

164 *Ostpreußenhilfe...* (Anm. I/387), S. 35; *GStA*, Rep. 203, Nr. 178: OPr an den PreußMfLDuF, 6.8.29.

treffend, als die Rentabilität der Landwirtschaft ja tatsächlich nicht von der Umschuldung, sondern von anderen agrarpolitischen Maßnahmen erwartet wurde. Dennoch läßt sich das Erfordernis der rationellen Fortführung, das die Richtlinien geltend machten, nicht einfach übergehen. Seinem Sinn nach besagte es, daß der umgeschuldete Betrieb künftig des Zwanges zu unproduktiver, unrationeller Verschuldung enthoben sein müsse. Wo der Sanierungsplan die Schulden- und Zinslasten nicht auf ein ökonomisch vertretbares Maß reduzieren konnte, wäre eine rationelle Fortführung des Betriebs nicht gewährleistet gewesen, und der Umschuldungskredit hätte verweigert werden müssen.

Angesichts der zahlreichen Komponenten, die auf die Ertragslage eines wirtschaftlichen Unternehmens einwirken, und angesichts der Abhängigkeit des einzelnen Betriebes vom Verlauf der Konjunktur war es eine verantwortungsvolle Aufgabe, unter den krisenhaften ostpreußischen Zuständen die Möglichkeiten einer rationellen Betriebsführung im konkreten Fall abzuschätzen. Den Beteiligten eröffnete sich hier ein Spielraum für Ermessensentscheidungen, in dem sie mehr auf ihr eigenes Gewissen als auf die Richtlinien angewiesen waren. Das bedeutete, daß ihre persönliche Einstellung zur Umschuldungsfrage einen großen Einfluß auf den Gang der Dinge gewinnen konnte. Es war ein Unterschied, ob die Beteiligten sich sagten, daß – unbeschadet aller Hilfsbereitschaft – unter dem „rettungslos verschuldeten Großgrundbesitz . . . endlich einmal einer Reinigungskrise freier Lauf gelassen werden“ müsse[165], oder ob sie die Umschuldung „als ein Hilfswerk für die Landwirtschaft“ betrachteten und dementsprechend handelten[166]. Da in Ostpreußen bewußt der letztere Grundsatz befolgt worden ist, hat sich der Landeshauptmann nicht gescheut zuzugeben, daß „der warme Wunsch zu helfen“ und das Vertrauen auf die verheißenen generellen agrarpolitischen Reformen „alle mit der Umschuldungsaktion befaßten ostpreußischen Stellen wohl gelegentlich zu einer zu optimistischen Auffassung geführt haben“[167]. Wenn die Vertreter solch einer Haltung außerdem geltend machen durften, daß bei den schwankenden und ständig sinkenden Agrarpreisen „alle Taxen und Voranschläge . . . von mehr oder weniger fiktiven Werten und angenommenen Berechnungen ausgehen“, also ein verbindliches Urteil über die rationelle Fortführung eines Betriebes unmöglich sei, dann konnte es nicht überraschen, daß sich „bei der Abwickelung der Kredite Situationen ergaben, die man zunächst nicht in Berechnung gezogen hatte“[168].

Wird davon ausgegangen, daß die in den Richtlinien enthaltenen Kriterien den Versuch darstellten, die beginnende Umschuldung in ökonomisch sinnvoller Weise zu kanalisieren, so zeigte die von den ausführenden Organen eingenommene Haltung, daß die Kriterien durch Prämissen, die außerhalb des Wortlauts der Richtlinien lagen, entkräftet werden konnten. Während die Richtlinien einen Mittelweg zwischen banküblichem Kreditgeschäft und staatlicher Subvention anstrebten, neigten die ostpreußischen Behörden dazu, das Subventionsprinzip herauszukehren, wodurch die in Berlin, namentlich von den preußischen Ministerien, gepredigte Vorsicht überspielt wurde. Auf diese Wei-

165 So Tempel (SPD) am 29.2.28; in: *RT*, IV, S. 13 038. Im gleichen Sinne PreußMPr Braun am 14.12.28, *PreußLT*, III, Sp. 1561: Es sei nicht im Interesse des Staates, dafür zu sorgen, daß „einige hundert Großgrundbesitzer-Existenzen in ihrer gesellschaftlichen Stellung erhalten werden“, vielmehr sollten die volkswirtschaftlichen Gesetze sich zugunsten eines Reinigungsprozesses auswirken, damit „viele dieser in Schwierigkeiten geratenen Objekte ihren Besitzer wechseln müssen“.

166 *Ostpreußenhilfe*. . . (Anm. I/387), S. 17; S. 36.

167 *A.a.O.*, S. 37.

168 *A.a.O.*, S. 37; S. 29.

se verwandelte sich die Ostpreußenhilfe in eine Rettungsaktion, deren Erfolgsaussichten allzusehr von anderen, abseits dieser Aktion liegenden Faktoren abhängig waren. Das Verblassen der ursprünglichen, auf rationelle Fortführung der Betriebe ausgerichteten Konzeption zog nach sich, daß auch die Kriterien der Sanierungsfähigkeit und Sanierungswürdigkeit an selektiver Wirkung verloren. Da das Endergebnis der Umschuldung von vornherein mit einem Fragezeichen versehen wurde, ließen sich Bedenken, zu denen die Verschuldung oder persönliche Leistungsfähigkeit eines Landwirts Anlaß geben konnten, notfalls hintanstellen und mit dem Gedanken beschwichtigen, daß möglichst vielen Landwirten eine Überlebenschance geboten werden müsse.

2. *Über einige Mißstände bei der Ostpreußenhilfe*

Die Interpretation, die die Ostpreußenhilfe in Königsberg gefunden hat, ist für die Umschuldungspraxis nicht ohne Folgen geblieben. Sie beeinflußte das Urteil über die Sanierungsfähigkeit und -würdigkeit der Antragsteller und begünstigte dadurch Mißstände, die allmählich zum Gegenstand interner und öffentlicher Diskussionen wurden.
Neben den erwähnten allgemeinen Kriterien, nach denen die umzuschuldenden Betriebe betrachtet werden sollten, enthielten die Richtlinien die konkrete Vorschrift, daß der zweitstellige Umschuldungskredit „einschließlich aller [ihm] im Range vorhergehenden Belastungen mit nicht mehr als 60 % des Grundstückswerts" abschneiden dürfe[169]. Das war ein klarer Hinweis auf die Grenze der Sanierungsfähigkeit: Betriebe, deren Schulden sich nicht unter 60 % des Grundstückswerts hinabdrücken ließen, waren im Sinne der Richtlinien nicht umschuldungsfähig. Doch was auf den ersten Blick unanfechtbar schien, ruhte in Wirklichkeit auf einem schwankenden Boden, weil der Wert eines Grundstückes keineswegs konstant ist. Ihn zu ermitteln, ist ein diffiziler Vorgang, in den sich leicht subjektive Faktoren einschleichen und ein irreales Taxergebnis auslösen können. Um sich davor zu schützen, haben die Verfasser der Richtlinien vorgesehen, daß die Grundstückswerte an Hand der Taxen öffentlich-rechtlicher oder unter Staatsaufsicht stehender Kreditinstitute festzustellen seien; lediglich wo es an solchen Taxen fehlte, sollte die Landesbank bestimmen, welche Maßstäbe anzulegen seien[170]. Die erstgenannten Taxen waren im allgemeinen dort verfügbar, wo sich Landwirte um einen erststelligen Kredit bemüht haben und die das Darlehn vermittelnden Institute die Beleihungsmöglichkeiten prüfen mußten. Erfahrungsgemäß haben sie dabei große Vorsicht walten lassen, so daß ihre Taxen die Grundstücke nicht überbewerteten. Das schloß jedoch nicht aus, daß die Verschlechterung der wirtschaftlichen Verhältnisse die Relationen inzwischen verschoben und die effektiv erzielbaren Grundstückspreise bereits unter den Taxpreis hinabgedrückt hatte. Theoretisch wäre dieser Unsicherheit durch eine generelle Neutaxierung während der Umschuldung abzuhelfen gewesen, aber das sollte vermieden werden, weil es recht zeitraubend gewesen wäre und weil dabei die Objektivität der Taxatoren, die vielfach selbst Landwirte waren, eine starke Belastungsprobe zu bestehen gehabt hätte. Der Grundstückswert war der entscheidende Indikator, von dem die Sanierungsfähigkeit abhing, und wer ihn festsetzte, der bestimmte zu einem großen Teil die Erfolgsaussichten des Umschuldungsantrages. Deshalb war es nicht abwegig zu befürchten, daß eine Reihe von *Ad-hoc*-Taxen entstehen würde, die

169 *Die Lage der Landwirtschaft...* (Anm. I/72), S. 108 f.
170 *A.a.O.*, S. 109.

die wertmindernden Auswirkungen der Agrarkrise nicht angemessen berücksichtigten und zu einem Ergebnis gelangten, das die Verschuldung unter der kritischen 60 %-Grenze hielt.

Wie hoch mitunter die 1928 und 1929 angefertigten Taxen über früheren lagen, zeigen einige Beispiele. Ein Gut, das 1924 von der Reichsversicherungsanstalt für Angestellte auf 181 000 RM taxiert worden war, hat während der Umschuldung ein Kreistaxator auf 400 000 RM geschätzt; in vier anderen Fällen wurden Taxen der Ostpreußischen Landschaft aus den Jahren 1925 und 1926 – lautend auf 234 000, 300 000, 306 000 und 405 000 RM – durch die Kreistaxatoren auf 349 000, 423 000, 464 000 und 520 000 RM erhöht[171]. Selbst eine 1929 aufgestellte Landschaftstaxe von 164 000 RM ist per Kreistaxe auf 272 000 RM „berichtigt" worden[172]. Am bekanntesten ist der Fall des nahe bei Köngisberg gelegenen Großbetriebs Zielkeim, der 1928 annähernd 900 000 RM Schulden aufwies und vom Kreistaxator auf etwa 1,4 Mill. RM geschätzt wurde. Da 510 000 RM aus der Ostpreußenhilfe erforderlich waren, um die Sanierung wenigstens rechnerisch zu bewerkstelligen, hat der Provinzialkreditausschuß erst, nachdem eins seiner Mitglieder, der Vorsitzende der Landwirtschaftskammer, Brandes, die Erfolgsaussichten positiv begutachtet hatte, 390 000 RM als Umschuldungshypothek und 120 000 RM aus dem Betriebserhaltungsfonds bewilligt. Trotzdem ist Zielkeim binnen Jahresfrist zusammengebrochen. Der Provinzialausschuß hatte dem Sanierungsverfahren am 22. August 1928 zugestimmt, und am 11. Dezember 1929 fand die Zwangsversteigerung statt. Von der zweitstelligen Hypothek sind nur 138 000 RM ausgeboten worden, so daß 372 000 RM aus der Ostpreußenhilfe nutzlos vertan waren. Offensichtlich sind die beteiligten Instanzen von irrealen Voraussetzungen ausgegangen und haben dem stadtnah gelegenen, kapitalintensiv gestalteten Betrieb eine Leistungsfähigkeit zugetraut, die er nicht annähernd gerechtfertigt hat, denn die Zinsen der Umschuldungshypothek hat er nie gezahlt und außerdem bis zu seinem Bankrott 120 000 RM neue Schulden angesammelt. Für das Zustandekommen der Fehldiagnose ist bemerkenswert, daß einerseits öffentlich behauptet worden ist, der Kreistaxator sei selbst hoch verschuldet und umschuldungsbedürftig gewesen, und daß zum andern der Besitzer Zielkeims, Heinrich Österreich, als stellvertretendes Vorstandsmitglied der Landwirtschaftskammer für Brandes kein Fremder war. Diese Zusammenhänge dürften dazu beigetragen haben, daß die Situation Zielkeims nicht mit der gebotenen Nüchternheit analysiert worden ist[173].

Solche Beispiele lassen es begreiflich erscheinen, daß die auf Grund von Kreistaxen umgeschuldeten Betriebe geringe Sanierungserfolge zeitigten. Die Preußische Zentralgenossenschaftskasse, die 103 einschlägige Fälle begutachtet hat, gelangte zu dem Ergebnis, daß nur 22 der Betriebe als saniert gelten dürften. Außer 11 Betrieben, deren Anträge abgelehnt worden seien, befänden sich 41 weitere trotz Umschuldung in einem aussichtslosen Zustand, während die restlichen 29 unter günstigen Umständen existenzfähig wären[174].

171 *GStA*, Rep. 203, Nr. 178: StKom an den PreußMfLDuF, 1.7.29.

172 *BAK*, R 43 I/1826: RechH, Denkschrift ... über ... die OH, S. 74 f.

173 Über den Fall Österreich-Zielkeim s. Buchta (Anm. I/282), S. 50 f.; *PreußLT*, III, Sp. 15 941 f.: Weidemann (SPD), am 14.11.30; *a.a.O.*, HptA, 167. Sitzung, Sp. 7 f.: von Plehwe (DNVP) am 5.12.30; *GStA*, Rep. 203, Nr. 180: LBank an die TrhSt, 5.5.30; *Handbuch über den Preußischen Staat 1928* (Anm. I/274), S. 289. Die Angaben über die Höhe der Umschuldungshilfe und des Verlustes bei der Zwangsversteigerung nach *GStA*, Rep. 90, Nr. 1077: StKom, Bericht vom 13.6.30 (Anlage 11).

174 *GStA*, Rep. 90, Nr. 1074: PreußZGK/Landwirtschaftlich-betriebswirtschaftliche Abteilung, Zweigstelle Kbg, an die PreußZGK/Landwirtschaftlich-betriebswirtschaftliche Abteilung, 20.2.29.

Hochgeschraubte Taxen waren eines der Mittel, mit denen sich die 60 %-Verschuldungsgrenze gelegentlich umgehen ließ. Es funktionierte allerdings nur, wenn der Kreistaxator und der lokale wie der provinziale Kreditausschuß in der wohlwollenden Beurteilung des Grundstücks übereinstimmten. Wesentlich einfacher, aber auch anfechtbarer war ein anderer Weg, sich künstlich den Anschein einer Sanierungsfähigkeit zu geben, nämlich indem ein Teil der vorhandenen Schulden verschwiegen wurde. Das war zwar ein Spiel mit dem Feuer, weil eine derart erschlichene Umschuldungshypothek jederzeit zurückgefordert werden konnte, aber in der verzweifelten Situation, in der sich viele Landwirte befanden, blieb auch dieses Verfahren nicht unerprobt[175]. Im allgemeinen verrieten sich die Betriebe, deren Schulden nicht restlos offenbart worden sind, durch finanzielle Schwierigkeiten, die nach der Umschuldung anhielten und oft genug im Zusammenbruch endeten. Mitunter waren die Landwirte bald gezwungen, ihre Verfehlung selbst einzugestehen, wie z.B. der Besitzer des Gutes Osterau im Kreis Fischhausen, dem schon die Zwangsversteigerung ins Haus stand, bevor überhaupt die Umschuldungshypothek von 97 400 RM nebst 7260 RM aus dem Betriebserhaltungsfonds ausgezahlt werden konnte. Seinen eigenen Worten nach hatte er im Antrag 60 000 RM Schulden verschwiegen[176]. Ähnlich verhielt es sich mit dem Rittergut Koppershagen im Kreis Wehlau, für das 148 000 RM aus der Ostpreußenhilfe aufgewandt worden sind und das bereits im September 1928, als das Darlehn ausgezahlt wurde, 23 000 RM ungedeckter Schulden besaß, die teils seit der Abgabe des Antrags neu aufgelaufen, teils aber im Antrag verschwiegen worden waren. Im Januar 1930 erreichten die losen Schulden 83 000 RM, und am 7. Februar 1930 fand die Zwangsversteigerung statt[177]. Ein anderes Beispiel lieferte der Rittergutsbesitzer Anton von Hohberg und Buchwald auf Dulzen im Kreis Preußisch-Eylau. In diesem Umschuldungsfall sind von 1928 bis 1931 nahezu 450 000 RM aus öffentlichen Mitteln verbraucht worden, ohne daß der Betrieb saniert worden wäre. Allein der Sanierungsversuch von 1928 und 1929 kostete 284 000 RM, davon 22 000 RM als Disagiozuschuß für einen erststelligen Kredit, 202 000 RM als zweitstellige Umschuldungshypothek und knapp 60 000 RM als Zuschuß aus dem Betriebserhaltungsfonds. Das Verfahren beruhte auf der „maßgeschneiderten" Grundstückstaxe von 655 000 RM, für die die 60 %-Verschuldungsgrenze bei 393 000 RM lag und gerade die Höhe der ersten und zweiten Hypothek deckte – Ende 1931, nach vielen trüben Erfahrungen, lautete die Taxe nur noch auf 320 000 RM, war also niedriger als die bis dahin gemachten öffentlichen Aufwendungen! Aber selbst 1929 ließen sich aus den bewilligten Darlehn nicht alle Schulden regulieren: Ein ungedeckter Überhang von 24 000 RM war den Umschuldungsorganen bekannt, und hinzu kamen 100 000 bis 150 000 RM, die Hohberg verschwiegen hatte. Infolgedessen ergaben sich bei einer Betriebsbesichtigung am 30. Oktober 1929 186 000 RM schwebender Schulden. Die Zwangsversteigerung schien auch in diesem Fall unvermeidlich, zumal die Zinsen der Umschuldungshypothek rückständig waren. Doch dank der Einflußnahme bekannter Persönlichkeiten wurde das Äußerste verhindert: Der namhafte Großgrundbesitzer von Oldenburg-Januschau fand die wirtschaft-

175 In den Richtlinien waren sieben Gründe aufgezählt, die eine sofortige Rückzahlung der ansonst bis 1940 unkündbaren Umschuldungshypotheken auslösen konnten, u.a. falls „die von dem Darlehnsnehmer gemachten Angaben über seine Verhältnisse grobe Unrichtigkeiten enthalten haben". Über die vorzeitige Kündigung hatte vor allem die Landesbank zu entscheiden, da ihr die formelle Abwicklung des Kreditgeschäfts oblag. *Die Lage der Landwirtschaft. . .* (Anm. I/72), S. 110.

176 *GStA*, Rep. 90, Nr. 1089: StKom an die LBank, 13.9.29.

177 *A.a.O.*, Nr. 1076: StKom an den PreußMfLDuF, 29.1.30.

lichen Verhältnisse in Dulzen nicht hoffnungslos, desgleichen legten der Vorsitzende der Landwirtschaftskammer, Brandes, der ehemalige Reichslandwirtschaftsminister und ostpreußische Fideikommißbesitzer Graf von Kanitz und der Reichskommissar für die Osthilfe, Treviranus, ein gutes Wort für Hohberg ein, so daß die Königsberger Behörden von der Zwangsversteigerung absahen und statt dessen neue Rettungsversuche unternahmen. Ihr materieller Erfolg war gering; die öffentliche Hand verstrickte sich nur in ein unangemessenes Überengagement und hielt dadurch Hohberg auf seinem Besitz, den er eigentlich schon von vornherein wegen der unvollständigen Angaben über seine Schulden verwirkt hatte. Welchen Umständen Hohberg die wirkungsvolle Protektion zu verdanken hat, ist nicht bekannt. Es ist jedoch zu vermuten, daß außer der gewöhnlichen Klassensolidarität auch Rücksichtnahme auf seine Tätigkeit in den ostpreußischen nationalen Reitervereinen mit im Spiele gewesen ist. Er hat es nach 1933 zum SS-Reiterführer der Provinz gebracht, ist allerdings ein Opfer der politischen Morde am 30. Juni 1934 geworden[178].

Derartige Machenschaften werfen nicht nur auf die Haltung der betreffenden Landwirte, sondern auch auf die der Umschuldungsausschüsse ein bezeichnendes Licht. Wenn die Kreisausschüsse und der Provinzialausschuß mit jener Vorsicht zu Werke gegangen wären, die bei finanziellen Transaktionen unerläßlich ist, so hätten sie wohl die Sanierungsfähigkeit der oben erwähnten Fälle nicht bejahen können. Aber der „warme Wunsch zu helfen", von dem der Landeshauptmann gesprochen hat, führte dazu, daß die speziellen Kenntnisse, die die landwirtschaftlichen Mitglieder der lokalen Kreditausschüsse besaßen, sich nicht unbefangen entfalteten, sondern in Akten bewußter oder unbewußter Solidarität neutralisiert wurden. Wo es trotzdem vorkam, daß einer der Landwirte Bedenken äußerte, war es möglich, daß ihn der Vorsitzende mit der suggestiven Frage:„Wollen Sie die Verantwortung dafür tragen, daß über diesen Mann morgen die Gläubiger herfallen, wenn wir ihn nicht als sanierungsfähig erklären? " zum Schweigen brachte[179]. Solch eine Einstellung begünstigte außer denen, deren Sanierungsfähigkeit in hohem Grade zweifelhaft war, auch noch jene, deren Sanierungsbedürftigkeit anderen als rein ökonomischen Fehlschlägen entsprang.

In den Richtlinien der Ostpreußenhilfe wurde die generelle „Umwandlung der vorhandenen Personalschulden des Kreditnehmers" gestattet, aber gleichzeitig war den Kreiskreditausschüssen aufgetragen, die „Ursachen der Verschuldung" zu ermitteln[180], was nur so zu verstehen ist, daß der Grad der Sanierungswürdigkeit in Zusammenhang mit den Verschuldungsursachen beurteilt werden sollte. Ausgehend von der Konzeption, daß die Landwirtschaft auf Grund allgemeiner kredit- und wirtschaftspolitischer Umstände, die sie nicht allein zu verantworten habe, hilfsbedürftig geworden sei, konnte gefordert werden, daß sich die öffentliche Kreditaktion auf diejenigen Schulden beschränkte, die ökonomisch bedingt waren und nicht persönlichen Bedürfnissen oder Verpflichtungen des Landwirts entsprangen.

Ein Beispiel für betriebsfremde Schulden waren die Verbindlichkeiten, die von Erbauseinandersetzungen oder von der Ausstattung der Kinder mit dinglich gesicherten Erbansprüchen herrührten. Da die Richtlinien hierüber nichts bestimmten, haben die Kre-

178 Über den Fall von Hohberg s. Buchta (Anm. I/282), S. 48 ff.; *BAK*, R 43 I/1826: RechH, Denkschrift . . . über . . . die OH, S. 95 ff.; Görlitz, *Die Junker* (Anm. I/282), S. 395.

179 Dieses Erlebnis berichtete der ostpreußische Landwirt und Landtagsabgeordnete Franz Goldau (Deutsche Fraktion), der Mitglied eines KrKredA gewesen ist. Er fügte hinzu, er habe geantwortet: „Ich werde den Teufel tun", und habe sich künftig bei der Arbeit des Ausschusses vertreten lassen; *PreußLT*, III, Sp. 16 085 (am 14.11.30).

180 *Die Lage der Landwirtschaft. . .* (Anm. I/72), S. 108; S. 111.

ditausschüsse derartige Schulden als umschuldungsfähig anerkannt. Erst in einem fortgeschrittenen Stadium der Kreditaktion wurde von den Ministerien auf Antrag des Staatskommissars beschlossen, daß das Prinzip der Bereinigung von Wirtschaftsverlusten mit der Ablösung von Erbgeldern unvereinbar sei und letzteres fortan zu unterbleiben habe[181].

Konnte hier noch argumentiert werden, daß Erbauseinandersetzungen ein normaler und unvermeidlicher Vorgang seien und deshalb nicht ignoriert werden dürften, so galt das in keiner Weise von Schulden, die das Resultat von Spekulationsversuchen waren. Die finanz- und kreditpolitisch bewegten Zeiten nach dem Ersten Weltkrieg hatten so manchen Landwirt zu spekulativen Manövern verlockt, die nicht immer glücklich ausgingen und zu einer Verschuldung geführt hatten, für die nun die Ostpreußenhilfe einspringen sollte. Die Kreditausschüsse haben in solchen Fällen die suspekten Ursachen der Verschuldung nicht immer beachtet und Sanierungswürdigkeit attestiert, wo sie nicht gerechtfertigt war. Das galt u.a. von jenem Gutsbesitzer, der Ende 1928 106 000 RM als Umschuldungshypothek erhalten hat und dessen Kalamitäten sich weitgehend dadurch erklärten, daß er sich beim Ankauf und bei der Aufsiedlung eines als Spekulationsobjekt bekannten Gutes mit 70 000 RM verschuldet hatte. Nicht besser stand es um eine altadlige Familie, die sich seit 1923 in dauernden Schwierigkeiten befand, weil ein Sohn während und nach der Inflation Fehlspekulationen betrieben hatte; dafür wurde auf ihren Besitz eine Umschuldungshypothek von 115 300 RM eingetragen. Ein drittes Beispiel lieferte der zweifache Gutsbesitzer, der einen Posten Pfandbriefe, den er zur Regulierung anderweitiger Schulden erhalten hatte, lieber günstig verkaufte und später wegen der fortbestehenden ungünstigen Schulden große Verluste erlitt. Er hat 229 400 RM als Umschuldungshypothek und 161 751 RM als Zuschuß aus dem Betriebserhaltungsfonds erhalten, was ihm jedoch nichts mehr nützte, denn seine mittelrweile heruntergewirtschafteten Betriebe waren nicht sanierungsfähig und wurden bald zwangsversteigert[182].

Die vorgeführten Beispiele lehrten, daß die ostpreußischen Kreditausschüsse mehrfach die Sanierungsfähigkeit und -würdigkeit einzelner Landwirte unzureichend geprüft haben. Sie haben, wie das preußische Staatsministerium feststellte, „in vielen Fällen eine offenbar bei weitem zu optimistische Beurteilung der ganzen Verhältnisse“ vorgenommen und sich namentlich von veralteten Taxen und unkorrekten Angaben über den Schuldenbestand in die Irre führen lassen[183]. Ebenso hat der Rechnungshof die Hauptmängel des Verfahrens in den „teilweise nicht ausreichenden Feststellungen der Verschuldung und des Wertes des Grundstückes“ erblickt. Er hat den Kreiskreditausschüssen vorgeworfen, daß sie ihre Prüfungen mitunter „nicht mit der genügenden Sachlichkeit oder Gründlichkeit durchgeführt“ und Gutachten erstattet hätten, die „vielfach wesentlich zu günstig für den Antragsteller waren“. Allerdings räumte er ein, daß die Richtlinien mit größerem Nachdruck eine detaillierte Analyse der gesamten Vermögensverhältnisse der Antragsteller und deren präzise Wiedergabe in den Gutachten hätten anordnen müssen, denn dadurch wäre der Provinzialausschuß besser informiert und

181 *GStA*, Rep. 90, Nr. 1076: StKom an den PreußMfLDuF, 22.1.30; RMfEuL, Vermerk über die Besprechung am 6.2.30. Der RechH erwähnt ein Beispiel, wo ein ostpreußischer Gutsbesitzer hauptsächlich deshalb sanierungsbedürftig geworden war, weil er sich beim Ankauf von Grundstücken für zwei seiner Kinder und durch Übernahme einer Grundschuld zugunsten eines dritten Kindes verschuldet hatte; *BAK*, R 43 I/1826, S. 29 f.

182 *BAK, a.a.O.*: RechH, Denkschrift . . . über . . . die OH, S. 124 f.; S. 142 ff.; S. 30 f.

183 *PreußLT*, III, Drucks Nr. 7819: PreußMPr an den PrPreußLT, 9.11.31; übermittelt eine Entschließung des PreußStM über die OstprH.

zu vorsichtigeren Entscheidungen befähigt worden[184]. Das mag zutreffend sein, aber solange Vorschriften erst Leben erhalten durch die Menschen, die sie handhaben, werden auch die vollkommensten Richtlinien von einem Unsicherheitsfaktor belastet bleiben. Bei der Ostpreußenhilfe ist dieser Unsicherheitsfaktor in mancher Hinsicht begünstigt worden. Die Umschuldungskompetenz lag praktisch bei den Institutionen in der Provinz, so daß von Berlin aus nur eine bedingte Kontrolle ausgeübt werden konnte. Die leitenden Persönlichkeiten Ostpreußens waren angesichts der Agrarkrise von dem Wunsch beseelt, dem wachsenden Übel an möglichst vielen Stellen einen Riegel vorzuschieben, und kamen deshalb den notleidenden Landwirten soweit entgegen, wie es eben anging. Diese Tendenz steigerte sich noch infolge des Anteils, den die Vertreter der Landwirtschaft an den Kreditausschüssen besaßen, denn in den Kreiskreditausschüssen geboten sie über die Mehrheit und im Provinzialausschuß über eine starke Minderheit. Dadurch wurde in den Umschuldungsorganen eine agrarfreundliche Betrachtungsweise dominierend, die die Begriffe der Sanierungsfähigkeit und Sanierungswürdigkeit in zweifelhaften Fällen zugunsten der Antragsteller interpretierte. Die Organisation des Umschuldungsverfahrens bedingte, daß Interessenkollisionen weitgehend auf Kosten der Kreditgeber, d.h. des Reichs und Preußens, entschieden wurden. Immerhin sei noch einmal erwähnt, daß ein Viertel aller Kreditanträge nicht bewilligt worden ist und folglich die Ausschüsse vor ihrer Aufgabe nicht gänzlich versagt haben[185]. Freilich hat zu diesem Ergebnis auch der Staatskommissar das Seinige beigetragen, der seit Juni 1929 an der Ostpreußenhilfe beteiligt war und darauf achtete, daß die Intentionen der Berliner Regierungen stärker zur Geltung kamen.

3. Organisatorische und politische Konflikte bei der Ostpreußenhilfe

Zu den Wünschen, die der Reichsinnenminister im Frühjahr 1928 der Ostpreußenhilfe mit auf den Weg gab, gehörte das Verlangen, daß „sämtlichen Ausschüssen die schleunige Bearbeitung der Kreditanträge zur Pflicht gemacht wird“[186]. Die ostpreußischen Instanzen waren durchaus bemüht, dieser Mahnung gerecht zu werden, aber trotzdem geschah es, daß einzelne Verfahren sich in die Länge zogen und erst zu einem Zeitpunkt endeten, als sich die Situation des Antragstellers entscheidend verschlechtert hatte. Neben der Kompliziertheit der Materie, die gerade die hochverschuldeten Betriebe darboten, wirkten auf diese Entwicklung einige Konflikte ein, die von allgemeinem Belang waren.

a) Die Genossenschaften und die Rückbürgschaft

Ein hervorstechendes Merkmal der Ostpreußenhilfe war es, daß Reich und Preußen drei Viertel des Kreditrisikos auf sich nahmen und die Provinz Ostpreußen nur mit dem restlichen Viertel belasteten. Wenn also die Zinsen nicht eingingen oder Umschuldungs-

184 *RT*, V, Drucks Nr. 1302: Denkschrift und Bemerkungen des Rechnungshofes des Deutschen Reiches zur Reichshaushaltsrechnung 1929 usw., 22.12.31, S. 122 f.

185 Vgl. o. S. 251.

186 *GStA*, Rep. 90, Nr. 1071: RMdI an den PreußMdI, 20.4.28.

hypotheken bei Zwangsversteigerungen nicht realisiert werden konnten, dann trugen Reich und Preußen 75 % dieser Verluste, während die Provinz für 25 % einzustehen hatte. Den Richtlinien zufolge sollten der Provinzialverband bzw. die in seinem Namen handelnde Landesbank nicht selbst haftbar bleiben, sondern möglichst „bei den an der Umschuldung interessierten Gläubigern des Kreditnehmers, gegebenenfalls auch bei einem örtlichen Kreditinstitut Rückendeckung" nehmen[187]. Das Abwälzen der Bürgschaft auf nachgeordnete Kreditorgane schien gerechtfertigt, weil nicht zuletzt deren Außenstände durch die Ostpreußenhilfe flüssig wurden und angesichts dieses Nutzens eine Teilhabe am Risiko zumutbar schien.

Zu denen, die es anging, gehörten die örtlichen Kredit- und Warengenossenschaften, deren Verbindungen mit der Landwirtschaft besonders eng waren. Sie befanden sich ebenso wie die Landwirte in einer angespannten finanziellen Situation und waren wenig geneigt, ein eben liquidiertes Risiko durch ein neues zu ersetzen. Darin bestärkte sie die Preußenkasse, ihre zentrale Kreditgeberin, die im Juni 1928 durch ein Rundschreiben wissen ließ, daß die in den Richtlinien angeregte Übernahme „langfristiger und unübersehbarer Verbindlichkeiten für die Genossenschaften bedenklich" sei[188]. In den nun beginnenden Verhandlungen blieb die Haltung der Preußenkasse weiterhin reserviert, und dementsprechend beharrten auch die Genossenschaften in der Provinz auf ihren Interessen. Einerseits trachteten sie danach, ihre umworbene Position auszunutzen und die auf ihre Bürgschaft angewiesenen Landwirte vertraglich zu verpflichten, „alle zum Betrieb des Grundstücks erforderlichen Geschäfte mit der bürgenden Genossenschaft zu tätigen, insbesondere dieser ihre gesamten landwirtschaftlichen Bodenerzeugnisse gegen Bezahlung abzuliefern"[189], und anderseits suchten sie das Verhältnis zur Landesbank zu klären, da bei ihr die Verwaltung der Hypotheken lag und die Genossenschaften fürchteten, daß ihnen die Landesbank keinen Einfluß auf die von ihnen verbürgten Umschuldungshypotheken gewähren wolle. Hierüber kam es erst Ende November 1928 zu einer Verständigung, so daß der Konflikt nahezu ein halbes Jahr geschwelt und zahlreiche Umschuldungsgesuche verzögert hatte[190].

Am hartnäckigsten zeigten sich die Genossenschaften in der Umgebung von Insterburg und Gumbinnen. Einer ihrer Sprecher begründete die Vorsicht damit, daß die umgeschuldeten Betriebe weiterhin Krisenbetriebe blieben und die Genossenschaften ihnen nur entgegenkommen dürften, wenn die Reichsregierung Maßnahmen ergriffe, die einen allgemeinen Aufschwung der Landwirtschaft erwarten ließen[191]. Wegen dieses Vorbe-

187 *Die Lage der Landwirtschaft. . .* (Anm. I/72), S. 109.

188 *GStA*, Rep. 90, Nr. 1072: PreußZGK an die Verbandskassen in Ostpreußen, 15.6.28. Der PrPreußZGK Klepper hat diese Haltung auf einer Besprechung am 23.6. bekräftigt und nur in unbedenklichen Fällen die Übernahme der Rückbürgschaft empfohlen; *a.a.O.*, Vermerk (über eine Sitzung im PreußMfLDuF am 23.6.28).

189 *StAL*, Rep. 2, Nr. 2426, Bd. 2: LVO an den OPr, 12.6.28, teilt einen derartigen Vertragsentwurf mit. Der Provinzialverband der Raiffeisengenossenschaften und die PreußZGK haben dieses an einen Knebelungsvertrag gemahnende Vorgehen nicht gebilligt; statt dessen forderten die Genossenschaften danach eine Verpflichtungserklärung, daß die betreffenden Landwirte während der Dauer der Bürgschaft Mitglieder der Genossenschaft blieben und die Geschäfte mit ihr satzungsgemäß abwickelten. *GStA*, Rep. 90, Nr. 1073: Verband der ostpreußischen Raiffeisen-Genossenschaft an alle Vereine usw., 27.9.30 (Anlage b).

190 *GStA*, Rep. 90, Nr. 1074: OPr an den PreußMdI, 12.12.28, nebst Niederschrift über eine Besprechung betr. Übernahme von Ausfallbürgschaften für 2. Hypotheken am 28.11.28. Die distanzierte Haltung der PreußZGK hatte Klepper noch am 12.11.28 zu erkennen gegeben; s. Nr. 1073: (RMdI), Ergebnis der am 12.11.28 . . . abgehaltenen Besprechung über die OstprH.

191 Vgl. die Niederschrift vom 28.11.28, *a.a.O.*

haltes kam es im Osten der Provinz auch 1929 noch zu Komplikationen bei der Rückbürgschaft, worüber der Insterburger Kreislandwirtschaftsverband beim Landeshauptmann und beim LVO Beschwerde führte. Letzterer hat ihm allerdings vorgehalten, daß die Mitglieder und Leiter der sich sträubenden Genossenschaften größtenteils auch der LVO-Kreisabteilung Insterburg angehörten; „wenn diese selbst die Bürgschaft für die Landwirtschaft ablehnen, vermögen wir nicht zu helfen"[192]. Im weiteren Verlauf des Jahres 1929 legten sich die Schwierigkeiten, aber sie blieben trotzdem aufschlußreich für die Beurteilung, die die Umschuldungsaktion in landwirtschaftlichen Kreisen fand. Wie mußte es um die Sicherheit von Umschuldungshypotheken bestellt sein, wenn die örtlichen Kreditgenossenschaften, in denen die Landwirte einen bestimmenden Einfluß besaßen, für sie nicht bürgen mochten! Anscheinend war es ein Unterschied, ob ein Landwirt in einer Genossenschaft saß, für deren Wohl und Wehe er als Mitglied einstehen mußte, oder ob er in einem Kreiskreditausschuß saß, wo er über die Verteilung staatlicher Subventionen verfügen konnte.

Ungeachtet der geschilderten Widerstände ist es der Landesbank gelungen, die Bürgschaftspflicht weitgehend von sich abzuwälzen. Der 25 %ige Garantieanteil Ostpreußens entsprach Anfang 1931 einem Betrag von 21,1 Mill. RM. Für 16,3 Mill. RM hat die Landesbank eine Rückbürgschaft von dritter Stelle besessen, so daß von den inzwischen eingetretenen Verlusten, die die ostpreußischen Bürgen mit 405 000 RM belasteten, nur 86 000 RM auf ihre Rechnung gingen[193].

b) Die Preußische Zentralgenossenschaftskasse und die Ostpreußenhilfe

Hinter dem Gebaren der ostpreußischen Genossenschaften sind andeutungsweise eine Institution und ein Mann spürbar geworden, die fortan einen nachhaltigen Einfluß auf die agrarpolitischen Kreditaktionen ausgeübt haben: die Preußische Zentralgenossenschaftskasse und ihr Präsident Otto Klepper. Beide waren seit 1928 zwei heftig umstrittene Faktoren der deutschen Agrarpolitik, und insbesondere die Person Kleppers begegnete einer ständigen Kritik aus dem agrarischen Lager. Ausgangspunkt dieser Feindseligkeiten war der personelle Wechsel an der Spitze der Preußenkasse, den die preußische Regierung Ende 1927 einleitete.

Die Preußenkasse war 1895 auf Initiative und mit alleiniger finanzieller Beteiligung des preußischen Staats gegründet worden. Sie diente dem Ausgleich des Kreditbedarfs bei den landwirtschaftlichen und gewerblichen Genossenschaften, indem sie als Zentralinstitut die flüssigen Mittel der Genossenschaften aufnahm und an die Stellen weiterleitete, wo sie benötigt wurden. Gegenstand ihrer Tätigkeit war der kurzfristige Personalkredit und ihr Hauptkundenkreis die Landwirtschaft. Bis zum Ende der Inflation betrieb sie ihr Geschäft überwiegend mit den Geldern, die ihr von Seiten der Genossenschaften zuflossen, so daß zwischen den genossenschaftlichen Krediten und Guthaben ein Gleichgewicht bestand. Das änderte sich seit 1924, denn nach der Währungsreform war die Liquidität der Genossenschaften nahezu zerstört, so daß sie jetzt nur noch dringende Kreditwünsche, aber keine Einlagen mehr an die Preußenkasse herantragen konnten.

192 *StAL*, Rep. 2, Nr. 2426, Bd. 5: LVO an die Kreisabteilung Insterburg, 18.4.29, sowie weiterer Schriftwechsel bis Januar 1930. Vgl. *Ostpreußenhilfe und Umschuldung* (Anm. I/387), S. 18.

193 *Ostpreußenhilfe. . . , a.a.O.*, S. 49.

Letztere mußte die benötigten Mittel aus öffentlichen Quellen wie der Reichsbank oder der Staatskasse beziehen, von denen sie mit Rücksicht auf die obwaltenden Umstände große Beträge erhielt. Dadurch verschoben sich ihre Geschäftsgrundlagen: Ausschlaggebend wurde hinfort die Abhängigkeit von öffentlichen Kreditgebern, deren guter Wille ständig strapaziert wurde, weil ein großer Teil der kurzfristig ausgegebenen Darlehn wegen Zahlungsunfähigkeit der Landwirte nicht termingerecht zurückfloß. In Zahlen ausgedrückt bot sich folgendes Bild: In der Bilanz vom 31. Dezember 1927, die Aktiva und Passiva in Höhe von 978,6 Mill. RM auswies, waren unter den Passiva 795,8 Mill. RM als öffentliche und Bankdarlehn sowie unter den Aktiva 678 Mill. RM als Wechsel und 263,4 Mill. RM als sonstige Forderungen deklariert. Die Außenstände von 941,4 Mill. RM waren also zum überwiegenden Teil durch Darlehn, die die Preußenkasse ihrerseits aufgenommen hatte, finanziert. Das Bedenkliche hieran war, daß eine große Zahl der Schuldner außerstande war, die kontrahierten Kredite zu tilgen; es ist geschätzt worden, daß Ende 1927 650 Mill. RM bzw. 70 % der Außenstände eingefroren waren[194].

Diese Situation begann die preußische Regierung, die bis auf ein Geringes allein das Grundkapital der Preußenkasse hergegeben hatte und deshalb weitgehende Aufsichtsbefugnisse besaß, zu beunruhigen. Sie ließ Ende 1927 durchblicken, daß ihr eine einschneidende Reform der Kreditpolitik und aus diesem Grunde auch ein Wechsel an der Spitze der Preußenkasse notwendig scheine. Die agrarische Öffentlichkeit reagierte darauf außerordentlich heftig, weil die Landwirte sich ihrer prekären Abhängigkeit von der Preußenkasse durchaus bewußt waren und in dem angekündigten Kurswechsel den Versuch der Regierung argwöhnten, einen finanziellen und letztlich politischen Druck auf sie auszuüben. Sie nahmen es als Beweis ihres Verdachtes, daß die preußische Regierung neben einer bedeutenden Erhöhung der Kapitaleinlage auch eine durchgreifende Reorganisation der Preußenkasse anstrebte und daß die Linkspresse hierfür das Argument verwandte, die Kreditpolitik der Preußenkasse müsse in andere Bahnen gelenkt werden, da sie bisher den Großgrundbesitz begünstigt habe. Diesen Vorwurf hat die Regierung allerdings nicht bestätigt, denn ihre Kritik fußte auf der Ansicht, „eine klare Aussage darüber, wie die Kredite der Preußenkasse sich heute verteilen, [lasse sich] überhaupt nicht machen, weil die erforderlichen Unterlagen dafür in der Preußenkasse nicht vorhanden waren und auch heute nicht vorhanden sind"[195]. Wegen der hohen Verschuldung der Landwirtschaft war es aber notwendig, daß sich die Preußenkasse, um für alle Eventualitäten gewappnet zu sein, ein genaues Bild von der Bonität ihrer Kredite verschaffte. Eine derart entschlossene Überprüfung der Gesamtlage glaubte die Regierung von ihrem bisherigen Leiter, Carl Semper, nicht erwarten zu können; sie ver-

194 Georg W. Schmidt, *Die Entwicklung der Preußischen Zentralgenossenschaftskasse. Mit besonderer Berücksichtigung der neueren Zeit (1923–29)*, jur. Diss., Würzburg 1929, S. 106 f.; S. 47 ff. Weitere Literatur über die PreußZGK: Carl Heiligenstadt, *Die Preußische Central-Genossenschafts-Kasse*, Jena 1897; (August Hillringhaus), *Die Preußische Zentralgenossenschaftskasse. Ihre Aufgaben und ihr Wirken. Aus 25jähriger Tätigkeit*, Berlin 1922; Carl Semper, *Die Konzentrationsbewegung im landwirtschaftlichen Kreditwesen Deutschlands*, Berlin 1931.

195 *PreußLT*, II, Sp. 26 096: PreußFM Höpker-Aschoff am 26.3.28. Die die Reorganisation der PreußZGK enthaltende Vorlage s. Drucks Nr. 9017: GE über die PreußZGK und über eine Erhöhung der Kapitalbeteiligung des Preußischen Staates, 22.3.28. Die in diesem GE angestrebte organisatorische Reform hat sich wegen der drohenden Obstruktion der Rechtsparteien nicht durchsetzen lassen; beschlossen wurde nur die Kapitalerhöhung und die Änderung des personalrechtlichen Status der Vorstandsmitglieder.

anlaßte ihn deshalb zum Rücktritt. Das trug erheblich zu den Protesten der Rechtsparteien bei, die in demselben Maße, wie sie Semper vertrauten, seinem Nachfolger Otto Klepper mißtrauten.
Klepper entstammte jener oft erwähnten Frontgeneration, deren Angehörige als 20- bis 30jährige den Ersten Weltkrieg erlebt hatten und ausgangs der Weimarer Republik in die bestimmenden öffentlichen Positionen aufzurücken begannen. Unter ihnen waren viele selbstbewußte, nicht selten sendungsbewußte Menschen, die sich von den herrschenden Ideologien der Vorkriegszeit gelöst hatten und mit viel Aktivität eigenen Idealen Geltung zu verschaffen suchten. Ungeachtet aller nach außen demonstrierten Selbstsicherheit war für diese Generation ein Schwanken zwischen Pragmatismus und Fanatismus bezeichnend, das gleichbedeutend mit einem Schwanken zwischen republikanischen und antirepublikanischen Positionen war. Klepper gehörte zweifellos zu den demokratisch-republikanischen Pragmatikern und war politisch der DDP zuzurechnen[196]. Trotzdem teilte er das Schicksal seiner Altersgenossen, daß sowohl die Vertreter der alt-konservativen Rechten als auch der sozialdemokratischen Linken etwas Fremdes und Unberechenbares an ihm spürten, mit dem sie sich nicht befreunden konnten. Obwohl die Rechtsparteien ihn in der tagespolitischen Polemik als „Vertrauensmann dieses [Weimarer] Systems, das wir für das größte Unglück des preußisch-deutschen Volkes halten“, abstempelten, war es den Ihrigen doch nachträglich bewußt, daß diese „beachtenswerte, wenn auch problematische Natur“ nicht so einfach einzuordnen war[197]. Denn der vermeintliche „Vertrauensmann des Systems“ hatte nicht nur 1920 auf der Seite der Kapp-Putschisten gefochten, sondern wurde auch noch zehn Jahre später von den Sozialdemokraten Braun und Severing mit großen Vorbehalten betrachtet und nur widerstrebend in die preußische Regierung aufgenommen, weil sie seinen Fähigkeiten und seiner Loyalität nicht vertrauten[198].
Die reservierten Urteile entsprangen der Tatsache, daß Klepper anerkanntermaßen „ein Mann von Initiative und Energie“ und von erheblichem Ehrgeiz war. Seine Ziele wußte er teils durch ausgewogene Taktik, teils durch forsches Vorgehen zu erreichen, wobei er auch im persönlichen Umgang der verbindlichsten wie der schroffsten Formen fähig war[199]. Der Sproß einer Juristenfamilie hatte nach bestandenem Assessor-Examen sein Fortkommen außerhalb des Staatsdienstes gesucht und war 1921 Syndikus eines „Reformbundes der Gutshöfe“ in Hessen geworden. Von hier aus gewann er Kontakt zu den Domänenpächtern, die seit 1919 über einen speziellen Verband verfügten und deren Regionalorganisation für Kassel und Wiesbaden ihn zum Geschäftsführer berief. Aus

196 Diese Zugehörigkeit hat 1928 die DDP-Fraktion im PreußLT in Zurufen bestritten; s. *PreußLT*, II, Sp. 26 093 (26.3.28). Jedoch spricht es für sich, daß Klepper 1928 vom deutsch-demokratischen PreußFM Höpker-Aschoff in die PreußZGK geholt und 1931 Höpker-Aschoffs Nachfolger im Ministeramt geworden ist.

197 *PreußLT*, III, Sp. 23 185: Maretzky (DNVP) am 16.12.31. Magnus Frhr. von Braun (Anm. I/218), S. 192.

198 Severing (Anm. I/234), II, S. 309; S. 334; Otto Braun (Anm. III/167), S. 352; S. 354. Positiver, aber ebenfalls distanziert äußert sich Brecht (Anm. I/208), S. 119. Über Kleppers Betätigung während des Kapp-Putsches vgl. *PreußLT*, III, Sp. 23 200: Kaufhold (DNVP) am 16.12.31, und Topf (Anm. I/361), S. 88; ferner Ernst Lemmer, *Manches war doch anders. Erinnerungen eines deutschen Demokraten*, Frankfurt/Main 1968, S. 68.

199 *PreußLT*, II, Sp. 26 105: Leidig (DVP) am 26.3.28 (Zitat); *PreußLT*, III, Sp. 23 204; Sp. 23 207: Kaufhold (DNVP) am 16.12.31; Brecht, *a.a.O.*, S. 119. Eine markante, mit spitzer Feder gezeichnete Skizze seiner Persönlichkeit bei Topf, *a.a.O.*, S. 86 ff. Ferner *Reichshandbuch der deutschen Gesellschaft* (Anm. I/210), I, S. 944 f.; Horkenbach, 1931 (Anm. I/369), S. 520.

dieser Position gelang ihm 1923 der Sprung nach Berlin, als eine Vorstandskrise im Domänenpächterverband durch Neuwahlen beigelegt und Klepper auf Seiten der siegreichen Opposition die zentrale Geschäftsführung eroberte.
Der schnelle Vormarsch binnen zwei Jahren war eine bemerkenswerte Leistung, aber sein Meisterstück vollbrachte Klepper 1924 nach der Währungsreform. In den Monaten drückender Kreditnot gelang es ihm im Einvernehmen mit dem Preußischen Landwirtschaftsministerium und der Preußenkasse, erhebliche Mittel zugunsten der Domänenpächter flüssig zu machen, die sein Verband über eine eigens von ihm gegründete Deutsche Domänenbank verteilen durfte. Hauptinitiator und Vorstandsvorsitzender des neuen Kreditinstituts war Klepper, der fortan eine so starke Stellung innehatte, daß er 1926 ein Duell mit dem Vorsitzenden des Domänenpächterverbandes mühelos gewann und diesen zum Rücktritt zwingen konnte. Selbst das preußische Landwirtschaftsministerium fühlte sich allmählich von seiner Aktivität bedroht und sah sich ob seiner verhandlungspolitischen Raffinesse zu größter Vorsicht veranlaßt[200].
Aber dennoch hatte Klepper bereits – gewollt oder ungewollt – die Stufen für seinen weiteren Aufstieg gelegt. Es ist ihm nicht genug gewesen, den Domänenpächtern Kredit zu verschaffen, sondern er trachtete auch danach, für eine optimale Verwendung dieser Gelder zu sorgen, und zu diesem Zwecke war in der Domänenbank eine betriebswirtschaftliche Abteilung eingerichtet worden, die „durch geschulte Landwirte alle uns angeschlossenen Betriebe überwachen [sollte], um so die Wege für eine Sanierung ihrer finanziellen Verhältnisse und eine Rationalisierung ihrer Betriebsmethoden zu finden"[201]. Die zielbewußte Tätigkeit dieser Abteilung verhalf der Domänenbank zu einem Renommee und zu all jenen ausgezeichneten organisatorischen Einrichtungen, die Höpker-Aschoff Anfang 1928 gerade „bei der Preußenkasse so schmerzlich vermissen" mußte[202]. So empfahl sich Klepper durch seine Leistungen bei der Domänenbank als Kandidat für die Leitung der Preußenkasse, bei der die Kenntnis um die Bonität ihrer Schuldner so sehr im argen lag.
Auf der anderen Seite versetzte die Aussicht, daß die Kandare der betriebswirtschaftlichen Kontrolle auf dem Wege über die Preußenkasse weiteren Kreisen der Landwirtschaft angelegt werden könnte, die Agrarier in Aufruhr. Sie witterten in der Berufung Kleppers ein agrarpolitisches Programm und kolportierten mit einer gewissen Panik das Gerücht, „Herr Klepper werde sämtliche jungen Leute des Professors Aereboe auf das Land loslassen, es seien schon 700 engagiert, und es sollten bis 8000 werden"[203]. Obwohl das eine groteske Übertreibung des real Möglichen war, bestand zweifellos die Tendenz, in ähnlicher Weise zu verfahren, denn zu den ersten Schritten Kleppers in der Preußenkasse gehörte es, die ostpreußischen Genossenschaften zu veranlassen, der Einrichtung einer betriebswirtschaftlichen Kontrollinstanz in Königsberg zuzustimmen[204].

200 Über Klepper, den Domänenpächterverband und die Deutsche Domänenbank s. die Vorgänge in *GStA*, Rep. 87, Nr. 2971.
201 *A.a.O.:* Deutsche Domänenbank an das Zentralwohnungsamt Berlin, 12.12.25.
202 *PreußLT*, II, Sp. 26 094: PreußFM Höpker-Aschoff am 26.3.28.
203 *A.a.O.*, Sp. 26 091: Hillger-Spiegelberg (DNVP) am 26.3.28. Ebenso Logemann (DNVP) am 2.3.28, in: *RT*, III, S. 13 096. Friedrich Aereboe war Agrarwissenschaftler in Berlin und trat nachdrücklich für eine exakte fachliche Qualifizierung der Landwirte und wissenschaftlich-rationelle Gestaltung der Betriebe ein; vgl. über ihn die Gedenkschrift *Friedrich Aereboe. Würdigung und Auswahl aus seinen Werken aus Anlaß der 100. Wiederkehr seines Geburtstages*, hrsgg. von A. Hanau u.a., Hamburg/Berlin 1965. In der Anfangsphase hatte Aereboe dem Aufsichtsrat der Domänenbank angehört.
204 Hillger-Spiegelberg (DNVP) behauptete, diese Institution sei den Genossenschaften in Königsberg durch die PreußZKG praktisch aufgezwungen worden, während Höpker-Aschoff jeglichen Druck während der Verhandlungen abstritt; s. *PreußLT*, II, Sp. 26 099; Sp. 26 286; Sp. 26 291 (am 26. und 28.3.28).

Ohne Frage handelte es sich hierbei um einen Schachzug der preußischen Regierung, der sich für die bevorstehende Umschuldungsaktion in Ostpreußen rüsten wollte, denn die in Königsberg etablierte landwirtschaftlich-betriebswirtschaftliche Abteilung der Preußenkasse hat den Klepper zustehenden Sitz im Provinzialkreditausschuß wahrgenommen und ein recht kritisches Auge auf das Verfahren gehabt. Dadurch erhielt das Streben der Preußenkasse, einen Einblick in die Sanierungsmöglichkeiten der Landwirtschaft zu gewinnen, für Ostpreußen sofort eine praktische Bedeutung, und die 1928 beginnende Umschuldungspraxis wurde zum Prüfstein für den neuen Kurs der Preußenkasse. Nicht minder interessiert dürfte die preußische Regierung den Erfolg ihrer Operation abgewartet haben, denn nachdem sie bei der Ausarbeitung der Ostpreußenhilfe den Initiativen des Reichs hatte nachgeben müssen, hat sie das ihr verbliebene Instrument der Preußenkasse mit Bedacht geschärft, um damit ihre Intentionen innerhalb des Umschuldungsverfahrens zur Geltung bringen zu können.

Die Königsberger Vertreter der Preußenkasse glaubten ihre Stunde im Herbst 1928 gekommen, als die Umschuldung in eine finanzielle Sackgasse zu geraten schien. Sie richteten einen Bericht an ihr Berliner Direktorium, der die Handlungsweise des Provinzialkreditausschusses scharf kritisierte und namentlich die geringe Rücksichtnahme auf die realen Sanierungsmöglichkeiten im einzelnen sowie auf die Beschränktheit der Umschuldungsmittel im allgemeinen rügte. Anstatt von den bewilligten Anträgen einstweilen nur die dringendsten und würdigsten auszuzahlen, um so die vorhandenen Mittel zu strecken, sei der Ausschuß gemeinsam mit dem Oberpräsidenten davon ausgegangen, daß es solch einer Selbstbeschränkung nicht bedürfe, weil „die erforderlichen Mittel vorschußweise vom Reich zur Verfügung gestellt“ werden würden. Ebenso anfechtbar sei die formale Art und Weise, in der bei der Umschuldung wohl auf die Sicherheit der bewilligten Hypotheken, nicht aber auf den definitiven Erfolg der Sanierung geachtet werde. Vielfach würden Vermögensteile, die nicht realisierbar seien oder erst in Aussicht stünden, in den Sanierungsplan aufgenommen; in anderen Fällen seien Schuldenüberhänge stehengeblieben. Infolgedessen werde das Ziel einer endgültigen Sanierung oft verfehlt. Solche Mißerfolge würden dadurch begünstigt, daß der Provinzialkreditausschuß die „zugrunde gelegte Taxe, die bereits von der Kreiskommission häufig nach der Höhe der Verschuldung abgestimmt ist, . . . in den seltensten Fällen kritisch“ prüfe. Er folge vielmehr der Tendenz, „durch umfangreiche Bewilligungen und rasche Verausgabung der vorhandenen Beträge die Reichsinstanzen zur Einlösung der gegebenen Zusage über die Einräumung weiterer Mittel mehr oder minder zu zwingen“, was in der Praxis dazu führe, „daß die bestehenden Vorschriften nahezu in jeder Beziehung außer acht gelassen oder ungewöhnlich weitherzig ausgelegt werden“. Bezeichnenderweise würden Umschuldungsanträge nur abgelehnt, wo die Kreiskommissionen selbst dies vorschlügen, im übrigen würde aber geflissentlich nach Gesichtspunkten gesucht, die eine Genehmigung rechtfertigten[205].

Diese Kritik übernahm Klepper uneingeschränkt. Er meinte sogar, daß im Lichte der genauen Kenntnisse, die die Preußenkasse über die Lage der ostpreußischen Landwirt-

205 *GStA*, Rep. 90, Nr. 1073: PreußZGK/Landwirtschaftlich-betriebswirtschaftliche Abteilung, Zweigstelle Kbg, an das Direktorium der PreußZGK, 18.10.28. Über die Fortdauer dieser Bewilligungspraxis des ProvKredA vgl. dies. an dass., 20.2.29, und über die geringen Sanierungserfolge in den Fällen, die auf Grund von Ortstaxen reguliert worden sind, s. dies. an die PreußZGK/Landwirtschaftlich/betriebswirtschaftliche Abteilung, 20.2.29 (beides *a.a.O.*, Nr. 1074). Von 103 einschlägigen Umschuldungsfällen seien nur 22 wirklich saniert und 11 abgelehnt worden, die übrigen 70 seien ganz ohne oder mit äußerst fraglichem Erfolg umgeschuldet worden.

schaft besitze, die Umschuldungsaktion insgesamt bedenklich sei, „da sie nur geeignet sei, eine Katastrophe, die doch eintreten müsse, hinzuhalten und die Sanierung dadurch zu erschweren". Wenn aber dennoch das begonnene Verfahren fortgesetzt werde, so müsse er sich dagegen wenden, „daß der Kreditausschuß sich nicht strikt an die Richtlinien hielte" und die Umschuldung auf eine Reihe von Betrieben ausdehne, „die zweifellos so devastiert wären, daß eine Sanierung nicht möglich sei". Es wäre besser, solche hoffnungslosen Fälle über eine zu bildende Auffangorganisation in fähigere Hände überzuleiten und einer ordnungsgemäßen Bewirtschaftung zu erhalten[206].
Das Vorgehen der Preußenkasse versetzte die Umschuldungsorgane in eine heikle Situation. War die Kritik an dem praktizierten Verfahren schon unangenehm genug, so enthüllten die Argumente Kleppers die prinzipiellen Widerstände, die der Kreditaktion drohten – und das in einem Moment, als die vorhandenen Mittel sich dem Ende zuneigten und die ohnehin schwierige Aufgabe zu lösen war, neue Vorschüsse zu erlangen. Die Abwehr des Oberpräsidenten, des Landeshauptmanns und des Landesfinanzamtspräsidenten verwahrte sich deshalb mit Nachdruck gegen die Absicht der Preußenkasse, „aus irgendeinem Grunde . . . die ganze ostpreußische Hilfsaktion abzudrosseln"[207]. Namentlich Siehr erblickte in der Vorstellung, weitere Umschuldungsmittel würden ausbleiben, eine „Bankrotterklärung der Ostpreußenhilfe", die jede verantwortungsbewußte Dienststelle nötigen könnte, ihre auf die Umschuldung ausgerichtete Tätigkeit einzustellen[208]. Jedoch zeigte sich bald, daß die vermutete Gefahr nicht gar so groß war, denn Otto Braun und Höpker-Aschoff plädierten trotz der Aufmerksamkeit, die sie dem Vorbringen der Preußenkasse bezeugten, dafür, daß die laufende Aktion loyal ausgeführt werden müsse, weil in Ostpreußen politische Gründe einen rigorosen Ablauf der Agrarkrise verboten[209].
Somit ging es nur noch darum, die Kritik der Preußenkasse im Detail zu widerlegen und eventuellen organisatorischen Konsequenzen, die die alarmierten Berliner Ministerien erwogen, vorzubeugen. Der Tenor der Königsberger Rechtfertigung lautete, daß die Vorwürfe auf der „unzulässigen Verallgemeinerung einiger weniger besonders liegender Einzelfälle" beruhe und daß die Preußenkasse ihre Kritik nicht im entferntesten mit einer entsprechenden Anzahl beanstandenswerter Verfahren habe belegen können[210]. Die ausführliche Gegendarstellung des Landeshauptmanns brachte allerdings auch die prinzipiellen Meinungsverschiedenheiten zum Ausdruck, die über Ziel und Zweck der Gesamtaktion bestanden. Ihr zufolge sei die Begrenztheit der Mittel durchaus beachtet worden, jedoch habe der Provinzialkreditausschuß von vornherein gewußt, daß der Bedarf den 1928 verfügbaren Betrag übersteige und daß die vom Reichsfinanzminister

206 *A.a.O.*, Nr. 1073: Aktenvermerk (Frankenbachs) über die am 28.11.28 stattgehabte Chefbesprechung über die Umschuldungsaktion im Rahmen der OstprH; MRat Frankenbach an OPr Siehr, 12.12.28. Selbst in einer Ehrenerklärung, zu der sich Klepper gegenüber dem ProvKredA herabgelassen hat, ist er nicht davon abgegangen, daß die Königsberger Instanzen trotz bestem Gewissen und Wollen sachlich unrichtig handelten; Aktenvermerk (Frankenbachs) über die Sitzung im PreußMfLDuF usw., 7.21.28; *ebda.*

207 *A.a.O.:* LHptm an den OPr, 17.11.28; OPr an den PreußMfLDuF, 26.11.28; OPr Siehr an MRat Frankenbach, 8.12.28; *StAL*, Rep. 2, Nr. 2426, Bd. 3: PrLFinA an den RMdF, 18.11.28.

208 *GStA*, Rep. 90, Nr. 1073: OPr an die OstVerwSt im RMdI, 1.11.28.

209 *A.a.O.*, Aktenvermerk (Frankenbachs) über die am 28.11.28 stattgehabte Chefbesprechung usw. Allerdings ist hierbei betont worden, daß für die Fortsetzung der Kreditaktion nur Reichsgelder in Betracht kämen.

210 Vgl. die Belege o. in Anm. IV/207; Zitat aus dem Bericht des PrLFinA. Vgl. ferner die Darstellung der LHptm in seiner Denkschrift *Ostpreußenhilfe*. . . (Anm. I/387), S. 26 f.

am 8. Juni 1928 abgegebene Garantieerklärung beansprucht werden müsse. Das Argument, daß die inzwischen aufgetretenen finanziellen Engpässe durch eine vorsichtigere Bewilligungspraxis zu vermeiden gewesen wären, wurde mit dem Bemerken abgetan, daß der Provinzialkreditausschuß nur über die Sanierungsfähigkeit und -würdigkeit sowie über die Höhe des Darlehns zu beschließen gehabt habe, nicht aber über die Reihenfolge der dringendsten oder würdigsten Fälle. Ähnlich unerschüttert wurden die Einwände gegen die Beurteilung des Sanierungserfolges zurückgewiesen. Das Ziel der Sanierung habe der Kreditausschuß immer sehr sorgfältig erwogen; er habe auch 80 Anträge bereits abgelehnt oder als nicht dringend zurückgestellt, weitere 51 seien von der Landesbank aufgehalten worden. Jedoch sei es selbstverständlich, daß die „in dem Ausschuß sitzenden ostpreußischen Vertreter ein starkes Verantwortungsgefühl gegenüber den bedrängten Landwirten der so geschwächten und gefährdeten Provinz" besäßen, was wohl so viel heißen sollte, daß sie die Anträge mit anderen Augen als die Delegierten der Preußenkasse betrachteten und deshalb zu anderen Ergebnissen kämen.
Die Widerrede des Landeshauptmanns zeugte zwar von einem guten Gewissen, aber sie offenbarte doch den Berliner Ministerien, daß die Kritik der Preußenkasse nicht aus der Luft gegriffen war. Deshalb konnten sie sich mit dem Austausch von Argument und Gegenargument nicht zufrieden geben, sondern mußten darauf sehen, daß ihr Einfluß auf das Umschuldungsverfahren gestärkt und dessen Ablauf ihrer kontinuierlichen Kontrolle unterworfen wurde. Aus diesen Überlegungen heraus entstand die Institution des Staatskommissars, der seit Juni 1929 an der Ostpreußenhilfe beteiligt war.

c) Die Umschuldung und die ostpreußischen Bauern

Wie bereits erwähnt, haben die Bauern an der Gesamtmasse der Umschuldungskredite einen verhältnismäßig geringen Anteil gehabt[211]. Das war politisch außerordentlich unerwünscht, weil es all diejenigen Kräfte, die wegen prinzipieller Einwände nur widerstrebend in eine großangelegte Umschuldungsaktion gewilligt hatten – also die preußische Regierung sowie die hinter ihr stehenden Parteien –, ihres Alibis beraubte. Denn sie waren davon ausgegangen, daß die Kreditaktion neben den Großgrundbesitzern auch den Bauern helfen werde und deshalb nicht schlechterdings zu verwerfen sei. Diese trügerische Argumentation begann aber zu wanken, als die Preußenkasse Ende 1928 ihre Kritik an der Umschuldungsaktion beiläufig mit dem Argument würzte, daß der große und kleine Besitz bei der Kreditvergabe ungleichmäßig behandelt würde; „routinierte und gewissenlose Landwirte werden bedacht, während die weniger gewandten, vorwiegend bäuerlichen Betriebe abgelehnt werden"[212]. Damit wurde an den sozialen Aspekt der Stützungsaktion gerührt, der in der damaligen Situation nicht nur Unruhe auslösen, sondern die gesamte Ostpreußenhilfe diskreditieren konnte.
In der Vorbereitungsphase der Ostpreußenhilfe ist von Königsberg aus viel Mühe darauf verwandt worden, die Meinung zu entkräften, daß Ostpreußen eine Domäne der Großagrarier sei und jede Zuwendung an die Provinz in deren Taschen fließen müsse. Im Sommer 1926 rechnete Brandes den Reichsratsmitgliedern vor, daß 71 % der land-

211 Vgl. o. S. 254 f.
212 *GStA*, Rep. 90, Nr. 1073: Aktenvermerk (Frankenbachs) über die Sitzung im RMfEuL usw., 4.12.28.

wirtschaftlichen Betriebe unter 200 ha groß, d.h. bäuerlicher und großbäuerlicher Natur seien, und daß für den Fall einer Hilfsaktion „der Hebel bei diesen Betriebsgrößen angesetzt werden" müsse[213]. Ihm sekundierte Hippel mit dem Hinweis, daß der bäuerliche Besitz mehr und mehr von der Verschuldungswelle erfaßt werde und die große Mehrzahl der der Landschaft vorliegenden Darlehnsgesuche eingereicht habe. Pathetisch folgerte er: „es ist *Bauernnot*, die heute auf Ostpreußen lastet"[214]. Beide Gesichtspunkte bestätigte der Oberpräsident, der zu wiederholten Malen seinen vorgesetzten Behörden begreiflich zu machen suchte, daß dank der vorhandenen Agrarstruktur sachgemäße Hilfsaktionen auch den „mittleren und kleinbäuerlichen Besitz vor dem Versinken retten" und gleichzeitig die Voraussetzungen „für die in Aussicht genommene großangelegte Ostsiedlung" schaffen würden[215].
An alledem war soviel richtig, daß die kleineren landwirtschaftlichen Betriebe, selbst wenn ihre obere Grenze nicht bei 200, sondern bei 100 ha gezogen wurde, ihrer Zahl wie ihrer landwirtschaftlichen Nutzfläche nach ein Übergewicht besaßen[216]. Doch das rechtfertigte keineswegs die Annahme, daß der Großteil der staatlichen Finanzhilfe zwangsläufig diesen Betrieben zugute kommen würde. Wer die Verteilung der agrarpolitischen Gewichte in Ostpreußen kannte, mußte vielmehr etwas anderes erwarten, und aus diesem Grunde wollte das preußische Landwirtschaftsministerium die Kreditaktion von vornherein auf den mittleren und kleinen Grundbesitz beschränkt wissen. Die Reichsressorts hingegen setzten das wohllautende Prinzip durch, daß unterschiedslos Groß-, Mittel- und Kleinbetriebe zu betreuen seien, und es war eine bewußte Augenwischerei, wenn ein Pressekommunique das sich abzeichnende Verhandlungsergebnis mit den Worten ankündigte: „in erster Linie sollen an Kleinbauern und an Pächter sechs Millionen Mark ... ausgegeben werden", denn sogleich in den nächsten Sätzen wurde der Beweis geliefert, daß für die erst- und zweitstelligen Hypotheken, an denen die Großbetriebe primär interessiert waren, wesentlich höhere Beträge vorgesehen waren[217].
Außer den erwähnten Kleinbauernkrediten hat nichts die Belange der Bauern bei der Umschuldungsaktion besonders gesichert. Namentlich ist ihnen weder in den Richtlinien noch anderswo ein festes Kontingent der Umschuldungshypotheken reserviert worden; statt dessen galt der Satz: wer zuerst kommt, mahlt zuerst, und das waren die seit langem auf der Lauer liegenden Großgrundbesitzer. Sie haben den Großteil der verfügbaren Kredite an sich gebracht, so daß das erste Jahr der Ostpreußenhilfe für die Bauern unbefriedigend abschloß. Ein auf den 30. Juni 1929 abgestellter Bericht des

213 Brandes (Anm. II/227), S. 3. Im gleichen Sinne betonte Hindenburg „zur Behebung falscher Auffassungen", daß nur ein Viertel der ostpreußischen Landwirtschaft dem Großgrundbesitz zuzurechnen sei; RPr an den RK, 3.12.27, in: Borcke-Stargordt (Anm. II/216), S. 36.

214 *GStA*, Rep. 90, Nr. 1069: Kuratorium der Bank der Lsch an alle RMin, 3.5.27; Nr. 1074: GenLschDir (an den OPr), 21.1.29 (hieraus das Zitat).

215 *A.a.O.*, Nr. 1070: OPr an den PreußMfLDuF, 1.7.27; ferner *GStA*, Rep. 203, Nr. 207: OPr an den PreußMfLDuF, 17.12.27; ders. an den PreußMPr, 6.2.28; Nr. 175: VizePr Herbst an Frankenbach, 21.1.28.

216 *A.a.O.*, Nr. 1076: OPr an den PreußMfLDuF, 19.8.29. Danach seien ohne die Zwerg- und Nebenerwerbsbetriebe für die OstprH in Frage gekommen: unter 100 ha 100 243 Betriebe mit 1 337 694 ha LNFl, über 100 ha 3440 Betriebe mit 911 439 ha LNFl. Vgl. auch die Tabelle o. S. 134.

217 *GStA*, Rep. 90, Nr. 1070: Vermerk (Frankenbachs) zu der heute im RMfEuL stattgehabten Besprechung usw., 28.11.27; RMdI, Niederschrift über die kommissarische Besprechung vom 30.11.27; *WTB*, 17.1.28: „Die Hilfsmaßnahmen für Ostpreußen. Beratungen in Königsberg" (in: *GStA*, Rep. 90, Nr. 1071).

Oberpräsidenten meldete zwar, daß 85,1 % der bisher 7526 Umschuldungsbetriebe aus der Größenklasse unter 100 ha kämen, aber von der Gesamtheit dieser Kleinbetriebe waren das nur 2,3 %, während die Großbetriebe zu 31 % Umschuldungshypotheken erhalten hatten. Noch bezeichnender war es, daß die 81,2 Mill. RM bewilligter Umschuldungshypotheken sich zu 27,4 % auf die Klein- und zu 72,6 % auf die Großbetriebe verteilten[218].

Damit waren diejenigen, die ihren Anspruch auf eine Sanierungsaktion jahrelang mit dem Hinweis auf das Bauerntum verbrämt hatten, recht deutlich damaskiert. Aber an erklärenden Argumenten fehlte es ihnen auch diesmal nicht. Sie bemerkten, daß die „Anträge durch den Kreditausschuß genau in der Reihenfolge des Eingangs erledigt worden" seien[219] und daß die Großgrundbesitzer an der Umschuldung überdurchschnittlich beteiligt seien, weil sie von vornherein höher verschuldet und dementsprechend hilfsbedürftiger gewesen seien. Sie hätten also „in der ersten Zeit selbstverständlich größere Anforderungen an die Ost[preußen]hilfe stellen müssen als der kleinere Besitz"[220]. Hinzu käme, daß sie dank den regelmäßigen Bankverbindungen, die sie im allgemeinen besäßen, ihre Anträge relativ schnell in der vorgeschriebenen Form einreichen konnten. Die Bauern seien dagegen mit den geschäftlichen Voraussetzungen der Umschuldung nicht vertraut und zunächst so zurückhaltend gewesen, daß sie sich 1928 „um die Ost[preußen]hilfe kaum bemüht" hätten; zu dieser Zeit habe ihr Interesse noch vorwiegend den erststelligen Hypotheken und nicht den zweitstelligen Umschuldungshypotheken gegolten[221].

Das hieß, die Benachteiligten seien selbst schuld an ihrem Schaden. Doch zutreffender war, daß das von den Richtlinien institutionalisierte Verfahren die freie Konkurrenz der Antragsteller zuließ und insofern die in Kreditfragen versierten Großgrundbesitzer begünstigte. Auch die Anfang 1928 bestehende Verschuldung ließ erwarten, daß die Großbetriebe lebhafteren Gebrauch von den Umschuldungsmöglichkeiten machen würden als die kleineren[222]. Wenn solch eine Entwicklung nicht erwünscht war, so hätte ihr vorgebeugt werden müssen, indem der Großgrundbesitzer entweder von der Umschuldung ausgeschlossen oder auf ein bestimmtes Kontingent der Subventionskredite beschränkt wurde; letzteres wäre gleichbedeutend gewesen mit einer strengen Auswahl der zu sanierenden Großbetriebe. Es ist jedoch nichts dergleichen geschehen, und wenn später in den preußischen Ministerien mit Unbehagen festgestellt wurde, „in wie überragender Weise der Großgrundbesitz bisher bevorzugt worden ist", dann war das eher ein Anlaß zur Selbstkritik als zur Entrüstung[223]. Tatsächlich hatte die preußische Regierung ja anfänglich daran gedacht, die staatlich subventionierte Umschuldungsaktion den Bauern vorzubehalten; damit war sie jedoch bei den Reichsministerien und den ostpreußischen Interessenten nicht durchgedrungen. Als sich nun Ende 1928 der Eindruck

218 *GStA*, Rep. 90, Nr. 1076: OPr an den PreußMfLDuF, 19.8.29; *StAL*, Rep. 2, Nr. 2476, Bd. 1: OPr an den PreußMfLDuF, 14.6.29; Buchta (Anm. I/282), S. 45 f.

219 *PreußLT*, III, Sp. 16 093: von Plehwe (DNVP) am 14.11.30; *Ostpreußenhilfe*. . . (Anm. I/387), S. 38.

220 *PreußLT*, III, HptA, 167. Sitzg., Sp. 11: Graf von Kanitz (DVP) am 5.12.30; vgl. *a.a.O.*, Sp. 6: von Plehwe (DNVP); *Ostpreußenhilfe*. . . , *a.a.O.*, S. 39.

211 *PreußLT*, III, HptA, 167. Sitzg., Sp. 18 f.; Sp. 20: Graf von Kanitz (DVP) – von ihm das Zitat – und Schmelzer (Z) am 5.12.30.

222 Vgl. o. S. 156 f.

223 *GStA*, Rep. 90, Nr. 1076: Vermerk (Weichmanns) vom 20.9.29. Eine ähnliche Randbemerkung Weichmanns auf dem Schreiben des PreußMfLDuF an den PreußMPr vom 22.11.29.

verdichtete, daß die Großbetriebe den Rahm der Ostpreußenhilfe abschöpfen könnten, gewann das Streben nach einer Modifikation des Umschuldungsverfahrens an Boden und führte zur Ernennung eines Staatskommissars, der die Gewähr zu bieten schien, daß die Berliner Wünsche fortan in Königsberg mehr Beachtung fänden.

d) Das Gesetz über die Ostpreußenhilfe vom 18. Mai 1929

Nichts wäre verkehrter, als aus der Unzufriedenheit, die sich bei den Berliner Behörden über den Verlauf der Umschuldung ansammelte, zu schließen, daß die ostpreußischen Landwirte die Dinge in einem positiven Lichte sahen. Sie waren vielmehr der Überzeugung, nicht Nutznießer einer großen finanziellen Anstrengung des Reichs und Preußens, sondern die Opfer einer unzulänglichen Politik zu sein. Einige agrarische Kritiker wußten schon vor Beginn der Kreditaktionen, „daß diese Hilfe ungenügend ist und durch das Gegeneinanderarbeiten von Reich und Preußen viel zu spät kommt“[224]. Andere glaubten sich wegen der weiteren Verschlechterung der Rentabilitätsverhältnisse um jeglichen finanziellen Vorteil gebracht und betrachteten „gerade auch die mit der Ostpreußenhilfe gemachten Erfahrungen“ als Beweis dafür, „daß eine Gesundung der Verhältnisse mit den bisher angewandten Mitteln der Selbsthilfe und der Staatshilfe allein nicht zu erwarten ist, daß vielmehr die Landwirtschaft selbst den organisierten Kampf um ihre Scholle führen muß“[225]. Manch einer fand den Empfängerkreis zu eng gezogen und glossierte deshalb das „Berliner Wohlwollen“, das angeblich in Form „sehr merkwürdiger Rettungsversuche Ertrunkener zur Anwendung“ komme[226]. Selbst Graf von Kanitz, der unter seinen Standesgenossen eine politisch gemäßigte Richtung vertrat, hat die Lage der Provinz als Katastrophe bewertet, gegen die die Halbheiten der Ostpreußenhilfe nichts vermocht hätten[227]. Auch Hippel bemängelte an den bisherigen Hilfsmaßnahmen, daß sie allenfalls den „Gang des Unglücks verlangsamen, aber nicht abwenden“ könnten[228]. Nicht zuletzt sei erwähnt, daß die außer-landwirtschaftlichen Wirtschaftszweige jegliche Breitenwirkung der Ostpreußenhilfe vermißten: Die Umschuldungskredite seien vorwiegend den Banken zugeflossen, während Handel, Gewerbe und Industrie keine spürbare Erleichterung erfahren hätten[229].

Mit derartigen Unmutsäußerungen hatte es nicht sein Bewenden, denn je näher der Beginn des neuen Haushaltsjahres heranrückte, desto deutlicher wurde in Königsberg der Zwang verspürt, sowohl für eine Fortsetzung als auch für eine Reform der Ostpreußenhilfe einzutreten. Ein besonders großzügiges Projekt hatte Graf von Kanitz entworfen, der unter dem Deckmantel eines Ausnahmegesetzes eine Reihe von agrar-, finanz- und kreditpolitischen Maßnahmen einführen oder, falls dieser Weg nicht begangen wurde, den Ruf nach einem „ostpreußischen wirtschaftspolitischen Diktator“ erheben wollte,

224 *A.a.O.*, Nr. 1071: Kreislandwirtschaftsverband Osterode an den PreußMdI, 14.7.28 (Anlage).
225 *Heiligenbeiler Ztg*, 9.11.28: „Die Forderungen des Kreislandwirtschaftsverbandes zur Notlinderung der heimischen Landwirtschaft“; vgl. *LVO*, 7.7.28: „Ostpreußenhilfe oder Ostpreußenlast?“
226 *Georgine*, 18.9.28: Zuschrift von Heumann-Kl. Gablick (Vorsitzender des Landwirtschaftlichen Zentralvereins Allenstein).
227 *Kbg Allg Ztg*, 21.11.28: Graf von Kanitz-Podangen, „Was wird aus der ostpreußischen Landwirtschaft?“
228 *GStA*, Rep. 90, Nr. 1074: GenLschDir (an den OPr), 21.1.29.
229 *A.a.O.*, Nr. 1075: RMdI, Ergebnis der kommissarischen Besprechung vom 9.4.29 über die OstprH mit den IHK Ostpreußens.

dem die Regierungen unter dem Druck der Not die erforderlichen Vollmachten erteilen müßten[230]. Einen gewissen Widerhall fanden diese Gedankengänge in den Vorschlägen der ostpreußischen Wirtschaftsorgane und Behörden, die Anfang 1929 ausgearbeitet wurden[231]. Großen Nachdruck legte wiederum Hippel auf die exzeptionellen Lebensbedingungen der ostpreußischen Wirtschaft, die einen Vergleich mit anderen Reichsteilen verböten und eine grundlegende Lastensenkung rechtfertigten. Während einer zwei- bis dreijährigen Sanierungsperiode sollten alle Vermögenssteuern und verwandten Lasten aus- sowie die Zinsen für den erststelligen Realkredit auf 5 % herabgesetzt werden. Ferner müßten die ostpreußischen Gutswerte gestützt werden, d.h. zusammenbrechende Betriebe sollten von der öffentlichen Hand zu steigenden Preisen erworben werden, um den stagnierenden Gütermarkt zu beleben[232]. Von einer auf zwei bis drei Jahre berechneten Genesungszeit ging auch der Landeshauptmann aus, der im Prinzip dieselben Wünsche wie die Landschaft vortrug, vermehrt um einige Forderungen zugunsten des Provinzialverbandes und der Gemeinden[233].

Fußend auf diesen Vorschlägen und den schriftlich niedergelegten Wünschen der Landwirtschaft, des Handwerks und der Industrie formulierte der Oberpräsident seinerseits umfangreiche „Vorschläge zur Fortsetzung der Ostpreußenhilfe“, die das landwirtschaftlich orientierte Programm des Vorjahres in ein weitgreifendes neues Ostpreußenprogramm umzuwandeln suchten. Siehr begründete das damit, daß durch die bisherigen Maßnahmen zwar „die Krisis zweifellos zu einem gewissen Stillstand gelangen“ werde, daß aber „ohne gleichzeitige erhebliche Unterstützung von Industrie, Handel und Gewerbe sowie nicht zuletzt durch Maßnahmen zur Hebung der ostpreußischen sanitären Verhältnisse“ die Ostpreußenhilfe auf halbem Wege stehenbleiben würde[234]. Dementsprechend setzte er sich für Industriekredite und für die Förderung des Handwerks ein, ferner unterstützte er die Anträge auf ausgedehnte Lasten- und Steuersenkungen, regte Maßnahmen zur Hebung der Volksgesundheit – insbesondere durch den Bau von Krankenhäusern – und zur Belebung des Arbeitsmarktes an. Aber trotzdem bildeten die Forderungen zugunsten der Landwirtschaft weiterhin den materiellen Schwerpunkt der Ostpreußenhilfe. Siehr beantragte, alle laufenden Aktionen – Subventionierung des Pfandbriefabsatzes, Ausgabe zweitstelliger Umschuldungskredite und Bauernkredite, Vergabe von Zuschüssen aus dem Betriebserhaltungsfonds – mit verstärktem Geldaufwand fortzusetzen und außerdem eine Zinssenkung für erststellige Hypotheken auf 5 % zu erwägen sowie unbedingt für eine rationelle Verwertung der sanierungsun-

230 Vgl. o. Anm. IV/227.

231 *GStA*, Rep. 90, Nr. 1074: LWK an den RMdI, 12.1.29. Beruft sich auf Gerüchte über schwebende Verhandlungen der Regierungen und bittet, Beschlüsse über die OstprH erst zu fassen, wenn die ostpreußischen Wirtschaftsverbände ihre Anträge dem OPr eingereicht hätten.

232 *A.a.O.*. GenLschDir (an den OPr), 21.1.29.

233 *Ostpreußenhilfe und Umschuldung* (Anm. I/387), S. 80 f.: LHptm an den OPr, 22.1.29. Während der mehrjährigen Genesungszeit sollten die agrarpolitischen Vorschläge der LWK ausgeführt und dadurch die Rentabilität der Landwirtschaft verbessert werden. Die Maßnahmen der LWK sahen jährliche Kreditaufwendungen von 15 Mill. RM und 37,2 Mill. RM Zuschüsse in der Zeit von 1929 bis 1933 vor; *GStA*, Rep. 90, Nr. 1073: LWK an den PreußMPr, Dezember 1928 (Anlage).

234 *Verhandlungen des 56. ProvLT. . .*, Königsberg 1929, S. 1 f.: Eröffnungsansprache des OPr am 11.3.29. Den Text des neuen Ostpreußenprogramms s. *GStA*, Rep. 90, Nr. 1074: OPr, Vorschläge zur Fortsetzung der OstprH, 3.3.29. Als Anlage IV dazu die „Wünsche der Landwirtschaft, des Handwerks und der Industrie zur Fortführung der Ostpreußenaktion“ (ohne Datum).

fähigen Betriebe zu sorgen. Ohne die Steuerermäßigungen und die Kosten für die Verwertung bankrotter Landgüter ergaben seine Anträge rund 117 Mill. RM barer Anforderungen an das Reich und Preußen.

Einen starken Rückhalt fanden die Befürworter einer intensivierten Ostpreußenhilfe beim Ausschuß zur Untersuchung der Erzeugungs- und Absatzbedingungen der deutschen Wirtschaft (Enquête-Ausschuß), der 1926 durch ein Reichsgesetz ins Leben gerufen worden war und dessen Unterausschuß für Landwirtschaft Ende 1928 den Ministerien einen Vorbericht über die Lage der ostpreußischen Landwirtschaft zustellte[235]. Hierin wurde ein besorgniserregendes Bild der damaligen Zustände entworfen – Hunderte von Großbetrieben seien völlig überschuldet, in einzelnen Kreisen seien Massenzusammenbrüche schon eingetreten oder binnen kurzem zu erwarten –, und es wurde „eine Krise von solch einem Umfange" diagnostiziert, „daß, wenn nicht schnell und wirksam geholfen wird, das gesamte Wirtschaftsleben der Provinz unmittelbar bedroht erscheint". An Reich und Preußen erging der Appell, das Äußerste zur Rettung Ostpreußens aufzuwenden und „mit dem höchsten nur denkbaren Maße von Planmäßigkeit, Voraussicht und Verantwortungsbewußtsein" vorzugehen. Notwendig sei ein allgemeiner Sanierungsplan, der die Umschuldung und die Verwertung der nicht mehr umschuldungsfähigen Betriebe gewährleiste.

Der dramatische Ton des Vorberichtes, der offensichtlich mit einer schockartigen Wirkung die Entschlußfreudigkeit der Ministerien anregen sollte, kehrte im definitiven Bericht nicht wieder, jedoch fiel die Sachdarstellung auch hier kritisch genug aus. Viel Aufmerksamkeit galt der Frage, was getan werden müsse, um die bevorstehende Katastrophe abzuwenden. Am wichtigsten schien wiederum die Kredithilfe, bei der die von den ostpreußischen Instanzen vorgetragenen Ansprüche übernommen und durch den Hinweis ergänzt wurden, daß die Umschuldung künftig eine nachhaltigere Verringerung der Zinslasten anstreben und zu diesem Zweck großzügiger mit Zuschüssen aus dem Betriebserhaltungsfonds arbeiten müsse. Daneben standen detaillierte Überlegungen darüber, wie überschuldete Betriebe sanierungsfähig gemacht bzw. wie die völlig hoffnungslosen Fälle reguliert werden könnten, ohne daß der Gütermarkt unter einem Überangebot devastierter Betriebe zusammenbrach. Anschließend wurden Maßnahmen zur Erleichterung der öffentlich-rechtlichen Lasten, zur Verbesserung der Markt- und Verkehrsverhältnisse und zur Förderung der Produktion erwogen, wobei der letztere Punkt Bodenmeliorationen mit einem Finanzbedarf von 500 Mill. RM, Verbesserungen der Pflanzen- und Tierzucht, zweckmäßige Veränderungen in der Betriebsorganisation und eine Intensivierung der Siedlung als möglich nachwies[236].

Einen anderen, unüberhörbaren Warnschuß gab im Spätherbst die Preußenkasse ab, deren landwirtschaftlich-betriebswirtschaftliche Abteilung eine Denkschrift über die Lage der landwirtschaftlichen Großbetriebe in Ostdeutschland veröffentlichte. Sie stützte sich auf Erhebungen, die von den Genossenschaften beigebracht worden waren und die per 31. Dezember 1927 den Verschuldungsgrad für 5130 oder 38 % aller über 100 ha

235 *GStA*, Rep. 90, Nr. 1073: RMfEuL an den PreußMPr, 17.12.28; übermittelt das vorläufige Gutachten der EnquA vom 22.11.28. Die endgültige Fassung ist veröffentlicht als *EnquA II*, Bd. 8: *Die Lage der Landwirtschaft in Ostpreußen* (Anm. I/72), abgeschlossen am 26.4.29. Vorsitzender des landwirtschaftlichen Untersuchungsausschusses war der ehemalige RMfEuL Andreas Hermes, sein Stellvertreter der schlesische Gutsbesitzer und Landbundführer Prätorius Frhr. von Richthofen-Boguslawitz. Unter den weiteren elf Mitgliedern befanden sich vier Vertreter der Landwirtschaft (darunter zwei Rittergutsbesitzer), drei Agrarwissenschaftler (Professoren) und vier Vertreter nichtagrarischer Parteien und Wirtschaftszweige.

236 Über die vom EnquA vorgeschlagenen Abhilfemaßnahmen s. *Die Lage. . .*, *a.a.O.*, S. 65 ff.

großen Betriebe in Ostelbien registrierten. In Ostpreußen waren 1887 oder 55 % aller einschlägigen Betriebe erfaßt. Für 241 von ihnen hieß es, daß sie über 70 % ihres Gesamtvermögens verschuldet und daß unter ihnen die Anzeichen der Devastierung bereits weit verbreitet seien. Umgerechnet auf die Gesamtheit der ostpreußischen Großbetriebe betrug die Anzahl der lebensgefährlich verschuldeten Betriebe 444. Damit war Ostpreußen als ein hochgradiges Krisengebiet gekennzeichnet, dem von den übrigen Provinzen die Grenzmark und Pommern am nächsten kamen, das aber wegen seiner marktfernen Lage am meisten benachteiligt schien[237].
Das Ergebnis dieser Analysen brachte die politischen Kreise in Bewegung, die ohnehin vor der Frage standen, wie es mit der Ostpreußenhilfe weitergehen sollte. Lebhaft interessiert zeigten sich an dem vorläufigen Gutachten des Enquête-Ausschusses die Reichstagsparteien, die es gern offiziell zur Kenntnis nehmen und als Material für ihre Forderungen benutzen wollten. Während sich die bürgerlichen Regierungsparteien konkreter Anträge enthielten, verlangten die Deutschnationalen außer einer vielseitigen Lasten- und Steuersenkung die Fortsetzung der Umschuldung und ein Einschreiten gegen die drohenden Zwangsversteigerungen. In einer Agrardebatte Anfang Dezember 1928 stimmten die Sprecher der SPD und der DVP, der beiden Flügelparteien der Regierungskoalition, grundsätzlich darin überein, daß die Not der ostpreußischen Landwirtschaft von der Regierung bekämpft werden müsse, wenngleich sie im einzelnen die Lage nicht einheitlich beurteilten[238]. Immerhin war daraus zu entnehmen, daß sich im Reichstag eine ostpreußenfreundliche Front zu formieren begann, die ein längeres Zögern der Regierung nicht hingenommen hätte.

Es war nicht zu befürchten, daß zwischen den Regierungen des Reichs und Preußens ähnliche Meinungsverschiedenheiten auftauchen würden wie ein Jahr zuvor. Die Reichstagswahlen im Mai 1928 hatten die Mehrheitsverhältnisse geändert und einer Regierung in den Sattel geholfen, die sich auf die Parteien SPD, DDP, Zentrum, BVP und DVP stützte. Diese politische Kombination entsprach weit mehr der in Preußen regierenden Koalition als das alte Bürgerblockkabinett unter Einschluß der Deutschnationalen. Reichskanzler war nun der Sozialdemokrat Hermann Müller, Reichsinnenminister sein Parteifreund Carl Severing, der lange Zeit dem gleichen Ressort in Preußen vorgestanden hatte. Die beiden anderen Ministerien, die unter dem Aspekt der Ostpreußenhilfe wichtig waren: das Reichsfinanz- und das Reichslandwirtschaftsministerium, befanden sich in den Händen Rudolf Hilferdings (SPD) und Hermann Dietrichs (DDP). Für diese Männer gab es keine prinzipiellen Schwierigkeiten, an denen das Einvernehmen mit den preußischen Ministern scheitern konnte.

Außerdem erleichterte es die Situation, daß jetzt nicht mehr das Für und Wider einer erst noch zu beginnenden Kreditaktion, sondern nur deren Fortsetzung zu erörtern war. Obwohl die Kritik an dem bisherigen Verfahren einige organisatorische Fragen aufwarf, die nicht mit leichter Hand zu erledigen waren, gab es doch grundsätzlich keinen Zweifel daran, daß das einmal in Gang gesetzte Unternehmen nicht vorzeitig abgebrochen werden dürfe.

237 *Die Lage der landwirtschaftlichen Großbetriebe...* (Anm. II/213), S. 11; S. 51; S. 81; S. 95.
238 *RT*, IV, Drucks Nr. 483, 599, 600, 619, 710: Antrag Scholz u. Gen. (DVP) vom 19.11.28; Antrag Breitscheid u. Gen. (SPD) vom 3.12.28; Antrag Stegerwald (Z), Scholz (DVP), Haas (DDP), Drewitz (WP), Leicht (BVP) u. Gen. vom 3.12.28; Antrag Mönke, Graf zu Eulenburg, Gottheiner u. Gen. (DNVP) vom 4.12.28; Antrag Döbrich (ChrNatBuLVP) u. Gen. vom 14.12.28. *RT*, IV, S. 658; S. 673: Schmidt (Cöpenick/SPD) und Graf zu Stolberg-Wernigerode (DVP) am 4.12.28. Von den erwähnten Anträgen ist keiner zum Beschluß erhoben worden.

Bereits im November 1928 hat Dietrich das Reichskabinett auf die Zustände in Ostpreußen und deren Konsequenzen hingewiesen[239]. Nach Bekanntwerden des vorläufigen Gutachtens des Enquête-Ausschusses kündigte er an, daß er auf die darin berührten Fragen noch zurückkommen wolle. Er beabsichtigte, Anfang 1929 einen Sanierungsplan für Ostpreußen vorzulegen, der – ähnlich wie die Hilfsaktion des vorangegangenen Jahres – von einem Ministerrat in Hindenburgs Anwesenheit verabschiedet werden sollte[240].

Noch während die Vorarbeiten im Gange waren, ließ die Reichsregierung Außenstehenden gegenüber wissen, daß sie „in grundsätzliche Erwägungen [darüber] eingetreten . . . sei , ob und in welcher Weise die Ostpreußenhilfe fortgeführt werden könne“[241]. Bald danach, am 18. Februar 1929, präsentierte Dietrich seine Denkschrift, die sich eingehend mit den Bedürfnissen Ostpreußens befaßte und die benötigten Hilfsmittel auf 176,5 Mill. RM bezifferte. Das Kabinett beschäftigte sich mit ihr am 25. Februar. Reichskanzler Müller erwähnte hierbei, daß die Regierung sich bald schlüssig werden sollte, weil Hindenburg bereits mehrfach sein Interesse an einer schleunigen Bearbeitung der Ostpreußenhilfe bekundet habe. Daraufhin kam man überein, Dietrichs Denkschrift zunächst im Kreis der beteiligten Reichsministerien und anschließend gemeinsam mit den preußischen Ressorts zu diskutieren[242].

Dietrich hatte seine Vorschläge nach der Maxime komponiert, daß die Ostpreußenhilfe fortan nicht mehr „in jährlich wechselnden verschiedenartigen Anforderungen in den einzelnen Verwaltungszweigen gebracht werden kann, sondern in einer einheitlich zusammengefaßten Stützung der Wirtschaft bestehen muß, und daß diese Stützung einmal in einer planmäßig ineinandergreifenden Lastenerleichterung, sodann in einer Stützung . . . der Landwirtschaft, daneben auch in einer Stützung einzelner besonderer Industriebetriebe am wirksamsten erfolgt“. Er hatte auch Maßnahmen zugunsten des Gewerbes miteinbezogen, aber den Hauptakzent setzte er auf die Landwirtschaft, zu deren Vorteil die bereits praktizierten Formen der Lastensenkung und Kredithilfe ausgebaut werden sollten. Besonders eingehend erörterte Probleme waren der Ankauf nicht sanierungsfähiger Grundstücke durch die öffentliche Hand oder durch Siedlungsgesellschaften und die Errichtung einer Landhilfestelle, die, mit den notwendigen Vollmachten und Geldmitteln ausgestattet, bei den existenzgefährdeten Betrieben alle Sanierungsmöglichkeiten auszunutzen bzw. im Falle des Zusammenbruchs deren geordnete Verwertung zu leiten hätte. Diese das Sanierungsverfahren erweiternden Vorschläge folgten den Anregungen, die die ostpreußischen Instanzen und der Enquête-Ausschuß gegeben hatten und die einen regulierenden Eingriff in den Grundstücksmarkt als unabdingbar bezeichneten. Der Reichsregierung wurde damit ein fortschreitendes, riskantes

239 *BAK*, R 43 I/2540: Auszug aus dem Protokoll der Sitzungen des RMin am 10.11. und 1.12.28.

240 *BAK*, R 43 I/1855: RMfEuL an den StSRK, 17.12.28; Vermerk (Feßlers), 27.12.28. RK Müller war mit dem Verfahren einverstanden, sofern dem RKab zuvor Gelegenheit gegeben würde, über den Plan zu beschließen.

241 *GStA*, Rep. 90, Nr. 1074: RMdI an den GenLschDir, 12.2.29; ferner Vermerk (Frankenbachs) vom 5.2.29 über die programmatischen, jedoch im Detail noch unverbindlichen Ausführungen des RMfEuL im Ostausschuß des RT über die weitere OstprH. Am 15.3.29 hat RK Müller dem RT mitgeteilt, daß die RReg alsbald ein Ostpreußenprogramm verabschieden und dem RT zuleiten werde; *RT*, IV, S. 1489.

242 *BAK*, R 43 I/1855: RMfEuL an den RK, 18.2.29 (als Anlage die 40 Seiten lange Denkschrift über die OstprH); R 43 I/2541: Auszug aus dem Protokoll der Sitzung des RMin vom 25.2.29. RMdF Hilferding hat betont, daß eine Auswahl der dringendsten und finanziell tragbaren Maßnahmen getroffen werden müsse.

Engagement zugemutet, denn sie sollte sich nicht mehr allein mit den sanierungsfähigen, sondern auch mit den sanierungsunfähigen Betrieben befassen. Das führte auf ein Feld voller Fallgruben, das nur unter großen Vorsichtsmaßregeln betreten werden durfte.

Als nächstes galt es zu ergründen, inwieweit über die neuen Aspekte der Ostpreußenhilfe eine Verständigung mit Preußen möglich war. Dort bestand zwar die Ansicht, daß die mit der Umschuldung verbundenen finanziellen Lasten dem Reich zu überlassen seien, „auf dessen Anregung hin seinerzeit die Umschuldungsaktion eingeleitet worden ist", aber grundsätzlich war man daran interessiert, den Kreis der nicht sanierungsfähigen Betriebe klein und damit die auch hier anerkannte Notwendigkeit, einen Teil der hoffnungslosen Fälle von Staats wegen zu bereinigen, in Grenzen zu halten[243]. Die in diesem Zusammenhang unumgänglichen Interventionen wollte der preußische Landwirtschaftsminister Steiger von einem Staatskommissar ausführen lassen, und er hatte bereits eine Kabinettsvorlage angefertigt, die dieses Projekt im einzelnen erläuterte. Der angestrebte Kabinettsbeschluß wurde aber ausgesetzt, da die Reichsregierung auf die von ihr verfolgten Pläne hinwies und das preußische Kabinett dafür gewann, in Verhandlungen eine gemeinsame Lösung für die ostpreußischen Probleme zu finden[244]. Die von Dietrich aufgenommenen Gespräche ergaben, daß Preußen bereit war, 6 Mill. RM für gezielte Ankäufe des Domänen- und Forstfiskus in Ostpreußen herzugeben, daß es aber weit mehr noch vom Reich erwartete: 28 Mill. RM für die Siedlungsgesellschaften und 10 Mill. RM für die geplante Landhilfestelle. Ferner gedachte es, sich mit 6 Mill. RM an der Lastensenkung zu beteiligen, während das Reich hierfür 6,4 Mill. RM, für die landwirtschaftlichen Kleinbetriebe 15 Mill. RM und für das Gewerbe 7 Mill. RM aufbringen sollte. Diese Vorschläge wurden vom Reichskabinett am 11. März besprochen, wobei Hilferding eine höhere Beteiligung Preußens an der Lastensenkung und – anklingend an Dietrichs Wunsch nach einer einheitlich zusammengefaßten Stützung der ostpreußischen Wirtschaft – eine Redaktion der Ostpreußenhilfe dergestalt verlangte, daß alle Maßnahmen in einem Gesetz vereinigt würden. Im übrigen wandte er sich dagegen, Industrie und Gewerbe hierbei zu berücksichtigen, weil er davon Berufungen zugunsten des Gewerbes in anderen Gebieten des Reichs befürchtete. Das Kabinett beauftragte trotzdem den Reichsinnenminister, eine Vorlage für solch eine Industriehilfe anzufertigen, während Dietrich einen Gesetzentwurf über die landwirtschaftliche Hilfe für Ostpreußen liefern sollte[245].

Die Regierungen benötigten nur noch wenige Tage, um sich zu einigen. Den letzten Schritt taten sie auf einer gemeinsamen Chefbesprechung am 16. März, die Dietrich bereits mit dem gewünschten Gesetzentwurf versorgt hatte. Eine Pressenotiz unterrichtete die Öffentlichkeit davon, daß die Regierungen sich über die kommende Ostpreußenhilfe geeinigt hätten und daß das Reich hierüber ein besonderes Gesetz herbeiführen wolle, während Preußen seinen Beitrag ohne ein Spezialgesetz leisten werde[246]. Den

243 *GStA*, Rep. 87, Nr. 2501: PreußMfLDuF an den PreußFM, 18.1.29.

244 *BAK*, R 43 I/1856: Vermerk (Pünders) vom 8.3.29 über die Sitzung des PreußStM am selben Tage. Anliegend Schreiben des PreußMfLDuF an den PreußMPr vom 2.3.29, worin die Aufgaben des StKom dargelegt werden.

245 *A.a.O.*, R 43 I/2541: Auszug aus dem Protokoll der Sitzung des RMin am 11.3.29; darin u.a. ein Bericht Dietrichs über die bisherigen Verhandlungen mit Preußen.

246 *GStA*, Rep. 90, Nr. 1088: RK an den PreußMPr, 15.3.29 (Anlage: GE des RMfEuL über die OstprH); *WTB*, 18.3.29: „Reichs- und Staatshilfemaßnahmen für Ostpreußen"; RMfEuL an den StSRK, 16.3.29 (übersendet den definitiven Wortlaut des GE); *BAK*, R 43 I/1856: Niederschrift über die Chefbesprechung am 16.3.29 in der RK. Zuvor hatte der RK entschie-

Schlußpunkt unter die internen Beratungen setzte Hindenburg, der den von ihm „bereits seit langer Zeit beabsichtigten Kabinettsrat“ auf den 20. März anberaumt und dadurch die Ministerien zu einem zügigen Vorgehen ermuntert hatte[247]. Der Kabinettsrat verlief recht harmonisch, denn Hindenburg zeigte sich dankbar dafür, daß hier so „gründliche und sachliche Arbeit“ geleistet worden sei. Er brachte lediglich zwei Wünsche vor: eine Erhöhung des Betrages für die Senkung der Kommunallasten und eine Subvention der Ankaufspreise für Remontepferde – letzterer Wunsch wurde erfüllt. Außerdem brachte er die „große Mißstimmung gegen die Preußenkasse“ zur Sprache – Steigers beschwichtigende Antwort hat er ohne Einwand gelassen – und forderte diejenigen unter den Anwesenden auf, die Ostpreußen noch nicht kannten, sich „die Provinz selbst anzusehen und mit den maßgebenden Leuten dort zu sprechen; jeder der Herren wird freundlich und dankbar aufgenommen werden“[248].

Hindenburg durfte in der Tat zufrieden sein, denn die Ostpreußenhilfe für 1929 hatte ein Volumen von 174 Mill. RM, von denen allein 159 Mill. RM in dem geplanten Reichsgesetz ausgewiesen waren. Dieser Betrag verteilte sich gleichmäßig auf Baraufwendungen des Reichs sowie auf Kredite von dritter Seite, die das Reich und Preußen garantieren wollten. Preußens eigener Beitrag bestand in 9 Mill. RM für die Lastensenkung und 6 Mill. RM für Ankäufe des Domänen- und Forstfiskus in Ostpreußen[249]. Alle Hilfsaktionen, die 1928 begonnen worden waren, wurden fortgesetzt, und hinzu kam der Staatskommissar, der nicht nur kontrollierend an den Umschuldungsaktionen teilnehmen sollte, sondern mit Hilfe eigener Fonds die Sanierungsmöglichkeiten ausdehnen konnte.

Die parlamentarische Behandlung des Ostpreußenhilfegesetzes zog sich beinahe zwei Monate hin, bereitete aber keine prinzipiellen Schwierigkeiten mehr[250]. Der Gesetzentwurf wurde von den Ausschüssen im wesentlichen unverändert gebilligt und vom Plenum am 16. Mai verabschiedet. In der kurzen Debatte hat lediglich die KPD opponiert, während die Rechtsparteien sich den Koalitionsparteien anschlossen[251].

den, „daß der Gesetzentwurf nur die landwirtschaftlichen Angelegenheiten regeln solle“ und die übrigen Maßnahmen anderweitig zu erledigen seien; s. StSRK an den RMfEuL/RMdF, 13.3.29.

247 *GStA*, Rep. 90, Nr. 1088: StSRK an den RMfEuL/RMdF, 13.3.29; RK an den PreußMPr, 18.3.29. Den Termin hat Hindenburg am 13.3. festgesetzt, nachdem ihm der RK Vortrag über den Fortgang der Verhandlungen gehalten und deren Abschluß angekündigt hatte.

248 Hubatsch, *Hindenburg und der Staat* (Anm. I/46), S. 290 ff.: Niederschrift über den Ministerrat beim RPr am 20.3.29.

249 Vgl. die Angaben in der Niederschrift vom 20.3.29, *ebda.*; ferner *RT*, IV, Drucks Nr. 988: Entwurf eines Gesetzes über wirtschaftliche Hilfe für Ostpreußen, 27.4.29 (nebst ausführlicher Begründung, die inhaltlich streckenweise mit Dietrichs Denkschrift vom 18.2.29 nah verwandt ist). Die Aufwendungen des Reichsgesetzes sind aufgeführt und interpretiert bei Wessling (Anm. I/170), S. 252 ff. Der preußische Anteil erhöhte sich rechnerisch um 18 Mill. RM, weil das Reich diesen Betrag als Abschlagszahlung auf die preußischen Kriegsverluste überwies, wobei Preußen sich verpflichtete, die 18 Mill. RM im Rahmen der Ostpreußenhilfe für Siedlungsaufgaben zu verwenden. Formell verringerten sich die unmittelbaren Aufwendungen des Reichs um diese Summe. Bemerkenswert ist, daß Preußen bei dieser Gelegenheit seinen Anspruch auf Entschädigungszahlungen des Reichs realisieren konnte, was ebenfalls ein Zeichen für das verbesserte Verhältnis zum Reich ist. Zu erwähnen ist ferner, daß die Maßnahmen zur Lastensenkung sogleich auf drei Jahre festgelegt wurden und sich infolgedessen die bewilligten Baraufwendungen des Reichs noch um 47,4 Mill. RM erhöhten, die 1930 und 1931 fällig waren.

250 *RRat*, Drucks Nr. 35: RMdF an den RRat, 21. und 28.3.29 (legt die etatrechtlichen Dekkungsvorschläge vor); *RT*, IV, Drucks Nr. 988 (vgl. o. Anm. IV/249); *RT*, IV, Drucks Nr. 995: Ergänzung zum RHPl für das Rechnungsjahr 1929, 29.4.29; Drucks Nr. 1133: Mündlicher Bericht des RHA usw., 8.6.29.

251 *RT*, IV, RHA, 76. Sitzg. am 16.5.29; *RT*, IV, S. 1964 ff.: 2. und 3. Beratung am 16.5.29; verkündet am 18.5.29; *RGBl,I, S. 97.*

e) Der Staatskommissar zur Stützung des ostpreußischen Gütermarkts

Die auffallendste Neuerung des Ostpreußenhilfegesetzes war der Staatskommissar, den Preußen im Einvernehmen mit dem Reich berufen und der bei den Umschuldungs- und sonstigen Sanierungsmaßnahmen tätig werden sollte. Auf diese Weise wollten die Regierungen ihre Präsenz in Ostpreußen stärken und den Erfahrungen, die sie im Verlauf des bisherigen Umschuldungsverfahrens sammeln mußten, gerecht werden.

Die Berufung des Staatskommissars

Die Absicht der preußischen Ministerien, einen Staatskommissar nach Königsberg zu schicken, regte sich unmittelbar nach der Kritik der Preußenkasse an der Umschuldungsaktion. Am 28. November 1928 gab es Höpker-Aschoff als seine persönliche Meinung aus, „daß unter Umständen die Ernennung eines Staatskommissars unumgänglich sei, da ... der Kreditausschuß zu weitherzig gearbeitet habe"; am 6. Dezember vertrat ein Referent des Landwirtschaftsministeriums den gleichen Standpunkt, und einen Tag später forderte auch Klepper einen Staatskommissar mit Vetorecht im Kreditausschuß[252].

In Ostpreußen fand dieser Gedanke keinen Beifall. Die dort gewünschte Änderung des Bewilligungsverfahrens sollte so aussehen, daß die Kreditausschüsse aufgehoben und die Darlehnsvergabe allein von der Landesbank vorgenommen wurde; allenfalls käme der Oberpräsident als kontrollierender Staatskommissar in Frage[253]. Obwohl Siehr nicht mit diesem Vorschlag zu identifizieren ist, lehnte er doch die Ernennung eines Staatskommissars entschieden ab, weil er befürchtete, daß seine eigene Stellung darunter leiden könnte. Er als preußischer Oberpräsident hielt sich kraft seines Amtes für den berufenen Kommissar der Staatsregierung und wollte seinen Anspruch unbedingt wahren. Deshalb wandte er sich auf der Besprechung am 7. Dezember gegen die Aussicht, der Weisungsbefugnis eines Staatskommissars unterstellt zu werden, und er fand dafür bei Ministerpräsident Braun ein gewisses Verständnis. Jedoch sagte ihm dessen Kompromißvorschlag, nur im Einvernehmen mit dem Vertreter der Preußenkasse im Kreditausschuß vorzugehen, ebensowenig zu, denn das würde der Preußenkasse und ihren Tendenzen zur Drosselung der Kreditaktion einen überragenden Einfluß gewähren und außerdem solch „ein starkes Mißtrauen des Staatsministeriums gegen meine Amtsführung" bedeuten, daß eigentlich ein Personenwechsel im Oberpräsidium das Gebotene wäre. Eine Oberpräsidentenkrise schien wiederum dem Ministerpräsidenten und dem Innenminister untragbar, und so wurde auf einer Chefbesprechung am 19. Dezember nochmals versucht, die Differenzen beizulegen – anscheinend mit Erfolg, denn Siehr hat die angedrohten Konsequenzen nicht gezogen[254].

252 *GStA*, Rep. 90, Nr. 1073: Aktenvermerke (Frankenbachs) über die am 28.11.28 stattgegehabte (preußische) Chefbesprechung usw., über die Besprechung im RMdI am 6.12.28 und über die Sitzung im PreußMfLDuF vom 7.12.28.

253 *A.a.O.*, Nr. 1074: GenLschDir (an den OPr), 21.1.29.

254 *A.a.O.*, Nr. 1073: Aktenvermerke (Frankenbachs) über die Sitzung im PreußMfLDuF und über den Vortrag des OPr beim PreußMPr am 7.12.28; OPr an MRat Frankenbach, 8.12.28; Frankenbach an den OPr, 12.12.28; Aktenvermerk (Frankenbachs) vom 12.12.28; OPr an

Zur vorübergehenden Beruhigung der ostpreußischen Gemüter mag beigetragen haben, daß die Ministerien in den nächsten Wochen die Frage des Staatskommissars mehr unter dem Aspekt der Verwertung zusammenbrechender Betriebe als dem der Umschuldung behandelten. Die Denkschriften des Enquête-Ausschusses und der Preußenkasse hatten die Aktualität dieses Aspektes nachgewiesen, und Landwirtschaftsminister Steiger zog daraus den Schluß, daß für die Umschuldung das Reich zuständig bleiben, für den Ankauf sanierungsunfähiger Betriebe dagegen Preußen eintreten müsse. Er glaubte, daß die Siedlungsgesellschaften sowie der Domänen- und Forstfiskus eine ausreichende Anzahl von Gütern aufkaufen könnten und daß es allenfalls notwendig sei, ihr Vorgehen durch einen Ministerial-Kommissar koordinieren zu lassen. Am dringendsten bedürfe Ostpreußen solch eines Kommissars, deshalb werde die Entsendung des Oberregierungsrats Tietmann vorgeschlagen[255]. Das Staatsministerium ging hierauf ein, nahm jedoch am 14. März 1929 einen anderen Beamten, den Oberregierungsrat Lippmann, als Kommissar in Aussicht[256]. Es folgten Verhandlungen mit dem Reich, in deren Verlauf sich als naheliegend erwies, das Staatskommissariat und die vom Reichslandwirtschaftsminister erwähnte Landhilfestelle miteinander zu verschmelzen. Hinsichtlich der Organisation der neuen Behörde kam das Reich den preußischen Wünschen entgegen, so daß am 16. März die Errichtung eines Staatskommissariats von den Regierungen vereinbart wurde[257].

Auf dem Ministerrat am 20. März ist hierüber nicht gesprochen worden, jedoch wurde kurz danach ruchbar, daß Hindenburg an der Person des künftigen Staatskommissars sehr interessiert sei und den ehemaligen Oberpräsidenten von Batocki auf diesem Posten sehen wolle. Um diese Entwicklung aufzuhalten, die entgegen den Plänen der Regierungen garantiert hätte, daß die Ostpreußen unter sich blieben, hat das Preußische Staatsministerium am 23. März in Abwesenheit des Ministerpräsidenten und des Landwirtschaftsministers beschlossen, den Landrat Heinrich Rönneburg zum „Staatskommissar für die Durchführung des Gesetzes über die wirtschaftliche Hilfe für Ostpreußen" zu ernennen. Als Hilfsarbeiter wurden ihm Tietmann aus dem Landwirtschaftsministerium und Lauffer von der Preußenkasse beigegeben. Die Kandidatur Rönneburgs hatte Reichslandwirtschaftsminister Dietrich betrieben, der auf dem Posten in Königsberg gerne „einen Mann von etwas größerem Format", als die bisher genannten Beamten besaßen, sehen wollte. Außerdem schien die Bestallung des früher erwähnten Ministerialbeamten Lippmann inopportun, weil man – wie es Staatssekretär Weismann aus dem Preußischen Staatsministerium darstellte – „schlechterdings keinen Juden, und noch dazu einen Zionisten, nach Ostpreußen schicken" könne. Die Reichsregierung sei mit der Ernennung Rönneburgs einverstanden, und das eilige Vorgehen sei wegen der Wünsche Hindenburgs geboten gewesen[258].

MRat Frankenbach, 14.12.28 (hieraus das Zitat); Aktenvermerk (Frankenbachs) vom 17.12.28. *StAL*, Rep. 2, Nr. 2499: PreußFM an den OPr, 13.12.28; OPr an den PreußFM, 15.12.28; Telegramm des PreußMPr an den OPr, 17.12.28. Das Ergebnis der Chefbesprechung am 19.12.28 ist nicht aktenkundig geworden.

255 *GStA*, Rep. 87, Nr. 2501: PreußMfLDuF an den PreußFM, 18.1.29; ders. an den PreußMPr/PreußFM/PreußMdI, 6.2.29; ders. an den PreußMPr, 2.3.29.

256 *GStA*, Rep. 90, Nr. 1074: Auszug aus dem Protokoll der Sitzung des PreußStM am 14.3.29.

257 *BAK*, R 43 I/2541: Auszug aus dem Protokoll der Sitzung des RMin am 11.3.29; *GStA*, Rep. 90, Nr. 1088: RK an den PreußMPr, 15.3.29 (übermittelt GE des RMfEuL über die OstprH, worin der den StKom betreffende Paragraph noch eine Doppelfassung aufweist: Errichtung als zwingende oder als Kann-Vorschrift); RMfEuL an den StSRK, 16.3.29 (übermittelt definitiven GE, in dem das Staatskommissariat verbindlich vorgesehen ist).

258 *BAK*, R 43 I/1856: RMfEuL an den PreußMPr, 22.3.29; *GStA*, Rep. 90, Nr. 682: (Protokoll der Preußischen) Ministersitzung am 23.3.29; PreußStM an LRat Rönneburg, 26.3.29; StS des PreußStM an den PreußMfLDuF, 26.3.29. PreußMPr Braun hat sich am 26.3. mit

Wie aus den Umständen zu entnehmen, war die Wahl Rönneburgs eine politische Entscheidung. Und sie fiel auf einen Beamten und Politiker, dessen persönlicher Werdegang dieses Moment noch unterstrich. Rönneburg, 1887 in Braunschweig geboren, war in seiner Heimatstadt aufgewachsen und dort seit 1908 als Lehrer tätig. Erste Proben seiner politischen Rührigkeit legte er in der Lehrervereinsbewegung ab. 1917 wurde er Vorsitzender der von ihm gegründeten Landesbeamtenorganisation, und am 11. November 1918 wählte ihn der braunschweigische Beamtenrat zu seinem Vorsitzenden. Gleichzeitig trat er in die neue Landesverwaltung ein, war von 1919 bis 1920 Kultusminister und von 1922 bis 1924 Minister für Ernährung, Wirtschaft und Inneres. Den politischen Rückhalt für seine Karriere fand er bei der Deutschen Demokratischen Partei, deren zweiter Landesvorsitzender er von November 1918 bis Mai 1928 war. Außerdem war er für sie von 1918 bis 1920 Stadtverordneter in Braunschweig, von 1918 bis 1924 sowie von 1927 bis 1928 Landtagsabgeordneter und zeitweiliger Fraktionsführer, von 1924 bis 1930 Reichstagsabgeordneter. Während dieser Jahre erwarb er sich den Ruf eines Spezialisten für Agrarfragen, was ihm den Vorsitz im Agrarausschuß seiner Partei eintrug. Er hatte sich frühzeitig den Problemen der Kleinbauern und Pächter zugewandt und bis 1922 als Vorstandsmitglied des braunschweigischen Kleinbauern- und Pächterverbandes und später als Mitglied des Geschäftsführenden Ausschusses der Deutschen Bauernschaft gewirkt. Im Einklang mit diesen organisatorischen Beziehungen tat er sich im Reichstag als Fürsprecher einer aktiven Siedlungspolitik und einer bauernfreundlichen Agrarpolitik hervor. Als ein erprobter demokratischer Parlamentarier und Politiker wechselte er 1928 in den preußischen Staatsdienst über und nahm das Landratsamt im vorpommerschen Kreis Franzburg an[259]. Hier erreichte ihn im März 1929 der Auftrag, als Kommissar der preußischen Staatsregierung nach Königsberg zu gehen. Die Motive, die für seine Wahl ausschlaggebend waren, ergaben sich aus den politischen und personellen Verhältnissen, die hierbei zu berücksichtigen waren. Wegen der bekannten Abneigung Siehrs gegen einen Staatskommissar war es unpassend, einen Berliner Ministerialbeamten, der mit dem Oberpräsidenten nicht ranggleich gewesen wäre, nach Königsberg zu delegieren. Sollte aber ein politisch profilierter Kandidat bevorzugt werden, so lag es nahe, ihn in den Reihen der DDP zu suchen, da Siehr einen Vertreter seiner eigenen Partei noch am ehesten akzeptieren konnte. Überdies besaß Rönneburg dank seinem Ruf als Kenner der Agrarpolitik auch eine gewisse fachliche Qualifikation. Eine Konkurrenz aus anderen Parteien war ausgeschlossen bzw. inopportun, denn ein Kandidat der Rechtsparteien wäre für die preußische Regierung untragbar gewesen, und ein Angehöriger des Zentrums oder der Sozialdemokratie hätte in Ostpreußen erheblichen Widerstand gefunden. Diese Überlegungen wiesen zwangsläufig auf die DDP und Rönneburg hin, so daß der notwendige Kompromiß einmal mehr zugunsten der kleinsten preußischen Regierungspartei ausfiel.

Für die agrarischen Interessenten in Ostpreußen, die ihren Kandidaten Batocki blokkiert sahen, war das Vorgehen der preußischen Regierung ein Ärgernis. Die deutschnationale *Ostpreußische Zeitung* rügte im April 1929, daß keine Einheimischen unter den Beamten des Staatskommissariats waren, und fortan ist der Vorwurf, mit Land und

der Entscheidung telegrafisch einverstanden erklärt; die Ernennungsurkunde Rönneburgs mit dem im Text genannten Amtstitel ist vom 23.3.29 datiert.

259 Über Rönneburg s. *Reichstags-Handbuch. IV. Wahlperiode 1928*, Berlin 1928, S. 416 f.; Horkenbach, I (Anm. I/2), S. 734; Ernst-August Roloff, *Braunschweig und der Staat von Weimar. Politik, Wirtschaft und Gesellschaft 1918–1933 (Braunschweiger Werkstücke*, Bd. 31), Braunschweig 1964, S. 37; S. 39; S. 65; S. 115; Boyens (Anm. II/29), I, S. 189; *GStA*, Rep. 77, Nr. 5573: PreußMdI an den PreußMPr, 13.11.27.

Leuten nicht vertraut zu sein, Rönneburg immer wieder entgegengeschallt[260]. Ein Reflex dieser Animosität begegnete ihm, als er am 3. Juni 1929 bei Hindenburg zum Vortrag erschien und mit der Frage begrüßt wurde, ob er Ostpreußen kenne. Zufälligerweise konnte er darauf die ihn ehrende Antwort geben, daß er den Kriegsausbruch 1914 in einem ostpreußischen Infanterieregiment erlebt und infolge einer am 17. August 1914 bei Stallupönen erlittenen Verwundung dienstuntauglich geworden sei. Als Eignungsnachweis für seine neue Stellung genügte das den Agrariern freilich nicht. Hindenburg indessen gab sich versöhnlich und riet ihm an, die politischen Ausfälle der Ostpreußen nicht allzu ernst zu nehmen. Als seine persönliche Meinung ließ er ferner „mit großer Zurückhaltung" durchblicken, „daß man den Großgrundbesitz bei der Umschuldung nicht ausschalten solle". Dies bejahte Rönneburg, soweit es wirtschaftlich verantwortbar wäre[261].

Nach allem Vorangegangenen bedurfte das Verhältnis des Staatskommissars zum Oberpräsidenten einer feinfühligen Behandlung, denn Unstimmigkeiten zwischen den beiden Repräsentanten der Staatsregierung wären für die Beteiligten und die Ministerien überaus peinlich gewesen. Rönneburg wandte sich noch vor seinem Dienstantritt an Siehr und bat ihn um verständnisvolle Zusammenarbeit und Unterstützung[262]. Trotzdem versetzte er seinen Beziehungen zu Siehr nach gar nicht langer Zeit einen Stoß, als er in einem Bericht alle an der Kreditaktion beteiligten Instanzen – und damit auch den Oberpräsidenten – „einer weitherzigen Interpretation der für die Umschuldung maßgeblichen Richtlinien" bezichtigte. Das bestritt Siehr energisch, und er sprach Rönneburg die Fähigkeit ab, sich über die Motive der Kreditausschüsse zu äußern, da er an der Arbeit dieser Ausschüsse überhaupt noch nicht teilgenommen habe. Zwangsläufig kam nun die Prestigefrage auf, ob der Staatskommissar befugt sei, die Tätigkeit des Oberpräsidenten in irgendeiner Weise zu bewerten. Eine Antwort hierauf konnten nur die Ministerien geben, deren Vermittlungsversuche zunächst Siehr bis zur neuerlichen Rücktrittsdrohung reizten. Aber zum guten Ende erzielte er doch eine Vereinbarung mit Rönneburg, die ihm Genüge tat. Er erhielt verbrieft, daß keine Berichte des Staatskommissars über ihn mehr erfolgen würden und daß andere Berichte über Umschuldungsfragen nur durch ihn an die Ministerien weitergeleitet bzw. die sonstigen Berichte ihm abschriftlich mitgeteilt werden sollten. Diese Vereinbarung hat der Landwirtschaftsminister bestätigt[263].

260 *Ostpr Ztg*, 12.4.29: „Ist das wirklich Ostpreußenhilfe? Was ist nötig und was bringt der Gesetzentwurf? " Weitere Kritik dieser Art s. *RT*, IV, S. 1970; S. 1984: Hänse und Dorsch (beide ChrNatBuLVP) am 16.5.29; *PreußLT*, III, Sp. 8255 f.: Graf von Kanitz (DVP) am 11.7.29; *a.a.O.*, HptA, 167. Sitzg., Sp. 9; Sp. 12: von Plehwe (DNVP) und Graf von Kanitz (DVP) am 5.12.30; *Ostpreußenhilfe und Umschuldung* (Anm. I/387), S. 34: „Man erblickte in ihm [Rönneburg] den Exponenten einer Politik, die sich die Zerschlagung des ostpreußischen Großgrundbesitzes zur Aufgabe machte".

261 *GStA*, Rep. 203, Nr. 178: Vermerk (Frankenbachs) vom 3.6.29. Über Rönneburgs Verwundung 1914 s. *Reichstags-Handbuch. III. Wahlperiode 1924*, Berlin 1925, S. 337.

262 *StAL*, Rep. 2, Nr. 2499: Rönneburg an OPr Siehr, 11.4.29. Seine Tätigkeit in Königsberg hat er offiziell am 1.6.29 aufgenommen; s. *Reichs- und Preußischer Staatsanzeiger* vom 31.5.29.

263 *StAL*, Rep. 2, Nr. 2496: StKom an den PreußMfLDuF, 1.7.29; OPr an den PreußMfLDuF, 6.8.29. Über die Beilegung des Konflikts s. den Schriftwechsel *a.a.O.*, Nr. 2499, und *GStA*, Rep. 90, Nr. 582. Die Vereinbarung zwischen Siehr und Rönneburg datiert vom 20.9.29 und das Einverständnis des PreußMfLDuF vom 2.10.29. In der Folgezeit haben sich keine Konflikte mehr ergeben, und später hat Siehr dem ehemaligen StKom bescheinigt, daß er seine „hiesige Tätigkeit stets für sehr verdienstvoll angesehen" habe und daß seine „kräftige Initiative für die Arbeit im Staatskommissariat richtungsweisend und ausschlaggebend war". OPr Siehr an Rönneburg, 16.4.32, in: *StAL*, Rep. 2, Nr. 2496.

Die Tätigkeit des Staatskommissars

§ 16 des Ostpreußenhilfegesetzes besagte, daß die preußische Regierung die „nach diesem Gesetze nötigen Maßnahmen des Landankaufs und der Grundstücks- und Kreditregulierungen" ausführen und zu diesem Zwecke „im Einvernehmen mit der Reichsregierung" einen Kommissar ernennen werde, der „seine Weisungen von der Preußischen Landesregierung im Benehmen mit der Reichsregierung" erhalte[264]. Dementsprechend wurde dem Staatskommissar eine allgemeine Dienstanweisung mitgegeben, über die sich die Regierungen im Mai 1929 verständigten. Obwohl die ostpreußischen Institutionen lebhaft daran interessiert waren, an der Redaktion der Dienstanweisung mitzuarbeiten, wurde lediglich der Oberpräsident von den Ministerien ins Vertrauen gezogen, weil die preußische Regierung gegen eine Beteiligung der sonstigen Interessenten war[265].
Der erste Entwurf der Dienstanweisung war im Landwirtschaftsministerium entstanden und gelangte mit Datum vom 20. April an den Ministerpräsidenten, ohne daß die anderen Ressorts, geschweige denn die Reichsregierung, gehört worden wären. Diesem handstreichartigen Verfahren widersetzten sich sowohl der Finanzminister als auch die Reichskanzlei, die nachdrücklich darauf bestand, daß die Reichsregierung rechtzeitig Kenntnis von dem Entwurf erhalten müsse. Das Staatsministerium beschloß deshalb am 30. April, zunächst kommissarische Beratungen und eine Fühlungnahme mit dem Reich sowie mit dem Königsberger Oberpräsidenten einzuleiten. Es folgten mehrfache Beratungen, aus denen bis Ende Mai ein von den preußischen und den Reichsministerien gebilligter Entwurf hervorging. Am 5. Juni 1929 brachte der Ministerpräsident dem Reich die vom Staatsministerium verabschiedete Dienstanweisung offiziell zur Kenntnis; ein Einspruch ist nicht mehr erfolgt[266].
Die Dienstanweisung übertrug dem „Staatskommissar zur Stützung des ostpreußischen Gütermarktes" recht vielfältige Aufgaben. Grundsätzlich sollte er seine Mittel so einsetzen, „daß die noch erhaltungsfähigen Produktionswerte in möglichst großem Umfange wirtschaftlich erhalten werden, daß einem Fortschreiten der Krise Einhalt geschieht und daß das Vertrauen in die Entwicklung der landwirtschaftlichen Betriebe sowie des Grundstücks- und Kreditverkehrs wiederhergestellt und gestärkt wird". Im einzelnen wurde ihm aufgetragen, alle über 10 000 RM hinausgehenden Umschuldungsanträge und alle Anträge auf Beihilfe aus dem Betriebserhaltungsfonds zu prüfen[267], an der

264 Borcke-Stargordt (Anm. II/216), S. 111 f. Über die Tätigkeit des StKom s. *BAK*, R 34 I/1826: RechH, Denkschrift ... über ... die OH, S. 58 ff.; *Ostpreußenhilfe und Umschuldung* (Anm. I/387), S. 29 ff.; Wessling (Anm. I/170), S. 259.

265 Um Gehör hatten u.a. gebeten Freiherr von Gayl an den PreußMPr, 25.4.29; LWK an den PreußMPr, 26.4.29; LHptm an den PreußMPr, 27.4.29, alles in: *GStA*, Rep. 90, Nr. 1088. Der OPr und der RMfEuL haben diese Wünsche unterstützt, jedoch hat sich die preußische Regierung davon nicht beeinflussen lassen; Nr. 682: Vermerke (Strundens) vom 4. und 7.5.29. Auch die Reichskanzlei hat sich, von Gayl angesprochen, vergeblich für eine Beteiligung der ostpreußischen Interessenten eingesetzt; s. verschiedene Belege in: *BAK*, R 43 I/1856.

266 *GStA*, Rep. 90, Nr. 682: PreußMfLDuF an den PreußMPr, 20.4.29; StSRK an den StS PreußStM, 29.4.29; PreußFM an den PreußMPr, 30.4.29; Auszug aus dem Protokoll der Sitzung des PreußStM am 30.4.29; Vermerke (Strundens), *a.a.O.;* PreußMfLDuF an den PreußMPr, 28.5.29; PreußMPr an den RK, 5.6.29; StSRK an den PreußMPr, 13.6.29.

267 Diese Prüfungsbefugnis sowie das Bewilligungsrecht für Disagiozuschüsse ist im ersten Entwurf des PreußMfLDuF noch nicht enthalten gewesen und, neben anderen Änderungen, durch Klepper vorgeschlagen und vom PreußFM übernommen worden; *a.a.O.*, Nr. 1088: PreußZGK an den PreußFM, 23.4.29; Nr. 682: PreußFM an den PreußMPr, 30.4.29.

Vergabe der Bauernkredite mitzuwirken, den Gütermarkt zu beobachten sowie die Siedlungsunternehmen und den Domänen- bzw. Forstfiskus zu zweckdienlichen Ankäufen zu veranlassen; er selbst durfte für den preußischen Staat keine Grundstücke ankaufen. Für die verschiedenen Sanierungsmaßnahmen, an denen er mitwirken sollte, standen ihm lt. Gesetz Fonds von 20 Mill. RM zur Verfügung, die er allerdings in dieser Höhe nicht erhalten hat[268]. Zu seinen Pflichten gehörte ebenfalls eine regelmäßige, vierteljährliche Berichterstattung an die Ministerien[269].

Entgegen den Befürchtungen, die die Ostpreußen hegten, war der Staatskommissar durch seine Dienstanweisung nicht auf eine Politik festgelegt, die den Großgrundbesitz bekämpfte oder gar dessen Beseitigung anstrebte. Die ihm vorgeschriebene Hilfe für die „noch erhaltungsfähigen Produktionswerte" und für den gesamten Grundstücksmarkt ließ vielmehr erwarten, daß sich seine Schritte nicht weit von den bestehenden Verhältnissen entfernen würden, denn großangelegte Unternehmungen erlaubten weder seine Weisungen noch seine finanziellen Mittel. Daran änderte es wenig, daß Rönneburg bauern- und siedlungsfreundlich gesonnen war und nicht als Verteidiger der ostpreußischen Agrarstruktur aufzutreten gedachte. Er mußte bald erkennen, daß seine Position nicht für umstürzende Initiativen geschaffen war.

Zunächst spürte er die ihm gezogenen Schranken allerdings nicht. Getragen von dem Bewußtsein, daß sich seine Existenz auf die „Bedenken gegen die bisherige Durchführung der Umschuldungsaktion", namentlich „gegen die betriebsgrößenmäßige Verteilung der Umschuldungskredite, gegen die Prüfung der Sanierungsfähigkeit des einzelnen Betriebes und gegen die Behandlung der nicht mehr umschuldungsfähigen Betriebe", gründete, machte er sich daran, das alte Verfahren zu kritisieren und zu reformieren[270]. Den an der Umschuldung beteiligten Instanzen warf er nach einer ersten Prüfung der Akten vor, daß bei ihnen der Wunsch, „Geldmittel nach Ostpreußen hineinzuziehen und den einzelnen Landwirten Hilfe zu bringen, offensichtlich stärker gewesen sei als das Bestreben, Reich und Preußen vor untragbaren Risiken aus der Übernahme der Garantie für Umschuldungskredite zu bewahren und lebensunfähige Betriebe aus der Hilfsaktion auszuschalten". Die Rentabilitätsmöglichkeiten seien nur rein schematisch geprüft worden, und in Kenntnis dieser Tatsache hätten die Antragsteller ihre Angaben mühelos so manipulieren können, daß ihre Kreditfähigkeit einwandfrei schien. Um diesen Fehler fortan zu vermeiden, beabsichtigte Rönneburg, „bei sämtlichen Umschuldungskreditanträgen von einiger Bedeutung die Betriebe durch Sachverständige prüfen zu lassen"[271].

268 Es handelte sich hierbei um

5,5 Mill. RM	als Darlehn für die Anliegersiedlung (von Preußen gestellt; s. *GStA*, Rep. 90, Nr. 1075: PreußMfLDuF an den PreußMPr, 8.7.29),
5,0 Mill. RM	als Disagiozuschüsse,
1,5 Mill. RM	für Zinserleichterung,
8,0 Mill. RM	für Grundstücks- und Kreditregulierungen u. dgl.
20,0 Mill. RM	

Hiervon entfielen 14,5 Mill. RM auf die Reichskasse, die jedoch nur 7,75 Mill. RM hergegeben hat; s. *BAK*, R 43 I/1826: RechH, Denkschrift . . . über . . . die OH, S. 64; ferner die Fonds-Aufstellung im letzten Bericht des StKom vom 31.10.30 (Anlage I), in: *GStA*, Rep. 90, Nr. 1078.

269 Den Wortlaut der Dienstanweisung s. *GStA*, Rep. 90, Nr. 682: PreußMfLDuF an den PreußMPr, 28.5.29 (Anlage). Dort sowie in: *GStA*, Rep. 87, Nr. 2501, auch der Text der verschiedenen Entwürfe.

270 *GStA*, Rep. 90, Nr. 1076: StKom, Bericht. . . vom 13.11.29 (Anlage II).

271 *StAL*, Rep. 2, Nr. 2496: StKom an den PreußMfLDuF, 1.7.29.

Diese forsche Ouvertüre verwickelte ihn in einen Konflikt mit den ostpreußischen Behörden, die die alten Anklagen der Preußenkasse wiederzuerkennen glaubten. Sie ließen es nicht gelten, daß sie den Gesichtspunkt ökonomischer Rentabilität zugunsten einer reinen Subventionspolitik vernachlässigt hätten, und verteidigten die Korrektheit des Bewilligungsverfahrens. Dennoch räumten sie ein, daß die Grenzen des Rentabilitätsbegriffs von ihnen nicht so eng gefaßt worden seien, wie es Rönneburg fordere, denn sonst hätte es in Ostpreußen nur wenige umschuldungsfähige Betriebe gegeben. Eine derartige Beschränkung des Empfängerkreises wäre mit dem Charakter einer „Hilfsmaßnahme für die . . . in ihrem wirtschaftlichen Bestand schwer bedrängte Provinz“ unvereinbar gewesen[272]. Es entstand also derselbe Gegensatz, der Ende 1928 schon zu Kontroversen geführt hatte und den zu bereinigen eigentlich die Aufgabe des Staatskommissars war.

Rönneburg war nicht befugt, in verbindlicher Form über die Umschuldungsanträge zu entscheiden. Er besaß nur ein materielles Prüfungsrecht, auf Grund dessen er dem Provinzialkreditausschuß und der Landesbank vorschlagen konnte, einen Antrag zu bewilligen oder abzulehnen. Seine Stärke beruhte jedoch darin, daß er neben der Durchsicht der schriftlichen Unterlagen auch Betriebsbesichtigungen vornehmen und auf diese Weise eine wirklichkeitsnahe Kenntnis der Umschuldungsobjekte gewinnen konnte, der die Entscheidungsgremien nicht viel entgegenzusetzen hatten. In Zusammenarbeit mit der Preußenkasse hat er bis November 1929 250 und bis zum Schluß seiner Tätigkeit im Oktober 1930 1431 solcher Besichtigungen ausführen lassen. In 999 Fällen waren die Prüfungen durch neue Anträge ausgelöst, in 432 Fällen galten sie bereits früher umgeschuldeten Betrieben[273]. Verglichen mit den 1501 Umschuldungsanträgen, die der Provinzialkreditausschuß von Juni 1929 bis Oktober 1930 behandelt hat, erfaßten die Betriebsbesichtigungen zwei Drittel der neuen Umschuldungsfälle. Damit hatte Rönneburg seine anfangs geäußerte Absicht, alle bedeutenden Darlehnsgesuche in dieser Weise zu prüfen, weitgehend wahrgemacht.

Das von ihm kontrollierte Volumen der Anträge auf zweitstelligen Umschuldungskredit betrug ungefähr 35 Mill. RM. Es enthielt 13,9 Mill. RM, die der Provinzialkreditausschuß schon im März 1929 bewilligt hatte, die aber auf Betreiben des preußischen Finanzministers und der Preußenkasse nachträglich dem Staatskommissar übergeben werden mußten. Er hat etwa 60 Fälle mit 2,2 Mill. RM ausgesondert und zur Ablehnung gebracht[274]. Während seiner Amtszeit sind weitere 21 Mill. RM Umschuldungsdarlehn beantragt und bis auf 5 Mill. RM bewilligt worden, so daß unter Mitarbeit Rönneburgs insgesamt 7,2 Mill. RM oder ein Fünftel der gewünschten Kredite verweigert

272 *A.a.O.:* StKom an den OPr, 26.7.29; LHptm an den OPr, 1.8.29; OPr an den PreußMfLDuF, 6.8.29; PrLFinA an den RMdF, 9.8.29. Über die Beilegung des Konflikts s. o. Anm.IV/263; lt. Dienstanweisung war der StKom gehalten, „in enger Fühlung mit dem Oberpräsidenten und dem Landesfinanzamtspräsidenten“ vorzugehen sowie mit den übrigen Behörden in der Provinz Verbindung zu halten; seine hinter dem Rücken der Genannten abgegebene Kritik, die im wesentlichen nicht über die früher geäußerten Bedenken der PreußZGK hinausging, wirkte deshalb um so verstimmender.

273 *GStA*, Rep. 90, Nr. 1076; Nr. 1078: Berichte des StKom vom 13.11.29 und vom 31.10.30 (jeweils Anlage II). Von den 1431 Besichtigungen hatte die PreußZGK 480 ausgeführt.

274 *A.a.O.*, Nr. 1076; Nr. 1077: Berichte des StKom vom 13.11.29 (Anlage II) und 10.3.30, S. 7. Über die nachträglich verfügte Prüfung s. Nr. 1075: Vermerke (Frankenbachs) vom 29.4. und 18.5.29; RMdI, Ergebnis der Umschuldungsaktion im Rahmen der OstprH, 13.5.29; Nr. 1091: PreußMfLDuF an den OPr, 7.5.29.

wurden[275]. Seinem letzten Bericht zufolge waren bis Ende Oktober 1930 4174 Anträge mit 89,2 Mill. RM bewilligt worden. 1284 dieser Anträge, auf 15,8 Mill. RM lautend, fielen in seine Amtszeit; dazu kamen 11,7 Mill. RM, die er – wie erwähnt – nachträglich genehmigt hatte. Alles in allem war er an der Vergabe von 27,5 Mill. RM oder 30,8 % der Umschuldungskredite beteiligt. Die während seiner Amtszeit neubewilligten Anträge repräsentierten nur 17,7 % der Darlehnsmasse, aber 30,8 % der gesamten Anträge, d.h. die durchschnittliche Höhe der bewilligten Darlehn ist gesunken.
Die Zahlen zeigen, daß der Hauptteil der Umschuldungsaktion vor dem Eingreifen des Staatskommissars abgewickelt worden ist und daß das zweite Jahr der Ostpreußenhilfe nicht viel mehr als einen ergänzenden Charakter hatte. Dementsprechend wirkten sich die Maßnahmen des Staatskommissars lediglich auf den kleineren Teil der Kredite aus und änderten wenig an dem Gesamtbild. Das gilt auch von der Förderung des Bauerntums, die Rönneburg durchsetzen wollte. Bei der Gewährung von Disagiozuschüssen ebenso wie bei der Bewilligung von Umschuldungskrediten bemühte er sich, die verfügbaren Mittel auf die bäuerlichen Betriebe zu konzentrieren. Tatsächlich ist es ihm gelungen, von Juni 1929 bis Ende 1930 die unter der 100 ha-Grenze liegenden Betriebe mit 51 % an den zweitstelligen Hypotheken zu beteiligen; in der vorangegangenen Zeit hatten sie nur 27,4 % erhalten. Da aber das finanzielle Schwergewicht der Kreditaktion in der früheren Zeit zu suchen ist, waren die bescheidenen 27,4 % gleichbedeutend mit 22,2 Mill. RM und die ansehnlichen 51 % nur mit 9,3 Mill. RM, d.h. die neue Tendenz in der Bewilligungspraxis setzte zu spät ein, um noch einschneidende Veränderungen am Gesamtergebnis zu bewirken. Obwohl 72,1 % aller umgeschuldeten Betriebe – nach dem Stand vom 31. Dezember 1930 – zur Größenklasse unter 100 ha gehörten, haben sie in der Endabrechnung nur 31,7 % der Umschuldungskredite erhalten. Sie konnten sich also mit Hilfe des Staatskommissars um 4,3 % verbessern, was wohl begrüßenswert, aber nicht sehr erheblich war.
Von Rönneburgs Politik profitierten nicht alle Kategorien des Bauerntums gleichmäßig, sondern vorzugsweise die größeren Bauern und kleineren Gutsbesitzer. Ihnen, denen die Betriebe zwischen 20 und 200 ha gehörten, waren in der ersten Phase der Ostpreußenhilfe 43,9 % der Umschuldungskredite zugefallen. Bis Ende 1930 steigerten sie sich um 8,3 auf 52,2 %, denn unter Rönneburg erhielten sie 87,2 % der neubewilligten Darlehn, dagegen die noch größeren Betriebe, die vorher mit 53,0 % dominierten, nur 25,3 %. Bemerkenswert ist, daß auch die Betriebe zwischen 100 und 200 ha zu den besonders geförderten zählten, was einesteils Rönneburgs Streben verdeutlicht, die zwischen den Kleinbauern und den Großagrariern stehenden Schichten zu stärken, anderseits aber dem Umstand entsprach, daß die Verschuldung in dieser Kategorie relativ am weitesten vorangeschritten war.
Einen anderen Beweis für Rönneburgs Absicht, die mittleren Landwirte zu unterstützen, liefert die Tatsache, daß seit Juni 1929 die durchschnittliche Höhe der Darlehn bei den Großbetrieben am stärksten zurückging. Geleitet von dem Wunsch, mit den vorhandenen Mitteln hauszuhalten und den Umfang des Kreditrisikos zu senken, drück-

275 Der StKom spricht von etwa 36 Mill. RM, die er bearbeitet habe, jedoch lassen sich aus seinen Angaben nur 34,7 Mill. RM errechnen:
13,9 Mill. RM, vom ProvKredA im März und April 1929 bewilligt,
20,8 Mill. RM, vom ProvKredA während der Amtszeit des StKom behandelt,
34,7 Mill. RM insgesamt, davon 7,2 Mill. RM abgelehnt. Vgl. die Berichte des StKom vom 26.8. und 31.10.30, S. 5 bzw. S. 3, *a.a.O.*, Nr. 1078. Nicht zu vereinbaren ist hiermit die Meldung des StKom, daß er schon bis zum 1.3.30 über 8 Mill. RM Umschuldungskredite abgelehnt habe; s. seinen Bericht vom 10.3.30, S. 11 und Anlage IV, *a.a.O.*, Nr. 1077.

te Rönneburg allgemein die Darlehnsbeträge unter das vorher übliche Maß. Die durchschnittliche Höhe eines Umschuldungskredits verringerte sich von 23 909 auf 13 065 RM. Diese Entwicklung erfaßte zwar auch die Betriebe unter 100 ha, aber bei ihnen war der Abstieg von 9600 auf 8155 RM nicht so drastisch wie die Reduktion von 63 342 auf 35 087 RM bei den Betrieben über 100 ha. Erwähnenswert auch hier, daß die Betriebe zwischen 100 und 200 ha gleich den kleineren nur um ein knappes Sechstel, von 30 763 auf 25 732 RM, herabgestuft wurden, während die Durchschnittsdarlehn der größten Betriebe beinahe um ein Drittel, von 76 888 auf 53 006 RM, abnahmen[276].

Obwohl die preußische Regierung und der Oberpräsident die „Verlagerung der Umschuldungsaktion nach der bäuerlichen Seite hin" als einen Erfolg herausstellten, ließ es sich nicht verbergen, daß es nur ein begrenzter Erfolg war[277]. Niemand hat das deutlicher empfunden als Rönneburg selbst, dem schon nach fünf Monaten praktischer Tätigkeit bewußt geworden war, daß er seine Aufgabe, das Wachstum der Agrarkrise aufzuhalten sowie die Lage der landwirtschaftlichen Betriebe und des Grundstücksmarkts zu stabilisieren, nicht erfüllen könnte. In seinem Bericht vom 13. November 1929 verzeichnete er eine „offensichtliche Erfolglosigkeit" aller bisherigen Versuche, die Landwirtschaft im allgemeinen und den Gütermarkt im besonderen zu sanieren. Die Ursache dieses Fehlschlages sah er darin, daß das System von Maßnahmen, dessen sich der Staatskommissar laut Ostpreußenhilfegesetz bedienen sollte, nicht effektiv geworden sei. Die Ausgabe von Pfandbriefen schreite nur langsam voran, die disponiblen Umschuldungsmittel seien „für die Zwecke einer systematischen Behandlung des Gütermarktes" zu gering, die Entlastung des Gütermarkts durch Ankäufe der Siedlungsgesellschaften oder des Domänen- und Forstfiskus lasse sich nicht realisieren, die unzulänglichen Kompetenzen des Staatskommissars verhinderten ein zielbewußtes Vorgehen – all das habe „von der Ostpreußenhilfe nicht diejenigen Wirkungen ausgehen lassen, die bei dem Erlaß des Gesetzes erhofft wurden". Ja, angesichts der obwaltenden Umstände müsse die „Hauptaufgabe des Staatskommissars, eine generelle Beeinflussung des Gütermarkts, . . . als nicht lösbar angesehen werden".

Neben den organisatorischen Schwierigkeiten führte Rönneburg auch den fortschreitenden Verfall der Konjunktur an, der „alle Voraussetzungen, unter denen die Sanierung des einzelnen Betriebes erfolgt [sei], völlig über den Haufen geworfen" habe und „selbst

276 Alle Angaben über Rönneburgs differenzierende Behandlung der größeren und kleineren Betriebe sind entnommen aus bzw. berechnet nach den Zahlen in: *PreußLT*, III, Drucks Nr. 7819: PreußMPr an den PrPreußLT, 9.11.31 (Einschließung des PreußStM über die OstprH, Anlage 2). Dieselben Zahlen auch bei Buchta (Anm. I/282), S. 64 f. Ausführlich sind Wessling (Anm. I/170), S. 282 ff., und Buchta, *a.a.O.*, S. 46 f.; S. 63 ff., auf Rönneburgs Politik gegenüber den Bauern eingegangen. Von Wessling wird auch die besondere Rücksichtnahme auf die Betriebe von 100 bis 200 ha erörtert. Die eigenen Angaben Rönneburgs s. in seinen Berichten vom 10.3.30, S. 8 f. und Anlage II, vom 13.6.30, S. 5 und Anlage 3; ferner in seiner Reichstagsrede vom 24.6.30, in: *RT*, IV, S. 5732 f. – Die im Text wiedergegebenen Berechnungen über den Anteil der Kleinbetriebe an den Umschuldungskrediten stimmen nicht mit den o. S. 252 gemachten Angaben überein, weil von zwei verschiedenen Quellen ausgegangen worden ist. Hier sind die Zahlen aus der Entschließung des PreußStM, die per 31.12.30 99,37 Mill. RM bewilligter Umschuldungsdarlehn ausweisen, benutzt, während die oben benutzten Angaben des LHptm für denselben Stichtag nur 90,74 Mill. RM nennen. Die Ursache der Diskrepanz ist nicht ersichtlich. Die Aufstellung des PreußStM ist insofern wichtig, als sie die vor dem Eingreifen des StKom bewilligten Darlehn gesondert aufführt.

277 *PreußLT*, III, Drucks Nr. 7819: PreußMPr an den PrPreußLT, 9.11.31; *StAL*, Rep. 2, Nr. 2496: OPr an Rönneburg, 16.4.32 (Zitat).

der vorsichtigsten Betriebsprognose die Grundlage" entziehe. Es sei zu befürchten, daß die verschärfte Agrarkrise eine größere Zahl umgeschuldeter Betriebe in Gefahr bringen und infolgedessen Reich und Preußen mit erheblichen finanziellen Verlusten bedrohen werde. Deshalb empfehle es sich, daß die Regierungen ihrer „Inanspruchnahme aus den Garantien nach Möglichkeit" vorbeugten und an eine systematische Verwertung der zusammenbrechenden Betriebe dächten, bei der sie ihre ohnehin bescheidenen materiellen „Mittel und Einflußmöglichkeiten auf die Abdeckung dieser [Umschuldungs-] Hypotheken" konzentrieren könnten. Da die notleidenden Umschuldungsbetriebe einen klar erkennbaren Teil in der Masse der gefährdeten Betriebe bildeten, böten sie sich als Objekt einer gezielten Intervention an. Dank ihrer überschaubaren Zahl seien die Erfolgsaussichten „nicht ungünstig"[278].

Rönneburgs Vorschlag wollte die Stellung des Staatskommissars stärken, indem er ihm einen größeren Einfluß auf die bereits umgeschuldeten Betriebe eröffnete. Dahinter stand die Einsicht, daß die aktive Umschuldungspolitik finanziell an ihren Grenzen angelangt sei und gegenüber der Frage, wie der Staat die ihm aus den Sanierungskrediten drohenden Risiken abwenden solle, zurücktreten müsse. Wie erinnerlich, hatten Reich und Preußen zu je 37,5 % und die Provinz zu 25 % die Sicherheit der ausgegebenen Kredite verbürgt. Sie wollten damit die ausländischen Gläubiger, die 1928 die große Umschuldungsanleihe der Landesbankenzentrale finanziert hatten, und die inländischen Banken, die die Darlehn an die Landwirte vermittelten, vor eventuellen Verlusten schützen und zur Ausführung der Transaktion ermutigen. Dasselbe Bürgschaftsverfahren ist auch auf die Kredite angewendet worden, die das Reich aus Etatmitteln und aus Kassenvorschüssen bestritten hatte. Bis Ende 1929 waren in Ostpreußen 68,3 Mill. RM zweitstelliger Umschuldungskredite ausgezahlt; für Reich und Preußen betrug die Garantiesumme je 25,6 Mill. RM, vorausgesetzt, daß die Provinz im Ernstfall ihren Anteil von 17,1 Mill. RM übernehmen konnte. Wenngleich nicht zu befürchten war, daß alle Kredite samt und sonders im Strudel der Krise verschwinden würden, so war doch die effektive Grenze des Risikos ungewiß und eine vorbeugende Politik durchaus am Platze.

Rönneburg war bereit, sich in den Dienst dieser Aufgabe zu stellen, und reklamierte für sich die Leitung einer Institution, die seit 1928 für die Abwicklung etwaiger Garantiefälle vorgesehen war. Die Richtlinien des Reichs, die damals für die allgemeine Umschuldungsaktion erlassen worden waren, enthielten Vorschriften über eine Treuhandstelle, an der sich Reich, Land und Provinz beteiligen und die der Bank, die die Umschuldungskredite verwaltete, alle einschlägigen Verluste ersetzen sollte, d.h. die öffentliche Hand bürgte nicht unmittelbar für die Kredite, sondern über ein von ihr getragenes Institut, die Treuhandstelle. Dieses Institut war berechtigt, notfalls die Zwangsversteigerung umgeschuldeter Betriebe zu veranlassen und, sofern es den öffentlichen Garanten nützlich schien, die betreffenden Grundstücke durch Meistgebot zu erwerben[279]. Der Form nach durften also die Regierungen mit den Treuhandstellen auf dem Grundstücksmarkt intervenieren und zusammenbrechende Umschuldungsbetriebe an sich bringen. Am größten war die Gelegenheit hierfür in Ostpreußen, wo bis Ende 1929 2871 öffentlich garantierte Darlehn ausgezahlt worden waren und wo die Agrarkrise eine wachsende Zahl erfolglos sanierter Betriebe dem Zugriff der öffentlichen Hand auszuliefern drohte.

278 *GStA*, Rep. 90, Nr. 1076: StKom, Bericht vom 13.11.29.

279 Vgl. *RT*, IV, Drucks Nr. 218: u.a. Richtlinien für die Hilfsmaßnahmen des Reichs für Umschuldungskredite, 3.5.28 (Ziffer 1).

Um jedoch der Situation gewachsen zu sein, war es zunächst notwendig, die Treuhandstelle zu gründen. Die Meinung, daß der Bankrott zahlreicher Landgüter bevorstünde, regte den Landeshauptmann im Januar 1929 zu einer Initiative an, die „die Aufgabe der Besitzerhaltung und der Aufnahme zusammenbrechender Besitzungen" einer „provinziellen Stelle" sichern wollte, eben der Treuhandstelle für Umschuldungskredite. Es wurde wohl zugestanden, daß Reich und Preußen als Mitbürgen einen angemessenen Einfluß erhalten müßten, doch die Leitung sollte der Landesbank zustehen, die dank ihrer Teilhabe an der Umschuldungsaktion für diese Aufgabe besonders qualifiziert sei. Was den Ankauf zusammenbrechender Güter betraf, so sollte er erst stattfinden, wenn jegliche Form der Besitzerhaltung einwandfrei als nutzlos erwiesen sei. Keinesfalls dürfe der Eindruck entstehen, „als ob die Notlage der Landwirtschaft bewußt" zu billigem Landerwerb ausgenutzt werde[280].
Das Gesagte verrät den Wunsch des Landeshauptmanns, den maßgebenden Einfluß in der Treuhandstelle der provinzialen Selbstverwaltung und den hinter ihr stehenden politischen Gruppen zu sichern und so andersartigen Plänen der Berliner Regierungen zuvorzukommen. Doch solange über den allgemeinen Fortgang der Ostpreußenhilfe nicht entschieden war, gingen die Ministerien auf diese Spezialfrage nicht ein; deshalb hatte auch der ein Vierteljahr später ausgesprochene Antrag des Oberpräsidenten, nun die Treuhandstelle einzurichten, keine prompte Wirkung[281]. Die Angelegenheit blieb solange offen, bis sich der Staatskommissar von Königsberg aus ihrer annahm. Er meldete nach Berlin, daß sich seiner Beobachtung nach die Fälle, in denen umgeschuldete Betriebe wieder notleidend würden, mehrten und daß Reich und Preußen bei der Umschuldung teilweise untragbare Risiken aufgebürdet worden seien[282]. Das gab der Treuhandstelle eine unbestreitbare Aktualität, die auch in Berlin gewürdigt wurde.
Rönneburg machte am 13. Juni 1929 geltend, daß die künftige Treuhandstelle viele sachliche Berührungspunkte mit dem Staatskommissariat haben würde und daß es deshalb ratsam sei, beide Institutionen organisatorisch miteinander zu verbinden. Der Gedanke einer Personalunion zwischen Staatskommissar und Geschäftsführer der Treuhandstelle wurde in Ressortbesprechungen vertieft und Anfang September einem offiziellen Vorschlag Preußens zugrunde gelegt. Der Provinzialverwaltung kam diese Entwicklung nicht gelegen, aber sie konnte ihr die sachliche Logik nicht absprechen und willigte im September ein, daß Rönneburg die neue Aufgabe übertragen wurde. Allerdings hat sie dafür in anderer Weise um so heftiger Widerstand geleistet. Ausgehend von der Tatsache, daß die Umschuldungsbetriebe nicht als saniert und mithin die staatlich subventionierten Darlehn als gefährdet anzusehen seien, hat Rönneburg es für notwendig gehalten, „daß eine dauernde Kontrolle der beliehenen Betriebe stattfindet". Die Ministerien fanden das einleuchtend, jedoch die Provinzialverwaltung opponierte, weil formell ihre Landesbank die ausgegebenen Umschuldungshypotheken verwaltete und ihr auch die im Darlehnsvertrag vereinbarten Prüfungsbefugnisse des Gläubigers zustanden. Diese juristisch einwandfreie Stellung wurde zäh verteidigt, weil man verhindern wollte, daß Rönneburg seine Absicht wahrmachte und die Lage aller Umschuldungsbetriebe von 100 ha aufwärts überprüfte und gegebenenfalls eine laufende Betriebsaufsicht einrichtete. Das wäre ein Schritt auf dem Wege zum staatlichen Dirigismus gewesen, den die Agrarier seit dem Revirement in der Preußenkasse ständig be-

280 LHptm an den OPr, 22.1.29 (erstes Zitat); LHptm an den EnquA, 18.1.29 (zweites Zitat); beides in: *Ostpreußenhilfe und Umschuldung* (Anm. I/387), S. 81; S. 83; ferner S. 42 f.
281 *GStA*, Rep. 90, Nr. 1091: OPr an den PreußMfLDuF, 29.4.29.
282 *StAL*, Rep. 2 Nr. 2496: StKom an den PreußMfLDuF, 1.7.29.

fürchteten und gegen den sie sich mit allen Mitteln sperrten. Sie erreichten es denn auch, daß Reich und Preußen mit Rücksichtnahme auf die Rechtslage davon absahen, der Landesbank die Aufsicht über die Umschuldungskredite generell abzuverlangen, und daß sie den von der Provinzialverwaltung vorgeschlagenen Kompromiß akzeptierten, wonach „die Landesbank die Treuhandstelle im Einzelfall mit der Überwachung notleidend gewordener Betriebe beauftragen" wollte. Die selbständige Aktivität der Treuhandstelle war dadurch ausgeschlossen; sie durfte erst eingreifen, wenn sie von der Landesbank darum gebeten wurde[283].

Obwohl Rönneburg den Posten eines Geschäftsführers der Treuhandstelle erobert hatte, war sein Plan, sich einen großen Aktionsbereich zu erschließen, nur teilweise verwirklicht worden. Anderseits hatte er aber die Regierungen davon überzeugt, daß die Treuhandstelle die Entwicklung der Kreditrisiken nicht untätig abwarten dürfe, sondern die gefährdeten Betriebe mit neuen Krediten stützen oder äußerstenfalls auf der Zwangsversteigerung erwerben müsse. Besonderes Interesse zeigte er an der Möglichkeit, über die Treuhandstelle Güter anzukaufen und der Siedlung zuzuführen, weil er eine Verminderung des Großgrundbesitzes für wünschenswert hielt[284]. Wenn sich seine Erwartungen in diesem Punkt ebenfalls nicht erfüllten, so lag das weniger an prinzipiellen als an finanziellen Bedenken der Regierungen. Diese scheuten nämlich davor zurück, sich mit Ländereien zu belasten, von denen niemand sagen konnte, ob und wie sie ohne schwere Einbußen verwaltet werden könnten. Sie schrieben deshalb vor, daß „das Mitbieten nur als äußerstes Mittel zur Vermeidung der Verluste aus der Inanspruchnahme der Garantie für Umschuldungskredite in Betracht" zu ziehen sei[285]

Dennoch gab es keinen Zweifel daran, daß Reich und Staat in ausgewählten Fällen eingreifen müßten, um die von ihnen garantierten Kredite wenigstens teilweise zu retten. Zu diesem Zwecke wurden der Treuhandstelle Anfang Februar 1930 neben 1 Mill. RM für zusätzliche Sanierungsversuche weitere 4,5 Mill. RM zugebilligt, die sie für den Ankauf und die Bewirtschaftung zusammengebrochener Umschuldungsbetriebe verwenden sollte[286].

Damit waren die wesentlichen Vorarbeiten, von denen die Gründung der neuen Institution abhing, erledigt, und am 23. Januar 1930 wurde die Treuhandstelle für Umschuldungskredite in der Provinz Ostpreußen GmbH errichtet. Das Gesellschaftskapital betrug 20 000 RM und verteilte sich ebenso wie die Kreditgarantien auf das Reich, Preußen und die Provinz[287]. Formell war der Geschäftsführer gehalten, im Einvernehmen mit den drei Trägern der Treuhandstelle zu handeln. Da aber die Provinz zu den laufenden Kosten nichts beisteuern konnte, fühlte sich Rönneburg berechtigt, über geplante Ankäufe die Provinzialverwaltung lediglich zu informieren und im übrigen ohne ihr Einverständnis vorzugehen[288]. Trotz dem Protest der Provinz nahm die Tätigkeit der

283 *GStA*, Rep. 90, Nr. 1091: StKom an den PreußMfLDuF, 13.6.29; OPr an dens., 1.7.29; Vermerke (Frankenbachs) über die Ressortbesprechungen am 23.7.29 im PreußMfLDuF sowie am 6.8.29 (hieraus das erste Zitat), 16.9.29 (zweites Zitat) und 17.9.29 im RMfEuL; PreußMfLDuF an den PreußMPr, 7.9.29; *Ostpreußenhilfe und Umschuldung* (Anm. I/387), S. 42 f.; dort S. 44 der Gesellschaftsvertrag über die TrhSt.

284 *GStA*, Rep. 90, Nr. 682: Vermerk (Frankenbachs) über den Empfang des StKom beim PreußMPr, 13.11.29; Nr. 1076: StKom an den PreußMfLDuF, 27.11.29. Vgl. u. S. 322.

285 *GStA*, Rep. 203, Nr. 180: RMfEuL an den PrLFinA, 8.9.30, teilt die Richtlinien mit, die die TrhSt beim Mitbieten zu befolgen habe.

286 *GStA*, Rep. 90, Nr. 1076: Vermerk (Weichmanns über die Chefbesprechung am 5.2.30 beim PreußMPr).

287 *Ostpreußenhilfe und Umschuldung* (Anm. I/387), S. 43; Bowien (Anm. II/62), S. 52.

288 *Ostpreußenhilfe. . . , a.a.O.*, S. 45; *GStA*, Rep. 203, Nr. 180: RMfEuL, Vermerk über das Ergebnis der Besprechung am 22.7.30.

Treuhandstelle ihren Fortgang. Als ersten Umschuldungsbetrieb ersteigerte sie am 7. Februar 1930 das 460 ha große Rittergut Koppershagen, das 1928 103 000 RM als zweitstellige Hypothek und 45 000 RM aus dem Betriebserhaltungsfonds erhalten hatte. Es konnte noch im Jahre 1930 weiterverkauft werden, wobei 56 000 RM, also die Hälfte der Umschuldungshypothek, von dem Neuerwerber übernommen wurden. Rönneburg hat sein Eingreifen damit begründet, daß der Staat dem Eindruck entgegentreten müsse, als ob er „sich mit dem Verlust der gefährdeten Umschuldungshypotheken bereits abgefunden" habe, und daß ferner in diesem Falle eine beabsichtigte „Familiensanierung" unterbunden werden müsse, denn der adlige Besitzer wolle mit der finanziellen Hilfe seiner Verwandtschaft „das Grundstück von seiner Tochter für den Wert der erststelligen Beleihung" ersteigern lassen[289]. Wäre das Vorhaben geglückt, so wären alle Ansprüche aus der zweiten Hypothek nach der Zwangsversteigerung erloschen, und die Staatsgarantie hätte in vollem Umfange beansprucht werden müssen.
Wie erwähnt, war es der Provinzialverwaltung gelungen, Rönneburg eine ungehinderte Kontrolle aller Umschuldungsbetriebe zu verwehren, doch dieser Erfolg verlor auf Grund der allgemeinen Entwicklung an Bedeutung. Immer mehr der betreffenden Betriebe gerieten wieder in Schwierigkeiten und mußten kurz über lang der Treuhandstelle gemeldet werden. Im September 1929 waren 119 Betriebe mit den Zinsen, die sie Anfang April auf ihre Umschuldungshypotheken zu entrichten gehabt hätten, rückständig; allein in 48 Fällen standen jeweils über 1000 RM aus. Im Mai 1930 wurden 1090 säumige Schuldner ermittelt. Von ihnen galten 536 als notleidend, und darunter waren 361 Betriebe, deren Umfang über 100 ha lag und die zusammen 23,4 Mill. RM an Umschuldungskrediten erhalten hatten. Für 134 Betriebe aller Größen war zu dieser Zeit die Zwangsversteigerung anberaumt oder beantragt[290]. Angesichts solcher Zahlen fiel es kaum noch ins Gewicht, ob die Landesbank alle einschlägigen Fälle der Treuhandstelle überantwortete oder nicht: Letztere war ohnehin nicht imstande, bei jeder Zwangsversteigerung zu intervenieren. Bis Mitte August 1930 sind 51 umgeschuldete Betriebe mit einer Fläche von 11 515 ha zwangsversteigert worden, und die Treuhandstelle hat nur 8 Betriebe mit 1843 ha erworben[291]. In den folgenden zwei Jahren ist

289 *GStA*, Rep. 90, Nr. 1076: StKom an den PreußMfLDuF, 29.1.30; PreußMfLDuF an den OPr, 5.12.30, ist einverstanden, daß der StKom auf der Zwangsversteigerung mitbietet. Im Oktober 1929 hatten Reich und Preußen noch davon abgesehen, Maßnahmen gegen notleidende Umschuldungsbetriebe zu ergreifen, und Vorschläge des StKom bzw. der TrhSt abgewartet; s. *ebda.*: RMfEuL an die OstprVertr, 8.10.29. Über den Weiterverkauf von Koppershagen s. den Bericht des StKom vom 26.8.30 (Anlage 8), *a.a.O.*, Nr. 1078.

290 *A.a.O.*, Nr. 1076: OPr an den PreußMfLDuF, 28.9.29 (Anlage); Nr. 1077: StKom, Bericht vom 13.6.30 (Anlage 7 bis 10).

291 *A.a.O.*, Nr. 1077; Nr. 1078: Berichte des StKom vom 13.6.30 (Anlage 11) und 26.8.30 (Anlage 7 und 8). Sechs der gekauften Güter waren schon weiterveräußert oder verwertet worden. Die 51 zwangsversteigerten Umschuldungsbetriebe hatten eine durchschnittliche Größe von 226 ha, d.h. die erfolglosen Sanierungsversuche häuften sich gerade unter den Großbetrieben. Demnach betrafen die Fälle anfechtbarer Umschuldungsverfahren in erster Linie die großen Gutsbesitzer. Für den Zustand der bankrotten Umschuldungsbetriebe kann das Gut Powarben (Kr. Königsberg) als Beispiel dienen. Es gehörte zu den relativ günstigen Objekten, die die TrhSt ersteigert hatte, und ist bereits 1930 an einen privaten Interessenten weiterverkauft worden. Von dem bankrotten Besitzer heißt es, daß er das Wohnhaus 1923 „mit Geschick und großen Kosten durch einen neuen Flügel erweitert" habe. 1930 war das Gut „in einem so traurigen Zustand, daß nicht einmal ein Schlachtschwein für den Haushalt vorhanden war. . . Die . . . Arbeiterhäuser . . . waren naß und versanken, die Wege waren grundlos . . . Die Rinder hatten von den versauerten Dauerweiden alle Lungenwürmer und Weißblütigkeit (Leukämie) und gingen täglich ein. . . Es waren keine Einnahmen, die Leute zu löhnen; man hatte sich damit geholfen, ihnen Naturalien zu überlassen. Die Felder stan-

ihre Aktivität zwar gestiegen – bis zum 15. Juli 1932 sind 56 Betriebe durch ihre Hände gegangen[292] –, aber es war kein Gedanke mehr daran, daß sie die ihr offenstehenden Ankaufsmöglichkeiten auch nur annähernd ausgenutzt hätte. Das wäre auch so gewesen, wenn sie 1930 nicht durch einen Konflikt gelähmt worden wäre, den die Landschaft mit ihr wegen der bankrotten Umschuldungsbetriebe begonnen hatte[293].
Der Ankauf landwirtschaftlicher Grundstücke war nur das äußerste Mittel, mit dem die Treuhandstelle zugunsten der Umschuldungskredite aktiv wurde. Bevor sie sich seiner bediente, mußte sie prüfen, ob der Betrieb durch Bewilligung zusätzlicher Kredite oder durch Teilverkäufe seines Areals – im allgemeinen auf dem Wege der Anliegersiedlung – in den Händen seines bisherigen Besitzers zu halten war. In dem mitunter hoffnungslosen Bemühen, zu retten, was doch nicht mehr zu retten war, hat sich die Treuhandstelle in einige Sanierungsfälle verstrickt, die ihr große Ausgaben verursachten und trotzdem nicht die geringste Gewähr boten, daß die Sicherheit der früher bewilligten Umschuldungsdarlehn mit den nachgeschossenen Beträgen verbessert worden wäre. Ein Beispiel hierfür ist der früher erwähnte Fall des Rittergutsbesitzers von Hohberg und Buchwald in Dulzen[294]. Andere Mißgriffe unterliefen bei der Ermittlung von Kaufinteressenten für zusammenbrechende Güter. So wurde es einem übelbeleumdeten Geschäftemacher, dessen Person ungeachtet bedenklicher Hinweise nicht überprüft wurde, ermöglicht, mit dem Geld aus einem Neuerwerberkredit der Treuhandstelle einen Umschuldungsbetrieb zu ersteigern, ihn danach restlos auszuplündern und auf Nimmerwiedersehen zu verlassen. Fazit: Bei der neuerlichen Zwangsversteigerung fiel außer der alten Umschuldungshypothek auch der Neuerwerberkredit aus[295].
Das Sanierungsinstrument der Anliegersiedlung erwies sich nicht nur als problematisch, weil es teilweise am untauglichen Objekt erprobt wurde, sondern auch, weil es wegen der formaljuristischen Begleitumstände äußerst langwierig war und den notleidenden Betrieb nicht umgehend aus seiner prekären Situation befreite. Infolgedessen verschlechterten sich in den 1 bis 1 1/2 Jahren, die solch ein Siedlungsverfahren durchschnittlich benötigte, die Verhältnisse so sehr, daß selbst auf diesem sozialpolitisch begrüßenswerten Wege die „bessere Sicherung oder Rettung der investierten öffentlichen Mittel" zumeist ausblieb[296].
Im allgemeinen bestätigt sich der Eindruck, daß die Treuhandstelle nicht als Liquidator des Großgrundbesitzes aufgetreten ist, sondern oft im Gegensatz zu der ihr vorgeschriebenen wirtschaftlichen Betrachtungsweise dazu neigte, „Kredite mit subventionsähnlichem Charakter zu bewilligen"[297]. Sie hat insoweit die bestehende Agrarstruktur eher gestützt als untergraben, da sie weder die Mittel noch die Aufgabe besaß, die Erschütterungen der Agrarkrise in tiefgreifende, strukturelle Reformen umzumünzen. Ihren eigentlichen Daseinszweck, die Sicherung der Umschuldungshypotheken, hat sie ebenfalls nur in Grenzen erfüllen können, denn bis Ende 1931 waren 209 Betriebe – jeder

den im Herbst unter Wasser, die Getreidefelder trugen mehr Unkraut als Getreidehalme, so daß der Aufwand für den Drusch nicht lohnte." Margarete Goertz, „Heimatchronik von Powarben", in: Gusovius (Anm. I/69), S. 299.

292 *BAK*, R 43 I/1826: RechH, Denkschrift ... über ... die OH, S. 188. Von den 56 Betrieben waren am 15.7.32: 8 aufgesiedelt, 35 verkauft oder verpachtet und 13 in Eigenbewirtschaftung der TrhSt.

293 Vgl. u. S. 300 ff.

294 Vgl. o. S. 264 f.

295 *BAK*, R 43 I/1826: RechH, Denkschrift ... über ... die OH, S. 106 ff.

296 *A.a.O.*, S. 138 f.

297 *A.a.O.*, S. 90.

von ihnen durchschnittlich 142,7 ha groß – mit 8,57 Mill. RM zweitstelliger Hypotheken unter den Hammer gekommen; etwa 7,5 Mill. RM mußten davon als Verlust verbucht werden[298].

Doch mit diesen Konsequenzen brauchte sich nicht mehr Rönneburg auseinanderzusetzen, da sie großenteils erst nach Ablauf seiner Amtszeit eintraten. Seine Tätigkeit als Geschäftsführer der Treuhandstelle und als Staatskommissar endete am 31. Oktober 1930; sein Nachfolger in beiden Positionen wurde Ministerialrat Mussehl aus dem preußischen Landwirtschaftsministerium. Ursprünglich hatte die preußische Regierung angenommen, daß die kreditpolitischen Aufgaben des Staatskommissars bis zum 1. Juli 1930 erledigt sein würden und danach die Behörde aufgelöst werden könnte. Aber diese dem Reich bereits bekanntgegebene Ansicht wurde umgestoßen, als im März 1930 Hindenburg mit seiner Forderung nach einer großangelegten Osthilfe hervortrat, als die Reichsregierung Müller stürzte und das neue Kabinett Brüning die von Hindenburg gewiesene agrarpolitische Linie zu realisieren begann[299]. Die folgenden Verhandlungen über die Organisation der erweiterten Umschuldungsaktion ergaben, daß das Staatskommissariat in die Königsberger Landstelle überführt wurde, die dort ebenso wie im übrigen Osthilfegebiet westlich des Korridors entstand. Ihr Leiter und damit Königsberger Kommissar für die Osthilfe wurde, wie erwähnt, Mussehl, während Rönneburg in die Zentralbehörde der Osthilfe, in die Oststelle bei der Reichskanzlei, eintrat. Ab 1. November 1930 war er von den Pflichten des Staatskommissars entbunden, und am 1. Januar 1931 ging das Staatskommissariat in die Landstelle Königsberg über[300].

Die Tatsache, daß die 1929 geschaffene Kontrollbehörde nicht ersatzlos aufgelöst wurde, ist ein Zeichen dafür, daß sie ihre Daseinsberechtigung nachgewiesen hatte und eine Rückkehr zu dem Umschuldungsverfahren von 1928 auch unter veränderten politischen Verhältnissen nicht mehr diskutabel war. Die neue Osthilfe wurde weit stärker von Berlin aus beaufsichtigt als die Ostpreußenhilfe seit 1929 und brachte ein steigendes organisatorisches Engagement des Reiches, dem Preußen schließlich unter der Last der politischen und ökonomischen Krise vollständig weichen mußte: Im Herbst 1931 übernahm das Reich die alleinige Verantwortung für die Umschuldung. Preußens Versuch, einen nachhaltigen und dauerhaften Einfluß auf die agrarpolitischen Stützungsaktionen auszuüben, hat also keinen bleibenden Erfolg gehabt.

Welche Schwierigkeiten in dieser Hinsicht bestanden, hatte die Tätigkeit Rönneburgs demonstriert. Von vornherein stieß sie auf den Widerstand des agrarisch-konservativen

298 *Verhandlungen des 59. ProvLT des Prov Ostpr*, Königsberg 1932, Drucks Nr. 1: Verwaltungsbericht des Provinzialverbandes Ostpreußen für das Kalenderjahr 1931; Drucks Nr. 19: Geschäftsbericht der Landesbank der Provinz Ostpreußen für das Jahr 1931. Der ostpreußische Bürgschaftsanteil an den Verlusten betrug 1,9 Mill. RM, jedoch hat die TrhSt hiervon so gut wie nichts erhalten, da die Provinz nicht zahlungsfähig war. Mit der Notverordnung des RPr vom 6.11.31 sind die Verpflichtungen, die Preußen und die Provinz bei der Umschuldungsaktion übernommen hatten, auf das Reich übergegangen. – Die vom LHptm in *Ostpreußenhilfe und Umschuldung* (Anm. I/387), S. 48, angegebenen Kredit- und Zinsverluste per 15.2.31 erscheinen mit 1,6 Mill. RM als zu niedrig; bereits zum 15.8.30 hatte das PreußMfLDuF die Kreditverluste auf 2,1 Mill. RM beziffert; s. *PreußLT*, III, Sp. 15 979: ORegRat Narten am 14.11.30; ebenso der StKom in seinem Bericht vom 26.8.30; s. *GStA*, Rep. 90, Nr. 1078.

299 *GStA*, Rep. 90, Nr. 1076: Vermerk (Weichmanns über die Chefbesprechung beim PreußMPr am 5.2.30); PreußMPr an den RK, 28.2.30; *a.a.O.*, Nr. 1077: PreußMfLDuF an den PreußMPr, 1.4.30; PreußMPr an den RK, 9.4.30.

300 *A.a.O.*, Nr. 1116: Auszug aus dem Protokoll der Sitzung des PreußStM vom 4.11.30; Nr. 1117: PreußMfLDuF an LRat Rönneburg am 13.11.30 (Anerkennungsschreiben für seine Tätigkeit als Staatskommissar); Nr. 1115: PreußMPr an den PreußMfLDuF, 16.1.31.

Lagers, das in Rönneburg einen Landfremden und Nichtlandwirt befeindete, das ihn der Nichtachtung der provinzialen Agrarorganisationen zieh und ihm die Schuld an dem schrumpfenden Volumen der Umschuldungskredite aufbürdete. In der Rückschau verstieg sich der Protest gegen Preußen und seinen Staatskommissar zu dem Vorwurf, „daß unter der Ära Rönneburg die Ostpreußenhilfe als das passendste Instrument zur Kniekoppelung unbeliebter Gesinnungen aufgezogen war"[301]. Gegenüber solchen dramatisierenden Entstellungen konnte das gerechtere Urteil, Rönneburg habe „System in das Durcheinander gebracht, das seinerzeit bestand", und unparteiisch seines Amtes gewaltet, schwer durchdringen, und es ist denn auch der schmalen politischen Mitte in Ostpreußen nicht gelungen, Rönneburg als Leiter der künftigen Landstelle in Königsberg zu halten[302]. Als denkwürdigsten Erfolg verzeichneten es die Anhänger des Staatskommissars, daß er den mittleren Schichten der Landwirtschaft einen breiteren Zugang zur Umschuldung eröffnet habe, aber der geringe Umfang des verfügbaren Kreditfonds hat vereitelt, daß diese politische Tendenz das numerische Gesamtergebnis wesentlich verändert hätte[303]. Die Schranken, die dem politischen und finanziellen Spielraum Rönneburgs gesetzt waren, gestatteten keine großen Konzeptionen und nötigten den Staatskommissar zu einer defensiven Politik, die sich den objektiven ökonomischen Schwierigkeiten beugte und durch geschickten Einsatz ihrer bescheidenen Mittel ein Minimum an Effektivität anstrebte. Aber der gute Wille, der hierbei am Werke war, wurde oft genug von personellen und organisatorischen Mängeln durchkreuzt, so daß folgenreiche Fehlgriffe nicht ausblieben. Freilich ist zu berücksichtigen, daß die vom Staatskommissar erwartete Stabilisierung des ostpreußischen Grundstücksmarkts eine „fast undurchführbar erscheinende Aufgabe" darstellte, weil der rasche Fortgang der Agrarkrise alle wirtschaftlichen Berechnungen umstieß[304]. Ähnliches gilt für die Treuhandstelle, die mit schwachen Kräften auf einem schwankenden Boden agieren mußte und wenig dazu beigetragen hat, Rönneburgs Verlangen nach einer dynamischen Strukturpolitik zu befriedigen.

Der Konflikt zwischen der Treuhandstelle und der Landschaft

Das Verhalten der Treuhandstelle rechtfertigte nicht den Verdacht, daß sie der Hebel sei, mit dem von Berlin aus die Bastionen des ostpreußischen Großgrundbesitzes gesprengt werden sollten. Insofern hatte es auch keine entscheidenden Konsequenzen, daß die Möglichkeiten der Landesbank, als formelle Gläubigerin der Umschuldungskredite eine schützende Hand über die betreffenden Betriebe zu halten, unter dem Druck

301 *LVO,* 29.11.30: „Das wahre Gesicht der Umschuldung". Über mangelndes Entgegenkommen Rönneburgs hat sich die OstprLsch beklagt; s. *GStA,* Rep. 90, Nr. 1077: GenLschDir an den PreußMfLDuF, 15.3.30. Der LVO-Vorsitzende Strüvy monierte, daß ihm Rönneburg niemals unter die Augen gekommen sei; s. Buchta (Anm. I/282), S. 64. Der Vorwurf, die OstprH sei unter Rönneburg „versackt", wurde von deutschnationaler Seite erhoben; s. *RT,* IV, S. 5682: Hergt (DNVP) am 23.6.30.

302 *RT,* IV, S. 6452: Neumann (Z) am 17.7.30. Neumann trat namens der ostpreußischen Zentrumspartei dafür ein, Rönneburg als Kommissar der Osthilfe in Königsberg zu lassen. Den gleichen Antrag hatte auch Siehr gestellt; s. *GStA,* Rep. 203, Nr. 180: OPr an den PreußMdI, 23.5.30.

303 Vgl. o. S. 292 f.

304 *BAK,* R 43 I/1825: RechH, Denkschrift ... über ... die OH. Vgl. hierzu den Bericht des StKom vom 13.11.29 (Anm. IV/278).

der Verhältnisse zusammenschmolzen. Trotzdem ist es nicht ausgeblieben, daß ein anderer Verteidiger der agrarischen Interessen, die Ostpreußische Landschaft, der Treuhandstelle hemmend in den Arm gefallen ist. In ihrer finanziellen Bedrängnis war die Landschaft Anfang 1930 dazu übergegangen, die von ihr gehaltenen Pfandbriefdarlehn zu kündigen, sobald der beliehene Betrieb zwangsversteigert wurde. Die Folge war, daß die Kaufinteressenten entweder das Landschaftsdarlehn auszahlen oder eine Neubeleihung herbeiführen mußten, was die Übernahmekosten ebenfalls steigerte, weil die Landschaft das fällige Darlehn als eine Barschuld in Rechnung stellte und das neue Darlehn in Form von Pfandbriefen ausgab, deren Kurs weit unter pari lag. Die Differenz zwischen dem Nennwert und dem Tageskurs kam also ihr zugute. Diese Praxis war nach den Statuten zulässig, jedoch keineswegs zwingend vorgeschrieben. Es standen vielmehr andere, weniger schroffe Verhaltensweisen zur Wahl. Trotzdem wandte die Landschaft das für die Treuhandstelle nachteiligste Verfahren an. Es schuf einen Mehrbedarf an disponiblen öffentlichen Geldern und zwang dazu, das Mitbieten bei Zwangsversteigerungen unter das ohnehin bescheidene Maß herabzudrücken.

Um solch einen Verlust an Bewegungsfreiheit abzuwehren, wollte die Treuhandstelle der Landschaft das Zugeständnis abgewinnen, daß ihr gegenüber eine Kündigung der Darlehn grundsätzlich unterbleiben würde. Doch damit kam sie bei Hippel an den Unrechten. Er berief sich darauf, daß die Landschaft unbedingt ihr Kreditrisiko mindern und gefährdete Darlehn kündigen müsse. Die Tatsache einer Zwangsversteigerung beweise, „daß dieses Grundstück zu hoch beliehen war", und da derartige Objekte „stets devastiert" seien, stelle ein „zwangsversteigertes Grundstück ... unter den heutigen Verhältnissen in Ostpreußen regelmäßig für die Landschaft kein geeignetes Pfandobjekt mehr" dar. Allerdings ergäben sich für die Landschaft aus ihrer Pflicht, bis zur Höhe des eigenen Darlehns mitzubieten, gewisse Ausnahmefälle, wenn nämlich „der Neuerwerber zur Auszahlung tatsächlich nicht imstande ist, die Landschaft dann das Gut übernehmen muß und sie dadurch schlechter fährt". Ob diese Umstände vorlägen, werde „im Einzelfall fachmännisch aufs sorgfältigste geprüft". Was nun das Ansinnen des Staatskommissars bzw. der Treuhandstelle betreffe, so sei zu erwähnen, daß Rönneburg von Anfang an keine vertrauensvolle Zusammenarbeit mit der Landschaft angestrebt habe. Eine besondere Rücksichtnahme auf die zweitstelligen Umschuldungshypotheken sei weder rechtlich noch sachlich gerechtfertigt. Und das um so weniger, als Rönneburg wider Erwarten in mehreren Fällen die staatlich garantierten Hypotheken nicht ausgeboten habe, so daß der Verkaufspreis einen für die Landschaftsdarlehn gefährlichen Tiefstand erreicht habe. Die Stellung des Gläubigers der ersten Hypothek sei erheblich verschlechtert, denn „solange das Grundstück nicht ‚saniert' war", habe sich unter den nachgeordneten Gläubigern stets jemand gefunden, „der sein Geld herausbot". Jetzt aber hänge es lediglich vom Vertreter der Staatshypothek ab, „ob außer der Landschaft noch ein an dem Grundstück interessierter Bieter vorhanden ist"[305].

Der Schluß dieser Auslassung war unverfroren und widersinnig, denn die Treuhandstelle bemühte sich ja gerade um ein Einvernehmen mit der Landschaft, weil sie die staatlich garantierten Hypotheken öfter als bisher ausbieten wollte. Die Landschaft schlug

305 *GStA*, Rep. 90, Nr. 1077: OstprGenLschDir an den PreußMfLDuF, 15.3.30. Auch Rönneburg hatte gemeldet, daß die Preise für zwangsversteigerte Umschuldungsbetriebe „teilweise recht erheblich unter dem allgemeinen Preisniveau" lägen und einen für die Landschaft gefährlichen Tiefstand erreicht hätten, „da mangels eines das landschaftliche Darlehn deckenden Gebotes die Ostpreußische Landschaft gehalten ist, sich am Bietungsgange zur Rettung der Landschaftshypothek zu beteiligen". Nr. 1078: StKom, Bericht vom 26.8.30, S. 2.

bewußt einen greifbaren Vorteil aus und setzte sich außerdem über die Tatsache hinweg, daß sie „bisher regelmäßig bei Versteigerungen dem Ersteher die Hypothek belassen habe“[306]. Es erhöhte auch nicht die Lauterkeit ihrer Motive, daß sie den Gesichtspunkt der Kreditsicherheit herauskehrte und damit andeutete, die Treuhandstelle biete ihr als eventueller Grundstücksbesitzer nicht genügend Sicherheiten. Formal mochte das angehen, denn eine Gesellschaft mit einem Kapital von 20 000 RM war kein finanzstarker Partner, aber *de facto* war es doch so, daß das Reich, Preußen und die Provinz die Treuhandstelle trugen und verpflichtet waren, sie leistungsfähig zu erhalten. Welcher ostpreußische Grundstücksinteressent hätte unter diesen Umständen wohl kreditwürdiger sein können als die Treuhandstelle?

Dem voreingenommenen wirtschaftlichen Kalkül stand ein Akt krasser Illoyalität zur Seite, der die Berliner Regierungen ebenfalls empörte. Seit Beginn der Umschuldungsaktion wurde die Ausgabe landschaftlicher Pfandbriefe vom Reich subventioniert; die Bereinigung der ungeordneten Schulden durch öffentlich verbürgte zweitstellige Hypotheken kam den erststelligen Darlehn ebenfalls zugute, da sie die Zinslasten senkte und die Aussicht, daß die Landschaftszinsen pünktlich eingingen, verbesserte; ferner wurden mitunter Betriebe durch die gleichzeitige Bewilligung erst- und zweitstelligen Kredits saniert – kurz, in der Idee wie in der Praxis waren die erst- und zweitstelligen Darlehn gemeinsame Bestandteile einer öffentlich geförderten Umschuldungsaktion, die nicht nach individuellem Belieben auseinanderdividiert werden durften. Doch das focht die Landschaft nicht an. Sie pochte auf ihre satzungsgemäßen Rechte und ließ irgendwelche Ansprüche der Treuhandstelle auf bevorzugte Behandlung nicht gelten.

Auf Regierungsseite fanden die dubiosen Argumente der Landschaft keinen Glauben. Statt dessen wurde vermutet, daß sie es darauf abgesehen habe, der Treuhandstelle jeglichen Zugriff auf ostpreußische Güter zu erschweren, damit diese auf dem Wege sog. Familiensanierungen – hierbei ersteigerten Verwandte des Inhabers das Grundstück zu einem Preis, der die erste Hypothek deckte, und die Landschaft übertrug ihr Darlehn auf den neuen Inhaber – im Besitze der betreffenden Familien blieben[307]. Solch eine Politik, die die öffentlichen Interessen bewußt den privaten Interessen der Großgrundbesitzer unterordnete, hätte eigentlich mit kompromißloser Schärfe bekämpft werden müssen, aber als die Ministerien einige Repressalien zur Debatte stellten, z.B. die Alarmierung der Öffentlichkeit oder gar eine Sperre für Umschuldungskredite, da winkten Siehr und Rönneburg ab, denn die ostpreußische Landwirtschaft stehe „heute fast geschlossen hinter von Hippel“ und würde im Zweifelsfalle nur noch enger an ihn herangedrängt[308]. Hiervor resignierten die Behörden und verlegten sich aufs Verhandeln, um so vielleicht zum Ziele zu gelangen.

Am 4. April stellte sich Hippel auf einer Besprechung im preußischen Landwirtschaftsministerium seinen Kritikern und verschanzte sich zunächst hinter seinen bekannten Argumenten. Im Verlauf der recht massiv geführten Aussprache mußte er jedoch konzedieren, daß der Treuhandstelle durchaus die persönliche Kreditsicherheit zuzubilligen sei und daß die Landschaft die Betriebe, bei denen sie mit gefährdeten Darlehn engagiert sei, auch vor und nicht wie bisher erst nach der Zwangsversteigerung überprüfen könne. Obwohl er es weiterhin ablehnte, eine generelle Erklärung zugunsten der Treu-

306 *A.a.O.*, Nr. 1077: PreußMfLDuF, Vermerk (über die Besprechung am 18.3.30). Die zitierte Äußerung stammt vom OPr.
307 Vgl. dazu u. S. 325 ff.
308 *GStA*, Rep. 90, Nr. 1077: PreußMfLDuF, Vermerk (über die Besprechung am 18.3.30). Das Zitat ist eine Äußerung Rönneburgs.

handstelle abzugeben, eröffnete er damit wenigstens die Aussicht, daß die Treuhandstelle vor der Zwangsversteigerung über das künftige Verhalten der Landschaft informiert wurde. Genau denselben Standpunkt nahm wenig später das Generallandschaftsdirektorium ein. Es beschloß, die Pfandbriefwürdigkeit eines Grundstücks vor dem Zwangsversteigerungstermin zu prüfen und auf Wunsch der Treuhandstelle das Ergebnis mitzuteilen; aber „generelle Verpflichtungserklärungen über Bestehenlassen oder Form der Rückzahlung [von Pfandbriefdarlehn] irgendeiner Stelle gegenüber" verweigerte es[309].

In Berlin war man fürs erste bereit abzuwarten, wie sich der Kompromiß bewähren würde, aber die bescheidenen Hoffnungen verflogen bald. Im preußischen wie im Reichslandwirtschaftsministerium wurde festgestellt, daß die Landschaft ihre beanstandete Praxis fortsetze und der Treuhandstelle die erwünschten Zusicherungen vorenthalte[310]. Nun wollte das preußische Landwirtschaftsministerium das Reich dafür gewinnen, die im Sommer 1930 vorbereitete, auf einen größeren Teil Ostdeutschlands ausgedehnte Umschuldungsaktion für Ostpreußen erst in Kraft zu setzen, „wenn sich die Landschaft zu loyaler Mitarbeit bereitfinde"[311]. Aber das war eine stumpfe Waffe, da die neue Osthilfe nur langsam in Gang kam und da das politische Einvernehmen zwischen Reich und Preußen, das im Juni 1929 gegenüber dem LVO zum Erfolge geführt hatte, nicht mehr bestand. Die sozialdemokratisch geführte Reichsregierung Müller war im Frühjahr 1930 einem Minderheitskabinett unter dem Zentrumspolitiker Brüning gewichen, das gerade in agrarpolitischen Fragen den Intentionen Hindenburgs und der Rechtsparteien zu folgen suchte und den ehemals deutschnationalen Minister Schiele wieder an die Spitze des Landwirtschaftsressorts brachte. Diese Konstellation ließ statt entschiedener Maßregeln nur endlose Verhandlungen zu, in denen die Oststelle bei der Reichskanzlei eine wachsende, aber nicht unbedingt erfolgreiche Rolle spielte. Die Verhältnisse blieben über Wochen und Monate hinweg so unersprießlich, daß endlich Otto Braun mit der kategorischen Bitte eingriff, „die Angelegenheit nunmehr zur Entscheidung bringen zu wollen"[312]. Die Antwort Steigers leutete, daß die Landschaft eine juristisch unangreifbare, von den geltenden Vorschriften gedeckte Haltung einnehme und nur zu beeinflussen sei, wenn man auf ihren Vergleichsvorschlag eingehe. Sie habe angeboten, ihre Hypotheken grundsätzlich nicht mehr zu kündigen, sofern die Regierungen ihr über gewisse kreditpolitische Schwierigkeiten hinweghülfen, nämlich auf 15 Mill. RM ostpreußischer Pfandbriefe einen Disagiozuschuß gewährten und gleichzeitig die Papiere bei sicheren Abnehmern unterbrächten. Die Realisierung des Vorschlags bereite aber Schwierigkeiten, da es keinen Weg gebe, auf dem die Pfandbriefe verwertet werden könnten. Die einzige Möglichkeit sei jetzt, daß Preußen es seinen Sparkassen durch eine ausnahmsweise Änderung der Anlagebestimmungen gestatte, diese Pfandbriefe aufzunehmen. Dagegen verwahrte sich der Finanzminister, der die dem Staat vorbehaltene Kreditquelle nicht freigab und seinen Standpunkt auf einer preußischen Chefbesprechung am 16. Dezember 1930 durchsetzte[313]. Der Friedensschluß mit der Landschaft

309 *A.a.O.:* PreußMfLDuF an die OstprGenLschDir, 8.4.30 (als Anlage Vermerk über die Besprechung am 4.4.30); Nr. 682: OstprGenLschDir an den PreußMfLDuF, 14.4.30 (Zitat).

310 *A.a.O.*, Nr. 682: PreußMfLDuF an das PreußStM, 16.5.30; Vermerk (Frankenbachs) vom 26.7.30; Nr. 1077: StKom, Bericht vom 13.6.30, S. 12; *GStA*, Rep. 203, Nr. 180: RMfEuL, Vermerk über das Ergebnis der Besprechung am 22.7.30; *BAK*, R 43 I/1443: Protokoll der Sitzung des RMin am 6.5.30.

311 *GStA*, Rep. 203, Nr. 180: RMfEuL, Vermerk über das Ergebnis der Besprechung am 22.7.30 (Zitat) und Niederschrift über die Ressortbesprechung am 29.8.30.

312 *GStA*, Rep. 90, Nr. 682: PreußMPr an den PreußMfLDuF, 27.11.30.

313 *A.a.O.:* PreußMfLDuF an den PreußMPr, 10.12.30; handschriftliche Notiz Weichmanns vom 17.12.30.

gelang also nicht. In der Tat wäre es eine Zumutung gewesen, die halsstarrige Illoyalität der Landschaft mit einem Entgegenkommen zu honorieren, das einer finanziellen und politischen Kapitulation ähnelte.
Der Konflikt trieb nun unaufhaltsam dem Bruch entgegen, mit all jenen Konsequenzen, die 1930 noch vermieden worden waren. Die Würfel fielen, als Hippel den Leiter der Oststelle, Treviranus, brüskierte, indem er dessen informellen, für die Landschaft günstigen Vermittlungsvorschlag als offizielles Verhandlungsergebnis ausgab und für seine Zwecke nutzbar machen wollte. Vorangegangen war am 17. Januar 1931 das Rücktrittsgesuch des Königsberger Osthilfekommissars und Geschäftsführers der Treuhandstelle, Mussehl. Mussehl, der erst einige Monate im Amt war, jedoch den Konflikt von Anfang an aus der Sicht des preußischen Landwirtschaftsministeriums miterlebt hatte, fühlte sich durch die Landschaft in der Ausübung seiner dienstlichen Obliegenheiten entscheidend gestört und weigerte sich, diesen Zustand länger hinzunehmen[314]. Die Landschaft bemühte sich, Mussehls Aufsehen erregenden Schritt als unbegründet darzustellen, weil angeblich schon am 13. Dezember 1930 ein Einvernehmen über ihre Forderungen mit der Treuhandstelle erzielt worden sei. Doch damit hatte sie sich zu weit vorgewagt. Die Oststelle dementierte diese Version, und Treviranus beteuerte gegenüber seinen preußischen Partnern, daß er in „persönlichen, auf Wunsch des Herrn Reichspräsidenten verstärkten, Bemühungen" einen Ausgleich gesucht und Hippel über den inoffiziellen Charakter dieser Kontakte nicht im Zweifel gelassen habe. Er habe allerdings eine von Hippel erbetene „programmatische Grundlage" für die internen Verhandlungen des Generallandschaftsdirektoriums geliefert, jedoch hätten für sie die gleichen Vorbehalte wie für die gesamten Verhandlungen gegolten. Wenn Hippel dieses Schriftstück mißbräuchlich benutzt habe, so müsse er – Treviranus – das verantworten und sein Verhalten künftig so einrichten, daß die Oststelle nicht noch einmal ins Zwielicht gerate[315].
An eine Verständigung zwischen Landschaft und Oststelle war nicht zu denken. Selbst ein gemeinsamer Vortrag Hippels und Treviranus' vor Hindenburg lockerte die Fronten nicht mehr auf, und am 30. Januar erhielt die Königsberger Landstelle Ordre, kein von der Landschaft beliehenes Grundstück umzuschulden, sofern nicht eine verbindliche Erklärung vorgelegt werde, daß die Landschaft ihre Hypothek stehen lasse, wenn dieses Grundstück durch Zwangsversteigerung an die Treuhandstelle übergehen sollte. Gleichzeitig wurden die Behörden und die Öffentlichkeit Ostpreußens über die tatsächlichen Zusammenhänge aufgeklärt und davon in Kenntnis gesetzt, daß eine Änderung erst möglich sei, wenn die Landschaft zu einer gedeihlichen Zusammenarbeit mit der Treuhandstelle finde[316].

314 *StAL*, Rep. 2, Nr. 2492: KomOH/LSt Kbg an den OPr, 17.1.31. Wegen der folgenden Ereignisse unterblieb der Rücktritt; Mussehl kehrte erst im Herbst 1931 ins PreußMfLDuF zurück.

315 *GStA*, Rep. 90, Nr. 682: *WTB*, 22.1.31, „Die Oststelle bei der Reichskanzlei und die Generallandschaftsdirektion" (offiziöse Stellungnahme der Oststelle vom 21.1.31); Nr. 1114: PreußStKomOH, Hirtsiefer, an den RKomOH, Treviranus, 27.1.31; RKomOH an den PreußStKomOH, 27.1.31.

316 *A.a.O.*, Nr. 682: *WTB*, 27.1.31, „Osthilfebesprechung beim Reichspräsidenten"; *Kbg Allg Ztg*, 13.2.31: „Mussehls Antwort an v. Hippel. Der Oststellenkonflikt und seine verhängnisvollen Folgen"; *GStA*, Rep. 90, Nr. 1078: OStRK an den KomOH/LSt Kbg, 30.1.31; OPr an die LRäte, 7.2.31; (Mitteilung der) Pressestelle beim OPr Kbg, 6.2.31. Die Drohung mit einem Umschuldungsverbot war nun wirksam, weil die Arbeiten an einem Reichsgesetz über die Osthilfe in ein abschließendes Stadium traten und eine Aktivierung der Sanierungstätigkeit zu erwarten war.

War die Landschaft zunächst entschlossen, eine Kraftprobe zu wagen und fortan in sämtlichen Zwangsversteigerungsfällen ihre Darlehn zurückzufordern, um „mit den auf diese Weise zurückfließenden Millionenbeträgen“ die laufende Pfandbriefausgabe fortzusetzen[317], so mußte sie bald einsehen, daß sie keine Politik der Stärke betreiben konnte. Wo sollten in Ostpreußen die angeblichen Millionenbeträge herkommen, um die Landschaftsdarlehn auszuzahlen? Das Ende vom Lied wäre gewesen, daß die Landschaft selbst einen großen Teil der betreffenden Güter hätte übernehmen müssen und den letzten Rest an finanzieller Beweglichkeit eingebüßt hätte. In Berlin hätte man den Bankrott dieser Politik ruhig abwarten können, wenn nicht zu erwarten gewesen wäre, daß ernsthafte Schwierigkeiten bei der Landschaft kurz über lang staatliche Sanierungsmaßnahmen erheischt hätten. Es ging nicht an, ein Kreditinstitut wie die Landschaft der totalen Immobilität preiszugeben, und es war auch nicht zu bestreiten, daß gewisse legitime Kreditwünsche geregelt werden mußten. Deshalb arbeitete das preußische Landwirtschaftsministerium an einem Kompromißvorschlag, der der Landschaft entgegenkam und sie zur Aufgabe ihrer erpresserischen Taktik verpflichtete. Die finanzielle Hauptsorge Hippels und seiner Kollegen war es, wie etwa 9 Mill. RM mittelfristiger Kredite, die 1926 ausgegeben worden waren und nun ratenweise fällig wurden, abgewickelt und wie 15 Mill. RM neuer Pfandbriefe abgesetzt werden könnten. Für beide Probleme bot das Landwirtschaftsministerium eine Lösung an, die durch Stundungen und durch eine Pfandbriefemission des Spitzeninstituts der preußischen Landschaften den akuten Engpaß überbrückte. Der Staat leistete hierbei aktive Vermittlungsdienste, die zwar mit einem begrenzten finanziellen Engagement verbunden waren, die ihn aber nicht annähernd so sehr belasteten, wie es der im Dezember 1930 vorgelegte Plan beabsichtigte. Die Generallandschaftsdirektion hat den Vorschlag am 20. Februar 1931 dankbar entgegengenommen und protokollarisch zugesagt, bei allen neuen Umschuldungsfällen eine Erklärung abzugeben, daß das Landschaftsdarlehn bei einem Ankauf des Grundstücks durch die Treuhandstelle unverändert bestehen bleibe. In gleicher Weise bekräftigte sie ihre Absicht, auch bei Zwangsversteigerungen früher „umgeschuldeter Grundstücke hinfort grundsätzlich die Landschaftshypotheken stehen zu lassen“[318].

Damit war nach einjährigem Streit der Frieden geschlossen. Einzelne Behörden, wie das Königsberger Oberpräsidium und die Oststelle, waren zunächst nicht davon überzeugt, daß die Vereinbarung vom 20. Februar einen verbindlichen Verzicht der Landschaft auf selbstherrliches Verhalten darstelle, doch Steiger beteuerte, daß die Form und die Formulierungen des Protokolls mit Bedacht gewählt worden seien und zu keinen Bedenken berechtigten. Das Umschuldungsverbot für landschaftlich beliehene Güter wurde aufgehoben, neue Beschwerden wurden nicht mehr bekannt[319].

Der Konflikt spielte sich in der Übergangsphase von der Ostpreußenhilfe zur Osthilfe ab und war von der Landschaft derart unnachgiebig provoziert worden, daß er in Berlin als Versuch einer Kraftprobe aufgefaßt werden mußte. Das Angriffsziel waren die Treuhandstelle und der Staatskommissar, denen Hippel teils kreditpolitische Zugeständnisse abringen, teils organisatorische Schwierigkeiten bereiten wollte. Wenn ihm letzteres ein Jahr lang gelungen ist, so hatte er das dem veränderten Verhältnis zwischen Preußen

317 Aus einer Erklärung des Landschaftsdirektors Uhse vom 26.1.31; *a.a.O.:* OPr an die LRäte, 7.2.31.

318 *A.a.O.:* (Protokoll der) Sitzung der OstprGenLschDir im Beisein des Vertreters des PreußMfLDuF, 20.2.31.

319 *A.a.O.:* OPr an den PreußMfLDuF, 28.2.31; OStRK an den PreußMfLDuF, 26.2.31; PreußMfLDuF an den OPr, 7.3.31; OPr an die LRäte, 26.3.31; KomOH/LSt Kbg an die OStRK, 4.9.31.

und dem Reich zu verdanken, denn seit dem Regierungsantritt Brünings war das Reich weniger als zuvor geneigt, derartige agrarische Herausforderungen mit exemplarischer Strenge zu beantworten. Überdies erfreute sich Hippel der Fürsprache Hindenburgs, der den Reichskommissar für die Osthilfe, Treviranus, zu ausgedehnten und konzessionsfreudigen Verhandlungen mit der Landschaft bestimmte. Sie sind erfolglos geblieben, weil Preußen es ablehnte, die ihm zugemuteten finanziellen Opfer zu bringen, und weil Hippel illoyal genug war, die inoffiziellen Anerbieten Treviranus' ins öffentliche Spiel zu bringen. Erst jetzt löste sich das Reich aus seiner Vermittlerposition und nahm den Kampf mit jener Schärfe auf, die binnen weniger Wochen den Boden für einen dauerhaften Kompromiß schuf. Die Regierungen haben dabei ihre Ansprüche durchgesetzt, jedoch fällt es schwer, sie im Rückblick auf das langwierige Kräftemessen als Sieger zu bezeichnen. Die Nachteile, die der Treuhandstelle aus der Obstruktionspolitik der Landschaft erwachsen waren, ließen sich nicht mehr ausgleichen.

4. Ostpreußenhilfe und Agrarreform

Die schnellen Fortschritte Deutschlands auf dem Wege der Industrialisierung und Verstädterung hatten noch vor dem Ersten Weltkrieg eine Gegenreaktion hervorgerufen, die den ländlichen Teil der Wirtschafts- und Sozialstruktur vor einer weiteren Schwächung bewahren wollte. Sie wollte der ökonomischen und sozialen Dynamik des Industriestaates entgegenwirken, weil ihr die Landwirtschaft und die Landbevölkerung als diejenigen Kräfte galten, die durch die Produktion der Nahrungsmittel und die Aufzucht eines Bevölkerungsüberschusses den Bestand eines großen Gemeinwesens verbürgten. Diese ihrem Wesen nach defensive Konzeption besaß einen eigentümlichen politischen Gehalt, der großenteils von der Rücksichtnahme auf die Verhältnisse in den ostdeutschen Grenzprovinzen akzentuiert wurde. Die im Osten noch dominierende Agrargesellschaft fungierte nicht als virulentes Gegengewicht zu den industrialisierten Gebieten Deutschlands, sondern litt unter den Anzeichen einer strukturellen Rückständigkeit, die die Stabilität der politischen und sozialen Ordnung in Frage zu stellen begann. Bezeichnend war das Unvermögen, der Gesamtheit der ostdeutschen Landbevölkerung Lebensbedingungen zu schaffen, die denen in den wirtschaftlich aufstrebenden Regionen des Deutschen Reichs entsprochen hätten. Infolgedessen wanderten viele Menschen aus dem Osten ab, um die besseren Erwerbsmöglichkeiten westlich der Elbe zu nutzen. Sie verhinderten zwar damit, daß im Osten eine drückende Überbevölkerung nebst ihren unvermeidlichen sozialen Spannungen entstand, aber der kontinuierliche Verlust an Arbeitskräften zerstörte zugleich die Aussicht auf eine dynamische Evolution der dortigen Wirtschaft. Mochte es den führenden agrarisch-konservativen Schichten vor dem Ersten Weltkrieg willkommen sein, daß die numerische und politische Entwicklung des Landproletariats erheblich hinter der des industriellen Proletariats zurückblieb, so mußte sie doch die Kehrseite dieses Vorgangs beunruhigen, nämlich die relative Schwächung des deutschen Bevölkerungsteils in den national gemischten Ostprovinzen. Obwohl der Gedanke, daß die Binnenwanderung das Deutschtum in Schlesien, Posen, West- oder Ostpreußen allmählich bis auf eine dünne Schicht von Großgrundbesitzern, Kaufleuten und Staatsbeamten reduzieren könnte, noch der Zeit vorauseilte, gewann er angesichts des zielbewußten Auftretens der polnischen Bevölkerung an Aktualität. Er trug nicht wenig dazu bei, dem Programm einer inneren Kolonisation jene öffentlich wirksame Bedeutung zu verleihen, die es als bloßer Reflex auf eine angebliche Überindustrialisierung nicht erreicht hätte. Erst die Verbindung des antiindustriellen

Affekts mit den nationalpolitischen Interessen des deutschen Volkes schuf eine Ideologie, die nicht nur auf theoretisierende Wissenschaftler, sondern auch auf Politiker unwiderstehlich gewirkt hat und lange Zeit eine der gängigsten Antworten auf die sozialen Fragen der modernen Gesellschaft gewesen ist. Wesentlich für ihr Verständnis ist es, daß sie eine Abwehrideologie war, die die negativen Einflüsse der Industrialisierung auf Staat und Gesellschaft im allgemeinen und auf die deutschen Ostprovinzen im besonderen bekämpfen sollte, und deshalb ihren Ursprung in durchaus konservativen Kreisen hatte. Neben Professoren und Gutsbesitzern waren es insbesondere preußische Staatsbeamte, die die innere Kolonisation als ein Mittel auffaßten, mit dem der regionalen und sozialen Desintegration zu steuern sei. Ihre effektive Reformbereitschaft war nichts weniger als radikal und entstammte vornehmlich einem Sicherheitsbedürfnis, das aus dem Zweifel an der modernen Entwicklung von Wirtschaft und Gesellschaft geboren war. Sie beabsichtigten ein staatskonformes Vorgehen, was für sie naheliegend war, da die preußische Regierung die Binnenkolonisation bereits seit 1886 als nationalpolitische Waffe in den Ostprovinzen benutzte und eine Reihe organisatorischer Voraussetzungen für eine aktive Siedlungspolitik geschaffen hatte[320].

a) Tendenzen der Siedlungspolitik nach dem Ersten Weltkrieg

Die allgemeinen Umstände am Ende des Ersten Weltkrieges geben dem Siedlungsgedanken einen ungewöhnlichen Auftrieb, denn die veränderte Situation schien seine Richtigkeit zu bestätigen. Die Gebietsverluste im Osten und die in Oberschlesien sowie in Ostpreußen angeordneten Volksabstimmungen bewiesen drastisch, wie sehr die ethnische Zugehörigkeit der bodenständigen Bevölkerung die staatliche und nationale Zugehörigkeit der Grenzprovinzen beeinflussen konnte, und die Überanstrengung der industriellen Kräfte während des Krieges begünstigte den Eindruck, daß Deutschland die Grenzen seiner wirtschaftlichen Möglichkeiten erreicht habe. Hinzu kam, daß die territorialen Einbußen die deutsche Rohstoffbasis spürbar verringert und daß die allgemeinen Folgen der Kriegsführung sowie die Vorschriften des Friedensvertrages dem deutschen Außenhandel großen Abbruch getan hatten. Das alles führte zu dem Schluß, daß der bis 1918 erreichte Grad der Industrialisierung objektiv unhaltbar geworden sei und daß der Schwund an industriellen Produktionsmöglichkeiten durch eine intensive Förderung der Landwirtschaft kompensiert werden müsse. „Die weltwirtschaftliche Zwangslage, in die sich Deutschland durch Krieg und Blockade, Niederlage und Gewaltfrieden versetzt sah, bedeutete eine Verschiebung unserer ganzen Wirtschaftsbasis nach der landwirtschaftlichen Seite hin[321]." Außerdem hatte der von Jahr zu Jahr wachsende Lebensmittelmangel dazu beigetragen, in den nicht-landwirtschaftlichen Bevölkerungskreisen das Interesse am Landleben und an einer hohen Agrarproduktion zu

320 Vgl. hierzu *Zwanzig Jahre deutscher Kulturarbeit...* (Anm. II/29); *Zwanzig Jahre deutscher Siedlungsarbeit in Ostpreußen...* (Anm. II/29); Boyens (Anm. II/29), I, S. 17 ff.; S. 441 ff.; Gerhard Schulz, *Die deutschen Ostgebiete. Zu ihrer historisch-politischen Lage (Politik in unserer Zeit,* Bd. 5), Pfullingen 1967, S. 25 ff.; ders., „Staatliche Stützungsmaßnahmen in den deutschen Ostgebieten" (Anm. I/219), S. 155 ff.; ders., Rezension zu Boyens (Anm. II/29) in: *Archiv für Kommunalwissenschaften,* 3. Jg. (1964), S. 308 ff.

321 Eduard David, *Die Siedlungsgesetzgebung. Ein Kommentar mit geschichtlicher Einleitung,* Stuttgart/Berlin 1921, S. 25.

wecken; eine Rückwanderung hungernder Städter oder demobilisierter Soldaten aufs Land war zunächst nicht ausgeschlossen. Die Reichsregierung rechnete damit, daß ein „starker Zustrom von der Industrie in die Landwirtschaft" einsetzen werde. Sie bezeichnete das „aus sozialen und bevölkerungspolitischen Gesichtspunkten" als begrüßenswert und versprach, diese Entwicklung „mit allen ihr zur Verfügung stehenden Mitteln zu fördern"[322].

Die Parteien von der MSPD bis zur DNVP traten in breiter Front dieser Ansicht bei und sorgten dafür, daß die rechtlichen Fundamente einer aktiven Siedlungspolitik gelegt wurden. Die Weimarer Reichsverfassung vindizierte dem Reich nicht nur das Recht, u.a. Grundsätze für das Ansiedlungs- und Heimstättenwesen festzustellen (Art. 10), sondern bestimmte auch, daß „allen deutschen Familien ... eine ihren Bedürfnissen entsprechende Wohn- und Wirtschaftsheimstätte zu sichern" sei (Art. 155). Die Nutzanwendung dieser Maximen auf die landwirtschaftliche Siedlung enthielt das Reichssiedlungsgesetz vom 11. August 1919, das an demselben Tage wie die Reichsverfassung in Kraft trat und von seinen Schöpfern dazu ausersehen war, ein sozialpolitisches Grundgesetz der Weimarer Republik zu werden.

Sein Vater war einer der wissenschaftlichen Vorkämpfer des Siedlungsgedankens in Deutschland, Professor Max Sering. Er hatte seit Jahrzehnten die Einflüsse der Grundbesitzverteilung und der Industrialisierung auf die ländlichen Bevölkerungsverhältnisse untersucht und schon vor 1914 die Vermehrung des Bauerntums in den Ostprovinzen als ein politisches Gebot bezeichnet. Die am Schluß des Krieges entstandene Situation bahnte seinen Ideen den Weg bis in die Zentren der politischen Entscheidungen und vermittelte ihm den Auftrag, ein einschlägiges Reichsgesetz zu entwerfen. Er ging davon aus, daß Deutschland „wieder mehr zu einem Agrarland werden" müsse, in dem die dichtere Besiedlung des platten Landes einen „Ausgleich der Menschenverluste ..., welche der Krieg unserer Bevölkerung und physischen Volkskraft zufügte", bewirken und zugleich die „Hoffnung auf erweiterten Nahrungsspielraum" realisieren werde. Letzteres begründete er damit, „daß die Aufgabe, dem Boden die höchsten Erträge abzugewinnen, mit der Mehrung der landwirtschaftlichen Kleinbetriebe nicht nur vereinbar ist, sondern sie voraussetzt". Von hier aus gelangte er zu dem Vorschlag, „die soziale Verfassung der Großbauern- und Großgüterdistrikte in demokratischem Sinne neu zu gestalten, die Klassengegensätze zu überbrücken und die Grundbesitzverteilung gleichmäßiger zu machen, neben den großen und mittleren viele kleine selbständige Stellen zu begründen"[323].

Doch trotz dieser Ankündigung wünschte Sering nicht, das Prinzip der Agrarreform mit drakonischer Strenge gegen den Großbesitz anzuwenden. Er wollte vielmehr einen „Bruch der überkommenen Rechtsordnung" vermeiden und das „bäuerliche Fundament der Gesellschaft nur unter organischer Fortbildung der überkommenen Eigentumsordnung" verstärken[324]. Dementsprechend konzedierte er dem landwirtschaftlichen Großbetrieb „nach wie vor in Deutschland eine große Rolle ..., auch wenn das Gesetz einmal vollkommen durchgeführt sein wird"[325]. Von den 4,1 Mill. ha landwirtschaftlicher Nutzfläche, die die ostelbischen Großbetriebe 1925 innehatten, reklamierte er 1,45 Mill. ha für Siedlungszwecke, während er im übrigen rd. 2 Mill. ha aus

322 *NatVers*, S. 174: RArbM Bauer am 19.2.19.
323 Boyens (Anm. II/29), II, S. 52 ff.; S. 44 ff. der vollständige Text des RSG.
324 *Das ländliche Siedlungswesen nach dem Kriege* (Anm. II/41), S. 1 f.
325 *NatVers*, S. 1190: Sering (als Referent für das ländliche Siedlungswesen im RArbM) am 1.7.19.

den Beständen des großbäuerlichen Besitzes und weitere 2 Mill. ha aus der Kultivierung von Moor- und Ödland erwartete[326]. Allerdings haben die bäuerlichen sowie die Moor- und Ödländereien in der Praxis nur einen Bruchteil der Siedlungsfläche geliefert; die Hauptlast der Siedlungspolitik ist auf die Großbetriebe entfallen. Aber Serings Konzeption bot die Gewähr, daß die Großbetriebe nicht über ein gesetzlich vorgeschriebenes Maß hinaus beansprucht wurden, die Gutsbesitzer also nicht ihre vollständige Beseitigung zu befürchten brauchten. Das Reichssiedlungsgesetz hielt die Großbetriebe an, in den Gebieten, wo sie mehr als 10 % der landwirtschaftlichen Nutzfläche besaßen, Landlieferungsverbände zu bilden, die den regionalen Siedlungsgesellschaften auf Wunsch „geeignetes Land aus dem Bestande der großen Güter zu einem angemessenen Preise" beschaffen mußten (§ 13 RSG). Die Landlieferungsverbände, denen für den Bedarfsfall das Enteignungsrecht zustand, waren eine Zwangsgenossenschaft, die überall dort, wo die Landbeschaffung auf Schwierigkeiten stieß, die Gutsbesitzer selbst an diesem Verfahren beteiligte und ihnen einen Einfluß auf die Auswahl des zu besiedelnden Landes gestattete. Sie hatten somit die Gewähr, daß die Siedlungstätigkeit in kritischen Momenten, d.h. wenn geeignete Angebote auf dem freien Grundstücksmarkt ausbleiben sollten, nicht über ihre Köpfe hinweg erfolgen konnte. Einen weiteren Schutz fanden ihre Interessen noch darin, daß die Pflichten der Landlieferungsverbände erloschen, sobald ein Drittel der ursprünglich von Großbetrieben bewirtschafteten Nutzfläche aufgesiedelt worden war. Dank dieser Vorschrift beschränkte sich das Lieferungssoll in ganz Ostelbien auf 1,45 Mill. ha[327]. Ein Termin, bis zu dem der Lieferungspflicht genügt werden mußte, bestand nicht.

Im Besitz derartiger Kautelen brauchten sich die agrarischen Sprecher in den Reihen der DNVP nicht zu scheuen, dem Siedlungsgedanken ihren Tribut zu zollen. Der weltfremde Überschwang einzelner Enthusiasten, die „Millionen neuer Existenzen in der Landwirtschaft" unterbringen wollten[328], lag ihnen zwar fern, aber im Prinzip traten auch sie für „eine kräftige Siedlungspolitik" ein[329]. Zweifellos hatten sie erkannt, daß ein kompromißloses Verhalten in der bewegten Zeit nach der Novemberrevolution zu ihrem Nachteil ausschlagen mußte, denn auf dem stark emotional gefärbten Gebiet der Agrar- und Ernährungspolitik hätte das die sozialistischen Tendenzen der städtischen Massenparteien herausgefordert und den Ruf nach einer Sozialisierung der landwirtschaftlichen Großbetriebe verstärkt. Deshalb akzeptierten sie die Siedlungspolitik und lobten sie als eine „Wiederaufnahme der großen geschichtlichen Siedlungstätigkeit, mit der seinerzeit der Osten für Deutschland gewonnen worden ist"[330]. Gleichzeitig pochten sie aber auf ihre Position als Produzenten der so dringend benötigten Nahrungsmittel und verlangten, daß die Anwendung des Siedlungsgesetzes nicht die ruhige Produktion in der Landwirtschaft stören dürfe. Ende des Jahres 1919 fanden sie ihre Stellung bereits so gefestigt, daß sie in anderem Zusammenhange mit Vehemenz gegen vermeintliche Sozialisierungsexperimente polemisierten und der Regierung gebieterisch zuriefen: „Wir verbitten uns jeden 9. November in der deutschen Landwirtschaft; wir warnen Sie[331]!" Diese offene Sprache ein Jahr nach der Revolution verriet ein Selbst-

326 Boyens (Anm. II/29), I, S. 70; S. 76; *Das ländliche Siedlungswesen. . .* (Anm. II/41), S. 78; *Statistisches Jahrbuch für das Deutsche Reich,* 1928 (Anm. I/56), S. 63.
327 Da das Lieferungssoll nach dem höheren Besitzstand der Großbetriebe aus dem Jahre 1907 berechnet wurde, betrug es 35,3 % des 1925 ermittelten Besitzstandes.
328 *NatVers,* S. 189: Mayer (Z) am 19.2.19; vgl. S. 266: Stegerwald (Z) am 21.2.19.
329 *A.a.O.,* S. 85: von Posadowsky-Wehner (DNVP) am 14.2.19.
330 *A.a.O.,* S. 1178: Roesicke (DNVP) am 1.7.19.
331 *A.a.O.,* S. 3756: Semmler (DNVP) am 26.11.19.

bewußtsein, das sich des Zwanges zu taktischen Winkelzügen enthoben glaubte und nicht mehr defensiv, sondern aggressiv auftrat. Die Zeit, in der sich die Großgrundbesitzer vor der Revolution gefürchtet hatten, war vorbei.

Die Ausführung des Reichssiedlungsgesetzes hatte jedoch weniger unter der veränderten Haltung der Agrarier als unter anderen Hemmnissen zu leiden. Ein organisatorischer Mangel war, daß das Gesetz weder einen Termin- noch einen Finanzierungsplan enthielt und es somit den beteiligten Siedlungsgesellschaften und Landesregierungen überließ, das konzipierte Programm nach eigenem Ermessen bzw. Vermögen auszuführen. Diese Zurückhaltung entsprach dem Verfassungssatz, daß das Reich *in puncto* Siedlung nur allgemeine Grundsätze aufstellen dürfe, die die Länder selbständig auszuführen hätten. Preußen als das Land, das neben den beiden Mecklenburg am meisten betroffen war, hat zwar ohne Zögern alle notwendigen Gesetze und Verordnungen erlassen, aber auf die Dauer fehlte ihm doch die Kraft, die Siedlung als ein dringendes soziales Reformwerk voranzutreiben. Es ist auch nicht zu übersehen, daß seine Einstellung als Grundbesitzer nicht so gesetzestreu gewesen ist, wie es 1919 erwartet werden konnte. Die preußischen Domänen umfaßten 1920 ein Areal von 303 414 ha[332], von dem das Siedlungsgesetz sagte, daß es nach Ablauf der Pachtverträge den Siedlungsgesellschaften anzubieten sei, sofern es nicht „für Unterrichts-, Versuchs- oder andere Zwecke öffentlicher oder volkswirtschaftlicher Art" im Staatsbesitz bleiben müsse (§ 2 RSG). Der preußische Landwirtschaftsminister, der die Entscheidung darüber, welche Domänen zur Siedlung anzubieten seien, sich allein vorbehalten hat[333], zeigte eine von Jahr zu Jahr schwindende Bereitschaft, dem Postulat des Reichssiedlungsgesetzes gerecht zu werden. Die 13 500 ha, die er 1921 freigegeben hat, blieben bis 1932 ein unübertroffener Höhepunkt; von 1921 bis 1926 sank das jährliche Landangebot auf 36 ha ab[334]. Das Übergewicht der fiskalischen über die siedlungspolitischen Interessen, das sich so bemerkbar machte, wurde 1927 auch keineswegs beschönigt. Es hieß vielmehr, daß die Domänenverwaltung nun „für Erhaltung und, wenn möglich, Vermehrung des [infolge des Friedensvertrages] so stark geminderten Besitzes an Domänenvorwerken" sorgen müsse. Der Bedarf an Siedlungsland sei in erster Linie auf dem freien Grundstücksmarkt zu decken, lediglich wo „andere Möglichkeiten nicht vorhanden sind, wird eine Freigabe von hierzu geeigneten Domänen in Frage kommen"[335].

Obwohl diese Einstellung von den Landlieferungsverbänden bekämpft wurde, weil der private Grundbesitz den Wortlaut des Siedlungsgesetzes mitunter so auffaßte, daß er erst lieferungspflichtig werde, wenn das benötigte Land nicht dem Bestand der Domänen entnommen werden könne[336], entbehrte das Verhalten der Domänenverwaltung nicht einer gewissen Berechtigung. Aus fiskalischer Sicht schien es unverantwortlich,

332 Der Domänenbesitz betrug (in ha):

	1920	1928	1930
Preußen	303 414	282 585	277 109
Ostpreußen	57 829	54 941	53 920

Statistisches Jahrbuch für den Freistaat Preußen, 1921, 1929 und 1931, S. 52; S. 88; S. 127.

333 *GStA,* Rep. 87, Nr. 2063: PreußMfLDuF an sämtliche Regierungen, 20.5.20 und 11.2.21.

334 *Das ländliche Siedlungswesen. . .* (Anm. II/41), S. 75; Boyens (Anm. II/29), II, S. 262.

335 *GStA,* Rep. 87, Nr. 2064: PreußMfLDuF an den RArbM, 8.7.27.

336 *A.a.O.:* Hans Schlange an das PreußMfLDuF, 19.8.23; PreußMfLDuF an Schlange-Schöningen, 24.9.23, bestreitet, daß im RSG eine vorrangige Inanspruchnahme der Domänen ausgesprochen sei.

während der Inflation, als überall die Flucht in die Sachwerte um sich griff, staatliches Grundeigentum großzügig zu veräußern. Und nach der Währungsreform behinderte der allgemeine Kapitalmangel die Siedlungstätigkeit, so daß die Nachfrage nach Siedlungsland zwangsläufig zurückging. Als der finanzielle Engpaß 1926 überwunden war, befanden sich die privaten Großbetriebe in einzelnen Teilen Ostdeutschlands bereits in solch einer kritischen Verfassung, daß aus ihren Reihen viele Verkaufsangebote kamen und das Reich von den Deutschnationalen geradezu angehalten wurde, diese Konjunktur auf dem Grundstücksmarkt der Siedlung nutzbar zu machen[337]. Da durfte die preußische Domänenverwaltung mit gutem Grund der Ansicht sein, daß es eine „Verschwendung staatlichen Grund und Bodens bedeuten" würde, „wenn bei der starken Abgabe von privatem Grund und Boden auch noch der Fiskus auf dem Markte erscheinen und seinen . . . geschmälerten Grundbesitz noch mehr durch ein völlig überflüssiges Angebot vermindern wollte"[338].
Unbeschadet der sachlichen Argumente, die die vorsichtige Politik der Domänenverwaltung rechtfertigten, ist doch festzustellen, daß Preußen nicht dazu neigte, seine eigenen Interessen denen der Siedlung vorbehaltlos unterzuordnen. Das zeigte sich auch auf einem anderen wichtigen Gebiet, dem der Siedlungsfinanzierung[339]. Preußen verfügte aus der Vorkriegszeit über ein eingespieltes Verfahren, das auf mittelfristigen staatlichen Zwischenkrediten und langfristigen Rentenbriefen beruhte. Der eigentliche Motor der Siedlungstätigkeit waren die Eigenmittel der Siedlungsgesellschaften und die staatlichen Zwischenkredite, mit denen die laufenden Verfahren abgewickelt wurden, während die Rentenbriefe die bereits getätigten Ausgaben in eine langfristige, vom Siedler zu tilgende Hypothek umwandelten. Das Reichssiedlungsgesetz von 1919 schwieg sich über die Finanzierungsfrage aus, da dies eine Landesangelegenheit war, und ließ es also beim preußischen Verfahren bewenden. Zunächst ergaben sich keine Schwierigkeiten, aber als die Inflation ihrem Höhepunkt zueilte, begannen die mittel- und langfristigen Kredite zu versiegen, so daß die Siedlungsgesellschaften ihre bisherigen Finanzierungsmöglichkeiten einbüßten. Sie konnten sich zwar vorübergehend im Roggenrentenbrief eine zeitgemäße wertbeständige Kreditquelle erschließen, aber nach der Währungsreform wurde auch dieses Instrument unwirksam. Das Eigenkapital der Gesellschaften war 1924 auf ein Geringes zusammengeschmolzen, und der Kapitalmarkt war nahezu tot: Aus dieser Krise konnte nur die öffentliche Hand heraushelfen. Preußen als der zunächst zuständige Helfer verfügte jedoch nur über bescheidene Möglichkeiten und forderte ungewollt den Ruf heraus, das Reich möge sich finanziell bei der Siedlung engagieren[340]. Wurde dem entsprochen, so war ähnlich wie bei der Hilfe für die östlichen Grenzgebiete zu befürchten, daß das Reich nicht einfach Landesaufgaben finanzieren, sondern auch ein sachliches Mitspracherecht für sich verlangen und damit in die Kompetenzen der Landesregierungen eingreifen würde. Hiervor schreckten die preußischen Ressorts zurück. Sie empfanden eine Bitte um finanzielle Beteiligung des Reichs als untunlich und sahen eine Forcierung der Siedlung bis auf weiteres als nicht ratsam an[341].

337 Vgl. den Entschließungsantrag von Treviranus, Behrens, Thomsen, Graf von Westarp u. Gen. (DNVP), 1.12.25, in: *RT*, III, Drucks Nr. 1594.

338 *GStA*, Rep. 87, Nr. 2064: MinDir Arnoldi, „Die Hergabe von Staatsdomänen zur landwirtschaftlichen Siedlung", Anfang Juli 1927. Dieser Aufsatz ist in der Presse erschienen.

339 Vgl. hierzu *Das ländliche Siedlungswesen*. . . (Anm. II/41), S. 25 ff.; Boyens (Anm. II/29), I, S. 171 ff.

340 Vgl. *RT*, II, Drucks Nr. 542; Nr. 543: Anträge von Graefe u. Gen. (NSFrP) vom 2.9.24.

341 *GStA*, Rep. 90, Nr. 1106: PreußMdI, Niederschrift über die Besprechung am 20.11.25.

Doch solche ängstliche Vorsicht scheiterte an ihrer eigenen Unzulänglichkeit. Ebenso wie für die allgemeine Förderung der Grenzgebiete mußte Preußen auch für die Siedlung in den Ostprovinzen anerkennen, daß es ohne erhebliche Hilfe des Reichs seine Aufgaben nicht bewältigen konnte, und nicht minder mußte es die eindeutig bekundete Bereitschaft der Reichsregierung, die Siedlung finanziell unterstützen zu wollen, berücksichtigen. Anfang 1926 bat Landwirtschaftsminister Steiger das Reich um 60 Mill. RM für Zwecke der Siedlung, wobei er Preußen vor einem Kompetenzverlust zu bewahren suchte, indem er die beantragte Hilfe auf zwei Jahre befristete und ihren Anwendungsbereich auf die Grenzgebiete einschränkte. Für eine so genau bemessene Aktion glaubte er verlangen zu können, daß das Reich die bestehende Organisation des Siedlungswesens als ausreichend akzeptierte und deshalb die fraglichen Gelder dem Land zur selbständigen, zweckgebundenen Verwaltung überweise[342].

Steigers Vorstoß konnte jedoch die Entwicklung nicht mehr aufhalten. Dem eigenen Willen wie dem Drängen der Rechtsparteien folgend, bestand die Reichsregierung darauf, daß sie größeren Anteil an der praktischen Siedlungspolitik nehmen müsse. Den Hintergrund ihres Verhaltens lieferte der teilweise Niedergang der ostdeutschen Landwirtschaft, die mit dem allgemeinen Kapitalmangel und konjunkturellen Rückschlägen zu kämpfen hatte und deren Situation die DNVP bereits von der Gefahr „einer Entwurzelung des ländlichen Grundbesitzes in bisher noch nie dagewesenem Maße" überschattet sah[343]. Das bedenklichste Moment in den Augen der Landwirte war der rapide Verfall der Grundstückspreise, der seit 1924 in den östlichen Provinzen eingetreten war und an die Kreditfähigkeit der gesamten Landwirtschaft rührte[344]. Eine Besserung war nur zu erhoffen, wenn es gelang, zahlungskräftige Interessenten zum kontinuierlichen Ankauf von Landgütern zu veranlassen. Da wenig Aussicht bestand, daß eine nennenswerte Nachfrage privater Käufer einsetzen würde, mußte die öffentliche Hand als Retter mobilisiert werden. Das ging am ehesten über eine Aktivierung der Siedlungspolitik, und aus diesem Grunde traten die agrarischen Interessenvertreter jetzt für sie ein. Sie benutzten im Reichstag die angeblich drohende „Entdeutschung" der Randgebiete als Argument für eine „planmäßige, großangelegte bäuerliche Besiedlung unserer Grenzmarken" und forderten die Reichsregierung auf, mit eigenen Mitteln an diese nationale Frage heranzugehen. Nach längeren Verhandlungen faßte das Parlament den Beschluß, während der nächsten fünf Jahre jeweils 50 Mill. RM als Siedlungskredite in den Reichshaushalt einzusetzen und sie nach Richtlinien, die gemeinsam mit den betreffenden Ländern abzufassen seien, zu verwenden[345].

Der wichtigste Teil der erwähnten Verhandlungen hatte zwischen Reich und Preußen geschwebt, denn zwischen ihnen mußte entschieden werden, wie die zu erwartenden Gelder nutzbar zu machen seien. Die Reichsregierung dachte nicht daran, sich mit der Rolle zu begnügen, die ihr Steiger angeboten hatte. Sie ging vielmehr davon aus, daß

342 *BAK*, R 43 I/1288: PreußMfLDuF an den RK, 12.1.26.

343 *RT*, III, Drucks Nr. 1502: Interpellation Thomsen, Quaatz, von Dewitz, Graf von Westarp u. Gen. (DNVP), 20.11.25.

344 *Das ländliche Siedlungswesen*. . . (Anm. II/41), S. 94 f.

345 *RT*, III, Drucks Nr. 1402; Nr. 1594; Nr. 1634; Nr. 2038; Nr. 2148: Antrag von Graefe u. Gen. (NSFrP) vom 7.8.25; Antrag Treviranus, Behrens, Thomsen, Graf von Westarp u. Gen. (DNVP) vom 1.12.25; Antrag Ludendorff u. Gen. (NSFrP) vom 4.12.25; Antrag Treviranus, Behrens, Frhr. von Stauffenberg, Thomsen, Domsch, Graf von Westarp u. Gen. (DNVP) vom 10.3.26; Interpellation Hepp, Hamkens, Scholz u. Gen. (DVP) vom 24.3.26 (hieraus das Zitat). Die Einzelanträge gingen in einem Ausschußantrag, Drucks Nr. 2480 vom 23.6.26, auf, der am 1.7.26 angenommen wurde; *RT*, III, S. 7772. Die RReg hat die Entschließung in Drucks Nr. 2821 vom 10.12.26, S. 212 f., positiv beantwortet.

die spezielle Grenzsiedlung, die nun „zur Eindämmung der vorflutenden Slawenwelle" begonnen werden müsse, als Reichssache anzusehen und von den anderweitigen Siedlungsaufgaben der Länder zu trennen sei[346]. Hiergegen verwahrte sich Preußen, das seine reichen siedlungspolitischen Erfahrungen betonte, seine wohlfundierte und leistungsfähige Siedlungsorganisation ins Feld führte und alle organisatorischen Neuerungsversuche des Reichs als unzweckmäßig, verfassungswidrig und politisch bedenklich ablehnte. Es hat sogar die auf ein mehrjähriges Engagement hinauslaufende Gebefreudigkeit des Reichs mißbilligt und statt dessen an einer einmaligen, auf 50 Mill. RM reduzierten Forderung festgehalten, um so der Gegenseite den Vorwand zu nehmen, daß sie für langfristig und regelmäßig vollbrachte Leistungen auch entsprechende Rechte fordern könne[347].

Angesichts der Energie, mit der beide Kontrahenten ihren Standpunkt verfochten, bereitete es große Mühe, den letzten Endes notwendigen Kompromiß zu erzielen. Preußen erreichte, daß seine Organisation des Siedlungswesens unangetastet blieb, mußte jedoch einwilligen, daß eine neue oberste Instanz in Gestalt eines Ausschusses bei der Deutschen Rentenbank-Kreditanstalt gebildet wurde. In ihm saßen je zwei Vertreter dieser Bank, des Reichs und des Landes zusammen, um über die Vergabe der Reichskredite zu beschließen. Ein anderer Ausschuß, von drei Reichs- und drei preußischen Ministerien besetzt, war für die grundsätzlichen Fragen der Zusammenarbeit zwischen Reich und Preußen zuständig[348]. Obwohl das Reich größere Abstriche an seinen Forderungen hat vornehmen müssen, fühlte Preußen, daß der von ihm verteidigte Grundsatz, Siedlung sei einzig und allein eine Landesaufgabe, nicht mehr so unangetastet war wie ehedem. In dem Bemühen, verlorenes Terrain wieder gutzumachen, begann Preußen, seine ausschließliche Zuständigkeit demonstrativ zu betonen. Im Herbst 1926 stellte der Landwirtschaftsminister Leitsätze auf, die mit der These begannen: „Die landwirtschaftliche Siedlung ist eine staatliche Aufgabe", und die die provinzialen Siedlungsgesellschaften als „preußische Organe" deklarierten, deren Pflicht es sei, „preußische Interessen" zu vertreten und jegliche Verhandlungen mit außerpreußischen Stellen zu vermeiden, in denen Fragen der Landeshoheit berührt werden könnten[349]. Das Reich, das seine im Sommer 1926 erlangte Position geschmälert glaubte, nahm die Äußerungen kritisch auf, woraufhin Preußen seinen Standpunkt am 3. Januar 1927 in noch schärferer Form vertrat. Steiger verteidigte in einer Denkschrift über „Tatsachen zur Siedlung in Preußen" die umstrittenen Leitsätze und behauptete, daß nach Lage der Dinge jede Siedlungstätigkeit in Deutschland nahezu gleichbedeutend sei mit Siedlung in Preußen, also „eine so gut wie ausschließlich preußische Angelegenheit" sei. Die Versuche des Reichs, auf die Siedlungspraxis Einfluß zu gewinnen, seien sachlich und verfassungsrechtlich unzulässig; vielmehr wäre es die Pflicht des Reichs gewesen, „durch Gewährung der erforderlichen Geldbeträge Preußen in den Stand zu setzen", die ihm obliegenden siedlungspolitischen Aufgaben, die großenteils seine Finanzkraft überschritten, zu erfüllen. Mit der Bewilligung solcher Reichsmittel aber gleichzeitig den

346 *BAK*, R 43 I/1288: Vermerk über eine Chefbesprechung am 22.2.26; Zitat von RK Luther.

347 *A.a.O.*. PreußStM an den RK, 28.4.26; (RK), Auszug aus dem Protokoll der Ministerbesprechung vom 4.5.26.

348 Vgl. die Unterlagen in *BAK*, R 43 I/1289. Der Kompromiß kam Anfang August 1926 zustande.

349 *A.a.O.*: RMdF an den RArbM, 5.11.26 (Anlage). Die Leitsätze sind am 29.10.26 in einer Besprechung des PreußMfLDuF mit den Direktoren der Siedlungsgesellschaften angenommen worden.

Anspruch auf eigene Siedlungskompetenzen zu verbinden, sei ungerechtfertigt. Alle Gesichtspunkte sprächen dafür, „daß die Ausführung der Siedlungstätigkeit in Preußen ... in den Händen der Preußischen Regierung verbleiben muß“[350].
Das Reich wich wiederum keinen Zoll zurück, sondern spielte in einer Gegendenkschrift des Reichsarbeitsministers auf die „Reformbedürftigkeit des Verhältnisses von Reich und Ländern“ an. Es nahm für sich in Anspruch, den Boden der Verfassung nirgends verlassen und nie die Ausschaltung der einzelstaatlichen Siedlungsorgane angestrebt zu haben. Sein Wunsch sei nur, „gewisse grundsätzliche Belange des Reiches bei der Verteilung und Verwendung der Reichsgelder“ zu sichern. Das sei um so weniger verfassungswidrig, als die Verfassung „keinerlei Verpflichtungen für das Reich zu irgendwelchen Geldaufwendungen für Siedlungszwecke“ enthalte und als jedem, der aus freien Stücken einem anderen Geld gebe, das Recht zustehe, „an die Hergabe dieser Gelder auch gewisse Bedingungen für ihre Verwendung zu knüpfen“. Dieses Recht dürfe auch das Reich beanspruchen. Der Wunsch Preußens, daß das Reich ihm die strittigen Gelder unmittelbar überlassen und deren Verwendung lediglich an Hand allgemeiner Richtlinien sowie auf Grund der preußischen Berichterstattung kontrollieren möge, sei unannehmbar gewesen. Gleichwohl habe sich die Reichsregierung äußerst entgegenkommend verhalten, so daß die aufgetretenen Hemmnisse „bei einem vertrauensvollen Zusammenarbeiten Preußens mit dem Reich leicht“ zu beheben gewesen wären. Trotz ihrer Konzilianz ließ die Reichsregierung keinen Zweifel daran, daß sie die preußische Alleinzuständigkeit in Siedlungsangelegenheiten ablehnte. Sie beharrte darauf, daß die Tragweite der Siedlungsfrage über die preußischen Landesgrenzen hinausreiche und „für das Reich ... [eine] wirtschaftliche, soziale und hochpolitische Bedeutung“ habe. Es sei auch zu beachten – und das klang beinahe programmatisch –, daß das Reichssiedlungsgesetz von 1919 „die grundsätzlichen Belange des Reichs auf dem Siedlungsgebiete keineswegs erschöpft“ habe[351].
Diese Denkschrift zeigte, daß Preußen nicht auf ein Einlenken des Reichs rechnen konnte. Der ausdrückliche Hinweis auf den „hochpolitischen“ Charakter des Problems ließ befürchten, daß auch in Zukunft die Gegensätze wieder aufleben würden. Preußen mußte erkennen, daß das Reich nicht nur materiell als der überlegene Geldgeber, sondern auch politisch dank dem Rückhalt bei den Rechtsparteien, bei zahlreichen an der Siedlung interessierten Verbänden und nicht zuletzt bei Hindenburg eine kaum noch zu erschütternde Position einnahm[352]. Daß sich deren Fundamente im Laufe der Zeit verstärken würden, war zu befürchten, als Preußens Versuch, Ende 1927 durch Errichtung einer Landesrentenbank den langfristigen Siedlungskredit wieder zu beleben, keinen durchgreifenden Erfolg hatte[353]. Der Kapitalmarkt war nicht aufnahmefähig genug, um eine zügige Umwandlung der Zwischenkredite in Dauerkredite zu gestatten, und infolgedessen blieben die staatlichen Zwischenkredite das tragende Element der Siedlung. Auf diesem Gebiet besaß aber das Reich seit 1926 ein sichtbares finanzielles Übergewicht, so daß die Basis der siedlungspolitischen Autonomie Preußens, nämlich

350 *A.a.O.:* PreußMfLDuF, (gedruckte Denkschrift) *Tatsachen zur Siedlung in Preußen,* 3.1.27.

351 *A.a.O.:* RArbM, (gedruckte Denkschrift) *Auseinandersetzung zwischen Reich und Preußen in der Frage der Siedlung,* 17.2.27. Ausführlich über den Konflikt zwischen Reich und Preußen Boyens (Anm. II/29), I, S. 390 ff.; Schulz, „Staatliche Stützungsmaßnahmen. . .“ (Anm. II/41), S. 38 ff.

352 Vgl. hierzu Schulz, *a.a.O.*, S. 177; S. 179.

353 Boyens (Anm. II/29), I, S. 448 ff.; *Das ländliche Siedlungswesen. . .* (Anm. II/41), S. 149.

die Finanzierung aus eigener Kraft, immer schmaler wurde. Sie schwand vollends dahin, als die Jahre der Wirtschafts- und Agrarkrise die Staatskasse auszehrten und die Überlegenheit des Reichs definitiv besiegelten.
Wie in der Grenzhilfepolitik ist auch in der Siedlungspolitik 1926 ein Prozeß eingeleitet worden, der zuungunsten des Landes Preußen verlaufen ist. Obwohl die preußische Regierung versucht hat, die negativen Konsequenzen aus der finanziellen Beteiligung des Reichs an Landesaufgaben aufzuhalten, ist sie den Einflußmöglichkeiten ihres Partners nicht gewachsen gewesen. Bedrängt von den zählebigen und kostspieligen Notständen in den Ostprovinzen, mußte sie sich wider Willen darein schicken, den Beistand des Reichs fortlaufend zu beanspruchen. Je länger aber die Zusammenarbeit dauerte, desto intensiver konnte das Reich seine politischen und administrativen Wünsche geltend machen. So gesehen, hat die langwierige Strukturkrise in den östlichen Grenzprovinzen wesentlich dazu beigetragen, die materielle Abhängigkeit Preußens vom Reich zu fördern und damit die Autonomie des größten deutschen Landes zu untergraben.

b) Agrarkrise und Siedlung

Die siedlungspolitische Aktivität des Reichs war ein Reflex auf die Krisenzeichen in der ostdeutschen Landwirtschaft. Aus der Sicht der Agrarier sollte sie den stagnierenden Grundstücksmarkt entlasten und aus der Sicht der Reichsregierung die bodenständige deutsche Bevölkerung in den grenznahen Gebieten vermehren. Beide Ziele entsprangen weniger der Absicht, eine systematische Reform der ostdeutschen Agrarstruktur herbeizuführen, als dem Bedürfnis, unerwünschte aktuelle Zustände zu bekämpfen. Weitgehende dirigistische Eingriffe des Staates waren nicht vorgesehen, denn noch lebte der Glaube, daß die sukzessive Vergabe öffentlicher Mittel ausreichen werde, um die allgemeine Leistungsfähigkeit des Ostens zu stärken.
Doch der Fortgang der Agrarkrise lehrte, daß weder Landwirtschaft noch Regierung so leichten Kaufes davonkommen würden. Die Verhältnisse in Ostpreußen zeigten bereits 1927, daß der hochverschuldete Grundbesitz nur noch durch eine staatliche Stützungsaktion zu retten war, und damit stellte sich die Frage, ob die Siedlung in stärkerem Maße als bisher die Funktion eines agrarpolitischen Sanierungsmittels erhalten könnte. Was war zweckmäßiger: die überschuldeten Großbetriebe finanziell zu sanieren oder aufzusiedeln? Wenn es 1926 für gut befunden worden war, die Schwierigkeiten der ostdeutschen Landwirtschaft mit einer forcierten Siedlung zu beantworten, so durfte 1928 eine ähnliche Antwort nicht von vornherein ausgeschlossen werden. Doch inzwischen hatten sich die Maßstäbe verschoben: Was 1926 noch eine vorübergehende und begrenzte Schwierigkeit zu sein schien, war zu einer Krise geworden, die die Landwirtschaft einer großen Provinz ergriffen hatte und Hunderte und gar Tausende von Existenzen gefährdete. Wurde hier das Mittel der Siedlung eingesetzt, so konnte es zu einem spürbaren Wandel der Agrarstruktur kommen, und das war mehr, als Landwirtschaft und Rechtsparteien gestatten wollten.
In den vorbereitenden Verhandlungen für die Ostpreußenhilfe haben die Vertreter der preußischen Regierung mehrfach gefragt, ob die Umschuldung überhaupt erfolgversprechend sei, da sie doch an der Gesamtverschuldung der betreffenden Betriebe wenig ändern werde; sie gaben zu bedenken, ob nicht die Landwirte ihre Notlage wegen mangelnder Tüchtigkeit selbst verschuldet und insofern keinen Anspruch auf öffentliche Hilfe hätten. Demgegenüber meinten die Sprecher der ostdeutschen Landwirtschaft und des Reichs, daß die Umschuldung zweckmäßig und die Landwirte der Provinz

nach bestem Wissen um ihre Betriebe bemüht seien. Sie vertraten uneingeschränkt das Prinzip, daß die derzeitigen Betriebsinhaber nach Möglichkeit auf ihrem Besitz gehalten werden sollten, und lehnten die preußische Alternative ab, „daß der Gütermarkt in Bewegung gebracht werde, daß eine Entschuldung . . . durch Abstoßung von Besitz bewirkt werden müsse und daß es zweckmäßiger sei, Mittel bereitzustellen, den abstoßungsreifen Besitz aufzunehmen und zu tragbaren . . . Bedingungen Siedlern und Kleinbauern zur Verfügung zu stellen“[354]. Unter den gegebenen Umständen hätte solch ein Vorgehen viele ostpreußische Großbetriebe zum Tode verurteilt, während die geplante Stützungsaktion gerade das Gegenteil bewirken sollte. Deshalb begann die Ostpreußenhilfe 1928 in einer Form, die auf eine besondere Förderung der Siedlung keine Rücksicht nahm.

Dabei ist es jedoch nicht geblieben, denn Ende 1928 kam an den Tag, daß die Umschuldung zahlreiche Betriebe nicht mehr retten konnte, weil sie über alle Sanierungsmöglichkeiten hinaus verschuldet waren. Diese hoffnungslosen Fälle drohten zu einem Politikum zu werden, mit dem sich die Verantwortlichen ernsthaft auseinandersetzen mußten. In den Mittelpunkt ihrer Diskussion rückte der Plan einer Auffangorganisation für überschuldete Güter, der von mehreren Seiten bereits angeregt worden war, aber eine zündende Aktualität erst erhielt, als sich die Preußische Zentralgenossenschaftskasse seiner annahm.

Die Befürchtung, es könne zu gehäuften Zusammenbrüchen in der ostdeutschen Landwirtschaft kommen, war seit 1924 eine ständige Begleiterin der Agrarpolitik. Die 1928 beginnende Umschuldungsaktion in Ostpreußen und im übrigen Deutschland bestätigte, wie bedenklich den Regierungen die Lage der Landwirtschaft schien, und es war nur konsequent, daß der preußische Landwirtschaftsminister schon im Februar 1928 der Reichsregierung vorschlug, im Hinblick auf ein zu erwartendes „übernormal starkes Angebot auf dem Gütermarkt“ eine gemeinsame „besondere Organisation zu schaffen, die dazu bestimmt ist, überschuldete zusammenbrechende Betriebe nicht aus der Produktion ausscheiden zu lassen“. Sie sollte die notleidenden Betriebe entweder zugunsten ihres bisherigen Besitzers sanieren oder an tüchtige Landwirte bzw. Siedlungsgesellschaften überleiten; äußerstenfalls sollte sie selbst einzelne Güter vorübergehend bewirtschaften[355].

Obwohl der Vorstoß ohne Folgen blieb, hat der Gedanke einer Auffangorganisation fortgewirkt. Im Reichstag behandelten ihn vor allem die SPD und die DDP als eine Möglichkeit, wie der überschuldete Großgrundbesitz für die Siedlung nutzbar gemacht werden könne. Sie sahen eine „Art von historischem Moment für die Siedlung“ gekommen, in dem die erwähnte Organisation die Güter aufnehmen und der Siedlung zuführen sollte[356]. Ehe jedoch diese Frage näher erörtert worden war, gaben die Nachrichten aus Ostpreußen, daß Hunderte von Betrieben vor dem Bankrott stünden, dem

354 *GStA*, Rep. 203, Nr. 175: (OPr), Niederschrift über eine Sitzung der Reichs- und Staatsressorts auf dem OPr am 16. und 17.1.28; *GStA*, Rep. 90, Nr. 1071: Aufzeichnung (Weichmanns) über die Sitzung im RMdI am 31.1.28 (hieraus das Zitat, das die Ansichten, die Weichmann als Referent des PreußStM vertreten hat, wiedergibt); Vermerk (Rathenaus) über die Besprechung im RMdI vom 3.2.28.

355 *BAK*, R 43 I/2539: PreußMfLDuF an den RMfEuL, 23.2.28.

356 *RT*, III, S. 13 039: Tempel (SPD) am 29.2.28. Ferner *RT*, IV, Drucks Nr. 107; Nr. 592; Antrag Rönneburg, Tantzen, Koch-Weser u. Gen. (DDP) vom 28.6.28; Antrag Breitscheid u. Gen. (SPD) vom 3.12.28. *RT*, IV, S. 642; S. 658: Tantzen (DDP) und Schmidt (SPD) am 4.12.28.

Gesamtproblem eine erhöhte Dringlichkeit[357]. Das Gleiche bewirkte der Vorbericht des Enquête-Ausschusses über die ostpreußische Landwirtschaft, der die umlaufenden Nachrichten bestätigte und „irgendeine Auffangorganisation" zur Abhilfe verlangte[358].

Noch wichtiger war die Stellungnahme der Preußenkasse, die einen detaillierten Bericht über die Lage der landwirtschaftlichen Großbetriebe in Ostdeutschland veröffentlichte und Ostpreußen als das am meisten gefährdete Krisengebiet herausstellte. Nach ihren Berechnungen, die sich auf eine Analyse der finanziellen Situation von 1887 ostpreußischen Großbetrieben stützten, war zu erwarten, daß in der Provinz etwa 444 Betriebe der Größenklasse über 100 ha unmittelbar gefährdet waren[359]. Fußend auf dem Material solch einer weitgestreuten Fragebogenaktion – in Ostpreußen waren 55 % der Großbetriebe überprüft worden –, erhielt der von ihr ebenfalls ausgesprochene Vorschlag, eine Auffangorganisation einzurichten, ein nicht zu unterschätzendes Gewicht. Außerdem war der Präsident der Preußenkasse, Klepper, nicht der Mann, der diese heikle Frage hätte auf sich beruhen lassen. Er brachte vielmehr in einem Bericht an Finanzminister Höpker-Aschoff die Auffangorganisation offiziell und mit präzisen Anregungen ins Gespräch. Ausgehend davon, daß in den agrarischen Krisenherden Ostpreußen, Pommern, Grenzmark Posen-Westpreußen und Ostmecklenburg nur noch der Staat den Grundstücksmarkt regulieren könne, plädierte Klepper für eine Auffangorganisation, an der Reich und Preußen mit je 42,5 %, Mecklenburg mit 5 % und die Preußenkasse mit 10 % zu beteiligen wären. Sie sollte durch Erwerb der bankrotten Betriebe die Real- und Personalkreditgläubiger vor finanziellen Verlusten bewahren und die schleichende Devastierung der Landwirtschaft in den genannten Gebieten beenden. Der aufgekaufte Grundbesitz würde es ihr gestatten, die Siedlung nachhaltig zu fördern und einer Reform der Agrarstruktur Raum zu schaffen. „Die Aufnahmeorganisation führt dem Staate Land in dem Umfange zu, der für planmäßige Siedlungstätigkeit auf Jahre hinaus erforderlich ist. Die Zuspitzung der Krise in den Gegenden überwiegenden Großgrundbesitzes ist symptomatisch für die Unzweckmäßigkeit der dortigen Besitzverteilung. Die Besiedlung der aufgekauften Betriebe bahnt eine gesunde Mischung der Besitzverhältnisse auch im deutschen Osten an. Die Landflucht ... wird zum Stillstand gebracht, die aus nationalpolitischen Gründen notwendige Stärkung des Deutschtums in den Grenzprovinzen erreicht." Diese Siedlung sei von der Aufnahmeorganisation, die die betreffenden Güter „zum marktgünstigsten Preise" erwerben müßte, selbst auszuführen. In Betracht käme der Ankauf von 500 Betrieben zu 250 ha, also 125 000 ha

357 Verschiedene einheimische Institutionen schätzten die Zahl der gefährdeten Güter wie folgt:

OstprLsch	500–600	Betriebe, darunter 40 über 250 ha;
LWK	344	Betriebe,
OstprLGes	394	Betriebe,
Allensteiner Ztg (DNVP)	800	Großbetriebe.

StAL, Rep. 2, Nr. 2426, Bd. 2: OstprGenLschDir an den PreußMfLDuF, 8.5.28; LWK an den OPr, 1.6.28; *GStA*, Rep. 87, Nr. 2501: OstprLGes an den PreußMfLDuF, 29.12.28; *Allensteiner Ztg*, „Ostpreußens Lasten- und Lohnproblem" (Sonderdruck, etwa Dezember 1928), in: *GStA*, Rep. 203, Nr. 502.

358 *GStA*, Rep. 90, Nr. 1073: EnquA II, Vorläufiges Gutachten über die Lage der ostpreußischen Landwirtschaft, 22.11.28. Darin heißt es, „daß bei den ... Betrieben über 100 ha Hunderte von Betrieben als völlig überschuldet angesehen werden können und unmittelbar vor dem Zusammenbruch stehen". Ausführlicher über die Aufgaben der Auffangorganisation in Ostpreußen äußert sich der EnquA in seinem definitiven Bericht: *Die Lage der Landwirtschaft in Ostpreußen* (Anm. I/72), S. 69 ff.

359 *Die Lage der landwirtschaftlichen Großbetriebe...* (Anm. II/213), S. 49 ff.

insgesamt. Der Geldbedarf für Ankauf, dreijährige Zwischenwirtschaft und Aufsiedlung belaufe sich auf 230 Mill. RM, die durch Hypotheken, Siedlungskredite des Reichs, Anleihen auf dem Kapitalmarkt und durch die 50 Mill. RM Eigenkapital der Auffangorganisation abzudecken wären[360].

Einen derart konkreten Plan, der den Aspekt der Agrarreform in den Vordergrund rückte, hatte bisher niemand unterbreitet. Deshalb erregte er großes Aufsehen, als er durch eine Indiskretion öffentlich bekannt wurde. Die Landwirtschaft glaubte, den ihr ohnehin suspekten Klepper dabei ertappt zu haben, wie er die Siedlung in eine Guillotine für die Großbetriebe verwandelte, und protestierte lautstark. Insbesondere das agrarische Lager Ostpreußens wurde unruhig. Die *Allensteiner Zeitung* argwöhnte ein gegen den Großgrundbesitz gerichtetes Zusammenspiel zwischen der preußischen Regierung und Klepper. Der Vorsitzende des Landwirtschaftlichen Zentralvereins in Königsberg behauptete, die Preußenkasse wolle „sämtlichen größeren landwirtschaftlichen Besitz in die öffentliche Hand" überführen, was die „kalte Sozialisierung der Landwirtschaft" sei und durch „schnelles Handeln" bekämpft werden müsse. Im gleichen Tonfall sprach Brandes, der Vorsitzende der Landwirtschaftskammer: „Die unverschuldete Notlage der ostpreußischen Landwirtschaft darf nicht dazu benutzt werden, um Besitzer und Gläubiger in möglichst großem Umfange abzuwürgen und sich . . . in den Besitz ihres Landes zu setzen." Zur Krönung dieser Agitation fiel im preußischen Landtag das Stichwort: „Das ist doch weiter nichts als Agrarbolschewismus!", womit die DNVP ihr auf Jahre hinaus wirksames Verdammungsurteil über alle Versuche, einen konstruktiven Zusammenhang zwischen Agrarkrise und Agrarreform herzustellen, ausgesprochen hatte[361].

Allerdings waren die Landwirte von dem katastrophalen Ausmaß der Krise so sehr überzeugt, daß sie ein systematisches Einschreiten gegen die hoffnungslos verschuldeten Betriebe nicht schlechthin ablehnten. Was sie bekämpften, war die Aussicht, daß die Liquidierung der nicht sanierbaren Fälle einer Gesellschaft übertragen wurde, in der die Preußenkasse und die preußische Regierung die Mehrheit besaßen, denn die Animosität Kleppers und Otto Brauns gegenüber den ostdeutschen Großagrariern ließ erwarten, daß die Auffangorganisation keine Rücksicht auf die traditionelle Agrarstruktur nehmen würde[362]. Aus diesem Grunde setzten die Vertreter Ostpreußens alles daran, die speziellen Sanierungsaufgaben nicht einer neuen, sondern einer bereits bestehenden bzw. anders beschaffenen Organisation anzuvertrauen. *In extenso* begründete das die größte Siedlungsgesellschaft Ostpreußens, die Ostpreußische Landgesellschaft. Sie kritisierte Kleppers Konzept, weil in Ostpreußen zu wenig Betriebe aufgefangen werden

360 *GStA*, Rep. 203, Nr. 177: PrPreußZGK an den PreußFM, 29.11.28. – Eine „gemischtwirtschaftliche Aufnahmeorganisation" für zusammenbrechende Domänen hatte Klepper bereits Ende 1925 als Leiter der Domänenbank dem PreußMfLDuF vorgeschlagen. Steiger hatte es damals vorgezogen, gefährdete Domänen in eigener Regie mit staatlichen Mitteln wiederaufzurichten; s. *GStA*, Rep. 87, Nr. 2971: Vorstand der Deutschen Domänenbank an den PreußMfLDuF, 21.12.25; PreußMfLDuF an den PreußFM, 4.3.26; PreußMfLDuF an die Deutsche Domänenbank, 16.3.26.

361 *Allensteiner Ztg*, „Ostpreußens Lasten- und Lohnproblem" (etwa Dezember 1928); Balduhn-Rodmannshöfen in: *Georgine*, 30.12.28, „Gedanken der ostpreußischen Wirtschaft an der Jahreswende"; Brandes vor der LWK in: *Kbg Allg Ztg*, 18.1.29, „Der Existenzkampf der ostpreußischen Landwirtschaft"; *PreußLT*, III, Sp. 1556: Baecker (DNVP) am 14.12.28.

362 Es sei daran erinnert, daß der PreußMPr Braun am 14.12.28 erklärt hat, der Staat sei nicht daran interessiert, „einige hundert Großgrundbesitzer-Existenzen in ihrer gesellschaftlichen Stellung" zu erhalten, vielmehr sollten „die volkswirtschaftlichen Gesetze sich durchsetzen" und einen Reinigungsprozeß herbeiführen, damit „viele dieser in Schwierigkeiten geratenen Objekte ihren Besitzer wechseln müssen". *PreußLT*, III, Sp. 1561.

sollten, weil der Kostenvoranschlag zweifelhaft sei und weil eine eigene Siedlungstätigkeit der Auffangorganisation nicht notwendig sei. Die bestehenden Siedlungsgesellschaften seien ausbaufähig und könnten, sofern sie genügend Kredite erhielten, ihren Landankauf auf dem freien Markt erheblich steigern. Das hieße, daß zur Aufnahme besiedlungsfähigen Landes eine neue Organisation nicht benötigt werde und infolgedessen Kleppers Plan als „seines wesentlichen Inhalts beraubt" dastehe; er könne nicht mehr beanspruchen, „als ein vollwertiger Vorschlag zur Verhinderung des drohenden Zusammenbruchs angesehen zu werden". Um aber trotzdem ein Organ für die Behandlung der notleidenden Betriebe zu erhalten, sei von Reich, Preußen, Provinz und Ostpreußischer Landgesellschaft eine „Landwirtschaftliche Treuhandstelle für Ostpreußen GmbH" zu gründen, die den Zustand der ihr namhaft gemachten Betriebe überprüfen und nach Bedarf deren Verkauf an andere Landwirte, an den Domänen- und Forstfiskus oder an eine Siedlungsgesellschaft vermitteln sollte[363].

Die Intervention der Landgesellschaft wollte nicht nur den Aufmarsch eines neuen Konkurrenten auf dem Gebiet der Siedlung hintertreiben, sondern auch die traditionelle, gemäßigte Siedlungspolitik gegenüber energischen Reformversuchen aufrechterhalten. Ihren sozialkonservativen, aus der Vorkriegszeit stammenden Grundlagen gemäß glaubte die Landgesellschaft, daß sie die Siedlung „nur fußend auf der geschichtlich gewordenen Entwicklung" zum Erfolge führen könne[364]. Vor Beginn ihrer Nachkriegsaktivität hatte der Provinzialausschuß das zwiespältige Motto ausgesprochen, daß „die Notwendigkeit einer stärkeren Besiedlung der Provinz" zwar an Bedeutung gewonnen habe, daneben aber zu beachten bleibe, „daß eine *übermäßig* schnelle Siedlung auch nicht im Interesse der Provinz" liege[365]. Solch ein behutsames, vom Großgrundbesitz unterstütztes Vorgehen war mit den rigorosen Ansichten Kleppers unvereinbar, und die Traditionalisten der inneren Kolonisation konnten sich wohl fragen, ob der 1919 vermiedene Bruch mit der „geschichtlich gewordenen Entwicklung" zehn Jahre später doch noch erfolgen würde.

Im gleichen Sinne wie die Landgesellschaft argumentierten die übrigen ostpreußischen Institutionen. Die Landwirtschaftskammer war gegen eine neue Organisation, die Landschaft wollte die Grundstückspreise durch vermehrte Ankäufe des Domänenfiskus und der Siedlungsgesellschaften anheben, und der Landeshauptmann beanspruchte die Sanierungsfunktionen für eine provinzielle Stelle, wobei er die zu gründende Treuhandstelle für Umschuldungskredite im Auge hatte[366]. Alle Vorschläge liefen darauf hinaus,

363 *GStA*, Rep. 87, Nr. 2501: OstprLGes an den PreußMfLDuF, 29.12.28. Für die ablehnende Haltung, die die Siedlungsgesellschaften insgesamt gegenüber Kleppers Vorschlag einnahmen, s. Boyens (Anm. II/29), II, S. 24 f.

364 *Zwanzig Jahre deutscher Siedlungsarbeit...* (Anm. II/29), S. 33; s. S. 32 die Mitglieder des Aufsichtsrats der OstprLGes nach dem Stand von 1926: Von 13 Mitgliedern waren allein 10 in der Provinz ansässige Landwirte, unter ihnen so bekannte Großgrundbesitzer wie Brandes-Althof, Vorsitzender der LWK, von Batocki-Bledau, von Brünneck-Bellschwitz (zu dieser Zeit LHptm), von Gehren-Czychen (erster Vorsitzender des LVO), Frhr. von Braun-Warnikeim, Frommer-Weskeim (Landschaftsrat bei der OstprLsch), Scheu-Adlig Heydekrug (Vorsitzender des Landlieferungsverbandes Ostpreußen).

365 *Verhandlungen des 45. ProvLT...*, Königsberg 1920, Drucks Nr. 32: ProvA an den ProvLT, 25.11.19 (Vorlage, betr. die Übernahme weiterer Geschäftsanteile der OstprLGes auf den ProvVerb Ostpreußen).

366 *Kbg Allg Ztg*, 18.1.29: „Der Existenzkampf der ostpreußischen Landwirtschaft" (über eine Rede Brandes' vor der LWK); *GStA*, Rep. 90, Nr. 1074: OstprGenLschDir (an den OPr), 21.1.29; LHptm an den OPr, 22.1.29, in: *Ostpreußenhilfe und Umschuldung* (Anm. I/387), S. 81. Siehr schlug ebenfalls die Ausgestaltung der TrhSt zu einer Auffangorganisation vor; s. *GStA, a.a.O.*: OPr, Vorschläge zur Fortsetzung der OstprH, 3.3.29.

Kleppers Initiative zu bremsen und, falls organisatorische Neuerungen eintreten sollten, an ihnen nicht die Preußenkasse, sondern die provinziale Selbstverwaltung zu beteiligen. Dadurch hätten die ostpreußischen Interessenten einen für sie unberechenbaren Aufschwung der Siedlung verhindern können.

Die geflissentliche Aktivität der Ostpreußen verkannte die Situation, denn bei der preußischen Regierung hatte Kleppers Schuß keineswegs ins Schwarze getroffen. Landwirtschaftsminister Steiger kommentierte ihn zwar mit dem Ausruf: „Eine kühne Idee!“, fügte aber sogleich hinzu, daß die Auffangorganisation großen Finanzierungsschwierigkeiten ausgesetzt wäre und daß sich mit 5 Mill. RM, die sofort für Domänenankäufe angelegt würden, schneller eine „gewisse Erstarkung des Gütermarktes“ erreichen lasse. Er hat deshalb den Finanzminister um diesen Betrag gebeten, der „zur Stützung des Grundstücksmarktes und zur Schaffung einer staatlichen Landreserve für die Siedlungstätigkeit der Zukunft“ dienen sollte[367]. Innerhalb des Landwirtschaftsministeriums setzte eine intensive Kritik an Kleppers Vorschlag ein, die die Kostspieligkeit des Projekts rügte und den Verdacht äußerte, daß es in erster Linie auf eine Rettung der in der Landwirtschaft eingefrorenen Genossenschaftskredite abgesehen sei. Bekanntlich sei Klepper in die Preußenkasse berufen worden, um die uneintreibbaren Kredite zu realisieren. Dieser Aufgabe widme er sich um so energischer, als damit „die Zerschlagung des Großbesitzes zwangsläufig“ zusammenhänge; sein Plan erwecke den „Eindruck eines Generalangriffs auf Großgrundbesitz und Großbetrieb und auf den Privateigentumsgedanken“[368]. Beeinflußt von derartigen Motiven, die kein agrarischer Interessenverband hätte schärfer formulieren können, pendelte sich die Meinung des Hauses auf der Linie ein, daß eine Auffangorganisation à la Klepper inopportun sei und an ihrer Stelle eine koordinierte Ankaufstätigkeit der Siedlungsgesellschaften, des Domänen- und Forstfiskus sowie privater Interessenten veranlaßt werden solle. In diesem Sinne wurde die Öffentlichkeit informiert[369].

Praktisch war damit die Entscheidung gefallen. Wenn das preußische Ressort, das für die Siedlung zuständig war den Vorschlag Kleppers nicht aufgriff, wer sollte es sonst tun? Steiger distanzierte sich nun von seiner im Vorjahr entwickelten Idee, Reich und Preußen sollten gemeinsam eine Auffangorganisation gründen. Er bemerkte, damals habe er „die Gefahr zahlreicher Zusammenbrüche für akuter und weittragender [gehalten], als sie sich in der Zwischenzeit herausgestellt hat“. Diese Erfahrung veranlasse ihn, sich jetzt mit systematischen Ankäufen der Siedlungsgesellschaften sowie des Domänen- und Forstfiskus zu begnügen. Sie hätten den Vorteil, daß die von Preußen aufgewandten Mittel dem eigenen staatlichen Grundbesitz zugute kämen und daß eine erhöhte Präsenz des Reichs in den Ostprovinzen, die im Rahmen einer Auffangorganisation unvermeidlich wäre, verhindert würde. Zur Ausführung seines Konzepts beantragte er beim Finanzminister zunächst 8, dann 18 Mill. RM, die die Domänen- und Forstverwaltung für die Ankäufe benötigten. Wichtig war ihm, daß sein Weg die „unübersehbare finanzielle Inanspruchnahme“ ausschließe, die mit einer vorübergehenden Bewirt-

367 *GStA*, Rep. 203, Nr. 177: PrPreußZGK an den PreußMfLDuF, 29.11.28 (mit Randbemerkung Steigers, s. die ersten beiden Zitate); *GStA*, Rep. 87, Nr. 1280: PreußMfLDuF an den PreußFM, 14.12.28 (drittes Zitat).

368 *GStA*, Rep. 87, Nr. 2501: Voten der ORegRäte Tietmann und Berger aus der Domänenabteilung des PreußMfLDuF, etwa Dezember 1928.

369 *A.a.O.*: Votum der Abt. I im PreußMfLDuF, 4.1.29. *WTB*, 8.1.29: „Minister Dr. Steiger über die Lage der Landwirtschaft“; *Amtlicher Preußischer Pressedienst*, 14.1.29: „Die Errichtung einer Auffangorganisation. Unberechtigte Vorwürfe“ (beides in: *GStA*, Rep. 90, Nr. 1074). Vgl. Boyens (Anm. II/29), II, S. 23 f.

schaftung der bankrotten Betriebe durch die Auffangorganisation verbunden wäre. Das Risiko der Zwischenwirtschaft bezeichnete er als den „Hauptgrund meiner ablehnenden Haltung gegenüber der ... vorgeschlagenen besonderen Organisation“[370].
Kleppers Hinweis auf die Möglichkeiten einer agrarreformerischen Siedlungspolitik fand bei Steiger keinen Widerhall. Statt dessen traten finanzielle Bedenken in den Vordergrund, die vom Finanzminister noch verstärkt wurden, denn Höpker-Aschoff war nicht willens, den Domänen- und Forstankaufsfonds aufzustocken. Er lehnte eine Ausweitung des Domänenbesitzes ab und machte eventuelle Stützungskäufe in Ostpreußen von den Einnahmen abhängig, die beim Verkauf staatlichen Grundbesitzes in anderen Landesteilen zu erlösen wären[371]. Dieser Standpunkt wurde von der preußischen Regierung akzeptiert und von Steiger im Ministerrat über die Ostpreußenhilfe am 20. März vertreten. Als Hindenburg die „große Mißstimmung gegen die Preußenkasse“ erwähnte, meinte Steiger zwar, „der Sache nach machen wir in anderer Form durch die hier vorgesehene Regelung dasselbe“, was Klepper vorgeschlagen habe, aber in Wirklichkeit war man in materieller wie politischer Hinsicht zu einem viel milderen Verfahren gelangt[372].
Im Rahmen der Ostpreußenhilfe stellte sich dieses Verfahren 1929 folgendermaßen dar: Etwa 38 Mill. RM waren zur verstärkten Förderung der landwirtschaftlichen Siedlung vorgesehen, d.h. sie sollten an die Siedlungsgesellschaften weitergegeben werden. Daneben waren Ankäufe des Domänen- und Forstfiskus zu erwarten, für die die Mittel erst noch eingehen mußten. Als koordinierende Instanz sollte der „Staatskommissar zur Stützung des ostpreußischen Gütermarktes“ auftreten, der kraft seiner Richtlinien befugt war, die Siedlungsunternehmen sowie die Domänen- und Forstverwaltung zu bestimmten Käufen zu veranlassen; ohne seine Zustimmung durften sie keine anderen Güter kaufen[373]. Vom Staatskommissar, dem eigene Ankäufe für den preußischen Staat ausdrücklich untersagt waren, mußte es also abhängen, ob die Boden- und Siedlungspolitik nun systematisch betrieben wurde oder nicht. Bemerkenswert war, daß 1929 die Förderung der Siedlung in den Text des Ostpreußenhilfegesetzes eingegangen war und damit eine anerkannte Funktion im Kampf gegen die Agrarkrise erhalten hatte. Allerdings stand dahinter nicht der politische Wille, die Krise im Sinne Kleppers für eine regionale Reform der Agrarstruktur zu nutzen. Siedlung war hier gedacht als *ultima ratio* der landwirtschaftlichen Sanierungspolitik, die nur deshalb einen quantitativen Zuwachs erfuhr, weil die überschuldeten Betriebe so zahlreich waren.
Die ihrer inneren Qualität nach begrenzte Siedlungsbereitschaft berührte bald die Stellung des Staatskommissars in Königsberg, der seit Juni 1929 an der Ostpreußenhilfe beteiligt war. Ähnlich wie beim Umschuldungsverfahren gelangte Rönneburg zu der Erkenntnis, daß seine Einflußmöglichkeiten in der Praxis keineswegs so erheblich waren,

370 *GStA*, Rep. 87, Nr. 2501: PreußMfLDuF an den PreußFM, 18.1.29 (erstes Zitat); ders. an den PreußMPr/PreußFM/PreußMdI, 6.2.29 (weitere Zitate). Von den beantragten 18 Mill. RM waren 5 bzw. 2 Mill. RM für Ankäufe des Domänen- und Forstfiskus, 3 Mill. RM für die Aufforstung ertragsarmer Böden, 5 Mill. RM für die Sanierung sonstiger Betriebe und 3 Mill. RM für Hilfsaktionen in Hinterpommern und der Grenzmark vorgesehen.

371 *A.a.O.:* PreußFM an den PreußMfLDuF/PreußMPr, 13.2.29.

372 Hubatsch, *Hindenburg und der Staat* (Anm. I/46), S. 293: Niederschrift über den Ministerrat ... am 20.3.29.

373 Vgl. OstprH-Gesetz von 1929 in: Borcke-Stargordt (Anm. II/216), S. 110; Richtlinien des StKom in: *GStA*, Rep. 90, Nr. 682; ferner *GStA*, Rep. 87, Nr. 2501: PreußMfLDuF an die Abt. II seines Ministeriums, 20.4.29, schreibt vor, daß die Domänen- und Forstverwaltung ihre Ankäufe in Ostpreußen nur im Einvernehmen mit dem StKom tätigen dürfe.

wie sie sich auf dem Papier ausnahmen. Der Reichsarbeitsminister hatte schon in den vorbereitenden Besprechungen dafür gestimmt, daß die Siedlungsgesellschaften durch den Staatskommissar nicht in ihrer Ankaufstätigkeit behindert werden dürften, und in der Folge bereitete es Rönneburg große Mühe, sich mit seiner Politik durchzusetzen. Die Ostpreußische Landgesellschaft vermochte er kaum zum Ankauf sanierungsbedürftiger Betriebe zu bewegen, da sie sich vorbehielt, die Siedlungsfähigkeit dieser Objekte zu beurteilen, und grundsätzlich der Auffassung war, daß die zwangsversteigerungsreifen, ausgeplünderten Betriebe wenig brauchbar für die Siedlung seien. Unter diesen Umständen bevorzugten die Siedlungsgesellschaften freihändige Ankäufe, so daß die Koordinationsversuche Rönneburgs im Ansatz steckenblieben[374]. Das galt auch gegenüber der Domänenverwaltung, die ebenfalls durch einen Qualitätsvorbehalt geschützt war: Sie sollte in erster Linie volkswirtschaftlich wertvolle Güter aufnehmen, was auf die von Rönneburg behandelten Fälle nicht zutraf. Infolgedessen hatte bis Ende 1929 „die systematische Behandlung des Gütermarkts durch Herausnahme der nicht mehr sanierungsfähigen Betriebe versagt“[375].

Die schlechten Erfahrungen bewogen Rönneburg zu dem Versuch, seine Position gründlich auszubauen. Einen Ansatzpunkt hierfür hoffte er in dem Interesse zu finden, das Reich und Preußen als Garanten der Umschuldungskredite an der Lage der umgeschuldeten Betriebe haben mußten. Je zahlreicher die erfolglos sanierten Güter wurden, desto dringender wurde die Frage, wie sich Reich und Preußen vor dem finanziellen Risiko, das ihnen aus diesen Fällen erwuchs, schützen sollten. Rönneburg schlug vor, alle verfügbaren Mittel auf die systematische Verwertung zusammenbrechender Umschuldungsbetriebe zu konzentrieren und gleichzeitig die Vollmachten des Staatskommissars mit realem Gehalt zu versehen. Das bedeutete, daß die Siedlungsgesellschaften und die Domänenverwaltung endlich dazu gebracht werden sollten, nur solche Güter zu kaufen, die ihnen Rönneburg angeboten habe; an einer genügenden Auswahl werde es nicht fehlen. Ferner müßten die öffentlichen Garanten ernstlich erwägen, über die zu bildende Treuhandstelle für Umschuldungskredite das eine oder andere Gut selbst zu erwerben und in Zwischenwirtschaft zu nehmen, um ihnen nachteilige Preismanipulationen zu verhindern. Rönneburg meinte, daß in Ostpreußen 1200 bis 1300 umgeschuldete Großbetriebe in bedenklicher Lage wären und daß der Staat als deren Gläubiger einen „entscheidenden Einfluß auf den größten Teil der überhaupt in nächster Zeit eintretenden Niederbrüche landwirtschaftlicher Großbetriebe“ erhalten werde. In diesem Augenblick untätig zu bleiben hieße, „die Konservierung der agrarischen Besitzstruktur Ostpreußens“ begünstigen. Erhielte dagegen die Treuhandstelle die Erlaubnis zu eigenen Ankäufen, dann würde „in der Hand des Staates ein Landvorrat geschaffen, der für Jahre hinaus das Landbedürfnis der Siedlung sichert . . . Über eine unmittelbare Förderung des Siedlungswerkes hinaus schafft eine derartige staatliche Bodenvorratswirtschaft mit einem Male Voraussetzungen für eine planmäßige betriebwirtschaftliche Umgestaltung der ostpreußischen Landwirtschaft, ohne die sie auf die Dauer nicht lebensfähig scheint[376].“

374 *StAL*, Rep. 2, Nr. 2499: Frankenbach an den OPr, 7.5.29; *a.a.O.*, Nr. 2483: OstprLGes an den PreußMfLDuF, 17.7.29; Vermerk über die Besprechung beim PrLKultA (in Königsberg) am 5.8.29. *GStA*, Rep. 90, Nr. 682: Vermerk (Frankenbachs) über den Empfang des StKom beim PreußMPr, 13.11.29. Da die Siedlungsunternehmen auf Rentabilität ihrer Tätigkeit und auf Leistungsfähigkeit der angesetzten Siedler bedacht sein mußten, haben sie von jeher „guten Objekten“ den Vorzug gegeben; s. Boyens (Anm. II/29), I, S. 260; S. 415; *Das ländliche Siedlungswesen. . .* (Anm. II/41), S. 135 f.

375 *GStA*, Rep. 90, Nr. 1076: StKom, Bericht vom 13.11.29.

376 *A.a.O.:* StKom an den PreußMfLDuF, 17.11.29.

Beinahe genau ein Jahr nach dem Vorschlag der Preußenkasse brachte Rönneburg wieder den Gedanken ins Spiel, die landwirtschaftliche Stützungsaktion zugunsten der Siedlung auszunutzen[377]. Er beschränkte sich zwar auf Ostpreußen und hier auf die gefährdeten Umschuldungsbetriebe, aber sein Verlangen nach einer planmäßigen Reform der Agrarstruktur zeugt davon, daß er eine nicht minder folgenschwere Politik als seinerzeit Klepper einleiten wollte. Obwohl die Regierungen diesmal mit einem drohenden finanziellen Risiko konfrontiert und von den Gegenvorschlägen nervöser Interessenten unbehelligt waren, fiel ihre Entscheidung nicht viel anders aus als vor Jahresfrist[378]. Zunächst sprach sich Höpker-Aschoff dafür aus, daß die von Steiger Anfang 1929 durchgesetzte Konzeption eines koordinierten Vorgehens der Siedlungsgesellschaften und der Domänenverwaltung verwirklicht werde, denn Rönneburgs Berichte hätten gezeigt, daß sich daraus noch nichts Ersprießliches entwickelt habe[379]. Wie sich alsbald herausstellte, war mit einem Eingreifen der Domänenverwaltung nicht mehr zu rechnen, weil deren Beamte die Stützungskäufe als ein zweckloses Risiko betrachteten und sich mit dem Ausruf trösteten: „Zum Glück ist kein Pfennig Geld da." Sie rechneten vor, daß in Ostpreußen kaum noch Domänenpächter zu finden seien, daß 21 Domänen sanierungsreif und 12 weitere schon zusammengebrochen oder kurz davor seien, mithin die vorhandenen Gelder für die Sanierung der Domänen selbst benötigt würden[380]. Tatsächlich scheiterte eine Aktivierung des Domänen- und Forstfiskus daran, daß sich die benötigten Mittel nicht – wie ursprünglich geplant – durch angemessene Landverkäufe in Westdeutschland beschaffen ließen und infolgedessen nur der etatgemäße Ankaufsfonds verfügbar war, der nun aber für die Sanierung notleidender Domänen herhalten mußte. Im Januar 1930 teilte Steiger mit, daß ihm nichts anderes übrigbleibe, „als die beabsichtigte Ankaufstätigkeit in Ostpreußen zurückzustellen, um die Mittel des Ankaufsfonds zur Aufnahme von zusammenbrechenden Domänen bereitzuhalten". Höpker-Aschoff akzeptierte dieses Ende einer Illusion widerspruchslos[381].

Etwas anders war die Lage der Siedlungsgesellschaften, auf die Steiger seine Hoffnung setzte. Ihnen allein wollte er nun die Aufgabe übertragen, auf dem Grundstücksmarkt zu intervenieren. Die Betriebe, die für sie nicht geeignet wären, „seien dann eben nicht zu retten und müßten zusammenbrechen"[382]. Was konnten aber die Siedlungsgesellschaften 1930 noch leisten? Im Landwirtschaftsministerium wurde ermittelt, daß sie in Ostpreußen bereits 67 Güter auf Vorrat eingekauft hatten, also für 1930 keinen nen-

377 Es ist wohl kein Zufall gewesen, daß Rönneburg den Vorschlag erneuerte, denn in seinem Staatskommissariat saßen Vertreter der Preußenkasse, die für eine gewisse Kontinuität der ursprünglichen Absichten ihres Instituts sorgen konnten.

378 Rönneburgs Denkschrift vom 27.11.29 ist später öffentlich bekannt geworden, jedoch stammen die Belege dafür aus dem Herbst 1930, so daß es sich um ein nachträgliches Ereignis von untergeordneter Bedeutung handelte. Die Kernsätze sind wörtlich zitiert in *PreußLT*, III, Sp. 16 098: von Plehwe (DNVP) am 14.11.30; Hinweise ferner in *PreußLT*, III, HptA, 167. Sitzung, Sp. 13: Graf von Kanitz (DVP) am 5.12.30; *LVO*, 29.11.30: „Das wahre Gesicht der Umschuldung."

379 *GStA*, Rep. 90, Nr. 1076: PreußFM an den PreußMfLDuF, 9.12.29.

380 *GStA*, Rep. 87, Nr. 2501: StKom an den PreußMfLDuF, 27.11.29 (darauf Randbemerkungen der Beamten der Domänenabteilung mit dem Zitat); PreußMfLDuF/Abt. II an den PreußMfLDuF/Abt. I, 9.12.29; *GStA*, Rep. 90, Nr. 1076: PreußMfLDuF, Vermerk (Mussehls über die Ressortbesprechung am 23.12.29).

381 *GStA*, Rep. 87, Nr. 4341; Nr. 4368: PreußMfLDuF an den PreußFM, 7.1.30; PreußFM an den PreußMfLDuF, 26.2.30.

382 *GStA*, Rep. 90, Nr. 1076: Vermerk (Weichmanns über eine Chefbesprechung beim PreußMPr am 14.12.29).

nenswerten Bedarf mehr haben würden. Gleichwohl ergingen an sie neue Richtlinien, die sie zum Ankauf stützungsbedürftiger Umschuldungsbetriebe verpflichteten und die „alle Betriebe, deren Erwerb durch Siedlungsunternehmen ... nicht in Betracht kommt, ... [von der] Stützung oder Aufnahme mit staatlichen Mitteln" ausschlossen[383]. Den Berichten Rönneburgs zufolge haben die Siedlungsgesellschaften trotz lebhafter Kauftätigkeit wenig Umschuldungsbetriebe übernommen. Vom 1. Juni 1929 bis zum 15. August 1930 haben sie 84 Güter gekauft, darunter aber nur 7 vom Staatskommissar angebotene Umschuldungsbetriebe[384]. Das entsprach sicherlich nicht den Erwartungen, die Anfang 1930 in die neuen Richtlinien gesetzt worden waren, aber in einer Zeit, als der Grundstücksmarkt reich an Angeboten war, konnten die Siedlungsgesellschaften nicht von der ihnen am günstigsten erscheinenden Auswahl abgehalten werden.

Ganz ablehnend verhielt sich Steiger gegenüber einer Ankaufstätigkeit der Treuhandstelle. Er erblickte darin eine wenig veränderte Spielart der Auffangorganisation, die Anfang 1929 wegen der unübersehbaren Kosten verworfen worden und jetzt erst recht nicht mehr zu finanzieren sei. Allerdings war die Angelegenheit mit seiner Stellungnahme nicht sogleich abgetan, denn Rönneburg legte eine recht maßvolle Rechnung für die Stützungskäufe der Treuhandstelle vor und veranlaßte damit einige Diskussionen. Er schätzte, daß in einem Jahr 30 bis 40 Großbetriebe aufgenommen werden müßten und daß dafür 2,5 bis 3 Mill. RM benötigt würden. Im preußischen Landwirtschaftsministerium erwartete man jedoch, daß mindestens 300 Güter der Treuhandstelle zur Last fallen und binnen drei Jahren einen Finanzbedarf von 111 Mill. RM verursachen würden. Dieser Aufwand wäre so unverantwortlich, daß es besser sei, die betreffenden Güter sich selbst zu überlassen[385]. Rönneburgs Hinweis auf eine strukturverändernde Siedlungspolitik wurde nicht gänzlich übersehen – der Vertreter des Staatsministeriums hielt Ankäufe der Treuhandstelle für vertretbar, sofern es gelänge, „bei einer späteren Verwertung der angefallenen Güter ... für eine Weitergabe des Besitzes an neue Unternehmer in der Form Sorge zu tragen, daß das bisherige einseitige Übergewicht einer politisch extrem staatsfeindlichen Klasse des Großgrundbesitzes entscheidend geschwächt wird"[386] –, aber gegenüber den finanziellen Bedenken der Minister konnte er sich nicht durchsetzen. Um wenigstens ein Minimum an Interventionsmöglichkeiten zu wahren, betonte Rönneburg, daß die Treuhandstelle vorwiegend in den großagrarischen Landkreisen aktiv werden müsse und daß sie Ankäufe auf eigene Rechnung nur als äußersten Notbehelf betrachten werde. Für diese Marschroute fand er die Unterstützung des Finanzministeriums, das bereit war, gemeinsam mit dem Reich die Mittel für die absolut unvermeidlichen Güterkäufe zu bewilligen. Am 5. Februar 1930 wurde der entsprechende Betrag auf 4,5 Mill. RM festgesetzt[387].

383 *A.a.O.:* PreußMfLDuF, Vermerk (Mussehls über die Besprechung am 23.12.29, Anlage II); *StAL*, Rep. 2, Nr. 2483: PrLKultA an den OPr, 28.12.29.

384 *GStA*, Rep. 90, Nr. 1078: StKom, Bericht vom 26.8.30, S. 8. Insgesamt hatte Rönneburg 111 Umschuldungsbetriebe für die Besiedlung angemeldet; 52 waren vom Landeskulturamt als besiedlungsfähig bezeichnet worden. In demselben Bericht, S. 12, hieß es ferner, daß die Kaufpreise der Siedlungsunternehmen „regelmäßig nur geringe Teile der Umschuldungshypothek gedeckt" hätten, die TrhSt also keinen nennenswerten Nutzen dabei gehabt habe.

385 *A.a.O.*, Nr. 1076: Vermerk (Weichmanns über eine Chefbesprechung beim PreußMPr am 14.12.29); Aufzeichnung (Weichmanns) sowie Vermerk (Mussehls über die Ressortbesprechung im PreußMfLDuF am 13.12.29); PreußMfLDuF, Vermerk (über die Ressortbesprechung am 10.1.30).

386 *A.a.O.:* Vermerk (Weichmanns über die Besprechung im PreußMfLDuF am 10.1.30).

387 *A.a.O.:* StKom an den PreußMfLDuF, 30.1.30; PreußMfLDuF, Vermerk (über die Besprechung am 10.1.30); Vermerk (Weichmanns über die Chefbesprechung beim PreußMPr am

Verglichen mit dem, was Rönneburg anfänglich für eine intensivere Betätigung der Treuhandstelle gefordert hatte, war die bewilligte Summe durchaus ansehnlich, aber sie hatte den Nachteil, daß sie nicht sogleich verfügbar war. Zwischen Reich und Preußen traten Meinungsverschiedenheiten über die beiderseitigen Anteile auf, so daß tatsächlich nur von Fall zu Fall der Kauf bankrotter Umschuldungsbetriebe gestattet wurde[388]. Auf diese Weise war der zweite Anlauf, die besonderen Umstände der Agrarkrise einer energischen Siedlungspolitik dienstbar zu machen, gescheitert. Der preußischen Regierung fehlte die finanzielle Kraft, um auf die Anerbieten Kleppers und Rönneburgs einzugehen. Das Bewußtsein der eigenen Schwäche verhinderte, daß sich mit diesen Vorschlägen ein aktiver politischer Wille verband, der die Situation zur Schwächung der „extrem staats- bzw. republik- feindlichen Klasse des Großgrundbesitzes" ausgenutzt hätte. Statt dessen bewirkte das Bekanntwerden der Vorschläge nur eine Verschärfung der Opposition im agrarischen Lager, das mit überschäumenden Emotionen auf die gemäßigte Politik der Regierungen reagierte.

Ein Beispiel für den Widerstand, den die landwirtschaftlichen Interessenten der Regierungspolitik entgegensetzten, ist der Konflikt zwischen der Treuhandstelle und der Ostpreußischen Landschaft. Bekanntlich weigerte sich die Landschaft seit Anfang 1930, ihre erststelligen Hypotheken auf solchen Gütern stehenzulassen, an deren Erwerb die Treuhandstelle interessiert war[389]. Da die Treuhandstelle nicht in der Lage war, die Hypotheken gegebenenfalls auszuzahlen, konnte sie notleidende Umschuldungsbetriebe nicht nach eigenem Ermessen ersteigern, sondern war von den Zugeständnissen der Landschaft abhängig. Diese stützte ihr negatives Verhalten auf formal unwiderlegliche Gründe, die aber in Berlin nicht überzeugten. Denn hier wußte man durch Rönneburg, daß es für den Fall, die Treuhandstelle werde nicht zum Ankauf einzelner umgeschuldeter Betriebe berechtigt, „zu großen Schiebungen im Zwangsversteigerungsverfahren insofern kommen kann, als die Güter dann durch Verwandte des ehemaligen Besitzers für die erste Hypothek ersteigert und ihren früheren Besitzern wieder zugeschanzt werden". Die Leidtragenden der „Sozialisierung des Verlustes der ehemaligen Besitzer" würden Reich und Preußen sein, weil der von ihnen verbürgte Umschuldungskredit bei der Zwangsversteigerung verfallen würde und aus der Staatskasse abgedeckt werden müßte[390]. Um diese „Familiensanierungen" hintanzuhalten, genehmigten die Regierungen der Treuhandstelle ein gelegentliches Mitbieten bei den Zwangsversteigerungen[391]. Anfang Februar 1930 wurde das erste Gut, Koppershagen im Kreis Wehlau, angekauft, wobei Rönneburg die Absicht des bankrotten Besitzers vereitelte, „das Grundstück von seiner Tochter für den Wert der erststelligen Beleihung in der Zwangsversteigerung erwerben" und die bevorrechtigten Forderungen mit Hilfe seiner Verwandten auszahlen zu lassen[392].

5.2.30). Von dem erwähnten Betrag wollte Preußen 1,25 und das Reich 3,25 Mill. RM aufbringen.

388 Bis zum 15.8.30 wurden 8 Güter mit 1843 ha gekauft. Die bewilligten 4,5 Mill. RM sollten nach Ansicht der Regierungen den Ankauf von höchstens 7500 ha gestatten; s. *GStA*, Rep. 90, Nr. 1078: StKom, Bericht vom 26.8.30 (Anlage 8); *GStA*, Rep. 203, Nr. 180: RMfEuL, Niederschrift über die Ressortbesprechung am 29.8.30. Über die Meinungsverschiedenheiten zwischen Reich und Preußen s. *GStA*, Rep. 90, Nr. 1076: RMfEuL, Vermerk über die Besprechung am 6.2.30.

389 Vgl. o. S. 300 ff.

390 *GStA*, Rep. 90, Nr. 1076: Vermerk (Weichmanns über die Besprechung im PreußMfLDuF am 10.1.30); ferner StKom an den PreußMfLDuF, 27.11.29.

391 *A.a.O.:* PreußMPr an den RK, 28.2.30.

392 *A.a.O.:* StKom an den PreußMfLDuF, 29.1.30.

Der Fall Koppershagen ist allerdings untypisch gewesen, weil hier nicht die Landschaft, sondern die Reichsversicherungsanstalt für Angestellte Gläubigerin der ersten Hypothek war. Wo die Landschaft diese Position innehatte, ging es so zu, wie bei der Zwangsversteigerung des Gutes Kortmedien im Kreis Wehlau. Die Treuhandstelle zeigte sich zwar aus ökonomischen Gründen an Kortmedien wenig interessiert, aber der Verzicht auf ein Mitbieten wurde ihr erst definitiv aufgezwungen durch die Landschaft, die „im Falle eines Erwerbs durch die Treuhandstelle von ihrem Rechte, die sofortige Rückzahlung der Landschaftshypothek von RM 70 000,–– zum Nominalbetrag in bar zu verlangen, Gebrauch machen" wollte. Dieser Schachzug erlaubte es dem Besitzer, das Gut auf der Zwangsversteigerung namens seines siebenjährigen Sohnes für 158 000 RM zurückzukaufen; die Umschuldungshypothek von 43 700 RM verfiel[393].

Am Beispiel Kortmediens begannen die Außenstehenden zu erkennen, wie das System der Familiensanierungen funktionierte. Es wurde registriert, daß Generallandschaftsdirektor von Hippel „kürzlich vor führenden Persönlichkeiten der Wirtschaft erklärt hat, nach Lage der Dinge bleibe gar nichts anderes übrig als die überschuldeten Grundstücke zu versteigern und sie zum Preis der 1. Hypothek an den alten Besitzer zurückzugeben"[394]. Ferner tauchten Anzeichen dafür auf, daß die Bereitschaft der Landschaft, gefährdete Güter durch Stehenlassen ihrer Hypothek den betreffenden Familien zu erhalten, zu Manipulationen gegen die Umschuldungshypotheken benutzt wurde. Der Oberpräsident teilte mit, in Ostpreußen werde die Parole ausgegeben, „Landschaftszinsen auf umgeschuldeten Grundstücken nicht zu bezahlen, es zur Versteigerung kommen zu lassen, um auf diesem Wege eine Befreiung des Besitzes von der Umschuldungshypothek unter Erhaltung des Grundstücks in der Familie des Besitzers zu erreichen"[395]. Eine derart provozierte Zwangsversteigerung lockte insofern, als sie den Landwirt von einem großen Teil seiner Schulden befreit und ihn gleichzeitig den Kontrollbefugnissen, die der Staat mittels der Landesbank bzw. der Treuhandstelle auf dem umgeschuldeten Betrieb besaß, entrückt hätte: Wenn die Umschuldungshypothek verfallen war, war der Treuhandstelle die Handhabe für Betriebskontrollen genommen. Gerade gegen die Kontrollmöglichkeiten richtete sich im Jahr 1930 die agrarische Agitation. Sie diskreditierte Rönneburgs Absicht, „durch seine teilweise recht jungen Herren aus dem Westen diese Betriebe dauernd genau kontrollieren zu lassen", als völlig unhaltbar und als „Beginn einer Sozialisierung der ostpreußischen Landwirtschaft"[396]. Der LVO verzerrte die vertraglichen Pflichten eines umgeschuldeten Landwirts bis zur demagogischen Karikatur: Angeblich müsse er erlauben, „daß im Monat achtundzwan-

393 *A.a.O.*, Nr. 1077: TrhSt an den OPr, 16.3.30.

394 *A.a.O.:* Theodor Häbich (Pressereferent am OPr Kbg) an MRat Goslar (Pressereferent der PreußStReg), 8.3.30.

395 *A.a.O.:* PreußMfLDuF, Vermerk (Mussehls über die Besprechung am 18.3.30). Für diese Parole machte RMfEuL Dietrich den GenLschDir von Hippel verantwortlich; s. *BAK*, R 43 I/1857: Vermerk (Feßlers), 29.3.30.

396 *PreußLT*, III, Sp. 16 086; Sp. 14 862: Goldau (Deutsche Fraktion) am 14.11.30 (erstes Zitat) und Kenkel (DNVP) am 14.10.30 (zweites Zitat). Rönneburg hat wegen der fortschreitenden Agrarkrise gefordert, daß ihm als StKom bzw. als Leiter der TrhSt eine dauernde, vorbeugende Kontrolle der Umschuldungsbetriebe gestattet würde. Er wollte diese Kontrolle „weitgehend voraussetzungsfrei" gestalten und nicht erst – wie die LBank verlangte – eingreifen, wenn objektive Merkmale für eine Gefährdung des Umschuldungskredits vorlagen; s. *GStA*, Rep. 90, Nr. 1091: Vermerk (Frankenbachs) über die Besprechung im RMfEuL am 6.8.29; Nr. 1077: StKom, Bericht vom 10.3.30, S. 15 f. (Zitat), und vom 13.6.30, S. 13.

zigmal je 10 Preußenkassenjünglinge seinen Betrieb von oben bis unten durchsuchen". Außerdem werde er von Berlin aus mit dem „politischen Kurs der Klepperschen Strukturveränderungen" bedroht – sich unter solchen Bedingungen umschulden zu lassen heiße, seine „aufrechte Gesinnung" verkaufen[397]. Demgegenüber hatte die Technik der Familiensanierung den Vorzug zu verhindern, daß Menschen „durchaus ohne Grund" von Haus und Hof vertrieben würden; die Agrarier feierten es als ein Verdienst von Hippels, daß er sich bemühte, „die bodenständige, heimattreue Bevölkerung in der Provinz Ostpreußen zu halten"[398].

Doch von der andern Seite konnte das Verfahren ebensogut eine „Ausplünderungspolitik im Interesse der herrschenden Klasse" genannt werden[399], denn die Landschaft stellte sich bewußt in den Dienst der Gutsbesitzer und störte die Treuhandstelle bei dem Versuch, die Belange der öffentlichen Kreditbürgen zu wahren. Insbesondere schien ihre Taktik wie geschaffen, um eine systematische Steuerung der Siedlungspolitik durch Ankäufe der Treuhandstelle zu hintertreiben. Wenn Rönneburgs Pläne nicht schon an den finanziellen Einwänden der Regierung gescheitert wären, hätte man meinen können, daß das Verhalten der Landschaft eine Antwort des Großgrundbesitzes auf jene Pläne sein sollte. Im Gegensatz zu Rönneburg verteidigte die Landschaft sowohl die Großbetriebe als auch deren Besitzer und tat somit alles, um die Agrarstruktur Ostpreußens vor tiefgehenden Veränderungen zu schützen. Sie bewies den Widerstandswillen, der den Großgrundbesitz während der Agrarkrise beseelte und der lebhafter war als der Wille der Regierungen, aus der Zeit der Agrarkrise eine Zeit der Agrarreform zu machen.

Die Jahre der Ostpreußenhilfe haben nicht zu einer Erweiterung des siedlungspolitischen Instrumentariums geführt. Namentlich wurden keine neuen Wege erschlossen, auf denen die in wachsender Zahl zusammenbrechenden Großbetriebe verwertet werden konnten. Obwohl für 1929 bereits eine Katastrophe vorhergesagt war, ist die von Klepper vorgeschlagene Auffangorganisation nicht gebildet worden. Zwar zeigte es sich, daß die Situation in Ostpreußen nicht so ernst wurde wie anfangs befürchtet[400], aber ab 1930 trat der Niedergang auf großer Breite tatsächlich ein. Je länger desto mehr belastete die ungelöste Frage, was mit den rettungslos überschuldeten Betrieben zu tun sei, das politische Geschehen in Deutschland. Die 1930 beginnende Osthilfe nahm ebenso wie die Ostpreußenhilfe von 1929 die Siedlung in den Kreis der agrarpolitischen Sanierungsmaßnahmen auf, ohne ihr eine feste, organische Verbindung zu den bankrotten Gütern zu geben. Eine Entscheidung über deren Schicksal wurde immer wieder hinausgeschoben, und als Reichskanzler Brüning wenige Wochen vor seinem Sturz feststellte, „die Lage der Landwirtschaft hätte sich gebessert, wenn vor 3 Jahren etwa 10 % der überschuldeten Betriebe versteigert worden wären", war es zu spät, das Versäumte nachzuholen[401]. Vielmehr hat der Versuch, die nicht umschuldungsfähigen Güter von Staats wegen der Siedlung zuzuführen, die politischen Existenzmöglichkeiten des Kabinetts Brüning verschlechtert und zu dessen Sturz beigetragen.

Und dennoch: Obwohl die Siedlung während der Agrarkrise nicht das geworden ist, was einzelne aus ihr machen wollten, erreichte sie in den Jahren von 1929 bis 1931

397 *LVO*, 29.11.30: „Das wahre Gesicht der Umschuldung".

398 *PreußLT*, III, Sp. 16 092: von Plehwe (DNVP) am 14.11.30. Ähnlich Graf von Kanitz (DVP) am 5.12.30, in: *PreußLT*, III, HptA, 167. Sitzg., Sp. 12.

399 *PreußLT*, III, Sp. 15 945: Weidemann (SPD) am 14.11.30.

400 Vgl. dazu die Zahlen über die Zwangsversteigerungen, o. Anm. II/234.

401 *BAK*, R 43 I/2547: Vermerk vom 17.5.32 über eine Besprechung der RK mit Vertretern des Großgrundbesitzerverbandes.

einen Höhepunkt, der einmalig in ihrer kurzen Geschichte war. Die Grundlage ihrer Expansion war das reichliche Landangebot, das seit 1929 zur Verfügung stand. Unter dem Druck der Verhältnisse wurden viele Großbetriebe an die Siedlungsgesellschaften veräußert, die sich aus der unübersehbaren Auswahl die günstigsten Objekte aussuchen konnten[402]. Die Bereitschaft der Landwirte, ihren Besitz freiwillig zu verkaufen, war entscheidend für den Aufschwung des deutschen Siedlungswesens, das seiner Natur nach auf Zusammenarbeit mit dem Großgrundbesitz eingestellt war und nicht seine gewaltsame Depossedierung anstrebte. Außerdem wirkte sich günstig aus, daß das Finanzierungssystem mit Hilfe der Reichskredite nun eingespielt war und die Siedlungsgesellschaften zu einer zahlungsfähigen Nachfrage auf dem Grundstücksmarkt befähigte.

Nach den Bestimmungen des Reichssiedlungsgesetzes bestand für die ostpreußischen Großbetriebe ein Landlieferungssoll von 320 000 ha; es war bis 1928 zu 21,9 % erfüllt worden. In den folgenden fünf Jahren wurde der Anteil mehr als verdoppelt: Er erreichte 1933 58 % bzw. 186 000 ha[403]. In den Krisenjahren von 1929 bis 1933 haben die Siedlungsgesellschaften 116 000 ha aus dem Großgrundbesitz angekauft und 8150 Neusiedler auf 93 000 ha Land angesetzt; Ende 1933 besaßen sie noch einen Landvorrat von 24 000 ha[404]. Ihr erfolgreichstes Jahr war 1931, als sie 2385 neue Siedlungen mit 26 212 ha angelegt und weitere 6837 ha auf dem Wege der Anliegersiedlung ausgegeben haben. Diese Leistungen überschritten bei weitem die bescheidene Kalkulation der Landwirtschaftskammer, die 1925 – als die Siedlungstätigkeit auf dem Tiefpunkt angelangt war – pro Jahr 500 Siedlungen mit 7500 ha als erstrebenswert bezeichnet hatte[405]. Sie lösten auch eine sichtbare Reduktion der Großbetriebe in der Provinz aus: 1925 gehörten 39,2 % der landwirtschaftlichen Nutzfläche zu Betrieben, die über 100 ha groß waren, 1933 nur 35,4 %[406]. Freilich war damit Ostpreußens Stellung als einer der großagrarischen Schwerpunkte in Deutschland wenig beeinträchtigt. Selbst die Steigerung der Siedlungstätigkeit von 1929 bis 1933 war nach Dauer und Umfang zu gering, um eine tiefergehende Änderung der Agrarstruktur herbeizuführen. Die Großbetriebe erlitten in diesen Jahren einen Aderlaß, der wohl unter dramatischen Umständen erfolgte, der aber keineswegs über das hinausging, was mit der konservativen Haltung der Schöpfer des Reichssiedlungsgesetzes vereinbar gewesen wäre[407].

402 Bei den OstprLGes verhielten sich Angebote und Ankäufe wie folgt:

1927:	angeboten	183 Grundstücke mit 48 600 ha,
	angekauft	20 Grundstücke mit 10 326 ha,
1928:	angeboten	289 Grundstücke mit 84 115 ha,
	angekauft	37 Grundstücke mit 14 963 ha.

Verhandlungen des 57. ProvLT. . ., Königsberg 1930, Drucks Nr. 29: Verwaltungsbericht des ProvVerbOstpr für das Kalenderjahr 1929, S. 25. Vgl. auch *GStA*, Rep. 90, Nr. 1078: StKom, Bericht vom 26.8.30, S. 8. Danach hatte der StKom vom 1.3. bis 15.8.30 55 Güter zur Besiedlung freigegeben, von denen 34 angekauft worden sind. In der gleichen Zeit hat er seinerseits 111 Umschuldungsbetriebe zur Besiedlung angeboten, 52 wurden für siedlungsfähig befunden, aber nur 7 angekauft. Über die Ankäufe für Siedlungszwecke und die dabei gezahlten Preise s. Borchert (Anm. II/219), S. 44; S. 57.

403 *Das ländliche Siedlungswesen. . .* (Anm. II/41), S. 78; *Statistisches Jahrbuch für das Deutsche Reich*, 53. Jg., 1934, S. 67; Boyens (Anm. II/29), II, S. 270.

404 Vgl. *Statistisches Jahrbuch für das Deutsche Reich*, 1931 (Anm. I/280), S. 55, und dass. 1934, *a.a.O.*, S. 67; *Statistische Jahresübersicht der Provinzialverwaltung. . .*, 1932 (Anm. I/63), S. 31; Wessling (Anm. I/170), S. 254 f. Vgl. o. Anm. II/41.

405 *Denkschrift zur Lage der Provinz Ostpreußen* (Anm. I/364), S. 36.

406 Vgl. *Statistisches Jahrbuch für das Deutsche Reich*, 1928 (Anm. I/56), S. 63, und dass., 55. Jg., 1936, S. 75.

407 Über die konservativen ideologischen Ursprünge der Siedlungsbewegung s. Boyens (Anm. II/29), I, S. 196.

IV. AUF DEM WEGE ZUR OSTHILFE

Die Ostpreußenhilfe stellte den Versuch einer staatlichen Sanierungspolitik dar, die sich vorwiegend auf die Landwirtschaft konzentrierte. Sie löste die Sofort- und Grenzhilfe von 1926 und 1927 ab, die die allgemeinen Notstände in den Grenzgebieten als eine sozial-, verkehrs- und kulturpolitische Aufgabe angesehen und dementsprechend Investitionen im öffentlichen Bereich bevorzugt hatte. Dieses grenzpolitische Konzept war bei den Interessenten umstritten, weil in ihm die erwartete Hilfe für die Wirtschaft zurücktrat und insbesondere die wachsende Verschuldung der Landwirtschaft keine nennenswerte Beachtung fand. Gerade letztere entwickelte sich seit 1925 zu einem Problem, das mit den Mitteln des freien Kreditmarkts nicht mehr bewältigt werden konnte und deshalb nach einer Intervention des Staates verlangte. Aus dieser Situation entstand die Ostpreußenhilfe der Jahre 1928 und 1929, die sich zunächst auf die am meisten gefährdete und für eine regional begrenzte Aktion am ehesten geeignete Ostprovinz beschränkte. Ihr Hauptinhalt war die wirtschaftliche Kredithilfe, d.h. die Umschuldung der Landwirtschaft, deren Ziel es sein sollte, die beginnende Agrarkrise durch Staatskredite und -zuschüsse zu drosseln. 1928 waren etwa 160 Mill. RM und 1929 236 Mill. RM vorgesehen, von denen 47,4 Mill. RM erst in den Jahren 1930 und 1931 fällig wurden[408]. Die Hälfte der annähernd 400 Mill. RM ist unmittelbar der Umschuldung der Landwirtschaft zugeflossen, aber auch die übrigen Hilfsmaßnahmen wie die Lasten- und die Frachtensenkung sind der Landwirtschaft direkt oder indirekt zugute gekommen. Reich und Preußen haben mit ihrem hohen finanziellen Engagement die Umschuldung von 12 % der landwirtschaftlichen Betriebe in Ostpreußen ermöglicht[409]. Um so enttäuschender war es für sie, daß ihre Anstrengungen weder materiell noch psychologisch einen durchschlagenden Erfolg zeitigten. Sie scheiterten an den Auswirkungen der allgemeinen Agrarkrise, die der Sanierungsaktion jeden festen Boden entzog und den Wert größerer finanzieller Opfer zweifelhaft erscheinen ließ. Hinzu kamen die unbefriedigenden Erfahrungen, die bei der Organisation der Kredithilfe gesammelt worden sind. All das begünstigte den Eindruck, daß eine Fortsetzung der Umschuldungsaktion politisch und wirtschaftlich nicht zweckmäßig und daß die Grenzhilfepolitik nach anderen Gesichtspunkten neu zu orientieren sei. Die Forderung Otto Brauns, daß „die Übernahme der Bauernschulden auf den Staat endlich ein Ende haben" müsse, kennzeichnete die Lagebeurteilung, die in Regierungskreisen Anfang 1930 vorherrschte[410].

408 Vgl. o. S. 234 f. und S. 284; Wessling (Anm. I/170), S. 244 f. und S. 252 f. Leo Drescher, *Entschuldung der ostdeutschen Landwirtschaft*, Berlin 1938, S. 8. (Dreschers Übersicht ist nicht vollständig). Für 1928 sind 30,45 Mill. RM aus der Umschuldungsanleihe der Landesbankenzentrale und rd. 60 Mill. RM Pfandbriefe, deren Verkauf vom Reich subventioniert wurde, hinzugezählt, desgleichen für 1929 20 Mill. RM subventionierter Pfandbriefe, die bis Oktober 1930 abgesetzt worden sind. Die Umschuldungsmittel lassen sich insgesamt mit 200 Mill. RM veranschlagen:

Umschuldungskredite aller Art (s. o. S. 252 f., Tabelle b)	109,63 Mill. RM
BEF (s. o. S. 252 f., Tabelle b)	10,10 Mill. RM
Subventionierte Pfandbriefe rd. (s. o. S. 240 ff.)	80,00 Mill. RM

409 Vgl. o. S. 254.

410 *GStA*, Rep. 90, Nr. 1076: Vermerk (Weichmanns) vom 25.2.30.

Ein anderes Moment, das die Planungen in Berlin beeinflußte, war der kritische Zustand der öffentlichen Finanzen. Preußen trat von vornherein nur als schwächlicher Geldgeber auf und fühlte sich durch die übernommenen Lasten „bis an die Grenze seiner Leistungsfähigkeit" beansprucht[411]. Im Laufe des Jahres 1929 bereitete es auch dem Reich immer größere Schwierigkeiten, den Geldbedarf der Ostpreußenhilfe zu decken[412]. Nur durch Verlegenheitslösungen konnten die erforderlichen Mittel beigebracht werden, und im Februar 1930 galt es als sicher, daß zwar die 1929 beschlossene Ostpreußenhilfe noch vollständig abgewickelt werden sollte, aber neue Umschuldungsaktionen unterbleiben müßten. Eine eventuelle Fortsetzung der Hilfe für Ostpreußen wurde in den Rahmen der allgemeinen Agrarpolitik verwiesen, was den Verzicht auf spezielle Stützungsmaßnahmen bedeutete[413].

Damit war jedoch nicht gesagt, daß die staatliche Förderung der Grenzgebiete vollkommen aufhören würde. Vielmehr häuften sich die Anzeichen dafür, daß Preußen und Reich anstelle der agrarisch akzentuierten Subventionspolitik das anfänglich befolgte Konzept der Grenzpolitik wiederaufleben lassen wollten. Ungeachtet der trüben Erfahrungen, die Preußen in der Zusammenarbeit mit dem Reich gesammelt hatte, trat es weiterhin dafür ein, daß das Reich die Not der östlichen Grenzgebiete lindern helfe. Allerdings vollendete sich 1929 zunächst der Niedergang der allgemeinen Grenzhilfe: Entgegen dem preußischen Antrag erschöpfte sich in diesem Jahr die Unterstützung durch die Reichsregierung in dem Beschluß, auf die Rückzahlung der 1927 im Rahmen des Sofortprogramms ausgegebenen Kredite zu verzichten. Im übrigen wurden die verfügbaren Mittel auf die Ostpreußenhilfe konzentriert[414]. Noch unergiebiger waren die Versuche, 10 Mill. RM als preußischen Grenzfonds in den Haushaltsplan einzusetzen: Die Regierung lehnte sowohl die entsprechenden Anträge des Innenministers als auch die Bereitschaft der Koalitionsparteien ab, die fragliche Summe durch Streichungen im Etat zu beschaffen. Die vom Landtag trotzdem ausgesprochene Vollmacht, der Finanzminister dürfe den genannten Betrag bereitstellen, blieb ungenutzt, weil keine Gelder disponibel waren[415].

Diese Entscheidungen galten für das Jahr 1929; was 1930 folgen würde, stand noch dahin. Die Reichsregierung war grundsätzlich nicht abgeneigt, sich langfristig zugunsten der Grenzgebiete zu engagieren, und beauftragte am 25. März 1929 den Reichsinnenminister, gemeinsam mit Preußen „die dringendsten Bedürfnisse der Grenzgebiete des Ostens festzustellen und in einem Plane zusammenzufassen, der es ermöglichen sollte,

411 *A.a.O.:* PreußFM an den PreußMPr, 29.8.29 (Zitat); PreußFM an den RMfEuL, 4.11.29.

412 Vgl. o. S. 244.

413 *GStA*, Rep. 90, Nr. 1076: Vermerk (Weichmanns über die Chefbesprechung beim PreußMPr am 5.2.30); RMfEuL, Vermerk über die Besprechung am 6.2.30; PreußMfLDuF an den PreußMPr, 14.2.30 (Entwurf eines Schreibens der PreußStReg an die RReg); PreußMPr an den RK, 28.2.30.

414 *A.a.O.*, Nr. 1110: Auszug aus dem Protokoll der Sitzung des PreußStM am 5.2.29; RMdI, Ergebnis der kommissarischen Beratung vom 10.4.29; Hubatsch, *Hindenburg und der Staat* (Anm. I/46), S. 291: Niederschrift über den Ministerrat beim RPr am 20.3.29. Preußen hatte 25 Mill. RM beantragt, von denen 18 Mill. RM zur Stützung des Grundstücksmarkts im Osten verwendet werden sollten. Diese 18 Mill. RM sind im Rahmen der Ostpreußenhilfe an Preußen überwiesen worden, so daß effektiv nur 7 Mill. RM offengeblieben sind.

415 *GStA, a.a.O.*. Auszug aus dem Protokoll der Sitzungen des PreußStM am 23.10.28 und 8.5.29; Vermerk Frankenbachs über die Sitzung des HptA des PreußLT am 10.6.29; *PreußLT*, III, Drucks Nr. 2574: Entschließungsantrag . . . Heilmann, Hirsch (SPD), Kloft (Z) und Riedel (DDP) vom 10.5.29 (am 16.5.29 vom PreußLT angenommen).

auf lange Sicht systematisch zu arbeiten"[416]. Daraufhin gingen preußische Vorschläge ein, die die unmittelbaren Schäden der Grenzziehung beseitigen sowie die Ostprovinzen wirtschaftlich, kulturell und sozial fördern wollten, also in jene Richtung der Grenzhilfe wiesen, die 1926 maßgebend gewesen ist[417]. Die Reichsregierung, zu dieser Zeit noch von dem sozialdemokratischen Reichskanzler Hermann Müller geleitet, akzeptierte die von Preußen empfohlene Orientierung und verhandelte seit Herbst 1929 über das neue Grenzhilfeprogramm, wobei die Frage der Finanzierung einstweilen nicht erörtert wurde[418]. Begleitet von lebhaften parlamentarischen Forderungen und Kommentaren erarbeiteten die Regierungen die Grundsätze, die künftig ihre Aktionen bestimmen sollten[419]. Sie kamen überein, in den Provinzen Ostpreußen, Oberschlesien, Grenzmark Posen-Westpreußen und in den östlichen Grenzkreisen Pommerns, Brandenburgs und Niederschlesiens ein auf zehn Jahre bemessenes Programm auszuführen, das „großzügige Maßnahmen zur Behebung der Not im Osten und zur Stärkung der Wirtschaft" enthalten würde. Als sachliche Schwerpunkte waren die technische und wissenschaftliche Förderung der Landwirtschaft sowie der Ausbau des Verkehrswesens und der sozialen Einrichtungen ausersehen[420].

Bis Januar 1930 hatte das Programm soweit Gestalt angenommen, daß es in parlamentarischen Kreisen vorgewiesen werden konnte[421]. Reichsinnenminister Severing hat dabei sogar mitgeteilt, daß nach Ansicht der Regierungen die Entschuldung der Landwirtschaft nicht nur in Ostpreußen, sondern auch in Hinterpommern, in der Grenzmark und in Nieder- und Oberschlesien notwendig sei; an diesem Gesichtspunkt solle grundsätzlich festgehalten werden, wenngleich „im Augenblick die hierfür erforderlichen Beträge nicht aufgebracht werden können". Das wurde in der Denkschrift, die

416 Der Beschluß der RReg wird referiert in *RRat*, 1930, zu Drucks Nr. 45: Denkschrift über die Hebung der durch die neue Grenzziehung notleidend gewordenen Gebiete des Ostens (10.4.30), S. 3. Ähnlich hatte RMfEuL Dietrich betont, daß den bedürftigen Grenzgebieten „ein Programm für die nächsten 10 bis 15 Jahre" gewidmet werden müsse; s. *GStA*, Rep. 90, Nr. 1073: Vermerk (Weichmanns) über die Beratung des RT-Ostausschusses am 14.12.28.

417 Als Beispiele s. *GStA*, *a.a.O.*: OPr der Provinz Brandenburg (gleichzeitig im Namen der OPr der Provinzen Ostpreußen, Ober- und Niederschlesien, Grenzmark Posen-Westpreußen und Pommern) an das PreußStM, 11.1.29; PreußMfHuG an den PreußMPr, 8.6.29; Nr. 1075: PreußMfLDuF an den RMdI, 10.6.29.

418 *BAK*, R 43 I/1857: Vermerk über die kommissarische Beratung vom 23.10.29 betr. künftige OH der RReg. Schulz, „Staatliche Stützungsmaßnahmen. . ." (Anm. I/219), S. 119.

419 *RT*, IV, Drucks Nr. 1327: Interpellation Frhr. von Freytagh-Loringhoven, Lejeune-Jung, Hülser, Frhr. von Richthofen u. Gen. (DNVP) vom 30.9.29 (fordert Hilfe für die niederschlesischen Grenzkreise); Nr. 1328, Nr. 1329: Anträge Gandorfer, Ederer u. Gen. (DBP) vom 2.10.29 (fordern 10 Mill. RM für die östlichen Grenzgebiete Bayerns); Nr. 1360; Nr. 1397: Antrag Ulitzka, Neumann, Warnke, Perlitius u. Gen. (Z) vom 3.10.29 und Antrag Rönneburg, Fischer, Lemmer, Haas u. Gen. (DDP) vom 3.10.29 (fordern planmäßige Fürsorge für alle östlichen Grenzgebiete). Vgl. die preußische Etatdebatte am 11., 12. und 13.12.29, in der sich u.a. Vertreter der SPD, des Z und der DVP für eine aktive Grenzhilfe ausgesprochen haben; *PreußLT*, III, Sp. 9256; Sp. 9284 f.; Sp. 9394; Sp. 9471.

420 *GStA*, Rep. 203, Nr. 170: Vermerk (Weichmanns) vom 1.11.29; Vermerk (Frankenbachs) über die Sitzung des Ausschusses für die Grenzgebiete im PreußLT am 9.12.29; in dieser Sitzung hat MRat Rathenau (PreußMdI) über die Verhandlungen zwischen Reich und Preußen berichtet. Als Beispiel für die preußischen Anträge s. *GStA*, Rep. 90, Nr. 1076: PreußMfLDuF an den RMfEuL, 18.11.29; *GStA*, Rep. 203, Nr. 170: PreußMfHuG an den RMdI, 21.11.29.

421 *PreußLT*, III, HptA, 99. Sitzg., Sp. 24: PreußMfLDuF Steiger am 7.1.30; *GStA*, Rep. 90, Nr. 1084: RMdI an die Fraktionsvorsitzenden der SPD, des Z, der DVP, DDP und BVP, 28.1.30.

Severing am 14. März 1930 dem Reichskabinett vorlegte, noch einmal bestätigt, so daß also die landwirtschaftliche Umschuldung einstweilen aus dem Kreis der durchführbaren Maßnahmen ausschied[422]. Die Denkschrift bezifferte den Gesamtbedarf während der nächsten zehn Jahre auf 350 Mill. RM, wovon 161 Mill. RM der Landwirtschaft vorbehalten waren – 69 Mill. RM für Entschuldungsmaßnahmen, 79 Mill. RM für Frachten- und Lastensenkung und Stützung des bäuerlichen Besitzes, 13 Mill. RM für Meliorationen und Produktionsförderung. Unter den übrigen Ausgabeposten fielen 75 Mill. RM für den Straßenbau, 26 Mill. RM für den Ausbau der elektrotechnischen Anlagen und 39 Mill. RM für soziale Einrichtungen ins Auge. Die Denkschrift präsentierte nicht ein festes Programm, das in bestimmten Etappen zu verwirklichen wäre, sondern kennzeichnete nur diejenigen Aufgabenbereiche, in denen die jährlich verfügbaren Haushaltsmittel eingesetzt werden sollten. Ihre Maxime lautete, daß die geplanten Maßnahmen weitesten Volkskreisen zugute kommen, überlokale Wirkung haben und in erster Linie der Wirtschaft dienen müßten. Rein kulturelle Aufgaben wurden deshalb nicht aufgenommen. Abgesehen von der Landwirtschaft, der die Denkschrift weitgehend mit dem Konzept einer voläufig zu suspendierenden Entlastungs- und Sanierungspolitik begegnete, dominierten hier Aufgaben, die einige allgemeine Elemente, die im sozialökonomischen Gefüge der Ostprovinzen nicht hinreichend entwickelt waren, stärken und somit die Existenzfähigkeit der betreffenden Gebiete steigern konnten.
Es war jedoch fraglich, ob solch eine auf Dauer angelegte Entwicklungspolitik ausreichen würde, um die akute Krise der Ostprovinzen und das damit verbundene Krisengefühl unter der Bevölkerung zu bekämpfen. „Die Gefahr für den deutschen Osten ist groß und nicht mehr aufzuhalten, wenn jetzt nicht schnell und gründlich geholfen wird!", haben die Landeshauptleute der sechs ostelbischen Provinzen im Januar 1930 ausgerufen. Sie sprachen von „Entscheidungskampf" und „Katastrophe" und davon, daß alle bisher „gewährte Hilfe . . . zur Behebung auch nur der dringendsten Notstände nicht ausreicht". Nun sei „eine zielbewußte, einheitliche Staatspflege" notwendig, die eine möglichst vielseitige Förderung der Grenzprovinzen darstellen müsse[423]. Ganz ähnlich empfand Ministerpräsident Otto Braun die Situation, obwohl er sonst nicht dazu neigte, bestehende Verhältnisse zu dramatisieren. Er entdeckte im Osten alle Anzeichen einer „unmittelbar drohenden Lebensgefahr für Reich und Staat", die kein Zögern mehr dulde und „auch über den Einwand ‚Es ist kein Geld da' schon hinausgewachsen" sei. Wenn nicht anders möglich, müßten „geradezu außergewöhnliche Mittel zur Beschaffung der erforderlichen Geldsummen" angewandt werden, was für Braun bedeutete, daß das Reich mit jährlichen Abschlagszahlungen, die Preußen wegen seiner Vermögensverluste nach dem Ersten Weltkrieg beanspruchen durfte, einen jahrzehntelangen Sanierungsplan finanzieren sollte. Angemessen sei ein jährlicher Betrag von 40 bis 50 Mill. RM, den Preußen uneingeschränkt seinen Grenzgebieten zuführen müßte[424].

Neben der energischen Bestätigung der Notlage im Osten fällt an Brauns Brief das Verlangen nach Abschlagszahlungen des Reichs auf. In ihnen hatte Preußen von jeher die

422 Über den Vorlagetermin der Denkschrift s. *BAK*, Nachlaß Saemisch, Nr. 160: RMdI an den StSRK, 14.3.30. Die Denkschrift selbst, die an dieser Stelle nicht vorhanden ist, s. *RRat*, 1930, zu Drucks Nr. 45: RMdF an den RRat, 10.4.30, übermittelt die „Denkschrift über die Hebung der durch die neue Grenzziehung notleidend gewordenen Gebiete des Ostens". Drucks Nr. 45 enthielt den GE RHPl 1930, der u.a. 22 Mill. RM für die notleidenden Gebiete an der Ostgrenze vorsah.

423 *Die Not der preußischen Ostprovinzen* (Anm. III/66), S. 2 und S. 30 f.

424 *GStA*, Rep. 90, Nr. 1077: PreußMPr an den PreußFM, 1.3.30.

idealste Form erblickt, den der Beitrag des Reichs zur Grenzhilfe annehmen konnte. Sie wiesen den Weg, auf dem sich die benötigten Reichsgelder in preußische verwandeln und damit der ausschließlichen Verwendungsbefugnis Preußens unterwerfen ließen. In einem Augenblick, da die Grenzhilfe auf die früher verfolgte Bahn zurückzufinden schien, ist der preußische Versuch, sich vom finanziellen Leitseil des Reichs zu lösen, gewiß nicht zufällig erfolgt. Allerdings war es fraglich, ob das bisher vergebens angestrebte Ziel jetzt in Reichweite lag, denn die von Monat zu Monat prekärer werdende Situation der Reichsfinanzen war nicht dazu angetan, derartige Wünsche zu begünstigen. Eher war zu befürchten, daß die im Vorjahr erhaltenen 18 Mill. RM eine Ausnahme bleiben und nicht der Anfang eines konziliianten Verhaltens des Reichs sein würden.

Ohnedies zeigte es sich bald, daß die neuen grenzpolitischen Tendenzen wenig Anklang fanden und nicht als das letzte Wort in dieser Angelegenheit gelten durften. Namentlich Ostpreußen erhoffte von der vorübergehenden Erleichterung der Reparationslasten, die in Zusammenhang mit dem Young-Plan bevorstand, daß alle gesetzlich festgelegten Leistungen der Ostpreußenhilfe erfüllt und außerdem der Weg „für weitere Hilfsmaßnahmen innerhalb des wirtschaftlichen Sanierungsprogramms für Ostpreußen" eröffnet würden[425]. Was im einzelnen erwartet wurde, sprach der LVO aus, der höhere Subventionen für ostpreußische Pfandbriefe, ein allgemeines Schuldenmoratorium für Umschuldungsbetriebe und „die Übernahme der öffentlichen Lasten und Abgaben jeder Art auf Reich und Staat bis zur Wiederherstellung der Rentabilität" forderte[426]. Die Landwirtschaftskammer verlangte ebenfalls umfangreiche Sonderregelungen, und ein agrarischer Landtagsabgeordneter glaubte seine Heimat bereits verloren, sofern nicht „ein Mann von großer Entschlußkraft im letzten Moment noch die Zügel in die Hand" nähme. „Wenn man jetzt nicht wirklich 500 Millionen [RM] pro Jahr aufwendet, wenn nicht die Zinsenlast von der Provinz genommen wird, wenn nicht für mindestens zwei Jahre sämtliche Lasten vom Staat getragen werden, wenn nicht die Rentabilität der Landwirtschaft in Ostpreußen dadurch hergestellt wird, daß für Roggen, Kartoffeln und Schweine Prämien gezahlt werden, dann ist die Provinz einfach nicht mehr zu retten[427]."

Doch die Krisenzeichen, die an dem isolierten Ostpreußen seit längerem beobachtet wurden, hatten inzwischen auch die übrigen Ostprovinzen befallen, so daß für 1930 nicht mehr eine Neuauflage der Ostpreußenhilfe, sondern eine regional erheblich erweiterte Stützungsaktion zur Debatte stand. Das neue Ostprogramm der Reichsregierung hatte dem bereits Rechnung getragen, aber mit seinem einstweiligen Verzicht auf die landwirtschaftliche Umschuldung eine wichtige Forderung umgangen, die nun die agrarisch orientierten Reichsparteien zu ihrer eigenen machten. Sie betrachteten das Ostpreußenhilfegesetz des Vorjahres als ein Modell, das auf die übrigen Ostprovinzen und Mecklenburg angewandt und von einer beschleunigten Fortsetzung der Umschuldungsaktion begleitet werden müsse[428].

425 *StAL*, Rep. 2, Nr. 2480: LHptm an den RMdF/RMfEuL/RK, 27.9.29.

426 *A.a.O.*, Nr. 2485: LVO an den OPr, 18.10.29. Diese Wünsche wurden in Berlin abgelehnt; s. *a.a.O.*, Vermerk über eine Besprechung im RMfEuL am 25.10.29.

427 *A.a.O.*, Nr. 2488: LWK an den PreußMfLDuF, 27.1.30; *PreußLT*, III, Sp. 10 872 f.: von Plehwe (DNVP)am 18.2.30.

428 *RT*, IV, Drucks Nr. 1718; Nr. 1719 (berichtigt): Anträge Hergt, Frhr. von Freytagh-Loringhoven, Kleiner, Mentzel, von Troilo, Oberfohren u. Gen. (DNVP) vom 7.3.30 und von Sybel, Wendhausen, Döbrich, Treviranus u. Gen. (ChrNatBuLVP/Volkskonservative) vom 17.3.30.

Obwohl die Anträge über die Absichten der Regierung weit hinausgingen, entbehrten sie nicht jeglicher realistischen Grundlage, denn seit Ende 1929 wurde in Wirtschaftskreisen ein Plan diskutiert, der für die Finanzierung der erweiterten Umschuldungsaktion einen Weg zu weisen schien. Er beruhte darauf, daß nach der Annahme des Young-Plans die sog. Industrie-Belastung, die der Dawes-Plan als eine der Reparationsquellen erschlossen hatte, nicht mehr erhoben zu werden brauchte und daß zu entscheiden war, ob sie einfach gestrichen oder zugunsten anderer Empfänger bestehen bleiben sollte. Die Reichsregierung trachtete danach, die Belastung für ihre Bedürfnisse nutzbar zu machen, während die Industrie sich der Bürde gern entledigen wollte. In dieser Situation hat Paul Silverberg, einer der führenden Industriellen, am 12. Dezember 1929 vor dem Reichsverband der Deutschen Industrie angeregt, die Abgabe in Höhe von 200 Mill. RM für fünf Jahre fortzusetzen, ihren Ertrag aber nicht „in der verschwenderischen Ausgabenwirtschaft [des Staates] verschwinden zu lassen", sondern der Landwirtschaft zuzuführen. Eine „Finanzierung der Landwirtschaft" sei dringend; sie wäre dank der zu erwartenden „Gesundung und Stärkung des Binnenmarktes" auch für die Industrie vorteilhaft und könnte die vielbesprochene „Verbundenheit der landwirtschaftlichen und industriellen Produktion" an einem treffenden Beispiel demonstrieren[429].

Wurde dieser Plan verwirklicht, so war das für den Fiskus zwar unbequem, aber für die Sanierung der Landwirtschaft wäre 1 Mrd. RM verfügbar gewesen, die eine großangelegte Stützungsaktion gestattet hätte. Nichts verständlicher, als daß solch ein lukratives Bündnis zwischen Landwirtschaft und Industrie aus den Überlegungen über die künftige Osthilfe nicht mehr verschwand. Eine unmittelbare politische Bedeutung erhielt es, als sich Hindenburg der schwebenden Fragen annahm und öffentlich eine Umschuldung großen Formats verlangte. In einem Brief an den Reichskanzler bestand er darauf, daß die Regierung neben einem Agrarprogramm, das „der deutschen Landwirtschaft in *allen* ihren Betrieben, den großen wie den bäuerlichen, für die Dauer die Lebensfähigkeit wiedergibt", auch eine finanzielle Hilfsaktion für die ostdeutsche Landwirtschaft in Angriff nimmt, in deren Mittelpunkt die Umschuldung stehen müsse. Die erforderlichen Mittel seien durch Zollerhöhungen und auf dem Wege der ehemaligen Industrie-Belastung aufzubringen, wofür bei den Industriellen durchaus Verständnis vorhanden sei. Daß „hier rasch und kräftig gehandelt wird", glaubte er angesichts der Notlage der Grenzgebiete „von der Reichsregierung nachdrücklich verlangen" zu müssen; „die Wiederaufrichtung des zusammenbrechenden Ostens" sei eine der dringendsten Aufgaben[430].

Dieser demonstrative Auftritt erinnerte an Hindenburgs Verhalten im Dezember 1927, als die Verhandlungen über die Ostpreußenhilfe stockten und die Autorität des Reichspräsidenten zugunsten der hilfsbedürftigen Provinz und ihrer Landwirtschaft eingesetzt wurde. Damals hatte Hindenburg eingegriffen, als die Planungen noch nicht abgeschlossen waren, diesmal trat er erst hervor, als sich Reich und Preußen bereits auf ein bestimmtes Vorgehen geeinigt hatten. Er behauptete, daß die ostelbische Landwirtschaft nicht nur im Rahmen der allgemeinen Agrarpolitik – wie es den Regierungen vorschwebte – gefördert werden müsse, sondern darüberhinaus einer speziellen Hilfe bedürfe. Obwohl er von der Reichsregierung eine entsprechende Aktivität verlangte, räum-

429 Paul Silverberg, *Reden und Schriften*, hrsgg. von Franz Mariaux, Köln 1951, S. LXXXII ff.; S. 127 f.

430 Borcke-Stargordt (Anm. II/216), S. 41 ff.: RPr an den RK, 18.3.30. Der Brief wurde sofort veröffentlicht.

te er ein, daß es ihm seine rechtliche Stellung nicht gestatte, „ein genau umrissenes Programm und einen bestimmten Weg" festzulegen. Doch den Mangel an rechtlichen Handhaben suchte er durch moralischen Druck wettzumachen, indem er der Regierung vorhielt, daß er ihr in der außenpolitischen Streitfrage des Young-Plans loyal gefolgt sei und nun, nach der positiven Erledigung dieser Gesetze, von ihr entschlossene praktische Arbeit im Innern erwarten könne. Er gedachte, so den monatelangen politischen Druck, den die rechtsstehenden Parteien und Verbände wegen des Young-Plans auf ihn ausgeübt hatten, zu kompensieren, denn eine agrarische Subventionspolitik, deren Nutznießer in erster Linie unter den Parteigängern der Rechten zu suchen waren, konnte wohl den Unwillen über den „regierungstreuen" Reichspräsidenten beschwichtigen. Mit seiner energischen Initiative hoffte er, die Parteien und die Regierungen in einer gemeinsamen Aufgabe vereinigen und die von ihm seit „jeher so schmerzlich empfundene Zerrissenheit in unserem schwer geprüften Vaterlande" heilen zu können[431]. Gelang ihm dies, so hätte er seine eigene, als überparteilich verstandene Stellung gewahrt und eine Parteinahme inmitten jener politischen Zerrissenheit vermieden.

Der besondere Vorteil seiner damaligen Position lag darin, daß das Kabinett Müller seit Monaten in finanzpolitischen Schwierigkeiten schwebte und kaum noch mit einer parlamentarischen Regelung des neuen Haushaltsplans rechnen konnte. Die Umstände verleiteten dazu, die Blicke auf die Notverordnungsbefugnis zu richten, die dem Reichspräsidenten laut Art. 48 der Weimarer Verfassung zustand, und Hindenburg hat sich auch bereiterklärt, alle verfassungsgemäßen Mittel zugunsten des Finanzprogramms einzusetzen[432]. Die bevorstehende Konstellation, in der der Präsident zum Rückhalt avancierte, der die Exekutive funktionsfähig erhielt, verlieh Hindenburgs Forderungen ein Gewicht, das kaum noch ignoriert werden konnte.

Wie nicht anders zu erwarten, gab der Brief vom 18. März den agrarischen Interessenten neuen Auftrieb. Sie drangen auf die Regierung ein und wollten wissen, ob sie „für den deutschen Osten schnellstens im Sinne der unzweideutigen Forderungen des Herrn Reichspräsidenten" aktiv werden würde. Das bescheidene Ostprogramm der Regierung beruhe auf einer Verkennung der tatsächlichen Lage; was not tue, sei ein gesetzlich gesicherter Zahlungsaufschub für die Landwirtschaft und eine fünfjährige Sanierungsaktion mit 1 Mrd. RM[433]. Der Reichslandwirtschaftsminister räumte zwar ein, daß der „Kampf um den Osten und um die Getreidemärkte ... zurzeit das vordringlichste Problem" sei, aber im Kabinett bestand keine Neigung, die von Hindenburg gewiesene Marschrichtung einzuschlagen. Reichskanzler Müller war gegen eine Änderung des so mühsam vorbereiteten Finanzprogramms und wollte eine „gemeinsame Organisation von Industrie und Landwirtschaft" allenfalls für später in Betracht ziehen. Die gleiche

431 Aus der Proklamation Hindenburgs vom 13.3.30 anläßlich der Ausfertigung des Gesetzes über den Young-Plan, in: *Schultheß*, 1930, S. 75.

432 Helga Timm, *Die deutsche Sozialpolitik und der Bruch der großen Koalition im März 1930 (Beiträge zur Geschichte des Parlamentarismus und der politischen Parteien*, Heft 1), Düsseldorf 1952, S. 174; S. 193. Über die Krise und den Sturz des Kabinetts Hermann Müller s. Bracher (Anm. I/291), S. 296 ff.; Vogelsang (Anm. I/308), S. 65 ff.; Werner Conze, „Die politischen Entscheidungen in Deutschland 1929–1933" in: Werner Conze, Hans Raupach (Hrsg.), *Die Staats- und Wirtschaftskrise des Deutschen Reichs 1929/33 (Industrielle Welt*, Bd. 8), Stuttgart 1967, S. 193 ff.; Klaus Mammach, „Der Sturz der großen Koalition im März 1930", in: *Zeitschrift für Geschichtswissenschaft*, 16. Jg. (1968), S. 565 ff.

433 *RT*, IV, Drucks Nr. 1792; Nr. 1900; Nr. 1906: Interpellation Graf zu Eulenburg, Gottheiner, Frhr. von Richthofen, Hergt, Kleiner, Wege, Schultz, Oberfohren u. Gen. (DNVP) vom 19.3.30; Interpellation Hugenberg, Schiele, Oberfohren u. Gen. (DNVP) vom 28.3.30 (Zitat); Interpellation Döbrich, Fehr u. Gen. (ChrNatBuLVP/DBP) vom 2.4.30.

Ansicht vertrat Reichsfinanzminister Moldenhauer, der aus Zollerhöhungen keine nennenswerten Mehreinnahmen erwartete und den sog. Silverberg-Plan noch für unausgegoren hielt. Ohne Hindenburgs Vorschläge schlechthin abzulehnen, verlangte er doch, „der Regierung die Technik und die Wege zu überlassen, die zu dem Ziele führen könnten"[434].

Eine Regierung, die nicht willens war, die Sanierung der ostdeutschen Landwirtschaft sofort einzuleiten, brachte sich unter den gegebenen Umständen selbst um ihre Lebenschancen. Im Reichstag wegen der Interessengegensätze zwischen den Koalitionsparteien ohne handlungsfähige Mehrheit, war sie entweder vom Wohlwollen des Reichspräsidenten abhängig oder zum Rücktritt verurteilt. Die Weigerung, auf Hindenburgs Wünsche einzugehen, kam einer Option auf den Rücktritt gleich, die am 27. März 1930 realisiert wurde, als die Koalition sich über den finanzpolitischen Problemen endgültig veruneinigte. Das Kabinett Müller demissionierte, und Hindenburg rührte keinen Finger, um seinen Abgang aufzuhalten.

Zweifelsohne ist in letzter Instanz nicht ein Konflikt zwischen Reichsregierung und Reichspräsident, sondern der interne Konflikt zwischen den Regierungsparteien für den Kabinettswechsel verantwortlich gewesen. Doch ebenso sicher ist es, daß das Kabinett Müller, als es sich einer großzügigen Osthilfe versagte, einen latenten Konflikt mit dem Präsidenten heraufbeschwor und so seinen politischen Spielraum einengte. Wenn Hindenburg noch eines Motivs bedurfte, um sich von der Regierung zu trennen, dann hatte er es jetzt, und bei seinem lebhaften Interesse für die ostdeutsche Landwirtschaft war zu erwarten, daß er ein ihm willfährigeres Ministerium ins Amt bringen würde. Das folgende Kabinett Brüning entsprach ganz diesen Intentionen; es verzichtete auf die Rükkendeckung einer stabilen parlamentarischen Mehrheit und stützte sich demonstrativ auf die „Übereinstimmung mit dem Herrn Reichspräsidenten". In seiner Regierungserklärung kündigte Brüning eine „durchgreifende und umfassende Osthilfe, Zug um Zug mit dem allgemeinen Agrarprogramm", an. „Umschuldung und Entschuldung, Zins- und Lastensenkung, Ordnung der Kreditverhältnisse stehen im Vordergrund . . . Gesundung der östlichen Landwirtschaft ist Grundlage nationaler und volkspolitischer Rettung des deutschen Ostens. Die Reichsregierung wird an diesen Vorschlägen und ihrer schnellsten Durchführung unter allen Umständen festhalten. Sie ist gewillt und in der Lage, alle verfassungsmäßigen Mittel hierfür einzusetzen[435]." Das Minderheitskabinett Brüning, das seine Unabhängigkeit von Parteikoalitionen und seine engen Beziehungen zu Hindenburg bewußt herauskehrte, rechnete also von vornherein mit den Möglichkeiten des Artikels 48 und behielt sich auch für solche Maßnahmen wie die Osthilfe andere als die normalen parlamentarischen Wege vor.

Der Regierungswechsel entschied darüber, daß das ostpolitische Minimalprogramm des Kabinetts Müller durch das weitergehende Programm Hindenburgs ersetzt wurde. Gleichzeitig verwandelten sich alle Sachfragen, die vorher schon teilweise gelöst schienen, wieder in offene Probleme: Das Einvernehmen zwischen Reich und Preußen stand dahin, Form und Ausmaß der Stützungsaktion mußten definiert werden, die Finanzierung und Organisation des Gesamtprogramms waren völlig ungelöst. In eine neue Phase trat auch das Verhältnis zwischen Sanierungs- und Siedlungspolitik, da die agrarischen Interessenten mit der Forderung, daß möglichst vielen Betrieben durch ein Schuldenmoratorium und eine ausgedehnte Lastensenkung die Gelegenheit zum Überleben ge-

434 *RT,* IV, S. 4601: RMfEuL Dietrich am 24.3.30; *BAK,* R 43 I/2541: Auszug aus der Niederschrift über die Sitzung des RMin vom 20.3.30; Dorpalen (Anm. IV/46), S. 170 ff.

435 *RT,* IV, S. 4730: RK Brüning am 1.4.30.

boten werden müsse, ihren Widerstand gegen die Tendenz, überschuldete Betriebe der Siedlung anheimfallen zu lassen, anmeldeten. Obwohl Brüning das volle Vertrauen Hindenburgs besaß und das Zaubermittel der Präsidialverordnungen einsetzen konnte, ist es seinem Kabinett nicht gelungen, die politischen und technischen Schwierigkeiten der Osthilfe zu überwinden. Sie haben vielmehr von Anfang an seine zweijährige Amtszeit überschattet und im Frühjahr 1932 erheblich dazu beigetragen, das innenpolitische Terrain für einen neuerlichen Regierungswechsel zu präparieren.

Die landwirtschaftliche Sanierungspolitik, die 1928 in Ostpreußen begonnen worden ist, hat mir ihrer Ausweitung seit 1930 die Probleme, die schon an der Ostpreußenhilfe zu beobachten gewesen sind, in neue Dimensionen hinübergeführt. All die umstrittenen Fragen der Finanzierung, der Organisation oder der prinzipiellen Zweckmäßigkeit der Osthilfe erregten in zunehmenden Maße die Öffentlichkeit. Anders als in den relativ ruhigen Jahren 1928 und 1929 geriet das öffentliche Leben mehr und mehr in den Bann der Staats- und Wirtschaftskrise, und damit verschärfte sich das Urteil über Erfolg oder Mißerfolg bestimmter politischer Maßnahmen. Konnten die bedenklichen Aspekte der Ostpreußenhilfe noch als regional und materiell begrenzte Mißstände gelten, so untergrub die Kritik an der vergrößerten Osthilfe unaufhörlich die Autorität der Regierungen, das Prestige des Präsidenten, der diese Regierungen stützte, und die soziale Geltung der ländlichen Bevölkerungsschichten, die zum Kostgänger staatlicher Subventionen hinabsanken. Die Osthilfe, d.h. die Sanierung der ostelbischen Landwirtschaft, war zu einer Schicksalsfrage der deutschen Republik geworden.

QUELLEN- UND LITERATURVERZEICHNIS

I. Archivalische Quellen (ungedruckt)

1. Geheimes Staatsarchiv Berlin (Stiftung Preußischer Kulturbesitz)

a) Rep. 77 Preußisches Ministerium des Innern
- Nr. 149: Akten betr. den Wechsel in den leitenden Stellen der Provinz Ostpreußen nach der Revolution; 1919–1934.
- Nr. 5142: Akten betr. Landratsamt Schwetz.
- Nr. 5695–5698: Akten betr. parteipolitische Zusammensetzung der Kreistage; 1919–1933.

b) Rep. 87 Preußisches Ministerium für Landwirtschaft, Domänen und Forsten (Domänen-Registratur)
- Nr. 1180–1181: Akten betr. das Osthilfegesetz; 1930–1933.
- Nr. 1278–1281: Akten betr. die Hebung des Notstandes der Landwirtschaft in den östlichen Provinzen; 1867–1936.
- Nr. 2063–2064: Akten betr. Ausführung des Reichssiedlungsgesetzes vom 11. 8. 1919; 1919–1929.
- Nr. 2501: Akten betr. Aufnahmeorganisation zur Stützung der östlichen Provinzen; 1928–1930.
- Nr. 2971–2972: Akten betr. den Domänenpächterverband und die Deutsche Domänenbank; 1919–1932.
- Nr. 4341, 4368: Akten betr. die Maßnahmen der Domänenverwaltung aus Anlaß der Notlage der Landwirtschaft; 1926–1931.

c) Rep. 90 Preußisches Staatsministerium
- Nr. 940–941: Akten betr. die Beamten der Ostpreußischen Vertretung beim Reichs- und Staatsministerium; 1920–1931.
- Nr. 1031–1032: Akten betr. die Landräte in der Provinz Ostpreußen; 1878–1932.
- Nr. 1059–1063: Akten betr. die Wiedergutmachung der in den Provinzen Ost- und Westpreußen durch die Russeneinfälle verursachten Schäden; 1914–1921.
- Nr. 1065: Akten betr. die Maßnahmen gegen weitere Verminderung der Bevölkerung der Provinz Ostpreußen, insbesondere durch Ansiedlung rückwandernder Deutschrussen; 1915.
- Nr. 1066–1096, 680–682, 713: Akten betr. die Lage der Provinz Ostpreußen in wirtschaftlicher und kultureller Hinsicht nach der Abschnürung vom Reich und die Maßnahmen zu deren Besserung; 1919–1939.
- Nr. 1099: Akten betr. die Hilfsaktion für die ost- und westpreußischen Abstimmungsgebiete; 1920–1924.
- Nr. 1105–1124: Akten betr. die Lage der national gefährdeten Grenzgebiete und die Maßnahmen zu ihrem Schutze in politischer, wirtschaftlicher und kultureller Hinsicht im allgemeinen; 1920–1938.
- Nr. 1125–1128: Akten betr. die Maßnahmen zur Hebung der wirtschaftlichen und kulturellen Lage der von den Kriegsfolgen betroffenen westlichen preußischen Gebietsteile im allgemeinen, Westprogramm; 1926–1934.

Nr. 1133–1134: Akten betr. die durch Mißernten, Hagelschlag pp. sowie Teuerungen der Lebensmittel herbeigeführten Notstände; 1924–1933.
Nr. 2228–2232: Akten betr. die Zustände und Vorgänge in den Provinzen Posen und Westpreußen nach Ausbruch der Revolution; 1918–1932.
Nr. 2237–2238: Akten betr. den Schutz der Ostprovinzen durch militärische und polizeiliche Formationen, Einwohnerwehren usw. gegen den Aufruhr der Polen (Grenzschutz Ost); 1918–1924.

d) Rep. 203 Ostpreußische Vertretung beim Reichs- und Staatsministerium in Berlin
Nr. 2, 5–6, 12, 27, 30, 32, 43, 47, 50, 54, 81–83, 113–114, 141, 165–183, 188, 190, 194–195, 205–207, 209, 213, 215, 253–254, 260, 293, 298, 329–330, 332, 365–366, 396, 415, 425, 441, 443–444, 485, 502.

2. Bundesarchiv Koblenz

R 43 I Reichskanzlei
Nr. 1288–1289: Akten betr. ländliche Siedlung in Ostdeutschland und im übrigen Grenzland unter Zuständigkeit des Reiches; 1925–1933.
Nr. 1443: Kanibettsprotokolle, Bd. 96; Mai 1930.
Nr. 1795–1798: Akten betr. Heimatschutz im Osten und allgemeine Ost- und Grenzfragen.
Nr. 1847–1860: Akten betr. Ostpreußen; 1919–1935.
Nr. 1825–1827: Akten betr. Oststelle bei der Reichskanzlei (Denkschrift des Rechnungshofes über die Osthilfe); 1933.
Nr. 2288: Sitzungen des preußischen Staatsministeriums, Bd. 4; 1930–1933.
Nr. 2538–2547: Akten betr. Landwirtschaft, allgemein.

3. Staatliches Archivlager Göttingen (ehem. Staatsarchiv Königsberg)

Rep. 2 Akten des Oberpräsidiums von Ostpreußen
Nr. 1970: Zurücksetzung der Stellung des Oberpräsidenten; 1925–1926.
Nr. 2421: Notlage der Landwirtschaft; 1924–1930.
Nr. 2426: Durchführung des Beschlusses des Reichskabinetts und des Preußischen Staatsministeriums vom 21. 12. 1927 betr. Osthilfe 1928; 1927–1931.
Nr. 2430–2431: Sitzung des provinziellen Kreditausschusses für die Ostpreußenhilfe 1928; 1928–1933.
Nr. 2476: Landwirtschaftliche Ostpreußenhilfe; 1929–1932.
Nr. 2480: Gesetz über wirtschaftliche Hilfe für Ostpreußen. Kredithilfe, Umschuldungskredite; 1929–1930.
Nr. 2483: Neusiedlungen und Anliegersiedlungen; 1929.
Nr. 2488: Landwirtschaftliche Osthilfe; 1930–1932.
Nr. 2492: Osthilfe 1930; 1932.
Nr. 2496: Staatskommissar für die Stützung des ostpreußischen Gütermarkts (Specialia); 1929–1933.
Nr. 2499: Staatskommissar für die Stützung des ostpreußischen Gütermarkts (Generalia); 1928–1930.
Nr. 2504: Landarbeiterstreiks; 1924 und 1927.
Nr. 2510: Rückvermittlung von Arbeiterfamilien in die Landwirtschaft Ostpreußens; 1916–1928.

II. Parlamentarische Quellen (gedruckt, sämtlich im GStA)

1. a) *Verhandlungen der verfassunggebenden Deutschen Nationalversammlung. Stenographische Berichte.*
   b) dass., Anlagen zu den Stenographischen Berichten [Drucksachen].
2. a) *Verhandlungen des Reichstags,* I., II., III., IV. Wahlperiode. Stenographische Berichte.
   b) dass., *Anlagen zu den Stenographischen Berichten* [Drucksachen].
3. a) *Niederschriften über die Vollsitzungen des Reichsrats.*
   b) *Reichsratsdrucksachen.*

4. a) *Sitzungsberichte der verfassunggebenden Preußischen Landesversammlung.*
   b) *Sammlung der Drucksachen der verfassunggebenden Preußischen Landesversammlung.*
5. a) *Sitzungsberichte des Preußischen Landtags,* I., II., III. Wahlperiode.
   b) *Sammlung der Drucksachen des Preußischen Landtags,* I., II., III. Wahlperiode.
6. (Preußischer Landtag. Stenographische Berichte des Hauptausschusses.)
7. a) (Preußischer Staatsrat, Stenographische Berichte.)
   b) dass. (Drucksachen).
8. *Verhandlungen des 43.* [bis 59.] *Provinziallandtages der Provinz Ostpreußen vom 5. März bis 7. März 1918* [bzw. vom 15. bis 19. März 1932]; Königsberg in Pr., 1918–1932.

III. Ausgewähltes Literaturverzeichnis

Landwirtschaftliches Adreßbuch der Domänen, Rittergüter, Güter und Höfe in der Provinz Ostpreußen (Niekammers Landwirtschaftliches Güter-Adreßbuch, Bd. III), 5. Aufl., Leipzig 1932.

Atlas Östliches Mitteleuropa, Bielefeld/Berlin/Hannover (1959).

Batocki, Adolf von, *Ostpreußens wirtschaftliche Lage vor und nach dem Weltkriege,* Berlin 1920.

Batocki, Adolf von, und Gerhard Schack, *Bevölkerung und Wirtschaft in Ostpreußen. Untersuchungen über die Zusammenhänge zwischen Bevölkerungsentwicklung und Erwerbsgelegenheit,* Jena 1929.

Beckmann, Fritz, *et al., Deutsche Agrarpolitik im Rahmen der inneren und äußeren Wirtschaftspolitik,* Teil I (*Veröffentlichungen der Friedrich-List-Gesellschaft,* 5. Bd.), Berlin 1932.

Benecke, Friedrich, *Die Königsberger Börse (Schriften des Instituts für ostdeutsche Wirtschaft an der Universität Königsberg,* 12. Heft), Jena 1925.

Bissing, Wilhelm Moritz Freiherr von, *Der Realkredit der deutschen Landwirtschaft,* Berlin/Leipzig 1930.

Bloech, Hans, *Die Ausfuhrleistung der ostpreußischen Landwirtschaft und die Zusammensetzung ihrer Betriebseinnahmen unter besonderer Berücksichtigung der Rindviehzucht und Milchwirtschaft (Die Stellung Ostpreußens in der deutschen Ernährungswirtschaft,* Teil 1), Berlin 1935.

Bluhm, Ernst, „Die Großstadtlandschaft Königsberg", in: *Geographischer Anzeiger,* 22. Jg. (1932).

Blunk, Paul, *Ostpreußen und der Korridor,* Berlin 1933.

Borchert, Ernst, *Der Landgütermarkt in Ostpreußen seit 1895 unter besonderer Berücksichtigung der Siedlungsankäufe (Berichte über Landwirtschaft,* 94. Sonderheft), Berlin 1934.

Borcke-Stargordt, Henning Graf von, *Der ostdeutsche Landbau zwischen Fortschritt, Krise und Politik. Ein Beitrag zur Agrar- und Zeitgeschichte (Ostdeutsche Beiträge aus dem Göttinger Arbeitskreis,* Bd. 3), Würzburg 1957.

Bowien, Ulrich, *Die Durchführung der Ostpreußenhilfe und der Osthilfe in Ostpreußen,* Landw. Diss. Bonn, Poppelsdorf 1933.

Boyens, Wilhelm Friedrich, *Die Geschichte der ländlichen Siedlung,* 2 Bde., Berlin/Bonn 1959/60.

Braun, Magnus Freiherr von, *Von Ostpreußen bis Texas. Erlebnisse und zeitgeschichtliche Betrachtungen eines Ostdeutschen,* Stollhamm 1955.

Braun, Otto, *Von Weimar zu Hitler,* 2. Aufl., New York 1940.

Brock, Otto, *Ostpreußens Innenmarkt und Gesamtleistung an landwirtschaftlichen Erzeugnissen (Die Stellung Ostpreußens in der deutschen Ernährungswirtschaft,* Teil 2), Berlin 1936.

Buchta, Bruno, *Die Junker und die Weimarer Republik. Charakter und Bedeutung der Osthilfe in den Jahren 1928–1933,* Berlin 1959.

Cleinow, Georg, *Der Verlust der Ostmark. Die deutschen Volksräte des Bromberger Systems im Kampf um die Erhaltung der Ostmark beim Reich. 1918/19,* Berlin 1934.

Deutschland und der Korridor, hrsgg. von Friedrich Heiss und Arnold Hillen Ziegfeld, Berlin 1933 (veränderte Neuausgabe Berlin 1939).

Dorpalen, Andreas, *Hindenburg in der Geschichte der Weimarer Republik,* Berlin/Frankfurt a. M. 1966.

Drescher, Leo, *Entschuldung der ostdeutschen Landwirtschaft,* Berlin 1938.

Dullo, Andreas, *Gebiet, Geschichte und Charakter des Seehandels der größten deutschen Ostseeplätze seit der Mitte dieses Jahrhunderts (Staatswissenschaftliche Studien,* 2. Bd., 3. Heft), Jena 1888.

Ebhardt, Bodo, *Der Seedienst Ostpreußens im Zeitgeschehen,* Berlin 1940.

(Enquête-Ausschuß) Ausschuß zur Untersuchung der Erzeugungs- und Absatzbedingungen der deutschen Wirtschaft:
I. Unterausschuß,
Bd. 1: *Die Einwirkungen der Gebietsabtretungen auf die deutsche Wirtschaft. Der deutsche Osten und Norden,* Berlin 1930.
II. Unterausschuß,
Bd. 4: *Landwirtschaftliche Buchführungsergebnisse. Untersuchungen zur Lage der Landwirtschaft,* 2. Teil, Berlin 1929.
Bd. 7: *Untersuchungen über Landarbeitsverhältnisse,* Berlin 1929.
Bd. 8: *Die Lage der Landwirtschaft in Ostpreußen,* Berlin 1929.
Bd. 10: *Das ländliche Siedlungswesen nach dem Kriege,* Berlin 1930.
Bd. 12: *Die Verschuldungs- und Kreditlage der deutschen Landwirtschaft in ihrer Entwicklung von der Währungsbefestigung bis Ende 1928,* Berlin 1930.

Eulenburg, Siegfried Graf zu, *Die Eulenburgs. Geschichte eines ostpreußischen Geschlechts* (als Manuskr. gedr.), Lindau 1948.

Fischer, Karl, *Das ostpreußische Problem,* Berlin 1921.

Flach, Walter, *Die Deutsche Ostmesse. Ein Beitrag zur Entwicklung des Randmessenproblems (Schriftenfolge Osteuropäischer Aufbau,* Heft 12), Königsberg/Berlin 1927.

Friedensburg, Ferdinand, „Dienstantritt in Ostpreußen", in: *Der Monat,* 20. Jg., Nr. 242 (November 1968).

Fürst, Johann, *Der Widersinn des polnischen Korridors. Ethnologisch, geschichtlich und wirtschaftlich dargestellt,* Berlin 1926

Galos, Adam/Felix-Heinrich Gentzen/Witold Jakobczyk, *Die Hakatisten. Der Deutsche Ostmarkenverein (1894–1934). Ein Beitrag zur Geschichte der Ostpolitik des deutschen Imperialismus (Schriftenreihe der Kommission der Historiker der DDR und Volkspolens),* Berlin 1966.

Gayl, Wilhelm Freiherr von, *Ostpreußen unter fremden Flaggen. Ein Erinnerungsbuch an die ostpreußische Volksabstimmung vom 11. Juli 1920,* Königsberg 1940.

Ders., *Die Not Ostpreußens (Zeitfragen deutscher Kultur,* Heft 1), Berlin 1929.

Gies, Horst, „NSDAP und landwirtschaftliche Organisationen in der Endphase der Weimarer Republik", in: *Vierteljahrshefte für Zeitgeschichte,* 15. Jg. (1967).

Görlitz, Walter, *Die Junker. Adel und Bauer im deutschen Osten. Geschichtliche Bilanz von 7 Jahrhunderten,* Glücksburg 1956.

Ders., *Hindenburg. Ein Lebensbild,* Bonn 1953.

Golding, Arthur, „Die Wanderbewegung in Ostpreußen seit der Jahrhundertwende mit besonderer Berücksichtigung der Abwanderung vom Lande", in: *Zeitschrift des Preußischen Statistischen Landesamtes,* 69. Jg. (1930).

Gusovius, Paul, *Der Landkreis Samland. Ein Heimatbuch der ehemaligen Landkreise Königsberg und Fischhausen (Ostdeutsche Beiträge aus dem Göttinger Arbeitskreis,* Bd. 38), Würzburg 1966.

Häbich, Theodor, *Deutsche Latifundien. Bericht und Mahnung,* 3. Aufl., Stuttgart 1947.

Statistisches Handbuch für die Provinz Ostpreußen, hrsgg. von Ernst Ferdinand Müller, Schloßberg 1938.

Hansen, Johannes, *Die Landwirtschaft in Ostpreußen (Grundlagen des Wirtschaftslebens von Ostpreußen,* 2. Teil), Jena 1916.

Hein, Max, *Geschichte der Ostpreußischen Landschaft von 1788 bis 1888,* Königsberg 1938.

Hesse, Albert, *Der Grundbesitz in Ostpreußen (Grundlagen des Wirtschaftslebens von Ostpreußen,* 1. Teil), Jena 1916.

Hesse, Albert, und Herbert Goeldel, *Die Bevölkerung von Ostpreußen (Grundlagen des Wirtschaftslebens von Ostpreußen,* 3. Teil), Jena 1916.

Hesse, Paul, *Die Verwertung der Hauptbodenerzeugnisse und die Bodennutzung in den deutschen Wirtschaftsgebieten. Beiträge zur Kenntnis der Marktverhältnisse der deutschen Landwirtschaft,* Berlin 1930.

Höhn, Otto, *Der ostpreußische Holzhandel nach dem Kriege (Schriften des Instituts für ostdeutsche Wirtschaft an der Universität Königsberg,* 11. Heft), Jena 1925.

Horn, Werner, *Ostpreußens Deutschtum im Spiegel der politischen Wahlen. 1921–1933 (Ostlandforschung,* Nr. 3), Danzig 1933.

Hubatsch, Walther, *Hindenburg und der Staat. Aus den Papieren des Generalfeldmarschalls und Reichspräsidenten von 1878 bis 1934,* Göttingen/Berlin/Frankfurt/Zürich (1966).

Zwanzig Jahre deutsche Siedlungsarbeit in Ostpreußen (1906 bis 1926). Ein Überblick über die Tätigkeit der Ostpreußischen Landgesellschaft zu Königsberg, Königsberg 1927.

Statistische Jahresübersicht zum Verwaltungsbericht des Provinzialverbandes Ostpreußen, 1.–5. Jg., Königsberg 1928–1932.

Kaltefleiter, Werner, *Wirtschaft und Politik in Deutschland. Konjunktur als Bestimmungsfaktor des Parteiensystems (Demokratie und Frieden,* Bd. 2), Köln/Opladen 1966.

Klatt, Rudolf, *Ostpreußen unter dem Reichskommissariat, 1919/1920 (Studien zur Geschichte Preußens,* Bd. 3), Heidelberg 1958.

Kohtz, Hans, *Ostpreußische Papierfabrikation,* jur. Diss. Königsberg 1935, Stallupönen (1934).

Konopatzki, Siegfried, *Die innerdeutsche Westwanderung der ostpreußischen Bevölkerung und die Erforschung ihrer Ursachen,* phil. Diss., Leipzig 1936.

Krull, Christian, *Die ostpreußische Landwirtschaft. Ihre Entwicklung seit der Vorkriegszeit und ihre heutige Lage (Schriften des Instituts für ostdeutsche Wirtschaft an der Universität Königsberg,* N. F., Bd. IV), Berlin 1931.

Die Lage der landwirtschaftlichen Großbetriebe in den östlichen Landesteilen (Preußische Zentralgenossenschaftskasse, Landwirtschaftl.-betriebswirtschaftl. Abt., Drucks. Nr. 2), Berlin (1928).

Lang, Emil, *Ost-Deutschland. Grundlagen und Formen der Deutschen Landwirtschaft (Berichte über Landwirtschaft,* 84. Sonderheft), Berlin 1933.

Lawin, Gerhard, *Die Volksabstimmung in Westpreußen. Auf Grund amtlichen Materials dargestellt,* Königsberg 1926.

Lietz, Zygmunt, *Plebiscyt na Powiślu, Warmi i Mazurach w 1920 roku.* Warszawa 1958.

Mager, Friedrich, *Ostpreußen. Die natürliche Grundlage seiner Wirtschaft, eine Quelle deutscher Kraft (Veröffentlichungen des geographischen Instituts der Albertus-Universität zu Königsberg,* Heft 4), Hamburg 1922.

Mauer, Hermann, *Das landschaftliche Kreditwesen Preußens. Agrargeschichtlich und volkswirtschaftlich betrachtet. Ein Beitrag zur Geschichte der Bodenkreditpolitik des Preußischen Staates (Abhandlungen aus dem staatswissenschaftlichen Seminar zu Straßburg,* Heft 22), Straßburg 1907.

Milatz, Alfred, *Wähler und Wahlen in der Weimarer Republik (Schriftenreihe der Bundeszentrale für politische Bildung,* Heft 66), Bonn 1965.

Mößner, Karl Eugen, *Das deutsche Bodenkreditsystem. Begriffliche Grundlagen, theoretisches System, praktische Probleme und organisatorischer Aufbau des bankmäßig organisierten Bodenkredits in Deutschland (Deutscher Bodenkredit,* Bd. 1), Berlin 1934.

Mühlenfels, Albert von, *Ostpreußen, Danzig und der polnische Korridor als Verkehrsproblem (Schriften des Instituts für ostdeutsche Wirtschaft an der Universität Königsberg,* N. F., Bd. 1), Berlin/Königsberg 1930.

Neumann, Rudolf, *Ostpreußen im polnischen Schrifttum (Ostland-Schriften,* Heft 4), Danzig 1931.

Nordalm, Konrad, *Absatz- und Verarbeitungskosten bei den Haupterzeugnissen der ostpreußischen Landwirtschaft,* Berlin 1936.

Die deutschen Ostgebiete zur Zeit der Weimarer Republik (Studien zum Deutschtum im Osten, Heft 3), Köln/Graz 1966.

Ostpreußen. Seine Entwicklung und seine Zukunft (Deutsche Stadt – Deutsches Land, Bd. 1), hrsgg. von Erich Köhrer und Max Worgitzki, Berlin-Charlottenburg 1922.

Ostpreußen. Leistung und Schicksal, hrsgg. von Fritz Gause, Essen (1958).

Ostpreußenhilfe und Umschuldung. Denkschrift des Landeshauptmanns der Provinz Ostpreußen, (Königsberg), März 1931

Quante, Peter, *Die Flucht aus der Landwirtschaft. Umfang und Ursachen der ländlichen Abwanderung, dargestellt auf Grund neueren Tatsachenmaterials,* Berlin 1933.

Ders., *Die Abwanderung aus der Landwirtschaft (Kieler Studien,* Heft 48), Kiel 1958.

Raddatz, Georg, *Friedrich von Bülow. 16 Jahre Arbeit für den deutschen Osten (Sonderheft der Grenzmärkischen Heimatblätter),* Schneidemühl 1937.

Rogmann, Heinz, *Die Bevölkerungsentwicklung im preußischen Osten in den letzten hundert Jahren,* Berlin 1937.

Ders., *Ostdeutschlands große Not. Zahlen und Tatsachen,* Berlin 1930.

Runge, Hans, *Die Kohlenversorgung Ostpreußens (Schriften des Instituts für ostdeutsche Wirtschaft an der Universität Königsberg,* 10. Heft), Jena 1923.

Schultze-Pfaelzer, Gerhard, *Insel Ostpreußen,* Berlin 1920.

Schulz, Gerhard, *Zwischen Demokratie und Diktatur. Verfassungspolitik und Reichsreform in der Weimarer Republik,* Bd. I, Berlin 1963.

Ders., „Staatliche Stützungsmaßnahmen in den deutschen Ostgebieten", in: *Staat, Wirtschaft und Politik in der Weimarer Republik. Festschrift für Heinrich Brüning,* Berlin 1967.

Ders., *Die deutschen Ostgebiete. Zu ihrer historisch-politischen Lage (Politik in unserer Zeit,* Bd. 5), Pfullingen 1967.
Schumacher, Bruno, *Geschichte Ost- und Westpreußens,* 3. Aufl., Würzburg 1958.
Seraphim, Peter-Heinz, *Die Ostseehäfen und der Ostseeverkehr (Schriften des Instituts für Osteuropäische Wirtschaft am Staatswissenschaftlichen Institut der Universität Königsberg),* Berlin 1937.
Sering, Max, *et al., Die deutsche Landwirtschaft unter volks- und weltwirtschaftlichen Gesichtspunkten (Berichte über Landwirtschaft,* 50. Sonderheft), Berlin 1932.
Slawski, Stanislaw, *Polens Zugang zum Meere und die Interessen Ostpreußens,* Danzig 1925.
Deutsche Staatenbildung und deutsche Kultur im Preußenlande, Königsberg 1931.
Stein, Robert, *Die Verwandlung der Agrarverfassung Ostpreußens durch die Reform des neunzehnten Jahrhunderts. Erster Band: Die ländliche Verfassung Ostpreußens am Ende des achtzehnten Jahrhunderts (Schriften des Königlichen Instituts für ostdeutsche Wirtschaft an der Universität Königsberg,* Fünftes Heft), Jena 1918.
Ders., *Die ländliche Besitzverfassung in Ostpreußen vor der Reform des neunzehnten Jahrhunderts* (phil. Diss. Königsberg 1917), Jena 1918.
Steyer, Konrad, *Die Wanderungsbewegung in Ostpreußen. Eine Bevölkerungsstudie (Beiträge zur Statistik der Provinz Ostpreußen,* Heft 1), Königsberg (1935).
Studien zur Geschichte des Preußenlandes. Festschrift für Erich Keyser, Marburg 1963.
Thiedemann, Hans, *Der ostpreußische Geldmarkt (Schriften des Instituts für ostdeutsche Wirtschaft an der Universität Königsberg,* 16. Heft), Jena 1928.
Topf, Erwin, *Die Grüne Front. Der Kampf um den deutschen Acker,* Berlin 1933.
Vogelsang, Thilo, „Hitlers Brief an Reichenau vom 4. 12. 1932", in: *Vierteljahrshefte für die Zeitgeschichte,* 7. Jg. (1959).
Ders., *Reichswehr, Staat und NSDAP. Beiträge zur deutschen Geschichte 1930–1932 (Quellen und Darstellungen zur Zeitgeschichte,* Bd. 11), Stuttgart 1962.
Volz, Wilhelm, *Die ostdeutsche Wirtschaft. Eine wirtschaftsgeographische Untersuchung über die natürlichen Grundlagen des deutschen Ostens und seine Stellung in der gesamtdeutschen Wirtschaft (Veröffentlichungen des Geographischen Seminars der Universität Leipzig,* Heft 1), Langensalza/Berlin/Leipzig 1930.
Ders., *Industrie in den Osten! Die deutsche Wirtschaftsstruktur und das Problem der Ostsiedlung (Schriften zur Geopolitik,* Heft 6), Berlin 1933.
Volz, Wilhelm, und Hans Schwalm, *Die deutsche Ostgrenze. Unterlagen zur Erfassung der Grenzzerreißungsschäden,* Leipzig 1929.
Werner, Felix, *Der Handel und die Kreditbanken in Ostpreußen (Grundlagen des Wirtschaftslebens von Ostpreußen,* IV. Teil), Jena 1917.
Wessling, Wolfgang, „Die staatlichen Maßnahmen zur Behebung der wirtschaftlichen Notlage Ostpreußens in den Jahren 1920 bis 1930", in: *Jahrbuch für die Geschichte Mittel- und Ostdeutschlands,* Bd. VI, Tübingen 1957.
Wheeler-Bennett, John W., *Hindenburg. The Wooden Titan,* London 1936.
Winnig, August, *Heimkehr,* 2. Aufl., Hamburg 1935.
Ders., *400 Tage Ostpreußen,* Dresden (1927).
Ders., *Am Ausgang der deutschen Ostpolitik. Persönliche Erlebnisse und Erinnerungen,* Berlin 1921.
Worgitzki, Max, *Geschichte der Abstimmung in Ostpreußen. Der Kampf um Ermland und Masuren,* Leipzig 1921.
Ders., *Ostpreußen. Selbstbestimmungsrecht oder Gewalt,* Berlin (1925).
Wrzesinski, Wojciech, *Ruch polski na Warmi, Mazurach i Powislu w latach 1920–1939 (Prace Instytutu Zachodniego,* Nr. 34), Poznań 1963.
Wunderlich, Frieda, *Farm Labor in Germany 1810–1945. Its Historical Development Within the Framework of Agricultural and Social Policy,* Princeton (N. J.) 1961.

Die in den Fußnoten zitierten Zeitungen sind nicht systematisch ausgewertet, sondern nur an Hand der in den amtlichen Akten enthaltenen Ausschnitte und Einzelnummern benutzt worden. Auf eine Zusammenstellung dieser Zeitungen wird deshalb verzichtet.

PERSONENREGISTER

SACHREGISTER

GPSR Compliance

The European Union's (EU) General Product Safety Regulation (GPSR) is a set of rules that requires consumer products to be safe and our obligations to ensure this.

If you have any concerns about our products, you can contact us on ProductSafety@springernature.com

In case Publisher is established outside the EU, the EU authorized representative is:

Springer Nature Customer Service Center GmbH
Europaplatz 3
69115 Heidelberg, Germany

Batch number: 10577878

Printed by Printforce, the Netherlands